创客诚品 编著

电脑组装与维修从入门到精通

全新精华版

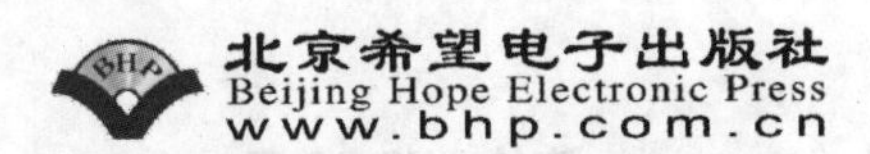

内 容 简 介

本书系统分析对电脑的选择、组装、设置、组网、维护、维修等几大方面，循序渐进地讲解硬件的运行原理、如何选购适合的电脑、电脑的维护维修、系统安装设置、组网、迅速恢复数据、如何加密数据等知识和技巧。全书分为四大部分，维修基础与硬件选购、组装与使用设置、电脑故障检测与维修、组建小型局域网和故障修复。

本书结构合理、讲解浅显易懂，基本覆盖电脑组装与维修所涉及的方方面面，既可以作为电脑组装人员的参考用书，也可以作为培训机构和各大中专院校相关专业的教材。

图书在版编目（CIP）数据

电脑组装与维修从入门到精通 / 创客诚品编著 . --
北京 ：北京希望电子出版社，2017. 10

ISBN 978-7-83002-513-7

Ⅰ. ①电… Ⅱ. ①创… Ⅲ. ①电子计算机－组装②电子计算机－维修 Ⅳ. ① TP30

中国版本图书馆 CIP 数据核字（2017）第 211481 号

出版： 北京希望电子出版社
地址： 北京市海淀区中关村大街 22 号 中科大厦 A 座 9 层
邮编： 100190
网址： www.bhp.com.cn
电话： 010-82620818（总机）转发行部
010-82626237（邮购）
传真： 010-62543892
经销： 各地新华书店

封面： 泽 宇
编辑： 全 卫
校对： 王丽锋
开本： 787mm×1092mm 1/16
印张： 33.5
字数： 794 千字
印刷： 福州凯达印务有限公司
版次： 2022 年 1 月 1 版 13 次印刷

定价： 79.90 元

在信息爆炸的时代，电脑已经成为人们日常工作、学习、娱乐必不可少的工具。随着网络的普及与提速，各种共享资源与网络应用以几何级数增长，电脑与网络设备越来越多地遍布人们的周围。

写作目的

随着电脑的大规模应用，由于客观及主观原因，常会造成各种各样软件、硬件方面的故障。无论家庭还是中小型公司，都急需电脑组装及维护人员。

电脑系统作为一个整体，不能简单地“头痛医头、脚痛医脚”，需要全方位、综合性地判断和解决问题。市面上类似的书籍也有不少，但是，大部分书中仅仅是根据问题的表象提出尝试性的解决手段，一旦问题变化，就要重新考虑解决方法，十分不便。

本书根据以上现实问题，结合作者多年的组装维护经验，对电脑各功能组件的工作原理、参数概念进行了详解。根据实际组装配置经验，为读者带来综合性的选配原理与注意事项。通过知识点的贯穿，归纳并深入到问题根源，分析常见故障发生的本质原因，为读者讲解排除、修复故障的基本流程和方法。通过大量实际案例，使读者学习后能直接运用到实际工作和生活中，并且可以举一反三。

章节导览

本书从电脑的各种组件讲起，包含了电脑组件的工作原理、概念、参数含义、新技术、常见的产品及选购注意事项，接着详细介绍了装机流程、故障维修、网络维护等知识，各篇的内容具体介绍如下。

分 篇	章 节	概 要
基础知识与选购技巧	Chapter 01 ~ Chapter 03	电脑的硬件组成、连接、电脑软件分类、启动过程
	Chapter 04 ~ Chapter 12	电脑各组件选购技巧
电脑组装与系统安装	Chapter 13	电脑组装过程
	Chapter 14 ~ Chapter 18	电脑 BIOS 的设置及系统的安装、驱动及软件的安装
专业维修	Chapter 19 ~ Chapter 35	电脑及各组件的常见故障及排除方法、步骤、实例
网络维护	Chapter 36 ~ Chapter 38	网络设备及局域网的组建、常见网络故障的排除方法

写作特色

实用高效 举一反三

本书的特色是与实际紧密联系，无论是选购、装配、故障修复，都是在日常工作、学习中常遇到，或者说摸得着、看得见的。对于实际经验的积累以及操作来说，都是有章可循的。也只有这样的知识，才能学以致用，才能更加有效地解决遇到的各种复杂问题。结合书中总结的维修思路，可以达到举一反三的目的。

由易至难 循序渐进

本书并不是直接将晦涩难懂的理论知识或者故障现象呈现给读者，而是循序渐进，从表象到原理，从理论到实际案例操作步骤，自然而然地将实际与理论相结合，最终把问题解决。另外，本书进行了知识总结，有利于读者的接受与发挥。无论读者的硬件基础知识是什么样的水平，都可以通过阅读本书达到扩展知识面、巩固与提高硬件及网络知识的效果。

注重实际 通俗易懂

本书针对受众面不同的特点，采用了通俗的语言与表达方式，通过细致的知识整合，严谨的步骤操作，精选的图片案例，使相关知识一目了然。力求让各种层次的读者都可以方便阅读、深刻理解、顺畅领会，为读者在电脑硬件领域达到更高级别水平的目标做一块垫脚石。

学习方法

要想学好电脑硬件的组装和维修知识，不是一朝一夕的事情，需要各方面的积累，才可以做到触类旁通、举一反三。

1. 知识的积累

硬件知识、维修知识的积累是维修的基础，在搞不清问题的原因时切记不可盲目下手。首先需要弄明白故障是什么，为什么产生故障，然后再去进行排除。通过本书的学习，可以帮助读者快速积累各种硬件知识及故障问题的产生原因及排除方法。使读者在遇到问题时，有一个清晰的解决思路。

2. 经验的积累

仅通过知识的积累，也不能直接达到高手水平。读者需要在日常的安装、使用、维修过程中将所学知识与实际相结合，通过解决大量的实际问题，及时总结并积累实际经验，最终形成一整套自己的完整思路，才能从容应对各种故障。本书通过大量的实际案例，为读者提供快速积累经验的途径。

3. 工具的积累

初次接触硬件的读者没有足够多专业维修的工具，包括硬件工具及软件工具。书中详细介绍了各种常见工具及使用方法，读者可以根据实际情况，配置必备的工具，以便更快提高硬件及维护技术。

在这个技术当道的时代，不断学习提高是必不可少的，交流也是非常重要的。如果出现自己无法解决的问题，就需要与经验丰富的专业人士进行交流。本书考虑到读者的需求，特意搭建了交流平台（交流QQ群号：646874294），为广大用户提供硬件知识及维修技术的交流机会。

本书在编写过程中力求严谨细致，但疏漏之处在所难免，望广大读者批评指正。

编　者

目录

CONTENTS

Part 1 维修基础与硬件选购篇

01 Chapter 电脑组成与外部设备的连接

02 Chapter 电脑启动过程及硬件信息查看

03 Chapter 电脑配件选取原则

04 Chapter 认识并选购CPU

05 Chapter 认识并选购主板

06 Chapter 认识并选购内存

10 Chapter 认识并选购液晶显示器

11 Chapter 认识并选购键盘和鼠标

12 Chapter 认识并选购光驱及刻录机

Part 2 组装与使用设置篇

13 Chapter 电脑的组装过程

14 Chapter 最新UEFI BIOS设置

15 Chapter 电脑硬盘分区

16 Chapter 制作启动U盘

17 Chapter 快速启动Windows系统

18 Chapter 安装电脑驱动及应用软件

Part 3 电脑故障检测与维修

19 Chapter 检测维修工具

20 Chapter 故障分析及处理方式

21 Chapter 电脑故障的直观判断

22 Chapter 操作系统故障处理

23 Chapter 系统常见故障解析

24 Chapter 修复CPU常见故障

25 Chapter 修复主板常见故障

26 Chapter 修复内存常见故障

27 Chapter 修复硬盘常见故障

28 Chapter 修复显卡常见故障

29 Chapter 修复光驱、刻录机常见故障

30 Chapter 修复电源常见故障

31 Chapter 修复显示器常见故障

32 Chapter 修复键盘、鼠标常见故障

33 Chapter 修复声卡、U盘常见故障

34 Chapter 修复打印机常见故障

35 Chapter 修复笔记本电脑常见故障

Part 4 组建小型局域网及故障修复篇

36 Chapter 常用网络设备

37 Chapter 小型局域网的组建

38 Chapter 网络常见故障修复

Part 1

维修基础与硬件选购篇

内容导读

在学习电脑的组装与维修前，需要先对电脑的组成，尤其是硬件的参数有基本认识。在装机及故障排查时，要根据实际情况做到有的放矢，避免犯一些低级错误。本篇将着重介绍电脑的组成、软硬件知识及选购的基本原则。经过本章的学习，相信各位读者一定可以快速成为电脑硬件专家。

01 Chapter 电脑组成与外部设备的连接

知识概述

众所周知，电脑如果要正常工作，既需要硬件满足正常工作的要求，也需要对应软件的支持。本章将着重介绍电脑正常工作所需的软硬件。

要点难点

- 电脑内部设备
- 电脑外部设备
- 电脑软件的功能
- 主机与输入设备的连接
- 主机与输出设备的连接

1.1 电脑的组成

电脑是由众多硬件组合而成的，可以分成主机部分和外设部分。下面将详细介绍电脑的组成。

1.1.1 电脑主要外部结构

通常，除了主机外，用户使用的即看得见摸得着的部分，都属于电脑外部的组成。一台多媒体电脑主要由以下外部设备组成。

1. 显示器

显示器的作用是将视频源的视频电子信号还原成肉眼可以看到的画面，属于输出设备。当然，电视从本质上来说也属于显示器一类。其实，手机或平板的液晶屏也属于输出设备，只是因为手机的整体性，一般不会把这部分单独称作显示器，而统称显示屏或液晶屏，电脑显示器如图1-1所示。

2. 鼠标

鼠标是主要的输入设备，当用户拖动鼠标时，显示器上的指针跟随鼠标进行移动，通过操作鼠标，快速完成用户的任务。当然，别忘了给鼠标配上合适的鼠标垫。鼠标包括有线鼠标及无线鼠标，无线鼠标如图1-2所示。

图1-1 电脑显示器

图1-2 无线鼠标

3. 键盘

键盘也是一种主要的输入设备，用于字符及命令的输入。多媒体键盘与软件搭配，可以实现一键调节声音、启动各种软件等功能。键盘分为传统薄膜式键盘和机械键盘，某些特制的键盘还具备防水和背光的功能，如图1-3所示。

图1-3 机械背光键盘

4. 打印机

打印机也是一种输出设备，作用是将文本文档或照片打印到纸上。打印机分为喷墨打印机、激光打印机、针式打印机等，如图1-4所示。

图1-4 打印机

5. 音箱

音箱是多媒体电脑声音的输出设备。在网吧或者其他环境中，一般使用耳机代替了音箱，但家庭用户一般会使用音箱作为声音的主要输出介质，如图1-5所示。

图1-5 多媒体音箱

1.1.2 电脑主要内部结构

这里所述的内部结构是指电脑主机箱中的组成部件。主机是电脑的中心，打开主机箱的盖板后，会发现内部包括很多功能组件，下面将介绍各部件的功能。

1. CPU

中央处理器（Central Processing Unit，CPU），是电脑的运算核心及控制核心。它的功能主要是运算、解释电脑指令以及处理电脑软件中的数据。CPU的档次很大程度上也决定了电脑的档次，如图1-6所示。当然CPU上的风冷或水冷散热设备也是必备的。

2. 内存

内存属于内部存储器，在电脑开机时进行数据的存储，关机后存储的数据消失。内存具有体积小、速度快的特点，现在电脑标配8G及以上的总容量大小，如图1-7所示。

图1-6 Intel I7 6950处理器

图1-7 带散热鳍片的DDR4 3200内存

3. 硬盘

硬盘属于外部存储器，用来存储数据。与内存相比，具有容量大、速度慢的特点，但断电后数据不会消失。传统硬盘属于磁盘一类，现在流行的固态硬盘使用固态电子存储芯片阵列进行存储。传统硬盘如图1-8所示，固态硬盘如图1-9所示。

图1-8 2TB机械硬盘

图1-9 256G固态硬盘

4. 显卡

显卡起到主机对外进行显示控制的功能。显卡通过计算显示数据，将最终数据转换成可以显示的数字或模拟信号，传输到显示设备上。现在除了独立的显示卡外，一些要求不高的用户也可以使用CPU的显示核心进行计算，通过主板的显示接口进行输出，这叫作核心显卡。显卡外观如图1-10所示。

图1-10 带风扇的超大显卡

5. 主板

主板是固定在机箱上，用于接驳各主机部件的大型集成电路板。所有电脑组件都需要直接或通过线缆与主板相连才能运行，外部组件与电脑的连接，实际上就是与主板或主板上的各功能组件进行的连接。主板外观如图1-11所示。

6. 电源

电脑电源是指将220V的正常电压转换成低压，为电脑主机各设备进行供电的设备，电脑的电源通常安装在主机中，通过电源线连接插座，并通过各种输出线连接各种设备，如图1-12所示。

图1-11 Z270系列主板

图1-12 1000W机箱电源

7. 光驱

光驱是多年前电脑的标准配置，主要作用是读取光盘，安装系统。现在逐渐被高速宽带以及U盘所取代。现在的光驱，准确的说是刻录机，主要作用是刻录一些重要资料，充当一种备份工具。光驱已经不再是标配，如果需要，可以购买外置光驱。刻录机如图1-13所示。

8. 其他设备

除了以上主要的电脑内部部件外，用户也可以自行配置其他非主要功能部件。包括可获得更高音质的声卡，可实现复杂网络功能的网卡，以及机箱风扇等。最后，展示一张主机全家福，如图1-14所示。

图1-13 外置刻录机

图1-14 主机内部图

1.2 电脑的软件组成和功能

软件指运行在电脑硬件上，用于实现电脑高级功能的程序。用户通过软件，才能对电脑进行控制和实现各种高级功能。电脑只有同时具备软件和硬件才可以正常工作。软件主要存储在外部存储中，软件系统一般分为操作系统软件、程序设计软件以及应用软件三类。

1.2.1 操作系统软件

操作系统处于硬件设备之上的最底层，是用户和电脑的接口，同时也是电脑硬件和其他软件的接口。操作系统向下直接管理电脑硬件资源，起到解释用户的命令和驱动硬件设备以实现用户需求的作用，主要提供资源管理、程序控制、人机交互、用户接口及用户界面的功能。

现在比较常用的桌面操作系统有Windows系列，如桌面Windows 7、Windows 10，如图1-15所示。服务器系统有Windows Server 2008、Windows Server 10、Windows Server 2016等。除了Windows外，还有以Linux、UNIX为内核进行开发的操作系统，如SUNSolaris、FreeBSD、Deian、Ubuntu、Red Hat，最常见的即苹果主机的系统，如图1-16所示。现在常用的智能手机系统，也是基于Windows、Linux、UNIX内核进行开发并按照各品牌进行优化的产物。

图1-15 Windows 10界面

图1-16 Ubuntu系统界面

1.2.2 程序设计软件

程序设计软件由专门软件公司编制，用来进行编程的电脑语言。程序设计软件主要包括计算机语言、汇编语言和高级语言等，如VC++、Delphi、Java等。

1.2.3 应用软件

电脑中的游戏、上网、聊天等操作，所使用的软件都是应用软件。应用软件是已经进行了编译操作，并为用户提供了友好界面的程序。用户不需要懂得编程，只需要进行简单操作，应用软件则会使用操作系统的各种功能接口，来控制电脑硬件完成各种数据的处理，并将各种返回的数据通过输出设备反馈给用户。常用的应用软件有Office系列办公软件、游戏软件、杀毒软件、办公财务软件等，如图1-17和图1-18所示。

图1-17 Office 2016

图1-18 Office 2016各组件

1.2.4 BIOS

BIOS是英文Basic Input Output System的缩写，即“基本输入输出系统”，它是一组固化到电脑内主板上的一个ROM芯片上的程序，它保存着电脑最重要的基本输入输出的程序、开机后自检程序和系统自启动程序。 其主要功能是为电脑提供最底层的、最直接的硬件设置和控制。图1-19是传统的BIOS界面，图1-20是新式的UEFI图形化BIOS界面。

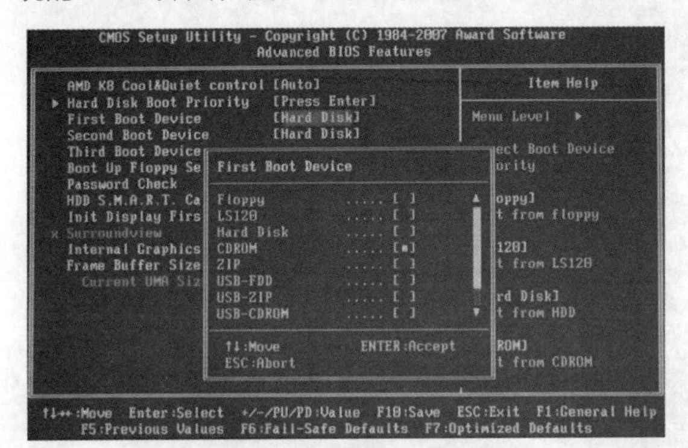

图1-19 传统BIOS界面

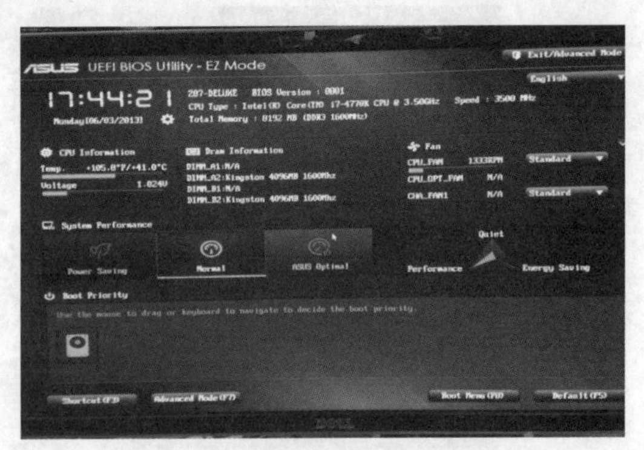

图1-20 UEFI BIOS界面

CMOS是微机主板上的一块可读写的RAM芯片，主要用来保存当前系统的硬件配置和操作人员对某些参数的设定。CMOS RAM芯片由系统一块后备电池供电，因此无论是在关机状态，还是遇到系统掉电情况，CMOS信息都不会丢失。所以，BIOS相当于系统，而CMOS则是存储的BIOS的配置信息。

1.3 电脑与输入设备的连接

电脑与输入设备的连接主要使用的是机箱后部的接口，提供各接口的主要设备就是上一章提到的主板。用户可以仔细观察机箱后的各接口，如图1-21所示。

有线鼠标通常为PS/2接口或者USB接口。如果是PS/2接口，可以直接与主机后面的PS/2接口相连，如图1-22所示；如果是USB接口，可以直接与机箱后面的USB接口相连，如图1-23所示。

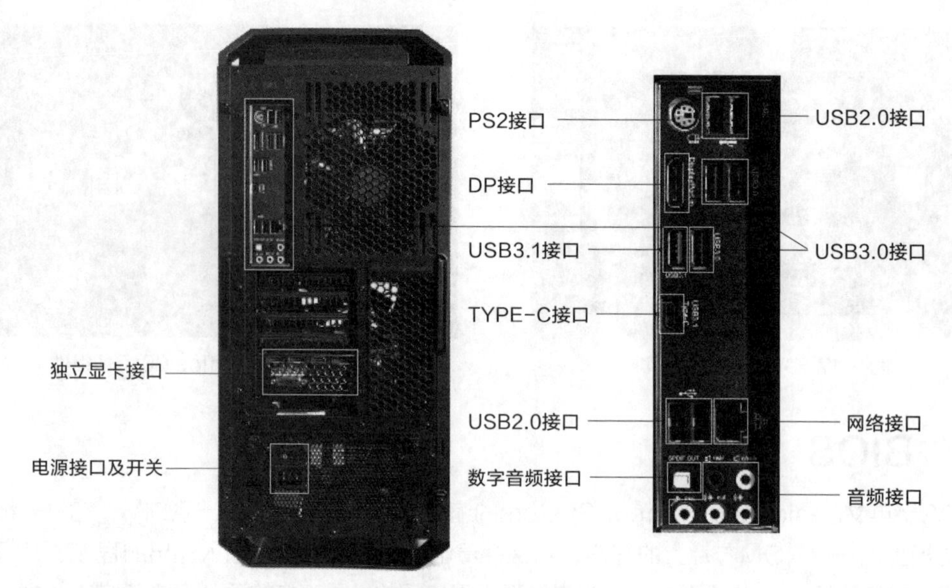

图1-21 主机后面的各种接口

图1-22 PS/2键鼠接口

图1-23 USB接口鼠标

当然，如果用户为了节约USB接口，可以使用USB转PS/2转接器与PS/2接口相连，如图1-24所示。如果PS接口损坏，也可以使用2个PS/2转USB转接器来转接，如图1-25所示。

如果使用了无线键鼠，或者无线鼠标，仅需要将接收器插入USB口，安装驱动后，即可使用无线键鼠，如图1-26所示。

在这里需要注意，PS/2接口在接入设备时，一定要注意插针的方向，如图1-27所示。否则极易折断键鼠插针或者损坏PS/2接口。

图1-24 USB转PS/2独立转接器

图1-25 USB转PS/2转接器

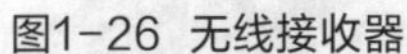

图1-26 无线接收器

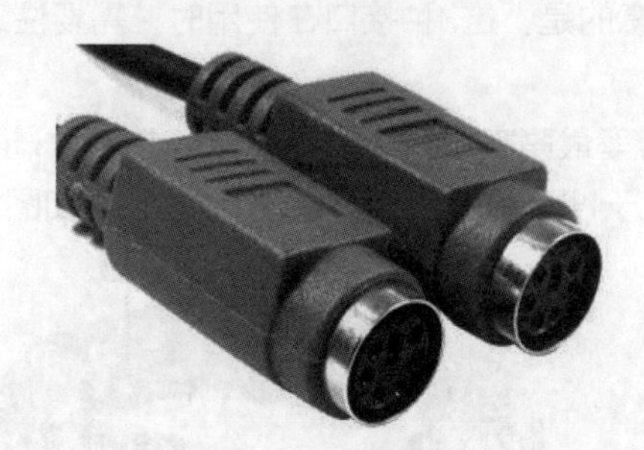

图1-27 USB母口

1.4 电脑与输出设备的连接

上一节提到的输出设备包括显示器、打印机、音响等。下面将向用户一一介绍连接方法。

1.4.1 显示器的连接

显示器一般都需要电源供电，所以用户需要将显示器电源线一端与显示器的电源接口相接，如图1-28所示，另外一端与接线板相接，如图1-29所示。

图1-28 显示器电源接口

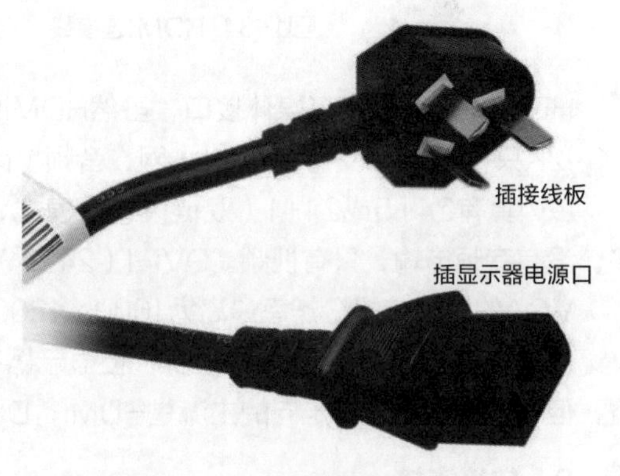

图1-29 电源线接口及插法

1. 直接连接

一般显示器及主机后端都有VGA、DVI、HDMI接口中的一种或者几种，用户可使用相对应的视频连接线进行连接，如图1-30、图1-31所示。

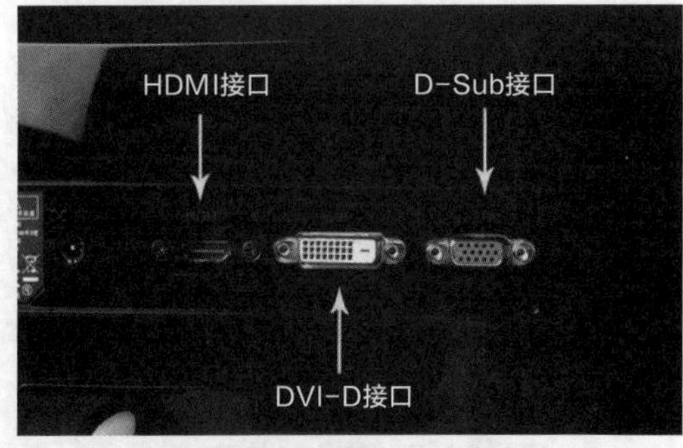

图1-30 显示器视频输入接口

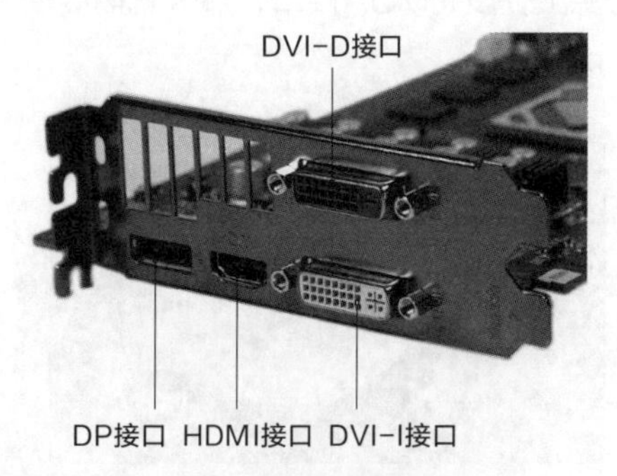

图1-31 显卡视频输出接口

显示器与主机连接时，所需的连接线如图1-32、图1-33、图1-34所示。

需要注意的是，这3种接口在使用时，需要注意插入方向，以免造成插针弯曲或折断，造成显示故障。

DP分辨率最高支持4K×2K/60帧，这个比HDMI高些，HDMI支持4K×2K/24帧。在超高清条件下，DP优于HDMI，DP还支持3D、音频，如图1-35所示。

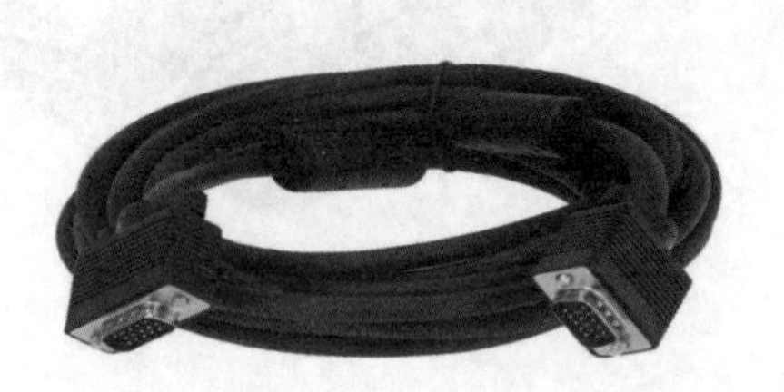

图1-32 VGA连接线

图1-33 DVI连接线

图1-34 HDMI连接线

图1-35 DP连接线

HDMI是高清晰度多媒体接口，虽然HDMI的最高分辨率不如DP，其最佳画质是180P-1600P，4K×2K只有24帧，支持3D、以太网、音频（比DP更好）。

DVI具有24+5或24+1（双链模式）模式，分辨率最高为3840×2400，33Hz，与HDMI差不多。没有音频传输，只有视频。DVI-I（24+5）可传送数位及类比讯号。

VGA的模拟信号分辨率最高为1600×1200，相对于以上三种差很多，将逐渐被淘汰。

总的来说，DP与HDMI差不多，但显示器有可能向DP发展，主要原因是其分辨率更高，并且免费，但现在显示器正在走向的主流是HDMI，DVI将逐渐被以上两种淘汰。

2. 转接连接

如果显示器没有机箱后部显卡对应的显示接口，那么就需要转接器进行转换连接。这在传统显示器+新电脑主机或者传统显示器+网络电视盒子的组合中尤其常见。

虽然VGA接口在淘汰的道路上越走越远，但仍是很多传统显示器或者电视机的标配。如果显示的信号源上，没有VGA接口，那么就需要使用转接器进行转换连接。最常用的转接器如图1-36、图1-37所示。

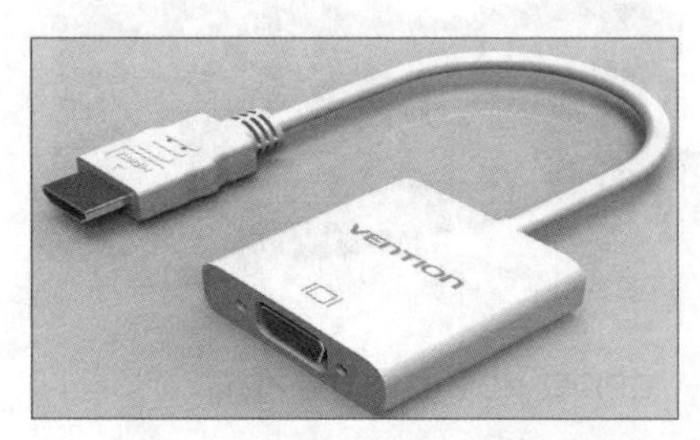

图1-36 HDMI转VGA接口

图1-37 DVI转VGA接口

DVI接口现在逐渐开始被淘汰，但很多显示器上仍将DVI作为标准配置，用户可以通过购买如图1-38所示的转接线，将DP接口转换为DVI接口，也可以使用如图1-39所示的转接线来进行转换。

图1-38 DP转VGA接口

图1-39 DP转DVI接口

HDMI作为现在主流的标准视频接口，需要转换的情况更多，用户可以参考图1-40、图1-41来购买需要的转接器。

图1-40 DVI与HDMI互转线

图1-41 DP转HDMI 转接线

另外，在一些老电脑或老显示器上，还存在S-Vidio接口，现在已经基本淘汰。

1.4.2 音箱的连接

桌面级的音箱，一般属于2.1声道，即左右声道音箱，加上低音炮。而主板在很多年前就已经支持了5.1或者7.1声道。先来看看机箱后的音频接口都有哪些功能，如图1-42所示。

图1-42 电脑音频接口及功能

1. 2.1声道音箱连接

2.1声道的音箱连接方法很简单，只需要将音箱的绿色音频线连接主板后的绿色插孔即可。别忘了给音箱连接电源插头，打开音箱电源即可。

2. 5.1声道音箱连接

5.1声道的音箱包括前置2个音箱接绿色接口、后置2个音箱接黑色接口、中置音箱以及低音炮接橙色接口。

3. 7.1声道音箱连接

7.1声道的音箱比5.1声道的音箱多了2个侧面音箱。所以有些用户会问，为什么没有该音箱的接口？原因是过多的接口会增加制造成本，而普通用户根本不会使用那么多接口，通过安装高清音频管理器软件，用户可以自定义所有接口的功能。也就是说，电脑音频接口的功能并不是绝对的，通过颜色区分功能仅仅是方便一般用户使用默认的连接方式。用户可以将暂时不用的“线路输入”接口或“麦克风”接口设置为侧面音箱的音源，如图1-43、图1-44所示。

图1-43 音频管理器控制7.1声道

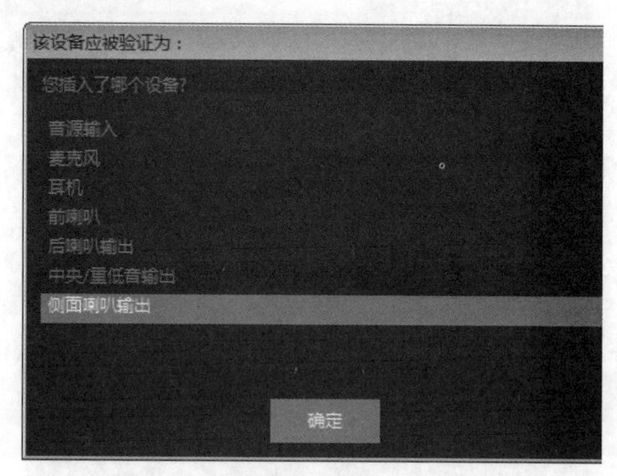

图1-44 设置音频接口输出的音源

有些用户会问，机箱后部仅有3个接口是怎么回事？如图1-45所示。其实，3个接口，是厂商按照5.1声道的最低要求制造的，基本上满足大部分用户的需求。但是，这样就无法实现7.1声道的高品质要求了吗？别忘了，通过机箱前面板跳线，在机箱前面还有2个接口，如图1-46所示。这样，用户就拥有了5个接口了，基本上满足用户的需求了。如果用户仍需要大量音频接口，可以采用外接声卡的办法，或者查看主板是否支持更多音频模块，通过跳线的方法增加更多的接口。

图1-45 仅有3个音频接口的主板

图1-46 前面板音频接口

4. 耳机的连接

带独立声卡的USB接口耳机的连接，仅需要将耳机接入到电脑的USB接口即可，一般该耳机带有虚拟7.1声道，带有震动效果，为用户带来震撼的听觉感受，如图1-47所示。

图1-47 USB接口发烧级耳机

普通的头戴式耳机一般带有音频线和麦克风线，如图1-48所示。仅需将音频线接入绿色接口，麦克风线接入粉红色接口即可使用。当然，颜色不是绝对的，用户在接线时还需要根据线上的标示插入对应的接口。有些耳机只有一根线，尤其是入耳耳机，这种在手机上比较常用，仅需要接入绿色的音频接口即可，如图1-49所示。

图1-48 普通耳机及接口

图1-49 单音频耳机及接口

1.4.3 打印机扫描一体机的连接

打印机是比较常用的输出设备。随着科技的发展，无线一体机出现了，它集打印、复印、扫描、传真、电话等功能于一体，用户仅需要将一体机连接到无线局域网，并在每台电脑上安装客户端，即可无线打印、扫描文档或照片。

这里我们再介绍一下有线一体机的连接。电源的连接用户应该已经掌握，用户仅需要将一体机数据线的USB接口接入到电脑的USB接口上，数据线的另外一端接到打印机上，注意方向即可，如图1-50、图1-51所示，完成一体机的连接。

老式打印机因为型号及接口类型过多，而且已经逐渐被淘汰了，这里仅说明主流打印机的连接方法。连接完成后，开机即可使用，某些打印机还需要用户安装驱动程序。

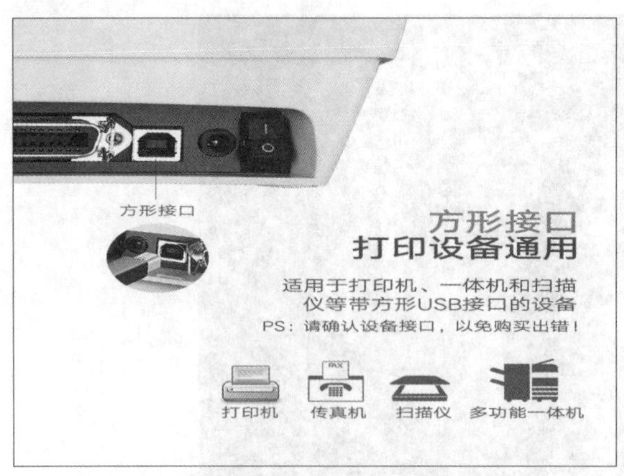

图1-50 打印机接口及连接方法

图1-51 打印机数据线

1.4.4 网线的连接

在台式机上也可以使用无线网卡，这样能省去布线的麻烦。当然，使用网线连接，可以避免信号的衰减、不稳定、延时等。这些因素在进行游戏时往往更加被玩家所重视。另外，一些特殊情况下，用户只能使用网线进行连接，此如初次配置路由器、调试各种设备等。

网线的连接比较简单，网线的一端连接网络设备或者网络模块，另一端连接电脑后面的网线接口即可，如图1-52、图1-53所示。

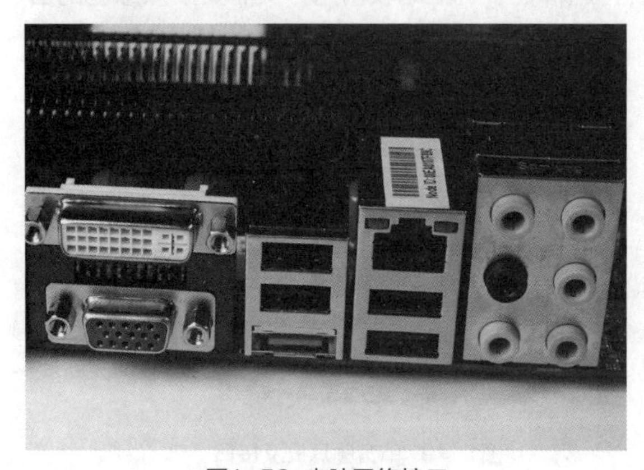

图1-52 电脑网络接口

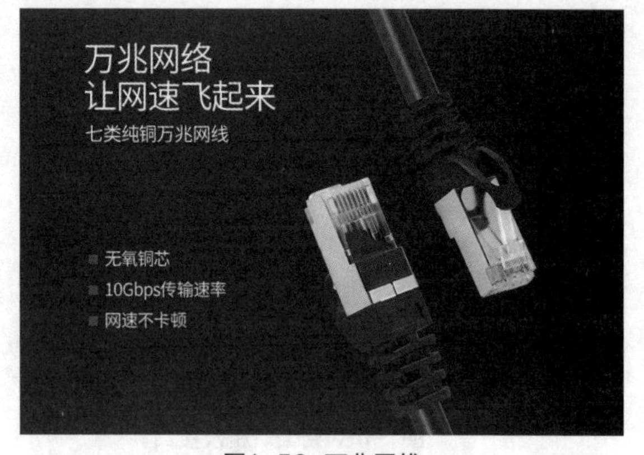

图1-53 万兆网线

一般家庭或学校宿舍内用五类线就行了，它适用100兆网络。超五类线及以上用于网吧、政府、企业等数据流量大的场所。类别越高，受影响和衰减越小，传输距离也更远，但价格也更贵，超6类网线一般是在企业使用。7类网线（CAT7）是ISO7类/F级标准中最新的一种双绞线，它主要适应万兆位以太网技术的应用和发展。

02 Chapter 电脑启动过程及硬件信息查看

知识概述

在用户看来，电脑的启动只要按下开机按钮即可，但是作为维修人员或者硬件工程师，需要了解从按下开机键到进入桌面，电脑到底做了哪些事情。本章将介绍电脑启动的整个过程。

要点难点

- 电脑操作系统启动过程
- 电脑硬件信息查看

2.1 BIOS 阶段

电脑启动的BIOS阶段如下。

STEP 01 当按下电源开关时，电源就开始向主板和其他设备供电，此时电压还不太稳定，主板上的控制芯片组会向CPU发出并保持一个RESET（重置）信号，让CPU内部自动恢复到初始状态，但CPU在此刻不会马上执行指令。当芯片组检测到电源已经开始稳定供电了，便撤销RESET信号，CPU马上从地址FFFF0H处开始执行指令，这个地址实际上在系统BIOS的地址范围内，无论是Award BIOS还是AMI BIOS，放在这里的只是一条跳转指令，跳到系统BIOS中的真正启动代码处。

STEP 02 系统BIOS的启动代码首先要做的事情，就是进行POST（Power-On Self Test，加电后自检），POST的主要任务是检测系统中一些关键设备是否存在和能否正常工作，例如内存和显卡等设备。由于POST是最早进行的检测过程，此时显卡还没有初始化，如果系统BIOS在进行POST的过程中发现了一些致命错误，例如没有找到内存或者内存有问题（此时只会检查640K常规内存），系统BIOS会直接控制喇叭发声来报告错误，声音的长短和次数代表了错误的类型。POST结束之后就会调用其他代码来进行更完整的检测。

STEP 03 接下来，系统BIOS将查找显卡的BIOS，系统BIOS找到显卡BIOS之后，调用它的初始化代码，由显卡BIOS来初始化显卡，此时多数显卡都会在屏幕上显示出一些初始化信息，介绍生产厂商、图形芯片类型等内容，不过这个画面几乎是一闪而过。系统BIOS接着会查找其他设备的BIOS程序，找到之后同样要调用这些BIOS内部的初始化代码来初始化相关设备。

STEP 04 查找完所有其他设备的BIOS之后，系统BIOS将显示自己的启动画面，其中包括系统BIOS的类型、序列号和版本号等内容，如图2-1所示。

STEP 05 接着系统BIOS将检测和显示CPU的类型和工作频率，然后开始测试所有RAM，并同时在屏幕上显示内存测试的进度，可以在CMOS设置中自行决定使用简单但耗时少的测试方式，或者详细但耗时多的测试方式。

STEP 06 内存测试通过后，系统BIOS开始检测系统中安装的标准硬件设备，包括硬盘、CD-ROM、串口、并口、软驱等，另外，绝大多数较新版本的系统BIOS在这一过程中还要自动检测和设置内存的定时参数、硬盘参数和访问模式等。

STEP 07 标准设备检测完毕后，系统BIOS内部的支持即插即用的代码将开始检测和配置系统中安装的即插即用设备，每找到一个设备之后，系统BIOS都会在屏幕上显示出设备的名称和型号等信息，同时为该设备分配中断、DMA通道和I/O端口等资源。

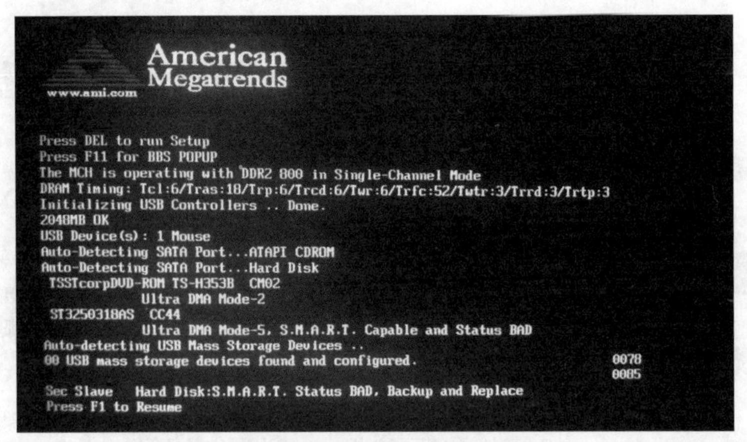

图2-1 BIOS信息画面

STEP 08 到此为止，所有硬件都已经检测配置完毕了，多数系统BIOS会重新清屏，并在屏幕上方显示出一个表格，其中概略地列出了系统中安装的各种标准硬件设备，以及它们使用的资源和一些相关工作参数。

STEP 09 接下来，系统BIOS将更新ESCD（Extended System Configuration Data，扩展系统配置数据）。ESCD是系统BIOS用来与操作系统交换硬件配置信息的一种手段，这些数据被存放在CMOS之中。通常ESCD数据只在系统硬件配置发生改变后才会更新，所以不是每次启动机器时都能够看到“Update ESCD… Success”这样的信息。

STEP 10 ESCD更新完毕后，系统BIOS的启动代码将进行它的最后一项工作，即根据用户指定的启动顺序从软盘、硬盘或光驱启动。系统BIOS将读取并执行硬盘上的主引导记录（MBR），并将控制权交给主引导记录。

2.2 MBR及内核阶段

电脑启动的MBR及内核阶段过程如下。

STEP 01 MBR会搜索64B大小的分区表，找到4个主分区（可能没有4个）的活动分区，并确认其他主分区都不是活动的，然后加载活动分区的第一个扇区（Bootmgr）到内存。MBR结构如图2-2所示，分区表结构如图2-3所示。

<table>
<tr><th colspan="6">标准 MBR 结构</th></tr>
<tr><th colspan="3">地址</th><th colspan="2" rowspan="2">描述</th><th rowspan="2">长度
（字节）</th></tr>
<tr><th>Hex</th><th>Oct</th><th>Dec</th></tr>
<tr><td>0000</td><td>0000</td><td>0</td><td colspan="2">代码区</td><td>440
（最大 446）</td></tr>
<tr><td>01B8</td><td>0670</td><td>440</td><td colspan="2">选用软盘标志</td><td>4</td></tr>
<tr><td>01BC</td><td>0674</td><td>444</td><td colspan="2">一般为空值；0x0000</td><td>2</td></tr>
<tr><td>01BE</td><td>0676</td><td>446</td><td colspan="2">标准 MBR 分区表规划
（四个 16byte 的主分区表入口）</td><td>64</td></tr>
<tr><td>01FE</td><td>0776</td><td>510</td><td>55h</td><td rowspan="2">MBR 有效标志：
0x55AA</td><td rowspan="2">2</td></tr>
<tr><td>01FE</td><td>0777</td><td>511</td><td>AAh</td></tr>
<tr><td colspan="5">MBR，总大小：466+64+2=</td><td>512</td></tr>
</table>

图2-2 MBR结构

硬盘分区表结构			
位置	名称	大小	说明
0x00	Boot_ind	字节	引导标志。4个分区中同时只能有一个分区是可引导的。0x00－不从该分区引导操作系统；0x80－从该分区引导操作系统
0x01	Head	字节	分区起始磁头号
0x02	Sector	字节	分区起始扇区号（位0-5）和起始柱面号高2位（位6-7）
0x03	Cyl	字节	分区起始柱面号低8位
0x04	Sys_ind	字节	分区类型字节。0x0b-DOS；0x80-Old Minix；0x83－Liniux…
0x05	End_head	字节	分区的结束磁头号
0x06	End_sector	字节	结束扇区号（位0-5）和结束柱面号高2位（位6-7）
0x07	End_cyl	字节	结束柱面号低8位
0x08-0x0b	Start_sect	字长	分区起始物理扇区号
0x0c-0x0f	Nr_sects	字长	分区占用的扇区数

图2-3 硬盘分区表结构

STEP 02 Bootmgr寻找并读取BCD，如果有多个启动选项，会将这些启动选项反映在屏幕上，由用户选择从哪个启动项启动，如图2-4所示。

图2-4 操作系统选择画面

STEP 03 选择从Windows 7启动后，会加载C:\windows\system32\winload.exe，并开始内核的加载过程。

在这个过程中，bootmgr和BCD存放在Windows 7的保留分区里，而从Winload.exe开始，就进入C盘执行内核的加载过程了。

2.3 启动桌面环境及应用软件阶段

STEP 01 内核加载完毕后，操作系统开始加载硬件驱动、操作系统程序等，完成后，进入桌面环境，如图2-5所示。

图2-5 Windows 10桌面环境

STEP 02 接下来，用户按照需要启动应用软件即可，如图2-6所示。

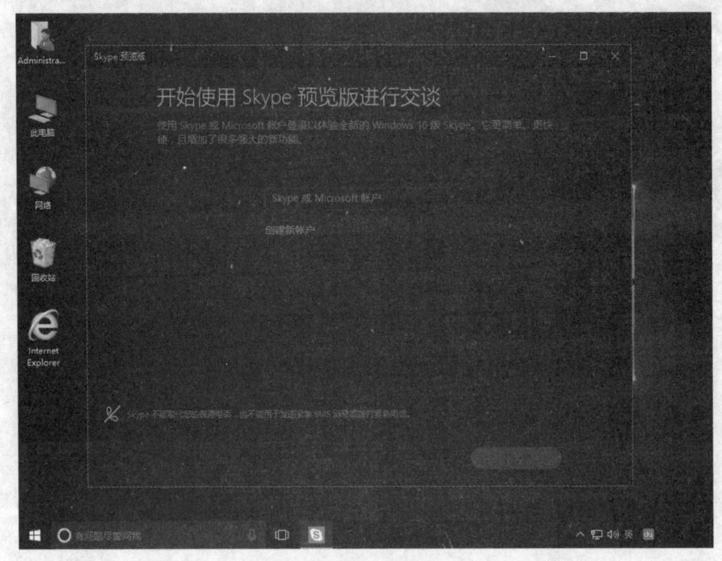

图2-6 启动应用软件

2.4 电脑硬件信息的查看

电脑配置的各种数据及信息，可以通过多种渠道进行查看。

2.4.1 启动电脑时查看硬件信息

启动电脑时，用户可以在启动画面中，快速浏览硬件信息，如图2-7所示。此时显示的信息包括BIOS信息、CPU信息、内存信息、硬盘信息等。用户可以在信息显示时，按下键盘上的Pause键暂停信息的刷新，以方便查看。

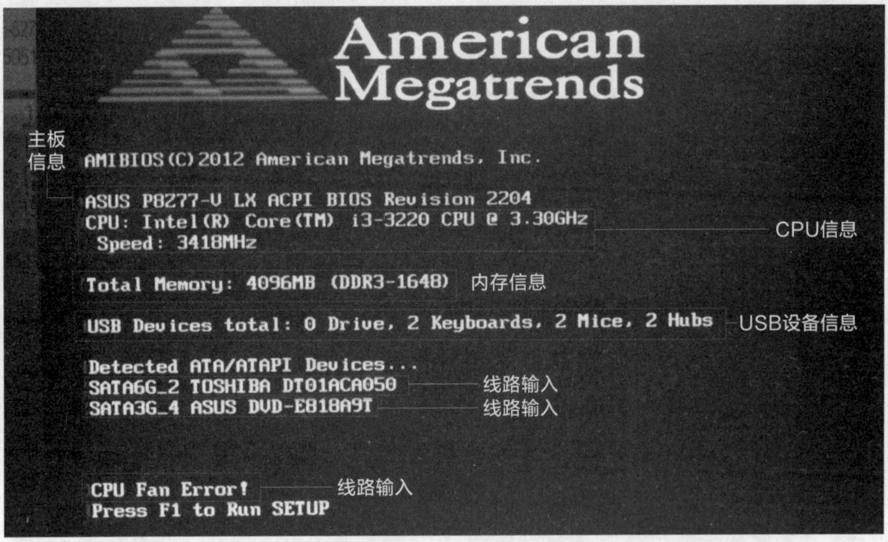

American
Megatrends
主板
信息
AMIBIOS(C)2012 American Megatrends, Inc.
ASUS P8Z77-V LX ACPI BIOS Revision 2204
CPU: Intel(R) Core(TM) i3-3220 CPU @ 3.30GHz
Speed: 3418MHz
CPU信息
Total Memory: 4096MB (DDR3-1648)
内存信息
USB Devices total: 0 Drive, 2 Keyboards, 2 Mice, 2 Hubs
USB设备信息
Detected ATA/ATAPI Devices...
SATA6G_2 TOSHIBA DT01ACA050
线路输入
SATA3G_4 ASUS DVD-E818A9T
线路输入
CPU Fan Error!
线路输入
Press F1 to Run SETUP

图2-7 启动画面信息

2.4.2 BIOS 中查看设备信息

启动电脑时，用户可以进入BIOS设置界面，查看设备信息，如图2-8所示。

UEFI BIOS Utility - EZ Mode
17:22:10
Z87-C BIOS版本: 1205
处理器类型: Intel(R) Core(TM) i7-4770K CPU @ 3.50GHz 速度: 3500MHz
总内存: 8192MB (DDR3 1333MHz)
星期五[02/14/2014]
CPU信息
温度 +91.4°F/+33.0°C
电压 1.024V
内存信息
XMP Disabled
DIMM_A1: N/A
DIMM_A2: Kingston 8192MB 1333MHz
DIMM_B1: N/A
DIMM_B2: N/A
风扇
CPU_FAN 944RPM
CPU_OPT_FAN N/A
CHA_FAN1 N/A
Standard
Standard
系统性能
一般
华硕最佳化
安静
性能
节能
启动顺序
快捷菜单(F3)
高级模式(F7)
SATA Information
启动菜单(F8)
默认(F5)

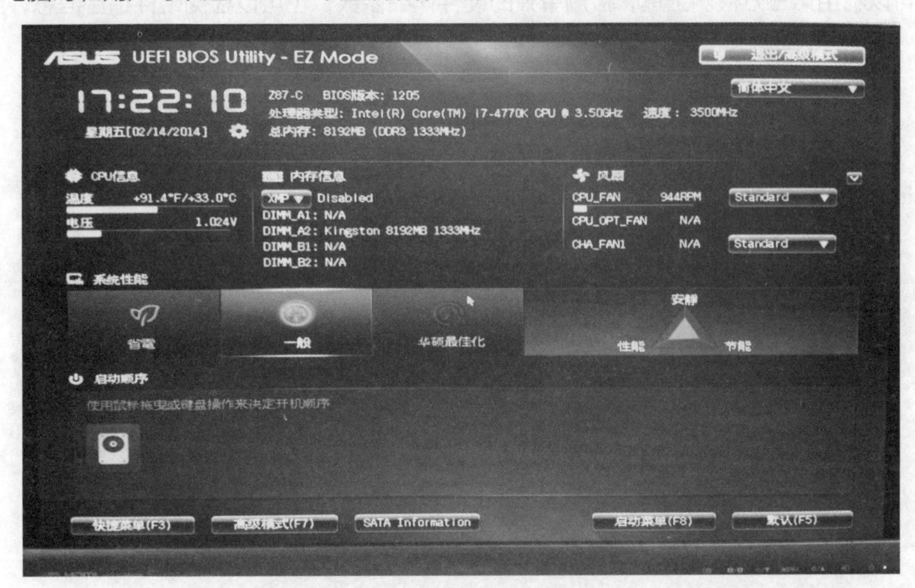

图2-8 UEFI BIOS界面设备信息

2.4.3 设备管理器查看硬件信息

启动电脑后，用户可以在“设备管理器”窗口中，查看硬件的信息，如图2-9所示。

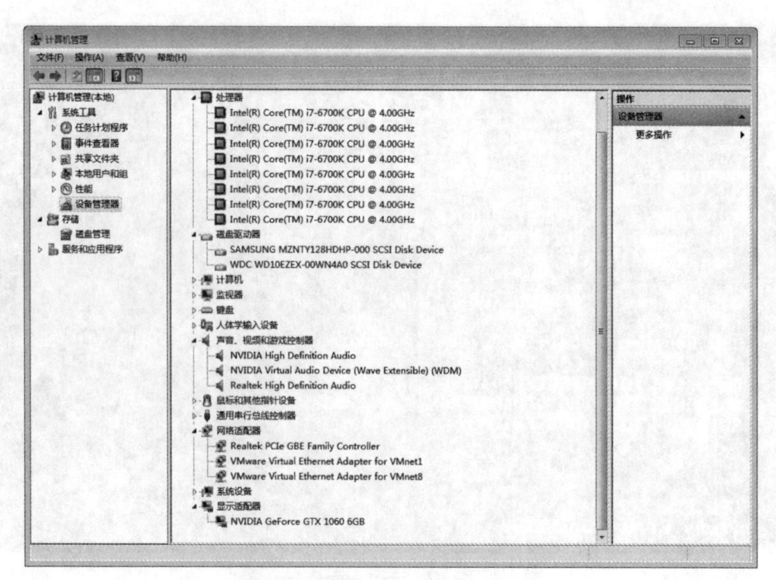

图2-9 设备管理器中的设备信息

2.4.4 利用第三方工具查看硬件信息

用户可以利用第三方检测工具，检测单独的硬件详细参数，也可以检测硬件综合信息，如图2-10所示。

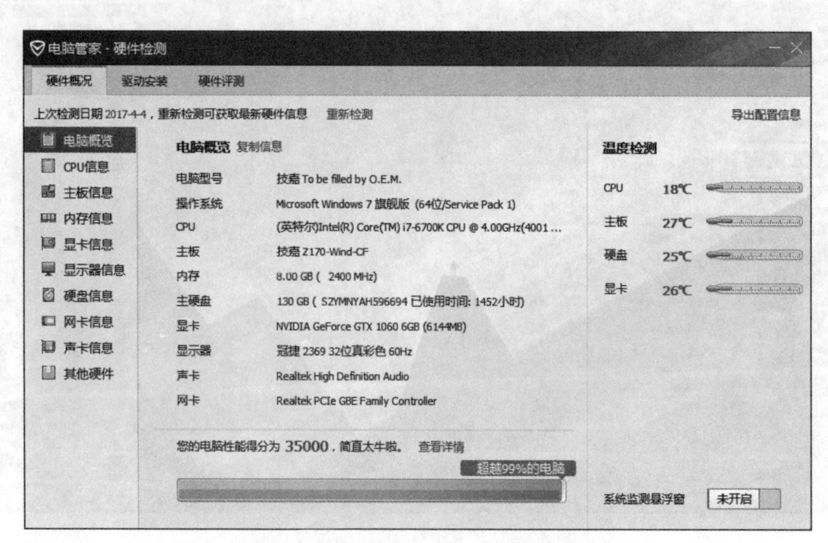

图2-10 第三方工具查看电脑配置信息

03 Chapter 电脑配件选取原则

知识概述

电脑配置方案的确定过程，就是硬件的选取过程。在这个过程中，用户需要确定配置的原则和方向，才能找到真正适合自己的组合。下面将介绍具体的选择方法。

要点难点

- 硬件性能的判断
- 硬件参数的解读
- 硬件品牌的考量
- 购买方案的制订

3.1 买品牌机还是组装机

品牌机优点在于外观时尚、兼容性强，经过严格的测试后出厂，售后服务完善。缺点就是价格较高、升级比较麻烦、配置不灵活。品牌机适合企事业单位和对维护不是特别在行的人群使用。

组装机优点在于性价比较高、配置灵活。缺点在于组装机各组件的兼容性不如品牌机，而且售后基本要靠自己。组装机适合DIY一族、电脑发烧友、对电脑的日常维护有一定经验的人士。

所以用户应根据自身需要、经济能力，尤其是对电脑知识的熟悉程度等进行综合考虑，在两者间选择适合自己的。

3.2 硬件主要参数及性能判断

看硬件，主要是看硬件的参数，通过各参数的比较来确定适合的产品。下面将介绍硬件的一些主要参数。

3.2.1 CPU 的主要参数

- 主频：CPU的主频直接关系到CPU的运算速度。主频越高，性能也就越好。
- 制造工艺：是指在半导体硅材料上制造CPU时，元器件之间连接线的宽度，通常以纳米为单位，是CPU更新换代的标志。该指标越小，说明产品集成度越高，CPU的功耗越低。
- 缓存：处于CPU与内存之间的高速缓冲区，缓存越大，CPU的工作效率越高。

3.2.2 内存的主要参数

- 频率：与CPU的频率作用类似，频率越高说明在单位时间内读写的速度越快、内容越多。现在主流内存为DDR4-2400。
- 延时值：延时值（CL）指内存存取数据的延迟时间。该值越小，代表内存的速度越快。
- 容量：因为64位操作系统的普及以及各应用软件、游戏等的要求，主流的内存配置已经从8G起步了。内存越大，缓存的数据也就越多，CPU执行效率就越高，电脑整体的处理速度也就越快。

3.2.3 显卡的主要参数

- 显示芯片：显示芯片是显卡的核心芯片，它的性能好坏直接决定了显卡性能的高低，它的主要任务就是处理系统输入的视频信息，并对其进行构建、渲染等工作。
- 显存频率：显存频率是指默认情况下，显存在显卡上工作时的频率，以MHz（兆赫兹）为单位。显存频率一定程度上反映着该显存的速度。
- 显存类型：目前市场上主要以DDR4、DDR5为主。
- 显存位宽：显存位宽是显存在一个时钟周期内所能传送数据的位数，位数越大则瞬间所能传输的数据量越大，这是显存的重要参数之一。目前市场上的显存位宽有192位、256位、512位等大小。
- 显存容量：显存容量是显卡上本地显存的容量数。显存容量的大小决定着显存临时存储数据的能力，在一定程度上也会影响显卡的性能。现在主流的容量已经达到了4G或6G的水平。值得注意的是，显存容量越大，并不一定意味着显卡的性能越高，因为决定显卡性能的要素首先是其所采用的显示芯片，其次是显存带宽（这取决于显存位宽和显存频率），最后才是显存容量。

3.2.4 硬盘的主要参数

- 转速：硬盘通常是按每分钟转速计算。该指标代表了硬盘主轴马达（带动磁盘）的转速，比如5400RPM代表该硬盘中主轴转速为每分钟5400转。目前主流笔记本硬盘转速为5400RPM；台式机硬盘转速为7200RPM。但随着技术的不断进步，笔记本和台式机均有万转产品问世。
- 缓存：缓存是硬盘与外部交换数据的临时场所。硬盘读/写数据时，通过缓存一次次地填充与清空，再填充，再清空，就像一个中转仓库一样。
- 平均寻道时间：平均寻道时间指硬盘在盘面上移动读写磁头到指定磁道寻找相应目标数据所用的平均时间，单位为毫秒。当单碟容量增大时，磁头的寻道动作和移动距离减少，从而使平均寻道时间减少，加快硬盘访问速度。值越小，说明该硬盘的性能越好。

3.3 电脑配置原则

用户在购买电脑时，考虑的往往是性能较好、流行的、价格合适的产品。但这样的电脑不一定是用户所需要的。在进行电脑配置时，需要考虑以下几点，才能有的放矢进行配置。

3.3.1 制订方案的原则

- 买电脑做什么：不同的作用也决定了不同的电脑类型。如老年人、办公室文员等，可以选择入门级电脑；设计人员可以选择专业级设计型电脑；游戏人士可以选择中高配，带有专业级显卡的电脑；而专业DIY用户可以选择发烧级配置。
- 资金状况：在资金不是特别充裕的情况下，可以有倾向地选择性价比相对较高的电脑，或者根据使用情况，分配预算资金时向某些主要设备倾斜。
- 个人硬件水平：主要取决于个人对电脑硬件的了解程度，可以在品牌机和组装机之间进行综合考虑。确定了方向，就可以进行比较和选择了。甚至在二手市场中也可以淘到心仪的配件。

3.3.2 品牌机选购的原则

1. 确定品牌

购买品牌电脑，首先要选择的就是品牌，尽量选择国内外知名的厂商，如国际品牌HP、DELL，国内品牌联想、方正等。

小厂的技术实力往往不如大厂，但在配置、价格上有比较大的优势，不过用户一定要将维修、退换货途径等售后的因素考虑进来，最终确定购买的产品。

2. 看配置与价格

在配置一定的情况下，比较各个厂商价格，或者在价格相同的情况下，选择更好的配置。除了在销售商的品牌店可以买到价格略高的产品外，在各大厂商的官网，同样可以进行产品的购买。有时，网上渠道的价格或者促销比销售商或品牌店更有诱惑力。

3. 比较售后

因为品牌电脑最大的优势在于售后，所以除了比较产品的保修期、收费标准、上门服务标准外，用户还需要了解本地售后的情况，如位置、服务态度、技术力量等。

最重要的是购买品牌机后一定要向经销商索要发票，这是在出现产品问题时维权最有力的证据。

3.3.3 电脑配置方案分类

根据用户的资金状况，电脑配置方案可以简单分为四类，用户可以参照标准，为准备配置的电脑做相应的计划。

- 入门级应用：入门级的产品主要用于简单的处理，如文档处理、一般办公、炒股、上网聊天、看影视节目、入门学习等，其价格可以控制在2000~3000元之间。
- 普通级应用：主要用于商务办公、简单图形图像处理、一般游戏玩家、政府行政人员办公使用等，其价格控制在3000-5000元之间即可。
- 专业级应用：主要适用于玩大型游戏、专业级图像处理、音频处理、3D动画制作、大型编程、网络销售等人士，除了可以购买相对应专业级电脑外，也可以进行DIY组装，其价格在5000~8000元之间。
- 发烧级应用：主要适用于超频玩家、多开游戏玩家、追求极致视听享受的高端人士等，可以在配置电脑时，根据硬件数据，选择相应的高端硬件，其价格在8000元以上。当然，以上报价仅是主机的价格。

04 Chapter 认识并选购CPU

知识概述

CPU 是电脑的大脑，负责处理电脑所有运算及控制的功能部件。在选购时，需要了解 CPU 各参数的含义，结合自己的需求，才能选到适合的型号。

要点难点

- CPU 的制造工艺
- CPU 的主要参数及含义
- CPU 的选购

4.1 CPU 的含义及功能

CPU是电脑的核心。CPU通常是一块超大规模的集成电路，是一台电脑的运算核心（Core）和控制核心（Control Unit）。它的功能主要是解释电脑指令以及处理电脑软件中的数据。CPU的外观如图4-1所示。

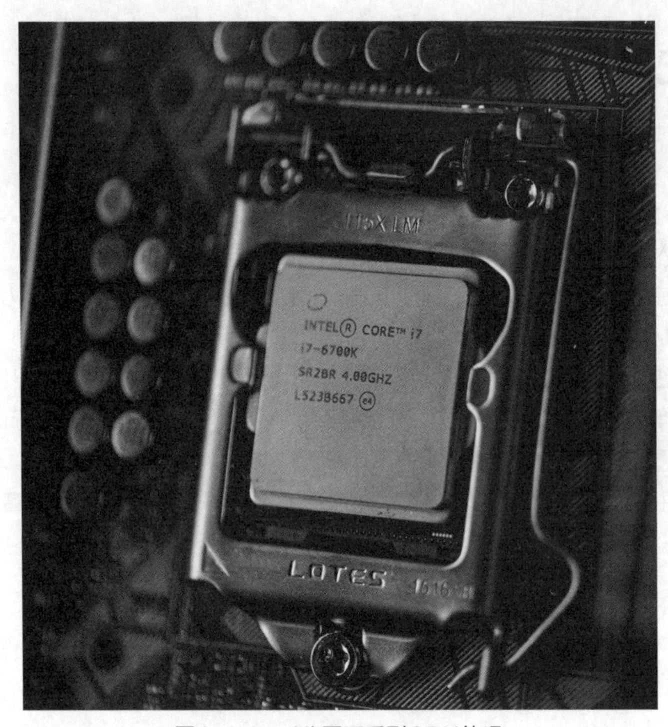

图4-1 Intel公司I7系列CPU外观

相对于台式机，选购笔记本中的CPU时还要重点考虑能耗的问题。现在流行的智能手机中也存在CPU，手机中的CPU将能耗作为一项更重要的因素进行考量。

4.2 CPU 的制造工艺

CPU由半导体硅以及一些金属及化学原料制造而成。CPU的制造是一项极为精密复杂的过程，当今只有少数几家厂商具备研发和生产CPU的能力。CPU的发展史可以看作是制作工艺的发展史。

几乎每一次制作工艺的改进都能为CPU发展带来强大的源动力，无论哪家公司，制作工艺都是发展蓝图中的重中之重。

1. 硅提纯

生产CPU等芯片的材料是半导体，现阶段主要的材料是硅Si，这是一种非金属元素，从化学的角度来看，由于它处于元素周期表中金属元素区与非金属元素区的交界处，所以具有半导体的性质，适合于制造各种微小的晶体管，是目前最适宜于制造现代大规模集成电路的材料之一。

CPU在生产过程中，对硅的纯度要求很高，几乎不能有任何杂质，平均每100万个硅原子中最多有一个杂质原子。在硅提纯的过程中，原材料硅将被熔化，并放进一个巨大的石英熔炉。这时向熔炉里放入一颗晶种，以便硅晶体围着这颗晶种生长，直到形成一个几近完美的单晶硅锭，如图4-2所示。以往的硅锭的直径大都是300毫米。

2. 切割晶圆

接下来，将单晶硅锭切割成片状，因为是对圆柱体横向切割，截面为圆形，所以称为晶圆，如图4-3所示，晶圆才是真正用于CPU制造的材料。所谓的“切割晶圆”就是用机器从单晶硅棒上切割下一片事先确定规格的硅晶片，并将其划分成多个细小的区域，每个区域都将成为一个CPU的内核。一般来说，晶圆切得越薄，相同量的硅材料能够制造的CPU成品就越多。接下来晶圆将被磨光，并被检查是否有变形或者其他问题。在这里，质量检查直接决定着CPU的最终良品率，是极为重要的。

被切割出的晶圆经过抛光后几乎完美无瑕，表面甚至可以当镜子。实际上，Intel公司自己并不直接生产这种晶圆，而是从第三方半导体企业购买成品，然后利用自己的生产线继续加工。

图4-2 单晶硅锭

图4-3 晶圆

3. 影印（Photolithography）

在经过热处理得到的硅氧化物层上面涂敷一种光阻（Photoresist）物质，也叫作光敏抗蚀膜或光刻胶。

4. 蚀刻（Etching）

这是CPU生产过程中重要操作，也是CPU工业中的重头技术。蚀刻技术把对光的应用推向了极限。蚀刻使用的是波长很短的紫外光并配合很大的镜头。短波长的光将透过这些石英遮罩的孔，照在光敏抗蚀膜上，使之曝光，如图4-4所示。为了避免让不需要被曝光的区域也受到光的干扰，必须制作遮罩来遮蔽这些区域。期间发生的化学反应类似于老式相机按下快门后胶片的变化。被紫外线照射的地方光阻物质溶解。接下来停止光照并移除遮罩，使用特定的化学溶液清洗掉被曝光的光敏抗蚀膜，以及在下面紧贴着抗蚀膜的一层硅。这是个相当复杂的过程，每一个遮罩的复杂程度得用10GB数据来描述。

然后，曝光的硅将被原子轰击，使得暴露的硅基片局部掺杂，从而改变这些区域的导电状态，以制造出N井或P井，结合上面制造的基片，CPU的门电路就完成了。

5. 重复、分层

为加工新的一层电路，再次生长硅氧化物，然后沉积一层多晶硅，涂敷光阻物质，重复影印、蚀刻过程，得到含多晶硅和硅氧化物的沟槽结构。重复多遍，形成一个3D的结构，这才是最终的CPU的核心。每几层中间都要填上金属作为导体。层数决定于设计时CPU的布局，以及通过的电流大小。

6. 晶圆测试、切片

晶圆制作完成后，需要进行测试，如图4-5所示。这一步将测试晶圆的电气性能，以检查是否出了差错，以及这些差错出现在哪个步骤。接下来，将晶圆切割成块，每一块就是一个处理器的内核，如图4-6所示。测试过程中发现的有瑕疵的内核被抛弃，留下完好的准备进入下一步。晶圆上的每个CPU核心都将被分开测试。可以鉴别出每一颗处理器的关键特性，比如最高频率、功耗、发热量等，并决定处理器的等级，如果性能好且稳定的话，作为高端处理器内核，否则按照核心的稳定频率，进行定义、锁频后封装，作为中端处理器销售。按照该方法，完成整个系列的分级。

7. 封装

这时的CPU是一块块晶圆，它还不能直接被用户使用，必须将它封入一个陶瓷的或塑料的封壳中，如图4-7所示。这样就可以将其很容易地装在一块电路板上了。封装结构各有不同，但越高级的CPU封装越复杂，新的封装往往能带来芯片电气性能和稳定性的提升，并能间接地为主频的提升提供坚实可靠的基础。

图4-4 晶圆蚀刻示意

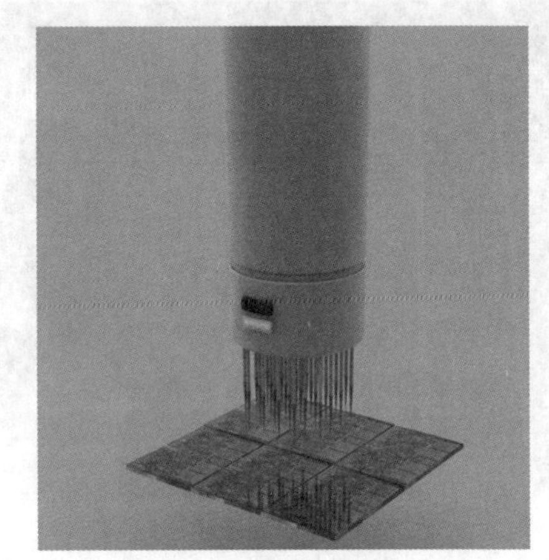

图4-5 晶圆测试示意

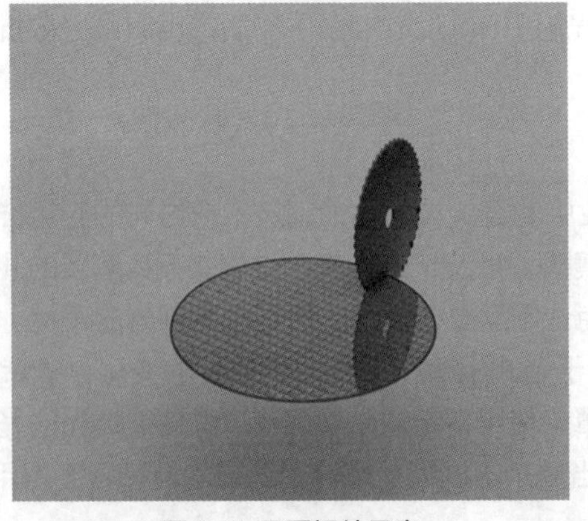

图4-6 晶圆切片示意

图4-7 CPU封装示意

8. 出厂测试

测试是CPU制造的重要环节，也是一块CPU出厂前必要的考验。

9. 包装

根据等级测试结果，将同样级别的处理器放在一起装运。制造、测试完毕的处理器，要么批量交付给OEM厂商，要么放在包装盒里进入零售市场。

4.3 CPU 的主要参数

在选购CPU时，最重要的参考标准就是CPU的各种参数。接下来将介绍这些参数的含义。

4.3.1 CPU 的频率

1. 主频

主频也叫时钟频率，单位是兆赫（MHz）或千兆赫（GHz），用来表示CPU的运算、处理数据的速度。通常，主频越高，CPU处理数据的速度就越快。

CPU的主频=外频×倍频系数。主频和实际的运算速度存在一定的关系，但并不是一个简单的线性关系。所以，CPU的主频与CPU实际的运算能力是没有直接关系的，还要看CPU的流水线、总线等各方面的性能指标。

2. 外频

外频是CPU的基准频率，单位是MHz。CPU的外频决定着整块主板的运行速度。通俗地说，在台式机中，所说的超频，都是超CPU的外频（一般情况下，CPU的倍频都是被锁住的）。但对于服务器CPU来讲，超频是绝对不允许的。CPU决定着主板的运行速度，准确地说，直接关系到内存的运行频率，两者是同步运行的，如果把服务器CPU超频了，改变了外频，会产生异步运行（台式机很多主板都支持异步运行），这样会造成整个服务器系统的不稳定。绝大部分电脑系统中外频与主板前端总线不是同步速度的，而外频与前端总线（FSB）频率又很容易被混为一谈。

3. 倍频

倍频是指CPU主频与外频之间的相对比例关系。在相同的外频下，倍频越高，CPU的频率也越高。但实际上，在相同外频的前提下，高倍频的CPU本身意义并不大。这是因为CPU与系统之间数据传输速度是有限的，如果一味地追求高主频而得到高倍频的CPU，就会出现明显的“瓶颈”效应——CPU从系统中得到数据的极限速度不能够满足CPU运算的速度。一般除了工程样版的Intel的CPU，其他CPU都已锁了倍频。

4. 前端总线频率

前端总线，是将CPU连接到北桥芯片的总线。选购主板和CPU时，要注意两者搭配问题，一般来说，前端总线是由CPU决定的，如果主板不支持CPU所需要的前端总线，系统就无法工作。也就是说，需要主板和CPU都支持某个前端总线，系统才能工作，只不过一个CPU默认的前端总线是唯一的，因此看一个系统的前端总线主要看CPU就可以。前端总线是处理器与主板北桥芯片或内存控制集线器之间的数据通道，其频率高低直接影响CPU访问内存的速度。

由于INTEL和AMD采用了不同的技术，所以他们之间FSB频率跟外频的关系式也不同。现时的INTEL处理器的两者的关系是，FSB频率=外频×4；而AMD是：FSB频率=外频×2。

外频与前端总线（FSB）频率的区别是，前端总线的速度指的是数据传输的速度，外频是CPU与主板之间同步运行速度。也就是说，100MHz外频特指数字脉冲信号在每秒钟震荡一亿次；而100MHz前端总线指的是每秒钟CPU可接受的数据传输量是100MHz×64bit÷8bit/Byte=800MB/s。

4.3.2 CPU 的缓存

缓存指可以进行高速数据交换的区域，缓存大小也是CPU的重要指标之一，而且缓存的结构和大小对CPU速度的影响非常大。缓存的容量较小，但是运行频率极高，一般是和处理器同频运作，工作效率远远大于系统内存和硬盘。

实际工作时，CPU要读取数据，首先从高速缓存中查找，找到了就直接拿来使用，否则就从内存中查找并使用，然后将其放入缓存中。因为高速缓存速度极快，直接提高了CPU的处理和运算能力。

L1 Cache（一级缓存）是CPU第一层高速缓存，分为数据缓存和指令缓存。内置的L1高速缓存的容量和结构对CPU的性能影响较大，不过高速缓冲存储器均由静态RAM组成，结构较为复杂，在CPU管芯面积不能太大的情况下，L1级高速缓存的容量不可能做得太大。

L2 Cache（二级缓存）是CPU的第二层高速缓存，分内部和外部两种芯片。内部的芯片二级缓存运行速度与主频相同，而外部的二级缓存则只有主频的一半。L2高速缓存容量也会影响CPU的性能，理论上是越大越好。

L3 Cache（三级缓存）分为两种，早期的是外置形式，现在集成在CPU中。三级缓存在速度上不及1、2级缓存，但是在容量上却大得多。目前主流的CPU三级缓存在8M左右。

4.3.3 CPU 封装技术

所谓“CPU封装技术”是一种将集成电路用绝缘的塑料或陶瓷材料打包的技术。实际看到的CPU体积和外观并不是真正的CPU内核的大小和面貌，而是CPU内核等元件经过封装后的产品。

CPU封装对于芯片来说是必须的，也是至关重要的。因为芯片必须与外界隔离，以防止空气中的杂质对芯片电路的腐蚀而造成电气性能下降。另一方面，封装后的芯片也更便于安装和运输。由于封装技术的好坏，直接影响到芯片自身性能的发挥和与之连接的PCB（印制电路板）的设计和制造，因此它是至关重要的。封装也可以说是指安装半导体集成电路芯片用的外壳，它不仅起着安放、固定、密封、保护芯片和增强导热性能的作用，而且还是沟通芯片内部世界与外部电路的桥梁。芯片上的接点用导线连接到封装外壳的引脚上，这些引脚又通过印刷电路板上的导线与其他器件建立连接。因此，对于很多集成电路产品而言，封装技术都是非常关键的一环。

目前采用的CPU封装，多是用绝缘的塑料或陶瓷材料包装起来，能起着密封和提高芯片电热性能的作用。由于现在处理器芯片的内频越来越高，功能越来越强，引脚数越来越多，封装的外形也不断在改变。

主流封装技术有DIP封装、QFP封装、PFP封装、PGA封装、BGA封装。下面介绍常见的封装形式。

1. OPGA封装

OPGA（Organic Pin Grid Array，有机管脚阵列），如图4-8所示。这种封装的基底使用的是玻璃纤维，类似于印刷电路板上的材料。此种封装方式可以降低阻抗和封装成本。OPGA封装拉近了外部电容和处理器内核的距离，可以更好地改善内核供电和过滤电流杂波。AMD公司的AthlonXP系列CPU大多使用此类封装。

2. mPGA封装

mPGA封装是微型PGA封装，如图4-9所示。目前只有AMD公司的Athlon 64和英特尔公司的Xeon（至强）系列CPU等少数产品采用，而且多是些高端产品，是一种先进的封装形式。

图4-8 OPGA封装

图4-9 mPGA封装

3. CPGA封装

CPGA就是常说的陶瓷封装，如图4-10所示，全称为Ceramic PGA。主要在Thunderbird（雷鸟）核心和Palomino核心的Athlon处理器上采用。

4. FC-PGA封装

FC-PGA表示反转芯片针脚栅格阵列，这种封装中有针脚插入插座，如图4-11所示。这些芯片被反转，以至片模或构成电脑芯片的处理器部分被暴露在处理器的上部。通过将片模暴露出来，使热量解决方案可直接用到片模上，这样就能实现更有效的芯片冷却。为了通过隔绝电源信号和接地信号来提高封装的性能，FC-PGA处理器在处理器的底部的电容放置区域（处理器中心）安有离散电容和电阻。芯片底部的针脚是锯齿形排列的。此外，针脚的安排方式使得处理器只能以一种方式插入插座。FC-PGA封装用于奔腾 III 和英特尔赛扬处理器，它们都使用370针。

图4-10 CPGA封装

图4-11 FC-PGA封装

5. FC-PGA2封装

FC-PGA2封装与FC-PGA封装类型很相似，如图4-12所示。除了具有这些处理器之外，还具有集成式散热器（IHS）。集成式散热器是在生产时直接安装到处理器片上的。由于IHS与片模有很好的热接触，并提供了更大的表面积以更好地发散热量，所以显著地增加了热传导。FC-PGA2封装用于奔腾 III 和英特尔赛扬处理器（370 针）和奔腾4处理器（478 针）。

6. OOI封装

OOI 是 OLGA 的简写。OLGA 表示基板栅格阵列，如图4-13所示。OLGA 芯片也使用反转芯片设计，其中处理器朝下附在基体上，实现更好的信号完整性、更有效的散热和更低的自感应。OOI 有一个集成式导热器（IHS），能帮助散热器将热量传给正确安装的风扇散热器。OOI 用于奔腾4处理器，这些处理器有423 针。

图4-12 FC-PGA2封装

图4-13 OOI封装

7. PPGA封装

PPGA的英文全称为Plastic Pin Grid Array，表示塑针栅格阵列，这些处理器具有插入插座的针脚，如图4-14所示。为了提高热传导性，PPGA 在处理器的顶部使用了镀镍铜质散热器。芯片底部的针脚是锯齿形排列的。此外，针脚的安排方式使得处理器只能以一种方式插入插座。

8. S.E.C.C.封装

S.E.C.C是Single Edge Contact Cartridge的缩写，表示单边接触卡盒，如图4-15所示。为了与主板连接，处理器被插入一个插槽。它不使用针脚，而是使用“金手指”触点，处理器使用这些触点来传递信号。S.E.C.C.被一个金属壳覆盖，这个壳覆盖了整个卡盒组件的顶端。卡盒的背面是一个热材料镀层，充当了散热器。S.E.C.C.内部有一个被称为基体的印刷电路板连接起处理器、二级高速缓存和总线终止电路。S.E.C.C. 封装用于有242个触点的英特尔奔腾II处理器和有330个触点的奔腾II至强和奔腾III至强处理器。

9. S.E.C.C.2 封装

S.E.C.C.2封装与S.E.C.C.封装相似，但是S.E.C.C.2使用更少的保护性包装，并且不含有导热镀层。S.E.C.C.2封装用于一些较晚版本的奔腾II处理器和奔腾III处理器（242 触点），如图4-16所示。

图4-14 PPGA封装

图4-15 S.E.C.C封装

10. S.E.P.封装

S.E.P.是Single Edge Processor的缩写，表示单边处理器。S.E.P.封装类似于S.E.C.C.或者S.E.C.C.2封装，也是采用单边插入到Slot插槽中，以“金手指”与插槽接触，但是它没有全包装外壳，底板电路从处理器底部是可见的，如图4-17所示。S.E.P.封装应用于早期的242根“金手指”的Intel Celeron处理器。

图4-16 S.E.C.C.2封装

图4-17 S.E.P封装

11. PLGA封装

PLGA是Plastic Land Grid Array的缩写，即塑料焊盘栅格阵列封装。由于没有使用针脚，而是使用了细小的点式接口，所以PLGA封装明显比以前的FC-PGA2等封装具有更小的体积、更少的信号传输损失和更低的生产成本，如图4-18所示。有效提升了处理器的信号强度、处理器频率，同时也提高了处理器生产的良品率，降低了生产成本。目前Intel公司Socket 775接口的CPU采用了此封装。

12. CuPGA封装

CuPGA是Lidded Ceramic Package Grid Array的缩写，即有盖陶瓷栅格阵列封装，如图4-19所示。其与普通陶瓷封装最大的区别是增加了一个顶盖，能提供更好的散热性能，能保护CPU核心免受损坏。目前AMD64系列CPU采用了此封装。

图4-18 PLGA封装

图4-19 CuPGA封装

4.3.4 CPU 的接口

CPU需要通过把某个接口与主板连接才能进行工作。经过这么多年的发展，CPU采用的接口方式有引脚式、卡式、触点式、针脚式等。不同CPU接口类型，插孔数、体积、形状都有所不同，所以不能互相接插。

CPU接口形式往往以封装技术+触点数目或针脚数目来命名。如笔者正在使用的i7-6700K，接口为LGA1151，即采用LGA封装，触点有1151个的CPU。这些是选择CPU及所对应的主板时必备的知识。

不得不提的是，Intel公司在2004年起采用了LGA架构，CPU的针脚变成了触点，通过主板的扣架来固定CPU。

目前主流的接口有Intel的LGA1155、LGA1150、LGA1151、LGA2011、LGA-2011V3，AMD公司的Socket FM2+、Socket FM2、Socket FM1、Socket AM3、Socket AM3+、Socket AM4等。

Inter最新的酷i第6代及第7代基本采用了LGA1151接口，如图4-20所示。而AMD的锐龙系列采用了Socket AM4的接口，如图4-21所示。FX8000系列采用了AM3+的接口，APUA10系列采用了FM2+接口。

图4-20 采用LGA1151接口的i7-7700

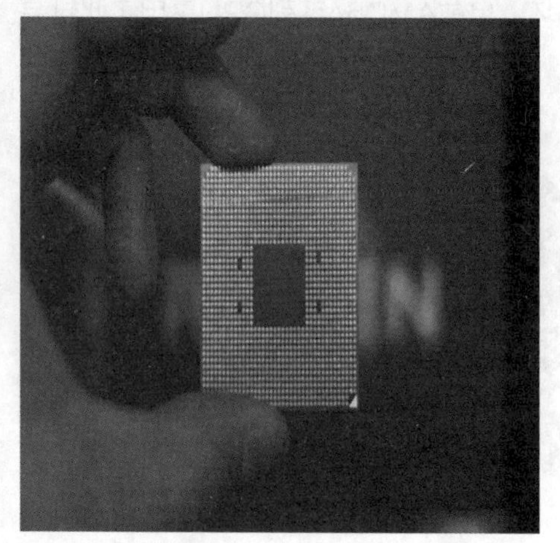

图4-21 采用AM4接口的锐龙1800X

4.3.5 CPU 的指令集

指令集是存储在CPU内部，对CPU运算进行指导和优化的硬程序。拥有这些指令集，CPU就可以更高效地运行。Intel主要有x86、EM64T、MMX、SSE、SSE2、SSE3、SSSE3（Super SSE3）、SSE4A、SSE4.1、SSE4.2、AVX、AVX2、AVX-512、VMX等指令集。AMD主要有X86、X86-64、3DNow指令集。下面介绍一些常用指令集的作用。

1. SSE指令集

由于MMX指令并没有带来3D游戏性能的显著提升，1999年Intel公司在Pentium IIICPU产品中推出了数据流单指令序列扩展指令（SSE）。SSE兼容MMX指令，可以通过SIMD（单指令多数据技术）和单时钟周期并行处理多个浮点，来有效提高浮点运算速度。

在MMX指令集中，借用了浮点处理器的8个寄存器，这导致了浮点运算速度降低。而在SSE指令集推出时，Intel公司在Pentium III CPU中增加了8个128位的SSE指令专用寄存器，而且SSE指令寄存器可以全速运行，保证了与浮点运算的并行性。

2. SSE2指令集

在Pentium 4 CPU中，Intel公司开发了新指令集SSE2。新开发的SSE2指令一共144条，包括浮点SIMD指令、整形SIMD指令、SIMD浮点和整形数据之间转换、数据在MMX寄存器中转换等几大部分。其中重要的改进包括引入新的数据格式，如128位SIMD整数运算和64位双精度浮点运算等。另外，为了更好地利用高速缓存，Pentium 4中还新增加了几条缓存指令，允许程序员控制已经缓存过的数据。

3. SSE3指令集

相对于SSE2，SSE3又新增加了13条新指令。13条指令中，一条用于视频解码，两条用于线程同步，其余用于复杂的数学运算、浮点到整数转换和SIMD浮点运算。

4. SSE4指令集

SSE4又增加了50条新的指令，这些指令有助于编译、媒体、字符、文本处理和程序指向加速。

SSE4指令集将作为Intel公司未来“显著视频增强”平台的一部分。该平台的其他视频增强功能还有Clear Video技术（CVT）和统一显示接口（UDI）支持等，其中前者是对ATi AVIVO技术的回应，支持高级解码、后处理和增强型3D功能。

5. 3D Now指令集

3D Now指令集是AMD公司1998年开发的多媒体扩展指令集，共有21条指令。针对MMX指令集没有加强浮点处理能力的弱点，重点提高了AMD公司K6系列CPU对3D图形的处理能力。由于指令有限，3D Now指令集主要用于3D游戏，对其他商业图形应用处理支持不足。

6. X86指令集

X86指令集是Intel为其第一块16位CPU（i8086）专门开发的，IBM1981年推出的世界第一台PC机中的CPU—i8088（i8086简化版）使用的也是X86指令。同时，为提高浮点数据处理能力而增加的X87芯片系列数学协处理器使用X87指令，X86指令集和X87指令集统称为X86指令集。虽然随着CPU技术的不断发展，Intel陆续研制出更新型的i80386、i80486，但直到今天，为了保证电脑能继续运行以往开发的各类应用程序以保护和继承丰富的软件资源，Intel公司所生产的所有CPU仍然继续使用X86指令集，所以它的CPU仍属于X86系列。由于Intel X86系列及其兼容CPU都使用X86指令集，所以形成了今天庞大的X86系列及兼容CPU阵容。

7. EM64T指令集

Intel公司的EM64T（Extended Memory 64 Technology）即64位内存扩展技术。该技术为服务器和工作站平台应用提供扩充的内存寻址能力，拥有更多的内存地址空间，可带来更大的应用灵活性，特别有利于提升音频视频编辑、CAD设计等复杂工程软件及游戏软件的应用。

8. RISC指令集

RISC指令集是以后高性能CPU的发展方向。它与传统的CISC（复杂指令集）相对。相比而言，RISC的指令格式统一，种类比较少，寻址方式也比复杂指令集少。使用RISC指令集的体系结构主要有ARM、MIPS。

9. 3D Now+指令集

3D NOW+指令集在原有的指令集基础上，增加到52条指令，其中包含了部分SSE指令，该指令集主要用于新型的AMD CPU上。

10. AVX指令集

Intel AVX指令集在增强SIMD计算性能的同时，也沿用了MMX/SSE指令集。不过和MMX/SSE的不同点在于增强的AVX指令，在指令的格式上发生了很大的变化。AVX指令集在X86（IA-32/Intel 64）架构的基础上增加了Prefix，能够实现新的命令，也使更加复杂的指令得以实现，从而提升了X86 CPU的性能。

AVX并不是X86 CPU的扩展指令集，可以实现更高的效率，同时和CPU硬件兼容性也更好，并且有着足够的扩展空间，这和其全新的命令格式系统有关。更加流畅的架构是AVX发展的方向，换言之，就是摆脱传统X86的不足。

针对AVX的最新的命令编码系统，Intel也给出了更加详细的介绍，其中包括大幅度扩充指令集的可能性，比如Sandy Bridge所带来的融合了乘法的双指令支持，可以更加容易地实现512bits和1024bits的扩展。

4.3.6 CPU 内核工艺及代号

生活和工作中常听到的Ivy Bridge、Haswell等，就是按照CPU内核进行命名的。

1. 内核类型

前面提到了晶圆经过蚀刻后，经过测试并切割完毕，就是CPU的内核。为了便于CPU设计、生产、销售的管理，CPU制造商会对各种CPU内核给出相应的代号，这就是所谓的CPU内核类型。

不同的CPU（不同系列或同一系列）会有不同的内核类型，甚至同一种内核也会有不同版本的类型。

CPU内核的发展方向是更低的电压、更低的功耗、更先进的制造工艺、集成更多的晶体管、更小的内核面积（这会降低CPU的生产成本，从而降低CPU的销售价格）、更先进的流水线架构和更多的指令集、更高的前端总线频率、集成更多的功能（例如集成内存控制器等）以及双内核和多内核（也就是1个CPU内部有两个或更多个内核）等。CPU内核的发展对普通消费者而言，最有意义的就是能以更低的价格买到性能更强的CPU。

2. 制作工艺

CPU制作工艺又叫CPU的制程，指半导体工艺中的特征尺寸。在生产CPU的过程中，生产精度通常以纳米表示，精度越高，工艺越先进。在数字电路中，晶体管的栅极走线是最细的，所以用栅极线宽来衡量每一代的水平。理论上，每一代之间按0.7的比例缩小。

3. 处理器架构

CPU架构是CPU厂商为属于同一系列的CPU产品制定的规范，主要是作为区分不同类型CPU的重要标示。目前市面上的CPU分类主要有两大阵营，一个是Intel、AMD为首的复杂指令集CPU，另一个是以IBM、ARM为首的精简指令集CPU。两种不同品牌的CPU，其产品的架构也不相同，例如，Intel、AMD的CPU是X86架构的，而IBM公司的CPU是PowerPC架构，ARM公司的CPU是ARM架构。

4. **制程与命名**

以酷睿系列为例，Intel公司为不同内核设置了如下不同的名称。

- 32纳米的Clarkdale系列、Sandy Bridge系列。
- 22纳米的Ivy Bridge系列、Haswell系列。
- 14纳米的Broadwell系列、Skylake系列、Kaby Lake系列。

4.3.7 CPU 工作电压

CPU工作电压指的是CPU正常工作所需的电压，与制作工艺及集成的晶体管数相关。正常工作的电压越低，功耗越低，发热减少。CPU的发展方向正是在保证性能的基础上，不断降低正常工作所需要的电压。

CPU的内核电压下降趋势非常明显，较低的工作电压主要有如下三个优点。

- 采用低电压的CPU的芯片总功耗降低。功耗降低，系统的运行成本相应降低，这对于便携式和移动系统来说非常重要，使现有的电池可以工作更长时间。
- 功耗降低，致使发热量减少，运行温度平稳的CPU可以与系统更好地配合。
- 降低电压是CPU主频提高的重要因素之一。

4.3.8 TDP

TDP的英文全称是Thermal Design Power，意为散热设计功耗。一般TDP主要应用于CPU，TDP值对应着CPU满负荷（CPU利用率为100%）可能会达到的最高散热热量，散热器必须保证在处理器TDP达到最大的时候，处理器的温度仍然在设计范围之内。

TDP是CPU电流热效应以及CPU工作时产生的其他热量，TDP功耗通常作为电脑（台式）主板设计、笔记本电脑散热系统设计、大型电脑散热设计的重要参考指标。TDP越大，表明CPU在工作时产生的热量越大。对于散热系统来说，需要将TDP作为散热能力设计的最低指标或基本指标。起码要能将TDP数值表示的热量散出。例如，笔记本电脑的CPU散热系统可能被设计为20W TDP，表示它可以消散20W的热量（可能是通过主动式散热手段，如使用风扇，或是被动式散热手段，如热管散热），从而保证CPU自身温度不超出晶片的最大结温。

TDP一旦确定，就确保了电脑在不超出热维护的情况下有能力运行程序，而不需要额外安装散热系统。一般TDP大于芯片能够散发的最大能量，CPU的TDP并不是CPU的真正功耗，CPU运行时消耗的能量基本都转化成了热能（电磁辐射等形式的能量很少），由于厂商必定留有余地，因此，TDP值一定要比CPU满负荷运行时的发热量大一点。

CPU的功耗很大程度上是对主板提出的要求，要求主板能够提供相应的电压和电流；而TDP是对散热系统提出要求，要求散热系统能够把CPU发出的热量散掉，也就是说，TDP是要求CPU的散热系统必须能够驱散的最大总热量。图4-22所示为通过CPU-Z查看CPU TDP的值。

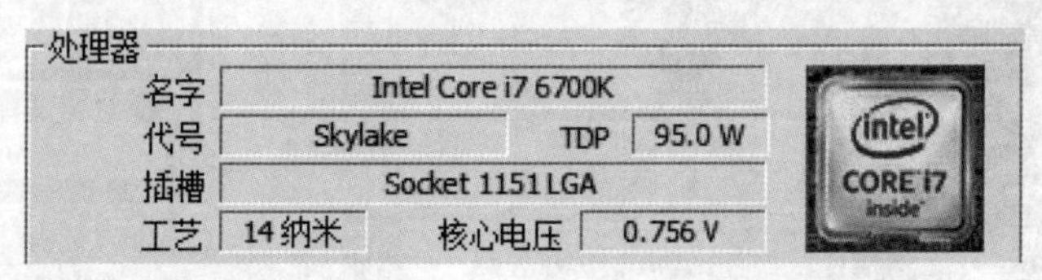

图4-22 通过CPU-Z查看CPU TDP值

4.3.9 CPU采用的高级技术

1. 超线程技术HT

为了提高CPU的性能，CPU生产商通常会提高CPU的时钟频率和增加缓存容量。不过由于CPU的频率越来越快，继续采用该方法往往会受到制造工艺的限制以及成本过高的制约。实际上基于很多原因，CPU的执行单元并没有被充分使用。如果CPU不能正常读取数据，其执行单元利用率会明显下降。大多数执行线程缺乏ILP（Instruction-Level Parallelism，多种指令同时执行）支持。这些都造成了目前CPU的性能没有得到全部的发挥。Intel采用了另一种思路提高CPU的性能，让CPU可以同时执行多重线程，让CPU发挥更大效率，即所谓超线程技术（Hyper-Threading，简称HT）。

超线程技术就是利用特殊的硬件指令，把两个逻辑内核模拟成两个物理芯片，让每个处理器都能使用线程级并行计算，进而兼容多线程操作系统和软件，减少CPU的闲置时间，提高CPU的运行效率。采用超线程后，在同一时间里，应用程序可以使用芯片的不同部分。虽然单线程芯片每秒钟能够处理成千上万条指令，但是在任一时刻只能够对一条指令进行操作。而超线程技术可以让芯片同时进行多线程处理，使芯片性能得到提升。

虽然采用超线程技术能同时执行两个线程，但它并不像两个真正的CPU那样，每个CPU都具有独立的资源。当两个线程都同时需要某一个资源时，其中一个要暂时停止，并让出资源，直到这些资源闲置后才能继续。因此超线程的性能并不等于两个CPU的性能。

需要注意的是，含有超线程技术的CPU需要芯片组、软件支持，才能比较理想地发挥该项技术的优势。

2. 虚拟化技术

虚拟化是一个广义的术语，在计算机方面通常是指计算元件在虚拟的基础上而不是真实的基础上运行。虚拟化技术可以扩大硬件的容量，简化软件的重新配置过程。CPU的虚拟化技术可以单CPU模拟多CPU并行，允许一个平台同时运行多个操作系统，并且应用程序可以在相互独立的空间内运行而互不影响，从而显著提高电脑的工作效率。

虚拟化技术与多任务以及超线程技术是完全不同的。多任务是指在一个操作系统中多个程序同时并行运行，而在虚拟化技术中，可以同时运行多个操作系统，而且每一个操作系统中都可以有多个程序运行，每一个操作系统都运行在一个虚拟的CPU或虚拟主机上。超线程技术只是单CPU模拟双CPU来平衡程序运行性能，这两个模拟出来的CPU是不能分离的，只能协同工作。

虚拟化技术与目前VMware Workstation等同样能达到虚拟效果的软件不同，这是一个巨大的技术进步，具体表现在减少软件虚拟机相关开销和支持更广泛的操作系统方面。

CPU的虚拟化技术是一种硬件方案，支持虚拟技术的CPU带有特别优化过的指令集来控制虚拟过程，通过这些指令集，VMM能很容易提高性能如图4-23所示。

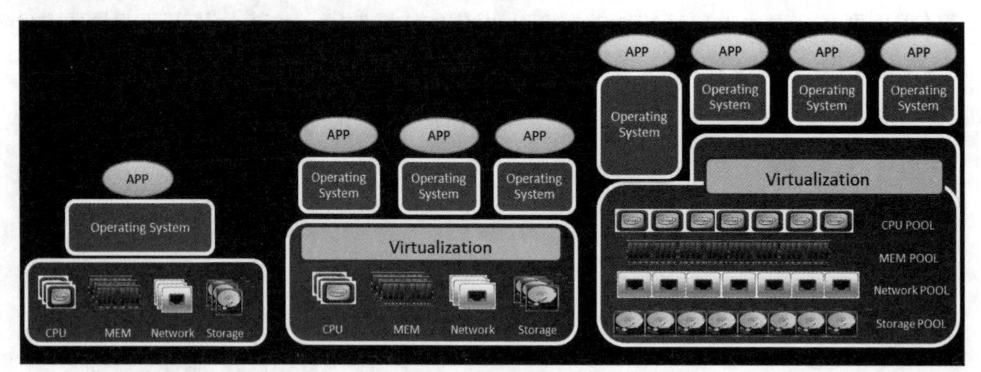

图4-23 虚拟化技术

3. 64位技术

这里的64位技术是相对于32位而言的，这个位数指的是CPU GPRs（General-Purpose Registers，通用寄存器）的数据宽度为64位，64位指令集就是运行64位数据的指令，也就是说处理器一次可以运行64位数据。

64位计算主要有两大优点：可以进行更大范围的整数运算；可以支持更大的内存。不能因为数字上的变化，而简单地认为64位处理器的性能是32位处理器性能的两倍。实际上在32位应用程序中，32位处理器的性能甚至会更强，所以要认清64位处理器的优势，但不可迷信64位。

要实现真正意义上的64位计算，光有64位的处理器是不行的，还必须有64位的操作系统以及64位的应用软件，三者缺一不可。

AMD的64位技术是在原始32位X86指令集的基础上加入了X86-64扩展64位X86指令集，使芯片在硬件上兼容原来的32位X86软件，并同时支持X86-64的扩展64位计算。

EM64T是指Extended Memory 64 Technology，即扩展64位内存技术。EM64T是Intel IA-32架构的扩展，即IA-32e（Intel Architectur-32 extension）。IA-32处理器通过附加EM64T技术，便可在兼容IA-32软件的情况下，允许软件利用更多的内存地址空间，并且允许软件进行32位线性地址写入。EM64T特别强调的是对32位和64位的兼容性。Intel为新内核增加了8个64位GPRs（R8-R15），并且把原有GRPs全部扩展为64位，这样可以提高整数运算能力。增加8个128位SSE寄存器（XMM8-XMM15），是为了增强多媒体性能，包括对SSE、SSE2和SSE3的支持。如图4-24所示为64位高通810。

图4-24 64位高通810

4. HyperTransport

HyperTransport最初是AMD在1999年提出的一种总线技术，随着AMD64位平台的发布和推广，HyperTransport应用越来越广泛，也越来越被人们所熟知。

HyperTransport是一种为主板上的集成电路互连而设计的端到端总线技术，它可以在内存控制器、磁盘控制器以及PCI总线控制器之间提供更高的数据传输带宽。HyperTransport采用类似DDR的工作方式，在400MHz工作频率下，相当于800MHz的传输频率。此外HyperTransport在同一个总线中模拟出两个独立数据链进行点对点数据双向传输，因此理论上最大传输速率可以翻倍，并具有4、8、16及32位频宽的高速序列连接功能。在400MHz下，双向4位模式的总线带宽为0.8GB/S，双向8位模式的总线带宽为1.6GB/S；800MHz下，双向8位模式的总线带宽为3.2GB/S，双向16位模式的总线带宽为6.4GB/S，双向32位模式的总线带宽为12.8GB/S。以400MHz双向4位模式为例，带宽计算方法为400MHz×2×2×4位÷8=0.8GB/S。

HyperTransport还有一大特色，就是当数据位宽并非32位时，可以分批传输数据来达到与32位相同的效果。例如16位的数据可以分两批传输，8位的数据可以分四批传输。当HyperTransport应用于内存控制器时，其实类似于传统的前端总线，因此对于将HyperTransport技术用于内存控制器的CPU来说，其HyperTransport的频率也就相当于前端总线的频率。

5. 流水线技术

流水线技术是指在程序执行时多条指令重叠进行操作的一种准并行处理实现技术，它是Intel首次在486芯片中开始使用的。流水线的工作方式就像工业生产中的装配流水线。在CPU中由5~6个不同功能的电路单元组成一条指令处理流水线，然后将一条X86指令分成5~6步后，再由这些电路单元分别执行，这样就能实现在一个CPU时钟周期完成一条指令，因此提高CPU的运算速度。经典奔腾每条整数流水线都分为四级流水，即取指令、译码、执行、写回结果，浮点流水又分为八级流水。

4.3.10 CPU主要功能

- 处理指令：是指控制程序中指令的执行顺序。程序中的各指令之间是有严格顺序的，必须严格按程序规定的顺序执行，才能保证电脑系统工作的正确性。
- 执行操作：一条指令的功能往往是由电脑中的部件执行一系列的操作来实现的。CPU要根据指令的功能，产生相应的操作控制信号，发给相应的部件，从而控制这些部件按指令的要求进行处理。
- 控制时间：是指对各种操作实施时间上的定时。在一条指令的执行过程中，在什么时间做什么操作应受到严格的控制。只有这样，电脑才能有条不紊地工作。
- 处理数据：即对数据进行算术运算和逻辑运算，或进行其他的信息处理。其功能主要是解释计算机指令以及处理电脑软件中的数据， 并执行指令。在微型计算机中又称微处理器，电脑的所有操作都受CPU控制，CPU的性能指标直接决定了微机系统的性能指标。CPU具有4个方面的基本功能：数据通信、资源共享、分布式处理、提供系统可靠性。

4.3.11 工作过程

CPU从存储器或高速缓冲存储器中取出指令，放入指令寄存器，并对指令译码，把指令分解成一系列的微操作，然后发出各种控制命令，执行微操作系列，从而完成一条指令的执行。指令是电脑规定执行操作的类型和操作数的基本命令，由一个字节或者多个字节组成，其中包括操作码字段、一个或多个有关操作数地址的字段以及一些表征机器状态的状态字以及特征码。有的指令中也直接包含操作数本身。

- 提取：从存储器或高速缓冲存储器中检索指令（为数值或一系列数值）。由程序计数器（Program Counter）指定存储器的位置。程序计数器保存供识别程序位置的数值。换言之，程序计数器记录了CPU在程序里的踪迹。
- 解码：CPU根据存储器提取到的指令来决定其执行行为。在解码阶段，指令被拆解为有意义的片段。根据CPU的指令集架构（ISA）定义将数值解译为指令。一部分的指令数值为运算码（Opcode），其指示要进行哪些运算。其他的数值通常供给指令必要的信息，诸如一个加法（Addition）运算的运算目标。

- 执行：在提取和解码阶段之后，紧接着进入执行阶段。该阶段中，连接到各种能够进行所需运算的CPU部件。例如，要进行一个加法运算，算术逻辑单元（ALU，Arithmetic Logic Unit）将会连接到一组输入和一组输出。输入提供了要相加的数值，而输出将含有总和的结果。ALU内含电路系统，易于输出端完成简单的普通运算和逻辑运算（比如加法和位元运算）。如果加法运算产生一个对该CPU处理而言过大的结果，在标志暂存器里可能会设置运算溢出（Arithmetic Overflow）标志。
- 写回：写回是以一定格式将执行阶段的结果简单地写回。运算结果经常被写进CPU内部的暂存器，以供随后指令快速存取。某些类型的指令会操作程序计数器，而不直接产生结果。这些一般称作“跳转”（Jumps），并在程式中带来循环行为、条件性执行（透过条件跳转）和函式。许多指令会改变标志暂存器的状态位元。这些标志可用来影响程式行为，缘由于它们时常显出各种运算结果。例如，用一个“比较”指令判断两个值大小，根据比较结果在标志暂存器上设置一个数值。这个标志可藉由随后跳转指令来决定程式动向。在执行指令并写回结果之后，程序计数器值会递增，反复整个过程，下一个指令周期正常提取下一个顺序指令。

4.3.12 Intel 公司产品系列及代表产品

Intel公司的产品线中，包含了奔腾、酷睿、赛扬，这三个都是英特尔CPU的中文名称。

- 赛扬（Celeron）：英特尔低端CPU系列，主要以价格优势和较强的稳定性吸引办公和文字编辑用户等一系列入门级用户。赛扬系列CPU主要特点是价格低，缺点是性能低。
- 奔腾（Pentium）：英特尔中低端CPU系列，主要面向基础游戏娱乐用户和基本家庭娱乐用户，以及对文件处理速度要求较高的中高端办公用户。奔腾系列CPU的性价比一直比较高，受到广大消费者的喜爱。
- 酷睿（Core）：英特尔中高端CPU系列，主要面向中高端游戏用户，以及中高端的办公用户，特别受到游戏玩家的亲睐和追捧。酷睿系列CPU的主要特点是性能强劲，节能高效，热量小；缺点是价格相对较高。
- 英特尔在酷睿的基础上，又推出了酷睿i7、i5、i3这3个系列的CPU，i7是面向高端发烧用户定制的高端游戏CPU；i5则是面向家庭用户；i3是酷睿的低端产品，面向基础用户。

1. Intel 十核CPU

Core-i7-6950X是首款10核桌面级CPU，同时也是首款采用14nm工艺制程的至尊级CPU，如图4-25所示。采用了全新Broadwell-E架构，保持LGA2011-3接口、四通道DDR4内存，并采用25MB三级缓存。值得一提的是，CPU的TDP并没有因为核心数增加而增加，依旧保持在140W。与上代旗舰5960X相比，频率同为3.0GHz~3.5GHz，但是3级缓存从20MB提升为25MB，8核16线程提升为10核20线程，Turbo Boost从2.0版本升级为3.0版本，PCI-E 3.0总线数依旧是40条。

2. Intel八核处理器

Intel Core i7-6900K采用INTEL Broadwell-E架构，默认主频高达3.2G，接口采用LGA2011-3，14nm生产工艺，全面支持DDR4，支持Turbo Boost，支持超线程技术，整体性能强悍，如图4-26所示。其20MB三级缓存可允许数据更快、更有效率地在每个核心之间动态分配，大容量的CPU缓存可以明显减少数据的潜伏期，从而提升性能表现。

图4-25 i7-6950X

图4-26 i7-6900K

3. Intel六核处理器

- i7-6850K：6核心12线程，FCLGA2011-3接口，最大睿频为3.8GHZ，14nm工艺，支持DDR4系列2133/2400内存，最大支持128G内存，4通道PCI-E，15MB3级缓存，140W的TDP，如图4-27所示。
- i7-5930K：Intel Core i7-5930K采用22纳米制程工艺，接口为LGA2011-3，与上一代LGA2011接口并不兼容，支持4通道DDR4 2133内存，TDP设计为140W，主频为3.5GHz，最大睿频到3.7GHz，三级缓存为15MB，完整的40条PCI-E通道，为迎合高端用户的“需求”，特意采用无核显设计，如图4-28所示。

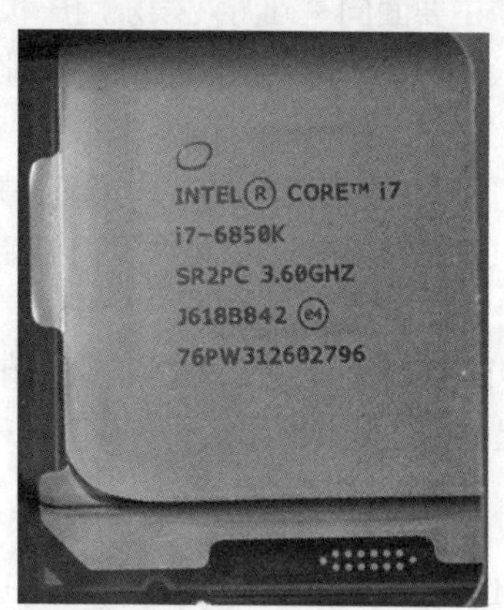

图4-27 i7-6850K

图4-28 i7-5930K

4. Intel四核处理器

- 第七代i7四核处理器：包括7700系列的7700T/7700K/7700等，如图4-29所示。虽然采用了全新的命名方式，但本质上Kaby Lake产品采用的依然是14nm工艺，不过Intel把这次的工艺称作“14nm+”，看来很像是四代酷睿产品Haswell和Haswell-R之间的关系，其实只是叫法不同罢了。

处理器接口部分，Kaby Lake依然采用LGA 1151接口，可以完美支持最新的200系列主板，同时兼容上代100系列主板。该产品采用四内核、八线程设计，默认主频为4.2GHz，可睿频至4.5GHz，处理器的三级缓存为8MB。同时，该产品的核芯显卡也进行了升级，从上一代的HD 530升级到了最新的HD 630。Kaby Lake系列新品能原生支持2400MHz DDR4内存，并且最高可支持4000MHz以上内存频率。同时，旗舰级产品i7-7700K可支持最多24条PCI-E 3.0总线，相比上代产品带宽提升20%。功耗依旧为91W。

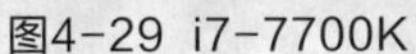
图4-29 i7-7700K

图4-30 i7-6700K

- 第六代i7四核处理器：包括6700系列的6700T/6700K/6700等，如图4-30所示。14nm工艺新架构（Skylake），四内核八线程，频率达到4.0GHz~4.2GHz，可以继续调解倍频往上拉，风冷下超频至5.2GHz。处理器内部不再集成电压调节器，重新回归到主板上。核芯显卡增强，升级为第九代核显，使用LGA1151接口。同时支持DDR4和DDR3L（低电压）的双通道内存。
- 第四代i7四核处理器：包括4790K/4790/4771/4770/4770K。其中，i7-4790K基于22nm制程工艺Haswell Refresh架构，默认频率4.0GHz~4.4GHz。由于Turbo技术的存在，实际上i7-4790K在四内核八线程满载时的工作频率为4.2GHz，在测试中，i7-4790K与i7-4770K相比，大约有15%的性能提升。核芯显卡依旧为HD Graphics 4600，基础频率350MHz~1250MHz。
- 第三代i7四核处理器：包括3770/3770k/3820等。其中3770主频为3.5GHz~3.9GHz，采用超线程技术，支持8条处理线程，二级缓存为1MB，三级缓存为8/10MB，支持双通道DDR31333/1666MHz内存，采用22nm工艺，CPU为LGA1151接口，功率为65W，内置HD530核心显卡。
- 第七代i5四核处理器：包括7400/7400T/7500/7500T/7600T/7600/7600K。其中，7600工艺方面依旧是14nm，但按照官方的说法属于第三代14nm制程工艺，并将其称为“14nm+”，即在原来的基础上更深度地优化，加强了鳍片、晶体管通道应变，据称可以带来12%的能耗比提升。采用LGA 1151接口设计，单核最高睿频到4.2GHz，四核能同时睿频至4.0GHz。7代酷睿上Speed Shift技术得以升级，响应时间更短、更快。这是一种电源管理技术，绕过了操作系统，由CPU直接与电源控制单元沟通，可在毫秒级的单位时间内完成状态切换，最终提高CPU的能效。
- 第六代i5四核处理器：包括6400/6402P/6500/6500T/6600/6600T/6600K。Intel的第六代Core i5系列是集“14nm工艺”升级和“Skylake架构”改进于一身，从CPU背部元件能看出第六代产品与Broadwell、Haswell架构存在明显的差异，从整个平台的角度看，Skylake架构带来的更多的是功能性更新，例如，使用100芯片组主板，与处理器之间的通道升级为DMI 3.0。同时支持DDR4/DDR3内存，移除了FIVR电压调节模块。

5. Intel双核处理器

Intel双核处理器主要有i3系列、奔腾系列以及赛扬系列。

- 第七代i3双核处理器：包括7100/7100T/7300/7300T/7320/7350K。其中，7350K采用14nm工艺，双核四线程，主频高达4.2GHz，HD 630集显，4MB三缓，热设计功耗60W，如图4-31所示。AIDA 64 CP负载测试，频率超到了4.8GHz，电压为1.280V，温度依然在70℃以下，一般这种频率下i5-7600K、i7-7700K会超过80℃。

- 第六代i3双核处理器：包括6098P/6100/6300等。其中6300主频为3.8GHz，采用Skylake核心，采用Intel超线程技术，支持4条处理线程，三级缓存为3MB，支持双通道DDR3L以及DDR4 2133内存，采用14nm制造工艺，接口类型为LGA1151，工作功率为51W，支持最大内存为64GB。内置HD530显示核心，核显最大频率为1.15GHz，支持显存为1.7GB，如图4-32所示。

图4-31 i3-7350K

图4-32 i3-6300

- 第四代i3双核处理器：包括4170/4330/4330T/4340/4350/4360/4370。其中，4370核显升级为HD4600，和四代I7核显规格相同。三级缓存增值4MB，主频3.8GHz，定位为Haswell最强I3。接口为LGA1150，双核四线程，支持DDR3-1600内存，制作工艺为22nm，如图4-33所示。
- 奔腾双核处理器：奔腾G4500/G4500T双核处理器，主频3.5/3.0GHz，14nm工艺，LGA1151接口，3MB三级缓存，支持双通道DDR3 1333/1600MHz内存，集成核显，如图4-34所示。

奔腾G3260/G3240/3258/3220双核处理器，最高主频3.3GHz，22nm工艺，LGA1150接口，3MB三级缓存，支持双通道DDR3 1333/1600MHz内存，集成核显。

奔腾G2120/G2030/G2020双核处理器，最高主频3.1GHz，22nm工艺，LGA1155接口，3MB三级缓存，支持双通道DDR3 1333/1600MHz内存，集成核显。

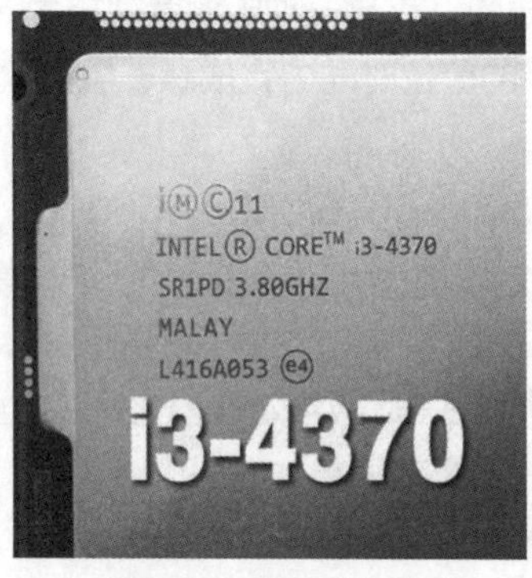

图4-33 I3-4370

图4-34 奔腾G4500T

- 赛扬双核处理器：包括G530/G550/G1610/G1820/G1830/G1840等型号。

G530/G550采用Sandy Bridge内核，主频为2.4GHz/2.6GHz，LGA1155接口，32nm工艺，2M三级缓存，不支持Turbo Boost技术，支持DDR3 1066内存，功率为65W。

G1610采用Ivy Bridge内核，主频为2.66GHz，LGA1155接口，22nm工艺，2M三级缓存，

支持DDR3 1333内存，功率为55W，支持Enhanced Memory64、SpeedStep动态节能技术、IntelVT技术等。

G1820/G1830/G1840采用Haswell内核，主频为2.7GHz/2.8GHz/2.8GHz，LGA1155接口，22nm工艺，2M三级缓存，支持DDR3 1333内存，功率为54W及65W。

4.3.13 AMD 公司产品系列及代表产品

AMD公司的CPU产品线有锐龙系列八核、六核、四核产品，FX系列八核、六核、四核产品，APU系列四核、三核、双核产品，翼龙系列、速龙系列产品等。

1. AMD 八核CPU

锐龙系列八核CPU包括AMD Ryzen 7 1700/1700X/1800X等，AM4接口，主频为3.0/3.4/3.6GHz，20M总缓存，14nm工艺，支持DDR4 1866/2133/2400MHz内存，如图4-35所示。

FX系列八核CPU包括FX8120/8150/8350/8300/8320/8370/9370等产品，主频为3.3-4.4GHz，32nm工艺，AM3+接口，支持Turbo Core技术，二、三级缓存均为8M，支持双通道DDR3 1866MHz内存，支持虚拟化技术，功率95W-200W，如图4-36所示。

图4-35 AMD Ryzen 7 1800X

图4-36 FX9370

2. AMD 六核CPU

锐龙系列六核CPU包括AMD Ryzen 5 1600/1600X等，AM4接口，主频为3.2/3.6GHz，14nm工艺，支持DDR4 1866/2133/2400MHz内存。

FX系列六核CPU包括FX6100/6120/6130/6300/6350等产品，主频3.3GHz~3.9GHz，32nm工艺，AM3+接口，支持Turbo Core技术，二、三级缓存均为8M，支持双通道DDR3 1866MHz内存，支持虚拟化技术，功率95W~125W。

3. AMD 四核CPU

- 锐龙系列四核CPU：锐龙系列的AMD Ryzen 5 1400/1500X等，AM4接口，主频为3.2GHz/3.5GHz，14nm工艺，支持双通道DDR4 1866/2133/2400MHz内存，工作功率65W，随散热性能提升可自适应动态扩频（XFR），如图4-37所示。
- FX系列四核CPU： FX系列的FX4100/4110/4120/4130/4170/4300/4320等产品，主频3.6GHz~4.2GHz，32nm工艺，AM3+接口，支持Turbo Core技术，二级缓存均为4M，三级缓存为4M/8M，支持双通道DDR3 1866MHz内存，支持虚拟化技术，功率95W~125W，如图4-38所示。

图4-37 AMD Ryzen 5 1500X

图4-38 FX4300

- APU系列四核CPU：APU A10系列的7860K/7850K/7890K/7870K/7800K/6790K/6600K/5800K/6800K/7700K/6700K/5700K/6700T等型号，A8系列的7650K/7600K/9600K/7670K/3870K/5500K/3850K/3820/3550/3560/3560P/3550P等型号，A6系列的3670K/5200/3650/1450/3600/3620等型号。APU产品制造工艺为32nm和28nm，采用FM2+/FM2/FM1等接口，主频为1.5GHz~4.1GHz，二级缓存为2M/4M，三级缓存为8M，支持DDR3-1866/1600/1333/1066/2400MHz不同频率内存，设计功率为60W~100W，如图4-39所示。
- 速龙系列四核CPU： 包括AMD Althon X4 950/850/760K/750K/740/651K/631/641等型号。AMD Althon X4拥有四个独立的内核，采用45nm或32nm工艺，采用FM1/FM2/AM3接口，主频为2.2GHz~3.8GHz，HT总线与内存控制器频率均为2GHz，二级缓存为2MB，无三级缓存，设计功率为65W、95W和100W，支持DDR3-1333/1600/1866内存，如图4-40所示。

图4-39 AMD A10 7800

图4-40 AMD Althon X4 740

4. AMD 三核CPU

- APU系列三核CPU：A6系列的3500等产品，采用Husky架构，32nm制造工艺，采用FM1封装，主频为2.1GHz，二级缓存为3MB，三级缓存最高为6MB，支持双通道DDR3 1866内存，功率为65W，集成显示核心，属于64位处理器，支持DirectX11和UVD3高清加速功能，如图4-41所示。
- 速龙系列三核CPU：包括AMD Athlon II X3 460等产品。采用Rana核心，45nm工艺，AM3接口，前端总线为2000MHz，二级缓存为1.5MB，无三级缓存，支持HT3.0总线和DDR2内存控制器，功率为95W，支持SSE、SSE2、 SSE3、SSE4A多媒体指令集和X86-64运算指令集，如图4-42所示。

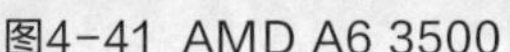
图4-41 AMD A6 3500

图4-42 AMD Athlon II X3 460

5. AMD 双核CPU

- APU双核处理器：A6系列的7400K/9500/7470/9500E/5400K等型号。7400K，核心为Kaveri，FM2+接口，主频为3.5GHz/3.9GHz，二级缓存为1MB，三级缓存为6MB，显示核心为AMD Radeon R5，内存支持DDR3 1866MHz，功率为65W，支持MMX（+）、3DNOW（+）、SSE、SSE2、SSE3、X86-64指令集，支持HyperTransport总线技术。

A4系列的7300/5300/3300/3400/4000/3420/1200/1250等型号，如图4-43所示，采用了32nm工艺，使用Piledriver/Llano和Husky核心，SocketFM2/FM1接口，主频为3.5GHz~3.8GHz，二级缓存为1MB，三级缓存为6MB，功率为65W，支持HyperTransport总线技术。

- 速龙双核处理器：AMD速龙II X2 270/280等产品，如图4-44所示，主频为3.4GHz/3.6GHz，使用了AM3接口，支持双通道DDR3，采用了Regor核心，二级缓存为2×1MB两种，无三级缓存，功率为65W，工艺为45nm。

图4-43 AMD A4 5300

图4-44 AMD Athlon II X2 280

4.3.14 查看 CPU 参数

当然，用户可以从宣传册上、产品包装上查看到CPU的型号以及各种参数，但是作为硬件专家，还要根据实际情况，通过手边的设备，快速了解产品的各项参数。

查看CPU参数的方法有很多种，下面介绍一些常用的方法。

1. 从Intel CPU上查看参数

拿到Intel的CPU后，可以看到CPU上有很多数字和英文字母，如图4-45所示。用户可以从中了解该CPU的详细信息。

INTEL是CPU生产公司；CORETM i7是该系列的名称，指酷睿系列中的i7系列。

i7-6700K是该CPU的型号，i7是系列号，6指的是i7第六代内核。同理，如i7-7700K，指的是第七代内核，依次类推。型号后的字母K，指的是不锁倍频，类似的情况如下。

- X 至尊版，代表同一时代性能最强CPU。
- S代表该处理器是功耗降至65W的低功耗版桌面级CPU。
- T代表该处理器是功耗降至45W的节能版桌面级CPU。
- M代表标准电压CPU是可以拆卸的。
- U代表低电压节能的，可以拆卸的。
- H是高电压的，是焊接的，不能拆卸。
- X代表高性能，可拆卸的。
- Q代表至高性能级别。
- Y代表超低电压的，除了省电，没别的优点，不能拆卸。

SR28R 是CPU内部开发代号；4.00GHz是CPU的主频；L528B115是CPU的序列号。

其余的CPU还会有其他的内容，如在i7-4770上还会有MALAY，指的是CPU的产地是马来西亚，如图4-46所示。类似的，COSTA RICA是哥斯达黎加；Philippines是菲律宾；Ireland是爱尔兰。

图4-45 CPU上的字符

图4-46 Intel i7-4770

早期的i7-920，如图4-47所示，含有2.66GHz/8M/4.80/08的代码，代表主频为2.66GHz，二级缓存为8M，QPI总线频率是4.8GT，CPU生产年份为2008年。还有可能标出CPU的前端总线频率等，用户需要结合CPU的详细参数进行判断。

图4-47 Intel i7-920CPU

2. 从 AMD CPU上查看参数

AMD的CPU上，也有类似的字符，如图4-48所示。

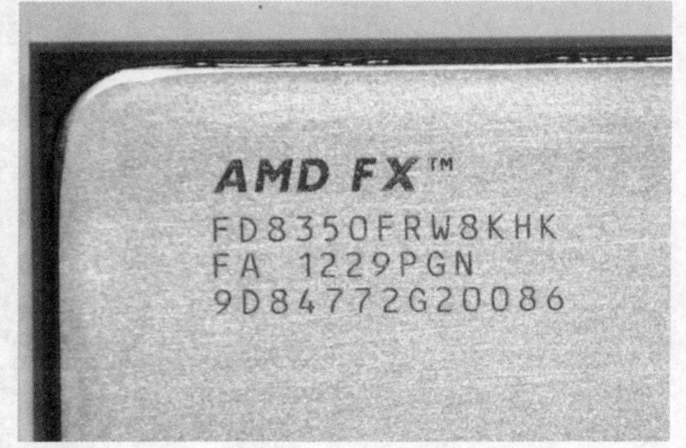

图4-48 AMD FX8350 CPU

AMD FX是公司及产品品牌，下面的字符含义如下。

- F：产品品牌和系列指FX。
- D：产品定位领域指桌面。
- 8350：产品型号指8350。
- FR：TDP以及功能信息指125W TDP热功率。
- W：封装接口信息指Socket-AM3+。
- 8：核心情况指8核心。
- K：缓冲容量情况指2MB（这里是一个模块，其他处理器用内核来计算）×4=8MB。
- HK：内核修订以及步进情况指步进C0。
- FA1311PGN：生产还有制造工艺信息。
- 9D84772G20086：CPU的ID信息。

最下面的“DIFFUSED IN GERMANY， MADE IN MALAYSIA”表示这款AMD CPU由德国德累斯顿工厂制造，由新加坡特许封装测试。AMD将这些工厂产出的CPU内核芯片分别发放到全球各地的主要封装工厂进行最后的封装测试。

AMD CPU常用后缀如下。

- K：代表超频，和Intel，一样，K代表了不解锁倍频版本。
- E：特指FX系列CPU的节能版，95W低功耗版本。
- B：特指APU的低功耗商务版本。
- M：M系列特指APU的移动版。

3. 从专业软件上查看CPU参数

查看CPU参数最常用的软件是CPU-Z，下载安装后，双击即可打开，通过其中显示的数据，可查看已经安装好的CPU参数并进行故障判断，如图4-49所示。

从图中可以看到，名字为Intel Core i7 6700K，代号为Skylake，TDP功耗为95W，插槽为1151LGA，工艺为14nm，6系列，还可指令集，一、二、三级缓存信息。用户也可以切换至“缓存”选项卡，来了解缓存的详细信息。另外，核心数为4，线程数为8。因为是采用了睿频技术，核心电压、核心速度、倍频以及总线速度都可根据当前用户的应用情况进行动态调整。

图4-49 查看CPU详细信息

当然，用户也可以通过其他软件，如AIDA64，查看CPU及系统的详细信息。

4.4 CPU 的选购

在了解了CPU的详细参数后，用户可以根据自己的需要进行CPU的选择了。

4.4.1 根据实际需要选购 CPU

大部分用户应该根据实际需要进行CPU的选择，不要受品牌影响，按需进行选择。AMD的CPU在三维制作、游戏应用、视频处理上，比Intel公司同档次的处理器有优势。Intel公司的CPU在商业应用、多媒体应用、平面设计方面有优势。

- 日常办公用户：办公用户日常使用Office系列软件等办公软件，音、视频性能可以作为次要的考虑范畴。建议该类用户使用Intel公司的奔腾系列I3系列处理器或者AMD公司的速龙双核或者A4系列APU。或者选择带有核显的CPU，尽量降低装机的成本。
- 多媒体用户：该类用户需要综合考虑CPU、内存及显卡的配比。建议使用I3或I5系列的双核CPU或者AMD公司的双核或三核系列。
- 图形设计用户：图形设计用户，如使用3ds Max等软件的用户，需要考虑CPU的线程数及核心数，CPU的线程和速度直接关系到渲染速度，建议选择Intel和AMD的6核或8核产品。
- 游戏玩家：游戏玩家对显卡的要求很高，CPU需要选择浮点性能较高的产品，建议选择酷睿及AMD公司四核及以上的产品。
- 发烧级玩家：发烧级玩家对于CPU的超频较感兴趣。在此种情况下，建议选择不锁倍频、稳定且强大的CPU产品。建议选择最新型8核及以上的产品进行测试及超频。建议重点选择合适的CPU降温设备。

4.4.2 盒装与散装的区别

在选择CPU时，常听到盒装、散装这种说法。那么什么是盒装、散装，应该怎么选择呢？

盒装CPU指的是配备原装风扇的盒包CPU，享受正规的三年保修，翻包则是将散装或者OEM的CPU外加低质风扇，商家可以赚取一定差价，原则上享受散装的一年保修，但一般商家自主提供三年保修；散装CPU除了只享受一年保修以外，也不配备风扇，不过价格要便宜数十至数百不等。盒装及散装CPU如图4-50、图4-51所示。

从技术角度而言，散装和盒装CPU并没有本质的区别，至少在质量上不存在优劣的问题。对于CPU厂商而言，其产品按照供应方式可以分为两类，一类供应给品牌机厂商，另一类供应给零售市场。面向零售市场的产品大部分为盒装产品，而散装产品则部分来源于品牌机厂商外泄以及代理商的销售策略。从理论上说，盒装和散装产品在性能、稳定性以及可超频潜力方面不存在任何差距，但是质保存在一定差异。一般而言，盒装CPU的保修期要长一些（通常为三年），而且附带一个质量较好的散热风扇，因此往往受到广大消费者的喜爱。然而这并不意味着散装CPU就没有质保，只要选择信誉较好的代理商，一般都能得到为期一年的常规保修期。事实上，CPU并不存在保修的概念，此时的保修等于是保换，因此不必担心散装的质保水准会有任何水分。

图4-50 盒装CPU

图4-51 散装CPU

4.4.3 CPU 的真伪辨别

其实CPU造假的可能性微乎其微，所谓造假一般是进行型号的更改、以次充好等不法手段。用户可以使用以下提到的方法进行真伪辨别。但是还是希望用户在正规商家或电商进行选购，与实际价格差距太多的话，往往存在或多或少的“猫腻”。

- 观察封口标签：新包装的封口标签仅在包装的一侧，标签为透明色，字体白色，颜色深且清晰，如图4-52所示。

图4-52 封口标签

- 看编号：这个方法对Intel和AMD的处理器同样有效，每一颗正品盒装处理器都有一个唯一的编号，在产品的包装盒上的条形码和处理器表面都会标明这个编号，而且编号是一样的，如图4-53所示。

图4-53 查看编号

- 看散热风扇：观察风扇部件号，不同型号盒装处理器配有不同型号风扇，打开包装后，可以看到风扇的激光防伪标签。真的Intel盒包CPU防伪标签为立体式防伪，除了底层图案会有变化外还会出现立体的Intel标志。而假的盒包CPU其防伪标识只有底层图案的变化，没有Intel的标志。
- 看盒内保修卡：根据本地相关的商业规范，经销商应完整填写保修卡相关的产品信息和购买信息。填写不完整及保修卡丢失，消费者或失去免费保修权利。保修卡上的零售盒装序列号，应与产品标签上的序列号一致，如图4-54所示。

图4-54 核对保修卡编号

- 通过网站或短信验证：通过Intel官网进行验证，输入包装上的FPO和ATPO编号进行查询，如图4-55所示。

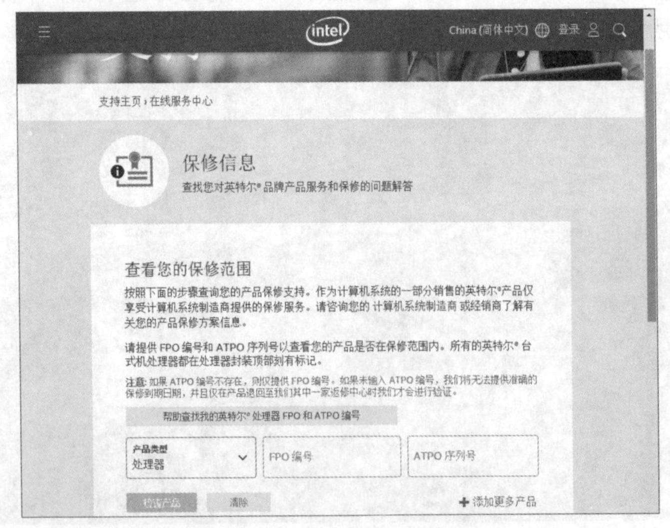

图4-55 通过官网查询真伪

● 通过软件进行测试：可以使用上一节提到的CPU-Z等一些软件进行实际测试。

4.4.4 CPU风扇的选购

一般CPU使用风扇作为主要散热器，也叫作风冷散热。风冷散热设备主要由散热片、散热风扇组成。散热片下部涂抹硅脂与CPU相连，起到散热的作用。很多选择了盒装产品的用户，使用原装风扇作为散热设备，如图4-56所示。

图4-56 盒装CPU自带的风扇

然而随着国内超频玩家的日益增多，对于散热的需求也日益增加，CPU工作过程中会散发较高的热量，如果热量不及时排出的话，很可能会减少CPU的使用寿命。但是很多消费者对散热器的选购存在或多或少的误区。

1. 风扇越大散热性能越强

DIY玩家们在选购散热器以及机箱的风扇时，大多数追求更大的风量，选择尺寸较大的产品。通常情况下，大尺寸的风扇在同转速下可能获得更大的风量，但是在得到同样风量的条件下，大尺寸风扇相对小尺寸风扇来说可以得到更好静音效果。所以不少玩家对于大风扇的产品情有独钟。

虽然说大风扇相对小风扇来说有着一些优势，但是不要忽略一点，那就是“风压”，因为对于散热来说，风量是前提，静音是附加效果，而“风压”却是散热效果好坏的关键，或者严格地说，“风量”和“风压”的良好配合，才能得到良好的散热效果。

扇叶的增大对于风压是没有任何作用的，换个角度说，高风压对于散热器的作用是不可小觑的，如果风量增加并且风压降低，那么很可能导致散热器上的热量难以被吹出，必须增大转速才能达到预定的散热效果，随之而来就就是更大噪音。

2. 滚珠风扇比油压风扇强

现在市面上的风扇大体有两种设计，分别为滚珠和油封。滚珠只是一种轴承的类型，绝不是说是滚珠更好，而且劣质的滚珠轴承产生很大的噪音，当然相当于油轴来说，滚珠轴承会有长得多的寿命，优质的油封轴承相比滚珠轴承拥有更好的静音表现，而且寿命方面也不会落后太多，最重要的是，全封闭的油封轴承在日后的保养中有着巨大的优势。

3. 塔式比下压散热器强

塔式侧吹散热器已经在近几年的推广中的得到了很大的成功，并且普通玩家对于塔式侧吹散热器的也有了一些认识，认为其散热更有效、直接，具有更加便捷的组建风道。不过，塔式侧吹相对于下压式散热器的独特优势，并不意味着下压散热器就此成为历史，而被淘汰。在实际的应用装机中，侧吹散热器确实在组建风道时起到了很好的作用，但是对于周边硬件的影响（CPU供电、内存）就显得有些捉襟见肘了。

4．散热器扣具装得越紧越好

说起散热器的安装，不得不提的是主板，扣具只是点固定而非面固定，并且PCB拥有一定的不可靠的弹性，过大的力量会直接导致PCB弯曲，短时间不会造成什么影响，长时间则会直接损坏。只要安装上之后不旋转，并且观察到主板将要出现变形迹象，即可认为是合适的力道。

那么如何选择合适的散热器呢？还是需要根据不同的用途、不同的CPU、不同的TDP进行选择。

（1）纯风冷散热器：简单应用及入门级玩家选择纯风冷散热器即可，如果是盒装CPU，可以直接使用自带的风扇。

（2）热管散热器：这是目前独立散热器中最常见，也是最热销的散热器，热管散热器基本可以分为下压式和侧吹式。当然，下压式散热受制于机箱温度，散热效果会有一定的影响。而且由于风扇吹向主板，容易造成热气聚集，排放不畅，所以必须搭建良好的机箱风道来辅助热气的逸散。侧吹式散热则通过高塔结构散热片和导热管传导热量，风扇侧吹散热鳍片的方式进行散热，由于采用高塔散热片，散热面积更大，辅助多根导管，散热效率更加明显。侧吹式散热器有效解决了热气积聚机箱的问题，侧吹风扇与机箱风扇架构成一个风道系统，能够有效排放出CPU产生热量。并且由于采用高塔散热片，散热面积更大，散热效率更高。热管数量越多，相同时间内导热量越大，自然散热效率也越大，目前热管多采用铜管设计，因此热管数量的增强能直接有效加强CPU的散热。也就是说，不超频的中高端主机，100元左右的热管散热器足够使用。

- 下压式热管：适合体积小的迷你机箱，适合中高端CPU，如图4-57所示。
- 侧吹式热管（较便宜）：中塔全塔机箱，适合中高端CPU，如图4-58所示。

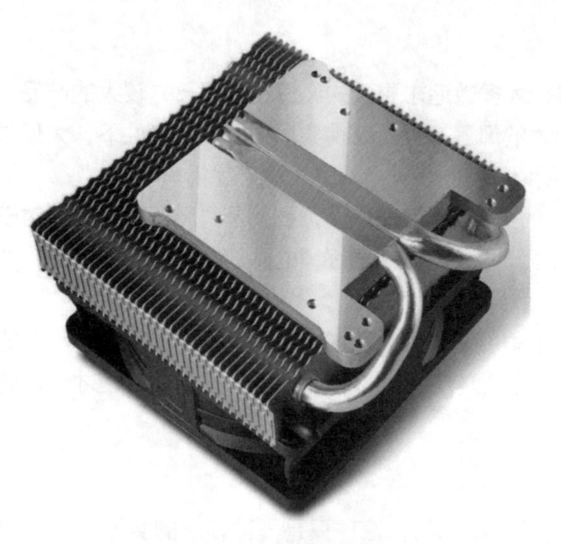

图4-57 下压式热管散热

图4-58 侧吹式热管散热

- 侧吹式热管（高端多热管）：适合全塔机箱，适合高端CPU，超频也能应对。

（3）水冷散热器：水冷已经不是新鲜事物了，如今技术成熟价格跌落的情况下，已进入了一部分玩家的视野。

水冷分为一体水冷和分体水冷，常见的一体水冷就是120冷排和240冷排，一般情况下240冷排的效果更好，价格也更贵。一体式水冷散热器主要由水冷头、导管、冷排风扇和安装扣具构成，其中水冷头的工艺最为复杂，也最能体现一款散热器的性能，包括CPU接触导头、水道和水泵。因为热气直接排到机箱外，对机箱风道的依赖比风冷散热器要低，流动水的导热效率高，因此散热效率高，风扇产生的噪音也小。冷排是散热器的散热关键，一般冷排均采用铝质的散热鳍片，将热量通过风扇排出机箱外，因此，散热性能的好坏往往与冷排材质、大小和风扇效率有关。

- 120水冷：如果单纯为了散热性考虑，喜欢尝鲜的玩家可以选购，如图4-59所示。
- 240水冷：目前最高端的散热方案，效果也足够强劲，适合玩超频的玩家，但是对于机箱要求较高，只有部分中塔机箱和全塔机箱支持，如图4-60所示。

图4-59 120水冷　　图4-60 240水冷

05 Chapter

认识并选购主板

知识概述

主板又称主机板，是电脑的主要部件，是电脑所有内部及外部设备的接入设备，是电脑的中枢部件。主板包含了大量接口和功能，用户可根据需要按标准进行升级。本章将着重讲解主板的相关知识及选购要点。

要点难点

- 主板的功能
- 主板的分类
- 主板的芯片组
- 主板的搭配
- 主板的插槽
- 主板的总线
- 主板的接口
- 主板的选购

5.1 初识主板

主板一般为矩形电路板，上面安装了组成电脑的主要电路系统，一般有BIOS芯片、I/O控制芯片、面板控制开关接口、指示灯插接件、扩充插槽、主板及插卡的直流电源供电接插件等元件。主板采用了开放式结构，主板上大约有6~15个扩展插槽，供PC机外围设备的控制卡（适配器）插接。通过更换这些插卡，可以对电脑相应子系统进行局部升级，使厂家和用户在配置机型方面有更大的灵活性。总之，主板在整个微机系统中扮演着举足轻重的角色。可以说，主板是整个电脑的中枢，主板的类型和档次决定着整个计算机系统的类型和档次。主板的性能影响着整个计算机系统的性能以及稳定性。

主板上最重要的构成组件是芯片组（Chipset）。而芯片组通常由北桥和南桥组成，也有些以单片机形式设计，以增强其性能。这些芯片组为主板提供一个通用平台，供不同设备连接，控制不同设备的沟通。它也包含对不同扩充插槽的支持，例如处理器、PCI、ISA、AGP和PCI Express。芯片组也为主板提供额外功能，例如集成显核、集成声卡（也称内置显核和内置声卡）。一些高价主板也集成了红外通讯技术、蓝牙和802.11（Wi-Fi）等功能。常见的主板及主要功能如图5-1所示。

主板的平面一般采用四层板或六层板设计。相对而言，为节省成本，低档主板多为四层板：主信号层、接地层、电源层、次信号层，而六层板则增加了辅助电源层和中信号层，因此，六层PCB的主板抗电磁干扰能力更强，主板也更加稳定。

一般主板供电模块最基础的设计是采用1个电感+1组电容+2个MOS管，组成1相供电，这样的供电设计可以保障每相能承受25W的CPU功率，也就是说，假如主板采用3相供电设计，那么主板只能支持TDP功耗最高为75W的CPU处理器。在选择CPU时候，Intel型号带K和AMD CPU且有超频需求，请慎重考虑主板的供电能力。“堆料”这个词相信大家都不陌生，它是决定一款产品“身价”的重要因素之一。当然了，在堆料方面，还要以大厂商为主，什么全固态、超合金以及超多相的供电设计使得主板的用料极其奢华。很多消费者在选择主板的时候，都非常重视这方面的介绍。不过笔者认为现在的主板用料以及技术已经相当成熟，只要选择大品牌的产品，基本都不会出现因为用料不当而导致主板崩溃。

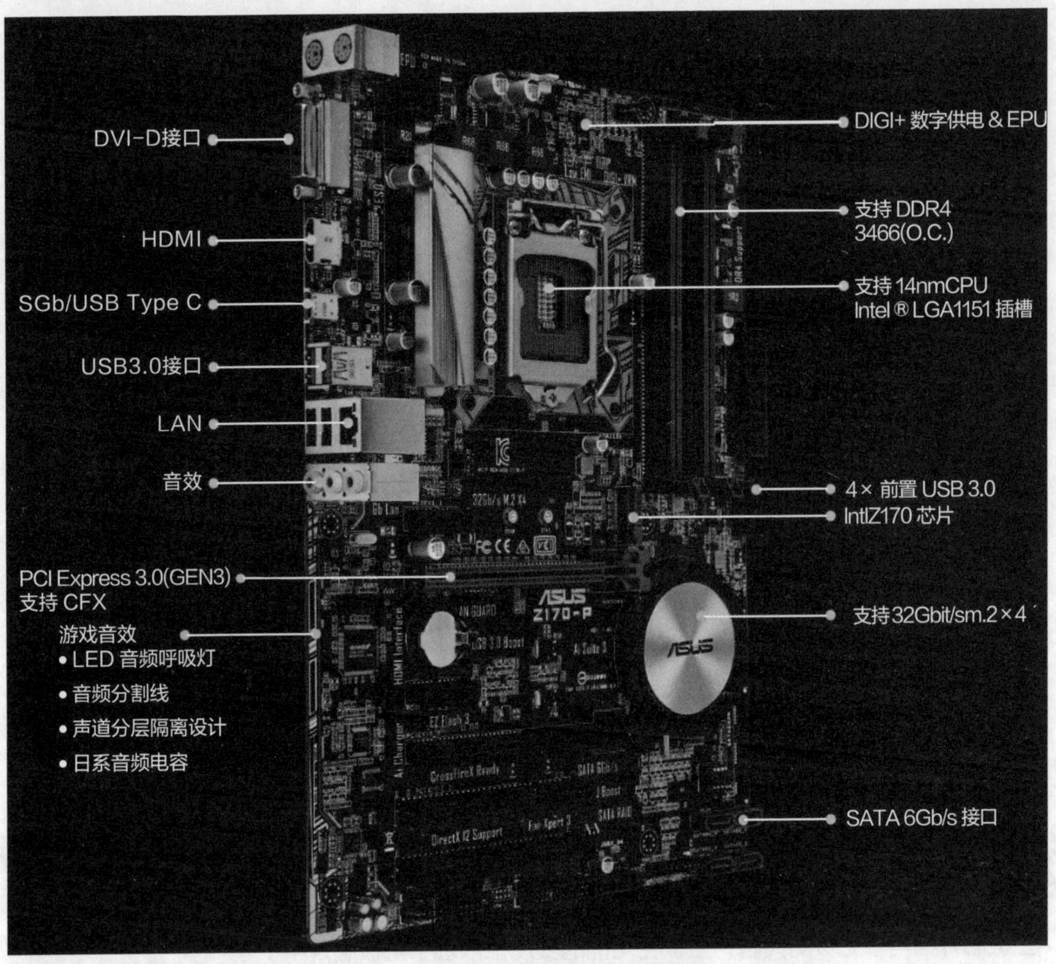

图5-1 Z170-P主板特色及主要接口

5.2 主板分类

主板可以按照芯片组进行划分，也可以按照结构进行划分。通常按照CPU的型号和针脚数来确定使用的主板种类。

主板按结构分为AT、Baby-AT、ATX、Micro ATX、LPX、NLX、Flex ATX、EATX、WATX以及BTX等结构。其中，AT和Baby-AT是多年前的主板结构，已经淘汰；LPX、NLX、Flex ATX则是ATX的变种，多见于国外的品牌机，国内尚不多见；EATX和WATX则多用于服务器、工作站主板；ATX是市场上最常见的主板结构，如图5-2所示。ATX扩展插槽较多，PCI插槽数量在4~6个，大多数主板都采用此结构。Micro ATX又称Mini ATX，如图5-3所示，是ATX结构的简化版，就是常说的“小板”，扩展插槽较少，PCI插槽数量在3个或3个以下，多用于品牌机并配备小型机箱。BTX则是英特尔制定的最新一代主板结构，但尚未流行便已放弃。

- 按主板的结构特点，还可分为基于CPU的主板、基于适配电路的主板、一体化主板等类型。基于CPU的一体化的主板是较佳的选择。
- 按印制电路板的工艺，又可分为双层结构板、四层结构板、六层结构板等，以四层结构板的产品为主。
- 按元件安装及焊接工艺，又可分为表面安装焊接工艺板和DIP传统工艺板。

- 按CPU插座，可分为Socket 1151主板、Socket AM4主板等。
- 按存储器容量，可分为16M主板、32M主板、64M主板等。
- 按是否即插即用，可分为PnP主板、非PnP主板等。
- 按系统总线的带宽，可分为66MHz主板、100MHz主板等。
- 按数据端口，可分为SCSI主板、EDO主板、AGP主板等。
- 按扩展槽，可分为EISA主板、PCI主板、USB主板等。
- 按生产厂家，可分为华硕主板、技嘉主板等。

图5-2 270ATX主板

图5-3 270MicroATX主板

5.3 主板芯片组

主板芯片相当于主板的大脑，主板各功能的实现都依赖于主板芯片组。

5.3.1 芯片组的功能

主板芯片组（Chipset）是主板的核心组成部分，可以比作CPU与周边设备沟通的桥梁。对于主板而言，芯片组几乎决定了这块主板的功能，进而影响到整个电脑系统性能的发挥，芯片组是主板的灵魂。目前CPU的型号与种类繁多、功能特点不一，如果芯片组不能与CPU良好地协同工作，将严重影响电脑的整体性能。

按照在主板上的排列位置的不同，芯片组通常分为北桥芯片和南桥芯片，如图5-4所示。

北桥芯片常位于CPU插槽与PCI-E插槽之间。北桥芯片因为发热量大，常覆盖散热片或使用散热风扇。北桥芯片提供对CPU类型和主频的支持、系统高速缓存的支持、主板的系统总线频率、内存管理（内存类型、容量和性能）、显卡插槽规格，ISA/PCI/AGP插槽、ECC纠错等支持。

南桥芯片位于主板下方、PCI插槽附近，提供对KBC（键盘控制器）、RTC（实时时钟控制器）、USB（通用串行总线）、Ultra DMA/33（66）EIDE数据传输方式和ACPI（高级能源管理）等的支持，以及决定扩展槽的种类与数量、扩展接口的类型和数量（如USB2.0/1.1、IEEE1394、串口、并口、笔记本的VGA输出接口）等。其中北桥芯片起着主导性的作用，也称为主桥（Host Bridge）。

而现在比较主流的主板已经没有传统意义上的南北桥了，北桥芯片的大部分功能合并进了CPU，剩余部分功能由南桥承担，所以现在主板只剩下南桥了，如图5-5所示。

图5-4 传统主板南北桥芯片

图5-5 170南桥芯片

5.3.2 BIOS 芯片

1. 认识BIOS芯片

BIOS是Basic Input Output System的缩写，即“基本输入输出系统”。其实，它是一组固化到电脑内主板上一个ROM芯片上的程序，保存着电脑最重要的基本输入输出的程序、开机后自检程序和系统自启动程序，它可从CMOS中读写系统设置的具体信息。其主要功能是为电脑提供最底层的、最直接的硬件设置以及控制。

BIOS设置程序储存在BIOS芯片中，BIOS芯片是主板上一块长方形或正方形芯片，只有在开机时才可以进行设置（一般在电脑启动时按F2键或者Delete键进入BIOS进行设置，一些特殊机型按F1键、Esc键、F12键等进行设置）。BIOS设置程序主要对电脑的基本输入输出系统进行管理和设置，还可以排除系统故障或者诊断系统问题。有人认为既然BIOS是“程序”，那它应该属于软件，就像自己常用的Word或Excel。但也有很多人不这么认为，因为它与一般的软件还是有一些区别，而且它与硬件的联系相当地紧密。形象地说，BIOS应该是连接软件程序与硬件设备的一座“桥梁”，负责解决硬件的即时要求。主板上的BIOS芯片或许是主板上唯一贴有标签的芯片，一般它是一块32针的双列直插式的集成电路，上面印有BIOS字样。

BIOS中主要存放着如下内容。

- 自诊断程序：通过读取CMOSRAM中的内容识别硬件配置，并对其进行自检和初始化。
- CMOS设置程序：引导过程中，用特殊热键启动，进行设置后，存入CMOS RAM中。
- 系统自举装载程序：在自检成功后将磁盘相对0道0扇区上的引导程序装入内存，让其运行以装入DOS系统。
- 主要I/O设备的驱动程序和中断服务：由于BIOS直接和系统硬件资源打交道，因此总是针对某一类型的硬件系统，而各种硬件系统又各有不同，所以存在各种不同种类的BIOS，随着硬件技术的发展，同一种BIOS也先后出现了不同的版本，新版本的BIOS相比老版本功能更强。

2. BIOS与UEFI的区别

UEFI是一种详细描述全新类型接口的标准，是适用于电脑的标准固件接口，旨在代替BIOS。UEFI是与BIOS相对的概念，这种接口用于操作系统自动从预启动的操作环境加载到一种操作系统上，从而达到开机程序化繁为简节省时间的目的。传统BIOS技术正在逐步被UEFI取而代之，在最近新出厂的电脑中，很多已经使用UEFI，使用UEFI模式安装操作系统是趋势所在。

3. BIOS主要开发厂商

市面上较流行的主板BIOS主要有Award BIOS、AMI BIOS。

- Award BIOS：由Award Software公司开发的BIOS产品，是目前使用最为广泛的主板。Award BIOS功能较为齐全，支持许多新硬件，市面上多数主机板都采用了这种BIOS。如今Award Software已经被另一家BIOS开发厂商Phoenix收购，因此现在的Award BIOS变成了Phoenix Award BIOS。
- AMI BIOS：AMI公司（American Megatrends Incorporated）出品的BIOS系统软件，开发于20世纪80年代中期，早期的286、386大多采用AMI BIOS，它对各种软、硬件的适应性好，能保证系统性能的稳定，到20世纪90年代后，绿色节能电脑开始普及，AMI却没能及时推出新版本来适应市场，使得Award BIOS占领了市场主体。当然AMI也有非常不错的表现，新推出的版本依然功能强劲。

4. BIOS芯片厂商

生产ROM芯片的厂家很多，主要有Winbond、Intel、ATMEL、SST、MXIC等品牌。由于Winbond（华邦）生产BIOS ROM芯片时间较早，与主板的原始设计相兼容，因而市场占有率较高。Intel公司则在Flash ROM市场始终占据着领导者的地位，其586时代的I28F001BX芯片、I810（815）主板上的N82802AB芯片，都在BIOS的恢复方面给人留下了深刻的印象。不光主板上有BIOS，其他设备如网卡、显卡、MODEM、数字相机、硬盘等也有所谓的BIOS，像显卡上的BIOS主要完成显卡和主板之间的通讯。这些外部设备上的BIOS也和主板的BIOS一样，采用FLASH ROM作BIOSROM芯片，同样也可以方便地升级，以修改缺陷及增强兼容性。

5. BIOS功能

（1）自检及初始化

这部分功能分为三个部分。

第一个部分是用于电脑刚接通电源时对硬件部分的检测，也叫作加电自检（Power On Self Test，简称POST），功能是检查电脑是否良好，通常完整的POST自检对CPU、640K基本内存、1M以上的扩展内存、ROM、主板、CMOS存储器、串并口、显示卡、软硬盘子系统及键盘进行测试，一旦在自检中发现问题，系统将给出提示信息或鸣笛警告。自检中如发现错误，将按两种情况处理：对于严重故障（致命性故障）则停机，此时由于各种初始化操作还没完成，不能给出任何提示或信号；对于非严重故障则给出提示或声音报警信号，等待用户处理。

第二个部分是初始化，包括创建中断向量、设置寄存器，对一些外部设备进行初始化和检测等，其中很重要的一部分是BIOS设置，主要是对硬件设置一些参数，当电脑启动时会读取这些参数，并和实际硬件设置进行比较，如果不符合，会影响系统的启动。

第三个部分是引导程序，功能是引导DOS或其他操作系统。BIOS先从软盘或硬盘的开始扇区读取引导记录，如果没有找到，则会在显示器上显示没有引导设备，如果找到引导记录会把电脑的控制权转给引导记录，由引导记录把操作系统装入电脑，在电脑启动成功后，BIOS的这部分任务就完成了。

（2）程序服务处理

程序服务处理程序主要是为应用程序和操作系统服务，这些服务主要与输入输出设备有关，例如读磁盘、文件输出到打印机等。为了完成这些操作，BIOS必须直接与电脑的I/O设备打交道，它通过端口发出命令，向各种外部设备传送数据以及从它们那儿接收数据，使程序能够脱离具体的硬件操作。

（3）硬件中断处理

硬件中断处理分别处理PC机硬件的需求，BIOS的服务功能是通过调用中断服务程序来实现的，这些服务分为很多组，每组有一个专门的中断。例如视频服务，中断号为10H；屏幕打印，中断号为05H；磁盘及串行口服务，中断号为14H。每一组又根据具体功能细分为不同的服务号。应用程序需要使用哪些外设、进行什么操作，只需要在程序中用相应的指令说明即可，无需直接控制。

另外需注意，BIOS设置不当会直接损坏电脑的硬件，甚至烧毁主板，建议不熟悉者慎重修改设置。用户可以通过设置BIOS来改变各种不同的参数，比如onboard显卡的内存大小。用户手上所有的操作系统都是由BIOS转交给引导扇区，再由引导扇区转到各分区激活。

6. CMOS清空

如果用户在设置BIOS程序时，出现设置错误而导致故障，或者丢失BIOS密码，无法对BIOS进行操作。这时，需要对电脑COMS进行放电操作。

用户打开机箱后，用工具取下电池，用一根导线或者经常使用的螺丝刀将电池插座两端短路，对电路中的电容放电，使CMOS芯片中的信息快速消除，如图5-6所示。

现在大多数主板都设有CMOS放电跳线，以方便用户进行放电操作，这是最常用的CMOS放电方法。该放电跳线一般为三针，位于主板CMOS电池插座附近，并附有电池放电说明。在主板的默认状态下，会将跳线帽连接在标识为1和2的针脚上，从放电说明上可以知道为Normal，即正常的使用状态。

要使用该跳线来放电，首先用镊子或其他工具将跳线帽从1和2的针脚上拔出，然后再套在标识为2和3的针脚上将它们连接起来，由放电说明上可以知道此时状态为Clear CMOS，即清除CMOS。经过短暂的接触后，就可清除用户在BIOS内的各种手动设置，而恢复到主板出厂时的默认设置，如图5-7所示。

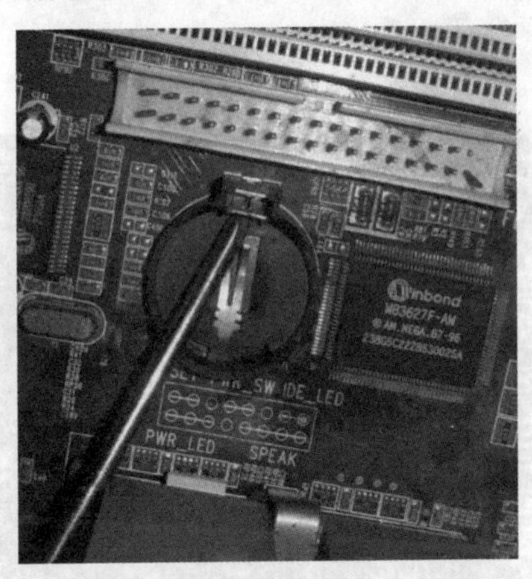

图5-6 短接法放电

图5-7 170跳线法放电

5.3.3 其他芯片

1. I/O芯片

I/O是英文Input/Output的缩写，意思是输入与输出。I/O芯片的功能主要是为用户提供一系列输入、输出接口，鼠标/键盘接口（PS/2接口）、串口（COM口）、并口、USB接口、软驱口等。部分I/O芯片还能提供系统温度检测功能，用户在BIOS中看到的系统温度最原始的来源就是这里。

I/O芯片比较大，用户能够清晰地辨别出来。它一般位于主板的边缘地带，目前流行的I/O芯片有ITE公司的8712和Winbond公司的83627等。

I/O芯片的供电一般为5V和3.3V。I/O芯片直接受南桥芯片控制，如果I/O芯片出现问题，轻则会使某个或全部I/O设备无法正常工作，重则会造成整个系统的瘫痪。假如主板找不到键盘或串讲口失灵，很可能是为它们提供服务的I/O芯片出现了不同程度的损坏。人们平时所说的热插拔操作就是针对保护I/O芯片提出的，因为在进行热插拔操作时会产生瞬间大电流，很可能烧坏I/O芯片。

常见I/O芯片的型号有以下几种。

- Winbond公司的W83627HF、W83627EHG、W83697HF、W83877HF、W83977HF。
- ITE公司的IT8702F、IT8705F、IT8711F、IT8712F等，如图5-8所示。
- SMSC公司的LPC47M172、LPC47B272等。

2. 时钟芯片

如果把电脑系统比喻成人体，CPU当之无愧就是人的大脑，而时钟芯片就是人的心脏。如果心脏停止跳动，人的生命也将终结。时钟芯片也一样，通过时钟芯片给主板上的芯片提供时钟信号，这些芯片才能够正常地工作，如果缺少时钟信号，主板将陷入瘫痪之中。

时钟芯片需要和14.318MHz的晶振连接在一起，为主板上的其他部件提供时钟信号，时钟芯片位于AGP槽的附近。放在这里也是很有讲究的，因为时钟给CPU、北桥、内存等的时钟信号线要等长，所以这个位置比较合适。时钟芯片的作用也非常重要，它能够给整个电脑系统提供不同的频率，使得每个芯片都能够正常地工作。没有这个频率，很多芯片可能要罢工。时钟芯片一旦损坏，主板一般就无法工作了。

现在很多主板都具有线性超频功能，其实这个功能就是由时钟芯片提供的，图5-9所示为时钟芯片。

常见时钟芯片的型号有以下几种。

- ICS系列的950213AF、93725AF、95022813F、952607EF等。
- Winbond系列的W83194R、W211BH、W485112-24X等。
- RTM系列的RTM862-480、RTM560、RTM360等。

图5-8 IT8728F芯片

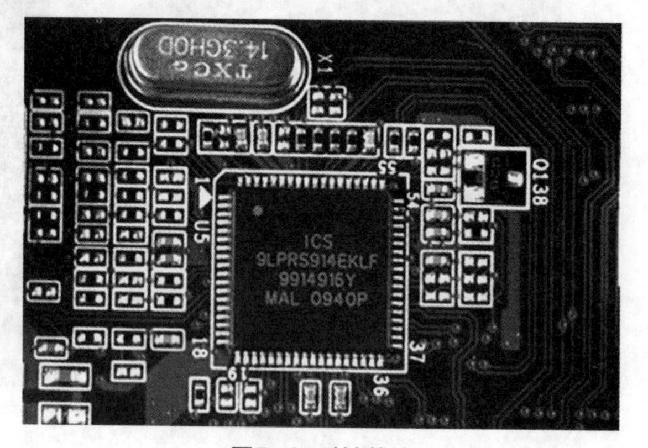

图5-9 时钟芯片

3. 电源管理芯片

电源管理芯片的功能是根据电路中反馈的信息在内部进行调整后，输出各路供电或控制电压，主要负责识别CPU供电幅值，为CPU、内存、AGP、芯片组等供电，图5-10所示为电源管理芯片。

电源管理芯片的供电一般为12V和5V，如果电源管理芯片损坏，将造成主板无法工作。常见电源管理芯片的型号主要有以下几种。

- HIP系列的HIP6301、HIP6302、HIP6601、HIP6602、HIP6004B、HIP6016、HIP6018B、HIP6020、HIP6021等。
- RT系列的RT9227、RT9237、RT9238、RT9241、RT9173、RT9174等。
- SC系列的SC1150、SC1152、SC1153、SC1155/SC1164、SC2643、SC1189等。
- RC系列的RC5051、RC5057等。

- ADP系列的ADP3168、ADP3418等。
- LM系列的LM2636、LM2637、LM2638、LM2639等。
- ISL系列的ISL6556、ISL6537等。

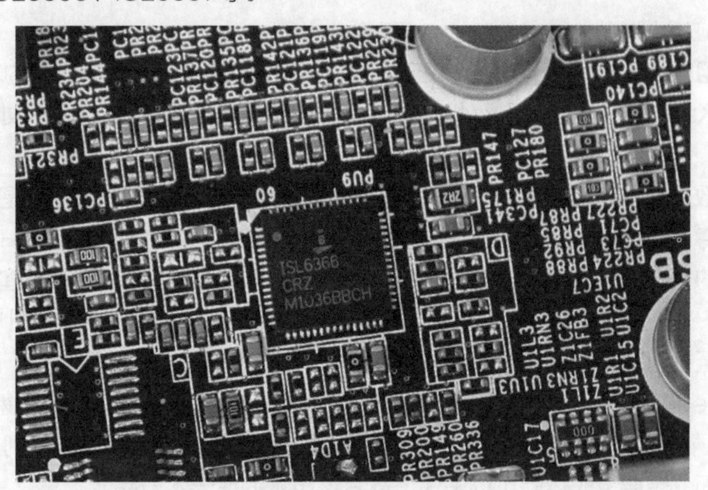

图5-10 ISL6366芯片

4. 声音及网络芯片

声卡芯片是主板集成声卡时的声音处理芯片，声卡芯片是一个方方正正的芯片，四周都有引脚，一般位于第一根PCI插槽附近，靠近主板边缘的位置，在它的周围整整齐齐地排列着电阻和电容，所以用户能够比较容易地辨别出来，如图5-11所示。

目前的声卡芯片公司主要有Realtek、VIA和CMI等，因为它们都支持AC'97规格，所以被统一称为AC'97声卡，但不同公司的声卡会有不同的驱动。集成声卡除了有两声道、四声道外，还有六声道和八声道，不过要在系统中设置一下才能够正常使用。常见声卡芯片的型号如下。

- ALC系列的ALC650/662/850/888/889/1150等。
- AD系列的AD1981/1988/1998等。
- CMI系列的CMI8738/9739/97387838/1988等。
- VIA系列的VIA1616等。

图5-11 声卡芯片

图5-12 网络芯片

网络芯片是主板集成网络功能时用来处理网络数据的芯片，一般位于音频接口或USB接口附近，如图5-12所示。常见网卡芯片的型号有RTL8100、RTL8101、RTL8201、VT6103以及Intel公司的88E8503、82599、82563等。

5.3.4 主流芯片组

1. Intel公司常见芯片组

（1）200系列芯片组

200系列芯片组包括Z270、B250、H270等型号的芯片组，它是目前最新的芯片组产品，支持最新的Intel第七代Kaby Lake平台酷睿处理器，同时也支持第六代Skylake平台处理器。相对于100系列芯片组，200系列芯片组有以下升级内容。

- PCI-E通道数提升：200系列主板最大的升级内容就是PCI-E通道总数的提升，这个提升在一定程度上是专门为存储设备准备的，M.2和U.2存储设备越来越火爆，之前的PCI-E通道数量有点拮据，扣除显卡占用的16条通道之后，现在还可以剩下8条通道来让用户搭配硬盘设备。
- 内存频率提升：内存频率略有提升，基本上相当于当初DDR3从1333升级到1600的效果，技术成熟之后可以提升至相对较高的频率来提供更好的性能。当然内存的超频能力不止于此。
- Intel Optane（闪腾）技术：这一代主板最精髓的升级不得不说是这个闪腾技术，利用M.2的高读写速度来提升硬盘工作效率，虽然现在还没有全面上线，不过在之后200系列主板大范围铺货之后肯定会与用户见面，想要抢先体验可以关注搭载有该技术的笔记本产品。

（2）100系列芯片组

100系列芯片组包括Z170、H170、Q170、Q150、B150、H150、H110等型号芯片组。支持第六代Skylake平台处理器。总线全面升级到PCI-E 3.0，USB 3.0接口数量大增，还支持RST PCI-E设备，与处理器的通道也首次升级为PCI-E 3.0通道的DMI 3.0总线。

作为旗舰级型号，Z170和其他型号最大的区别就是完全支持超频，当然规格也是最齐整的，可提供20条PCI-E 3.0总线（多了四条）、6个SATA 6Gbps接口（没变）、3个SATA Express接口（以前没有）、10个USB 3.0接口（多了4个）、3个RST PCI-E接口（以前没有）。

但是要注意，SATA Express占用的是SATA通道，绝大多数高端主板会额外加装主控来扩展。RST PCI-E接口占用的是x4 M.2或者x2 SATA Express通道，也存在同样的问题。

H170关闭了超频，PCI-E 3.0削减到16条，USB 3.0降至8个（USB 2.0增至6个），SATA Express、RST PCI-E接口各自减为2个，其他基本保留。

B150只有8条PCI-E 3.0、6个USB 3.0（6个USB 2.0）、1个SATA Express，不再支持RST PCI-E，不过依然保留了6个SATA 6Gbps。

H110因为是入门级的，规格最低，只有6条PCI-E 2.0、4个SATA 6Gbps、4个USB 3.0（6个USB 2.0），SATA Express也被取消了。

（3）9系列芯片组

9系列芯片组包括Z97、H97等型号，支持Broadwell处理器（第五代酷睿），支持PCI-E存储，但是跟8系基本上没有实质区别，多了一个启动保护功能，RST支持PCI-E存储，也就是M.2及SATA-Express接口。注意，虽然芯片组不是原生支持SATA-Express的，不过RST是Intel的软件驱动，这跟芯片组支持SATA-E并不是一回事。

Z87和Z97都支持x16、x8+x8及x8+x4+x4输出，核显都支持3屏输出，内存通道也是双通道DDR3的，每通道最多2条内存。

PCI-E 2.0通道数最多也是8个，SATA 6Gbps接口最多6个，USB 3.0接口最多6个，支持I/O接口弹性配置，9系因为支持PCI-E存储设备，理论上I/O配置弹性比8系更好一些。

另外，SRT智能响应技术没什么变化，RST驱动版本有所不同，9系是RST 13，8系是RST 12。

（4）8系列芯片组

8系列芯片组包括Z87、H87、Q87、B85、H81等型号芯片组。市场上有5款型号，分别是高性能可超频的Z87、主流的H87、低端的B85、商务平台的Q87/Q85。B85本来也是主要面向企业用户，但就像前辈B75，物美价廉的它被推向了低端桌面市场。笔记本上有消费级的HM87、HM86和商务型的QM87。8系列芯片组最多支持6个USB 3.0、6个SATA 6Gbps，这是最为突出的变化，而且还支持Flex I/O弹性输入输出技术，可灵活配置PCI-E/USB/SATA输出。

8系列还全部支持Intel WiDi无线显示技术、NFC近场通信技术、Intel IPT身份保护技术，主动管理技术也升级到AMT 9.0（仅限Q87/QM87）。数字输出管理从芯片组转移到了处理器内部。

Z87、H87都可以支持6个USB 3.0、8个USB 2.0、6个SATA 6Gbps，而且支持Flex I/O，不同之处在于H87不支持超频，也不支持多路显卡。

B85取消了Flex I/O、RAID、SRT，但是和H87一样支持SBA，接口配置为4个USB 3.0、8个USB 2.0、4个SATA 6Gbps、2个SATA 3Gbps。

H81进一步取消了PCI-E 3.0、三屏显示、RST、SRT、SBA，每通道最多1条内存，6条PCI-E 2.0、2个USB 3.0、8个USB 2.0、2个SATA 6Gbps、2个SATA 3Gbps。

（5）7系列芯片组

7系列芯片组包括Z77、Z75、H77、Q77、X79、B75等型号芯片组。Intel 7系列芯片组采用65nm工艺制造，FCBGA封装，其中桌面版尺寸27×27mm，焊球数量942个，球间距0.7mm，热设计功耗6.7W，移动版尺寸25×25mm，焊球数量989个，球间距0.6mm，热设计功耗4.1W、待机3.7W，只有面向超极本的UM77为3.0W。

- PCI-E 2.0端口：除了HM70、UM77都是4个之外，其他均为8个，都能拆分成x1、x2或者x4。
- PCI总线：只有B75保留了原生支持，其他的全部取消，而且相应主板只能借助第三方桥接芯片支持。
- USB 3.0/2.0接口：Z77、H77、Z75、HM77都是完整的4/10个，B75、HM76减少到4/8个，UM77是4/6个，HM70只剩下2/6个，HM75则是0/12个（即不支持USB 3.0）。
- SATA 6Gbps/3Gbps接口：Z77、H77、Z75、HM77、HM76、HM75都是完整的2/4个，B75改为1/5个，HM70、UM70则是1/3个。
- 整合图形核心：全部支持。
- 视频输出：除了UM77不支持VGA/LVDS之外（超极本放不下这个），其他所有规格都支持，包括VGA/DVI/HDMI/DisplayPort/eDP。
- WiDi 3.0无线显示技术：笔记本型号全都有，但需要配合相应模块。
- AHCI：全部支持。
- RAID 0/1/5/10磁盘阵列：Z77、H77、Z75、HM77、UM77支持。
- SRT固态硬盘加速技术：Z77、H77、HM77、UM77支持。
- ATT防盗技术：全部支持。
- AMT 8.0主动管理技术：全部不支持。
- SBA小型商业优势技术：B75、HM77、UM77支持。
- RST快速启动技术：全部支持，但需要搭配特定的Ivy Bridge处理器。
- ACPI S1睡眠状态：全部支持。
- HD Audio高保真音频：全部支持。
- 千兆以太网MAC：全部支持。

2. AMD公司常见芯片组

（1）3系列芯片组

包括AMD X370、B350、A320等型号芯片组。AM4芯片组全面支持DDR4内存、PCI-E 3.0和USB 3.1等新技术。集成了8个 PCI-E 3.0 通道、4个USB3.0接口、2个SATA和2个NVMe/PCIe硬盘接口。针对小尺寸平台的是X/B/A300系列芯片组，AM4插槽。针对入门级市场的是A320芯片组，不支持OC功能。针对主流市场的B350芯片组，AM4插槽，支持OC功能。针对发烧级市场的是X370芯片组，取代目前的990FX及A88X，支持OC功能，还支持PCI-E x16*2双路SLI/CF。X370支持2个USB 3.1 Gen2，6个USB 3.1 Gen1，6个USB 2.0接口，支持4个SATA 6Gbps接口，还有2个SATA e接口，后者实际上也是2个SATA接口组成的。南桥PCI-E数量和规格偏少，只有8条PCI-E 2.0，用于日常的SSD已足够。AM4插槽有1331个针脚，比目前AM3/3+插槽约940个针脚提升40%，而且供电能力提升到140W。

（2）9系列芯片组

9系列芯片组包括990FX、990X、970三款北桥芯片和SB950、SB920两款南桥芯片，在本质上和上代的800+SB800系列并无区别，只是个别地方略有调整而已，比如SB950增加了两条PCI-E 2.0 x1输出通道。9系列芯片组的主要使命自然是支持新的黑色Socket AM3+插座和FX系列推土机处理器，不过得益于良好的向下兼容性，也可以继续搭配Socket AM3封装接口的Phenom II/Athlon II/Sempron系列处理器。反过来，目前的8系列主板除了极个别特例之外，都无法升级AM3+推土机处理器。990FX、990X、970三者的最大区别在于显卡插槽支持，分别可以驱动最多四条、两条和一条，也就是说990FX能够支持最高四路CrossFireX/SLI，990X可以支持双路，970X则仅能搭配单卡。

与8系列相比，最大的亮点是增加了对IOMMU（输入输出内存管理单元）技术、Turbo Core 2.0技术的支持。8系列芯片组全面覆盖高中低端用户，而9系列主要是针对高中端用户，低端的用户主要由AMD的A平台来接替。

9系列主要包括970、980G、990X、990FX，也分为独立和整合芯片组。980G是集成显卡芯片组，其余三款是独立芯片组。南桥芯片组升级为SB950，但是与上一代的SB850差别不大，主要是PCI-E的数量升级到4个。980G的北桥与880G是一个代号，性能几乎没有什么提升。该系列仍然不支持原生的USB 3.0。

- 970：支持1个AMD Radeon Premium显卡和SATA 6 Gb/s等先进技术，可加速连接；使用AMD FX处理器，用户将获得出乎意料的突破性体验；与采用Hyper-transport3.0互联技术的AM3+和AM3处理器完全兼容的接口；支持1个采用Cross Fire技术的Radeon HD显卡。基于AMD 970的主板，采用多RAID配置支持和增强SSD配置，使用户尽享最新性能优势。
- 990X：支持2个采用了AMD CrossFireX技术的AMD Radeon™ HD显卡，PCI-E 2.0技术可实现1x16或2x8配置，使用新一代AMD OverDrive软件，掌控用户的电脑；利用SATA 6 Gb/s等先进技术来加速连接；基于AMD 990X的主板上采用多RAID配置支持和增强SSD配置，使用户尽享最新性能优势。
- 990FX：是9系列最高端的北桥芯片组，PCI-E 2.0技术可实现2x16或4x8配置，其余参数同990X一样。

（3）APU系列芯片组

包括AMD A88X、A85X、A78、A75、A55等产品。AMD A系列芯片组旨在充分发挥AMD加速处理器（APU）的性能，并提供各种不同的I/O配置。

针对FM2+主板，提供的平台特性有如下。

- 双显卡：AMD APU与特定AMD显卡搭配使用可提高显卡性能。
- 内存规范：全新内存规范提升了显卡和OpenCL™的性能。
- AMD可配置TDP：可自定义平台功耗限制，适合特殊用途和特殊外形使用。
- AMDEyefinity宽域技术：最多支持3+1个显示器输出，从而营造多屏显示体验。
- AMDStart Now技术：从睡眠模式当中恢复仅需1.5秒，短短7秒即可快速启动。

A88X支持AMD CROSSFIRE™技术，采用AMP，可配置TDP并提供全部RAID选项，推荐配套产品为A10、A8。

A78支持PCIe® Gen 3显卡，配备6个SATA 3.0和4个USB 3.0端口。推荐配套产品为A8、A6。

A85X支持 AMD CROSSFIRE™ 技术，8个SATA 6 GB/s端口，推荐配套产品为A10、A8。

A75配备 1个USB 3.0 端口，6个SATA 6 GB/s端口，推荐配套产品为A8、A6。

A55入门级主板支持AMD双显卡，支持DDR3-1866，推荐配套产品为A6、A4。

（4）8系列芯片组

包括AMD 890FX、890GX、880G、870等产品。890FX为高端独立芯片组产品，890GX则代表中高端平台，880G主推中端集成平台，而870面向的是中低端独立平台。这四款北桥芯片搭配SB810和SB850两款南桥，筑起AMD在2010年和2011年的整个产品线架构。90FX和890GX与SB850南桥搭配，构成了AMD主打中高端市场的第三代3A平台："Leo一狮子座"的组合；而中低端市场则需要用将于890FX同期发布的880G+SB810芯片组所组成的"剑鱼座"平台来延续785G+SB710的生命。890FX除了芯片封装尺寸和TDP之外与790FX的主要差别并不明显，要说最大的区别可能就是跟890GX一样，将取消对AM3以下规格处理器的支持，也就是明确只支持DDR3内存。

890GX所集成的GPU—HD 4290，其默认工作频率为700MHz。880G所搭配的南桥是SB850的精简版本——SB810，与SB850的区别是少了对SATA 6Gbps的支持；而890GX所搭配的南桥是SB850。880G的TDP为18W，890GX的TDP为22W。890GX所搭配的是Deneb内核（四核）、Heka内核（三核）以及Thuban内核（六核）的弈龙II处理器。890GX可以支持一条x16或者两条x8的PCI-E 2.0插槽，而785G和880G则只支持一条x16插槽，理论上如果要实现交火，需要从南桥"借出"4条或通过其他方式将x16分解。

AMD 8系芯片组主板，总体上优化了与DDR3内存的兼容性，更好地支持AMD二代处理器，再就是整合SATA 3.0及USB 3.0接口，但是具体要结合主板具体型号而言。AMD 870为中端独立芯片组主板，AMD 880G为中端整合芯片组主板，后者集成ATI Radeon HD 4250显示核心，核心频率为650MHz，自带128MB或256MB缓存空间。AMD 890GX芯片组主板，板载ATI Radeon HD 4290显示核心，核心频率为700MHz，自带128MB或256MB缓存空间。AMD 890FX芯片组主板为顶端型号，支持组件CrossfireX多路显卡交火，而AMD 890GX仅仅支持双路交火。其次，ATI Radeon HD 4200、ATI Radeon HD 4250及ATI Radeon HD 4290显示核心支持与流处理器为40的ATI Radeon HD 2400/3450/3470等低端、中低端独立显卡组建"40+40"对称模式的混合交火，并且ATI Radeon HD 4290显示核心支持与流处理器为80的ATI Radeon HD 5450等独立显卡组建"40+80"非对称模式的混合交火，交火模式为SFR模式，不是AFR模式。

5.3.5 主流品牌主板

1. 主板厂商

主流品牌主板生产厂商有技嘉、华硕、微星、精英、梅捷、映泰、Intel、磐英、华擎、丽台、捷波、七彩虹、昂达、翔升、双敏、富士康、映众等。

2. 支持Intel处理器的主板

（1）支持Intel第七代处理器的主板

Intel公司第七代处理器命名为7XXX，为Kaby Lake平台。主板采用Intel公司的200系列芯片组，包括Z270、B250、H270等型号的芯片组，该芯片组也支持第六代Skylake平台处理器。主要的品牌产品有华硕ROG MAXIMUS IX FORMULA、技嘉B250-HD3、微星H270 TOMAHAWK ARCTIC等型号。其中华硕ROG MAXIMUS IX FORMULA，如图5-13所示，支持LGA1151接口的Core七代i7/i5/i3，Core六代i7/i5/i3，Celeron，Pentium处理器；支持DDR4 2400内存，最大支持64G；板载Intel I219-V千兆网卡，2×2 MU-MIMO 802.11 AC WI-FI无线，采用ROG SupremeFX 8声道，高清晰音频编码解码器S1220；板上有6各SATA3接口，支持RAID0，RAID1，RAID5，RAID10磁盘阵列；有3×PCI-E X1，3×PCI-E X16，2×M.2插槽；12相电路，24PIN+8PIN电源接口。特色功能有SLI技术、CrossFire技术、RGB背光、M.2接口、Type-C接口、WIFI无线网络、全固态电容。

（2）支持Intel第六代处理器的主板

Intel公司第六代处理器命名为6XXX或奔腾G4XX，为Skylake平台。主板主要采用Intel公司的100系列芯片组，包括Z170、B150、H170、Q170、Q150、H110等型号的芯片组。主流主板有技嘉Z170X-Gaming 3、华擎H170 Pro4/Hyper、华硕H110M-A M.2等主板。其中技嘉Z170X-Gaming 3，如图5-14所示，采用IntelZ170芯片组，支持LGA1151接口CPU，支持Core六代i7/i5/i3系列处理器，4 DDR4 DIMM插槽，最大支持DDR4 3200双通道，以及64G内存。

图5-13 华硕ROG MAXIMUS IX FORMfwqULA主板

图5-14 技嘉Z170X-Gaming 3主板

该主板有6个SATA3接口，扩展插槽有3×PCI-E X1、3×PCI-E X16、2xM.2插槽。扩展接口有键盘鼠标PS/2、HDMI、Display Port接口、1×RJ45网卡接口、音频接口、光纤接口。内建Creative[e] Sound Core 3D芯片，TI Burr Brown[e] OPA2134音频放大器芯片，内建1个Intel[e] GbE 网络芯片（10/100/1000 Mbit）（LAN1），1个Qualcomm[e] Atheros Killer E2400网络芯片（10/100/1000 Mbit）（LAN2）。

（3）支持Intel第四代处理器的主板

Intel公司第四代处理器命名为4XXX或奔腾G3XX。主板主要采用Intel公司的9系列及8系列芯片组，包括Z97、H97、Z87、Q87、H87、B85、Q85等型号的芯片组。主流主板有微星Z97-G43 GAMING、技嘉GA-H97-HD3、精英Z87H3-A2X。其中微星Z97-G43 GAMING，如图5-15所示，采用IntelZ97芯片组，支持LGA1150接口的Core四代i7/i5/i3，Core三代i7/i5/i3系列处理器；支持DDR3 1066MHz/1333MHz/1600MHz/1866MH/2000MHz/ 2400MHz内存条，最大支持32G内存；板载Realtek ALC1150 Codec 7.1声道声卡Killer E2205网卡；6个SATA3接口，支持RAID 0、RAID 1、RAID 5、RAID 10磁盘阵列。

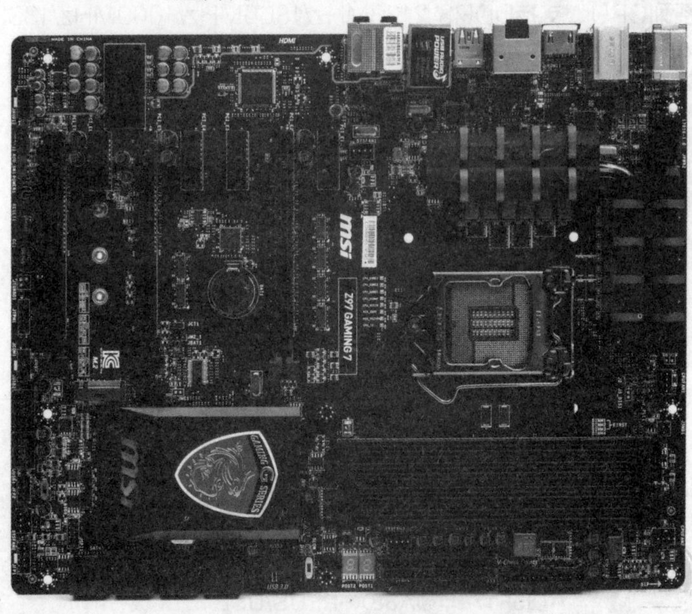

图5-15 微星Z97-G43 GAMING主板

3. 支持AMD处理器的主板

（1）支持AMD锐龙处理器的主板

支持AMD公司最新处理器Ryzen的芯片组有AMD X370、B350、A320等型号芯片组。主板主要有华硕CROSSHAIR VI HERO、技嘉AB350M-Gaming 3、七彩虹战斧C.AB350M-HD魔音版V14等型号。其中华硕CROSSHAIR VI HERO，如图5-16所示，采用AMD X370主板，使用AM4接口CPU插槽，支持Ryzen 7系列处理器；支持DDR4 2400MHz/2133MHz，最大64G的内存；提供8个SATA3接口，24PIN+8PIN供电，扩展接口有3×PCI-E X1、3×PCI-E X16、1×M.2插槽；USB接口有4×USB2.0、8×USB3.0、1×USB3.1 Type-A、1×USB3.1 Type-C。其他特色功能有SLI技术、CrossFire技术、RGB背光、M.2接口。

图5-16 华硕CROSSHAIR VI HERO主板

（2）支持AMD FM2/FM2+主板

支持AMD公司FM2/FM2+接口的芯片组（主要是支持A10/A8/A6/A4/Athlon Ⅱ处理器）有AMD A88X、A78、A68H、A58、A85X、A75、A68H、A55等型号芯片组。主板主要有华硕A88X-PLUS/USB 3.1、梅捷SY-A86K 全固版 S2、华硕 F2A55-M LK PLUS等型号，其中华硕A88X-PLUS/USB 3.1如图5-17所示，采用AMD A88X芯片组，支持APU A10/A8/A6/A4（FM2插槽），Athlon Ⅱ系列CPU；支持DDR3 2133MHz/1866MHz/1600MHz/1333MHz，最大64G内存；采用24+4PIN供电，8个SATA3接口；板载Realtek ALC887声卡，板载Reaktk 8111H网卡。

图5-17 华硕A88X-PLUS/USB 3.1主板

（3）支持AMD AM3/AM3+主板

支持AMD公司FM3/FM3+接口的芯片组有AMD990FX/760G/970/A68H/A55等型号芯片组。主板主要有技嘉GA-970-Gaming、华硕M5A97 PLUS、技嘉GA-970A-D3P。其中技嘉GA-970-Gaming如图5-18所示，采用AMD970芯片组以及SB950南桥芯片，支持AM3+处理器；支持DDR3 2000MH/1866MH/1600MH/1333MHz/1066MHz，最大32G的CPU；支持2/4/5.1/7.1声道，使用Realtek ALC1150芯片；内建Rivet Networks Killer E2400/E2201网络芯片（10/100/1000 Mbit）；采用24PIN+8PIN供电，提供6个SATA3接口。

图5-18 技嘉GA-970-Gaming主板

5.4 主板插槽及接口

主板提供了大量的插槽及接口，以方便用户完成主板的安装和使用，以及后期功能的扩展。下面将介绍主板插槽及接口的功能。

5.4.1 CPU 插槽

CPU插槽是CPU与主板连接的桥梁。在选择主板时，一定要根据CPU的型号，选择可以搭配的主板。目前主要的插槽种类包括Intel的LGA1151、1150、1155、2011、2011-v3、775等类型，如图5-19、5-20所示，以及AMD的SocketAM4、AM3+、AM3、FM2+、FM2等类型，如图5-21所示。如果主板选择错误，CPU将无法安装到主板上。

图5-19 LGA1151插槽

图5-20 LGA1150插槽

图5-21 AM4接口与FM2+接口比较

5.4.2 内存插槽

内存是电脑中不可或缺的组件，内存插槽一般位于CPU旁，由2~6个槽位组成。每个槽都由防呆设计、隔断、以及固定卡扣组成。一般通过不同的颜色为双通道指明安装位置。现在市场主流的内存为DDR3及DDR4，两者在内存条及主板插槽上均不通用。用户需要了解CPU及主板支持什么型号的内存条，再进行购买。在安装时，一定要注意方向，以免插反。CPU插槽如图5-22所示。

图5-22 DDR4 内存插槽

5.4.3 独立显卡插槽

虽然现在的大部分CPU都包含了显示核心，可以使用主板自带的视频输出接口进行显示。但对于专业级玩家来说，核显水平仍然比较低，需要使用高规格的独立显卡。在老式主板上，一般使用AGP插槽进行对接。现在主流的显卡都是安装在PCI-E插槽上。

1. PCI-E x16插槽

PCI-E是PCI-Express的简称，现在已经发展到3.0的标准时代。

PCI-E 2.0标准制定于2007年，速率5GT/s，x16通道带宽可达8GB/s。

PCI-E 3.0带宽更高，延迟更低。与PCI-E 2.0相比，PCI-E 3.0的目标是带宽继续翻倍达到10GB/s，要实现这个目标就要提高速度，PCI-E 3.0的信号频率从2.0的5GT/s提高到8GT/s，编码方案也从原来的8b/10b变为更高效的128b/130b，其他规格基本不变，每周期依然传输2位数据，支持多通道并行传输。除了带宽翻倍带来的数据吞吐量大幅提高之外，PCI-E 3.0的信号速度更快，相应地数据传输的延迟也会更低。此外，针对软件模型、功耗管理等方面也进行了具体优化。简而言之，PCI-E 3.0就跟高速路一样，车辆跑得更快，发车间隔更小，座位更舒适。图5-23是PCI-E3.0显卡插槽。

通常对显卡的插槽也叫PCIE x16插槽。如果主板上有多条PCIE x16，则说明其很可能支持AMD CrossFireX以及NVIDIA SLI多显卡互联功能。

图5-23 PCI-E3.0 显卡插槽

2. AGP插槽

AGP（Accelerated Graphics Port）是在PCI总线基础上发展起来的，主要针对图形显示方面进行优化，专门用于图形显示卡，如图5-24所示。AGP标准也经过了几年的发展，从最初的AGP 1.0、AGP2.0 ，发展到现在的AGP 3.0，即 AGP 8X。AGP 8X的传输速率可达到2.1GB/s，是AGP 4X传输速度的两倍。随着显卡速度的提高，AGP插槽已经不能满足显卡传输数据的速度，目前AGP显卡已经逐渐淘汰，取代它的是PCI Express插槽与显卡。

图5-24 深色的AGP 显卡插槽

5.4.4 其余常用插槽

1. PCI插槽

PCI插槽是基于PCI（Peripheral Component Interconnection，周边元件扩展接口）局部总线的扩展插槽。其颜色一般为乳白色，位于主板上AGP插槽的下方，ISA插槽的上方，如图5-25所示。其位宽为32位或64位，工作频率为33MHz，最大数据传输率为133MB/sec（32位）和266MB/sec（64位）。可插接显卡、声卡、网卡、内置Modem、内置ADSL Modem、USB2.0卡、IEEE1394卡、IDE接口卡、RAID卡、电视卡、视频采集卡以及其他种类繁多的扩展卡。虽然已经很少使用，但主流主板还是继续保留了1~2条PCI插槽。

图5-25 PCI插槽

2. PCIEx1插槽

与PCIEx16插槽相同，PCIEx1插槽同属PCI Express总线规范，而从名称就可大概看出，PCIEx1插槽的运行速度理论上应为PCIEx16的1/16。在最新的PCIE 3.0标准下，PCIEx16（16信道）双向带宽的传输速度可达32GB/S，而PCIEx1（单信道）单向带宽的传输速度接近1GB/S。

PCIEx1插槽也可接驳多种扩展设备，包括独立网卡、独立声卡等。而采用了PCIEx1金手指长度的扩展设备，同样可以安装在PCIEx16插槽上，如图5-26所示。

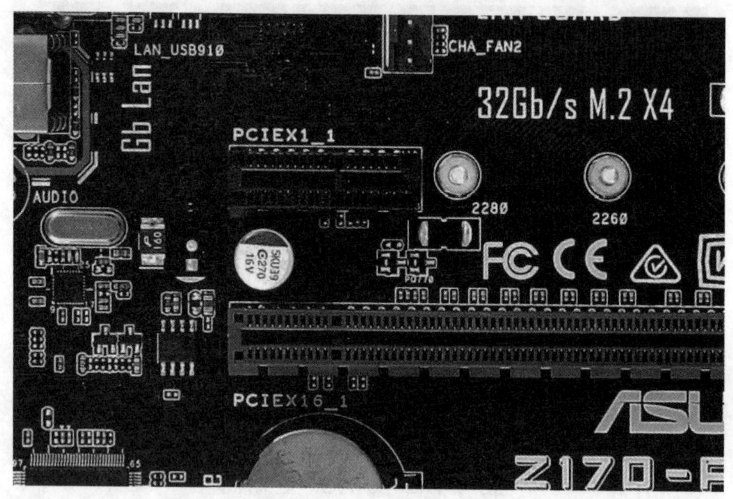

图5-26 PCIEx1插槽

3. miniPCIE插槽

同样基于PCIE规范，miniPCIE插槽在主板上越来越常见，不过由于电气性能不同且接口完全不同，因此miniPCIE与PCIE设备不可混用，如图5-27所示。一般来讲，采用miniPCIE最常用的设备就是无线模块。

另外，还有一种接口名叫mSATA，其外观与miniPCIE一模一样，但设备方面二者却并不通用。用户一定要仔细观察主板上面的标识或阅读主板说明书，弄清自己主板上的“这个接口”到底是什么，以免插错用错。mSATA插槽最常见的设备就是采用mSATA的SSD，如图5-28所示。

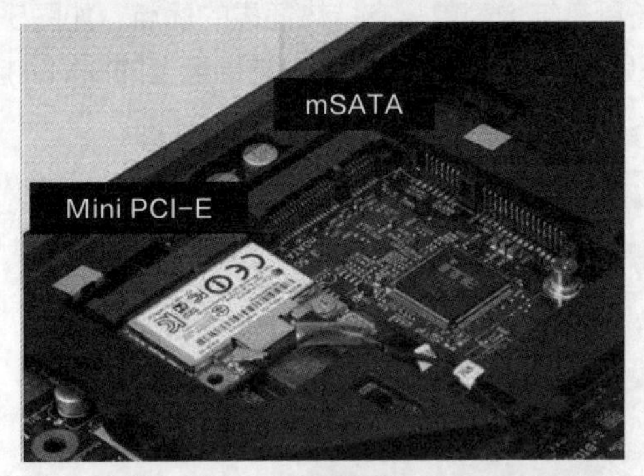

图5-27 插入了无线网卡的miniPCIE插槽

图5-28 mSATA固态硬盘

4. M.2插槽

M.2接口是Intel推出的一种替代MSATA新的接口规范，也就是以前经常提到的NGFF，即Next Generation Form Factor。与MSATA相比，M.2有速度方面的优势。M.2接口有两种类型：Socket 2和Socket 3，其中Socket2支持SATA、PCI-E X2接口，而如果采用PCI-E×2接口标准，最大的读取速度可以达到700MB/s，写入也能达到550MB/s。Socket 3可支持PCI-E×4接口，理论带宽可达4GB/s。

M.2另一优势是体积方面的优势。虽然MSATA的固态硬盘体积已经足够小了，但相比M.2接口的固态硬盘，MSATA仍然没有任何优势可言。M.2标准的SSD同mSATA一样，可以进行单面NAND闪存颗粒的布置，也可以进行双面布置，其中单面布置的总厚度仅有2.75mm，而双面布置的厚度也仅为3.85mm。而mSATA在体积上的劣势很明显，51mm×30mm的尺寸让mSATA在面积上不占优势，而4.85mm的单面布置厚度跟M.2比起来也显得厚太多。另外，即使在大小相同的情况下，M.2也可以提供更高的存储容量，如图5-29、图5-30所示。

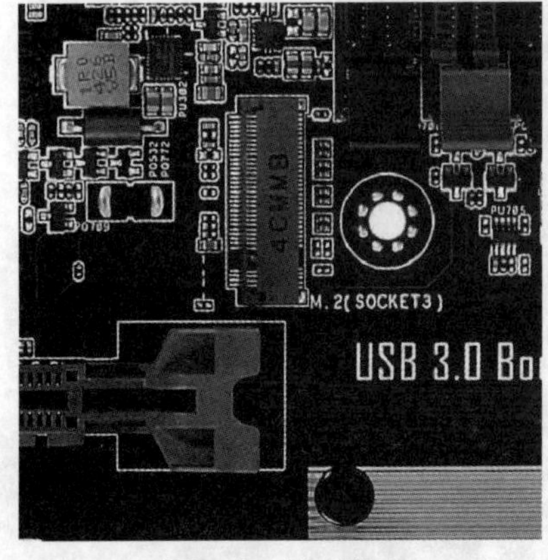

图5-29 M.2接口

图5-30 安装了固态硬盘的M.2接口

5.4.5 主板常用接口

1. SATA接口

SATA是Serial ATA的缩写，即串行ATA。它是一种电脑总线，主要是用作主板和大量存储设备（如硬盘及光盘驱动器）之间的数据传输之用。这是一种完全不同于串行PATA的新型硬盘接口类型，由于采用串行方式传输数据而得名。SATA总线使用嵌入式时钟信号，具备更强的纠错能力，与以往相比，其最大的区别在于能对传输指令（不仅仅是数据）进行检查，如果发现错误会自动矫正，这在很大程度上提高了数据传输的可靠性。串行接口还具有结构简单、支持热插拔的优点，如图5-31所示，这一个个的小方块就是SATA接口，非常容易识别。主板上的SATA接口与硬盘上的SATA接口称为“公头”，而这二者需要通过一根SATA线相连接。当然，SATA线的两端都是“母头”。

图5-31 主板SATA接口

2. USB接口

通用串行总线（Universal Serial Bus，可简写为USB）是连接计算机系统与外部设备的一种串口总线标准，也是一种输入输出接口的技术规范，被广泛地应用于个人电脑和移动设备等信息通讯产品，并扩展至摄影器材、数字电视（机顶盒）、游戏机等其他相关领域，如图5-32所示。最新一代是USB 3.1，传输速度为10Gbit/s，三段式电压5V/12V/20V，最大供电100W，新型Type C插型不再分正反。

图5-32 主板上的USB接线柱

3. 其他常用接口

（1）IDE接口

老式硬盘接口，在老式主板上还能见到，如图5-33所示。IDE的英文全称为Integrated Drive Electronics，即“电子集成驱动器”，它的本意是指把“硬盘控制器”与“盘体”集成在一起的硬盘驱动器。把盘体与控制器集成在一起的做法，减少了硬盘接口的电缆数目与长度，数据传输的可靠性得到了增强，硬盘制造起来变得更容易，因此硬盘生产厂商不需要再担心自己的硬盘是否与其他厂商生产的控制器兼容。对用户而言，硬盘安装起来也更为方便。

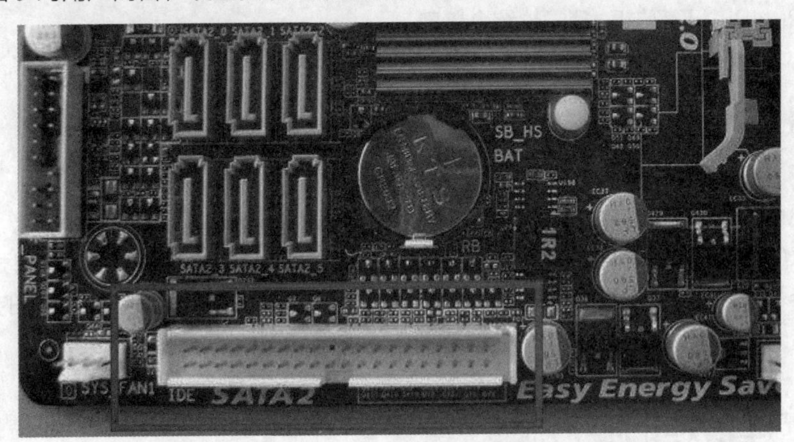

图5-33 主板上的IDE接口

（2）电源接口

每台电脑都需要电力支持，作为整台主机的神经系统，主板必然需要强有力的供电作支撑，如图5-34、图5-35所示。目前来讲，绝大多数主板都采用了24PIN的供电（少数20PIN），而CPU供电方面，由于各个主板定位不同，因此CPU供电接口既有4PIN，又有8PIN（最常见），还有一些超频主板使用双8PIN接口供电。

图5-34 主板上的8PIN CPU供电接口

图5-35 主板上的24PIN 主板供电接口

（3）跳线接口

主板还提供各种跳线口，供用户连接机箱前面板指示灯和开关，或者其他延长设备，如USB跳线、机箱功能跳线、CPU风扇接口等。

（4）外设接口

主板侧面都会提供外设的接口，包含PS/2接口、视频接口、USB接口、网线接口、声音接口，有些老式主板还提供打印机接口、COM接口等。有些高级的主板还有如下接口。

- DP接口：DisplayPort也是一种高清数字显示接口标准，可以连接电脑和显示器，也可以连接电脑和家庭影院。

- E-SATA接口：E-SATA并不是一种独立的外部接口技术标准，简单来说E-SATA就是SATA的外接式界面，拥有E-SATA接口的电脑，可以把SATA设备直接从外部连接到系统当中，而不用打开机箱，但由于E-SATA本身并不带供电，因此接入的SATA设备需要外接电源，这样的话还是要打开机箱，因此对普通用户也没多大用处。
- 1394接口：IEEE 1394接口最大的优势是接口带宽比较高，其在实际应用最多是高端摄影器材，这部分应用人群本来就少，加上更多用户采用USB接口来传输储存卡上的数据，对于绝大部用户来说，IEEE 1394接口很少使用。
- USB PLUS：USB与E-SATA综合接口。

5.5 主板的选购

主板是电脑的中枢核心，好的主板可以保证电脑长期运行在一个稳定的平台上。选购主机时，用户往往最在意CPU和显卡的好坏，而将主板作为一个不重要的部件，从而选用了劣质主板。这样轻则造成电脑兼容性和稳定性极差，重则由于电容、电感等的损坏，造成电脑其他部件的损坏。那么如何挑选一款合适的主板呢？下面将介绍选购时需要考虑的问题和技巧。

5.5.1 选择合适的芯片组

在选择了CPU后，就需要根据CPU的接口，选择对应的芯片组的主板。该步骤一定要慎重斟酌，一方面需要考虑适合的主板，否则无法与CPU匹配使用；另一方面要考虑主板的接口是否满足自己现在的使用以及日后的升级要求。

5.5.2 选择合适的主板品牌

现在的主板厂家较多，各厂家推出各种不同的主板。在选择主板厂家时，一方面要考虑自己的预算，在合理范围内，尽量选择有实力的大厂。

因为这些大厂在产品设计、材料选择、工艺控制、产品测试、运输、零售等程序一般都会严格把关，产品的品质有保障。

5.5.3 选择型号

在确定了芯片组和厂家后，需要在该芯片组系列中，选择合适的型号。厂家在针对某一芯片组进行生产时，往往会根据市场要求推出多个型号。用户在选购时，一定要根据自己的需要，选择合适的型号。切勿为了一些不需要的功能而花冤枉钱。比如对于主打超频的主板，用户往往在更换机器前根本不会进行超频等操作，倒不如选择主流主板，而把节省的资金用于主机其他方面。

另外，一些不良商家会拿其他型号的主板来冒充用户需要的主板，以此来赚取差价。用户在选购时，一定要按照完整的型号名称进行比较。

5.5.4 比较用料

在比较主板时，主板做工是最主要的考察内容。用料的好坏直接关系到主板的稳定性，以及平台的兼容性。

主板电容是重点比较对象。电容在主板中的作用是保证电压和电流的稳定性。高品质的电容有利于机器长期稳定工作。常见的电容有铝电容和固态电容。固态电容多为贴片式，大量集中在CPU附近，它比普通电解电容有着更好的电气性能和稳定性。

主板电阻是主板上分布最广的电子元器件，承担着限压限流及分压分流的作用，并与其他元器件进行抗阻匹配与转换。常见的形式有贴片电阻、热敏电阻和贴片电阻阵列等。热敏电阻一般用来测量温度。在选购时注意观察一下电阻之间是否有直接用导线相连的痕迹，这样的主板有可能是工程样板，一般不建议用户选购。

5.5.5 观察做工

好的主板的电路印刷十分清晰。主板越厚往往说明用料越足。好的主板，其PCB周围十分光滑，注意观察插槽、跳线部分是否坚固、稳定。购买后，可用专业软件进行主板的识别和测试，判断主板是否与当初的计划相符。

5.5.6 售后服务

详细询问主板的售后策略及保修日期等，以判断是否适合。在购买时让商家开具正规发票以便在出现问题时合法维权。

06 Chapter 认识并选购内存

知识概述

内存是电脑工作时，存储临时数据的设备。在配置电脑过程中，如何选择内存，是一个需要重点考虑的问题。本章将介绍内存的相关知识以及选购标准。

要点难点

- 内存的分类
- 内存的参数
- 内存的选购

6.1 初识内存

内存是电脑中重要的部件之一，它是CPU与存储的数据之间沟通的桥梁。内存（Memory）也被称为内部存储器，其作用是暂时存放CPU中的运算数据，并与硬盘等外部存储器交换数据，供CPU使用。内存是CPU能直接寻址的存储空间，由半导体器件制成，特点是存取速率快。内存是电脑中的主要部件，它是相对于外存而言的。平常使用的程序都是安装在硬盘等外存上的，CPU是不能直接使用硬盘中的数据和程序的，必须先把它们调入内存中运行，用户平时输入一段文字，或玩一个游戏，其实都是在内存中进行的。通常把要永久保存的、大量的数据存储在外存上，而把一些临时的，需反复调用的数据和程序放在内存上。所以内存的好坏会直接影响电脑的运行速度。电脑中所有程序的运行都是在内存中进行的，因此内存的性能对电脑的影响非常大。只要电脑在运行中，CPU就会把需要运算的数据调到内存中进行运算，当运算完成后CPU再将结果传输出来，内存的运行状态也决定了电脑的稳定程度。

6.1.1 内存工作原理

1. 内存寻址

内存从CPU获得查找某个数据的指令，然后再找出存取资料的位置时（这个动作称为“寻址”），它先定出横坐标（也就是“列地址”），再定出纵坐标（也就是“行地址”），这就好像在地图上画个十字标记一样，非常准确地定位出这个位置。对于电脑系统而言，找出这个位置时，还必须确定位置是否正确，因此电脑还必须判读该地址的信号，横坐标有横坐标的信号（也就是RAS信号，Row Address Strobe），纵坐标有纵坐标的信号（也就是CAS信号，Column Address Strobe），最后再进行读或写的动作。因此，内存在读写时至少有5个步骤：分别是画个十字（内含确定地址两个操作以及判读地址两个信号，共4个操作）以及或读或写的操作。

2. 内存传输

为了储存资料，或者是从内存内部读取资料，CPU都会为这些读取或写入的资料编上地址（也就是十字寻址方式），这时，CPU会通过地址总线（Address Bus）将地址送到内存，然后数据总线（Data Bus）会把对应的正确数据送往微处理器，传回供CPU使用。

3. 存取时间

所谓存取时间，指的是CPU读或写内存内资料的过程时间，也称为总线循环（Bus Cycle）。以读取为例，从CPU发出指令给内存时，会要求内存取用特定地址的特定资料，内存响应CPU后便会将CPU所需要的资料送给CPU，一直到CPU收到数据为止，便成为一个读取的流程。因此，这整个过程简单地说便是CPU给出读取指令，内存回复指令，并丢出资料给CPU的过程。常说的6ns就是指上述的过程所花费的时间，ns便是计算运算过程的时间单位。平时习惯用存取时间的倒数来表示速度，比如6ns的内存实际频率为1/6ns＝166MHz（如果是DDR，则标为DDR 333，DDR2则标为DDR2 667）。

4. 内存延迟

内存的延迟时间（也就是所谓的潜伏期，从FSB到DRAM）等于下列时间的综合：FSB同主板芯片组之间的延迟时间（±1个时钟周期），芯片组同DRAM之间的延迟时间（±1个时钟周期），RAS到CAS延迟时间，另外还需要1个时钟周期来传送数据，数据从DRAM输出缓存通过芯片组到CPU的延迟时间（±2个时钟周期）。内存延迟涉及4个参数，即CAS（Column Address Strobe，行地址控制器）延迟、RAS－to－CAS延迟、RAS Precharge（RAS预冲电压）延迟、Act-to-Precharge（相对于时钟下沿的数据读取时间）延迟。其中CAS延迟比较重要，它反映了内存从接受指令到完成传输结果的过程中的延迟。比如，用户平时见到的数据3—3—3—6，第一参数就是CAS延迟（CL＝3）。当然，延迟越小速度越快。

6.1.2 内存的组成

内存经历了几代的变化，但主要结构还是保留了下来，下面介绍内存的物理组成和各组成部件的作用。如图6-1是内存的组成图。

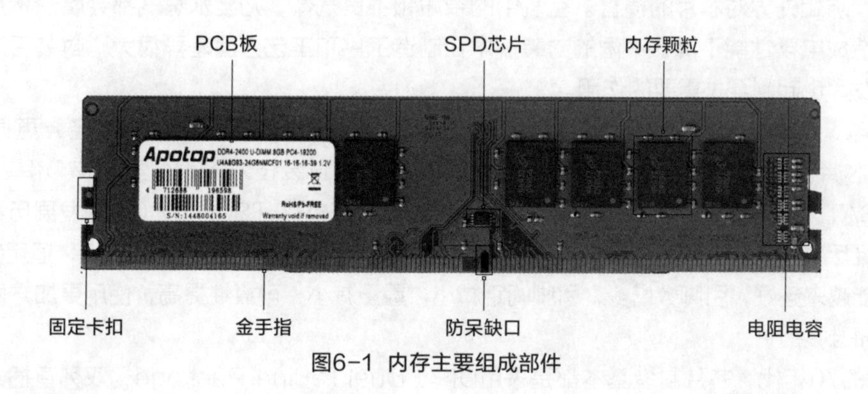

图6-1 内存主要组成部件

1. PCB板

内存的基板为多层PCB印刷电路板。

2. 固定卡扣

与主板上的内存插槽两侧的卡子相对应，当内存压下后，卡子即扣紧该卡扣，用于固定内存条。

3. 电阻电容

为了提高内存条的电气稳定性，使用了大量贴片电阻与电容，在保证电流的稳定性方面起了很大作用。

4. 防呆缺口

与主板内存卡槽的防呆设计相对应，内存插反了插不进卡槽。用户在插入内存条前应该仔细观察防呆位置，以免折断内存条或者损坏接口。

5. SPD芯片

可擦写存储器的小芯片，主要存储内存的标准工作状态、速度、响应时间等，用来协调好和电脑的同步工作。

6. 金手指

金手指是内存条上与内存插槽之间的连接部件，所有的信号都通过金手指传送。金手指由众多金黄色的导电触片组成，因其表面镀金而且导电触片排列如手指状，所以称为“金手指”。金手指实际上是在覆铜板上通过特殊工艺再覆上一层金，因为金的抗氧化性极强，而且传导性也很强。不过因为金昂贵的价格，目前较多的内存都采用镀锡来代替，从上个世纪90年代开始，锡材料开始普及，目前主板、内存和显卡等设备的“金手指”几乎都是采用锡材料，只有部分高性能服务器/工作站的配件接触点才会继续采用镀金的做法，价格自然不菲。

内存处理单元的所有数据流、电子流正是通过金手指与内存插槽接触，进一步与PC系统进行数据交换，是内存的输出输入端口，因此其制作工艺对于内存连接相当重要。有些老电脑由于金手指氧化，开不了机，需要使用橡皮等工具进行清理。

7. 内存颗粒

内存条上一块块的小型集成电路块就是内存颗粒。内存颗粒是内存条重要的组成部分，内存颗粒将直接关系到内存容量的大小和内存品质的好坏。因此，一个好的内存必须有良好的内存颗粒作保证。同时不同厂商生产的内存颗粒品质、性能都存在一定的差异，一般常见的内存颗粒厂商有镁光、海力士、三星等。内存颗粒生产厂商或自己制造内存条，或将内存颗粒供应给内存条组装厂商进行生产。

颗粒封装其实就是内存芯片所采用的封装技术类型，封装就是将内存芯片包裹起来，以避免芯片与外界接触，防止外界对芯片的损害。空气中的杂质和不良气体，乃至水蒸气都会腐蚀芯片上的精密电路，进而造成电学性能下降。不同的封装技术在制造工序和工艺方面差异很大，封装后对内存芯片自身性能的发挥也起到至关重要的作用。

随着光电、微电制造工艺技术的飞速发展，电子产品始终在朝着更小、更轻、更便宜的方向发展，因此芯片元件的封装形式也不断得到改进。芯片的封装技术多种多样，有DIP、POFP、TSOP、BGA、QFP、CSP等，种类不下30种，经历了从DIP、TSOP到BGA的发展历程。芯片的封装技术已经历了几代的变革，性能日益先进，芯片面积与封装面积之比越来越接近，适用频率越来越高，耐温性能越来越好，引脚数增多，引脚间距减小，重量减小，可靠性提高，使用更加方便。

（1）DIP封装

20世纪的70年代，芯片封装基本都是采用DIP（Dual In-line Package，双列直插式封装）封装的，此封装形式在当时具有适合PCB（印刷电路板）穿孔安装、布线和操作较为方便等特点，如图6-2所示。

（2）TSOP封装

到了上个世纪80年代，内存第二代的封装技术TSOP出现，得到了业界广泛的认可，时至今日仍是内存封装的主流技术。TSOP是Thin Small Outline Package的缩写，意思是薄型小尺寸封装。TSOP内存在芯片的周围做出引脚，采用SMT技术（表面安装技术）直接附着在PCB板的表面。TSOP封装方式中，内存芯片通过芯片引脚焊接在PCB板上，焊点和PCB板的接触面积较小，使得芯片向PCB板传热相对困难。而且TSOP封装方式的内存在超过150MHz后，会产生较大的信号干扰和电磁干扰，如图6-3所示。

图6-2 DIP双直插式封装

图6-3 TSOP封装

（3）BGA封装

20世纪90年代，随着技术的进步，芯片集成度不断提高，I/O引脚数急剧增加，功耗也随之增大，对集成电路封装的要求也更加严格。为了满足发展的需要，BGA封装开始被应用于生产。BGA是Ball Grid Array Package的缩写，即球栅阵列封装。采用BGA技术封装的内存，在体积不变的情况下，存容量提高2~3倍，BGA与TSOP相比，具有更小的体积，更好的散热性能和电性能，如图6-4所示。

（4）CSP封装

CSP（Chip Scale Package），是芯片级封装的意思。CSP封装是最新一代的内存芯片封装技术，其技术性有了新的提升。CSP封装可以让芯片面积与封装面积之比超过1:1.14，已经相当接近1:1的理想情况，绝对尺寸也仅有32mm^2，约为普通BGA的1/3，仅仅相当于TSOP内存芯片面积的1/6。与BGA封装相比，同等空间下CSP封装可以将存储容量提高3倍，如图6-5所示。

CSP封装内存不但体积小，同时也更薄，其金属基板到散热体的最有效散热路径仅有0.2mm，大大提高了内存芯片在长时间运行后的可靠性，线路阻抗显著减小，芯片速度也随之得到大幅度提高。

图6-4 BGA封装

图6-5 CSP封装

6.1.3 内存条主要生产厂商及主要产品

以上提到了内存颗粒的生产厂商，而内存生产厂商拿到这些颗粒后，按照预先精密设计的布局，将内存条安装在PCB板上，加上自己的内存芯片，经过反复测试后，投入市场。内存控制芯片的生产厂商主要有三星、现代、奇梦达、尔必达、美光等几家。

而投入市场的产品，其生产厂家主要有以下几家。

（1）金士顿

金士顿（Kingston）作为世界第一大内存生产厂商，其产品自进入中国市场以来，凭借优秀的产品质量和一流的售后服务，赢得了众多中国消费者的信赖。不过其使用的内存颗粒五花八门，既有

Kingston自己颗粒的产品，更多的则是现代（Hynix）、三星（Samsung）、英飞凌（Infinoen）、美光（Micron）等众多厂商的内存颗粒。

金士顿DDR4 2400 8G，如图6-6所示，是一款高性价比DDR4内存，兼容X99系列芯片组，主频2400MHz，精选高品质内存颗粒，全流程严苛检测，1.2V低电压，低功耗，高效能，环保节能，运行稳定。金手指曲线设计，接触稳定，插拔方便，终身保固，CAS延时CL为17。

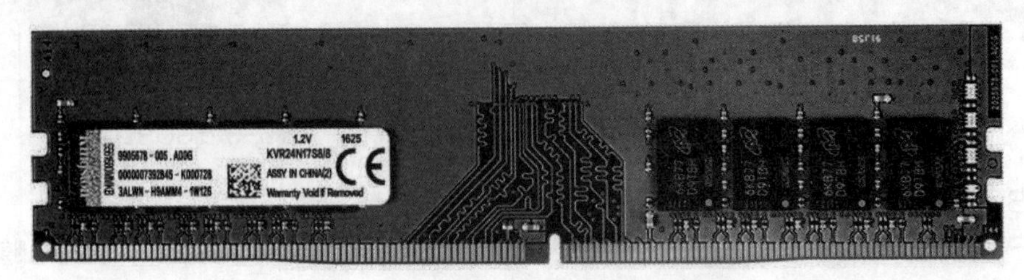

图6-6 金士顿DDR4 2400 8G内存条

（2）创胜

胜创（Kingmax）成立于1989年，通过严格的质量控制和完善的研发实力，胜创科技获得了ISO-9001证书，以不断创新的设计工艺和追求完美的信念生产出了高性能的科技产品，不断向移动计算领域提供价廉物美的内存模组。说到KingMax内存，就不能不说它独特的TinyBGA封装技术专利，作为全球领先的DRAM生产厂商，胜创科技在1997年宣布了第一款基于TinyBGA封装技术的内存模组，这项屡获殊荣的封装技术能以同样的体积大小封装3倍于普通技术所达到的内存容量。

Kingmax DDR3 1600 8G，如图6-7所示，内存电压为1.5V，延迟CL为9，而且支持纳米散热技术。

图6-7 Kingmax DDR3 1600 8G内存条

（3）宇瞻

宇瞻（Apacer）一直以来在内存市场有着较好的声誉，初期专注于内存模组行销，并成为全球前四大内存模组供应商之一。宇瞻对于品牌宣传一直比较低调，精力更多投入到产品研发生产而不是品牌推广当中。宇瞻内存产品线特别为追求高稳定性、高兼容性的内存用户而设计。宇瞻内存坚持使用100%原厂测试颗粒（决不使用OEM颗粒），基于现有最新的DDR内存技术标准设计而成，并由工厂完整流程生产制造。

宇瞻黑豹 DDR4 2400 8G，如图6-8所示，8层PCB板，增加了散热片，高效散热，稳定可靠，延时为16-16-16-36，1.2V工作电压，2400MHz主频，终身固保。

图6-8 宇瞻黑豹 DDR4 2400 8G内存条

（4）金邦

金邦（Geil）是世界上专业的内存模块制造商之一。全球第一家也是唯一一家以汉字注册的内存品牌。金邦金条第一支“量身订做，终身保固”记忆体模组的内存品牌，在联合电子设备工程委员会JEDEC尚未通过DDR400标准的情况下，率先成功于美国上市。金邦高性能、高品质和高可靠性的内存产品，引起业界和传媒的广泛关注。金邦的某系列内存采用TSOPII封装，使用了纯铜内存散热片，可较妥善解决内存的散热问题。

金邦千禧4G DDR3-1333，如图6-9所示，该产品延续了该系列传统的墨绿色6层低电磁通量干扰PCB电路板，板上布线清晰明了。原厂优质DDR3-1333内存颗粒四周采用大面积金属铜层和短引线设计，有效避免了引线间的电子干扰，增强了信号传输的稳定性。同时PCB板上的电容电阻排装贴整齐，焊点均匀饱满，进一步提高了信号传输的稳定性。由于选材严谨，并经过严格封装及运行测试，金邦千禧4G DDR3-1333内存的体制和兼容性都很不错，为日后用户组建双通道、三通道，乃至多通道打下了良好的基础。

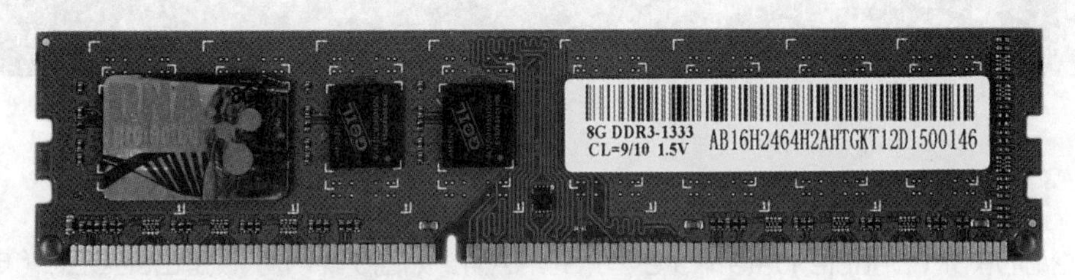

图6-9 金邦千禧4G DDR3-1333内存条

6.2 内存的分类及区别

从内存采用DDR规范标准到现在，经历了DDR SDRAM、DDR2、DDR3、DDR4。下面介绍这4代间的联系及区别。

6.2.1 DDR SDRAM

DDR SDRAM（Double Data Rate SDRAM，双倍速率SDRAM），如图6-10所示。DDR SDRAM最早是由三星公司于1996年提出，由日本电气、三菱、富士通、东芝、日立、德州仪器、三星及现代等8家公司协议订立的内存规格，并得到了AMD、VIA与SiS等主要芯片组厂商的支持。

DDR是现在的主流内存规范，各大芯片组厂商的主流产品全部支持它。DDR的标称和SDRAM一样采用频率。现在DDR运行频率主要有100MHz、133MHz、166MHz三种，由于DDR内存具有双倍速率传输数据的特性，因此在DDR内存的标识上采用了工作频率×2的方法，也就是DDR200、DDR266、DDR333和DDR400，一些内存生产厂商为了迎合发烧友的需求，还推出了更高频率的DDR内存。其最重要的改变是在界面数据传输上，在时钟信号的上升沿与下降沿均可进行数据处理，使数据传输率达到SDR的2倍。至于寻址与控制信号则与SDRAM相同，仅在时钟上升沿传送。

DDR SDRAM模块部分与SDRAM模块相比，改为采用184针，4~6层印刷电路板，电气接口则由LVTTL改变为SSTL2。在其他组件或封装上则与SDRAM模块相同。DDR SDRAM模块一共有184个接脚，且只有一个缺槽，与SDRAM的模块并不兼容。DDR SDRAM在命名原则上也与SDRAM不同。SDRAM的命名是按照时钟频率来命名的，例如PC100与PC133。而DDR SDRAM则是以数据传输量作为命名原则，例如PC1600以及PC2100，单位为MB/s。所以DDR SDRAM中的DDR200其实与PC1600是相同的规格，数据传输量为 1600MB/s（64bit×100MHz×2÷8=1600MBytes/s），而DDR266与PC2100规格相同（64bit×133MHz×2÷8=2128MBytes/s）。

DDR SDRAM在规格上按信号延迟时间也有所区别。按照电子工程设计发展联合协会（JEDEC）的定义（规格书编号为JESD79），DDR SDRAM一共有两种CAS延迟，分为2ns以及2.5ns（ns为十亿分之一秒）。较快的CL= 2，加上PC 2100规格的DDR SDRAM，称作DDR 266A；而较慢的CL= 2.5，加上PC 2100规格的DDR SDRAM，则称作DDR 266B。另外，较慢的PC1600 DDR SDRAM在这方面则没有特别的编号。

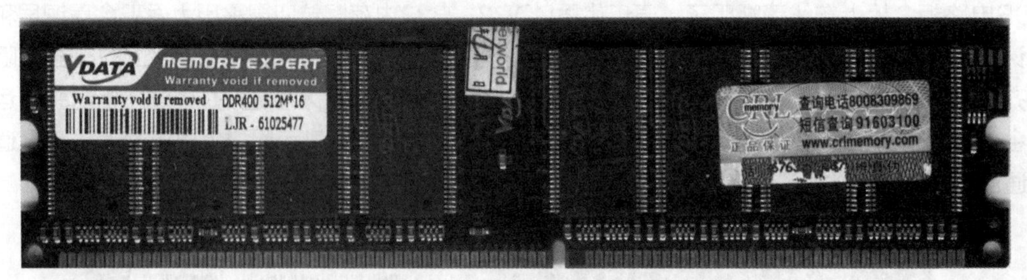

图6-10 DDR 400 512M内存

6.2.2 DDR2

DDR2/DDR II（Double Data Rate 2）SDRAM，如图6-11所示，是由JEDEC（电子工程设计发展联合协会）开发的新生代内存技术标准，它与上一代DDR内存技术标准最大的不同就是：虽然同是采用了在时钟的上升/下降沿同时进行数据传输的基本方式，但DDR2内存拥有两倍于上一代DDR内存预读取能力（即4bit数据预读取）。换句话说，DDR2内存每个时钟能够以4倍外部总线的速度读/写数据，并且能够以内部控制总线4倍的速度运行。

由于DDR2标准规定所有DDR2内存均采用FBGA封装形式，这种封装形式不同于广泛应用的TSOP/TSOP-Ⅱ封装形式，FBGA封装可以提供更为良好的电气性能与散热性，为DDR2内存的稳定工作与未来频率的发展提供了坚实的基础。回想DDR的发展历程，从第一代应用到个人电脑的DDR200，经过DDR266、DDR333，到今天的双通道DDR400技术，第一代DDR的发展走到了技术的极限，已经很难通过常规办法提高内存的工作速度。随着Intel最新处理器技术的发展，前端总线对内存带宽的要求越来越高，拥有更高更稳定运行频率的DDR2内存是大势所趋。

DDR2内存技术最大的突破点其实不在于用户们所认为的两倍于DDR的传输能力，而是在于采用更低发热量、更低功耗的情况下，DDR2可以获得更快的频率提升，突破标准DDR的400MHz限制。

DDR内存通常采用TSOP芯片封装形式，这种封装形式可以很好地工作在200MHz上，当频率更高时，过长的管脚会产生很高的阻抗和寄生电容，这会影响它的稳定性和频率提升的难度。这也是DDR的核心频率很难突破275MHz的原因。而DDR2内存均采用FBGA封装形式。不同于广泛应用的TSOP封装形式，FBGA封装提供了更好的电气性能与散热性，为DDR2内存的稳定工作与未来频率的发展提供了良好的保障。

DDR2内存采用1.8V电压，相对于DDR标准的2.5V，降低了不少，从而提供了明显更小的功耗与更小的发热量，这一点变化是意义重大的。

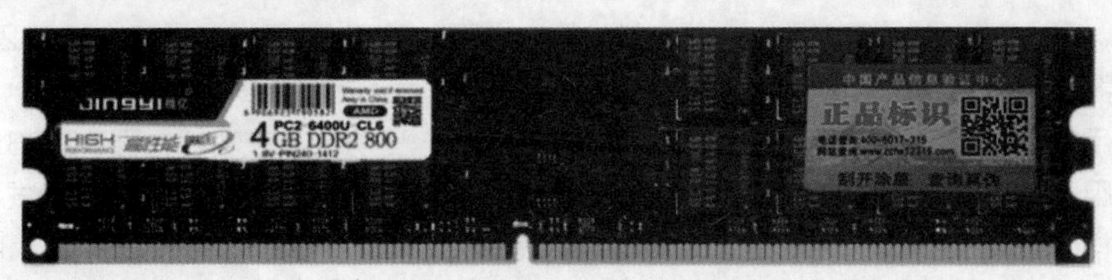

图6-11 DDR2 800 4G内存条

6.2.3 DDR3

DDR3是一种电脑内存规格。它属于SDRAM家族的内存产品，提供了相较于DDR2 SDRAM更高的运行效能与更低的电压，是DDR2 SDRAM的后继者，也是现时流行的内存产品规格。与DDR2比较，有以下变动。

- 突发长度（Burst Length，BL）：由于DDR3的预读取为8bit，所以突发传输周期（Burst Length，BL）也固定为8，而对于DDR2和早期的DDR架构系统，DDR3增加了一个4bitBurst Chop（突发突变）模式，即由一个BL=4的读取操作，加上一个BL=4的写入操作，来合成一个BL=8的数据突发传输，届时可通过A12地址线来控制这一突发模式。而且需要指出的是，任何突发中断操作都将在DDR3内存中予以禁止，且不予支持，取而代之的是更灵活的突发传输控制（如4bit顺序突发）。
- 寻址时序（Timing）：就像DDR2从DDR转变而来后延迟周期数增加一样，DDR3的CL周期也将比DDR2有所提高。DDR2的CL范围一般在2~5之间，而DDR3则在5~11之间，且附加延迟（AL）的设计也有所变化。DDR2时AL的范围是0~4，而DDR3时AL有三种选项，分别是0、CL-1和CL-2。另外，DDR3还新增加了一个时序参数——写入延迟（CWD），这一参数将根据具体的工作频率而定。
- 重置（Reset）功能：重置是DDR3新增的一项重要功能，并为此专门准备了一个引脚。DRAM业界很早以前就要求增加这一功能，终于在DDR3上实现了。这一引脚将使DDR3的初始化处理变得简单。当Reset命令有效时，DDR3内存将停止所有操作，并切换至最少量活动状态，以节约电力。在Reset期间，DDR3内存将关闭内在的大部分功能，所有数据接收与发送器都将关闭，所有内部的程序装置将复位，DLL（延迟锁相环路）与时钟电路将停止工作，而且不理睬数据总线上的任何动静。这样一来，将达到最节省电力的目的。
- ZQ校准功能：ZQ也是一个新增的脚，在这个引脚上接有一个240欧姆的低公差参考电阻。这个引脚通过一个命令集，利用片上校准引擎（On-Die Calibration Engine，ODCE）来自动校验数据输出驱动器导通电阻与ODT的终结电阻值。当系统发出这一指令后，将用相应的时钟周期（在加电与初始化之后，用512个时钟周期；在退出自刷新操作后，用256个时钟周期；在其他情况下用64个时钟周期）对导通电阻和ODT电阻进行重新校准。
- 两个参考电压：在DDR3系统中，对于内存系统工作非常重要的参考电压信号VREF分为两个信号，即为命令与地址信号服务的VREFCA和为数据总线服务的VREFDQ，这将有效提高系统数据总线的信噪等级。
- 点对点连接（Point-to-Point，P2P）：这是为了提高系统性能而进行的重要改动，也是DDR3与DDR2的一个关键区别。在DDR3系统中，一个内存控制器只与一个内存通道打交道，而且这个内存通道只能有一个插槽，因此，内存控制器与DDR3内存模组之间是点对点（P2P）的关系（单物理Bank的模组），或者是点对双点（Point-to-two-Point，P22P）的关系（双物理Bank的模组），从而大大减轻了地址/命令/控制与数据总线的负载。而在内存模组方面，与DDR2的类别相类似，也有标准DIMM（台式PC）、SO-DIMM/Micro-DIMM（笔记本电脑）、FB-DIMM2（服务器）之分，其中第二代FB-DIMM采用规格更高的AMB2（高级内存缓冲器）。面向64位构架的DDR3，显然在频率和速度上拥有更多的优势，此外，由于DDR3所采用的根据温度自动自刷新、局部自刷新等其他一些功能，在功耗方面DDR3也要出色得多，因此，它可能首先受到移动设备的欢迎，就像最先迎接DDR2内存的不是台式机而是服务器一样。在CPU外频提升最迅速的PC台式机领域，DDR3未来也是一片光明。Intel所推出的新芯片-熊湖（Bear Lake）支持DDR3规格，而AMD也预计在K9平台上支持DDR2及DDR3两种规格。

DDR2 SDRAM中有4Bank和8Bank的设计，目的就是应对未来大容量芯片的需求。而DDR3很可能将从2GB的容量起步，因此起始的逻辑Bank是8个，另外还为未来的16个逻辑Bank做好了准备。

DDR3，如图6-12所示，由于新增了一些功能，所以在引脚方面会有所增加，8bit芯片采用78球FBGA封装，16bit芯片采用96球FBGA封装，而DDR2则有60/68/84球FBGA封装三种规格，并且DDR3必须是绿色封装，不能含有任何有害物质。

DDR3内存在达到高带宽的同时，其功耗反而降低，其核心工作电压从DDR2的1.8V降至1.5V，相关数据预测DDR3将比现时DDR2节省30%的功耗，当然发热量也不需要担心。对比现有的DDR2-800产品，DDR3-800、1066及1333的功耗比分别为0.72X、0.83X及0.95X，不但内存带宽大幅提升，功耗表现也比上代更好。

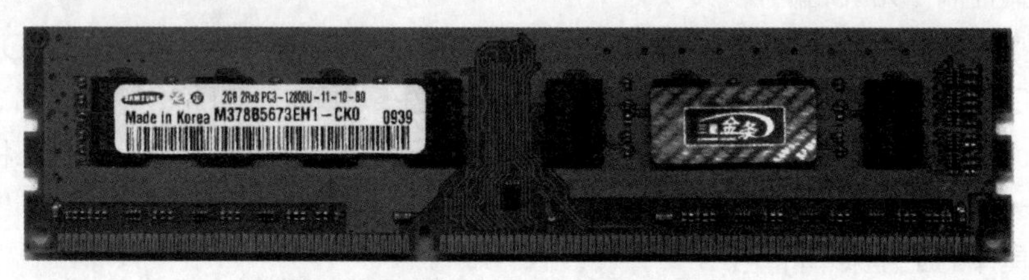

图6-12 三星 DDR3 1600 2G内存

6.2.4 DDR4

DDR4是新一代的内存规格，如图6-13所示。DDR4相比DDR3最大的区别有三点：16bit预读取机制（DDR3为8bit），同样内核频率下理论速度是DDR3的两倍；更可靠的传输规范，数据可靠性进一步提升；工作电压降为1.2V，更节能。

在处理器方面，DDR4比DDR3内存速度更快，DDR3内存支持频率范围为1066~2133，而DDR4内存支持频率范围为2133~4000。因此在相同容量的情况下，DDR4内存带宽更为出色。

容量和电压方面，DDR4比DDR3功耗更低，DDR4在使用了3DS堆叠封装技术后，单条内存的容量最大可以达到目前产品的8倍之多。DDR3内存的标准工作电压为1.5V，而DDR4降至1.2V，移动设备设计的低功耗DDR4更降至1.1V，工作电压更低，意味着功耗更低。

在外形方面，内存插槽不同，DDR4将内存下部设计为中间稍突出、边缘收矮的形状。中央的高点和两端的低点以平滑曲线过渡。而DDR3和DDR4两种内存插槽的不同，也就导致了并不是所有的主板都支持DDR4内存，尤其是100系列以下主板都不支持DDR4内存。

目前新的主流电脑几乎都选择了DDR4内存，毕竟DDR4才能发挥出新一代平台的性能优势。而一些配置较低的电脑，选择DDR3内存也无可厚非，价格要便宜一些。

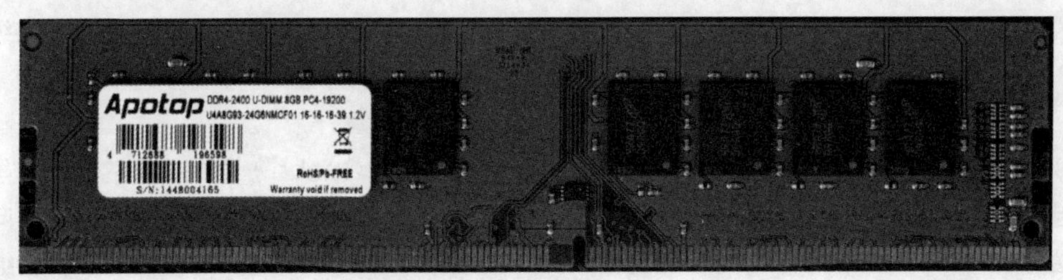

图6-13 DDR4 2400 8G内存

6.3 内存的主要参数

在查看内存时，常常会看到内存的各种参数，这些参数表示什么意思，下面将详细介绍。

6.3.1 内存主频

内存主频和CPU主频一样，用来表示内存的速度，它代表该内存所能达到的最高工作频率。内存主频是以MHz（兆赫）为单位来计量的。内存主频越高，在一定程度表示内存所能达到的速度越快。目前较为主流的内存频率是2400MHz的DDR3内存，以及一些内存频率更高的DDR4内存。

电脑系统的时钟速度是以频率来衡量的。晶体振荡器控制着时钟速度，在石英晶片上加上电压，其以正弦波的形式震动，这一震动可以通过晶片的形变和大小记录下来。晶体的震动以正弦调和变化的电流的形式表现出来，这一变化的电流就是时钟信号。而内存本身并不具备晶体振荡器，因此内存工作时的时钟信号是由主板芯片组的北桥或直接由主板的时钟发生器提供的，也就是说内存无法决定自身的工作频率，其实际工作频率是由主板来决定的。

DDR内存和DDR2内存的频率可以用工作频率和等效频率两种方式表示，工作频率是内存颗粒实际的工作频率，但是由于DDR内存可以在脉冲的上升和下降沿都传输数据，因此传输数据的等效频率是工作频率的两倍；而DDR2内存每个时钟能够以四倍于工作频率的速度读/写数据，因此传输数据的等效频率是工作频率的四倍。例如DDR 200/266/333/400的工作频率分别是100/133/166/200MHz，而等效频率分别是200/266/333/400MHz；DDR2 400/533/667/800的工作频率分别是100/133/166/200MHz，而等效频率分别是400/533/667/800MHz。

这里不得不提到内存的如下两种工作模式。

- 同步模式：内存的实际频率和CPU的外频是一致的，大部分主板采用了该模式。
- 异步模式：允许内存的工作频率与CPU的外频存在差异，让内存工作在高出或低于系统总线速度频率，或者按照某种比例进行工作。这种方法可以避免超频导致的内存瓶颈问题。

6.3.2 内存带宽

从功能上理解，可以将内存看作是内存控制器与CPU之间的桥梁或与仓库。显然，内存的容量决定“仓库”的大小，而内存的带宽决定“桥梁”的宽窄，这就是“内存容量”与“内存速度”。除了内存容量与内存速度，延时周期也是决定其性能的关键。当CPU需要内存中的数据时，它会发出一个由内存控制器所执行的要求，内存控制器接着将要求发送至内存，并在接收数据时向CPU报告整个周期（从CPU到内存控制器，内存再回到CPU）所需的时间。毫无疑问，缩短整个周期也是提高内存速度的关键。提高内存带宽只是解决方案的一部分，数据在CPU以及内存间传送所花的时间通常比处理器执行功能所花的时间更长，为此缓冲区被广泛应用。其实，所谓的缓冲区就是CPU中的一级缓存与二级缓存，它们是内存这座“大桥梁”与CPU之间的“小桥梁”。事实上，一级缓存与二级缓存采用的是SRAM，用户也可以将其宽泛地理解为“内存带宽”，不过现在似乎更多地被解释为“前端总线”。

当CPU接收到指令后，它会最先向CPU中的一级缓存（L1Cache）寻找相关的数据，虽然一级缓存是与CPU同频运行的，但是由于容量较小，所以不可能每次都命中。这时CPU会继续向下一级的二级缓存（L2Cache）寻找，同样的道理，在二级缓存中也没有所需要的数据的话，会继续转向L3Cache、内存和硬盘。由于目前系统处理的数据量相当巨大，因此几乎每一步操作都要经过内存，这也是整个系统中工作最为频繁的部件。如此一来，内存的性能在一定程度上决定了系统的表现，这在多媒体设计软件和3D游戏中表现得更为明显。

带宽=总线宽度×总线频率×一个时钟周期内交换的数据包个数。在这些乘数因子中，每个都会对最终的内存带宽产生极大的影响。如今，在频率上已经没有太大文章可作，毕竟受到制作工艺的限制，不可能在短时间内成倍提高。而总线宽度和数据包个数就大不相同了，简单的改变会令内存带宽突飞猛进。DDR技术可提高数据包个数，令内存带宽提升一倍。当然，提高数据包个数的方法，不仅局限于在内存上做文章，通过多个内存控制器并行工作，同样可以起到效果，这也就是如今热门的双通道DDR芯片组。

6.3.3 内存容量

在64位系统广泛普及后，内存条的容量已经从早期的512MB、1GB、2GB、4GB发展到现在的8G、16G。更有高端应用，已经使用了32G及以上的内存。

6.3.4 内存电压

内存正常工作需要的一定的电压值。不同类型的内存，电压也不同，但各自均有自己的规格，超出其规格，容易造成内存损坏。SDRAM内存一般工作电压在3.3V左右，上下浮动额度不超过0.3V；DDR SDRAM内存一般工作电压在2.5V左右，上下浮动额度不超过0.2V；DDR2 SDRAM内存的工作电压一般在1.8V左右；DDR3的工作电压为1.5V；DDR4内存的电压是1.2V~1.35V。

6.3.5 内存存取时间

tAC是Access Time from CLK的缩写，是指最大CAS延迟时的最大数输入时钟，以纳秒为单位。虽然都是以纳秒为单位，但与内存时钟周期是完全不同的概念，存取时间（tAC）代表着读取、写入的时间，而时钟频率则代表内存的速度。

6.3.6 内存 CAS 延迟

内存的CAS延迟时间和存取时间之间有着密切的联系。所谓CAS延迟时间，就是指内存纵向地址脉冲的反应时间。CAS延迟时间是在一定频率下衡量支持不同规格内存的重要标志之一。

为了使主板正确地为内存设定CAS延迟时间，内存生产厂商会将其内存在不同工作频率下所推荐的CAS延迟时间记录在内存PCB板上的一块EEPROM上，这块芯片就是SPD。当系统开机时，主板BIOS会自动检测SPD中的信息，并最终确定是以多大延迟时间来运行。

6.3.7 内存奇/偶校验

奇/偶校验（ECC）是数据传送时采用的一种校正数据错误的一种方式，分为奇校验和偶校验两种。

如果是采用奇校验，在传送每一个字节的时候另外附加一位作为校验位，当实际数据中“1”的个数为偶数的时候，这个校验位就是“1”，否则这个校验位就是“0”，这样可以保证传送数据满足奇校验的要求。在接收方收到数据时，将按照奇校验的要求检测数据中“1”的个数，如果是奇数，表示传送正确，否则表示传送错误。同理偶校验的过程和奇校验的过程一样，只是检测数据中“1”的个数为偶数。

6.3.8 内存双通道

双通道，就是在芯片里设计两个内存控制器，这两个内存控制器可相互独立工作，每个控制器控制一个内存通道。在这两个内存通CPU可分别寻址、读取数据，从而使内存的带宽增加一倍，数据存取速度也相应增加一倍（理论上）。

双通道内存技术其实是一种内存控制和管理技术，它依赖芯片组的内存控制器发生作用，在理论上能够使两条同等规格内存所提供的带宽增加一倍。它并不是新技术，早就被应用于服务器和工作站系统中，只是为了解决台式机日益窘迫的内存带宽瓶颈问题，才走到了台式机主板技术的前台。

主流平台由于通道数量长期不变，攒机用户绝大多数会直接选择双通道内存配置，一方面不至于让内存成为平台性能瓶颈，另一方面内存的价格也确实不再高高在上。而对于早期囊中羞涩的用户，也会趁着内存降价补齐双通道甚至是插满内存。主流主板基本都采用了双通道四插槽设计，最大能够支持32GB或者64GB容量的内存。

其实组建双通道非常简单，只需保证两个通道的内存容量相等即可，这既是充分条件,也是必要条件。另外需要注意的是，内存双通道并不局限于主板厂商推荐的同颜色插槽，只要在两个通道中任意插槽中布置的内存总容量对等，那么双通道即开启成功。

6.4 查看内存参数

在了解了内存的各种参数后，接下来讲解如何查看内存的参数信息，这对判断内存条是否需要的配置，以及内存条的真假，都是必不可少的步骤。

6.4.1 从内存标签上查看

基本上所有的内存条本身都会有生产厂商的标签，如图6-14所示，便于用户了解该内存的基本信息。那么标签上的文字究竟代表什么含义，接下来将详细进行讲解。

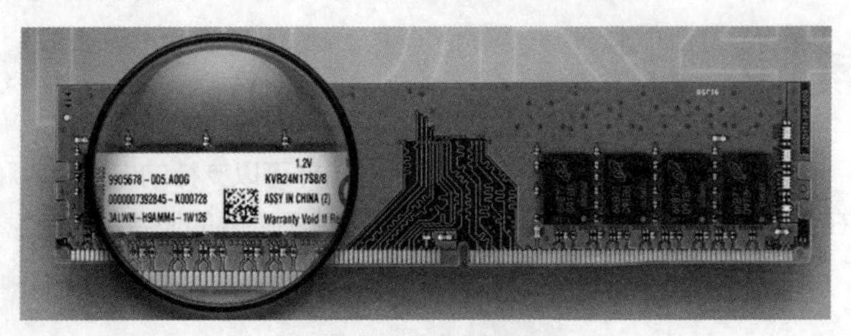

图6-14 金士顿内存条

该标签左侧的三行英文为产品的安全识别码、产品的序列号和内存ID信息，用户可以忽略不看。右侧上方1.2V说明该内存的标准供电为1.2V。名称下的ASSY IN CHINA（2）表示在中国组装制造。“（2）”代表深圳，“（1）”代表上海。最下面一行表示撕毁无效。

最重要的是产品型号编码：KVR24N17S8/8

- KVR：金士顿经济型产品，其他的还有KHX是骇客神条，金士顿的高级超频专用内存等。
- 24：代表内存频率是2400。其他数字含义还有21表示2133，26表示2666，32表示3200，16表示1600，13表示1333，10表示1066等。当然可以参考内存代数，但主要还是从防呆设计及金手指的样子判断具体的代数。
- N：代表无缓冲DIMM（非ECC），一般代表适用台式机。其他的还有S代表SO-DIMM，无缓冲（非ECC），一般适用笔记本。
- 17：代表内存CL值为17。
- S8：代表内存是单面、8颗内存颗粒。
- 最后的8：代表该内存容量是8G。有些结尾如8GX代表2条套装。

6.4.2 从测试软件上查看

当然，从操作系统中可以看到内存的相关信息，如果需要专业且详细的内容，可以通过相关软件进行查看。

双击并打开CPU-Z后，切换到“内存”选项卡，如图6-15所示。

从数据中，可以看出内存的类型、大小、频率，异步比率、通道数、CL值等信息。在SPD选项卡中，切换到对应的内存插槽后，可以查看更加详细的信息，如图6-16所示。

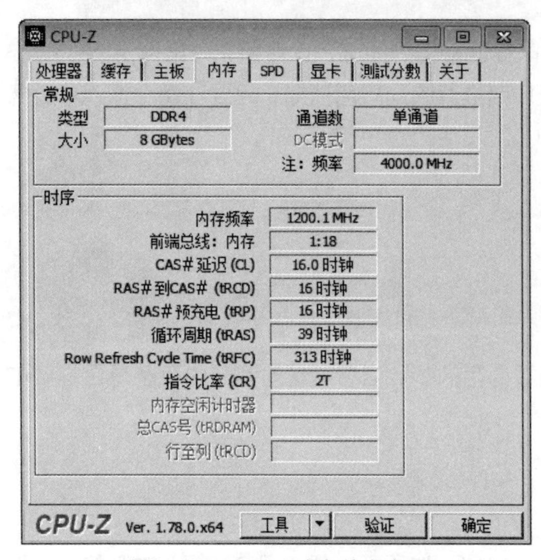

图6-15 CPU-Z内存信息查看

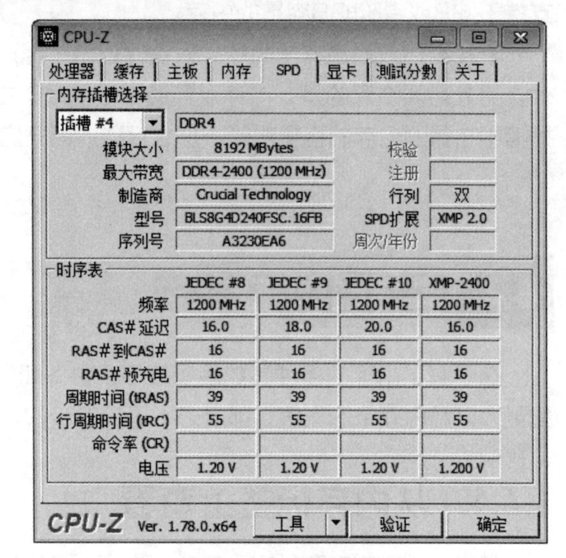

图6-16 SPD信息查看

6.5 内存选购技巧

在选择内存时，需要根据CPU及主板的支持情况，选择可以支持的内存代数和频率。如果选择错误，根本无法安装在主板上，或者只能以低频率工作，造成不必要的浪费。

6.5.1 选择合适的内存大小

内存的大小除了按照系统要求选择外，还要根据用户实际使用情况来进行选择。

旧的系统，或者准确地说是32位系统，最高选择4G的内存即可，因为这个系统无法识别4G以上的内存。

如果是64位系统，现在主流的是8G内存。当然，日常应用和简单办公的情况下，选择4G的内存也是可以的。如果用户需要应用3D性能或者需要进行设计工作的话，可以选择8G或者16G单条或者双条内存，组建双通道。如果是发烧用户或者用于服务器，可以选择32G或64G的内存。

现在主流的Windows 7、Windows 8、Windows 10等系统，建议选择8G及以上的内存条。

6.5.2 选择合适的品牌

之前提到过，如果选择内存的话，尽量选择内存颗粒生产厂家或者知名组装厂商。他们的产品都会经过严格检测，质量可以得到保证。大部分知名内存厂家可以做到终身固保，所以用户对售后不需要太担心。在选择时，可以考虑以下生产厂商：金士顿Kingston、威刚ADATA、海盗船Corsair、三星SAMSUNG、宇瞻Apacer、芝奇G.SKILL、海力士Hynix、英瑞达Crucial、金邦GEIL、十铨TEAM等。

6.5.3 观察电路板

拿到内存条后，要仔细进行检查。查看电路板的做工是否具有以下特征：板面光洁，色泽均匀，元器件整齐划一，焊点均匀有光泽，金手指崭新光亮，没有划痕和发黑现象，板上有厂家的标识。

6.5.4 观察内存颗粒

有些不良商家会使用回收的内存颗粒，经过打磨后，印上新的标识，按照正常产品销售给用户，这种情况叫作打磨。正常的颗粒一般很有质感，会有荧光或哑光的光泽。如果颗粒表面色泽不纯，甚至比较粗糙、发毛，那么极有可能买到了打磨内存。

07 Chapter 认识并选购硬盘

知识概述

作为电脑主要的外部存储设备，硬盘已经在电脑中“服役”多年，也经过了多次更新换代，并出现了固态硬盘。在这个机械硬盘与固态硬盘争夺市场的时期，如何进行硬盘的选购？下面将通过各种参数对比来进行说明。

要点难点

- 硬盘的结构
- 硬盘的工作原理
- 硬盘的主要参数
- 硬盘的选购

7.1 认识硬盘

硬盘是电脑的最主要的存储设备。硬盘由一个或者多个铝制或者玻璃制的碟片组成，这些碟片外覆盖有铁磁性材料。绝大多数硬盘都是固定硬盘，被永久性地密封固定在硬盘驱动器中。

早期的硬盘存储媒介是可替换的，不过今日典型的硬盘是固定的存储媒介，被封在硬盘里（除了一个过滤孔用来平衡空气压力）。随着技术的发展，可移动硬盘也出现了，而且越来越普及，种类也越来越多。

硬盘有固态硬盘（SSD，新式硬盘）、机械硬盘（HDD，传统硬盘）、混合硬盘（HHD，基于传统机械硬盘衍生出来的新硬盘）。SSD采用闪存颗粒来存储，HDD采用磁性碟片来存储，混合硬盘是把磁性硬盘和闪存集成到一起的一种硬盘。

7.1.1 硬盘的结构

1. 机械硬盘

机械硬盘是集精密机械、微电子电路、电磁转换为一体的电脑存储设备，它存储着电脑系统资源和重要的信息及数据。下面介绍机械硬盘的组成。

（1）机械硬盘外部

机械硬盘即是传统普通硬盘，如图7-1所示。外壳采用不锈钢材质制作，用于保护内部元器件。通常在表面有信息标签，用于记录硬盘的基本信息。硬盘的反面安装有电路板和贴片式元器件，一般包括主轴调速电路、磁头驱动与伺服定位电路、读写电路、高速缓存、控制与接口电路等，主要负责控制盘片转动、磁头读写、硬盘与CPU通信。其中，读写电路负责控制磁头进行读写；磁头驱动电路控制寻道电机，定位磁头；主轴调速电路控制主轴电机带动盘体以恒定速率转动的电路。而磁盘电路板主要有主控制芯片、电机驱动芯片、缓存芯片、硬盘BIOS芯片、晶振、电源控制芯片、贴片电阻电容，磁头芯片等。

- 品牌：硬盘的生产厂家。
- 容量：1000G，也就是1TB。
- 主控芯片：主控芯片如图7-2所示，是整个硬盘电路板上面积最大的芯片，它控制着个芯片协调工作，负责数据交换和处理，可以说是硬盘的中央处理器。

- 缓存芯片：缓存芯片与内存条上使用的芯片是一样的，用来为数据提供暂存空间，提高硬盘的读写效率，如图 7-3所示。目前常见的硬盘的缓存芯片容量有2MB和8MB，最大达到16MB。一般情况下，缓存容量越大，硬盘性能越高。

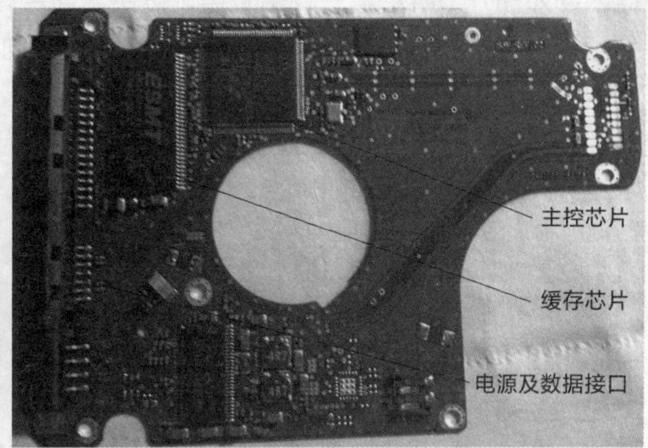

图7-1 笔记本硬盘外部及电路板

图7-2 硬盘主控芯片

图7-3 硬盘缓存芯片

- 电机驱动芯片：驱动芯片主要负责主轴电机和音圈电机的驱动，如图7-4所示。早期的硬盘，主轴电机驱动和音圈电机驱动是由两个芯片完成的，现在都已集成到了一个芯片中。它是硬盘电路板上工作负荷最大，最容易烧毁的芯片。
- BIOS芯片：有的BIOS芯片在电路板中，如图7-5所示，有的则集成在主控制芯片中，其中的程序可以执行硬盘的初始化、加电和启动主轴电机、加电初始寻道、定位以及故障检测等。硬盘的所有工作流程都与BIOS程序相关，BIOS不正常会导致硬盘误认、不能识别等故障现象。一般硬盘BIOS芯片的容量为1MB。

图7-4 硬盘电机驱动芯片

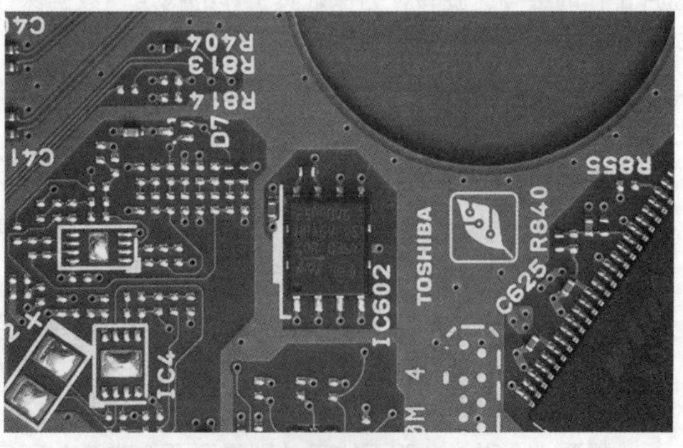

图7-5 硬盘BIOS芯片

- 加速度感应器芯片：用来感应跌落过程中的加速度，使马达停止转动，磁头移动到盘片外侧，以免磁头与盘体相撞造成损坏。

（2）机械硬盘内部

机械硬盘内部如图7-6所示，主要由磁盘、磁头、盘片转轴及控制电机、磁头控制器、数据转换器、接口、缓存等几个部分组成。磁头可沿盘片的半径方向运动，加上盘片每分钟几千转的高速旋转，磁头可以定位在盘片的指定位置上进行数据的读写操作。信息通过离磁性表面很近的磁头，由电磁流来改变极性方式被电磁流写到磁盘上，信息可以通过相反的方式读取。硬盘作为精密设备，尘埃是其大敌，所以进入硬盘的空气必须过滤。

图7-6 机械硬盘内部

- 磁盘：也就是盘片，硬盘的存储介质，是以坚固耐用的材料为盘基，将磁粉附着在平滑的铝合金或玻璃圆盘基上。这些磁粉被划分成称为磁道的若干个同心圆，每个同心圆就好像有无数的小磁铁，它们分别代表着0和1状态。当小磁铁受到来自磁头的磁力影响时，其排列方向会随之改变。

硬盘的盘片一般采用合金材料，多数为铝合金，盘面上涂着磁性材料，厚度一般在0.5mm左右。有些硬盘只装一张盘片，有些则有多张。硬盘盘片安装在主轴电机的转轴上，在主轴电机的带动下作高速旋转。每张盘片的容量称为单碟容量，而一块硬盘的总容量就是所有盘片容量的总和。早期硬盘由于单碟容量低，所以盘片较多。现代的硬盘盘片一般只有少数几片。 盘片上的记录密度很大，而且盘片工作时会高速旋转，为保证其工作的稳定，数据保存的长久，所有硬片都是密封在硬盘内部。不可自行拆卸硬盘，在普通环境下空气中的灰尘、指纹、头发丝等细小杂质都会对硬盘造成永久损害。

- 磁头：由于磁头工作的性质，对磁感应的要求非常高。磁头是在高速旋转的盘片上悬浮的，悬浮力来自盘片旋转带动的气流，磁头必须悬浮而不是接触盘面，避免盘面和磁头发生相互接触的磨损。现在的多磁头技术通过在同一碟片上增加多个磁头同时读或写来为硬盘提速，或同时在多碟片利用磁头来读或写来为磁盘提速，多用于服务器和数据库中心。
- 盘面：硬盘一般会有一个或多个盘片，每个盘片可以有两个面（Side），第1个盘片的正面称为0面，反面称为1面；第2个盘片的正面称为2面，反面称为3面，依次类推。每个盘面对应一个磁头（Head）用于读写数据。第一个盘面的正面磁头称为0磁头，背面称为1磁头；第二个盘片正面磁头称为2磁头，背面称为3磁头，以此类推。盘面数和磁头数是相等的。一张单面的盘片需要一个磁头，双面的盘片则需要两个磁头。硬盘采用高精度、轻型磁头驱动和定位系统，这种系统能使磁头在盘面上快速移动，读写硬盘时，磁头依靠磁盘的高速旋转引起的空气动力效应悬浮在盘面上，与盘面的距离不到1um（约为头发直径的百分之一），可以在极短的时间内精确定位到电脑指令指定的磁道上。

早期由于定位系统限制，磁头传动臂只能在盘片的内外磁道之间移动。因此，不管开机还是关机，磁头总在盘片上。关机时磁头停留在盘片启停区，开机时磁头“飞行”在磁盘片上方。

- 空气过滤片：在磁盘外壳上有透气孔，透气孔的作用是在硬盘工作产生热量时平衡内外气压。而进出的空气需要通过空气过滤片过滤掉灰尘等杂质。
- 主轴组件：由主轴电机驱动，带动盘片高速旋转，旋转速度越快，磁头在相同时间内对盘片移动的距离就越多，相应的也就能读取到更多的信息。目前硬盘的主轴都采用了“液态轴承马达”，这种马达使用的是黏膜液油轴承，以油膜代替滚珠，有效避免了由于滚珠摩擦带来的高温和噪声。同时该技术对硬盘防震也有很大的帮助。油膜可以吸收一部分震动。因此，采用该技术的硬盘在运转中能够承受几十至几百G的外力。
- 传动手臂：在盘片高速转动时，由传动手臂传动轴为圆心，带动前端的读写磁头在盘片旋转的垂直反向移动。当硬盘没有工作时，传动手臂和传动轴将磁头停放在硬盘盘片的最内圆的启停区内。当硬盘开始工作时，传动手臂将磁头悬浮在盘片0磁道处待命，当有读写命令时，传动手臂以传动轴为圆心摆动，将读写磁头带到需要读写数据的地方。如图7-7是拆解的传动手臂和前置驱动控制电路。

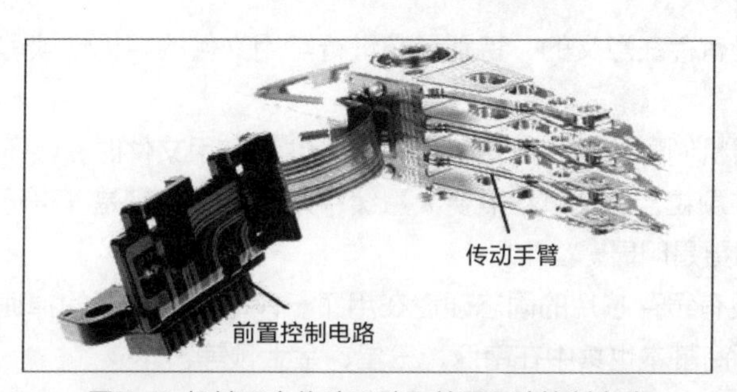

图7-7 机械硬盘传动手臂和前置驱动控制电路

- 前置驱动控制电路：密封在屏蔽腔体内的放大电路，主要作用是控制磁头的感应信号，主轴电机调速、驱动磁头和伺服定位等。

2. 固态硬盘

除去保护外壳，可以看到一块集成电路板，这就是固态硬盘的全貌，如图7-8所示，结构虽简单，但科技含量确实不少。

图7-8 固态硬盘内部组成

- 主控芯片：同CPU之于PC，主控芯片是整个固态硬盘的核心器件，其作用为，一是合理调配数据在各个闪存芯片上的负荷，二是承担了整个数据中转，连接闪存芯片和外部SATA接口。不同的主控之间能力相差非常大，在数据处理能力、算法上，对闪存芯片的读取写入控制会有非常大的不同，直接会导致固态硬盘产品在性能上产生很大的差距。
- 闪存颗粒：在固态硬盘中，闪存颗粒则替代了机械磁盘成为了存储单元。闪存（Flash Memory）本质上是一种长寿命的非易失性（在断电情况下仍能保持所存储的数据信息）的存储器，数据删除不是以单个的字节为单位而是以固定的区块为单位。在固态硬盘中，NAND闪存因其具有非易失性存储的特性，被大范围运用。根据NAND闪存中电子单元密度的差异，又可以分为SLC（单层次存储单元）、MLC（双层存储单元）以及TLC（三层存储单元），此三种存储单元在寿命以及价格上有着明显的区别：SLC（单层式存储），单层电子结构，写入数据时电压变化区间小，寿命长，读写次数在10万次以上，价格高，多用于企业级高端产品；MLC（多层式存储），使用高低电压的而不同构建的双层电子结构，寿命长，价格可接受，多用于民用高端产品，读写次数在5000左右；TLC（三层式存储），是MLC闪存延伸，TLC达到3bit/cell，存储密度最高，容量是MLC的1.5倍。价格成本最低，使命寿命低，读写次数在1000~2000左右，是当下主流厂商首选闪存颗粒。
- 缓存芯片：缓存芯片，是固态硬盘三大件中，最容易被人忽视的一块，也是厂商最不愿意投入成本的一块。和主控芯片、闪存颗粒相比，缓存芯片的作用确实没有那么明显，在用户群体的认知度也没有那么深入。

实际上，缓存芯片是有存在意义的，特别是在进行常用文件的随机性读写，以及碎片文件的快速读写方面。

固态硬盘内部的磨损机制导致固态硬盘在读写小文件和常用文件时，会不断进行数据的整块的写入缓存，然后导出到闪存颗粒，这个过程需要大量缓存来维系。特别是在进行大数量级的碎片文件的读写进程，高缓存的作用更是明显。

这也解释了为什么没有缓存芯片的固态硬盘在用了一段时间后，开始掉速。当前，缓存芯片市场规模不算太大，主流的厂商基本也集中在南亚、三星、金士顿等。

- 接口：与主板连接的接口，一般固态硬盘使用的还是SATA接口。

此外，介绍主板时也介绍了M.2接口的固态硬盘以及不太常用的mSATA接口的固态硬盘，如图7-9所示。

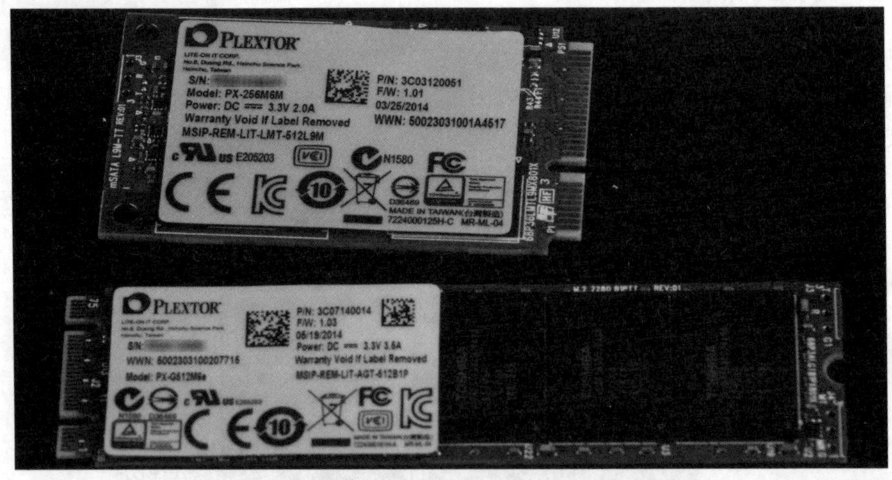

图7-9 M.2接口固态硬盘以及mSATA接口固态硬盘

M.2接口固态硬盘的结构十分简单，与SATA接口固态硬盘一样，在电路板上，包含了主控芯片、内存颗粒以及缓存，如图7-10所示。

图7-10 M.2接口固态硬盘组成

7.1.2 固态硬盘与机械硬盘的区别

（1）固态硬盘

固态硬盘（Solid State Drives），简称固盘，固态硬盘是用固态电子存储芯片阵列而制成的硬盘，由控制单元和存储单元（FLASH芯片、DRAM芯片）组成。固态硬盘在接口的规范和定义、功能及使用方法上与普通硬盘完全相同，在产品外形和尺寸上也完全与普通硬盘一致。被广泛应用于军事、车载、工控、视频监控、网络监控、网络终端、电力、医疗、航空、导航设备等领域。

其芯片的工作温度范围很宽，商规产品为0℃~70℃，工规产品为-40℃~85℃。虽然成本较高，但也正在逐渐普及到DIY市场。由于固态硬盘技术与传统硬盘技术不同，所以产生了不少新兴的存储器厂商。厂商只需购买NAND存储器，再配合适当的控制芯片，就可以制造固态硬盘了。新一代的固态硬盘普遍采用SATA-2接口、SATA-3接口、SAS接口、MSATA接口、PCI-E接口、NGFF接口、CFast接口和SFF-8639接口。

（2）对比传统硬盘

固态硬盘的接口规范和定义、功能及使用方法上与普通硬盘几近相同，外形和尺寸也基本与普通的 2.5英寸硬盘一致。

固态硬盘具有传统机械硬盘不具备的快速读写、质量轻、能耗低及体积小等特点，但其劣势也较为明显。尽管IDC认为SSD已经进入存储市场的主流行列，但其价格仍较为昂贵，容量较低，一旦硬件损坏，数据较难恢复。

影响固态硬盘性能的几个因素主要是主控芯片、NAND闪存介质和固件。在上述条件相同的情况下，采用何种接口也可能会影响SSD的性能。主流的接口是SATA（包括3Gb/s和6Gb/s两种）接口。

由于SSD与普通磁盘的设计及数据读写原理不同，其内部的构造亦有很大的不同。一般而言，固态硬盘（SSD）的构造较为简单，并且可拆开，通常看到的有关SSD性能评测的文章之中大多附有SSD的内部拆卸图。

而反观普通的机械磁盘，其数据读写是靠盘片的高速旋转所产生的气流来托起磁头，使得磁头无限接近盘片，而又不接触，并由步进电机来推动磁头进行换道数据读取。所以其内部构造相对复杂，也较为精密，一般情况下不允许拆卸。一旦人为拆卸，极有可能造成损害，磁盘无法正常工作。

（3）固态硬盘的优点

- 读写速度快：采用闪存作为存储介质，读取速度相对机械硬盘更快。固态硬盘不用磁头，寻道时间几乎为0。持续写入的速度非常惊人，固态硬盘厂商大多会宣称自家的固态硬盘持续读写速度超过500MB/s。固态硬盘的快，不仅体现在持续读写上，随机读写速度快才是固态硬盘的杀手铜，这最直接体现在绝大部分的日常操作中。与之相关的还有极低的存取时间，最常见的7200转机械硬盘的寻道时间一般为12ms~14ms，而固态硬盘可以轻易达到0.1ms甚至更低。

- 防震抗摔性：传统硬盘都是磁碟型的，数据储存在磁碟扇区里。而固态硬盘是使用闪存颗粒（即mp3、U盘等存储介质）制作而成，所以SSD固态硬盘内部不存在任何机械部件，这样即使在高速移动甚至伴随翻转倾斜的情况下也不会影响到正常使用，而且在发生碰撞和震荡时能够将数据丢失的可能性降到最小。
- 低功耗：固态硬盘的功耗要低于传统硬盘。
- 无噪音：固态硬盘没有机械马达和风扇，工作时噪音值为0分贝。基于闪存的固态硬盘在工作状态下能耗和发热量较低（但高端或大容量产品能耗会较高）。内部不存在任何机械活动部件，不会发生机械故障，也不怕碰撞、冲击、振动。由于固态硬盘采用无机械部件的闪存芯片，所以具有发热量小、散热快等特点。
- 轻便：固态硬盘在重量方面更轻便，与常规1.8英寸硬盘相比，重量轻20~30克。

（4）固态硬盘的缺点

- 容量：固态硬盘最大容量仅为4TB。
- 寿命限制：固态硬盘闪存具有擦写次数限制，这也是许多人诟病其寿命短的原因所在。闪存完全擦写一次叫1次P/E，因此闪存的寿命以P/E为单位。34nm的闪存芯片寿命约是5000次P/E，而25nm的寿命约是3000次P/E。随着SSD固件算法的提升，新款SSD能提供更少的不必要写入量。一款120G的固态硬盘，要写入120G的文件才算做一次P/E。普通用户正常使用，即使每天写入50G，平均2天完成一次P/E，3000个P/E能用20年，到那时候，固态硬盘早就替换成更先进的设备了（在实际使用中，用户更多的操作是随机写，而不是连续写，所以在使用寿命内，出现坏道的机率会更高）。另外，虽然固态硬盘的每个扇区可以重复擦写100000次（SLC），但某些应用，如操作系统的LOG记录等，可能会对某一扇区进行多次反复读写，而这种情况下，固态硬盘的实际寿命会缩短。不过通过均衡算法对存储单元的管理，其预期寿命会延长。
- 售价高：市场上的128GB固态硬盘产品的价格大约在500元人民币左右，而256GB的产品价格大约在700元人民币左右。计算下来，每GB价格在3.9元人民币，依然比传统机械硬盘的价格高很多。市场上128GB MLC（多层单元）固态硬盘，一般价格为350元左右，部分型号甚至达到500元左右。128GB SLC（单层单元）固态硬盘价格则在800元~1200元之间。

7.2 硬盘的工作原理

这里分别介绍机械硬盘和固态硬盘的工作原理。

1. 机械硬盘的工作原理

机械硬盘的工作原理是利用特定的磁粒子的极性来记录数据。磁头在读取数据时，将磁粒子的不同极性转换成不同的电脉冲信号，再利用数据转换器将这些原始信号变成电脑可以使用的数据，写的操作正好与此相反。另外，硬盘中还有一个存储缓冲区，这是为了协调硬盘与主机在数据处理速度上的差异而设的。由于硬盘的结构比软盘复杂得多，所以它的格式化工作也比软盘要复杂，分为低级格式化、硬盘分区、高级格式化并建立文件管理系统。

硬盘驱动器加电正常工作后，利用控制电路中的单片机初始化模块进行初始化工作，此时磁头置于盘片中心位置，初始化完成后主轴电机将启动，并高速旋转，装载磁头的小车激活移动，将浮动磁头置于盘片表面的00道，处于等待指令的启动状态。当接口电路接收到微机系统传来的指令信号，通过前置放大控制电路，驱动音圈电机发出磁信号，根据感应阻值变化的磁头对盘片数据信息进行正确定位，并将接收后的数据信息解码，通过放大控制电路传输到接口电路，反馈给主机系统，完成指令操作。结束硬盘操作，并进入断电状态，在反力矩弹簧的作用下浮动磁头驻留到盘面中心。

实际工作时，如软件或应用程序请求某一数据，解释该请求的磁盘高速缓冲查看数据是否在内存中，如果不在，将该请求发往磁盘控制器。磁盘控制器检查磁盘缓冲是否有该数据，如果有则取出并发往内存。如果没有，则触发硬盘的磁头转动装置。磁头转动装置在盘面上移动至目标磁道。磁盘马达的转轴旋转盘面，将请求数据所在区域移动到磁头下。磁头通过改变盘面磁颗粒极性来写入数据，或者探测磁极变化读取数据。硬盘将该数据返送给内存，并停止马达转动，将磁头放置到驻留区。

2. 固态硬盘的工作原理

固态硬盘中，在存储单元晶体管的栅（Gate）中，注入不同数量的电子，通过改变栅的导电性能，改变晶体管的导通效果，实现对不同状态的记录和识别。有些晶体管，栅中的电子数目多与少，带来的只有两种导通状态，对应读出的数据只有0/1；有些晶体管，栅中电子数目不同时，可以读出多种状态，能够对应出00/01/10/11等不同数据，所以，Flash的存储单元可分为SLC和MLC两种。

区别在于SLC的状态简单，读取很容易，而MLC有多种状态，读取时容易出错，需要校验，速度相对较慢。实际上，MLC的状态识别过程比上述复杂很多，读取一次MLC的功耗比SLC大很多。由于材料本身的缘故，SLC可以接受10万次级的擦写，而MLC材料只能接受万次级擦写操作，所以MLC的寿命比SLC少很多。最重要的是，由于MLC中的信息量大，同一个存储单元，信息量是SLC的N倍，所以相同容量的磁盘，MLC类型Flach成本更低，存储单元体积更小，这也导致市面上多数固态盘都采用了MLC型的Flash颗粒。SLC由于其特性，仅在高端的高速存储设备中使用。

7.3 硬盘的参数和指标

硬盘的参数及性能指标是购机时选择硬盘的主要参考标准。

7.3.1 机械硬盘的相关参数和指标

（1）容量

作为计算机系统的数据存储器，容量是硬盘最主要的参数。硬盘的容量以兆字节（MB）或千兆字节（GB）为单位，1GB=1024MB，1TB=1024GB。硬盘厂商在标称硬盘容量时通常取1G=1000MB，因此在BIOS中或在格式化硬盘时看到的容量会比厂家的标称值要小。硬盘的容量指标还包括硬盘的单碟容量。所谓单碟容量是指硬盘单片盘片的容量，单碟容量越大，单位成本越低，平均访问时间也越短。对于用户而言，硬盘的容量就像内存一样，永远只会嫌少不会嫌多。Windows操作系统带来的除了更为简便的操作外，还带来了系统文件大小与数量的日益膨胀，因此，在购买硬盘时适当地超前是明智的。前两年主流硬盘是500G，而如今，1TB及以上的大容量硬盘已普及。

（2）转速

转速（Rotationl Speed 或Spindle Speed），是硬盘内电机主轴的旋转速度，也就是硬盘盘片在一分钟内所能完成的最大转数。转速的快慢是标示硬盘档次的重要参数之一，它是决定硬盘内部传输率的关键因素之一，在很大程度上直接影响到硬盘的速度。硬盘的转速越快，硬盘寻找文件的速度也就越快，相对的，硬盘的传输速度也就越快。硬盘转速以每分钟多少转来表示，单位为RPM，RPM是Revolutions Per Minute的缩写，即转/分钟。RPM值越大，内部传输率越快，访问时间越短，硬盘的整体性能越好。

硬盘的主轴马达带动盘片高速旋转，产生浮力使磁头飘浮在盘片上方。要将所要存取资料的扇区带到磁头下方，转速越快，则等待时间越短。因此转速在很大程度上决定了硬盘的读取速度。

家用的普通硬盘的转速一般有5400RPM、7200RPM两种，高转速硬盘是台式机用户的首选。对于笔记本用户则以4200RPM、5400RPM为主，虽然已经有公司发布了7200RPM的笔记本硬盘，但在市场中还较为少见。服务器用户对硬盘性能要求最高，服务器中使用的SCSI硬盘转速基本都采用10000RPM，甚至15000RPM，性能要超出家用产品很多。较高的转速可缩短硬盘的平均寻道时间和实际读写时间，但随着硬盘转速的不断提高，也带来了温度升高、电机主轴磨损加大、工作噪音增大等负面影响。笔记本硬盘转速低于台式机硬盘，一定程度上是受到这个因素的影响。笔记本内部空间狭小，硬盘的尺寸（2.5寸）也设计得比台式机硬盘（3.5寸）小，转速提高造成的温度上升，对笔记本本身的散热性能提出了更高的要求，噪音变大，又必须采取必要的降噪措施，这些都对笔记本硬盘制造技术提出了更多的要求。同时，转速的提高，意味着电机的功耗将增大，单位时间内消耗的电更多，电池的工作时间缩短，这样笔记本的便携性会受到影响。

（3）平均寻道时间

平均访问时间（Average Access Time）是指磁头从起始位置到达目标磁道位置，并且从目标磁道上找到要读写的数据扇区所需的时间。平均访问时间体现了硬盘的读写速度，它包括硬盘的寻道时间和等待时间，即平均访问时间=平均寻道时间+平均等待时间。

硬盘的平均寻道时间（Average Seek Time）是指硬盘的磁头移动到盘面指定磁道所需的时间。这个时间当然越小越好，硬盘的平均寻道时间通常在8ms~12ms之间，而SCSI硬盘则应小于或等于8ms。

硬盘的等待时间，又叫潜伏期（Latency），是指磁头已位于要访问的磁道，等待所要访问的扇区旋转至磁头下方的时间。平均等待时间为盘片旋转一周所需的时间的一半，一般应在4ms以下。

（4）传输速率

硬盘的数据传输速率是指硬盘读写数据的速度，单位为兆字节每秒（MB/S）。硬盘数据传输速率又包括了内部数据传输速率和外部数据传输速率。

内部传输速率（Internal Transfer Rate）也称为持续传输速率（Sustained Transfer Rate），它反映了硬盘缓冲区未用时的性能。内部传输速率主要依赖于硬盘的旋转速度。

外部传输速率（External Transfer Rate）也称为突发数据传输速率（Burst Data Transfer Rate）或接口传输速率，它表现的是系统总线与硬盘缓冲区之间的数据传输速率，外部数据传输速率与硬盘接口类型和硬盘缓存的大小有关。

通常所说的SATA150/300，150和300代表了硬盘的外部数据传输速率，理论值是150MB/s和300MB/s，即电脑通过数据总线从硬盘内部缓存区中读取数据的最高速率。

（5）缓存

缓存（Cache Memory）是硬盘控制器上的一块内存芯片，具有极快的存取速度，它是硬盘内部存储和外界接口之间的缓冲器。由于硬盘的内部数据传输速度和外界介面传输速度不同，缓存在其中起到一个缓冲的作用。缓存的大小与速度是直接关系到硬盘的传输速度的重要因素，能够大幅提高硬盘整体性能。当硬盘存取零碎数据时，需要不断地在硬盘与内存之间交换数据，有了较大缓存，可以将那些零碎数据暂存在缓存中，减小外系统的负荷，提高数据的传输速度。

目前主流的硬盘缓存容量为64M，硬盘标签一般会标识缓存容量的大小，用户在选购时需要注意观察。

（6）硬盘接口

硬盘按数据接口不同，大致分为ATA（IDE）、SATA、SCSI以及SAS。

- ATA：全称Advanced Technology Attachment，用传统的 40-pin 并口数据线连接主板与硬盘，外部接口速度最大为133MB/S，因为并口线的抗干扰性太差，且排线占空间，不利于电脑散热，将逐渐被 SATA 所取代。
- SATA：全称Serial ATA，也就是使用串口的ATA接口，因抗干扰性强，且对数据线的长度要求比ATA低很多，支持热插拔等功能，已越来越为人所接受。SATA-I的外部接口速度为150MB/S，SATA-II更达300MB/S，SATA的前景很广阔。而SATA的传输线比ATA的细得多，有利于机壳内的空气流通。
- SCSI：全称为Small Computer System Interface（小型机系统接口），历经多代的发展，从早期的SCSI-II，到Ultra320 SCSI以及Fiber-Channel（光纤通道），接头类型也有多种。SCSI硬盘广为工作站级个人电脑以及服务器所使用，应用了较为先进的技术，如可达15000rpm的高转速，且数据传输时占用CPU计算资源较低，但是单价也比同样容量的ATA及SATA硬盘昂贵。
- SAS：全称为Serial Attached SCSI，是新一代的SCSI技术，和SATA硬盘相同，都是采取序列式技术以获得更高的传输速度，可达到3Gb/S。此外也通过缩小连接线改善系统内部空间。由于SAS硬盘可以与SATA硬盘共享同样的背板，因此在同一个SAS存储系统中，可以用SATA硬盘来取代部分昂贵的SAS硬盘，节省整体的存储成本。

（7）主流单碟容量

单碟容量即每张碟片的最大容量。这是反映硬盘综合性能指标的一个重要因素，成为硬盘先进与否的标志。目前硬盘最大的单碟容量已经达到1TB。

（8）容量计算

硬盘的容量是以MB和GB为单位的，硬盘技术还在继续向前发展，更大容量的硬盘还将不断推出。

在购买硬盘之后，细心的人会发现，在操作系统中硬盘的容量与官方标称的容量不符，要少于标称容量，容量越大则这个差异越大。标称40GB的硬盘，在操作系统中显示只有38GB；80GB的硬盘显示只有75GB；而120GB的硬盘则显示只有114GB。这并不是厂商或经销商以次充好欺骗消费者，而是硬盘厂商对容量的计算方法和操作系统的计算方法不同所造成的。

众所周知，在电脑中采用的是二进制，在操作系统中对容量的计算是以每1024为一进制的，每1024字节为1KB，每1024KB为1MB，每1024MB为1GB；而硬盘厂商在计算容量方面是以每1000为一进制的，每1000字节为1KB，每1000KB为1MB，每1000MB为1GB，这二者进制上的差异造成了硬盘容量“缩水”。

另外，在操作系统中，硬盘还必须分区和格式化，系统还要在硬盘上占用一些空间，供系统文件使用，所以在操作系统中显示的硬盘容量和标称容量会存在差异。

（9）硬盘常用操作

- 格式化：硬盘的低级格式化是在每个磁片上划分出一个个同心圆的磁道，它是物格式化。硬盘在出厂前都已完成了这项工作，不用再对它作低级格式化。 平时在给电脑安装软件时，对硬盘所作的格式化指的是高级格式化。低级格式化会彻底清除硬盘里的内容，应谨慎使用，同时它也可以清除硬盘上所有的病毒；低级格式化需要特殊的软件，有些主板的BIOS里带有这种程序。低级格式化次数多了对硬盘是有害的。
- 硬盘分区：一块全新的硬盘必须经过分区之后才能正常使用，分区从实质上说就是对硬盘的一种格式化。当创建分区时，就已经设置好了硬盘的各项物理参数，指定了硬盘主引导记录（即Master Boot Record，一般简称为MBR）和引导记录备份的存放位置。而对于文件系统以及其他操作系统，管理硬盘所需要的信息则是通过之后的格式化，也就是高级格式化来提供的。

进行硬盘分区，需要使用Windows安装盘或专门的硬盘分区工具，例如fdisk、PQmagic等。在硬盘分区之后，还需要进行硬盘的格式化操作，才可以正常进行操作系统安装等工作。硬盘分区存在多种格式，常见的有FAT32、NTFS等，其中FAT32在Windows一般用户中最为常见，一般情况下系统盘文件格式是NTFS，而非系统盘为FAT32格式。

- 硬盘克隆：Ghost（幽灵）软件是美国赛门铁克公司推出的一款出色的硬盘备份还原工具，可以实现FAT16、FAT32、NTFS、OS2等多种硬盘分区格式的分区及硬盘的备份还原，俗称克隆软件。Ghost是克隆硬盘的程序，该程序在DOS下、Windows9.X下都可执行。另外在备份或克隆硬盘前最好清理一下硬盘——删除不用的文件、清空回收站、碎片整理等。

（10）RAID的优点

- 传输速率高：在部分RAID模式中，可以让很多磁盘驱动器同时传输数据，而这些磁盘驱动器在逻辑上又是一个磁盘驱动器，所以使用RAID可以达到单个磁盘驱动器几倍的速率。因为CPU的速度增长很快，而磁盘驱动器的数据传输速率无法大幅提高，所以需要有一种方案解决二者之间的矛盾。
- 更高的安全性：相较于普通磁盘驱动器，很多RAID模式提供了多种数据修复功能，当RAID中的某一磁盘驱动器出现严重故障无法使用时，可以通过RAID中的其他磁盘驱动器来恢复此驱动器中的数据，而这是普通磁盘驱动器无法实现的。如常用的RAID 0，无冗余无校验的磁盘阵列，数据同时分布在各个磁盘上，没有容错能力，读写速度在RAID中最快，但因为任何一个磁盘损坏都会使整个RAID系统失效，所以安全系数比单个的磁盘低，一般用在对数据安全要求不高，但对速度要求很高的场合。此种RAID模式至少需要2个磁盘，而更多的磁盘则能提供更高效的数据传输。

（11）S.M.A.R.T.技术

S.M.A.R.T.技术的全称是Self-Monitoring，Analysis and Reporting Technology，即“自监测、分析及报告技术”。在ATA-3标准中，S.M.A.R.T.技术被正式确立。S.M.A.R.T.监测的对象包括磁头、磁盘、马达、电路等，由硬盘的监测电路和主机上的监测软件，对被监测对象的运行情况与历史记录及预设的安全值进行分析、比较，当出现安全值范围以外的情况时，会自动向用户发出警告，而更先进的技术还可以提醒网络管理员的注意，自动降低硬盘的运行速度，把重要数据文件转存到其他安全扇区，甚至把文件备份到其他硬盘或存储设备。通过S.M.A.R.T.技术，确实可以对硬盘潜在故障进行有效预测，提高数据的安全性。但S.M.A.R.T.技术并不是万能的，它只能对渐发性的故障进行监测，而对于一些突发性的故障，如盘片突然断裂等，也无能为力。因此不管怎样，备份仍然是必需的。

7.3.2 固态硬盘的相关参数和指标

SSD最基本的组成部件是主控芯片、NAND闪存芯片、固件算法。组成SSD的关键部件是PCB设计、主控，对于相同方案的产品来说，决定性能和稳定性差异的主要是固件算法。

（1）主控

主控是基于ARM架构的处理核心。除了存储部分由闪存芯片负责之外，固态硬盘的功能、规格、工作方式等正是由这颗小小的芯片控制的。主控芯片在SSD中主要是面向调度、协调和控制整个SSD系统而设计的。主控芯片一方面负责合理调配数据在各个闪存芯片上的负荷，另一方面承担了整个数据中转，连接闪存芯片和外部SATA接口。除此之外，主控还负责ECC纠错、耗损平衡、坏块映射、读写缓存、垃圾回收以及加密等一系列的功能。

（2）闪存

准确来说是NAND闪存。NAND闪存中存储的数据是以电荷的方式存储在每个NAND存储单元内的，SLC、MLC及TLC存储的位数不同。单层存储与多层存储的区别在于每个NAND存储单元一次所能存储的“位元数”。SLC（Single-Level Cell）单层式存储，每个存储单元仅能储存1bit数据，同样，MLC（Multi-Level Cell）可储存2bit数据，TLC（Trinary-Level）可储存3bit数据。一个存储单元上，一次存储的位数越多，该单元拥有的容量就越大，这样能节约闪存的成本。但随之而来的是，向每个单元存储单元中加入更多的数据会使得状态难以辨别，并且可靠性、耐用性和性能都会降低。

（3）固件算法

SSD的固件是确保SSD性能的最重要组件，用于驱动控制器。主控使用SSD中固件算法中的控制程序，执行自动信号处理、耗损平衡、错误校正码（ECC）、坏块管理、垃圾回收算法、与主机设备（如电脑）通信，以及数据加密等任务。

由于研发上的区别，采用相同主控的SSD也可能表现出完全不同的性能和耐久度。固件通常是由厂商自行开发，并且时有更新，可以改善SSD性能，并解决一些曾经出现的已知问题。如果用数字来说，一块SSD中颗粒对性能的影响大约占60%，而固件与主控的影响会在20%左右。

开发高品质的固件不仅需要精密的工程技术，而且需要在NAND闪存、控制器和其他SSD组件间实现完美整合。此外，还必须掌握NADN特征、半导体工艺和控制器特征等领域的最先进的技术。固件的品质越好，整个SSD越精确，越高效。目前具备独立固件研发的SSD厂商并不多，仅有Intel、闪迪、英睿达、浦科特、OCZ、三星等厂商。

（4）4K对齐

由于SSD硬盘的读写机制特性，写入数据时，以8个扇区（4096KB）为一基本存储单元。写满后继续下一个4K区块写操作，若SSD硬盘没有4K对齐处理，数据写入会4K“超界”，读取数据时会在超界处，造成二次往复读取，读取数据时间增加，读写效率降低。

7.3.3 查看硬盘参数

（1）从机械硬盘编码看参数

如WD20EARS，如图7-11所示，WD是公司前缀，2代表2TB，0为产品编码，E代表GB/3.5英寸，A代表桌面级/WD Caviar，R代表5400转64MB缓存，S代表SATA 3GB/s 22针SATA接口。

主编号命名规则为：公司前缀（WD）+容量（GB/TB）+容量等级/外形规格+市场等级/品牌+转速/缓存大小或属性+接口。

（2）看固态硬盘参数

如图7-12所示，可以从标签中看到固态硬盘的容量是32G，其余的参数可通过官网或各主流IT网站，搜寻硬盘其他的信息。

图7-11 机械硬盘标签

图7-12 固态硬盘标签

（3）通过软件查看硬盘参数

常用的查看硬盘软件是AIDA64，打开后在左侧“存储设备”中，查看机械硬盘及固态硬盘数据，如图7-13所示。

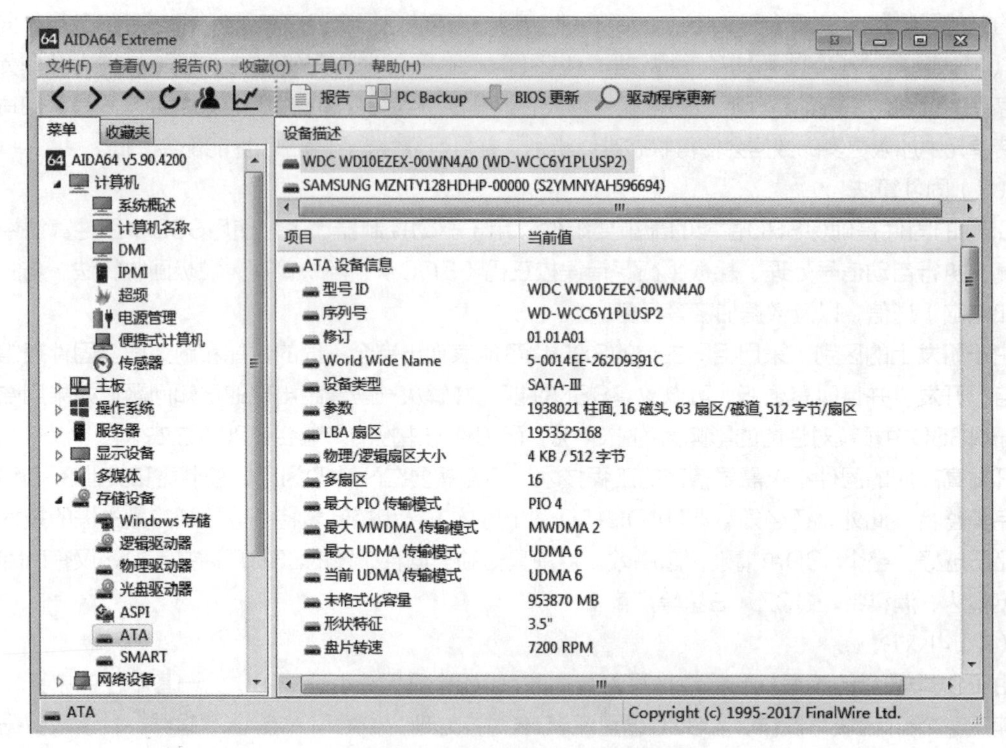

图7-13 AIDA64查看硬盘参数

（4）查看4K对齐

可以通过AS SSD Benchmark软件查看4K对齐，如图7-14所示。在左上角出现“1024K-OK”字样，说明已经4K对齐。不同的硬盘可能出现不同的数值。但只要是绿色字体OK状态即可，否则是红色字体BAD状态。

图7-14 AS SSD Benchmark查看是否4K对齐

7.4 硬盘的主要生产厂商和主流的硬盘产品

目前机械硬盘的生产已经比较成熟，而固态硬盘的厂商及产品需要用户认真斟酌。

7.4.1 机械硬盘的生产商及产品

（1）希捷（Seagate）

希捷公司成立于1980年，现为全球第一大的硬盘、磁盘和读写磁头制造商，希捷在设计、制造和销售硬盘领域居全球领先地位，提供用于企业、台式电脑、移动设备和消费电子的产品。

例如ST2000DM006，如图7-15所示，希捷BarraCuda系列硬盘，SATA接口，2T容量，64MB缓存，7200转，采用Smart Align技术，不使用程序可以轻松过渡到新的高级格式化4K扇区标准；AcuTrac伺服技术，可以准确将存储密度读取写入到只有75nm宽的磁道；OptiCache技术，进一步利用缓存大小并改进微处理器的容量，将性能在上一代的基础上提升高达45%。

（2）西部数据（Western Digital）

西部数据是全球知名的硬盘厂商，现为全球第二大硬盘制造商，成立于1979年，总部位于美国加州，在世界各地设有分公司或办事处，为全球五大洲用户提供存储器产品。

例如WD20EZRZ，如图7-16所示，2T容量，SATA6G接口，3.5英寸，64MB缓存，5400转；NoTouch斜坡加载技术，将记录磁头置于原理磁盘表面的安全位置，从而保护数据；Intelliseek技术，计算较佳寻道速度，降低能耗、噪声和震动；IData LifeGuard技术，高级算法可持续监视硬盘，从而使其保持在良好的状态。

（3）日立（HITACHI）

HITACHI日立集团是全球最大的综合跨国集团之一，生产台式电脑硬盘和笔记本硬盘。

例如HUA723020ALA641，容量为2TB，SATA接口，6.0G速度，寻道时间8.9ms，3.5寸。

图7-15 机械硬盘标签

图7-16 机械硬盘标签

7.4.2 固态硬盘的生产商及产品

（1）主控芯片

目前主流的控制器有Marvell（迈威）、SandForce、三星（自用）、Intel（自用）、JMicron、Indilinx（已被OCZ收购专用）、东芝等主控芯片。

Marvell（迈威）各方面都很强劲，早期运用于企业级产品，现也用在浦科特、闪迪、英睿达等品牌SSD上。Marvell自身也是一家大型公司，技术进步平稳，没出过什么主控质量问题，未来的前景也值得看好。

SandForce的性能也不错，它的特点是支持压缩数据，比如一个10M的可压缩数据可能压成5M写入硬盘，但还是占用10M的空间，这样可以提高速度，最大的特点是延长SSD的寿命。代表型号为SF-2281，运用在包括Intel、金士顿、威刚等品牌的SSD上。相比Marvell公司，SandForce公司这两年变动较大，被LSI、Avago多次转手之后，SandForce最终于2014年落入机械硬盘厂商希捷的手中。

Samsung主控性能上也很强悍，不比Marvell差多少。目前三星主控已经发展到第五代MEX，主要运用在三星850EVO、850PRO上。

除了自有SSD主控的公司，在外包主控的市场中，Marvell与SF占据了90%的份额，留给其他厂商的空间并不多。2016年，来自台湾地区主控厂商，智微Jmicron、慧荣Silicon Motion、群联Phison三家公司的主控，它们以成本低廉受到SSD厂家欢迎。

（2）闪存芯片

目前全球生产NAND闪存芯片的厂商屈指可数，主要有三星、东芝、闪迪、镁光（英睿达）、海力士、英特尔。其中三星市场占有率第一，东芝颗粒应用最广泛。另外还有英特尔、美光、三星、闪迪多用在自家产品。海力士的量则主要以移动市场为主。

（3）Intel 535 120G SATA3

如图7-17所示，采用16nm NAND闪存多层单元（MLC），STAT6Gb/s，120万小时的平均故障间隔时间。

（4）Crucial英睿达 MX200 250G

如图7-18所示，250GB容量，顺序读取555MB/S，顺序写入速度500MB/S，采用Micron 16nm MLC NAND闪存颗粒，SATA 6G接口，控制器是带有Micron定制固件的Marvell 88SS9183。

图7-17 Intel 535 120G SATA3

图7-18 Crucial英睿达 MX200 250G

7.5 硬盘选购技巧

下面将分别对机械硬盘以及固态硬盘的选购技巧进行介绍。

7.5.1 机械硬盘的选购技巧

通常在选购硬盘的时候，需要考虑的基本因素主要是以下几点：接口、容量、速度、稳定性、缓存、售后服务，下面将对这几方面进行分析。

- 接口方面：目前最普遍使用的是SATA接口（Intel提出的Serial ATA，一种已经成熟的接口规格）的硬盘，IDE接口硬盘已经基本淘汰，另一种规格是SCSI硬盘，尽管SCSI硬盘有很多IDE硬盘无法相比的优势，但是生产成本过高导致价格一直很昂贵。
- 容量方面：现在市场中硬盘的最大容量已经达到10TB，主流的容量一般在1T、2T等。尽管容量提升很多，但是价格还是可以让人接受的。
- 速度方面：即使是容量相同的硬盘，7200转和5400转会相差100多元。从性能上看，7200转比5400转有了不小的提升，所以7200转的硬盘更适合电脑发烧友、3D游戏爱好者、专业作图和进行音频视频处理工作的用户，而5400转硬盘则比较适合于笔记本电脑。
- 缓存方面：大部分SATA硬盘采用了64MB的缓存。大容量缓存可以很明显地提高硬盘性能。
- 质保：这是一个几乎所有人买东西都要考虑的问题，尤其是比较贵的东西。硬盘工作的时候总是在不停地高速运转，而且硬盘其实是很脆弱的东西。在国内，对于硬盘的售后服务和质量保障，各个厂商做得还都不错，尤其是各品牌的盒装产品还为消费者提供三年或五年的质量保证，但是切记一点，千万不要买水货硬盘。

7.5.2 固态硬盘的选购技巧

先确定自己电脑需要的SSD容量、接口类型。根据自身需求、预算选择购买。如果确实存在资金问题，可以选择固态硬盘+机械硬盘的解决方案，即利用固态硬盘存放安装系统、软件及一些需要快速启动的程序，利用机械硬盘存储数据及一些不需要快速启动的程序等。

用户需要根据自身需要的接口，确定固态硬盘的类型。固态硬盘常见的接口有SATA 6Gbps接口，M.2/NGFF接口，PCI-E接口。

其中M.2之间也有不同的规格，主要有2242、2260、2280三种规格，三种规格对应的是三种不同长度的产品，方便厂家扩充存储容量。

2016年随着英特尔Skylake平台CPU主芯片对原生PCIe NVMe通道的支持，高端市场PC将开始向PCIe SSD过渡。目前三星、英特尔、浦科特等一线品牌已经推出PCIe NVMe SSD，如英特尔750、三星951、浦科特M8Pe。

（1）看主控

Marvell性价比较高，资金充足的话可选浦科特、闪迪等。

（2）看闪存

MLC是中高端产品的主流选择。TLC和MLC的区别，除了低成本，低寿命外，就是低写入速度。没有任何厂商公开过TLC闪存的可靠程度，但各种极限测试证明：正常家用情况下，TLC 120G固态硬盘寿命为10年左右，所以不必纠结于使用寿命。

若要快和稳定，首选MLC。对于TLC闪存，确实对厂商降低成本非常有利，但是，除非囊中羞涩或者升级临时用的电脑，否则根本没有选择TLC的必要。

首先是选择那些可以自己生产闪存的厂家：Intel、美光、三星、海力士、东芝、闪迪。其次选择没有生产闪存能力，但是一直坚持使用原厂闪存的厂家：浦科特、建兴、海盗船等。

（3）看固件

有自主研发实力的厂商会自行优化设计，因此，挑选固态硬盘时，选择知名品牌是很有必要的。固件的品质越好，整个SSD就越精确、越高效。目前具备独立固件研发的SSD厂商并不多，仅有Intel、英睿达、浦科特、OCZ、三星等厂商。

现在市面上绝大部分SSD使用较长时间后，速度会变慢，这是SSD的写入方式导致的，如果先写入了一些数据，之后又写入了一些数据，后写入的数据不能直接覆盖之前写入的数据，而是要等主控将原来的数据擦除掉，才能将后写入的数据放到原来数据的位置。随着硬盘的使用时间变长，会有很多数据不能在第一时间被放置在该放的位置，所以在一定程度上影响了固态硬盘的读写速度。

浦科特采用了实时GC功能，把乱七八糟的数据整理好放在一个空白空间。但是可以想象，如果SSD在读写数据的时候还要将其他的这些乱七八糟的数据整理好放在其他地方，必定会大幅降低SSD的寿命，而且要在同一时间进行这两个操作，如果主控不够优秀，肯定无法胜任这个工作。基于此，大多数主控都是闲时GC，并非每时每刻都在进行这个操作，而是达到一定程度后才执行，然而浦科特却是实时GC，当然，采用好主控和好颗粒的浦科特也能经得住这种考验。

SSD的GC可以分为主动回收和被动回收，浦科特的TURE SPEED属于激进的主动回收，一旦SSD处于空闲状态就立刻执行GC操作，回收垃圾块，好处是长时间使用不掉速，缺点是会降低颗粒的寿命。

（4）看缓存

缓存对固态硬盘的影响没有前三者大，分为DDR2和DDR3。固态硬盘的寻道时间很小，接近于0。因此固态硬盘的缓存并不是必要的，但写入缓存的数据不一定会直接写入到固态硬盘上，只有最终需要保存的数据才会写入到固态硬盘的Flash芯片上，这个由程序和系统控制。没有缓存的产品也不是说寿命会很不堪，还有PO（7%以上）空间来维持。因此，具备较大缓存有助于减少固态硬盘上Flash芯片的读写次数，延长芯片的使用时间，一定程度上提高读写能力。

TLC SSD为了解决NAND Flash读写较慢的问题，为产品配备了SLC Cache。在绝大多数没有达到临界值时，SLC Cache可以全部参与为SSD读写加速。所以目前市面的TCL固态硬盘常规测试速度，均可以媲美SLC固态硬盘。

（5）看性能

在实际应用中，要考究SSD的4K IOPS性能（即每秒输入输出值）。IOPS是指存储每秒可接受多少次主机发出的访问。IOPS越高，表示硬盘读（写）数据越快。在日常应用中，网页缓存的写入、系统文件更新，包括程序、游戏的加载、响应等都与随机4K读写性能息息相关。可以说，4K读写的快慢决定了系统的操作体验。购买SSD时应参考其4K随机读写成绩。

（6）看有无断电保护

SSD存在意外断电导致不认盘的可能性，可能导致资料无法找回。因此需要查看是否有断电保护功能。

（7）看售后服务

三星、闪迪支持十年质保，闪迪支持全球联保。三星是唯一一家拥有主控、闪存、缓存、PCB板、固件算法一体式开发，有制造实力的厂商。三星、闪迪、东芝、美光都拥有其他SSD厂商可望而不可及的上游芯片资源。至于英特尔，暂时无心留恋消费级SSD市场，深耕企业SSD市场。消费级产品较少，性能中庸，但是稳定性很好。

08 Chapter 认识并选购显卡

知识概述

显卡作为电脑的重要显示部分，承载着对外显示信号输出的作用。虽然现在可以使用 CPU 的显示核心进行显示工作，但是对于专业用户及游戏玩家，仍然需要中高端独立显卡进行显示运算。本章将着重介绍显卡的相关知识。

要点难点

- 显卡的结构
- 显卡的参数
- 显卡的技术指标
- 显卡的选购

8.1 认识显卡

显卡（Video card，Graphics card）全称显示接口卡，又称显示适配器，是电脑最基本、最重要的配件之一。显卡作为电脑主机里的一个重要组成部分，是负责输出显示任务的组件。显卡接在电脑主板上，具有图像处理能力，可协助CPU工作，提高整体的运行速度。对于从事专业图形设计的人来说，显卡非常重要。民用级显卡图形芯片供应商主要包括AMD（超微半导体）和Nvidia（英伟达）两家。

8.1.1 显卡的结构

独立显卡的基本组成包括显示芯片、显存、输入接口、散热器、金手指等，如图8-1所示。

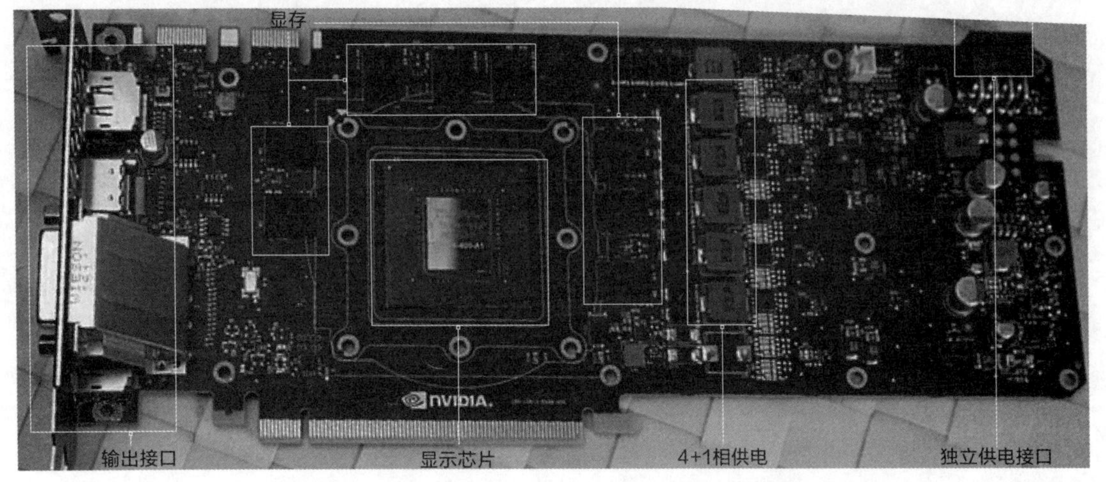

图8-1 NVIDIA GeForce GTX 1080显卡

1. 显示芯片

显示芯片是显卡的核心芯片，就是通常所说的GPU（Graphic Processing Unit），如图8-2所示。它的性能好坏直接决定了显卡性能的好坏，它的主要任务是处理系统输入的视频信息，并对其进行构建、渲染等工作。不同的显示芯片，不论从内部结构还是其性能，都存在着差异，其价格差别也很大。

图8-2 显示芯片

2. 显存

显存是显卡不可或缺的组成部分，它的作用在于缓冲和存储图形处理过程中必需的纹理材质以及相当一部分图形操作指令。在整个显卡的缓冲体系中，显存的体积是最大的，大到只能将其独立于GPU芯片之外。作为缓冲体系中最重要的组成部分，显存就像是一个巨大的仓库，材质也好，指令也罢，几乎所有涉及显示的元件都能装进去，如图8-3所示。

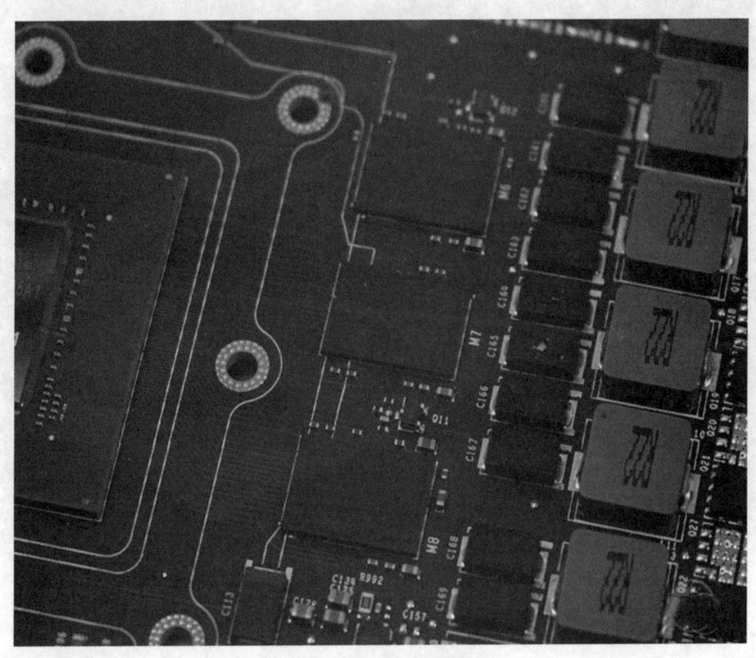

图8-3 板卡显存颗粒

3. 供电接口及供电模块

显卡的稳定运行，很大程度上保证了整机的稳定工作，而稳定的供电，又是显卡稳定运行的前提。所谓稳定，就是显卡在满负荷运行时，电源可以提供相对稳定的电压，保证电流供应，不会因为显卡负荷大而电压起伏，进而影响供电稳定，影响显卡性能。随着显卡规格不断发展，频率不断提高，显卡性能越来越强，单靠一相供电已经不能满足显卡的供电需求，采用多相供电是降低显卡内阻及发热量的有效途径，同时还提高了电流输入和转换效率，在很大程度上保证了显卡的稳定运行。现在主流的显卡已经采用额外的供电，并且为了保证电流的稳定，采用了大量固态电容。另外，中高端显卡已经不满足于PCI-E插槽提供的供给，需要额外电源输入，如图8-4、8-5所示。

图8-4 显卡固态电容采用4+1相供电设计

图8-5 显卡单8PIN外接供电接口

4. 显卡显示接口

每块显卡都提供了对外显示的接口，如图8-6所示，可以看到该显卡提供了DVI、HDMI以及DP接口。老式的VGA接口已经逐渐被淘汰，用户在选购显示器时，应该以显卡的接口作为主要选择对象。

图8-6 显卡显示接口

5. SLI接口

SLI接口就是双显卡接口，如图8-7所示。它是通过一种特殊的接口连接方式，在一块支持双PCI Express X 16的主板上，同时使用两块同型号的PCIE显卡，以增强NVIDIA在工作站产品中的竞争力。在未来的产品线中，SLI将成为新的至高点。

图8-7 显卡SLI接口

6. PCI-E总线接口

PCI-E总线接口是用于连接电脑PCI-E插槽的接口，接入电脑的PCI-E3.0x16接口，数据带宽为32GBps。该接口还可为显卡提供75W的电源供给。此接口用于连接电脑主板、CPU、内存、硬盘等，是数据的主要传输通道。

7. 显卡BIOS芯片

显卡BIOS芯片，如图8-8所示，包含了显示芯片和驱动程序的控制程序、产品标识信息。这些信息一般由显卡厂家固化在BIOS芯片中。在开机时，屏幕上会显示显卡的基本信息。

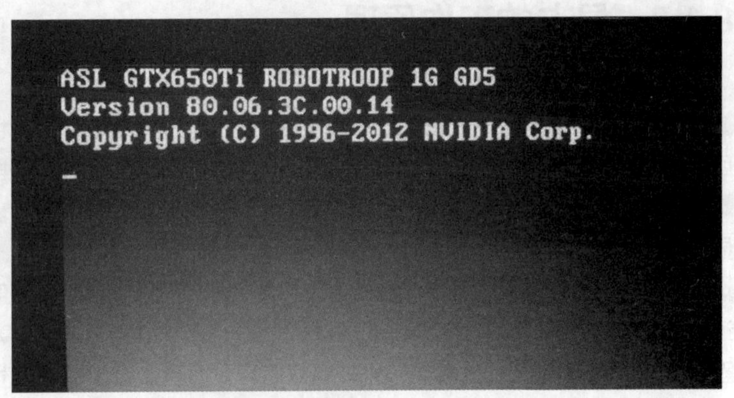

图8-8 显卡BIOS芯片及显卡BIOS信息

8. 显卡散热系统

购买显卡时，往往会被酷炫的散热系统所吸引，如图8-9所示，GTX1080公版采用的是全压铸设计、涡轮散热系统。一般显卡散热系统包括热管、风扇、外壳等，主要为显卡GPU 、供电、显存颗粒提供有效散热。散热系统的好坏直接影响到显卡的稳定性。

图8-9 GTX1080散热系统

9. RAM DAC（数/模转化器）

随机存储器数/模转换器，在老式显卡上还存在，负责将显存中的数字信号转换成显示器能够接收的模拟信号。

RAM DAC是影响显卡性能的重要器件，它能达到的转换速度，影响着显卡的刷新率和最大分辨率。对于一个给定的刷新频率，分辨率越高，则像素越多。如果要保持一定的画面刷新，则生成和显示像素的速度就必须快。RAM DAC的转换速度越快，影像在显示器上的刷新频率越高，从而图像显示越快，图像越稳定。

8.1.2 显卡的工作原理

显卡的工作原理分为四个步骤。

STEP 01 从总线（Bus）进入GPU（Graphics Processing Unit，图形处理器），CPU处理完毕后，通过PCI-E总线将数据送到GPU（图形处理器）里面进行处理。

STEP 02 从 Video Chipset（显卡芯片组）进入 Video RAM（显存），将芯片处理完的数据送到显存。

STEP 03 从显存进入Digital Analog Converter（RAM DAC，随机读写存储数模转换器），从显存读取出数据再送到RAM DAC进行数据转换的工作（数字信号转模拟信号）。但是如果是DVI接口类型的显卡，则不需要经过数字信号转模拟信号，而直接输出数字信号。

STEP 04 从DAC进入显示器（Monitor），将转换完的模拟信号送到显示屏。

显示效能是系统效能的一部分，其效能的高低由以上四步所决定，它与显示卡的效能（Video Performance）不太一样，如要严格区分，显示卡的效能应该受中间两步所决定，因为这两步的资料传输都是在显示卡的内部。第一步是由CPU（运算器和控制器一起组成的电脑的核心，称为微处理器或中央处理器）进入到显示卡里面，最后一步是由显示卡直接传送显示数据到显示屏上。

8.2 显卡生产厂商及产品

下面详细介绍显卡生产厂商及其主要的产品。

8.2.1 显示芯片

GPU是显卡的核心部件，负责大量的图像数据运算和内部的控制工作。GPU是否强大，直接影响到显卡图像加速的性能。它所负责的图像运算有2D图像加速、3D图像加速。GPU根据3D数据生成多边形，并进行贴图、渲染、光照、雾化等计算，以及Z-Buffer遮挡计算。在先进的GPU中，有多条流水线进行3D处理，因而具有强劲的性能。

GPU的加速功能可以通过支持程序打开（例如Windows的DirectX），从而分担CPU的计算工作，提高整台电脑的性能。若图形加速功能未打开，则电脑CPU必须承担所有图像生成所需的计算。

GPU的控制程序存放在显卡BIOS中，著名显卡厂商都提供显卡BIOS数据和升级程序。通过刷新显卡BIOS，可以使显卡具有更强的处理能力并消除旧版的缺陷。

目前主流的显示芯片生产商包括nVIDIA公司和AMD公司。

1. nVIDIA公司显示芯片

NVIDIA（英伟达）创立于1993年1月，是一家以设计智核芯片组为主的无晶圆（Fabless）IC半导体公司。NVIDIA 是全球图形技术和数字媒体处理器行业领导厂商，NVIDIA的总部设在美国加利福尼亚州的圣克拉拉市，在20多个国家和地区拥有约5700名员工。公司在可编程图形处理器方面拥有先进的专业技术，在并行处理方面实现了诸多突破。

NVIDIA亦设计游戏机芯片，例如Xbox和PlayStation 3。近几年还参与了手机CPU的开发和制作，如NVIDIA Tegra 4。 NVIDIA最出名的产品线是为游戏而设的GeForce显示卡系列，为专业工作站而设的Quadro显卡系列，和用于电脑主板的nForce芯片组系列。

目前，主流的显示芯片包括GeForce GTX TITAN系列：GTX TITAN/GTX TITAN Z/GTX TITAN Black/GTX TITAN X等型号；GeForce GTX1000系列：GTX 1080 Ti/GTX 1080/GTX 1070/GTX 1060/GTX 1050等型号；GeForce GTX900系列：GTX 980Ti/GTX 970/GTX 960/GTX 950；GeForce GTX700系列：GTX780 Ti/GTX780/GTX 770/GTX 760/GTX 750 Ti/GTX 750/GTX 745/GTX 740/GTX 730/GTX 720/GTX 710/GTX 705等型号。另外，还有600系列型号等。

2. AMD公司显示芯片

美国AMD半导体公司专门为计算机、通信和消费电子行业设计和制造各种创新的微处理器（CPU、GPU、APU、主板芯片组、电视卡芯片等），以及提供闪存和低功率处理器解决方案。AMD提出3A平台的新标志，在笔记本领域有AMD VISION标志，就表示该电脑采用3A构建方案（CPU、GPU、主板芯片组均由AMD制造提供）。

目前，AMD主流的显示芯片包括Radeon RX系列的RX 480/RX 470/RX 470D/RX460等型号；R9系列的Fury X/Nano/390X/390/380X/380/370X/370/Fury/360/295X2/290X/290/280X/280/285/270X/260等型号；R7系列的260X/250X/250/240等型号。

8.2.2 主流显卡厂商

目前，国内显卡品牌主要有七彩虹、影驰、索泰、盈通、翔升、铭瑄、蓝宝石、映众、技嘉、华硕、微星、昂达、讯景、丽台、捷波、NVIDIA、AMD等厂家。

1. NVIDIA芯片主流产品

（1）华硕 ROG STRIX-GTX1060-O6G-GAMING

如图8-10所示，该产品采用8Pin外部供电，比绝大多数非公GTX1060要多，视频输出接口方面和公版小有不同，两个DP口，一个DVI口，两个HDMI口，为更好地贴合VR设备的需求有所改动。十系ROG STRIX必备的1680万色炫酷RGB灯效，棱角分明的设计，科技感十足。拥有市售非公GTX1060之中最高的上机频率，1645-1873MHz。在公版的基础上拉升139MHz，12个Step，8Pin外部供电助力超频。散热器采用11片翼形扇叶三风扇静音设计，风量足，气压强，可有效带走鳍片上的热量，DirectCU III五热管直触散热底座设计，能有效将GPU的热量传导到热管上。PCB板上加装PCB加固支架，6+1相SAP II超合金供电设计，大幅增强性能，降低功率损耗，散热效果得到显著提升。GP106核心，6个三星的显存颗粒，1G一片，共6G显存，显存频率较其他非公GTX1060也要高一些，上机8208MHz。

图8-10 华硕 ROG STRIX-GTX1060-O6G-GAMING

（2）七彩虹iGame750Ti 烈焰战神U-Twin-2GD5

如图8-11所示，采用基于28nm制程工艺，全新Maxwell架构设计的GM107图形核心。该显卡拥有640个流处理器、16个ROPs单元和40个TMUs单元，完美支持DirectX 11游戏特效、CUDA、PhysX物理加速等技术。

采用非公版PCB设计，供电部分采用核心与显存独立的3+1相供电方案，元器件采用全固态电容和全封闭电感，辅以单6Pin外接供电接口，为显卡的稳定运行提供充足的保障。

搭载三星GDDR5高速显存颗粒，显存容量2048MB，显存位宽128Bit，显存带宽86.4GB/s，显卡的默认频率为1020（Boost 1085）/5400MHz。该显卡特别设计了一键超频开关，开启一键超频后的核心频率可提升至1098（Boost 1176）MHz。搭载全覆盖、双风扇、单热管、全尺寸鳍片、开放式散热系统。散热底座可以将核心温度通过热管快速传导至鳍片，再由双PWM智能调速风扇极速排出，在保证散热的同时还提供了出色的噪音控制。采用双DVI+Mini HDMI视频输出组合，支持市面上绝大多数显示器的接口需要。同时，该显卡还支持单卡多屏技术，满足了不同用户对显卡的不同使用需要。

图8-11 七彩虹iGame750Ti 烈焰战神U-Twin-2GD5

2. AMD芯片主流产品

（1）讯景RX 480 8G深红版

XFX讯景将有纪念意味的“深红”系列延续下来，推出新作RX 480深红版（8G或4G）和RX 470深红版（4G），“深红”的含义也从“红色限量+开核”变为了“可换红色灯扇设计”，如图8-12所示。

显卡净重656克，完整长24.5厘米，PCB长21厘米。显卡顶部依然设计有白色的XFX标识灯，尾端使用单8Pin外接供电。输出接口是3个DisplayPort 1.4、1个HDMI 2.0b和1个DVI。显卡采用Polaris 10核心和SKhynix 4GB/256bit GDDR5显存颗粒，预设频率1338/7000MHz。位于核心左侧的4+1相供电，主控是一个4+1相主控安森美NCP81022，核心供电每相使用2+1的MOSFET组合，另1相显存或VDDCI供电使用1+1的MOSFET组合。PCB方案不变，但MOSFET用料每次都有变化，核心供电采用的是安森美的4C10N（30V 46A 6.95mOhm）和4983NF（30V 106A 2.1mOhms/3.1mOhms）组合。

图8-12 讯景RX 480 8G深红版

（2）蓝宝石R9 380X 4G D5超白金 OC

如图8-13所示，该卡采用6+6Pin辅助电源供电接口，可供电150W，加上自带PCIE供电，所以理论供电总共225W。双DVI接口加上一个DP和HDMI接口。采用Antigua XT核心，支持DX12，拥有50亿的晶体管规模，核心面积为366mm^2，ALU为2048个；Texture Filter Unit为128个；ROP为32个。采用28nm工艺，1040MHz核心频率，GDDR5 4G 256bit显存，6000MHz显存频率，双风扇散热+热管散热+散热片。

图8-13 蓝宝石R9 380X 4G D5超白金 OC

8.3 显卡主要参数和技术指标

下面将向用户简单介绍显卡的相关参数及技术指标。

8.3.1 制造工艺

制造工艺指得是在生产GPU过程中，加工各种电路和电子元件，制造导线连接各个元器件的工艺。通常其生产的精度以nm（纳米）来表示（1mm=1000000nm），精度越高，生产工艺越先进，在同样的材料中可以制造更多的电子元件，连接线也越细，提高芯片的集成度，芯片的功耗也越小。

8.3.2 核心频率

显卡的核心频率是指显示核心的工作频率，其工作频率在一定程度上可以反映出显示核心的性能，但显卡的性能是由核心频率、流处理器单元、显存频率、显存位宽等多方面的情况所决定的，因此在显示核心不同的情况下，核心频率高并不代表此显卡性能强劲。在同样级别的芯片中，核心频率高的，则性能要强一些，提高核心频率就是显卡超频的方法之一。主流的显示芯片只有ATI和NVIDIA两家，两家都提供显示核心给第三方的厂商，在同样的显示核心下，部分厂商会适当提高其产品的显示核心频率，使其工作在高于显示核心的固定频率上，以达到更高的性能。

8.3.3 显存带宽

显存位宽是显存在一个时钟周期内所能传送数据的位数，位数越大，相同频率下所能传输的数据量越大。显卡显存位宽主要有128位、192位、256位、512位几种。显存带宽=显存频率X显存位宽/8，它代表显存的数据传输速度。在显存频率相当的情况下，显存位宽将决定显存带宽的大小。例如，显存频率为500MHz的128位和256位显存，它们的显存带宽分别为：128位显存为500MHz×128/8=8GB/s；256位显存为500MHz×256/8=16GB/s，是128位的2倍。显卡的显存是由一块块的显存芯片构成的，显存总位宽同样也是由显存颗粒的位宽组成。显存位宽=显存颗粒位宽×显存颗粒数。显存颗粒上都带有相关厂家的内存编号，可以在网上查找其编号，了解其位宽，再乘以显存颗粒数，就能得到显卡的位宽。

8.3.4 显存容量

其他参数相同的情况下，显存容量越大越好，但比较显卡时不能只关注显存。选择显卡时显存容量只是参考之一，核心和带宽等因素更为重要。但必要容量的显存是必需的，因为在高分辨率高抗锯齿的情况下，可能会出现显存不足的情况。目前市面显卡显存容量为2GB~6GB不等。

8.3.5 显存频率

显存频率一定程度上反应着该显存的速度，以MHz（兆赫兹）为单位。显存频率的高低和显存类型有非常大的关系。

SDRAM显存一般都工作在较低的频率上，此种频率早已无法满足显卡的需求。DDR SDRAM显存则能提供较高的显存频率，所以显卡基本都采用DDR SDRAM，其所能提供的显存频率也差异很大。GDDR5默认等效工作频率最高已经达到4800MHz，而且提高的潜力还非常大。

显存频率与显存时钟周期是相关的，二者成倒数关系，也就是显存频率（MHz）=1/显存时钟周期（NS）X1000。如果是SDRAM显存，其时钟周期为6ns，那么它的显存频率就为1/6ns=166 MHz。但这是DDR SDRAM的实际频率，而不是平时所说的DDR显存频率。因为DDR在时钟上升期和下降期都进行数据传输，一个周期传输两次数据，相当于SDRAM频率的两倍。习惯上所说的DDR频率是其等效频率，是在其实际工作频率上乘以2的等效频率。因此6ns的DDR显存，其显存频率为1/6ns×2=333MHz。但是，厂商设定的显存实际工作频率并不一定与实际工作频率相同，此类情况较为常见。

8.3.6 流处理器单元

在DX10显卡出来以前，并没有“流处理器”这个说法。GPU内部由“管线”构成，分为像素管线和顶点管线，它们的数目是固定的。简单来说，顶点管线主要负责3D建模，像素管线负责3D渲染。由于它们的数量是固定的，这就出现了一个问题，当某个游戏场景需要大量的3D建模，而不需要太多的像素处理，就会造成顶点管线资源紧张而像素管线大量闲置，当然也有截然相反的另一种情况，这都会造成某些资源不够和另一些资源闲置浪费。在这样的情况下，DX10时代首次提出了“统一渲染架构”，显卡取消了传统的“像素管线”和“顶点管线”，统一改为流处理器单元，它既可以进行顶点运算也可以进行像素运算，这样在不同的场景中，显卡就可以动态地分配进行顶点运算和像素运算的流处理器数量，达到资源的充分利用。

值得一提的是，N卡和A卡GPU架构并不一样，对于流处理器数的分配也不一样。双方没有可比性。N卡每个流处理器单元只包含1个流处理器，而A卡相当于每个流处理器单元里面含有5个流处理器。

8.3.7 核芯显卡

核芯显卡是Intel产品新一代图形处理核心，和以往的不同，Intel凭借其在处理器制程上的先进工艺以及新的架构设计，将图形核心与处理核心整合在同一块基板上，构成一个完整的处理器。这种设计的整合大大缩减了处理核心、图形核心、内存及内存控制器间的数据周转时间，有效提升处理效能，并大幅降低芯片组整体功耗，有助于缩小了核心组件的尺寸，为笔记本、一体机等产品的设计提供了更大选择空间。

8.3.8 DirectX与OpenGL

DirectX并不是一个单纯的图形API，它是由微软公司开发的用途广泛的API（Application Programming Interface，应用程序编程接口），它包含Direct Graphics（Direct 3D+Direct Draw）、Direct Input、Direct Play、Direct Sound、Direct Show、Direct Setup、Direct Media Objects等多个组件，提供了一整套多媒体接口方案。DirectX开发之初是为了弥补Windows 3.1系统对图形、声音处理能力的不足，目前已发展成为对整个多媒体系统各方面都有决定性影响的接口。

DirectX是微软开发并发布的多媒体开发软件包，其中有一部分叫做Direct3D，有人将其作为3D图形的标准。

OpenGL是OpenGraphicsLib的缩写，是一套三维图形处理库，也是该领域的工业标准。电脑三维图形是指将用数据描述的三维空间通过计算转换成二维图像并显示或打印出来的技术。OpenGL就是支持这种转换的程序库，它源于SGI公司为其图形工作站开发的IRIS GL，在跨平台移植过程中发展成为OpenGL。

8.3.9 双卡技术

SLI和CrossFire分别是Nvidia和ATI两家的双卡或多卡互连工作组模式，其本质是差不多的，只是叫法不同。SLI Scan Line Interlace（扫描线交错）技术是3dfx公司应用于Voodoo 上的技术，通过把2块Voodoo卡用SLI线物理连接起来，工作的时候一块Voodoo卡负责渲染屏幕奇数行扫描，另一块负责渲染偶数行扫描，从而将两块显卡“连接”在一起获得“双倍”的性能。SLI中文为名速力，到2009年SLI工作模式与早期Voodoo有所不同，改为屏幕分区渲染。

CrossFire中文名为交叉火力，简称交火，是ATI的一款多重GPU技术，可让多张显示卡同时在一部电脑上并排使用，增加运算效能。CrossFire技术于2005年6月1日，在Computex Taipei 2005正式发布，比SLI迟一年。

8.3.10 查看显卡参数

虽然可以使用AID64综合查看显卡参数，但不够直观，用户也可以使用CPU-Z进行查看，但信息太简单，显示的参数比较少。打开软件后，可以查看到当前显卡的各种信息，如图8-14所示。可以查看当前显卡的名称、工艺、显存类型、显存大小、显存带宽、总线接口、总线宽度、显卡的工作频率、显存的工作频率等。用户也可以通过“传感器”选项卡来了解显卡的实时信息。

图8-14 通过GPU-Z查看显卡参数

8.4 选购显卡的注意事项

用户在选购显卡时，需要注意以下5点。

- 按需选购：用户可根据日常使用情况进行选择。入门级用户，日常办公、打字、上网、玩小型游戏的用户，可以选择中等档次带显示核心的CPU。不但可以将省下的预算投入到CPU或其他部件上，而且，日后可以通过购买降价的中高端显卡来进行升级，性价比极高。玩大型游戏或者进行图形处理的用户，可以选择中端旗舰级显卡，这样使用起来得心应手。专业级及发烧级用户可以选择新上市的显卡，一方面可以获得高品质的享受，而且短期内更换处理时也不会降价太多。
- 确定显卡参数：根据上面提到的条件，结合预算，在某一档次上，通过比较，选择合适的显示芯片、显存容量、显存带宽、显存类型和频率、显卡的工作频率。另外，根据电脑的综合配置，考虑电源提供的接口是否满足显卡的供电要求、显示器的接口是否与显卡的输出接口一致、显卡的大小是否满足机箱的尺寸、显卡有哪些新技术是用户所需要的等。比较后，慎重进行选择。
- 选择显卡品牌：确定好显卡的参数后，在各大显卡厂商的各品牌及型号中，选择口碑较好、性价比较高的产品。一定要看清并记好具体型号，再去购买，不要轻信经销商的推荐。
- 查看显卡细节：拿到显卡后，仔细查看金手指有无磨损，接口有无磨损，电路板的走线是否清晰、干净，电感电容是否崭新，散热系统是否外观完好等，以防被更换返修件或者打磨件。
- 注意售后保障：如果有必要，在网上确定产品的真伪，确定产品的保修期及具体条款，保修的途径及保修的步骤等信息。

09
Chapter

认识并选购机箱和电源

知识概述

电源是为整个电脑内部及输入设备供电的设备。电源的好坏直接关系到电脑系统的稳定程度。而机箱是安放整个电脑内部设备的房子，起到产生风道、散热、保护设备、减小辐射等任务。本章将向读者介绍电源以及机箱的知识及选购技巧。

要点难点

- 机箱与电源的产品
- 机箱与电源的参数
- 机箱与电源的选购

9.1 认识机箱和电源

机箱对用户来说不算陌生，这里着重介绍机箱中的电源。

9.1.1 认识机箱

机箱一般包括外壳、支架、面板上的各种开关、指示灯等，如图9-1所示。

机箱作为电脑配件中的一部分，它的主要作用是放置和固定各电脑配件，起到承托和保护作用。坚实的外壳保护着板卡、电源及存储设备，能防压、防冲击、防尘，并且还能发挥防电磁干扰、辐射的功能，起屏蔽电磁辐射的作用。

虽然机箱在DIY中不直接影响到电脑的性能，但是使用质量不良的机箱，容易造成主板和机箱短路，使电脑系统变得很不稳定。

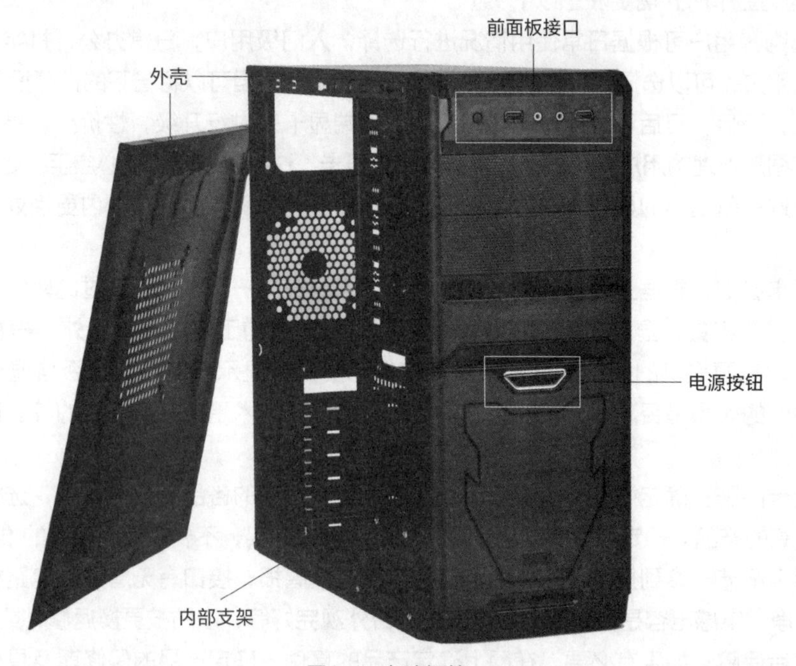

图9-1 电脑机箱

9.1.2 认识电源

电脑电源是把220V交流电转换成直流电，并专门为电脑配件如CPU、主板、硬盘、内存条、显卡、光盘驱动器等供电的设备，如图9-2所示。电源是电脑各部件供电的枢纽，是电脑的重要组成部分。目前PC电源大都是开关型电源。

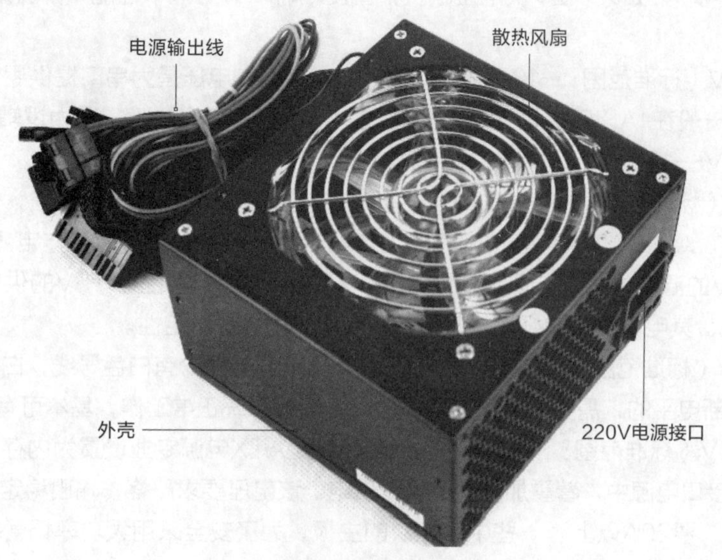

图9-2 电脑电源

9.1.3 电源输出参数和接口作用

可以在电源外壳上查看电源参数，如图9-3所示。

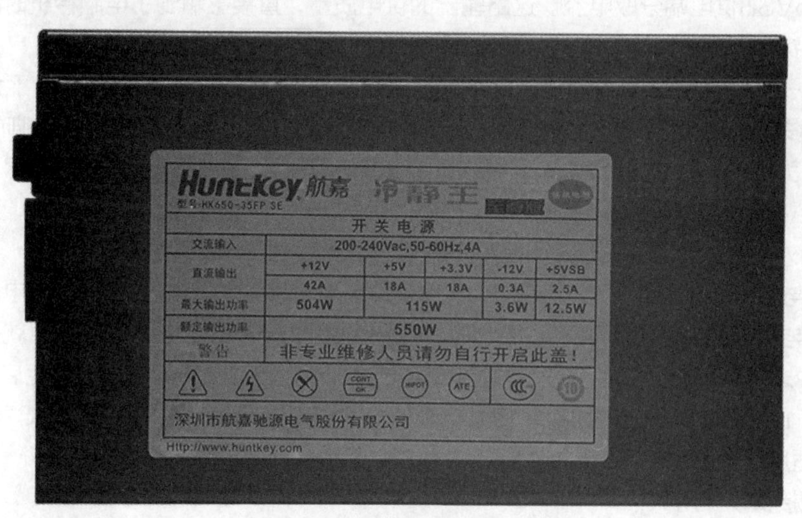

图9-3 电源标签

（1）电源标签及输出电压

标签中标注了此ATX电源有+12V、+5V、+3.3V、-12V、+5VSB输出。对于不同定位的电源，它的输出导线的数量有所不同，但都离不开这9种颜色：黄、红、橙、紫、蓝、白、灰、绿、黑。健全的PC电源中都具备这9种颜色的导线（主流电源都省去了白线）。

- 黄色：+12V（标准范围：+11.40~+12.60），黄色的线路在电源中应该是数量较多的一种，随着加入CPU和PCI-E显卡供电成分，+12V的作用在电源中举足轻重。

+12V一直以来常用于给硬盘、光驱、软驱的主轴电机和寻道电机提供电源，以及为ISA插槽提供工作电压，为串口设备等电路逻辑信号电平。+12V的电压输出不正常时，常会造成硬盘、光驱、软驱的读盘性能不稳定。当电压偏低时，表现为光驱挑盘严重，硬盘的逻辑坏道增加，经常出现坏道，系统容易死机，无法正常使用。偏高时，光驱的转速过高，容易出现失控现象，较易出现炸盘现象，硬盘表现为失速、飞转。如果+12V供电短缺，会直接影响PCI-E显卡性能，并且影响到CPU，直接造成死机。

- 蓝色：－12V（标准范围：-10.80~-13.20），-12V的电压是为串口提供逻辑判断电平，需要电流不大，一般在1A以下，即使电压偏差过大，也不会造成故障，因为逻辑电平的0电平范围较宽，为-3V~-15V。
- 红色：+5V（标准范围：+4.75~+5.25），+5V导线数量与黄色导线相当，+5V电源是提供给CPU和PCI、AGP、ISA等集成电路的工作电压，是电脑中主要的工作电源。CPU都使用了+12V和+5V的混合供电。在最新的Intel ATX12V 2.2版本加强了+5V的供电能力，加强双核CPU的供电。其电源质量的好坏，直接关系着电脑的系统稳定性。
- 白色：－5V（标准范围：-4.50~-5.50），市售电源中很少有白色导线，白色-5V也是为逻辑电路提供判断电平的，需要电流很小，一般不会影响系统正常工作，基本可有可无。
- 橙色：+3.3V（标准范围：+3.14~+3.45），这是ATX电源专业设置为内存提供电源的。最新的24Pin主接口电源中，着重加强了+3.3V供电。该电压要求严格，输出稳定，纹波系数要小，输出电流大，要20A以上。一些中高档次的主板，为了安全采用大功率场管控制内存的电源供应，不过也会因为内存插反而把这个管子烧毁。
- 紫色：+5VSB（+5V待机电源）（标准范围：+4.75~+5.25），ATX电源通过PIN9向主板提供+5V 720MA的电源，这个电源为WOL（Wake-up On Lan）和开机电路、USB接口等电路提供电源。如果用户不使用网络唤醒等功能时，请将此类功能关闭，跳线去除，以避免这些设备从+5VSB供电端分取电流。这路输出的供电质量，直接影响到了电脑待机时的功耗，与电费直接挂钩。
- 绿色：P－ON（电源开关端）通过电平来控制电源的开启。当该端口的信号电平大于1.8V时，主电源为关；如果信号电平为低于1.8V时，主电源为开。使用万用表测试该脚的输出信号电平，一般为4V左右。这里介绍一个初步判断电源好坏的方法：使用金属丝短接绿色端口和任意一条黑色端口，如果电源无反应，表示该电源损坏。很多电源加入了保护电路，短接电源后判断没有额外负载，会自动关闭，因此用户需要仔细观察电源一瞬间的启动。

一般CPU与显卡会占整个平台功耗的80%，所以判断一款电源是否适用于一套电脑配置时，只需要判定CPU与显卡的功耗就足够了，而CPU与显卡占用的是电源的12V输出，也就是说，电源的12V输出是重中之重，其意义已经超过了额定功率。当从网络上查得CPU与显卡功耗后，只需要与电源铭牌上写的+12V输出能力比较即可，如果电源的+12V可以满足用户这套配置的CPU与显卡功耗需求，即可以适用这套配置。

（2）电源接头及作用

在选择电源时，电源输出线的接口也要考虑好。一般的电源输入线接口如图9-4所示。当然，如果在使用中，发现缺少某一接口，用户可以通过购买转接线的方式完成接口转换，十分方便。

其中24PIN为主板供电，之前也使用20PIN。8PIN或双4PIN为电脑CPU供电接口，之前也使用单4PIN，大4PIN为老式硬盘或光驱供电。SATA电源接口为所有SATA设备进行供电。现在的显卡也可以单独供电，使用单6PIN、双6PIN或者8PIN，根据显卡的要求接入即可。

20+4PIN输出接口

4+4PIN输出接口

大4PIN输出接口

SATA电源输出接口

6PIN及6+2PIN输出接口

图9-4 电源输出接口

9.2 机箱的主要参数

很多用户认为要把钱花在硬件上，机箱能省则省，这样的想法是不正确的。机箱属于不易耗品，选择的时候更应该再三斟酌，购买合适而且满意的机箱是很有必要的。

9.2.1 机箱材质

机箱的材质与机箱的品质直接挂钩。机箱的主机材质分为钢板、阳极铝、玻璃、亚克力板。一款品质优良的机箱，应该使用耐按压镀锌钢板制造。并且钢板的厚度在1mm以上，更好的机箱甚至使用1.3mm以上的钢板制造，钢板的品质是衡量一个机箱优劣的重要指标，直接决定着机箱质量的好坏。产品材质不好的劣质机箱稳固性较差，使用时会产生摇晃等问题，会损坏硬盘等主机配件，影响其使用寿命。而且其电磁屏蔽性能也差，对用户的身心健康有害。钢化玻璃侧版虽然美观，但很容易发生爆裂，不推荐使用。亚克力机箱防辐射较弱，易磨损，螺丝孔安装不当会裂开。

9.2.2 机箱分类

机箱按照结构分类，可以分为以下几类。

- 中塔/ATX：ATX是Advanced TechnologyExtended的缩写，直译为先进技术扩展，是由英特尔公司在1995年制定的标准。ATX标准是扩展型AT结构，用于规范台式电脑，在ATX规范下设计的机箱也被称为ATX机箱。
- Micro ATX：Micro ATX又称Mini ATX，是ATX结构的简化版，就是常说的“迷你机箱”，扩展插槽和驱动器仓位较少，扩展槽数通常在4个或更少，而3.5英寸和5.25英寸驱动器仓位也分别只有4个或更少。
- HTPC：HTPC（Home Theater Personal Computer），即家庭影院个人电脑。简单地说，它就是一部注重多媒体功能的电脑。自从微软提出“数字家庭”的概念之后，越来越多的厂商争相推出基于数字家庭概念产品，数字家庭是一种DIY新生活的体验。

HTPC机箱需要严格控制辐射干扰，家庭影院系统中还有音频、视频、输出设备等组成部分，彼此之间的距离都比较接近，如果机箱防辐射功能不强，容易出现各个配件互相干扰的情况。

9.3 机箱的选购标准

在装机过程中，建议先购买其他硬件，最后根据硬件需求选择合适的机箱。一款优质的机箱可以用很多年，不要认为机箱能省则省，若使用劣质机箱导致硬件损坏就得不偿失了。

- 钢板越厚越好：优质的机箱钢板都非常厚，一是不易变形，二是隔音更好，不易发生共振现象。钢板越厚，对硬件的保护效果就越好。
- 机箱边角处理：很多人在装机时有过被划伤的经历，选择机箱时注意看一下机箱的边角处理，边角做工能反应一款机箱的质量。
- 可扩展性：可扩展性也是购买机箱需要重点考虑的因素。考虑到以后可能要添置光驱等扩展设备，因此在机箱驱动器托架上至少应该有三个以上的3英寸和5英寸设备的安装位置，增强机箱的扩展性。优质机箱的扩充槽较多，可保证硬盘、光驱散热空间充裕。而劣质机箱中的空间狭窄，不仅扩展能力差，而且不利于散热。
- 背线设计要合理：不少用户对背板空间应该留有多大的空间并没有什么概念，买回机箱后才发现背板空间不足，扣不上侧板。通常情况下，背线应预留出1.5cm以上的空间才合理。
- 机箱的散热设计：随着技术的飞速发展，电脑发热量也随之增大，因此机箱的散热设计也变得越来越重要。只有良好的散热设计，才能将电脑产生的热量及时排走，否则将会引起死机、导致电脑的寿命变短等问题。优质机箱的散热设计具有通风流畅、散热良好、箱体宽大、前面板有足够多的通风孔、前后均留有机箱风扇安装位置等特点。而劣质机箱的散热设计很差，机箱里面空间狭小，没有通风孔，甚至连机箱风扇的位置也没有预留，这会导致热量不能得到排出，引起一系列问题。

9.4 电源的重要参数

电源的参数主要包括额定功率和峰值功率、功率因素及转换效率、电压、输入纹波、静音与散热等，下面将分别对其进行简单介绍。

9.4.1 额定功率和峰值功率

额定功率是电源厂家按照英特尔公司制定的标准标出的功率，可以表征电源工作的平均输出，单位是瓦特，简称瓦（W）。额定功率越大，电源所能负载的设备也就越多。

电源的功率有多种表示方法，除了额定功率和峰值功率之外，还有输出功率的说法。输出功率是指在一定条件下电源长时间稳定输出的功率。电源实际工作时，输出功率并不一定等同于额定功率，按照英特尔公司的标准，输出功率会比额定功率大一些，约10%。需要说明的是，在多种功率的标称方式中，额定功率是按照英特尔公司标准制订的，是电源功率最可靠的标准，选购电源时建议以额定功率作为参考和对比的标准。遗憾的是，有些电源厂商标称并不规范，出现虚标数值的现象。

峰值功率指电源短时间内能达到的最大功率，通常仅能维持30秒左右的时间。一般情况下电源峰值功率可以超过最大输出功率50%左右，由于硬盘在启动状态下所需要的能量远远大于其正常工作时的数值，因此系统经常利用这一缓冲为硬盘提供启动所需的电流，启动到全速后会恢复到正常水平。峰值功率其实没有什么实际意义，因为电源一般不能在峰值输出时稳定工作。

9.4.2 功率因数与转换效率

功率因数与转换效率均能够影响节能，简单地说，功率因数决定电源对市电的利用率，转换效率决定有多少能源能够真正被硬件使用，前者可以减轻电网负担，后者真正为用户节能。

转换效率代表了省电能力。电能进入电源到从线材输出的转化过程伴随着大量的损耗，100瓦进去后出来的可能是60W，也可能是80W。如果100W能量转换成60W，就意味着转换效率是60%，如果是80，转换效率就是80%，设计方案越先进，用料越好的电源损耗越低，转换效率就越高。

将80Plus白牌标准视为转换效率的及格线，也就说电源在20%、50%、100%三种负载下的转换效率均达到80%才值得选购。按照这样的标准来判断，国内80%以上的电源都是不及格的，但以航嘉与长城为代表的电源巨头已经开始领军高效绿色电源的发展，80%效率其实不算苛刻。

9.4.3 电压稳定

220V市电进入，理想状态下电源线材输出的是+12V、+5V、+3.3V的低压电，但世界上还不存在精确到心电图一样的输出电压，电源输出的是类似+12.1、+4.9、+3.4这样上下波动的电压，相应的，CPU、显卡、北桥等元件的工作电压也会上下波动，输出电压频繁大幅波动会对硬件造成伤害，影响系统稳定。

9.4.4 输出纹波

纹波与电压一样代表电源品质，完美的低压直流应该是非常平滑的波形，但实际上经过电容滤波的直流波形仍有小幅波动，这个波动就是纹波。电流纹波对于普通消费者来说是比较难理解的概念，用户只需要知道两款电源的转换效率与输出电压都不相上下时，纹波可以作为最后的参考。

9.4.5 静音与散热

静音与散热效果其实都取决于风扇转速。风扇转速越低越静音，但散热性能越差；风扇转速越高噪音越高，散热性能越好。

静音电源是如何设计的呢?首先转换效率必须足够高，假设一个500W电源的转换效率是80%，那就意味着有100W电能会转化成热量。而如果转换效率是90%的话，就只有50W能量转化成热量，散热工作量会降低一半。风扇转速自然可以置于较低水准，静音随之而来。

静音电源内部还要使用高耐温值元器件，只有使用较高耐温值的元器件，电源才敢无视稍高的温度，大胆地把风扇转速放低，但这种做法会带来一定的成本。

9.4.6 内部用料

电源中任何一个元件坏掉都会导致电源无法使用，而最容易坏掉的就是开关管与滤波电容。电源产品很少使用固态电容，因为固态电容耐压值较低，电容容量普遍较小，并且低ESR并没有明显的优势，所以除了少数电源的二次侧可以见到一两个固态电容之外，绝大多数电源都是清一色的电解电容，这样就对电源寿命造成了影响。

假设一个耐温值为85℃的铝电解电容，在45℃环境温度下工作，那么电容寿命为16000小时，还不到两年时间。由此可见，电容耐温值对电源寿命影响非常大，所以高耐温值的电容是必须的，目前市售电源中一般使用的是85℃耐温值的电容，而105℃耐温值的电容则称得上是优秀。

9.5 电源的选购标准

用户在选购电源时，可参考以下4个方面来进行选择。

- 外壳设计: 电源外壳能影响到电磁波的屏蔽和电源的散热性，电磁屏蔽效果不好会影响人们的身体健康，散热效果不好会影响电源的寿命乃至硬件的寿命。因此电源的外壳好坏与否是非常关键的。目前市场上的电源一般都采用镀锌钢板材质，部分产品采用了全铝材质。电源外壳的板材如果过薄，防辐射效果会降低，一般情况下，用户只需感受电源的重量就可以分辨。另外电源外壳出风口和入风口的设计也是非常重要的。
- 电源的铭牌查看:在查看铭牌时，一般要看额定功率，看看是否有80Plus。其实额定功率和80Plus并不代表产品质量。特别是80Plus，有的消费者一看到它就会认为电源质量可靠，其实这是一个误区。80Plus代表的是转换效率，和电源的质量关系并不大。CCC（S）安全认证、CCC（S&E）安全与电磁兼容认证、CCC（EMC）电磁兼容认证、CCC（F）消防认证，这些认证代表质量优异吗? 答案是否定的，这些认证只是电源必须达到的标准而已。但是没有通过这些认证的电源，通常是小品牌的电源，质量没有保障。另外FCC认证和UL认证代表了更高的标准，通过了这些认证的电源通常品质是比较高的。另外，要看电源的+12V输出，单路输出的电源比较适合于显卡的用户，而双路输出则比较适合于注重稳定的用户。
- 计算输出功率:查看并估算出各零部件的功率和，尤其是CPU和显卡，然后留出可升级空间。根据结果选择合适的电源。这样计算出的数值，一定要在电源额定功率中选择，不要把峰值功率当成额定功率。
- 接口要丰富:尽量选择接口较多的电源，不是因为同时接入设备多，而是可以搭配使用的电脑设备多，不会存在没有接口的情况。当然，现在可以使用转接线或者使用电源提供的扩展接口，但是增加的线材肯定没有原配的安全系数高。

9.6 主流机箱电源

现在的机箱厂商较多，比较知名的有金河田、航嘉、游戏悍将、多彩、冷酷至尊、大水牛、鑫谷、爱国者等。

比较知名的电源厂商有航嘉、游戏悍将、长城、冷酷至尊、金河田、大水牛、GAMEMAX等。

9.6.1 酷冷至尊 MasterBox Lite 3

这款MasterBox Lite 3机箱设计简约低调，如图9-5所示。磨砂手感处理，标准版设有侧面透气孔可扩展风扇，侧透版开窗能看到机舱。正面相对平庸，采用隐藏式进风设计，顶部I/O扩展包括双USB3.0，耳麦3.5MM插孔。基于MTAX中塔结构打造，但相对并不小，测量尺寸为395x180x378mm，重3.65kg。机箱虽小但内部扩展强大，采用传统顶置电源，右侧常规硬盘仓被砍掉，为长显卡和水冷扩展腾出空间。内部可兼容MicroATX和Mini-ITX平台扩展，能容纳高157mm CPU散热器、345mm长显卡、165mm长电源。

存储扩展包括一个5.25英寸外置（可支持双2.5英寸SSD或3.5英寸）、1个3.5英寸和2.5英寸，基本满足主流平台需要。通风散热方面，可前置双120mm、尾部单120mm排气，当然也支持240mm水冷散热器扩展，而且设有磁吸式防尘滤网，有效阻隔灰尘，易于清洗。

图9-5 酷冷至尊MasterBox Lite 3

图9-6 长城GAMING POWER G5

9.6.2 长城 GAMING POWER G5

长城为喜欢游戏的用户推出了GAMING系列电源，如图9-6所示，包括额定功率450W的G4和额定功率550W的G5。这两款电源都通过了80 Plus铜牌认证，并提供3年质保，在输出性能方面有很好的保障。

长城GAMING G5采用全模组设计，单路12V输出达到了528W，对于游戏玩家来说，也可以满足高端平台的用电需求。电源包装采用了简约沉稳的设计风格，黑色的主体搭配银色的字眼非常亮眼，搭配灰色的蜂窝状设计形成很好的点缀。包装内部包含电源主体、电源线、全模组输出线以及说明书，全方位的海绵包裹也可以很好地保护电源。

G5电源采用了标准的ATX尺寸，160mm×150mm×86mm，可以轻松安装在大多数机箱内，侧面标注了产品的型号，整体的哑光黑配色可以搭配不同风格的平台。采用环形进气网，搭配一把静音风扇用于散热。电源在输入端设计了独立开关，方便用户在不使用电脑时关断电源而无需插拔电源线。

550W的额定功率可以满足多数平台的使用需求。电源通过了80 Plus铜牌认证，单路12V输出达到了44A，528W的功率可以为中高端硬件提供充足的供电支持。采用全模组输出线材，充足的接口设计也可以满足玩家多硬件的使用需求。电源的模组线均采用扁平设计，方便用户背板走线。模组线搭配了单独的收纳盒，可以放置不使用的线材。

在长度方面，G5电源线材十分充足，主板、CPU、显卡等模组的线材都达到了55厘米，可以非常方便地在大尺寸的机箱内走背线，充足的接口设计也能为玩家用户提供很好的兼容性支持。

10 Chapter 认识并选购液晶显示器

知识概述

CRT 显示器早已淡出主流显示设备范围，包括家用电视在内，主流市场已经在液晶显示器的道路上走了很久。本章将向读者介绍液晶显示器的相关知识以及选购技巧。

要点难点

- 液晶显示器的工作原理
- 液晶显示器的参数
- 液晶显示器的选购

10.1 认识液晶显示器

液晶显示器属于平面显示器的一种，用于电脑及电视的屏幕显示。LCD显示器使用了两片极化材料，在它们之间是液体水晶溶液。电流通过该液体时会使水晶重新排列，以使光线无法透过它们。因此，每个水晶就像百叶窗，既能允许光线穿过又能挡住光线。目前主流电脑、数码产品都朝着轻、薄、短、小的目标发展，拥有悠久历史的显示器产品当然也不例外。以便于携带与搬运为前提，传统的显示方式如CRT映像管显示器及LED显示板等，皆受制于体积过大或耗电量甚巨等因素，无法满足使用者的实际需求逐渐被淘汰。而液晶显示技术的发展正好切合目前信息产品的潮流，无论是直角显示、低耗电量、体积小，还是零辐射等优点，都能让用户享受最佳的视觉体验。

10.1.1 液晶显示器的组成

液晶显示器的外观如图10-1所示，由显示器外壳、液晶显示屏、功能按钮、支架组成。

液晶显示器的内部由驱动板（主控板）、电源电路板、高压电源板（有些与电源电路板设计在一起）、接口以及液晶面板组成，如图10-2所示。

图10-1 显示器外部组成

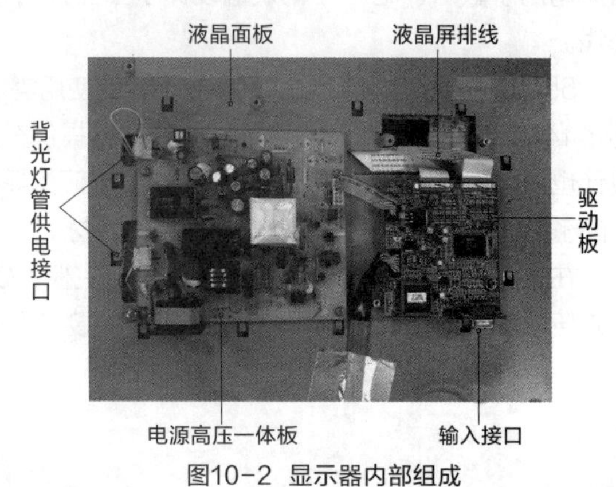

图10-2 显示器内部组成

- 驱动板：用于接收、处理从外部送进来的模拟信号或数字信号，并通过屏线送出驱动信号，控制液晶板工作。驱动板上主要包括微处理器、图像处理器、时序控制芯片、晶振、各种接口以及电压转换电路等，是液晶显示器的检测控制中心，如图10-3所示。
- 电源板：将90~240V交流电转变为12V、5V、3V等直流电，为驱动板及液晶面板提供工作电压。
- 高压板：背光灯管启动时，提供1500V左右高频电压激发内部气体，然后提供600~800V、9mA左右的电流供其一直发光工作。

- 液晶面板：液晶面板是液晶显示器的核心组件，主要由玻璃基板、液晶材料、导光板、驱动电路、背光灯管组成。背光灯管产生用于显示颜色的白色光源。

图10-3 驱动板

10.1.2 液晶显示器的工作原理

交流电接入电源电路板后，电源电路板输出驱动板及高压电路板工作所需电压，驱动板输入驱动信号到液晶屏，驱动液晶屏显示图像。同时电源电路板为高压电路提供电压，经过电压转换后，为背光灯管提供供电，背光灯管开始发光，为液晶屏提供光源，液晶屏的图像开始显示。

10.2 液晶显示器的参数和指标

为了让用户更好地了解液晶显示器，下面介绍液晶显示器的主要参数以及性能指标。

10.2.1 液晶显示器的接口

液晶显示器提供了多种接口供用户进行连接，如图10-4所示为液晶显示器主要接口。

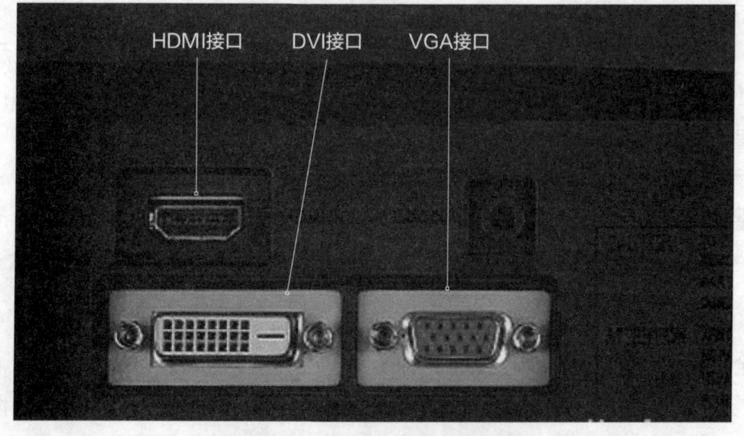

图10-4 液晶显示器主要接口

1. VGA

虽然主流的产品已成为液晶显示器，但为了照顾老式主机，大部分液晶显示器都提供了VGA接口。VGA包含R\G\B\H\V（分别为红、绿、蓝、行、场）5个分量，不管以何种类型的接口接入，其信号中至少包含以上这5个分量。PC机显卡最普遍的接口为D-15，即D形三排15针插口，其中有一些是无用的，连接使用的信号线上也是空缺的，但是有完整的接触片。

2. DVI

DVI（Digital Visual Interface，数字视频接口）是随着数字化显示设备的发展而发展起来的一种显示接口。普通的模拟RGB接口在显示过程中，首先要在电脑的显卡中经过数字/模拟转换，将数字信号转换为模拟信号传输到显示设备中，而在数字化显示设备中，要经模拟/数字转换，将模拟信号转换成数字信号，然后进行显示。在经过两次转换后，不可避免地造成了一些信息的丢失，对图像质量也有一定影响。而DVI接口中，电脑直接以数字信号的方式将显示信息传送到显示设备中，避免了两次转换过程，因此从理论上讲，采用DVI接口的显示设备的图像质量要更好。另外DVI接口实现了真正的即插即用和热插拔，免除了在连接过程中需关闭电脑和显示设备的麻烦。

目前的DVI接口分为两种，一个是DVI-D接口，只能接收数字信号，接口上只有3排8列共24个针脚，其中右上角的一个针脚为空，不兼容模拟信号。

另外一种则是DVI-I接口，可同时兼容模拟和数字信号。兼容模拟信号并不意味着模拟信号的接口D-Sub接口可以连接在DVI-I接口上，而是必须通过一个转换接头才能使用，一般采用这种接口的显卡都会带有相关的转换接头，如图10-5所示为两种接口对比情况。

图10-5 DVI接口对比

考虑到兼容性问题，目前显卡一般会采用DVI-I接口，这样可以通过转换接头连接到普通的VGA接口。而带有DVI接口的显示器一般使用DVI-D接口，因为这样的显示器一般也带有VGA接口，因此不需要带有模拟信号的DVI-I接口。显示设备采用DVI接口主要有以下两大优点。

- 速度快：DVI传输的是数字信号，数字图像信息不需经过任何转换，会直接被传送到显示设备上，因此减少了繁琐的转换过程，大大节省了时间，速度更快，有效消除拖影现象，而且使用DVI进行数据传输，信号没有衰减，色彩更纯净、更逼真。
- 画面清晰：电脑内部传输的是二进制的数字信号，使用VGA接口连接液晶显示器的话，需要先把信号通过显卡中的D/A（数字/模拟）转换器转变为R、G、B三原色信号和行、场同步信号，这些信号要通过模拟信号线传输到液晶内部，还需要相应的A/D（模拟/数字）转换器将模拟信号再一次转变成数字信号，才能在液晶上显示出图像来。在上述的D/A、A/D转换和信号传输过程中不可避免会出现信号的损失和受到干扰，导致图像失真甚至显示错误，而DVI接口无需进行这些转换，避免了信号的损失，使图像的清晰度和细节表现力都得到了大大提高。

3. HDMI

HDMI英文全称是High Definition Multimedia，意思为高清晰度多媒体接口。HDMI接口可以提供高达5Gbps的数据传输带宽，可以传送无压缩的音频信号及高分辨率视频信号。同时，无需在信号传送前进行转换，可以保证最高质量的影音信号传送。应用HDMI的好处是，只需要一条HDMI线，便可以同时传送影音信号，而不需要多条线材来连接；同时，由于无需进行转换，能取得更高的音频和视频传输质量。对消费者而言，HDMI技术不仅能提供清晰的画质，而且由于音频/视频采用同一电缆，大大简化了家庭影院系统的安装。HDMI接口支持HDCP协议，为收看有版权的高清视频打下基础。

除了以上三种常见的接口外，还有一种ADC接口，是苹果机显示器的专用接口。最大的特点是数据线和电源线集成在一起，显示器只需一根线连接，符合苹果电脑清爽时尚的风格。

10.2.2 液晶面板种类

1. TN面板

TN全称为Twisted Nematic（扭曲向列型）面板，低廉的生产成本使TN成为了应用最广泛的入门级液晶面板，在目前市面上主流的中低端液晶显示器中被广泛使用。目前TN面板多是改良型的TN+film，film即补偿膜，用于弥补TN面板可视角度的不足，改良的TN面板的可视角度都达到160°，当然这是厂商在对比度为10:1的情况下测得的极限值，实际上在对比度下降到100:1时图像已经出现失真甚至偏色。

作为6bit的面板，TN面板只能显示红/绿/蓝各64色，最大实际色彩仅有262.144种，通过“抖动”技术可以使其获得超过1600万种色彩的表现能力，只能够显示0~252灰阶的三原色，所以最后得到的色彩显示数信息是16.2 M色，而不是真彩色16.7M色。TN面板提高对比度的难度较大，直接暴露出来的问题就是色彩单薄，还原能力差，过渡不自然。

TN面板的优点是，由于输出灰阶级数较少，液晶分子偏转速度快，响应时间容易提高，目前市场上8ms以下液晶产品基本采用的是TN面板。另外三星还开发出一种B-TN（Best-TN）面板，它其实是TN面板的一种改良型，主要为了平衡TN面板高速响应而牺牲画质的矛盾，对比度可达700:1，已经可以和MVA或者早期PVA面板接近了。TN面板属于软屏，用手轻轻划会出现类似的水纹。

2. VA面板

VA类面板是现在高端液晶应用较多的面板类型，属于广视角面板。和TN面板相比，8bit的面板可以提供16.7M色彩和大可视角度，但是价格也相对TN面板要昂贵一些。VA类面板又可分为由富士通主导的MVA面板和由三星开发的PVA面板，后者是前者的继承和改良。VA类面板的正面（正视）对比度最高，但是屏幕的均匀度不够好，往往会发生颜色漂移。锐利的文本是它的杀手锏，黑白对比度相当高。

富士通的MVA（Multi-domain Vertical Alignment，多象限垂直配向）技术可以说是最早出现的广视角液晶面板技术。该类面板可以提供更大的可视角度，通常可达到170°。通过技术授权，奇美电子（奇晶光电）、友达光电等面板企业均采用了这项面板技术。改良后的P-MVA类面板可视角度可达接近水平的178°，并且灰阶响应时间可以达到8ms以下。

三星Samsung电子的PVA（Patterned Vertical Alignment）技术同样属于VA技术的范畴，它是MVA技术的继承者和发展者，其综合素质已经全面超过后者。而改良型的S-PVA已经可以和P-MVA并驾齐驱，获得极宽的可视角度和越来越快的响应时间。PVA采用透明的ITO电极代替MVA中的液晶层凸起物，透明电极可以获得更好的开口率，最大限度减少背光源的浪费。这种模式大大降低了液晶面板出现“亮点”的可能性，在液晶电视时代的地位就相当于显像管电视时代的“珑管”。三星主推的PVA模式广视角技术，由于其强大的产能和稳定的质量控制体系，被日美厂商广泛采用。目前PVA技术广泛应用于中高端液晶显示器或者液晶电视中。VA类面板也属于软屏，用手轻轻划会出现类似的水纹。

3. IPS面板

IPS（In-Plane Switching，平面转换）技术是日立公司于2001推出的液晶面板技术，俗称Super TFT。IPS阵营以日立为首，聚拢了LG-飞利浦、瀚宇彩晶、IDTech（奇美电子与日本IBM的合资公司）等一批厂商，不过在市场能看到的型号不是很多。IPS面板最大的特点就是它的两极都在同一个面上，不像其他液晶模式的电极是在上下两面，立体排列。由于电极在同一平面上，不管在何种状态下液晶分子始终都与屏幕平行，会降低开口率，减少透光率，所以IPS应用在LCD TV上会需要更多的背光灯。此外还有一种S-IPS面板属于IPS的改良型。

IPS面板的优势是可视角度高、响应速度快，色彩还原准确，价格便宜。不过缺点是漏光问题比较严重，黑色纯度不够，要比PVA稍差，因此需要依靠光学膜的补偿来实现更好的黑色。目前IPS面板主要由LG-飞利浦生产。和其他类型的面板相比，IPS面板的屏幕较为“硬”，用手轻轻划不容易出现水纹样变形，因此又有硬屏之称。仔细看屏幕时，如果看到是方向朝左的鱼鳞状象素，并且是硬屏的话，那么就可以确定是IPS面板了。

4. CPA面板

CPA（Continuous Pinwheel Alignment，连续焰火状排列）模式广视角技术（软屏）严格来说也属于VA阵营的一员，各液晶分子朝着中心电极呈放射的焰火状排列。由于像素电极上的电场是连续变化的，所以这种广视角模式被称为“连续焰火状排列”模式。而CPA则由“液晶之父”夏普主推，这里需要注意的是，夏普一向所宣传的ASV，其实并不是指某一种特定的广视角技术，它把所采用过TN+Film、VA、CPA广视角技术的产品统称为ASV。其实只有CPA模式才是夏普自己创导的广视角技术，该模式的产品与MVA和PVA基本相当。也就是说，夏普品牌的LCD电视未必就是采用夏普自己生产的CPA模式液晶面板。夏普的CPA面板色彩还原真实、可视角度优秀、图像细腻，价格比较贵，并且夏普很少向其他厂商出售CPA面板。CPA面板也属于软屏，用手轻轻划会出现类似的水纹。

此外，还有一些其他厂商也有自己的液晶面板技术，比如NEC的ExtraView技术、松下的OCB技术、现代的FFS技术等，这些技术都是对旧的TFT面板的改进，提供了可视角度和响应时间，通常只用在自有品牌的液晶显示器或者液晶电视上。其实以上这些面板都属于TFT类面板，只不过现在各种面板有自己的技术和名称，所以TFT这个名称反而不常使用了。

10.2.3 分辨率

LCD液晶显示器广泛应用于工业控制中，尤其是一些机器的人机、复杂控制设备的面板、医疗器械的显示等。常用于工业控制及仪器仪表中的的LCD液晶显示器的分辨率为320x240、640x480、800x600、1024x768及以上，颜色有黑白、伪彩、512色、16位色、24位色等。

一些用户往往把分辨率和点距混为一谈，其实，这是两个截然不同的概念。分辨率通常用水平像素点与垂直像素点的乘积来表示，像素数越多，其分辨率就越高。因此，分辨率通常是以像素数来计量的，例如，640×480的分辨率，其像素数为307200。

由于在图形环境中，高分辨率能有效地收缩屏幕图像，因此，在屏幕尺寸不变的情况下，其分辨率不能超过它的最大合理限度，否则，就失去了意义。

LCD显示器的尺寸是指液晶面板的对角线尺寸，以英寸单位（1英寸=2.54cm），主流的有15英寸、17英寸、19英寸、21.5英寸、22.1英寸、23英寸、24英寸等。

10.2.4 可视面积

液晶显示器所标示的尺寸就是实际可以使用的屏幕范围。例如，一个15.1英寸的液晶显示器约等于17英寸CRT屏幕的可视范围。

10.2.5 点距

点距一般指显示屏上相邻两个像素点之间的距离。举例来说，一般14英寸LCD的可视面积为285.7mm×214.3mm，它的最大分辨率为1024×768，点距=可视宽度/水平像素（或者可视高度/垂直像素），即285.7mm÷1024=0.279mm（或者是214.3mm÷768=0.279mm）。

10.2.6 色彩表现度

自然界的任何一种色彩都是由红、绿、蓝三种基本色组成的。LCD面板上是由1024×768个像素点组成显像的，每个独立的像素色彩由红、绿、蓝（R、G、B）三种基本色来控制。大部分厂商生产出来的液晶显示器，每个基本色（R、G、B）达到6位，即64种表现度，那么每个独立的像素就有64×64×64=262144种色彩。也有不少厂商使用了所谓的FRC（Frame Rate Control）技术以仿真的方式来表现出全彩的画面，也就是每个基本色（R、G、B）能达到8位，即256种表现度，那么每个独立的像素就有高达256×256×256=16777216种色彩了。

10.2.7 对比度

对比度是定义最大亮度值（全白）除以最小亮度值（全黑）的比值。LCD制造时选用的控制IC、滤光片和定向膜等配件，与面板的对比度有关，对一般用户而言，对比度能够达到350:1就足够了，但在专业领域这样的对比度还不能满足用户的需求。相对CRT显示器轻易达到500:1甚至更高的对比度而言，只有高档液晶显示器才能达到如此程度。

不过随着近些年技术的不断发展，如华硕、三星、LG等一线品牌的对比度普遍都在800:1以上，部分高端产品则能够达到1000:1，甚至更高。不过由于对比度很难通过仪器准确测量，所以挑选的时候还是需要用户亲自观察才行。

10.2.8 亮度

液晶显示器的最大亮度，通常由冷阴极射线管（背光源）来决定，亮度值一般在200~250cd/m^{2}间。并不是亮度值越高越好，因为太高亮度的显示器有可能伤害观看者的眼睛。LCD是一种介于固态与液态之间的物质，本身是不能发光的，需借助要额外的光源。因此，灯管数目关系着液晶显示器亮度。最早的液晶显示器只有上下两个灯管，发展到现在，普及型的最低也是四灯，高端的是六灯。四灯管设计分为三种摆放形式：一种是四个边各有一个灯管，缺点是中间会出现黑影，解决的方法是由上到下四个灯管平排列的方式，最后一种是U型的摆放形式，其实是两灯变相产生的两根灯管。六灯管设计实际使用的是三根灯管，厂商将三根灯管都弯成U型，然后平行放置，以达到六根灯管的效果。

10.2.9 响应时间

响应时间指的是液晶显示器对于输入信号的反应速度，也就是液晶由暗转亮或由亮转暗的反应时间，通常是以毫秒（ms）为单位。此值当然是越小越好。如果响应时间太长了，就有可能使液晶显示器在显示动态图像时，有尾影拖曳的感觉。一般的液晶显示器的响应时间在2~5ms之间。要说清这一点，需要从人眼对动态图像的感知谈起。人眼存在“视觉残留”的现象，高速运动的画面在人脑中会形成短暂的印象。动画片、电影等一直到最新的游戏正是应用了视觉残留的原理，让一系列渐变的图像在人眼前快速连续显示，形成动态的影像。人眼能够接受的画面显示速度一般为每秒24张，这也是电影每秒24帧播放速度的由来，如果显示速度低于这一标准，就会明显感到画面的停顿和不适。按照这一指标计算，每张画面显示的时间需要小于40ms。对于液晶显示器来说，响应时间40ms就成了一道坎，超过40ms的显示器会出现明显的画面闪烁现象，让人感觉眼花。若想让图像画面达到不闪的程度，则最好达到每秒60帧的速度。

10.2.10 可视角度

液晶显示器的可视角度左右对称，而上下则不一定对称。例如，当背光源的入射光通过偏光板、液晶及取向膜后，输出光便具备了特定的方向特性，也就是说，大多数从屏幕射出的光具备了垂直方向。假如，从一个非常斜的角度观看一个全白的画面，用户可能会看到黑色或是色彩失真。一般来说，上下角度要小于或等于左右角度。如果可视角度为左右80°，表示在始于屏幕法线80°的位置时可以清晰地看见屏幕图像。但是，由于人的视力范围不同，如果没有站在最佳的可视角度内，所看到的颜色和亮度将会有误差。有些厂商开发出各种广视角技术，试图改善液晶显示器的视角特性，如IPS（In Plane Switching）、MVA（Multidomain Vertical Alignment）、TN+FILM，这些技术都能把液晶显示器的可视角度增加到160度，甚至更多。

LCD的可视角度是一个让人比较头疼的问题，当背光源通过偏极片、液晶和取向层之后，输出的光线便具有了方向性。也就是说大多数光都是从屏幕中垂直射出来的，所以从某一个较大的角度观看液晶显示器时，便不能看到原本的颜色，甚至只能看到全白或全黑。为了解决这个问题，制造厂商们也着手开发广角技术，到目前为止有三种比较流行的技术，分别是TN+FILM、IPS（IN-PLANE-SWITCHING）和MVA（MULTI-DOMAIN VERTICAL alignMENT）。

10.2.11 LCD与LED

LCD显示器即液晶显示器，优点是机身薄、占地小、辐射小，给人以一种健康产品的形象。但液晶显示屏不一定可以保护到眼睛，这需要看用户使用电脑的习惯。

LCD液晶显示器的工作原理是在显示器内部有很多液晶粒子，它们有规律地排列成一定的形状，并且它们的每一面的颜色都分为红色、绿色、蓝色，这三原色能还原成任意的其他颜色，当显示器收到电脑的显示数据的时候，会控制每个液晶粒子转动到不同颜色的面，来组合成不同的颜色和图像。液晶显示屏的缺点是色彩不够艳，可视角度不高等。

LED显示屏是一种通过控制半导体发光二极管的显示方式，用来显示文字、图形、图像、动画、视频、录像信号等各种信息的显示屏幕。

LED的技术进步是扩大市场需求及应用的最大推动力。最初，LED只是作为微型指示灯，在电脑、音响和录像机等高档设备中应用，随着大规模集成电路和计算机技术的不断进步，LED显示器正在迅速崛起，逐渐扩展到证券行情股票机、数码相机、PDA以及手机领域。

LED显示器集微电子技术、计算机技术、信息处理于一体，以其色彩鲜艳、动态范围广、亮度高、寿命长、工作稳定可靠等优点，成为最具优势的新一代显示媒体。

10.2.12 液晶显示器新技术

1. OLED技术

早在2016年的时候OLED技术就已经被确认为即将取代液晶的显示技术，毫无疑问，在CES展会中，展出最多的电视就是OLED TV，并且随着越来越多的面板厂商投身到OLED技术之中，OLED的门槛将逐渐降低，这也意味着OLED技术在电视领域内有望开始逐渐普及。

OLED显示技术与传统的LCD显示方式不同，无需背光灯，采用非常薄的有机材料涂层和玻璃基板，当有电流通过时，这些有机材料就会发光。而且OLED显示屏幕可以做得更轻更薄，可视角度更大，并且能够显著节省电能。不过，虽然将来技术更优秀的OLED会取代TFT等LCD，但有机发光显示技术还存在使用寿命短、屏幕大型化难等缺陷。

2. FFD技术

自由形态显示器（FFD）技术可使显示器不再局限于四方形，能够实现各种形状。特点是可以去掉显示器显示区域周围的边框，这是通过将原来收纳在边框中的栅极驱动电路分散配置到各晶体管和电容器的像素内来实现的。该技术不仅可以应用于液晶显示器，还可用于有机EL显示器等。

3. 曲面显示

曲面显示器是指面板带有弧度的显示器设备，在增加了显示器美观的同时，也提升了用户视觉体验上的宽阔感。在视觉上，曲面显示器要比普通显示器有更好的体验，避免两端视距过大，曲面屏幕的弧度可以保证眼睛的距离均等，从而带来更好的感官体验。除了视觉上的不同体验，曲面显示器给人的视野更广，因为微微向用户弯曲的边缘能够更贴近用户，与屏幕中央位置实现基本相同的观赏角度，同时曲面屏可以体验到更好观影效果。

曲面屏由于尺寸更大，同时有一定的弯度，和直面屏相比占地面积更小。如图10-6所示为三星曲面显示器。

图10-6 三星曲面显示器

4. 柔性屏幕显示技术

目前，可弯曲屏幕并不能够达到像科幻片中那种程度，仅仅能够稍微弯曲而已。而且，与之对应的电路、电子元件、电池等都不能够随意弯曲，这些，大大限制了可弯曲屏幕的实际应用。而且，在一定的情况下，屏幕弯曲所显示的画面效果的实际体验，也会受到一定的影响。

5. 透明显示技术

在各种概念产品中，透明显示屏几乎是必需的。它展现出来的效果非常酷，也因此吸引了很多人的眼球。自然，透明显示屏早就已经不是一个概念了，它已经成为了现实，比全息3D投影技术要成熟很多，已经有相关产品发售，只是应用得不多而已。但它的出现却切中了一些特殊人群的需求。

6. 印刷显示技术

印刷显示是一种工艺方法，实现了印刷显示后，可以“打印”OLED面板，也可以“打印”量子点面板。如果把工艺广义化的话，印刷显示是一种工艺手段。但工艺手段不能“描述”印刷显示技术的全貌，真正实现印刷显示，需要兼顾显示材料的特性、器件设计、设备的精密度等各个方面。

7. 可植入或者可穿戴显示技术

在电子墨水发展之前，动态图像的显示需要有恒定的电流，并且显示屏的寿命和电源有不可分割的关系。与其他很多可植入或者可穿戴技术一样，在体内置入一个显示屏会受到电池功率的制约。然而电子墨水仅仅在显示内容发生变化时才会消耗能量，而不是需要恒定的电流来保持图像。因此用户可以在皮肤上创建这样的一个屏幕，它的能量消耗微乎其微。

10.3 液晶显示器的生产厂商及主流产品

了解了显示器的参数后，下面将介绍液晶显示器的挑选技巧。

10.3.1 液晶显示器主要生产厂商

比较知名的显示器生产厂商有三星、LG、飞利浦、HKC、戴尔、明基、宏基、华硕、优派、瀚视奇、惠普、TCL等。

10.3.2 主流液晶显示器

1. 三星C27F591FD

相比于平面显示器，曲面屏是近来年液晶领域的一次颠覆与创新。显示器的曲率决定着曲面显示器的画质与现场感。曲率数值越小，弯曲的幅度越大，环绕效果及沉浸感越强。不过，目前市面上的曲面多以3000R及4000R为主，半径为3m~4m，弯曲弧度相对有限，曲面效果体验并不是特别好。

三星这次推出的新款曲面显示器——C27F591FD，如图10-7所示，突破性采用1800R曲率（1.8米弧线半径），一体成型的第二代三星曲面柔性屏，更贴合人眼视线习惯，让曲面显示器真正“弯”起来。同时，C27F591FD曲面显示器配备的AMD FreeSync技术、120%sRGB色域、9.9mm超薄机身设计、滤蓝光不闪屏、内置立体环绕音响等都是亮点。

三星C27F591FD 采用一块27英寸MVA曲面屏，分辨率达到1920×1080，可提供120%sRGB、82%Adobe RGB色域显示，16.7亿种色彩实现色阶平滑过渡和丰富细节，并配备1个DisplayPort、1个HDMI和1个VGA接口，另外还内置了2个5W音箱。

在外观设计上，三星C27F591FD简约时尚的纯白配色，是桌面吸睛神器。1800R的曲率之下，27英寸屏幕弯曲更明显，其弧度能够使屏幕各点到用户的距离保持一致。

图10-7 三星C27F591FD

2. AOC I2369V6

AOC作为中国市场占有率最高的显示器品牌，对于技术风向的把握不可谓不准确，在电竞显示器刚刚崭露头角的时候，果断跟进，推出一批以高响应时间，高刷新率为卖点的产品，而面对近期市场火爆的滤蓝光等健康技术，AOC也迅速反应，推出了I2369V6等健康系代表产品。

AOC I2369V6采用了AH-IPS广视角面板，提供出色的视觉效果和高还原准确性，并且可视角度达到178° ，在显示能力上表现强悍，在第一代滤蓝光技术的基础上，AOC更深层次地考虑到用户实际用眼强度，研发出第二代护眼技术“净蓝屏”，为用户的健康使用提供了更好的保护。

AOC I2369V6提供15针D-Sub（VGA）、24针DVI-D接口，点距为0.266mm，亮度为250cd/m^2，动态对比度为2000万:1，1920x1080分辨率，6ms响应时间，可视角度达到了178° ，WLED背光，并支持3C认证。

3. 飞利浦276E8FJAB

飞利浦的这款产品，通过采用超宽色域技术，号称可以呈现出丰富、生动的色彩。该显示器以黑灰两色为主色调，方正的机身配以弧形支架，外观显得很雅致。同时显示器屏幕采用了纤薄的设计，再加上超窄边框，虽然其屏幕尺寸达到了27英寸，但并不会给人粗笨的感觉，也比较容易摆放。显示器背面提供了VGA+DP+HDMI的视频接口组合，接口比较齐全，便于用户连接电脑主机等设备。

飞利浦276E8FJAB，如图10-8所示，色彩表现是其一大卖点，采用了IPS广视角屏，无论是可视角度还是画质上都比TN屏产品更好。而且在2560×1440分辨率下，图像的精细度也比1920×1080分辨率更好。在此基础上，飞利浦还加入了超宽色域技术，让画面的颜色更绚丽。该显示器sRGB色域为100%，比飞利浦 276E8FJAB的颜色明显更通透、鲜艳，优势非常明显。此外该显示器色彩精准度ΔE值平均仅1.21，算是不错的成绩。

此外，飞利浦 276E8FJAB的响应时间为4ms，比广视角显示器常见的5ms更快，更不容易出现拖影的现象。这台显示器拥有SmartContrast和SmartImage Lite，前者会自动调节色彩并控制背光亮度，从而让玩家看清暗部的细节；后者则是基于正在显示的图像，动态调整设置，动态增强图像和视频的对比度、色彩饱和度和清晰度，提升画面效果。无论是玩游戏还是看高清视频，有了更快响应时间以及独家技术的支持，飞利浦 276E8FJAB在游戏、视频中的表现确实非常出色，全程无拖影，画面清晰、色彩鲜艳，而且画面阴暗部分的物品、人物都能看清，游戏、影音娱乐体验非常不错。

图10-8 飞利浦276E8FJAB

10.4 液晶显示器的选购要素

用户在选购液晶显示器时，需要注意以下几点要素。

- 看坏点：屏幕上出现“亮点”“暗点”“坏点”，统称为点缺陷。在不同产品及不同经销商之间，允许的点缺陷数量是不同的。在选购时，需要了解清楚，并用软件进行测试。
- 看响应时间：拖尾现象对用户在游戏及观看视频时有影响，在选购时，尽量选择响应时间较少的产品。目前，市场上显示器的响应时间一般为8ms、5ms及2ms。
- 看亮度：亮度是由液晶面板决定的，一般廉价LCD亮度为170cd/m^2，高档的为300cd/m^2。亮度越大并不代表显示效果越好，需要和对比度同时调节才能达到最佳效果。
- 看对比度：对比度是直接体现该显示器是否能够表现出丰富色阶的参数，对比度越高，还原的画面层次感越好。
- 看屏幕尺寸：对于液晶显示器来说，其面板的大小就是可视面积的大小。同样参数规格的显示器，LCD要比CRT的可视面积更大一些，一般15英寸LCD相当于17英寸CRT，17英寸LCD相当于19英寸CRT，而19英寸LCD相当于21英寸CRT。
- 看接口类型：用户在选购时，需要参考主机显卡的输出接口，选择合适类型的显示器。有些显示器还带有音箱功能，虽然不可能有独立音箱那么好的效果，但是使用方便，多媒体功能十足。
- 看售后服务：显示器的质保时间是由厂商自行决定的，一般有1~3年的全免费质保服务。消费者要了解详细的质保期限，毕竟显示器在电脑配件中属于比较重要的电子产品，一旦出现问题，将对使用造成极大影响。

认识并选购键盘和鼠标

知识概述

键盘是电脑主要的输入设备，通过键盘，用户可以输入程序、玩游戏、控制电脑等。而鼠标的出现则更加推动了操作系统的直观性。本章将向用户介绍键盘和鼠标的相关知识。

要点难点

- 认识键盘和鼠标
- 键盘和鼠标的分类
- 键盘和鼠标的技术参数
- 键盘和鼠标的选购

11.1 认识键盘与鼠标

首先介绍键盘鼠标的基本知识，包括功能组成及工作原理等。

11.1.1 认识键盘

用户可以使用键盘输入各种字符、文字、数据。键盘还提供了控制电脑的功能，是电脑最基本也是最重要的输入设备。键盘的外观包括外壳、支脚、按键、托盘与信号线等，如图11-1为有线键盘的外观。

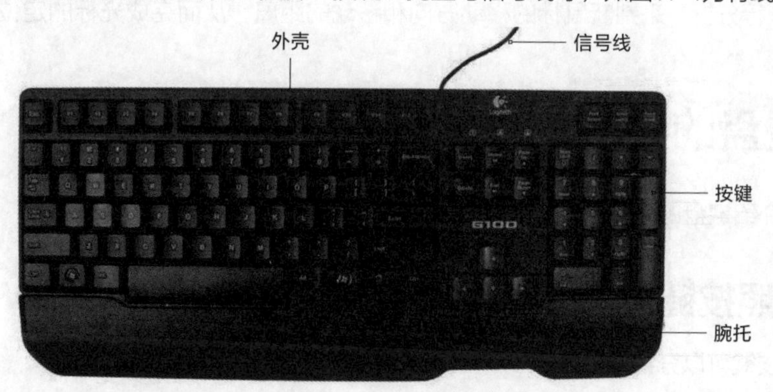

图11-1 有线键盘外观

键盘的功能是及时发现被按下的按键，并将该按键的信息送入电脑中。键盘中有专门用于检测按键信息的扫描电路、产生被按下按键代码的编码电路和将产生代码送入电脑的接口电路，这些电路统称为键盘控制电路。

根据键盘的工作原理，可以将其分为编码键盘和非编码键盘，编码键盘主要依靠一块专用的大规模集成电路IC完成扫描、编码、传送操作，另外还有一些其他器件来配合主IC完成以上功能，即编码键盘的键盘控制功能靠硬件自动完成，能自动将按键的信息送入电脑。编码键盘响应速度快，但以复杂的硬件结构为代价，其复杂性随着按键功能的增加而增加。

非编码键盘的键盘控制电路功能要靠硬件和软件共同完成。利用软件驱动下的硬件来完成诸如扫描、编码、传送操作，这个程序称之为键盘处理程序。整个键盘处理程序可通过软件为键盘的某些按键重新定义，为扩充键盘功能提供了极大的方便，因此得到广泛的使用。从这种意义上说，非编码键盘比编码键盘更具有优越性，所以目前绝大多数电脑采用了非编码键盘。

11.1.2 认识鼠标

鼠标属于定点输入设备，因其外观像一只老鼠而得名。随着Windows操作系统的广泛应用，鼠标已成为电脑必不可少的输入设备。通过拖动和点击鼠标，用户可以很方便地对电脑进行各种操作。

鼠标由外壳、滚轮、左右按键、信号线、功能按键组成，如图11-2所示。

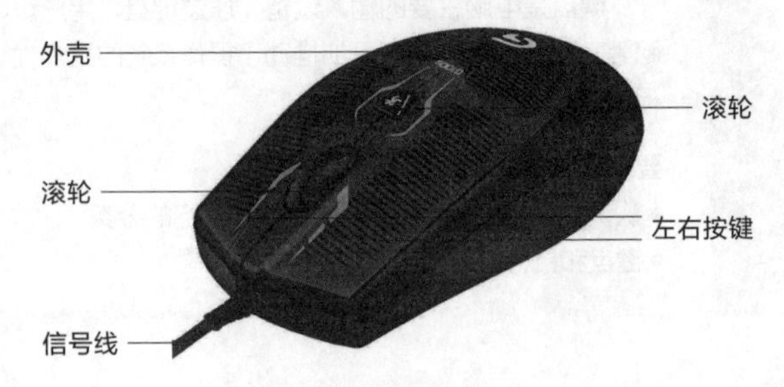

图11-2 有线鼠标外观

现在常用的鼠标叫作“光电鼠标”，工作原理如下。

- 光电鼠标内部有一个发光二极管，通过它发出的光线，可以照亮光电鼠标底部表面（这是鼠标底部总会发光的原因）。
- 光电鼠标经底部表面反射回的一部分光线，通过一组光学透镜后，传输到一个光感应器件（微成像器）内成像。
- 当光电鼠标移动时，其移动轨迹便会被记录为一组高速拍摄的连贯图像，被光电鼠标内部的一块专用图像分析芯片（DSP，即数字微处理器）分析处理。该芯片通过对这些图像上特征点位置的变化进行分析，来判断鼠标的移动方向和移动的距离，从而完成光标的定位。

11.2 键盘的分类及参数

下面将详细介绍键盘的种类及其相关参数。

11.2.1 按照按键结构分类

按照结构，按键可以分为以下几类。

（1）机械键盘（Mechanical）

如图11-3所示，机械键盘的每一颗按键都有一个单独的开关来控制闭合，这个开关也被称为“轴”，依照微动开关的分类，机械键盘可分为茶轴、青轴、白轴、黑轴以及红轴。正是由于每一个按键都由一个独立的微动组成，因此按键段落感较强，从而产生适于游戏娱乐的特殊手感，通常作为比较昂贵的高端游戏外设。

图11-3 常见机械键盘

（2）塑料薄膜式键盘（Membrane）

如图11-4所示，键盘内部共分四层，实现了无机械磨损。其特点是低价格、低噪音和低成本，但是长期使用后，由于材质问题，手感会发生变化。塑料薄膜式键盘已占领市场绝大部分份额。

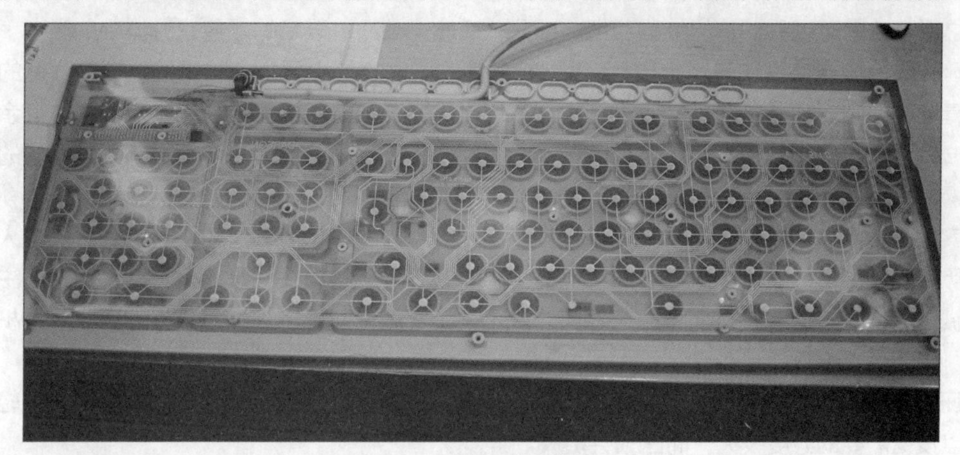

图11-4 常见薄膜键盘

（3）导电橡胶式键盘（Conductive Rubber）

触点的结构是通过导电橡胶相连的，键盘内部有一层凸起带电的导电橡胶，每个按键都对应一个凸起，按下时把下面的触点接通。这种类型键盘是市场由机械键盘向薄膜键盘的过渡产品。

（4）无接点静电电容键盘（Capacitives）

使用类似电容式开关的原理，通过按键时改变电极间的距离引起电容容量改变从而驱动编码器，特点是无磨损且密封性较好。

11.2.2 机械键盘的优缺点

机械键盘有以下几个优点。

- 机械键盘最重要的是轴，机械键盘比普通薄膜键盘寿命长，好的机械键盘寿命10多年甚至20多年。
- 机械键盘使用时间长久之后，按键手感变化很小。
- 机械键盘不同的轴的按键手感都不相同，薄膜则触感单一。
- 机械键盘可以做到6键以上无冲突，部分机械键盘可以全键无冲突，而6键以上无冲突的薄膜键盘较少。
- 可以自己更换键帽，方便个性DIY。
- 青轴适合打字，黑轴适合游戏，让工作娱乐两不误。

机械键盘缺点如下。

- 售价偏高，因为成本较高，市场上大部分都在200~800元，更有上千元的也不足为奇。
- 虽然键盘有很长寿命，但是防水能力差，使用时需要多加小心。

11.2.3 机械轴

作为机械键盘的核心组件，Cherry MX机械轴是机械轴的代表，除此之外，还包括Cherry ML机械轴、Cherry MY机械轴、ALPS机械轴等种类。但是由于Cherry MX轴被广泛地认可，所以若不特意提及轴体种类，通常都是指Cherry MX机械轴。

Cherry MX机械轴，如图11-5所示，被公认为是最经典的机械键盘开关，特殊的手感和黄金触点使其品质倍增，而MX系列机械轴应用在键盘上的主要有4种，通过轴帽颜色可以辨别，分别是青、茶、黑、红、白（市面已很少见），手感相差很大，可以满足不同用户各种需求。将Cherry MX机械轴拆解之后，读者可以看到它的结构和组成部分，底座、轴帽（以它的颜色来分辨轴的类型）、轴帽固定卡、弹簧、金属支脚和触点金属片。MX机械轴的不同之处主要来自轴帽的结构和弹簧的长度和圈数。青轴与绿轴的轴帽是独特的双层结构，这也是这两种轴最具机械特性的一个因素。其余所有轴帽都是一体结构，但是开关帽与金属片接触的凸起部分并不相同，这是除弹簧之外影响手感的另一个主要因素。

其实，手感本来就是一个非常主观的因素，由于每个人的使用习惯、对手感的理解、个人偏好、使用经历等因素的不同，每个人都会对键盘的手感产生不一样的理解。影响机械键盘手感的主要因素包括机械轴的种类、键帽的材质和工艺、整体做工三个方面，而影响手感最直接的因素就是机械轴的不同。

从压力克数指数来看，青轴=茶轴<黑轴<白轴，所以在按键感觉上，茶轴和青轴键盘最轻松，而黑轴键盘按键需要的力度较大，而白轴会更大。

图11-5 Cherry MX机械轴

11.2.4 按键盘接口分类

按接口分类，键盘可以分为PS/2接口键盘、USB接口键盘和无线键盘。这几种键盘在使用功能上完全一致，不同点如下。

PS/2接口，如图11-6所示，和USB接口有对应转接器进行转接，但PS/2接口不支持热插拔，只能在关机状态下安装，USB接口可以随意插拔。

图11-6 PS/2接口键盘

无线键盘通常和无线鼠标搭配销售，无线让两者摆脱信号线的束缚，更自由方便。

11.2.5 多功能键盘及创意键盘

键盘和鼠标往往成为个性展示的平台，下面介绍一些现在比较流行的特殊键盘。

1. 背光键盘

顾名思义，背光键盘是为了满足用户个性要求，也为了在晚上看清键盘的实用性而开发出来的，有些背光还是呼吸型。虽然有光污染的嫌疑，但酷炫的感觉仍然吸引着大量的用户，如图11-7所示。

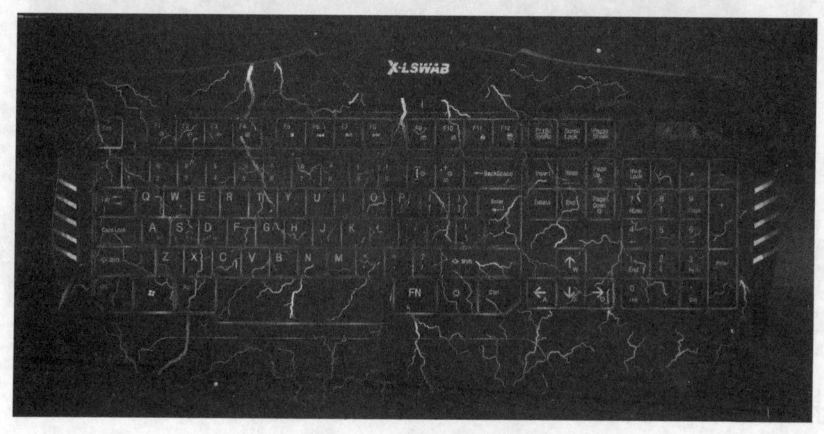

图11-7 酷炫背光键盘

2. 防水键盘

大部分防水键盘仅仅是防溅水，液体可以从排水口排出，千万不要直接泡在水里进行清洗。当然有些键盘的密封程度确实不错，如图11-8所示为常见的防水键盘。

图11-8 防溅水键盘

3. 人体工程学键盘

按照人体工程学设计，最大限度减轻长时间打字、操作键盘的疲惫感，如图11-9所示。

图11-9 人体工程学键盘

11.3 鼠标的分类及参数

下面将对鼠标的种类及其相关参数进行介绍。

11.3.1 按照接口分类

鼠标接口与键盘接口类似，也分为PS/2、USB无线接口鼠标。

11.3.2 按照定位原理分类

老式的机械鼠标已经被淘汰好多年了，这里就不再介绍了。

1. 普通光电鼠标

- 定位原理：红光侧面照射，棱镜正面捕捉图像变化。
- 特点：成本低，足以应付日常用途，对反射表面要求较高，使用时要配个合适的鼠标垫（偏深色、非单色、勿镜面较为理想），缺点是分辨率相对较低。
- 分辨率典型值：1000dpi，正常范围800~2500dpi。

光电鼠标器是通过红外线或激光检测鼠标器的位移，将位移信号转换为电脉冲信号，再通过程序的处理和转换来控制屏幕上的光标箭头的移动的一种硬件设备。光电鼠标的光电传感器取代了传统的滚球。这类传感器需要与特制的、带有条纹或点状图案的垫板配合使用。

2. 激光鼠标

- 定位原理：激光侧面照射，棱镜侧面接收。
- 特点：成本高，虽然激光鼠标分辨率相当高，对反射表面要求低，也就是对激光鼠标垫的要求很低，但是也并非传说中的无所不能，还是配个合适的鼠标垫为好。激光鼠标具有很高的分辨率，实际上价格并非贵得离谱，缺点暂时没发现。
- 分辨率典型值：5000dpi，也有小于2000dpi的低端产品。激光鼠标其实也是光电鼠标，只不过是用激光代替了普通的LED光。好处是可以配合更多的表面，因为激光是Coherent Light（相干光），几乎单一的波长，即使经过长距离的传播依然能保持其稳定性，而LED光则是Incoherent Light（非相干光）。

3. 蓝光鼠标

- 定位原理：蓝光侧面照射，棱镜正面捕捉图像变化。
- 特点：成本低，日常用途，蓝光鼠标看起来比较醒目，蓝光鼠标对反射表面的适应性比传统的红色要好一些，但并不明显，缺点是分辨率较低。
- 分辨率典型值：1000dpi，正常范围800~2500dpi。

蓝光机理跟普通光电（红光）机理类似。

4. 蓝影鼠标

- 定位原理：蓝光侧面照射，棱镜侧面接收。
- 特点：成本略低，对反射表面要求低，当然如果需要很好的效果，还是应该保证最佳的反射面，缺点暂时没发现。
- 分辨率典型值：4000dpi，也有小于2000dpi的低端产品。

蓝影的工作原理：光学引擎鼠标利用的是发光二极管发射出的红色可见光源，利用光的漫反射原理，记录下单位时间内LED光源照射在物体表面的漫反射阴影的变化，判断鼠标移动轨迹。激光引擎鼠标则采用的是激光二极管发射的短波的非可见激光，利用短波光易被反射的原理，让鼠标记录下从物体表面反射回光学传感器的光点的清晰成像。严格来说，传统的光学引擎与激光引擎都该称作是光学引擎，不过两种不同桌面捕捉原理决定了光学鼠标必须借助鼠标垫，而激光鼠标则能够在更多的表面上自如使用。

11.3.3 鼠标分辨率

DPI，英文全称是Dots Per Inch，直译为“每英寸像素”，意思是每英寸的像素数（1 inch≈2.54cm），是指鼠标内的解码装置所能辨认每英寸长度内像素数。下面简单举例说明一下，拥有400dpi的鼠标在鼠标垫上移动一英寸， 鼠标指针在屏幕上则移动400个像素。一般用户使用800dpi就可以了。

11.3.4 鼠标采样率

CPI的全称是Count Per Inch，直译为“每英寸的测量次数”，这是由鼠标核心芯片生产厂商安捷伦定义的标准，可以用来表示光电鼠标在物理表面上每移动1英寸（约2.54cm）时其传感器所能接收到的坐标数量。比如，罗技MX518光电鼠标的分辨率为1600dpi，也就是说当使用者将鼠标移动1英寸时，其光学传感器就会接收到反馈回来的1600个不同的坐标点，经过分析这1600个不同坐标点的反馈，鼠标箭头同时会在屏幕上移动1600个像素点。反过来，鼠标箭头在屏幕上移动一个像素点，相应地需要鼠标物理移动1/1600英寸的距离。所以，CPI高的鼠标更适合在高分辨率的屏幕下使用。

11.3.5 鼠标扫描率

鼠标扫描率也叫作鼠标的采样频率，指鼠标传感器每秒钟能采集并处理的图像数量。扫描率也是鼠标的重要性能指标之一，一般以FPS为单位。FPS全称是Frame Per Second，即每秒多少帧。一般来说扫描率超过6000FPS之后，不用鼠标垫也能流畅使用。

光学鼠标是靠不停地扫描，扫描出鼠标移动的方向。可是在高速移动过程中，FPS低的话会导致扫描的图像连不上，失去了定位，因此FPS越高越好，而且它和DPI无关。

11.3.6 多功能鼠标及创意鼠标

1. 模块化鼠标

提到鼠标的创新技术，数不胜数，其中最让人津津乐道的就是鼠标的模块化设计，模块化设计的出现让鼠标能够适应更多用户的手掌。模块化设计直到目前也并没有明确的概念，不过经过长时间的使用得出，模块化设计指的是将鼠标的某个区域独立出来并且可以更换或调节。比较具有代表性的产品就是Mad Catz R.A.T 9鼠标，如图11-10所示。

2. 有线无线双模式鼠标

双模式鼠标在上市之时给用户带来了一个惊喜，有线无线双用的鼠标能够应对更多的环境。在使用的过程中，基本上都会在无线模式下使用，以解决远距离操作问题。鼠标内部供电不足时，可直接将鼠标通过USB连线与电脑相连接，在使用的同时也会为鼠标充电，不会因内部电力耗尽而中断，如图11-11所示。

双模式的设计相对于模块化设计以及可更换外壳设计来说，普及程度更高，除了Razer以外，许多外设厂商也为旗下的鼠标搭载了双模的设计。像罗技G700就是一款非常不错的双模式鼠标，还有富勒的X200以及X300等。

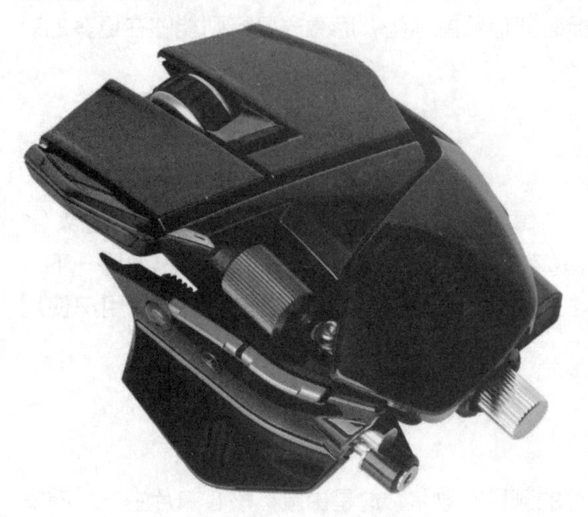

图11-10 模块化鼠标

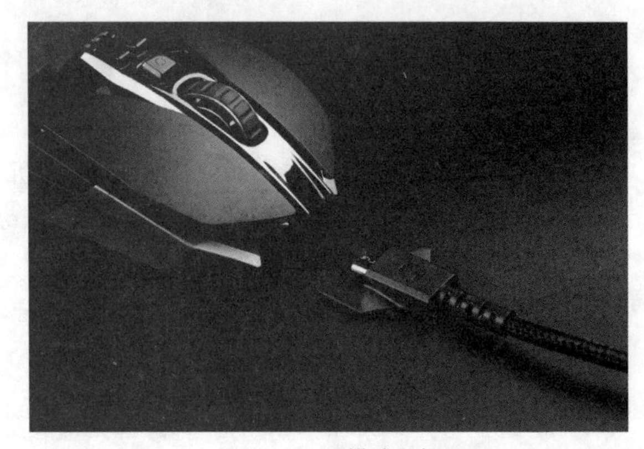

图11-11 双模式鼠标

3. 侧方按键鼠标

随着竞技游戏的逐渐火爆，以及难度的提升，外设厂家针对这种情况研发出了多侧键鼠标，在多侧键鼠标上市时也是掀起了一阵风暴。多侧键的鼠标基本上都采用了人体工学造型，并且在拇指部位设计了多颗按键。

多侧键鼠标能够很好地应对按键较多的游戏，多侧键的设计也让一些游戏玩家在游戏中可以快速的释放多个技能。例如使用按键较多的魔兽游戏中，玩家可以将侧键设置成释放技能，这样可以有效地快速释放技能，同时减轻放置在键盘上的手的压力，如图11-12所示。

4. 其他技术

除以上介绍的鼠标技术外，最新出现的就是罗技G402的极速追踪技术，为了提升鼠标的性能和定位，鼠标中还增加了陀螺仪和加速器，使得鼠标的IPS高达500。还有罗技G502鼠标独特的配重系统，不仅仅可以调节鼠标的重量，还可以调节鼠标的重心，能够让玩家根据自己的使用习惯来调节鼠标的重心。

11-12 罗技G600侧方按键鼠标

11.4 主流键盘厂商及产品

键盘的主流厂商有雷蛇、罗技、宜博、精灵、戴尔、microsoft、双飞燕、SUNSEA日海、DELL、普拉多、金翅膀、新贵、明基、三星、多彩、力胜电子、爱国者、森松尼、技嘉、惠普、现代、雷柏、盛世云、宜堡斯、cherry、i-rocks等。

1. 雷蛇黑寡妇蜘蛛幻彩版V2

如图11-13所示，该键盘采用了纯黑配色及左侧有宏按键的设计，这款机械键盘的最大尺寸为（不含手托）484mm×181.5mm×42mm，重量为1460g，整体设计干净利落，并且不会占用太多桌面空间，适合全尺寸桌面使用。包含手托后的最大尺寸为484mm×246.8mm×42mm，重量为1700g。

在外壳的表面处理工艺上进行了升级。之前的外壳为类肤涂层，而这款却采用了细腻的磨砂材质，不易沾染指纹、油渍或其他污迹，从而在寿命和颜值方面都得到了进一步的提升。

键帽采用了R1-R4的OEM高度系统，虽然手托比较高，但可以看到当键盘打开撑脚后，它的高度与手托的高度十分相配，而在实际使用时也的确可以带来更加舒适的感受。键帽依旧采用了ABS材质加类肤涂层的设计，虽然手感细腻、顺滑、舒适，但易打油的缺点还是无法避免。并且，这款键盘上的键帽字体采用了最新的细小字体，比之前的粗字体更加漂亮、时尚，空格键上还加入了透光设计，使整体的一致性更好。

该款键盘为1680万色的RGB背光，从图中可以看出这款键盘的灯光亮度、均匀度，以及键帽的透光程度都是非常不错的。

2. 罗技G213 RGB

如图11-14所示，罗技推出了一款拥有RGB灯效的G系列键盘新品G213 Prodigy RGB键盘，不过这款键盘并没有采用如今十分流行的机械轴体，而是返璞归真地使用了薄膜轴（Mech-Demo）。不过虽然是薄膜键盘，但是据官方介绍，这款键盘的薄膜轴手感非常类似于Cherry MX机械轴，参数方面拥有45g的压力克数，4mm按键行程，高键帽设计，让这款薄膜键盘可以拥有类似于机械键盘的“手感”体验。罗技G213 Prodigy RGB键盘为全键无冲模式。

罗技G213 Prodigy RGB键盘背面的设计非常独特，将磨砂材质与镜面材质融合到了一起，在视觉上给人一种比较强的视觉冲击。而且可以看到这款键盘的防滑脚贴覆盖面积非常大，尤其是背板下方的脚贴。

罗技G213 Prodigy RGB键盘还有着薄膜键盘代有的优点——防水性能非常出色，算是薄膜键盘相比于机械键盘十分突出的优点。虽然机械键盘的轴体寿命非常长，但是大多数机械键盘并不防水，这也是机械键盘的弱点之一。

图11-13 雷蛇黑寡妇蜘蛛幻彩版V2

图11-14 罗技G213 Prodigy RGB背光键盘

11.5 主流鼠标厂商及产品

国外鼠标品牌主要有微软、罗技、LG、戴尔、雷蛇、精灵、Steelseries、QPAD、HP等。

国内鼠标品牌主要有联想、E-3LUE宜博、明基、双飞燕、雷柏（RAPOO）、瑞马、班德、QISUNG旗胜、DIGIBOY数码神童、SUNSEA日海、剑圣一族、多彩、新贵、华硕、爱国者、鲨鱼、紫光电子、杰雕、标王、森松尼、清华炫光X-LSWAB等。

1. 罗技G102

如图11-15所示，罗技G102内置32bit处理器，搭载瑞士制造的CGS传感器，200~6000dpi可调，侧裙RGB 1680万色灯光。

罗技G102低调的外表之下隐藏着一颗拥有强大动力的“芯”，欧姆龙10M微动保证了起码的使用寿命，其余按键均采用凯华白点微动，凯华是国内一流的开关生产厂商之一，所以质量方面完全不用担心。两个侧键并没有像大部分鼠标一样紧邻，而是分开放置，这让游戏过程中对两个按键的识别更加容易。

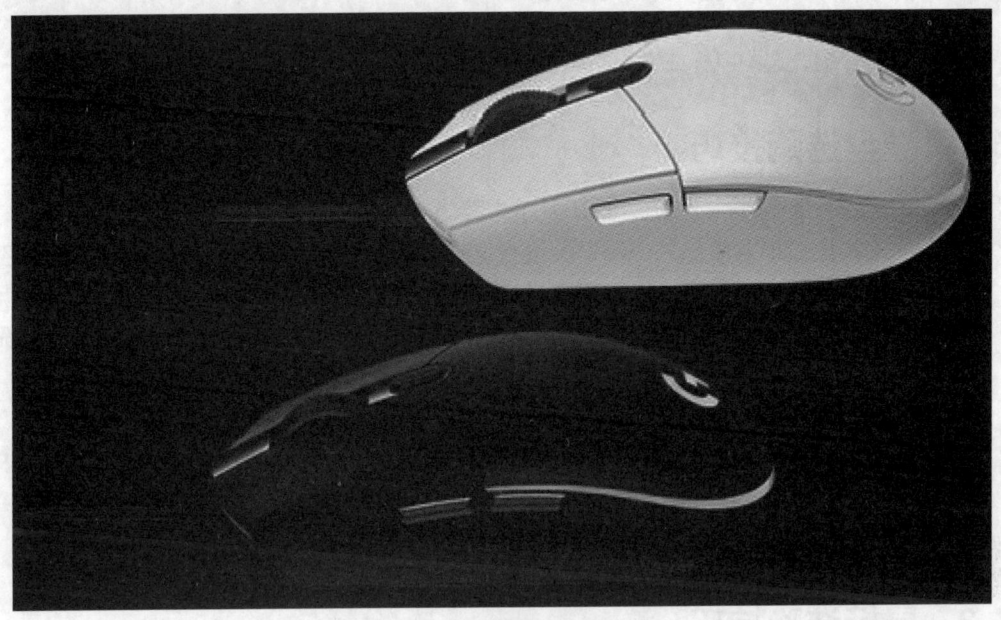

图11-15 罗技G102

2. 罗技M720

如图11-16所示，罗技M720可同时连接三台设备，支持蓝牙、罗技优联，系统支持Windows、Mac OS、Chrome、Android和Linux，24个月续航。滚轮采用了罗技高端产品才会用到的Micro Gear，Micro Gear是罗技引以为傲的看家本领。通过滚轮后方这个功能健来切换普通模式和平滑模式。侧面有三个按键，前面两个是普通的前进后退功能键，右边按键用来在三台蓝牙或 Unifying 设备间自由切换。可以承受1000万次点击。M720的引擎只用了普通光学引擎，且只有1000dip。

图11-16 罗技M720

11.6 键盘和鼠标选购技巧

下面将向用户介绍，选购鼠标或键盘时需要注意的问题。

11.6.1 键盘选购技巧

用户在对键盘进行选购时，需要注意以下几个方面。

- 选择合适的类型：根据自己的使用情况进行选择。注意选择薄膜式还是机械式，有线还是无线。如果是游戏玩家，则建议选择有线机械式键盘；而对于办公用户，则选择薄膜式就可以了；多媒体用户还是使用无线比较方便。另外，背光、防水等功能，根据用户的资金情况进行选择即可。
- 选择合适的接口：用户应该根据主板有无PS/2接口进行选择。
- 手感与做工：拿到设备后，观察键盘的表面是否光滑，有无毛刺，手感是否符合用户要求，尤其是键程是否合适。
- 选择合适的厂商：选择主流的厂商，售后服务会比较有保障。

11.6.2 鼠标选购技巧

在选购鼠标时，需要注意以下几个方面。

- 选择合适的类型及接口：现在的主流鼠标一般都是USB接口，如果用户买到PS/2接口，可以使用转接器。至于类型，同样可根据预算，挑选有附加功能的鼠标。
- 注意手感：鼠标是最常使用的输入设备，所以，用户要根据自己手掌大小、鼠标大小进行选择。然后根据鼠标的重量，选择是否添加配重块。最后感觉一下鼠标的材质和移动的顺畅程度。
- 注意鼠标参数：过高的DPI、CPI及FPS其实没有太多的意义。用户根据自己的使用习惯选择即可。另外，现在的鼠标都支持自动调节，购买后，进行微调即可。

12 Chapter 认识并选购光驱及刻录机

知识概述

以前光驱一直是电脑的标配，因为当时互联网还没现在这么发达，最常用的传输媒介就是光盘。经过长时间的发展，又出现了刻录机。但是现在互联网极度发达，传输介质已经发展为网络或移动设备，电脑安装系统也已经从光盘发展为 U 盘。但是，作为硬件专业人员，刻录机的操作和使用是一项基本技能。本章将向用户介绍刻录机的基本知识和选购技巧。

要点难点

- 光驱的组成
- 光驱及刻录机的工作原理
- 光驱及刻录机的技术参数
- 光驱及刻录机的选购

12.1 认识光驱

光驱也称光盘驱动器，是一个结合光学、机械及电子技术的产品。在光学和电子结合方面，激光光源来自于一个激光二极管，它可以产生波长约0.54~0.68um的光束，经过处理后光束更集中且能精确控制，光束首先打在光盘上，再由光盘反射回来，经过光检测器捕获信号。

12.1.1 光驱的组成

如图12-1所示是光驱的外观，刻录机外观与CD、DVD光驱类似。在正面有防尘盖、光驱托盘、弹出按键、工作指示灯、手动退盘孔、外壳等。比较早的光驱还有耳机插孔、音量控制键、播放按键等，现在已经基本取消了。

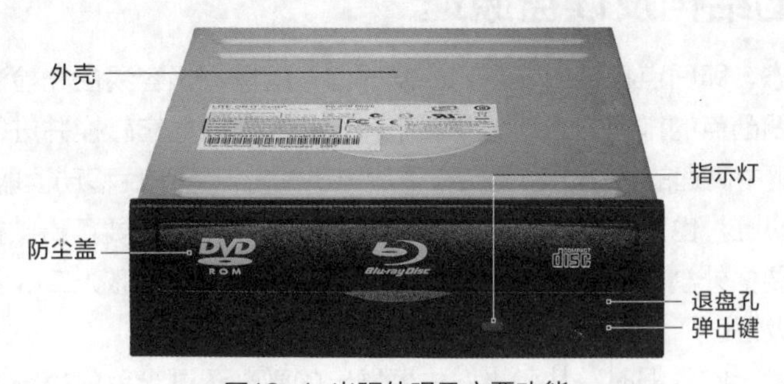

图12-1 光驱外观及主要功能

光驱背部有电源接口、跳线、数据接口等，如图12-2、图12-3所示。

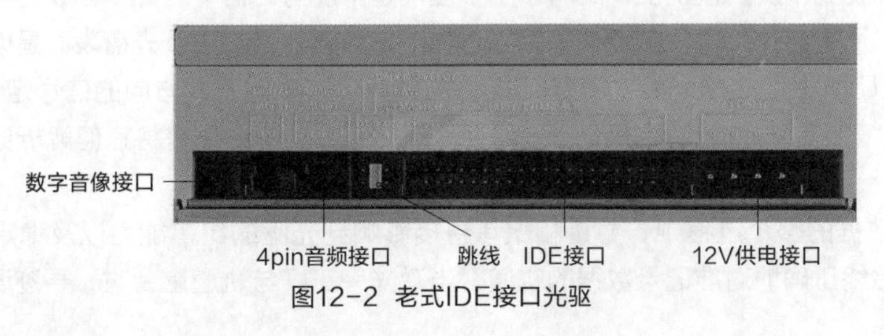

图12-2 老式IDE接口光驱

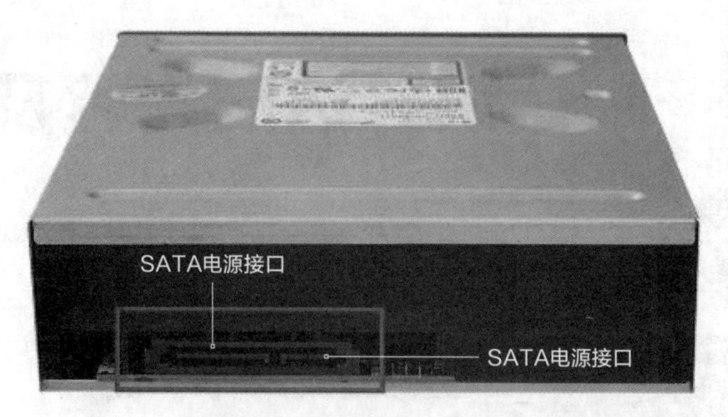

图12-3 SATA接口光驱

光驱内部由激光头组件、驱动机械马达、电路板、输入接口、机械部分、外壳等部分组成，如图12-4所示。

图12-4 光驱内部结构

12.1.2 光驱的结构及读盘原理

光盘上有两种状态，即凹点和空白，它们的反射信号相反，很容易由光检测器识别。检测器所得到的信息只是光盘上凹凸点的排列方式，驱动器中有专门的部件把它转换并进行校验，然后才能得到实际数据。光盘在光驱中高速的转动，激光头在伺服电机的控制下前后移动读取数据。

激光头是光驱的心脏，也是最精密的部分，如图12-5所示。它主要负责数据的读取工作，因此在清理光驱内部的时候要格外小心。激光头主要包括激光发生器（又称激光二极管）、半反光棱镜、物镜、透镜以及光电二极管这几部分。

当激光头读取盘片上的数据时，从激光发生器发出的激光透过半反射棱镜，汇聚在物镜上，物镜将激光聚焦成为极其细小的光点并打到光盘上。此时，光盘上的反射物质会将照射过来的光线反射回去，透过物镜，再照射到半反射棱镜上。此时，由于棱镜是半反射结构，因此不会让光束完全穿透并回到激光发生器上，而是经过反射，穿过透镜，到达光电二极管上面。由于光盘表面是以突起不平的点来记录数据，所以反射回来的光线会射向不同的方向。人们将射向不同方向的信号定义为“0”或者“1”，发光二极管接受到的就是那些以“0”“1”排列的数据，并最终将它们解析成为所需要的数据。

在激光头读取数据的整个过程中，寻迹和聚焦直接影响到光驱的纠错能力以及稳定性。寻迹就是保持激光头能够始终正确地对准记录数据的轨道。当激光束正好与轨道重合时，寻迹误差信号就为

0，否则寻迹信号就可能为正数或者负数，激光头会根据寻迹信号对姿态进行适当调整。如果光驱的寻迹性能很差，在读盘的时候就会出现读取数据错误的现象，最典型的就是在读音轨的时候出现的跳音现象。所谓聚焦，就是指激光头能够精确地将光束打到盘片上并收到最强的信号。当激光束从盘片上反射回来时，会同时打到4个光电二极管上。它们将信号叠加并最终形成聚焦信号。只有当聚焦准确时，这个信号才为0，否则，它就会发出信号，矫正激光头的位置。聚焦和寻道是激光头工作时最重要的两项性能，所说的读盘好的光驱，都是在这两方面性能优秀的产品。

图12-5 光驱激光头

光驱的聚焦与寻道很大程度上与盘片本身不无关系，目前市场上不论是正版盘还是盗版盘，都会存在不同程度的中心点偏移以及光介质密度分布不均的情况。当光盘高速旋转时，造成光盘强烈震动的情况，不但使得光驱产生风噪，而且迫使激光头以相应的频率反复聚焦和寻迹调整，严重影响光驱的读盘能力。

12.1.3 光驱的参数及选购指标

1. 传输速率

数据传输速率（Sustained Data Transfer Rate）是CD-ROM光驱最基本的性能指标，该指标直接决定了光驱的数据传输速度，通常以KB/S来计算。最早出现的CD-ROM的数据传输速率只有150KB/S，当时有关国际组织将该速率定为单速，而随后出现的光驱速度与单速标准是一个倍率关系，比如2倍速的光驱，其数据传输速率为300KB/S，4倍速为600KB/S，8倍速为1200KB/S，12倍速时传输速率已达到1800KB/S，依此类推。CD-ROM主要有CLV（恒定线速度）、CAV（恒定角速度）及P-CAV（局部恒定角速度）3种不同读盘方式。

其中，CLV技术（Constant Linem Velocity，恒定线速度）是12倍速以下光驱普遍采用的一种技术。CLV技术指从盘片的内道（内圈）向外道移动过程中，单位时间内读过的轨道弧线长度相等。由于CD盘片的内环半径比外环小，因此检测光头靠近内环时的旋转速度自然比靠近外环时快，也只有这样才能满足数据传输速率保持不变这一要求。

CAV技术（Constant Angular Velocity，恒定角速度）是20倍速以上光驱常用的一种技术。CAV技术的特点是为保持旋转速度恒定，其数据传输速率是可变的。即检测光头在读取盘片内环与外环数据时，数据传输速率会随之变化。比如一个20倍速产品在内环时可能只有10倍速，随着向外环移动，数据传输速率逐渐加大，直至在最外环时可达到20倍速。

P-CAV技术（Partial CAV，局部恒定角速度）则是融合了CLV和CAV两者精华形成的一种技术。当检测光头读盘片的内环数据时，旋转速度保持不变，使数据传输速率得以增加；而当检测光头读取外环数据时，则对旋转速度进行提升。

2. CPU占用时间

CPU占用时间指CD-ROM光驱在维持一定的转速和数据传输速率时，所占用CPU的时间。该指标是衡量光驱性能的一个重要指标，从某种意义上讲，CPU的占用率可以反映光驱的BIOS编写能力。优秀产品可以尽量减少CPU占用率，这实际上是一个编写BIOS的软件算法问题，当然这只能在质量比较好的盘片上才能反映。如果碰上一些磨损非常严重的光盘，CPU占用率自然会直线上升，如果用户想节约时间，就必须选购那些读“磨损严重光盘”的能力较强、CPU占用率较低的光驱。从测试数据可以看出，在读质量较好的盘片时，最好的与最差的成绩，相差不会超过两个百分点，但是在读质量不好的盘片时，差距会增大。

3. 高速缓存

这个指标通常用Cache表示，也有些厂商用Buffer Memory表示。它的容量大小直接影响光驱的运行速度。其作用是提供一个数据缓冲，先将读出的数据暂存起来，然后一次性进行传送，目的是解决光驱速度不匹配问题。

4. 平均访问时间

平均访问时间（Average Access Time），作为衡量光驱性能的一个标准，是指从检测光头定位到开始读盘这个过程所需要的时间，单位是ms，该参数与数据传输速率有关。

5. 容错性

尽管目前高速光驱的数据读取技术已经趋于成熟，但为了提高容错性能，仍有一些产品采取调大激光头发射功率的办法来达到纠错的目的，这种办法的最大缺陷就是人为地造成激光头过早老化，减少产品的使用寿命。

6. 稳定性

稳定性是指一部光驱在较长的一段时间内能保持稳定的、较好的读盘能力。

12.1.4 光驱的分类

光驱可分为CD-ROM驱动器、DVD光驱（DVD-ROM）、康宝（COMBO）蓝光光驱和刻录机等几种。

- CD-ROM光驱：又称为致密盘只读存储器，是一种只读的光存储介质。它是利用原本用于音频CD的CD-DA（Digital Audio）格式发展起来的。
- DVD光驱：是一种可以读取DVD碟片的光驱，除了兼容DVD-ROM、DVD-VIDEO、DVD-R、CD-ROM等常见的格式外，对于CD-R/RW、CD-I、VIDEO-CD、CD-G等都能很好地支持。
- COMBO光驱：康宝光驱是对COMBO光驱的俗称。COMBO光驱是一种集合了CD刻录、CD-ROM和DVD-ROM为一体的多功能光存储产品。而蓝光Combo光驱指的是能读取蓝光光盘，并且能刻录DVD的光驱
- 蓝光光驱：即能够读取蓝光光盘的光驱，向下兼容DVD、VCD、CD等格式。
- 刻录光驱：包括了CD-R、CD-RW和DVD刻录机以及蓝光刻录机等，其中DVD刻录机又分DVD+R、DVD-R、DVD+RW、DVD-RW（W代表可反复擦写）和DVD-RAM。刻录机的外观和普通光驱差不多，只是其前置面板上通常都清楚地标识着写入、复写和读取三种速度。

12.1.5 DVD 光驱

DVD光驱指读取DVD光盘的设备，可以同时兼容CD光盘与DVD光盘。标准DVD盘片的容量为4.7GB，相当于CD-ROM光盘的七倍，可以存储133分钟电影，包含七个杜比数字化环绕音轨。DVD盘片可分为DVD-ROM、DVD-R（可一次写入）、DVD-RAM（可多次写入）、DVD-RW（读和重写）、单面双层DVD和双面双层DVD。目前的DVD光驱多采用ATAPI/EIDE接口或Serial ATA（SATA）接口，这意味着DVD光驱能像硬盘一样连接到IDE或SATA接口上。

DVD-ROM工作原理与CD-ROM相似，也是先将激光二极管发出的激光经过光学系统形成光束射向盘片，然后从盘片上反射回来的光束照射到光电接收器上，再转变成电信号。

由于DVD必须兼容CD-ROM光盘，而不同的光盘所刻录的坑点和密度均不相同，当然对激光的要求也有不同，这就要求DVD激光头在读取不同盘片时要采用不同的光功率。

12.2 认识刻录机

刻录机是将数据刻录到光盘中的设备。下面将对其工作原理及性能指标进行介绍。

12.2.1 刻录机工作原理

在刻录CD-R盘片时，通过大功率激光照射CD-R盘片的染料层，在染料层上形成一个个平面（Land）和凹坑（Pit），光驱在读取这些平面和凹坑的时候就能够将其转换为0和1。由于这种变化是一次性的，不能恢复到原来的状态，所以CD-R盘片只能写入一次，不能重复写入。而CD-RW的刻录原理与CD-R大致相同，只不过盘片上镀的是一层200~500埃（1埃=0.1nm）厚的薄膜，这种薄膜的材质多为银、铟、硒或碲的结晶层，这种结晶层能够呈现出结晶和非结晶两种状态，等同于CD-R的平面和凹坑。通过激光束的照射，可以在这两种状态之间相互转换，所以CD-RW盘片可以重复写入。由于DVD技术标准曲折坎坷的发展，出现了DVD-RAM、DVD-R/RW、DVD+R/RW以及DVD±R/RW等众多DVD刻录机产品共存的现象。

DVD-RAM刻录机是通过改变激光强度来对记录层进行加热，从而导致非晶体状态和晶体状态的转换，完成写入和擦除的操作。DVD-RAM盘片的寿命相当长，具有读写方便的优点，但DVD-RAM不兼容DVD光驱和DVD播放机，未能成为DVD刻录机发展的方向。因此促使了与DVD-ROM相兼容刻录机的出现，这就是DVD-R/RW和DVD+R/RW。随着DVD-R/RW和DVD+R/RW的不断成熟，DVD-RAM的市场份额被逐步压缩，濒临淘汰。

截至2013年，主流DVD刻录机是DVD-R/RW和DVD+R/RW，它们与CD-R/RW一样是在预刻沟槽中进行刻录。不同的是，这个沟槽通过定制频率信号的调制而成为“抖动”形，被称作抖动沟槽。它的作用就是更加精确地控制马达转速，以帮助刻录机准确掌握刻录的时机，这与CD-R/RW刻录机的工作原理是不一样的。另外，虽然DVD-R/RW和DVD+R/RW的物理格式一样，但由于DVD+R/ RW刻录机使用高频抖动技术，所用的光线反射率也有很大差别，因此这两种刻录机并不兼容。

DVD-RW和DVD+RW与CD-RW光盘类似，在其记录层上加入了相变材料，可以通过转换其状态来达到多次擦写的目的。在进行写入操作时，激光照射强度提升至最大，使写入区域的相变材料迅速超过熔点温度，之后立即停止照射进行冷却后，该区域就变为非结晶状态。在进行数据擦除时，用中等功率的激光对非结晶状态的区域进行相对长时间的照射，当该区域超过结晶温度时即调低功率，之后该区域就恢复为结晶状态。

12.2.2 刻录机性能指标

1. 接口类型

刻录机分为内置与外置接口。一般用户普遍使用内置光驱，在配置电脑时，直接安置在机箱内部。

老式刻录机一般使用IDE接口，与老式硬盘接口一致，使用大4D接口电源进行供电。目前主要使用的是SATA接口，使用SATA接口的数据线及电源进行供电。

因为光驱的使用范围越来越窄，现在一般机箱已经不配置光驱或刻录机了。尤其是光驱，已经被刻录机所替代。如果使用，一般会配置外置USB接口的刻录机。既能读盘又能写盘，如图12-6为USB接口光驱。

图12-6 USB接口光驱

2. 读刻写速度

DVDRW刻录机速度一般是指刻写和擦写速度，而读盘速度并不是刻录机关键指标。目前国内主流刻录机产品多为2倍速刻写，一般来说刻写一张4.7GB DVD-R光盘需要花费时间约20分钟左右。这种速度对于一般的用户来说是足够了，当然，考虑到一般刻写盘片时，不少用户都有先测试再刻写的习惯，估算起来一共大概需要40分钟的时间。更高的如4倍速刻写的机器速度更快，刻写一张4.7GB DVD-R光盘只需花费10分钟左右。当然，高速的机器价格也是成倍增加的。此外，在盘片格式化技术方面，快速格式化也成为了一种基本技术，原来格式化一张DVD+RW光盘需要30分钟以上，采用快速技术后所用时间可缩短到5分钟左右，这无疑大大提高了使用效率，方便了用户。

3. 缓存稳定性

提高刻录机读写稳定性的办法有很多，至于在普通光驱上广泛使用的APS、CSS等稳定防震技术,暂时没有在刻录机上看到，不过有不少厂商在使用最基本的如增加高速缓存（Cache）的技术。Cache的作用是协调数据传输时的速度，保证数据传输的稳定性和可靠性。市面上的主流4~6倍速刻录机产品多带有1MB到2MB的高速缓存。

12.3 刻录机技术

目前刻录机技术有如下几种。

1. 防刻死技术

随着技术发展，刻录机的刻录速度越来越快，刻录机对缓存容量的需求也越来越大，但受成本的限制，缓存容量的增加幅度远远跟不上刻录速度的发展。在刻录一张空白的光盘时，不管以何种方式或格式刻录数据，刻录机都会预先读入数据到缓存（Buffer）中，当刻录机的缓存存满时，刻录机就会开始执行刻录数据的动作，缓存中必须要有足够的数据供给刻录机，才能保证刻录的顺利完成。但是数据传输给刻录机缓存时，由于各种各样的原因，容易造成输入的速度跟不上刻录机的写入速度，如果缓存中数据被耗尽，此时就会发生Buffer UnderRun（缓存欠载）错误，导致刻录失败，光盘报废。为了避免缓存欠载错误的发生，厂商相继开发了一些防刻死技术，以期望在数据短时间断流的状况下，把刻录的影响降到最低。

防刻死技术是在激光头定位精度和Fireware软件上作了改进，当发生数据传输断流时，刻录机会自动记录下断点，并停止刻录动作，当缓存内数据符合要求时，再自动寻找到断点继续刻录。这样就避免了缓存欠载错误的发生。但防刻死技术也有固有的缺点，首先，使用防刻死技术会浪费时间和光盘的空间，在使用防刻死技术的时候，光头要从写状态变成读状态，而且要记录下断点，然后等待缓存中的数据满了再从断点处写入，一般来说，每使用一次防刻死技术需要大约30秒钟的时间。同时，对于一些光头精度不高的刻录机来说，可能因为断点定位不准确而导致下次光驱读取不畅。有些防刻死技术还会出现CD爆音等副作用。虽然有如上瑕疵，防刻死技术仍旧是降低刻坏盘几率的最佳方法之一。

2. 光雕刻录技术

光雕技术是惠普与威宝公司共同开发的一项允许用户在光盘背面刻写个性化图案的技术，需要刻录机和光盘同时支持。光雕技术用激光雕刻涂在光盘上的一层特殊材料，使其颜色发生变化，从而实现雕刻的效果。物理结构上，光雕刻录机比一般的DVD刻录机产品多了一个光头，是专门用来定位的“光学定位器”，用来保证雕刻图案时的准确定位。通常支持光雕的光盘比普通光盘略贵一点。

3. 蓝光刻录技术

蓝光刻录技术是利用蓝光波长较短的特点，将大量信息（图像或内容）永久性地蚀刻在光盘表面的一种技术。蓝光盘是DVD下一代标准之一，主导者为索尼与东芝，以索尼、松下、飞利浦为核心，又得到先锋、日立、三星、LG等巨头的鼎力支持。存储原理为沟槽记录方式，采用传统的沟槽进行记录，然而通过更加先进的抖颤寻址，实现了更大容量的存储与数据管理，目前已经达到100GB。

读写用的激光，是一种十分精确的光，精确到蓝光波长的一半，由于红光波长有700nm，而蓝光只有400nm，所以蓝激光实际上可以更精确一点，能够读写一个只有200nm的点，而相比之下，红色激光只能读写350nm的点，所以同样一张光盘，记录的信息更多。

在光盘结构方面，蓝光光盘彻底脱离了DVD光盘0.6mm+0.6mm设计，采用了全新的1.1mm盘基+0.1mm保护层结构，并配合高NA（数值孔径）值保证极低的光盘倾斜误差。0.1mm覆盖保护层结构，对倾斜角的容差较大，不需要倾斜伺服，从而减少了盘片在转动过程中由于倾斜而造成的读写失常，使数据读取更加容易。但由于覆盖层变薄，光盘的耐损抗污性能随之降低，为了保护光盘表面，光盘外面必须加装光盘盒。这不但提高了蓝光光盘的生产成本，而且加大了薄型驱动器的开发难度。

12.4 光驱及刻录机主要应用领域新发展

在现阶段，光驱主要应用在不支持U盘启动的老式电脑上。由于刻录机的出现，单纯的只读光驱已经慢慢淡出主流市场。

刻录机主要应用于存储领域。现在，数据的重要性已经凌驾于电脑之上了，即所谓有价的设备、无价的数据。因为电子产品的不稳定性，数据存储在单一设备上，丢失及损坏的几率相应增大。现在讲究多处备份，尤其是互联网高度发达的今天，一般采用电脑+NAS+网络+U盘进行存储。网络存在着保密性差的缺点，虽然光盘存在磨损等劣势，但作为重要数据存储的一部分，仍然被应用于很多领域，如各种比赛作品的传递，连续数据的存档。而最常用的便是电影的刻录，尤其是在4K播放设备普及的今天，想要更快地欣赏高质量的电影，蓝光盘还是有相当的市场的。另外，随机附送的各种驱动也需要光驱进行读取。所以光驱或刻录设备的应用领域还是比较大的。

12.5 刻录机主要生产厂商及产品

本节介绍一下刻录机主要生产商及主流产品。

1. 刻录机主要厂商

市面上流行的刻录机主要品牌有先锋、华硕、LG、三星、索尼、明基、台电、建兴、惠普、飞利浦等。

2. 刻录机主要产品

（1）先锋DVD-232D

先锋DVD-232D，如图12-7所示，内置DVD光驱，SATA接口，198k缓存，尺寸为148.0×42.3×172.7 mm。

读取速度为DVD+R：16X，DVD-R：16X，DVD+R（DL）：10X，DVD-R（DL）：10X，DVD-RW：10X，DVD-RAM：5X，DVD-ROM（Single）：18X，DVD-ROM（Dual）：10X，CD-ROM：40X，CD-RW：32X，CD-R：40X。

图12-7 先锋DVD-232D

（2）先锋DVR-XU01

先锋DVR-XU01，如图12-8所示，是外置USB接口光驱，属于DVD刻录机，缓存容量为0.75M。

读取速度为DVD+R：24X，DVD-R：8X，DVD+R（DL）：8X，DVD-R（DL）：8X，DVD-RW：8X，DVD-RAM：5X，DVD-ROM（Single）：8X，DVD-ROM（Dual）：8X，CD-ROM：24X，CD-RW：8X，CD-R：24X。

刻录速度为DVD-R：8X，DVD-RW：6X，DVD+R：8X，DVD+RW：8X，DVD+R（DL）：6X，DVD-R（DL）：6X，CD-R：24X，CD-RW：16X，DVD-RAM：5X。

（3）华硕SBC-06D2X-U

华硕SBC-06D2X-U，如图12-9所示，外置式蓝光COMBO光驱，USB接口，

157×140×18.5 mm，290g。可播放3D蓝光光盘，支持Dolby EX 和DTS-HD 5.1声道，支持将2D转化为3D效果，提供AES 256-bit加密功能。

读取速度为DVD±R：8X，DVD+RW：8X，DVD-RW：6X，DVD±R（DL）：6X，CD-R：24X，CD-RW：16X，DVD-RAM：5X。

写入速度为BD-R（SL/DL）：6X，BD-R（SL/DL）：6X，BD-ROM（SL/DL）：6X，BD-R（TL/QL）： 4X，BD-RE（TL）： 4X，DVD±R/±RW/ROM： 8X，DVD±R（DL）： 6X，DVD-ROM（DL）： 6X，DVD-RAM： 5X，CD-R/RW/ROM： 24X。

其特色主要有以下几个方面。

- 支持新的BDXL格式：用户可在一张蓝光盘片中读取大量的数据，高达100GB的BD-R（TL）和128GB的BD-R（QL）均可兼容。
- 出色的兼容性：内建Apple MAC授权驱动，MAC电脑可以即插即用（支持Mac OS X10.6或以上）。
- 光盘加密技术：可对整盘或单个文件设置密码，并支持隐藏文件夹功能，确保数据安全。
- 简易操作，一键刻录：人性化的简易步骤可轻松完成刻录，只需将待刻录文件拖入软件图标，单击“刻录”按钮，即可完成。
- 魔幻影院技术：不仅可通过TTHD将普通视频内容转换为高清视频播放，还加入了实时2D转3D的影像处理和多声道环绕立体声音效，享受影音震撼。
- TTHD影像升频技术：将普通DVD影片提高到高清的效果，更锐利的细节，更少的画面噪点，增强画面融合性。
- 科技与美学的结合：全镜面外观，金属与钢琴烤漆结合，散发出特别的高贵气质，可直立设计，为用户节省更多桌面空间。

图12-8 先锋DVD-232D

图12-9 华硕SBC-06D2X-U

12.6 选购指南

刻录机及普通光驱的选择技巧是相同的，需要注意以下几点。

1. 选择合适的倍速

DVD±RW刻录机包括8项速度，即DVD+R/RW刻写和复写速度、DVD-R/RW刻写和复写速度、CD-R/RW刻写速度、CD-ROM/DVD-ROM的读取速度，刻录速度越高，刻录时间越少。例如，刻满一张4.7GB的DVD光盘，8X一般在10分钟之内，4X则需要15分钟。另外，要考虑是否支持DVD光盘，建议现阶段还是购买8X DVD比较划算。

2. 选择大容量缓存

对于DVD刻录机来说，缓存尤为重要。与CD刻录机相比，由于DVD刻录数据量大很多，必须有足够的缓存来存入数据，然后再进行刻录。大缓存可以有效避免Buffer Under Run（缓存降低）。缓存容量的大小仍然是选购DVD刻录机的一个重要参考指标。目前市场上销售的大多数DVD 刻录机缓存都达到了8MB，但是也有少数产品为了节约成本只采用了2MB缓存。它们之间的价格差别并不明显，所以建议用户优先考虑配备8MB缓存的产品。

3. 选择兼容性高的产品

这是困扰DVD刻录机最大的问题，单从DVD光盘上看，市面上比较常见的是DVD－5盘片。DVD－5是单面单层，数据存储量为4.7GB。还有DVD－9、DVD－10与DVD－l8盘片等，不同属性的盘片，如双层双面、双层单面可能会造成盘片与DVD刻录机的不兼容。

4. 注意发热量

用DVD刻录机进行刻录的话，由于盘片容量大，刻录时间相对较长，所以对刻录机工作的稳定性提出了比较高的要求。许多厂家开发出了各种名目的防刻死技术，所以许多品牌DVD刻录机在工作稳定性方面做得不错。另外DVD刻录机的发热量也是需要重视的一个方面。如果光驱短时间发热过大，一是缩短光头的使用寿命；二是容易使正在刻录中的光盘受热变形，造成刻录失败甚至是盘片炸裂。为了加强散热，有的厂商在光驱面板上增加了散热条孔，个别厂商甚至还在DVD刻录机后面配备了散热风扇。这里要提醒用户，如果在使用过程中发现DVD刻录机温度较高，一定要注意做好散热。

5. 刻录机厂商的选择

选择刻录机厂商，实质就是选择比较可靠的品牌。这一点非常重要，它不仅关系到刻录机的质量，还关系到以后的使用与服务。现在市面上常见到的刻录机主要由国外和国内厂商所生产，国外品牌包括SONY、YAMAHA、HP、ACER 、理光、三菱等，国内品牌包括创新、阿帕奇等。

6. 产品价格

价格是消费者在购买时重点考虑的因素之一。刻录机价格的比较，一定要在同样刻录速度的机型之间进行，因为不同速度的机型价格差异较大。如今市场上销售的主流刻录机价位已下降到200元以内，性能相当不错，值得用户选购。

7. 产品的售后服务

售后服务也应在购买时考虑在内，包括刻录机保修保换时间的长短、服务质量的好坏等因素。总之，用户在购买刻录机时，首先应该考虑一些性价比高、实用、厂商实力较强的产品。对于一些广告中突出的性能指标和特殊参数，其实并不一定意味着整机具有高品质和卓越性能。

Part 2

组装与使用设置篇

内容导读

在学习了电脑硬件知识后，本篇将学习硬件的组装知识，以及电脑正常工作前的准备工作，包括设置BIOS、进行硬盘分区、安装操作系统、安装驱动等操作。

13 Chapter 电脑的组装过程

知识概述

从各单体硬件到形成电脑主机，需要经过组装操作。在此之前，需要进行电脑各硬件的比较、配置工作。下面将介绍从罗列配置详单开始到完成电脑安装的过程。

要点难点

- 电脑配置方案的形成
- 安装前的准备工作
- 电脑硬件的组装

13.1 电脑组装及配置流程

一般的电脑从配置方案到正常使用，这期间需要经历以下步骤，如图13-1所示。

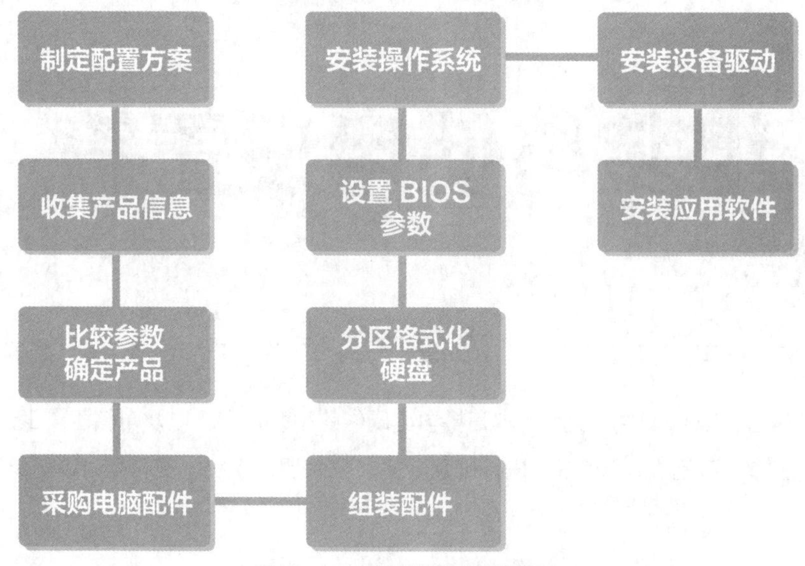

图13-1 电脑组装及配置流程图

13.2 制订电脑配置方案

电脑配置方案需要根据以下条件进行制订。

13.2.1 购买电脑的目的

从购买电脑的目的可以从总体上把握硬件水平，根据日常工作、学习、娱乐的需要，选择适合自己的整体档次。

13.2.2 购买电脑的预算

规划得再好，也要从实际出发。根据预算，有所侧重地增加某些硬件的档次，或者取消不需要的部件，以达到节约预算的目的。

13.2.3 购买电脑的途径

以前配置电脑，主要是通过装机店从经销商处购货，现在可以从各大电商处直接买到各种配件，而且服务及售后享受全国统一联保，有些电商还提供比硬件厂商更长的质保期。但经销商的优势就在于发现问题可以立即处理，直到完成机器组装后，才付全款。回去后出现问题也可以立即找经销商进行解决。但从经销商处购货，需要用户有一定的经验。

13.2.4 根据操作系统要求进行选择

近期安装系统的话，首选Windows 10系统。在配置电脑时，尤其是入门级电脑，至少需要满足Windows 10系统的最低配置。当然，Windows 10系统要求是比较低的，一般配置比较容易达到该要求。但是如果为老电脑升级系统，最好查看一下准备安装的操作系统最低硬件要求。Windows 10操作系统的最低硬件配置要求如图13-2所示。

Win10 配置要求（最低）	
处理器	1Ghz 或更快（支持 PAE、NX 和 SSE2）
内存模组	1GB（32 位版）
	2GB（64 位版）
显示卡	带有 WDDM 驱动程序的微软 DirectX9 图形设备
硬盘空间	≥ 16GB（32 位版）
	≥ 20GB（64 位版）
操作系统	Microsoft Windows 10 64 位版
	Microsoft Windows 10 32 位版

图13-2 Windows 10配置最低要求

当然，最低配置是指用户的电脑可以运行Windows 10，可以使用Windows 10的基本功能。如果想要流畅使用，充分体会Windows 10的特色，还需要更高的配置，但至少要达到基本配置，如图13-3所示。

Win10 配置要求（标准）	
内存模组	1GB（32 位版）
	2GB（64 位版）
固件	UEFI 2.3.1，支持安全启动
显示卡	支持 DirectX9
硬盘空间	≥ 16GB（32 位版）
	≥ 20GB（64 位版）
显示器	800x600 以上分辨率
	（消费者版本≥ 8 寸；专业版≥ 7 寸）
操作系统	Microsoft Windows 10 64 位版
	Microsoft Windows 10 32 位版

图13-3 Windows 10配置基本要求

13.2.5 根据需求进行选择

各电脑配件是根据功能的多少进行定价并设定详细型号的，用户在选择时，要明确需不需要这些新功能。增加新功能当然就要增加相应的费用，这在预算不是特别宽裕的情况下，是需要进行取舍的。

13.3 硬件选择时需要注意的问题

在了解硬件参数后，需要注意以下几个方面的问题。

1. CPU与主板芯片组的匹配

在选择时，需要根据CPU的类型及触点或针脚数，选择合适的芯片组的类型和种类，以免产生触点或针脚数与主板不匹配的低级错误。

2. 主板与内存条的匹配

在选择时，需要了解主板及CPU支持的内存条类型和接口。根据主板的参数，选择对应的内存条，避免代数不匹配或者频率不匹配的问题。

还要明确选择单通道还是双通道，如购买单条8G还是买2条4G组建双通道。组建双通道一定要选择参数相同的两条内存。另外，还要考虑之后升级的问题。

3. 固态硬盘与主板的匹配

这里说的匹配是指M.2接口的固态硬盘。需要查看主板的参数，确定M.2接口的固态硬盘尺寸、总线类型、大小等参数，以达到可使用范围内的高性价比。

4. 显卡与显示器的匹配

无论选择核心显卡还是独立显卡，都需要与显示器的接口相对应，尽量选择主流的接口，以方便以后的升级扩展。如果不匹配，需要用户提前购置转接器。

5. 机箱电源与其他部件的匹配

首先，电源的额定功率需要比各部件额定功率相加要大一些。其次，电源提供的接口一定要足够其余各部件的使用，否则要提前购置各种转接线。

6. 其他需要考虑的问题

根据需要，选择风冷或者水冷的散热器、机箱、机箱风扇，确定鼠标键盘的接口、硬盘的大小，是否需要安装光驱或刻录机等问题。

13.4 安装前的准备工作

硬件全部买回后，即可进行装机操作了。在正式装机前，需要做以下准备工作。

13.4.1 工具的准备

装机的工具一般为螺丝刀，如图13-4所示。螺丝刀需要准备中、小口径的“一”字形及“十”字形两种。

可以准备尖嘴钳，如图13-5所示，用来拆卸机箱上的挡板或其他容易伤手的元件。

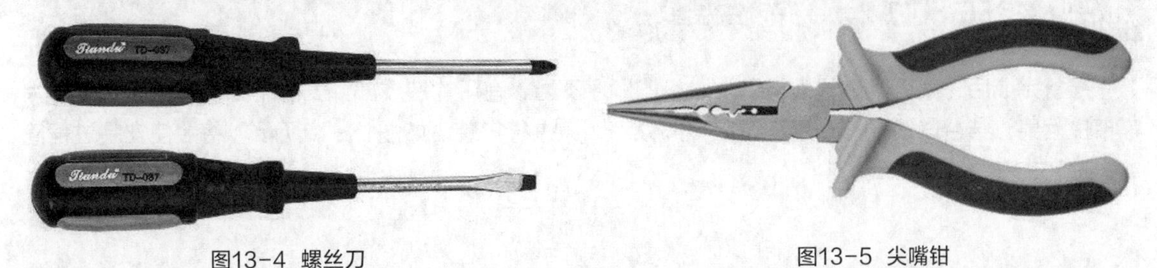

图13-4 螺丝刀　　图13-5 尖嘴钳

另外，可以准备美工刀、剪子、扎带、小毛刷、CPU硅脂、镊子、干净的餐巾纸等其他工具。

13.4.2 硬件的确认

将购买的硬件包装拆除，并确认硬件是否齐全：CPU、散热器、主板、内存、显卡、硬盘、机箱电源、主机箱，以及光驱、显示器、鼠标键盘等其他设备。

另外，需要将各种数据线归类放置好，如机箱及显示器的电源线、各种SATA数据线。

最后，将机箱上固定各零件的螺丝放置好，一般包括固定主板时放置在主板下的铜柱螺钉，如图13-6所示。

固定用螺钉分为固定主板、光驱用的细纹螺钉，如图13-7所示。固定硬盘、挡板用的小粗纹螺钉，如图13-8所示。固定机箱、电源用的大粗纹螺钉，如图13-9所示。

另外，还有机箱开盖一侧的手拧螺丝。所有的螺丝按类型分开放置，以便取用。

图13-6 铜柱螺钉

图13-7 细纹螺丝

图13-8 小粗纹螺丝

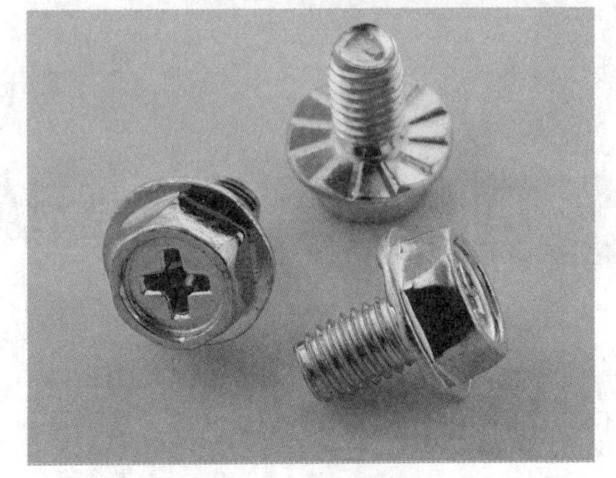

图13-9 大粗纹螺丝

13.4.3 释放静电

静电是电脑硬件最大的杀手，在安装电脑前，需要通过一定的手段将身体中的静电释放出去。释放的方法为接触大块的接地金属物，如自来水管，也可以通过洗手释放。

13.5 电脑安装流程图

准备完成后，就可以进行装机了。装机的顺序不当，有可能造成部件安装不到位、安装难度增大等不良后果。结合以往经验，用户可以按照以下顺序进行安装，如图13-10所示，将会使安装过程简单、顺利、可控。

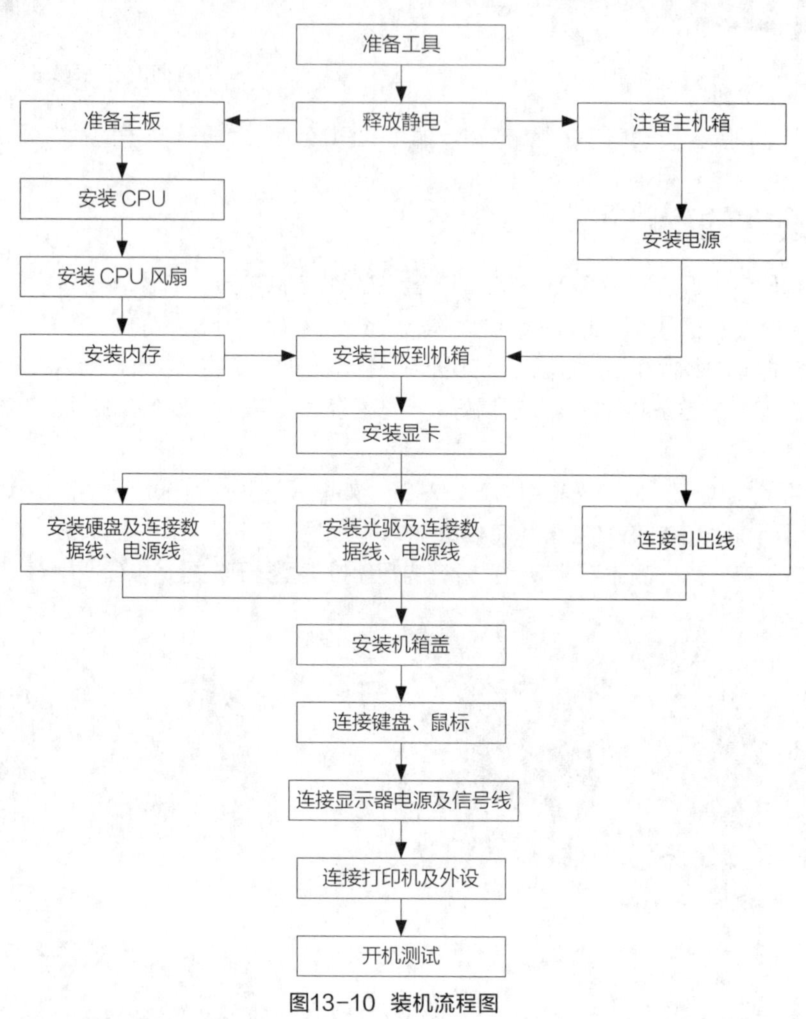

图13-10 装机流程图

13.6 安装 CPU 及散热器

安装电脑时，首先需要进行CPU的安装。取出电脑主板，将主板放置在桌面上，如果有防静电海绵的话，将主板放置在该海绵上，再进行CPU的安装。由于Intel的CPU和AMD的CPU安装方法略有不同，下面将分开进行讲解。

13.6.1 安装 Intel CPU

STEP 01 将主板上的CPU插座固定杆稍向下压，再往外拉一点，即可将固定杆抬起，如图13-11所示。

STEP 02 将CPU固定金属框向上抬起，即可看到CPU将要固定的针脚，如图13-12所示，记住千万不要碰触到针脚。

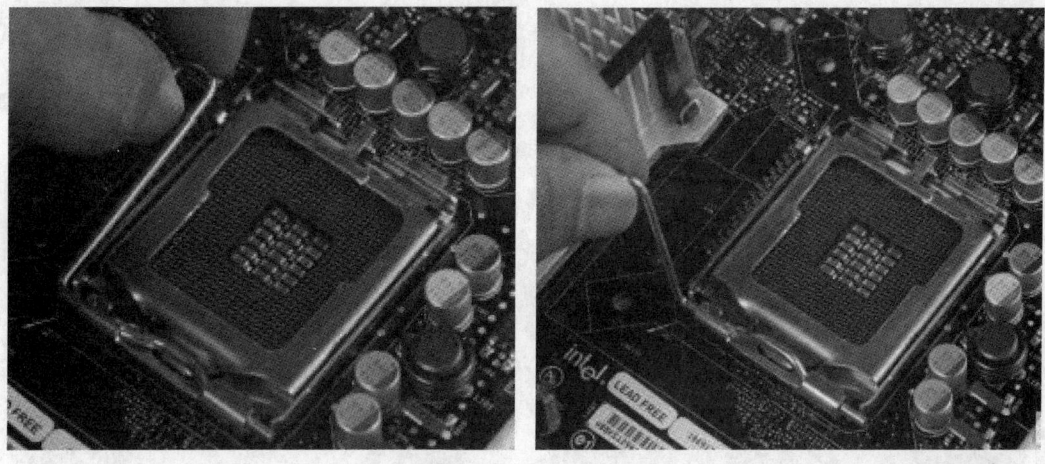

图13-11 抬起固定杆

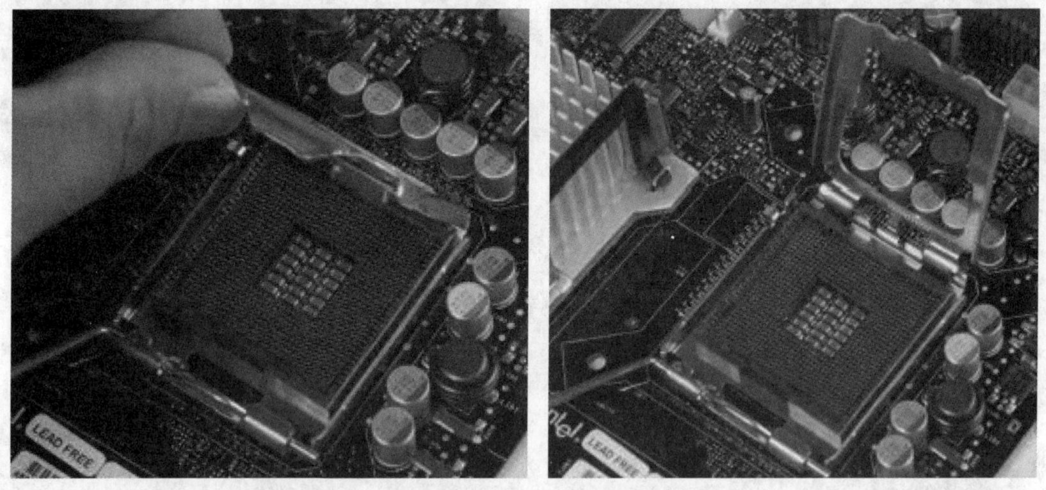

图13-12 抬起固定金属框

STEP 03 拿出CPU，观察CPU上的防呆插口与三角缺角指示，并将CPU上的两个防呆插口对准主板上的防呆插口，轻轻将CPU放入插座，如图13-13所示。

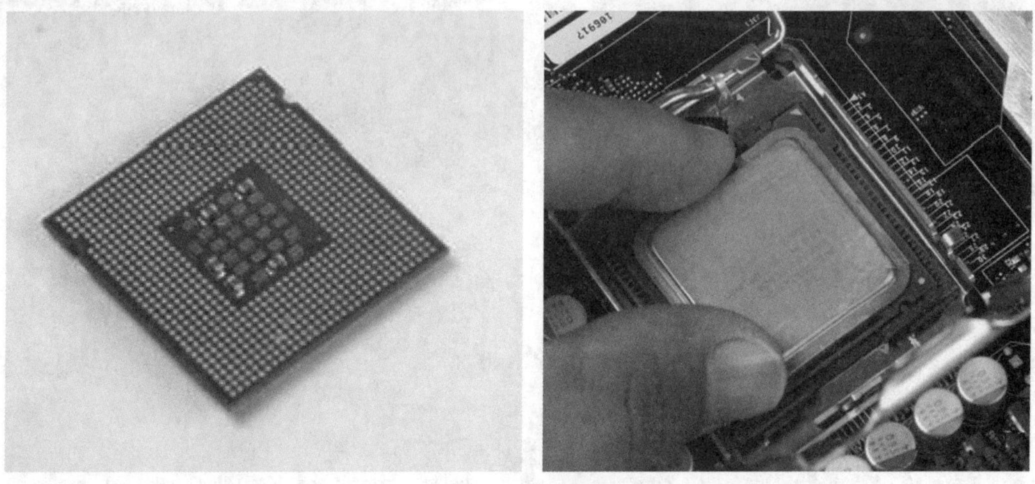

图13-13 放入CPU

STEP 04 将金属固定框放下，并将固定杆放下，扣住卡扣，如图13-14所示。记住该过程一定要轻，如果遇到很大阻力，请检查CPU是否放到合适的位置。

STEP 05 使用CPU自带的硅脂，或打开准备好的硅脂，轻轻涂抹在CPU上，记住只要薄薄一层即可，如图13-15所示。

图13-14 固定CPU

图13-15 涂抹硅脂

STEP 06 拿出风扇，将CPU风扇轻轻放到CPU风扇固定孔中，用手将CPU风扇四个固定柱按进固定孔中，并用一字螺丝刀将固定柱向下压，按顺时针方向转动。按照该方法完成其余三个固定柱的安装。最后，将固定柱拧到最紧即可，如图13-16所示。

STEP 07 将风扇的插头插入主板上的风扇接口，如图13-17，完成安装。

图13-16 安装CPU风扇

图13-17 接入风扇电源接口

13.6.2 安装 AMD CPU

STEP 01 将主板上的CPU固定杆拉轻轻向下压，并向外侧拉一点，让固定杆离开卡扣位置，然后抬起，如图13-18所示。

STEP 02 观察CPU，可发现有一角有三角形的缺口标记位符号，将CPU的缺口标记对准插座上相应的一角，垂直放入CPU，如图13-19所示。该过程一定要慢，不可用手触屏针脚，以免压弯针脚。

图13-18 抬起固定杆

图13-19 放入CPU

STEP 03 将固定杆按抬起的方式缓缓往回压下至卡扣位置，当听到“咔”的声响后，表示已经固定到位，如图13-20所示。轻微晃动CPU，检查是否卡紧。

STEP 04 使用CPU自带的硅脂，或打开准备好的硅脂，轻轻涂抹在CPU上，记住只要薄薄一层即可。

STEP 05 将散热器放入插座中，将散热器没有扳手的一端与主板处理器支架上的卡扣对齐并卡上，如图13-21所示。

图13-20 固定CPU

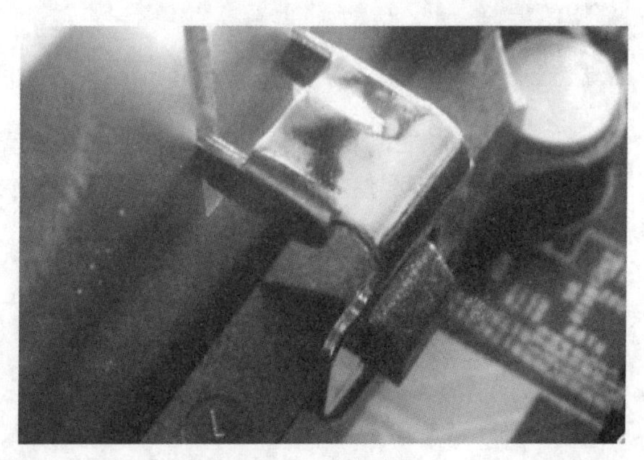

图13-21 卡入卡扣

STEP 06 将散热器有扳手的一端的卡扣与CPU支架另外一端的卡扣对齐并卡紧，如图13-22所示。

STEP 07 朝扳手另一方向，将扳手扳到位，散热器就被牢牢卡在了CPU支架上，如图13-23所示。

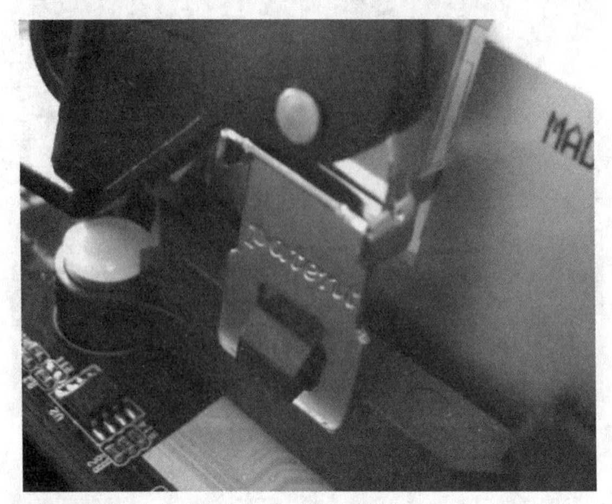

图13-22 卡入另一卡扣

图13-23 卡死散热器

STEP 08 将散热器风扇线接入主板风扇电源接口，如图13-24所示。

需要注意，主板上的散热器风扇接口是4针，而散热器为3针。4针的风扇接口是为一些转速较高的风扇设计的，由于AMD的发热量并不太大，因此散热风扇的转速并不太高。主板的4针接口同样提供了防呆设计，用户在插入接线时，一目了然，如图13-25所示。

图13-24 接入主板风扇电源接口

图13-25 注意防呆设计

13.7 安装内存条

内存条的颜色代表了哪些可以组成双通道模式，内存条的安装比较简单。

STEP 01 将内存插槽的两端塑料卡扣向外掰出，如图13-26所示。

STEP 02 查看内存防呆凹槽与内存插槽的防呆位置，将内存对准内存插槽。

图13-26 掰开卡扣

STEP 03 双手捏住内存条两个上角，由上至下缓慢插入插槽，如图13-27所示。

图13-27 插入插槽

STEP 04 插到底后，按住内存两个上角，用力向下按。听到“咔”的声音后，插槽两边的塑料卡扣会自动合拢并卡住内存条，如图13-28所示。到这里，内存安装完毕，如果组建双通道，则按照以上的方法再插入另一根内存条。

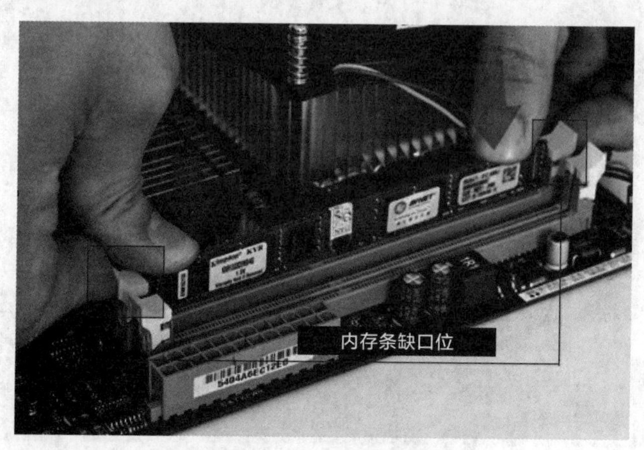

图13-28 固定内存

13.8 安装机箱电源

将已经安装好CPU和内存条的主板放至一旁备用，接下来准备安装电源。电源一般放置在机箱后上部。

STEP 01 准备好十字螺丝刀与大粗纹螺丝，打开机箱侧盖。

STEP 02 将电源螺丝孔对准排风口周围的螺丝孔，如图13-29所示。

STEP 03 用螺丝刀将螺丝拧入电源与主板相对应的螺丝孔即可，如图13-30所示。

图13-29 对准螺丝孔

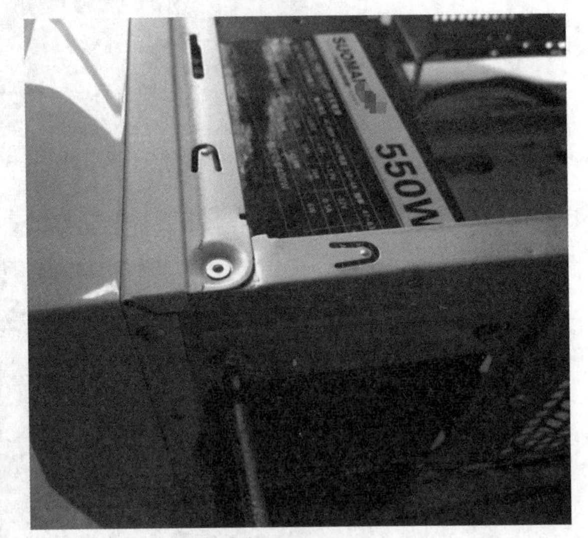

图13-30 拧上螺丝

13.9 安装主板

接下来则将主板安装到机箱内，其安装步骤如下。

STEP 01 使用尖嘴钳拆下机箱原有的后部接口挡板，如图13-31所示。

图13-31 拆下机箱挡板

STEP 02 拿出主板自带的挡板，安装在该位置，如图13-32所示，注意挡板的方向。

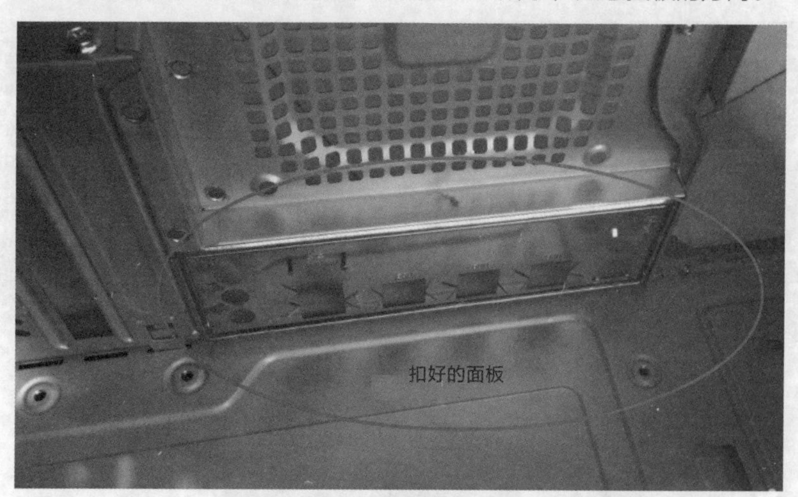

图13-32 将主板挡板扣在原有位置

STEP 03 将主板先放置在机箱内，查看主板的螺丝孔和机箱哪些孔相对应，并做好标记。拿出铜柱螺钉，拧在这些机箱螺丝孔上，如图13-33所示。

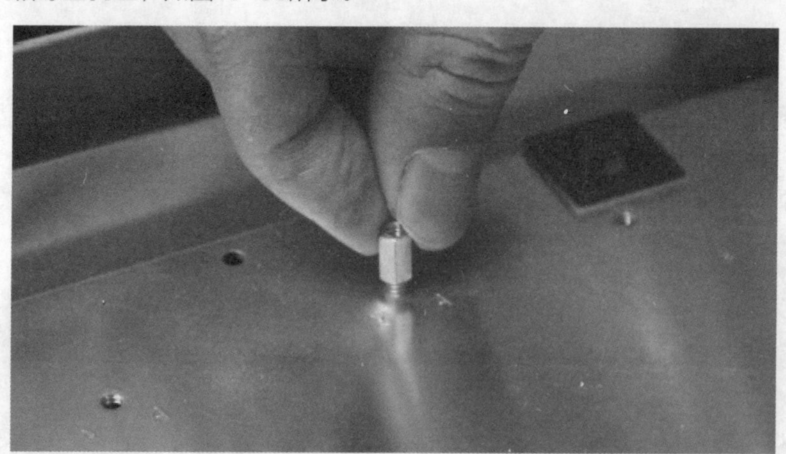

图13-33 将铜柱螺丝拧在机箱上

STEP 04 将主板放入机箱，对准后盖的接口挡板以及机箱上的铜柱螺丝，如图13-34所示。

图13-34 将主板放入机箱

STEP 05 拿出细纹螺丝，使用十字花螺丝刀，将螺丝拧入铜柱螺钉中，以固定主板，如图13-35所示。

图13-35 固定主板

需要注意，此时不要将螺丝拧到最深，先将所有螺丝全部拧入铜柱，再挨个拧紧，以防止有些孔对不准。

STEP 06 在电源中，找到主板供电的20Pin或者24Pin接口，接到主板的供电接口位置，如图13-36所示。因为有防呆设计，所以安装时注意看清。

STEP 07 在电源中找到CPU的4Pin或者双4Pin接口，接入主板的CPU插座中，如图13-37所示。

图13-36 接入主板电源

图13-37 接入CPU电源

STEP 08 从机箱前面板中找到前面板的接线，如图13-38所示，按照主板的接线柱说明进行跳线安装，如图13-39、13-40所示。

- POWER SW：电源按钮。
- RESET SW：重启按钮。
- POWER LED：电源工作指示灯。
- HDD LED：硬盘工作指示灯。
- SPEAKER：主机箱扬声器。
- AUDIO：前面板声音接口。
- USB：前面板USB接口。

电源按钮与重启按钮不分正负，直接安装跳线即可。指示灯及扬声器需要根据主要跳线柱旁边的说明，确定哪个是正极，再进行连接，以免损坏前面板指示灯和扬声器。USB及AUDIO接线有防呆设计，安装时，注意接口有无插针即可。

图13-38 前面板接线柱

图13-39 主板接线柱及说明

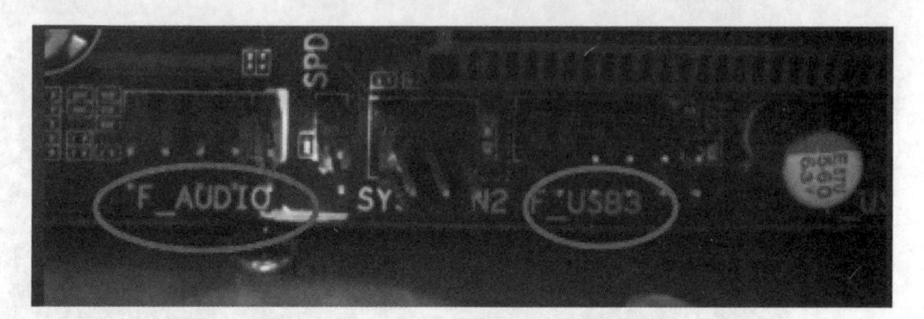

图13-40 主板声音及USB接线柱

13.10 安装显卡

显卡的安装步骤如下。

STEP 01 拆开机箱上对应主板PIC-E×16接口的机箱挡板。有些显卡的安装可能不是拆正对PCI-E接口的挡板，用户可以将显卡放入机箱，比对一下，再用尖嘴钳拆掉挡板。

STEP 02 将主板PCI-E×16插槽的卡簧向下按，如图13-41所示。该卡簧主要起到固定显卡和防止接触不良事故的作用。

图13-41 主板PIC-E×16插槽

STEP 03 将显卡插入主板的PCI-E显卡插槽中，同时显卡的固定钢片也要和机箱上的螺丝固定孔相对应。注意不要用手接触显存等显卡元器件。对准后，将显卡向下轻按，听到“咔”的响声后，稍使劲拽一下显卡，以确定是否卡紧。

STEP 04 用螺丝将显卡的钢片固定在机箱上，如图13-42所示。

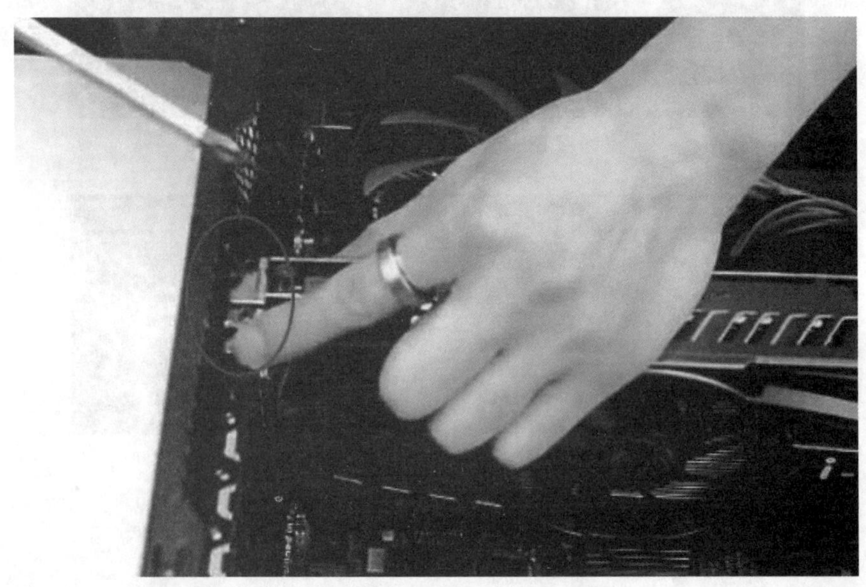

图13-42 固定显卡

STEP 05 将电源的6Pin或8Pin接口接入显卡的供电接口，完成显卡的安装，如图13-43所示。

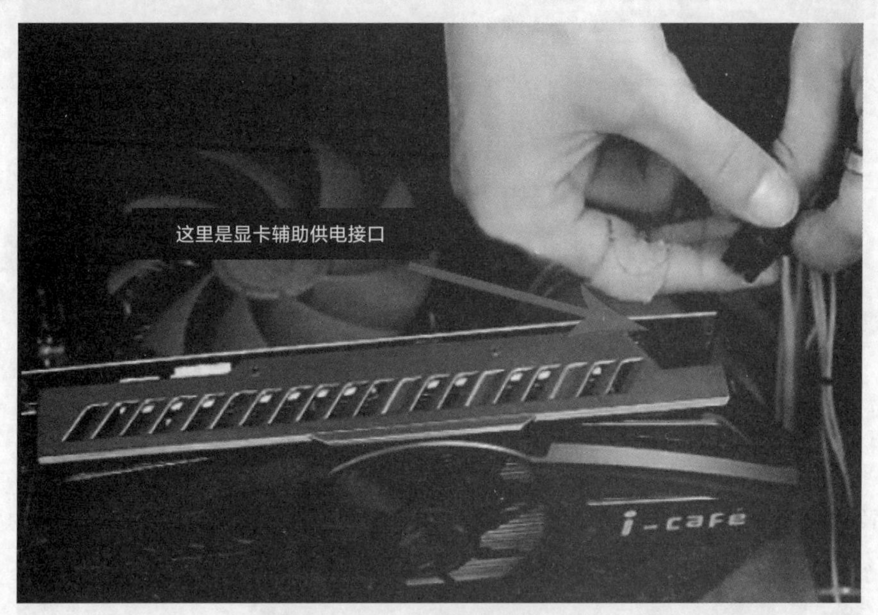

图13-43 连接显卡独立供电口

13.11 安装硬盘

硬盘分为老式的IDE接口硬盘以及主流的SATA接口硬盘，下面分别介绍安装方法。

13.11.1 SATA 接口硬盘的安装

STEP 01 将机箱另一侧的挡板拆下。

STEP 02 将硬盘放入机箱托架的3.5英寸固定架中，硬盘有电源和数据线接口的一侧要面向机箱内部。注意固定架中两侧的托板，如图13-44所示。

图13-44 将硬盘放入固定架中

STEP 03 将硬盘的螺丝孔和机箱的条形孔对齐，用小粗纹螺丝将其固定，如图13-45所示。一共要固定硬盘两侧4颗螺丝。可以先拧上，上完四颗螺丝后再拧紧。

图13-45 为硬盘安装螺丝

STEP 04 将SATA数据线一侧与硬盘的SATA数据线接口相连，如图13-46所示。连接时要看清接口的防呆设计。

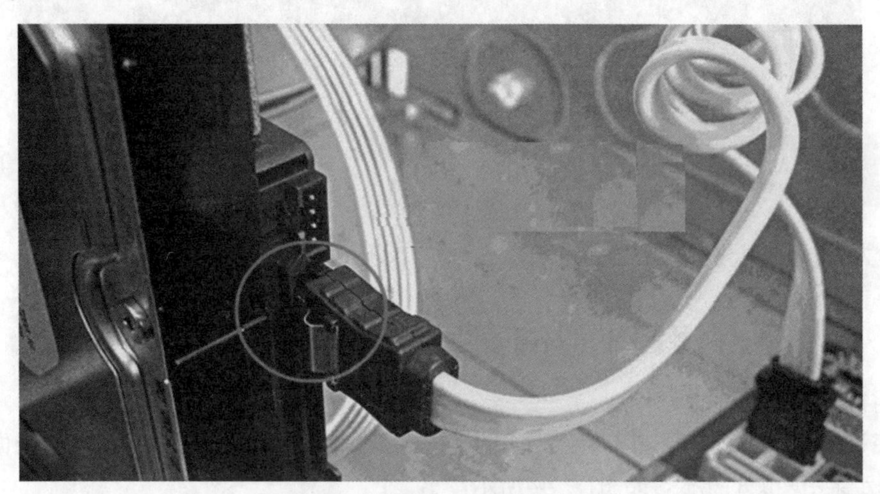

图13-46 连接硬盘SATA数据线接口

STEP 05 将SATA数据线的另外一侧接入主板的SATA接口中，如图13-47所示。

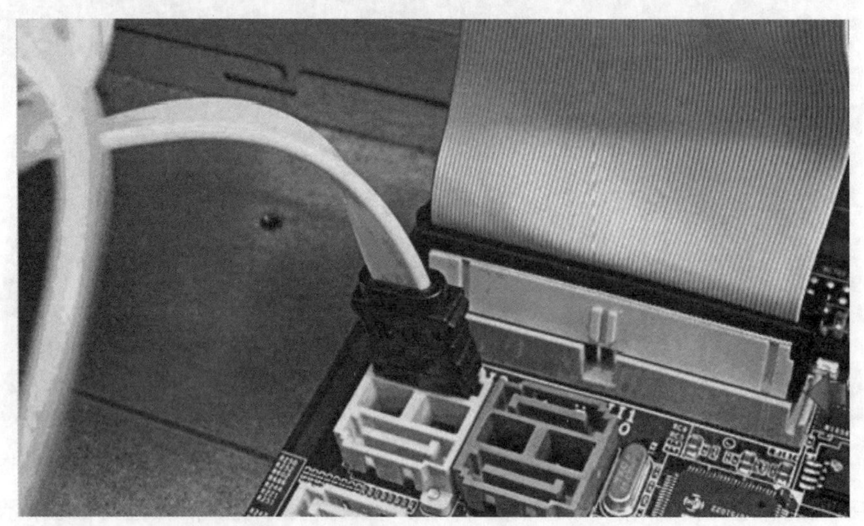

图13-47 连接硬盘SATA数据线接口

STEP 06 将机箱电源的SATA电源线接到硬盘的SATA电源接口。连接时注意看好接口防呆设计，如图13-48所示。

图13-48 连接SATA电源线的硬盘

STEP 07 盖上机箱侧盖，完成硬盘的安装。

13.11.2 IDE接口硬盘的安装

与SATA接口的硬盘相比，IDE接口硬盘的安装仅在连接线路时略有不同。在固定好IDE接口的硬盘后，按照以下步骤连接线路。

STEP 01 将IDE数据线的一侧接入硬盘的IDE接口中，如图13-49所示。注意接口的防呆设计。

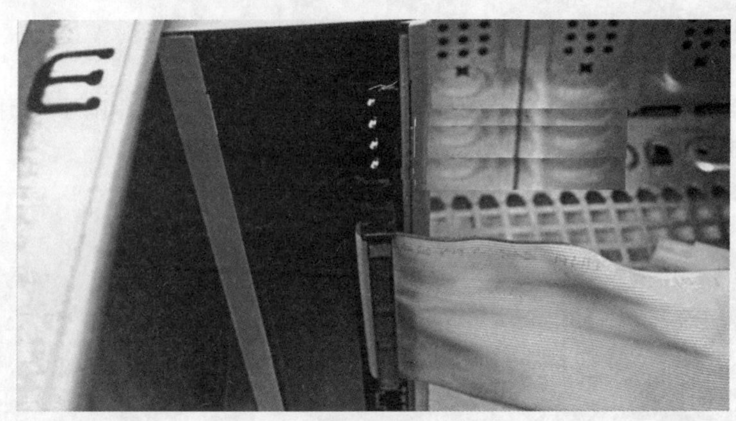

图13-49 连接硬盘的IDE接口

STEP 02 将IDE数据线另一侧接入主板的IDE接口中，如图13-50所示。注意接口的防呆设计。

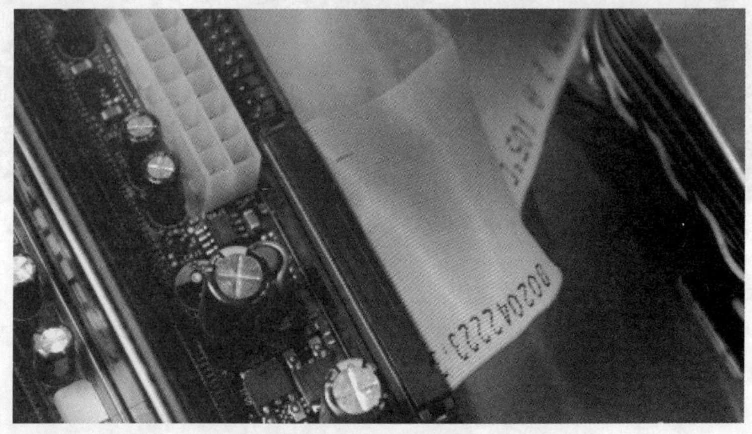

图13-50 连接主板上的IDE接口

STEP 03 将机箱电源的大4D电源接口接入硬盘的电源接口上，如图13-51所示，注意接口的防呆设计。

图13-51 连接好IDE数据线和电源线的硬盘

13.12 安装光驱

光驱的接线与硬盘一样，需要注意的是，在放入光驱时，要先将机箱前面挡板拆下一块，然后将光驱从机箱前方推入机箱，如图13-52所示，然后用螺丝固定住即可。

图13-52 将光驱从前面板处推入机箱

所有部件组装完成后，将显示器、键盘鼠标、音箱、网线、打印机等接入到主机后部接口，连接主机电源线及其他部件电源线，按下主机上的开机按钮，即可启动电脑。如果不能启动，那么需要检查各部件的运行状态，这部分内容将在后面的章节中为读者讲解。

14 Chapter

最新UEFI BIOS设置

知识概述

在电脑组装完成后，即可开机启动，之后需要进行调整的是电脑的启动顺序、时间等，这需要在电脑的 BIOS 中进行设置。本章将着重向读者介绍 BIOS 的界面、状态的查看以及基本参数的设置。

要点难点

- 图形化 UEFI 界面
- UEFI BIOS 的设置
- 传统 BIOS 的设置

14.1 认识 UEFI BIOS

新型UEFI，全称为“统一的可扩展固件接口”（Unified Extensible Firmware Interface），是一种详细描述类型接口的标准，用于将操作系统自动从预启动的操作环境加载到一种操作系统上。

可扩展固件接口（Extensible Firmware Interface，EFI）是 Intel 为 PC 固件的体系结构、接口和服务提出的建议标准。其主要目的是提供一组在 OS 加载之前（启动前）在所有平台上一致的、正确指定的启动服务，被看作是有近20多年历史的 BIOS 的继任者。下面将介绍UEFI的优势。

- 纠错特性：与BIOS显著不同的是，UEFI是用模块化、C语言风格的参数堆栈传递方式、动态链接的形式构建系统，它比BIOS更易于实现，容错和纠错特性也更强，从而缩短了系统研发的时间。更重要的是，它运行于32位或64位模式，突破了传统16位代码的寻址能力，达到处理器的最大寻址，此举克服了BIOS代码运行缓慢的弊端。
- 兼容性：与BIOS不同的是，UEFI体系的驱动并不是由直接运行在CPU上的代码组成的，而是用EFI Byte Code（EFI字节代码）编写而成的。Java是以Byte Code形式存在的，正是这种没有一步到位的中间性机制，使Java可以在多种平台上运行。UEFI也借鉴了类似的做法。EFI Byte Code是一组用于UEFI驱动的虚拟机器指令，必须在UEFI驱动运行环境下被解释运行，由此保证了充分的向下兼容性。一个带有UEFI驱动的扩展设备既可以安装在安卓系统中，也可以安装在支持UEFI的新PC系统中，它的UEFI驱动不必重新编写，这样就无须考虑系统升级后的兼容性问题。基于解释引擎的执行机制，还大大降低了UEFI复杂驱动的编写门槛，所有的PC部件提供商都可以参与。
- 鼠标操作：UEFI内置图形驱动功能，可以提供高分辨率的彩色图形环境，用户进入后能用鼠标点击调整配置，一切就像操作Windows系统下的应用软件一样简单。
- 可扩展性：UEFI使用模块化设计，在逻辑上分为硬件控制与OS（操作系统）软件管理两部分，硬件控制为所有UEFI版本所共有，而OS软件管理其实是一个可编程的开放接口。借助这个接口，主板厂商可以实现各种丰富的功能。比如用户熟悉的各种备份及诊断功能可通过UEFI加以实现，主板或固件厂商可以将它们作为自身产品的一大卖点。UEFI也提供了强大的联网功能，其他用户可以对用户的主机进行可靠的远程故障诊断，而这一切并不需要进入操作系统。
- UEFI组成优势：目前UEFI主要由这几部分构成，UEFI初始化模块、UEFI驱动执行环境、UEFI驱动程序、兼容性支持模块、UEFI高层应用和GUID磁盘分区。

UEFI初始化模块和驱动执行环境通常被集成在一个只读存储器中，就好比如今的BIOS固化程序一样。UEFI初始化程序在系统开机的时候最先得到执行，它负责最初的CPU、北桥、南桥及存储器的初始化工作，当这部分设备就绪后，紧接着载入UEFI驱动执行环境（Driver Execution Environment，简称DXE）。当DXE被载入时，系统就可以加载硬件设备的UEFI驱动程序了。DXE使用了枚举的方式加载各种总线及设备驱动，UEFI驱动程序可以放置于系统的任何位置，只要保证它可以按顺序被正确枚举。借助这一点，用户可以把众多设备的驱动放置在磁盘的UEFI专用分区中，当系统正确加载这个磁盘后，这些驱动就可以被读取并应用了。在这个特性的作用下，即使新设备再多，UEFI也可以轻松地一一支持，由此克服了传统BIOS捉襟见肘的情形。UEFI能支持网络设备并轻松联网，原因就在于此。

值得注意的是，一种突破传统MBR（主引导记录）磁盘分区结构限制的GUID（全局唯一标志符）磁盘分区系统将在UEFI规范中采用。MBR结构磁盘只允许存在4个主分区，而新结构却不受限制，分区类型也改由GUID来表示。在众多的分区类型中，UEFI系统分区用来存放驱动和应用程序。很多用户或许对这一点感到担心：当UEFI系统分区遭到破坏时怎么办？容易受病毒侵扰正是UEFI被人诟病的一大致命缺陷。事实上，系统引导所依赖的UEFI驱动通常不会存放在UEFI系统分区中，当该分区的驱动程序遭到破坏，用户可以使用简单方法加以恢复，根本不用担心。

X86处理器能够取得成功，与它良好的兼容性是分不开的。为了让不具备UEFI引导功能的操作系统提供类似于传统BIOS的系统服务，UEFI还特意提供了一个兼容性支持模块，这就保证了UEFI在技术上的良好过渡。

14.2 图形化 UEFI 界面介绍

UEFI的一个特点是使用图像化的操作界面，用户可以直接用鼠标进行操作。

14.2.1 进入 UEFI BIOS

UEFI BIOS的进入同传统BIOS的方式基本一致，在电脑启动后，按下Del键或者F2键进入。当然，根据主板品牌的不同，进入方法略有不同。用户可以根据开机后界面提示进行操作，如图14-1所示。

图14-1 华硕主板提示按DEL或F2进入UEFI BIOS

14.2.2 UEFI BIOS 主界面

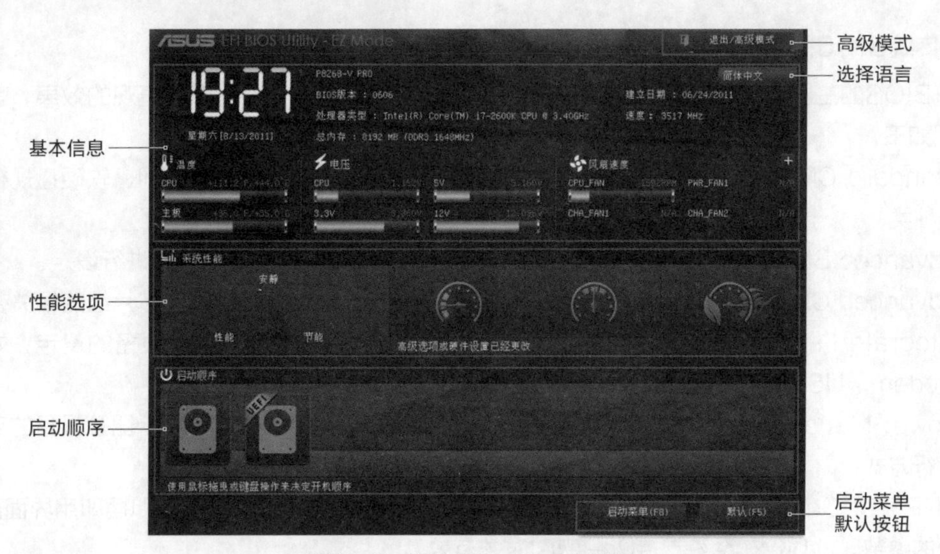

图14-2 华硕UEFI BIOS主界面

- 基本信息：包含了系统硬件的基本信息，如主板型号、BIOS版本、BIOS日期、处理器型号、当前速度、内存信息、时间和日期、CPU及主板温度、电源输入电压、风扇转速信息。
- 系统性能：可以在节能、标准、最佳化三种模式中进行选择，左侧显示出三种不同模式的各参数档次。
- 启动顺序：显示了当前硬件中连接了哪些可以启动的设备，以及当前的启动顺序。
- 高级模式：一般启动时，进入的是EZ模式，就是上图所示模式。EZ模式便于入门用户观察系统参数及调节启动顺序。单击“高级模式”按钮后，会进入高级设置界面，如图14-3所示，是供高级用户进行详细设置的界面。
- 语言选择：传统BIOS都是英文界面，如图14-4所示。为了便于用户使用，可以设置BIOS的语言种类。
- 启动菜单：用于从BIOS中跳转到启动设备列表，用户也可以临时设置从某个设备进行启动。

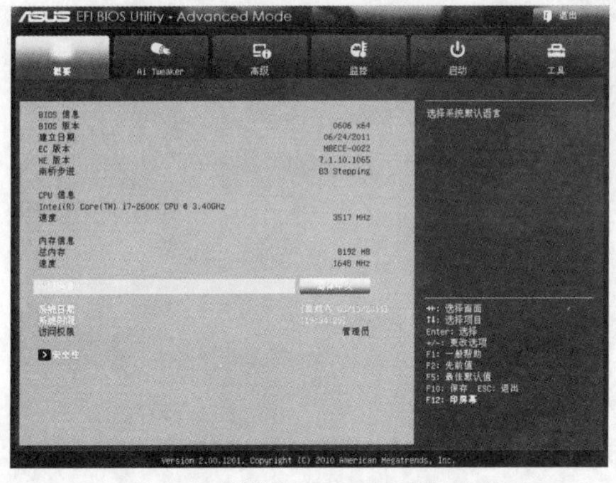

图14-3 华硕UEFI BIOS高级模式

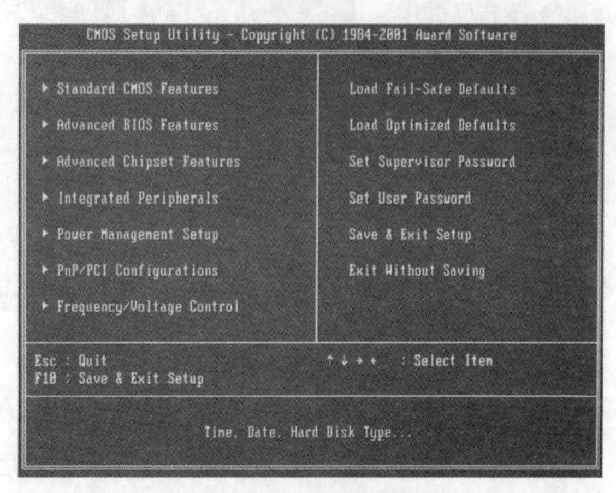

图14-4 传统BIOS界面

14.2.3 传统 BIOS 主界面

1. 传统BIOS主界面

传统BIOS的主界面与UEFI BIOS相去甚远，只能用键盘操作，没有形象直观的效果，其中各选项的说明如下。

- Standard CMOS Features（标准CMOS功能设定）：设定日期、时间、软硬盘规格及显示器种类。
- Advanced BIOS Features（高级BIOS功能设定）：对系统的高级特性进行设定。
- Advanced Chipset Features（高级芯片组功能设定）：设定主板所用芯片组的相关参数。
- Integrated Peripherals（外部设备设定）：使设定菜单包括所有外围设备的设定，如声卡、Modem、USB键盘是否打开等。
- Power Management Setup（电源管理设定）：设定CPU、硬盘、显示器等设备的节电功能运行方式。
- PNP/PCI Configurations（即插即用/PCI参数设定）：设定ISA的PnP即插即用界面及PCI界面的参数，此项仅在系统支持PnP/PCI时才有效。
- Frequency/Voltage Control（频率/电压控制）：设定CPU的倍频，设定是否自动侦测CPU频率等。
- Load Fail-Safe Defaults（载入最安全的缺省值）：使用此菜单载入出厂默认值作为稳定的系统参数。
- Load Optimized Defaults（载入高性能缺省值）：使用此菜单载入最好的性能，但有可能影响稳定的默认参数值。
- Set Supervisor Password（设置超级用户密码）：使用此菜单可以设置超级用户的密码。
- Set User Password（设置用户密码）：使用此菜单可以设置用户密码。
- Save & Exit Setup（保存后退出）：保存对CMOS的修改，然后退出Setup程序。
- Exit Without Saving（不保存退出）：放弃对CMOS的修改，然后退出Setup程序。

2. 传统BIOS设置的操作方法

- 按方向键↑、↓、←、→：移动到需要操作的项目上。
- Enter键：选定此选项。
- Esc键：从子菜单回到上一级菜单或者跳到退出菜单。
- +或PU键：增加数值或改变选择项。
- -或PD键：减少数值或改变选择项。
- F1键：主题帮助，仅在状态显示菜单和选择设定菜单有效。
- F5键：从CMOS中恢复前次的CMOS设定值，仅在选择设定菜单有效。
- F6键：从故障保护缺省值表加载CMOS值，仅在选择设定菜单有效。
- F7键：加载优化缺省值。
- F10键：保存改变后的CMOS设定值并退出。

在主菜单上用方向键选择要操作的项目，然后按Enter键进入该项子菜单，在子菜单中用方向键选择要操作的项目，然后按Enter键进入该子项，再用方向键选择，完成后按Enter键确认，最后按F10键保存改变后的CMOS设定值并退出（或按Esc键退回上一级菜单，退回主菜单后选“Save & Exit Setup”后按Enter键，在弹出的确认窗口中输入“Y”然后按Enter键，即保存对BIOS的修改并退出Setup程序。

14.3 BIOS 常用设置

下面分别介绍UEFI BIOS和传统BIOS常用设置。

14.3.1 UEFI BIOS 常用设置

1. 设置启动顺序

电脑中通常包含多种可启动的设备，如硬盘、光驱、U盘。有时候，每种设备还不止一个。电脑启动时，该从哪个设备启动呢？除了默认启动顺序外，用户可以根据自己的需要，设置启动的顺序。

在UEFI BIOS的EZ模式界面中，在“启动顺序”一行，可以看到当前的启动设备及默认的启动顺序，用户可以根据需要，拖动设备图标，即可决定启动顺序，如图14-5所示。

图14-5 改变硬件启动顺序

2. 设置BIOS语言

进入“高级模式”，在“概要”选项卡中，单击“系统语言”后面的按钮，如图14-6所示。在“系统语言”列表中，选择需要的语言，如图14-7所示。

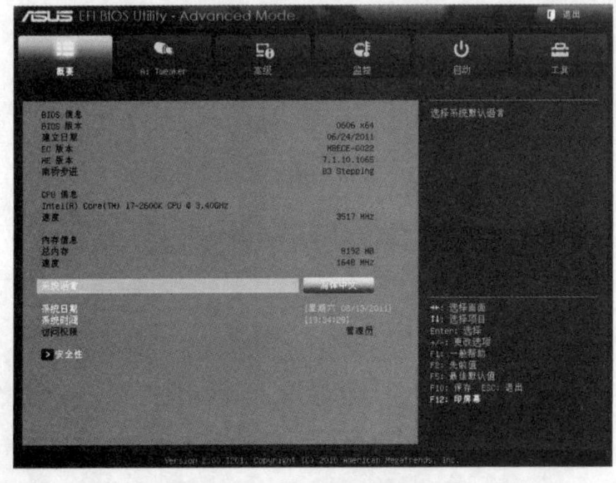

图14-6 进入语言更改界面

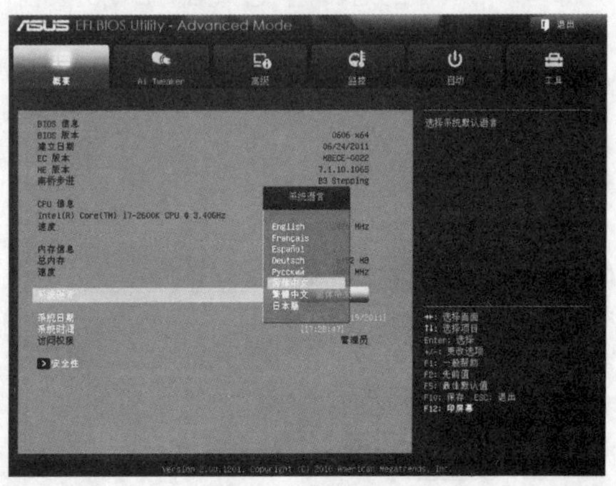

图14-7 选择系统语言

3．设置SATA模式

SATA有3种模式可供选择。

- IDE模式：IDE是表示硬盘的传输接口。常说的IDE接口，也叫ATA（Advanced Technology Attachment）接口。
- RADI模式：磁盘阵列模式，简单说就是利用多个硬盘同时工作，来保证数据的安全以及存取速度。它共有9种模式，以数字命名，为RAID 0、RAID1到RAID 7以及RAID 0+1，而目前最常用的是RAID 0、RAID 1、RAID 5和RAID 0+1这四种模式。
- AHCI模式：AHCI本质是一种PCI类设备，在系统内存总线和串行ATA设备内部逻辑之间扮演一种通用接口的角色（即它在不同的操作系统和硬件中是通用的）。这个类设备描述了一个含控制和状态区域、命令序列入口表的通用系统内存结构，每个命令表入口包含SATA设备编程信息，和一个指向（用于在设备和主机传输数据的）描述表的指针。

AHCI模式是现在普遍使用的模式。进入高级模式界面，切换到“高级”选项卡，单击“SATA模式”后的单选按钮，如图14-8所示。

在弹出的列表中，选择合适的选项，如图14-9所示。

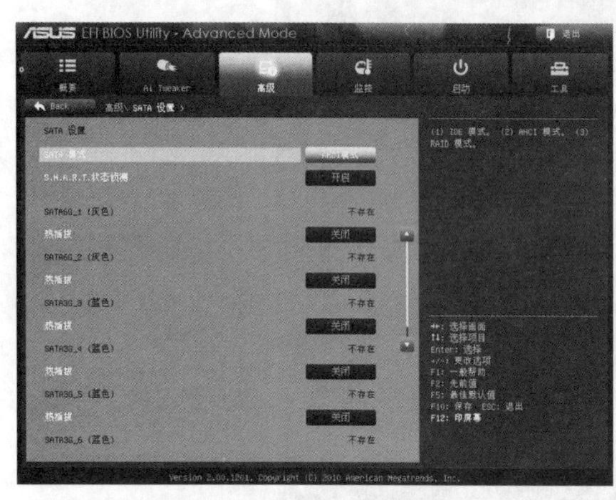

图14-8 进行模式选择

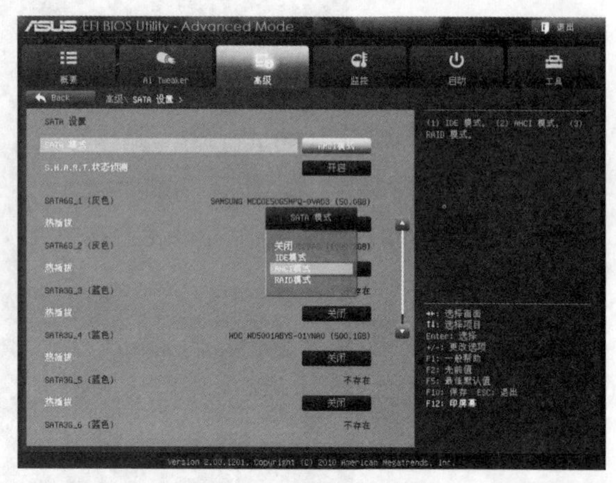

图14-9 选择合适模式

4．启动设备选择

STEP 01 在高级模式中，也可以选择启动顺序。在“高级模式”中，切换到“启动”选项卡，单击“启动选项 #1”后面的按钮，如图14-10所示。

STEP 02 在弹出的列表中，选择第一启动的设备，如图14-11所示。

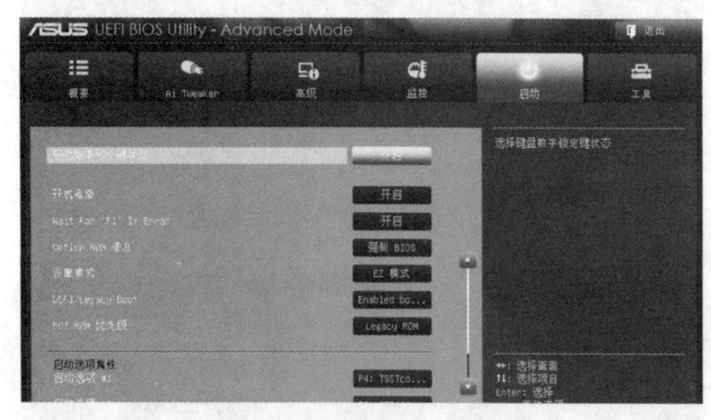

图14-10 进入启动列表

图14-11 选择第一启动设备

5．设置密码

BIOS提供了两种密码设置，即用户密码和管理员密码。下面讲解设置密码的步骤。

STEP 01 在“高级模式”中切换到“概要”选项卡，单击“安全性”按钮，如图14-12所示。

STEP 02 在“安全性”界面中，给出了密码的说明。单击“管理员密码”按钮，如图14-13所示。

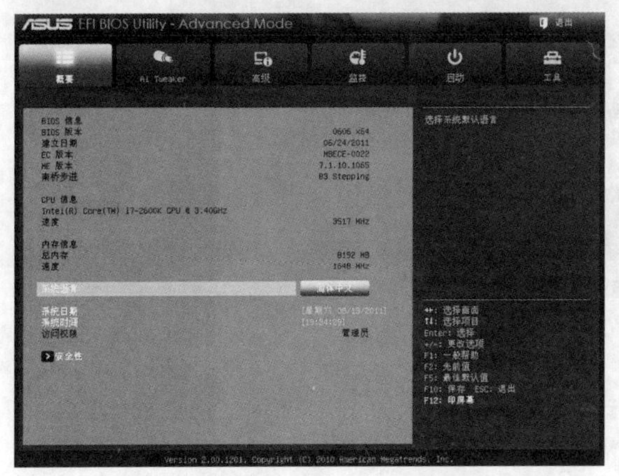

图14-12 进入“安全性”设置界面

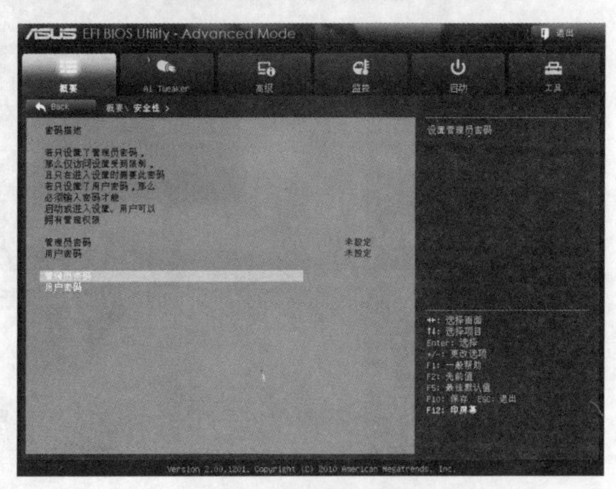

图14-13 设置密码界面

STEP 03 在弹出的界面中，输入两次密码，完成密码设置。用户密码的设置过程与管理员密码设置过程相同。

如果要更改密码，则再次单击该选项，输入当前密码，再输入两次新密码即可。如果要清空密码，则在输入新密码时，直接按两次Enter键，即可清除密码。

6. 升级BIOS

UEFI BIOS升级要比传统BIOS升级简单得多。用户可以通过升级BIOS，来实现更多的功能。当然，主板厂商建议在没有问题的情况下，最好不要升级BIOS。

STEP 01 准备好U盘，并到官网上下载对应主板型号的BIOS文件后，存储到U盘中。将U盘插入电脑USB口后，启动电脑，进入BIOS。在“高级模式”的“工具”选项卡中，单击“华硕升级BIOS应用程序 2”按钮，如图14-14所示。

STEP 02 在驱动器中，选择升级文件，按Enter键即可更新BIOS，如图14-15所示。更新完毕后，重启电脑，即可完成BIOS的更新。

7. 断电恢复后电源状态

该选项用于设置电脑因意外断电后，再次通电时是否要开机。用户可以在“高级模式”的“高级电源管理”中，单击“断电恢复后电源状态”，并从中选择合适的选项，如图14-16所示。

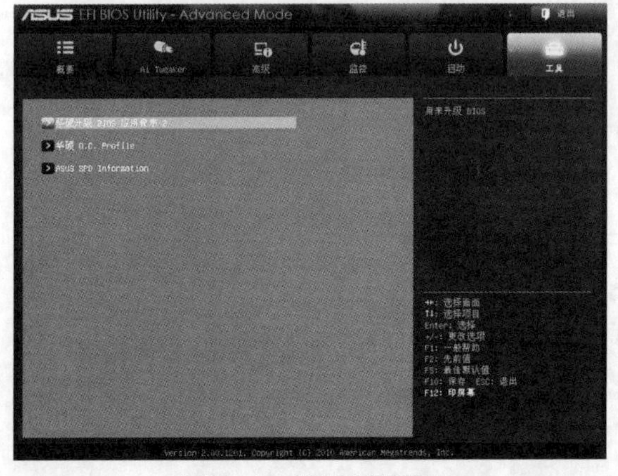

图14-14 进入升级界面

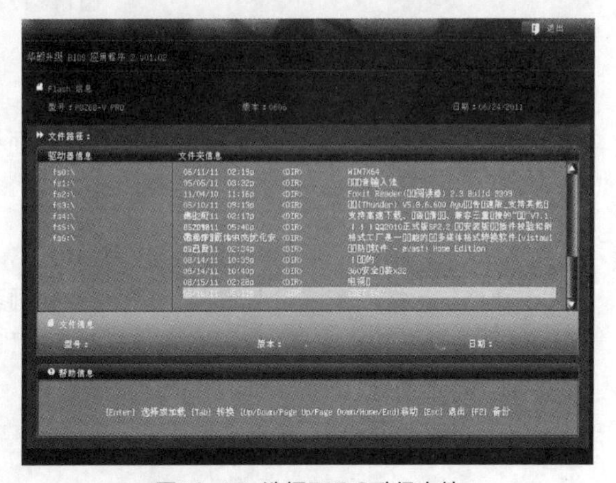

图14-15 选择BIOS升级文件

图14-16 选择断电恢复后电源状态

8. 保存设置

在主界面中，按下盘上的F10键，进行保存即可。如果设置错了，在“退出”选项卡中，单击“载入最佳默认值”即可，如图14-17所示。

图14-17 保存设置

14.3.2 传统 BIOS 常用设置

传统BIOS应用范围较UEFI BIOS广泛，下面将介绍传统BIOS常用的设置。

1. 修改时间

BIOS修改时间比较简单，进入BIOS设置后，在Standard CMOS Features选项中找到BIOS时间设置选项，然后按键盘上的+、-键进行时间修改即可，修改完成后按F10键保存并退出，在弹出的确认框中，选择Yes（默认），然后按Enter键即可，如图14-18所示。

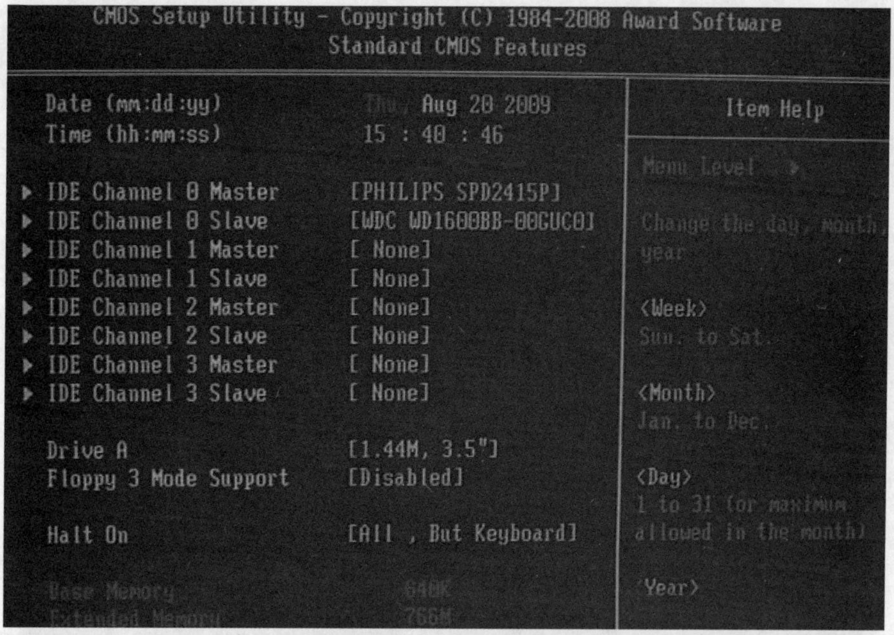

```
CMOS Setup Utility - Copyright (C) 1984-2008 Award Software
                  Standard CMOS Features

Date (mm:dd:yy)            Thu, Aug 20 2009          Item Help
Time (hh:mm:ss)            15 : 40 : 46
                                                  Menu Level  ►
► IDE Channel 0 Master     [PHILIPS SPD2415P]
► IDE Channel 0 Slave      [WDC WD1600BB-00GUC0]  Change the day, month,
► IDE Channel 1 Master     [ None]                year
► IDE Channel 1 Slave      [ None]
► IDE Channel 2 Master     [ None]                <Week>
► IDE Channel 2 Slave      [ None]                Sun. to Sat.
► IDE Channel 3 Master     [ None]
► IDE Channel 3 Slave      [ None]                <Month>
                                                  Jan. to Dec.
Drive A                    [1.44M, 3.5"]
Floppy 3 Mode Support      [Disabled]             <Day>
                                                  1 to 31 (or maximum
Halt On                    [All , But Keyboard]   allowed in the month)

Base Memory                   640K                <Year>
Extended Memory               766M
```

图14-18 修改时间

2．设置启动顺序

在Advanced Bios Features（老式主板在BIOS FEATURE SETUP里）选项设置里，找到First Boot Device（老式主板为Boot Sequence），将这项设置为CD-ROM即可，完成后，按F10键保存并退出，如图14-19所示。

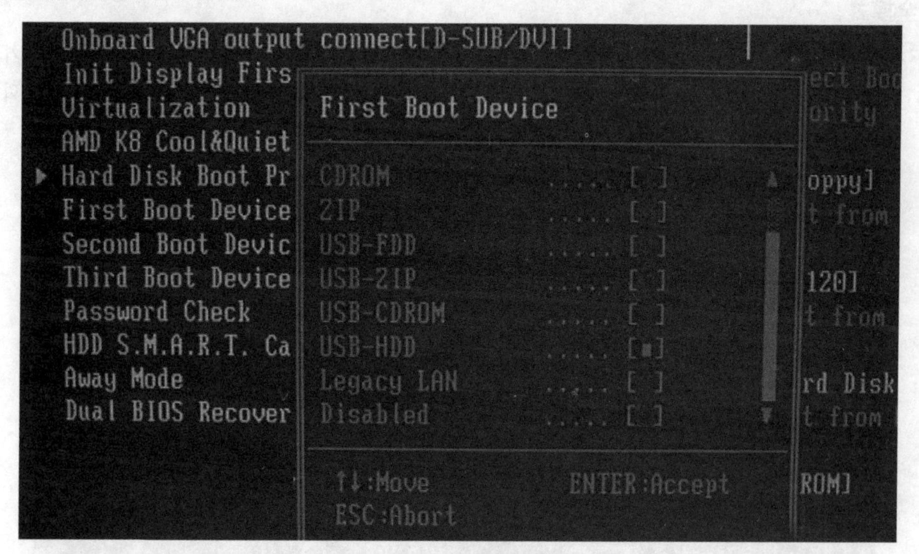

图14-19 设置启动顺序

如果设置bIOS从U盘启动，只要将First Boot Device设置为USB-HDD或USB-ZIP（根据USB启动盘类型确定，另外请提前插入U盘，以让电脑检测到），完成后，按F10键保存并退出。

设置BIOS第一启动项时，用户需要找到与Boot相关的设置选项，进入选项进行设置即可，完成后记得保存，成功后，重启电脑即以U盘或者光驱启动了。

3．关闭软驱

如今软驱早已经被淘汰了，但有些老式主板BIOS里还有软驱设置，并且默认是开启的，导致每次电脑开机都会出现一个倒计时，很不方便。

关闭软驱方法为：进入BIOS设置，然后找到Standard Bios Features，其中个DRIVE A选项，移动到该项上按Enter键，选择NONE或DISABLE即可关掉，如图14-20所示。实际上也可以在Windows的设备管理器中将其关掉，但是每次重装系统后还会开启。

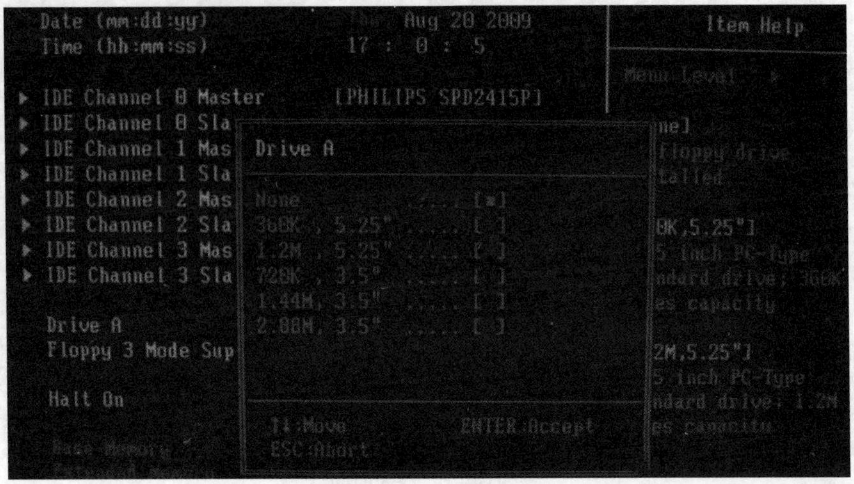

图14-20 关闭软驱

4. 恢复出厂设置

由于BIOS界面是全英文的，很多不懂英文用户设置BIOS时往往容易出错，导致各种电脑问题的发生。这种情况就需要用到BIOS里的Load Optimized Defaults相当于恢复默认安全设置，类似于电脑的安全模式。

BIOS恢复出厂设置比较简单，进入BIOS设置界面后，找到并选中右侧的Load Optimized Defaults，然后按Enter键，在弹出的确认框中，选择Yes，然后再按一次Enter键即可，如图14-21所示。

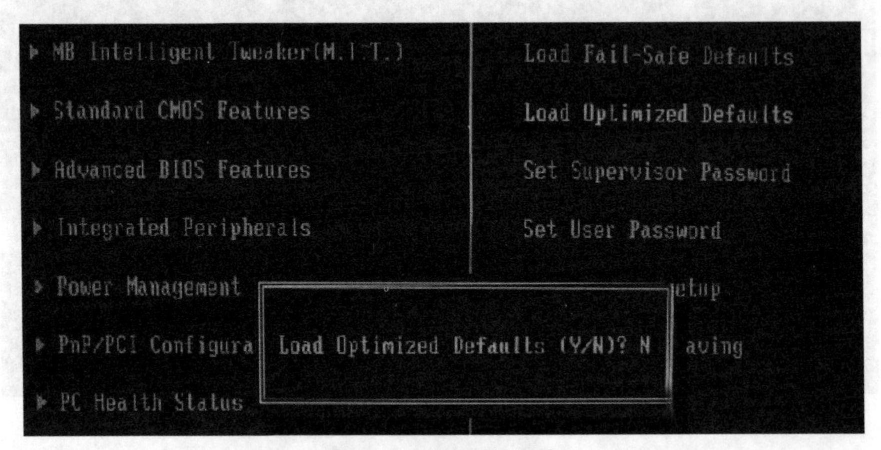

图14-21 恢复默认设置

5. 取消硬盘AHCI模式

硬盘AHCI模式的设置位置一般在Integrated Peripherals（集成设备）界面里，选择OnChip SATA Type选项，可以看到下面的三个选项：Native IDE、RAID和AHCI，如果需要关掉AHCI，则选择Native IDE选项即可，若要开启则选择AHCI选项。有些笔记本上可能只有AHCI、ATA和DISABLE选项，可以选择ATA模式将其关闭。还有的系统显示Compatible Mode（兼容模式），与Native效果相同，如图14-22所示。

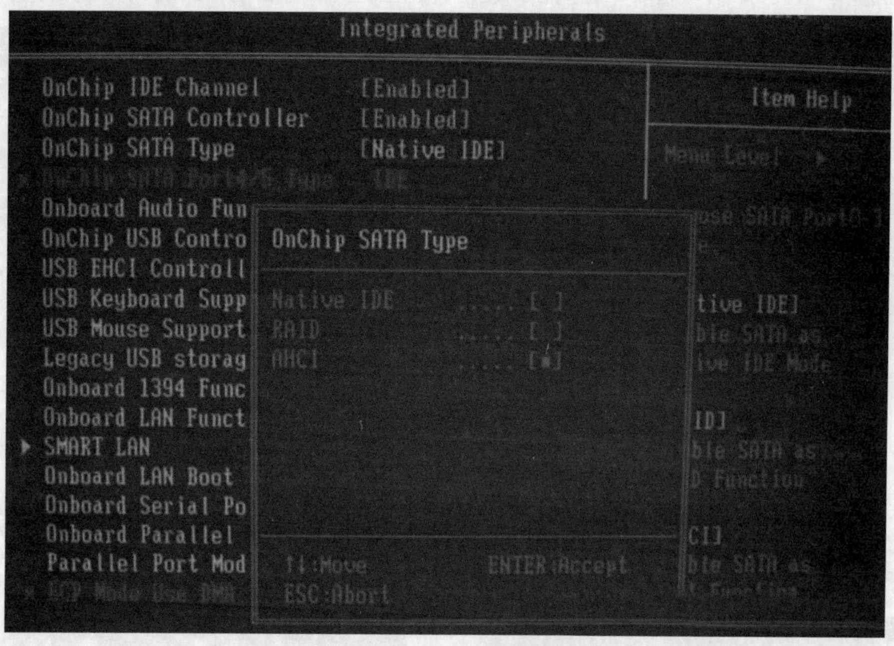

图14-22 修改SATA模式

BIOS中还有Onchip Sata Controller这个SATA控制器选项，如果系统已经安装，选择关闭该模式后，可能会导致一些不确定的问题，所以，如果运行没问题，一般只需要设置SATA的工作模式即可，控制器不需要关闭。

6. 保存BIOS

在设置完成后，按下键盘上的F10键，再按一次Enter键进行保存即可，如图14-23所示。

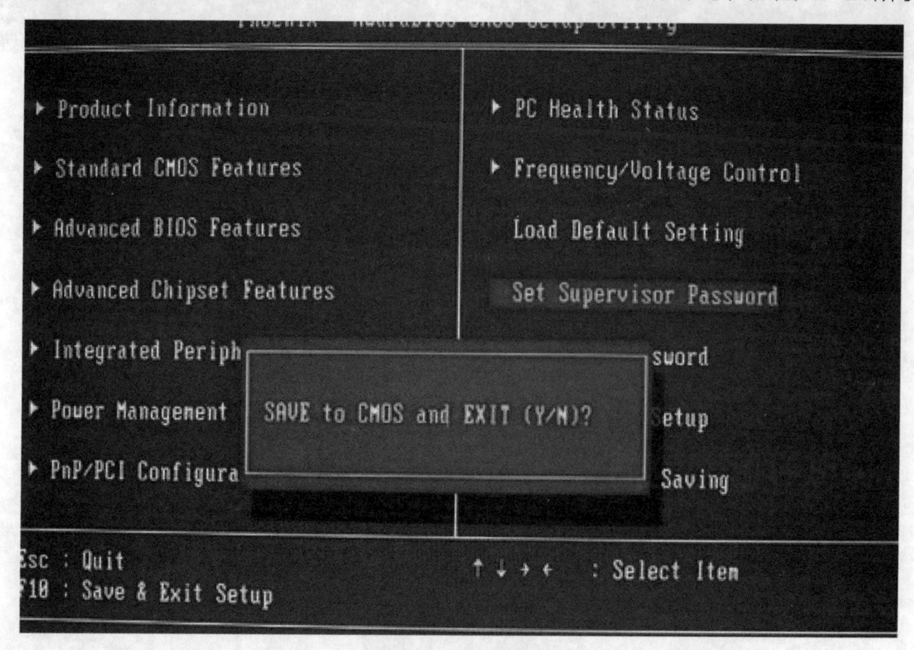

图14-23 保存设置

7. 其他界面BIOS设置启动顺序

STEP 01 在Boot选项卡中，选择Boot Device Priority选项，如图14-24所示。

STEP 02 在选项中，选择第一选项，选择启动设备，这里选择U盘启动，如图14-25所示。

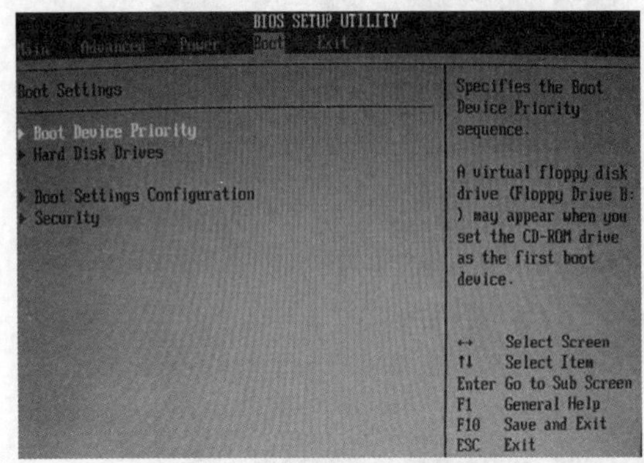

图14-24 进入启动设置界面

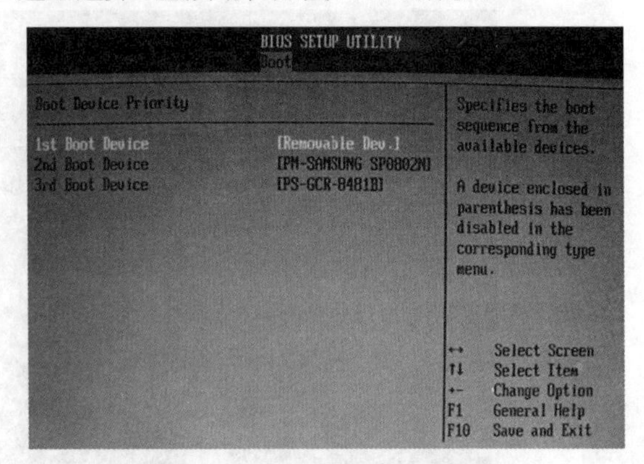

图14-25 设置设备启动顺序

STEP 03 进入硬盘驱动器Hard Disk Drives界面，需要选择U盘作为第一启动设备1st Drive。如果之前在Hard Disk Drives中已经选择U盘为第一启动设备，那么在这个界面里就会显示U盘选项，如图14-26所示。至此已选择U盘作为第一启动设备，如图14-27所示。

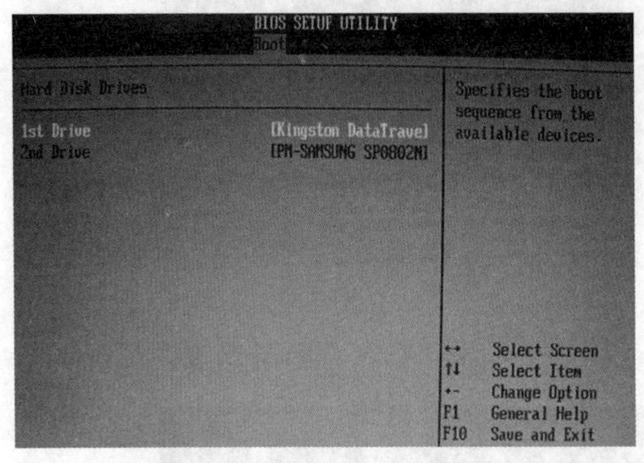

图14-26 查看是否检测到U盘

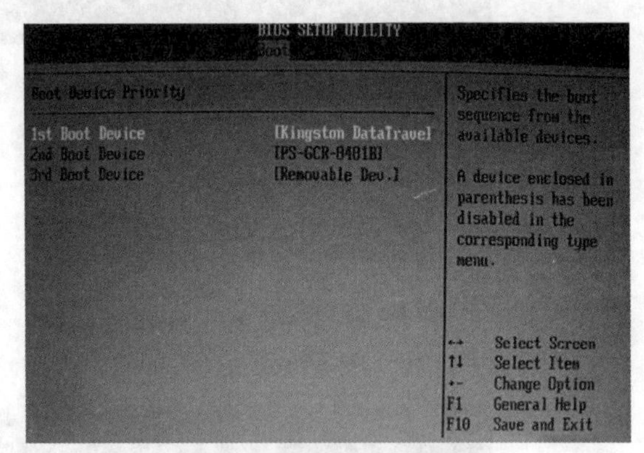

图14-27 设置U盘启动

15 Chapter 电脑硬盘分区

知识概述

组装完毕的电脑并不能马上安装系统，需要先对硬盘进行分区。即使可以使用光盘安装系统，分区操作也属于正式安装系统前必不可少的一步。现在的存储设备已经可以达到3T、4T及以上的容量。这种大容量硬盘的分区操作与传统的分区操作有所不同。

要点难点

- 硬盘分区的概念
- 大容量硬盘分区
- 分区操作

15.1 认识电脑分区

首先，我们来了解一下何为分区，以及为何分区。

15.1.1 分区的定义

当创建分区时，意味着已经设置好了硬盘的各项物理参数，指定了硬盘主引导记录（即Master Boot Record，一般简称为MBR）和引导记录备份的存放位置。而对于文件系统以及其他操作系统管理硬盘所需要的信息则是通过之后的高级格式化，即Format命令来实现。

安装操作系统和软件之前，首先需要对硬盘进行分区和格式化。许多人认为既然是分区就一定要把硬盘划分成好几个部分，其实用户完全可以只创建一个分区，使用全部或部分的硬盘空间。不过，不论划分多少个分区，也不论使用的是SATA硬盘还是IDE硬盘，都必须把硬盘的主分区设定为活动分区，这样才能通过硬盘启动系统。

15.1.2 分区的目的

从本质上说，电脑分区是对电脑硬盘的一种格式化，只有格式化以后，才能进行数据的保存。电脑分区后，就出现了C盘、D盘、E盘等盘符，实际上就是将一块硬盘从逻辑上划分为多个区块，从而方便系统的安装、文件的存储和恢复等。

分区是使用分区编辑器在硬盘上划分几个逻辑部分，一旦划分成数个分区，不同类的目录与文件可以存储进不同的分区。分区越多，就可以将文件区分得更细。空间管理、访问许可与目录搜索的方式，属于安装在分区上的文件系统。

15.1.3 何时进行分区

1. 新购买的硬盘

新购买的硬盘，无论是机械硬盘还是固态硬盘，都需要先进行分区操作。

2. 重新对现有硬盘进行分区

对现有分区不满意，希望增加或减少分区，或者C盘的空间不够时，也可以通过重新分区划分更多的空间。

3. 感染病毒

引导区感染病毒，不能引导硬盘时，可以通过分区重写MBR，完成修复。

15.1.4 传统分区的类型

1. 主分区

主分区也叫引导分区，Windows系统一般需要安装在这个主分区中，这样才能保证开机自动进入系统。简单来说，主分区就是可以引导电脑开机读取文件的一个磁盘分区。

一块硬盘，最多可以同时创建4个主分区，当创建完4个主分区后，就无法再创建扩展分区和逻辑分区了。此外，主分区是独立的，对应磁盘上的第一个分区，目前绝大多数电脑，在分区的时候，都是将C盘分成主分区。

2. 扩展分区

扩展分区是一个概念，实际在硬盘中是看不到的，用户也无法直接使用扩展分区。

除了主分区外，剩余的磁盘空间就是扩展分区了。当一块硬盘将所有容量都分给了主分区，那么就没有扩展分区了，仅当主分区容量小于硬盘容量，剩下的空间才属于扩展分区，扩展分区可以继续进行扩展切割，分为多个逻辑分区。

3. 逻辑分区

在扩展分区上面，可以创建多个逻辑分区。逻辑分区相当于一块存储介质，和操作系统以及别的逻辑分区、主分区没有什么关系，是“独立的”。

15.2 分区需要考虑的问题

在分区前，需要提前对分区进行规划。

15.2.1 分区的个数及容量

分区前，需要根据自己日常使用习惯，确定需要分几类。除了系统分区，分区的个数及大小都可以按用户的标准进行制定。系统分区一般作为C盘，根据安装系统的不同，大小有所变化。个人认为Windows 10、Windows 7等主流操作系统，系统盘的分区尽量在50G以上，最好为100G。因为Windows的各种补丁、各种驱动以及某些专业软件会使C盘的文件不断增大。其余的盘可以分为D盘软件、E盘工作文件、F盘游戏等。各盘容量大小根据用户日常使用习惯决定。

15.2.2 传统分区的格式

1. FAT16

FAT16采用16位的文件分配表，能支持的最大分区为2GB，是曾经应用最为广泛和获得操作系统支持最多的一种磁盘分区格式，几乎所有的操作系统都支持这种格式，从DOS、Win 3.x、Win 95、Win 97到Win 98、Windows NT、Windows 2000、Windows XP以及Windows Vista和Windows 7的非系统分区，一些流行的Linux都支持这种分区格式。

2. FAT32

这种格式采用32位的文件分配表，其对磁盘的管理能力大大增强，突破了FAT16对每一个分区的容量只有2GB的限制。运用FAT32的分区格式后，用户可以将一个大硬盘定义成一个分区，而不必分为几个分区使用，大大方便了对硬盘的管理工作。FAT32还具有一个优点：在一个不超过8GB的分区中，FAT32分区格式的每个簇容量都固定为4KB，与FAT16相比，可以大大减少硬盘空间的浪费，提高硬盘利用效率，但是，FAT32的单个文件不能超过4G。支持这一磁盘分区格式的操作系统有Windows 97/98/2000/XP/Vista/7/8等。

3. NTFS

NTFS是现在主流的磁盘格式，早期在Windows NT网络操作系统中常用，但随着安全性的提高，在Windows Vista和Windows 7操作系统中也开始使用这种格式，并且在Windows Vista和Windows 7中只能使用NTFS格式作为系统分区格式。其显著的优点是安全性和稳定性极其出色，在使用中不易产生文件碎片，对硬盘的空间利用及软件的运行速度都有好处。而且单个文件可以超过4G。它能对用户的操作进行记录，通过对用户权限进行非常严格的限制，使每个用户只能按照系统赋予的权限进行操作，充分保护了网络系统与数据的安全。

15.2.3 分区前的准备工作

如果是新硬盘，直接进行分区即可；如果是其他情况，最好先将盘中的数据备份到安全的位置，如移动硬盘或者其他电脑中，之后再进行分区工作。

15.3 3T 及以上大硬盘的分区

采用MBR分区表的硬盘，最大访问容量是2.19TB，因此大于该容量的硬盘，系统无法进行识别。那么该问题如何解决？这里就需要介绍一个新的存储格式GPT。

15.3.1 认识 GPT

GPT分区全名为Globally Unique Identifier Partition Table Format，即全局唯一标示磁盘分区表格式。GPT还有另一个名字，叫作GUID分区表格式，在许多磁盘管理软件中能够看到这个名字。而GPT也是UEFI所使用的磁盘分区格式。

GPT分区表采用8字节即64bit来存储扇区数，因此他最大可以支持264个扇区。按照每扇区512byte容量计算，每个分区的最大容量可达9.4ZB（94亿TB）。

GPT分区的一大优势就是针对不同的数据建立不同的分区，同时为不同的分区创建不同的权限。就如其名字一样，GPT能够保证磁盘分区的GUID唯一性，所以GPT不允许对整个硬盘进行复制，从而保证了磁盘内数据的安全性。相比用户目前通常使用的MBR分区，GPT本身有着得天独厚的优势。

15.3.2 GPT 使用范围

并不是所有的硬盘都可以使用GPT格式，以下列出了常用操作系统支持GPT分区情况。

	数据盘	系统盘
Windows 7 32bit	支持GPT分区	不支持GPT分区
Windows 7 64bit	支持GPT分区	需要UEFI BIOS支持
Windows 8 32bit	支持GPT分区	不支持GPT分区
Windows 8 64bit	支持GPT分区	需要UEFI BIOS支持
Windows 10 64bit	支持GPT分区	需要UEFI BIOS支持

15.3.3 MBR转换为GPT

GPT分区的创建或者更改其实并不麻烦，但是如果想从MBR分区转换成GPT分区，会丢失硬盘内的所有数据。所以在更改硬盘分区格式之前需要先将硬盘中数据备份，然后使用Windows自带的磁盘管理功能，或者使用DiskGenius等磁盘管理软件，将硬盘转换成GPT（GUID）格式，转换完成后，就可以真正开始系统的安装过程了。

STEP 01 在启动了DiskGenius后，选择需要转换的分区，在“硬盘”菜单中，选择“转换分区表类型为GUID格式”命令，如图15-1所示。

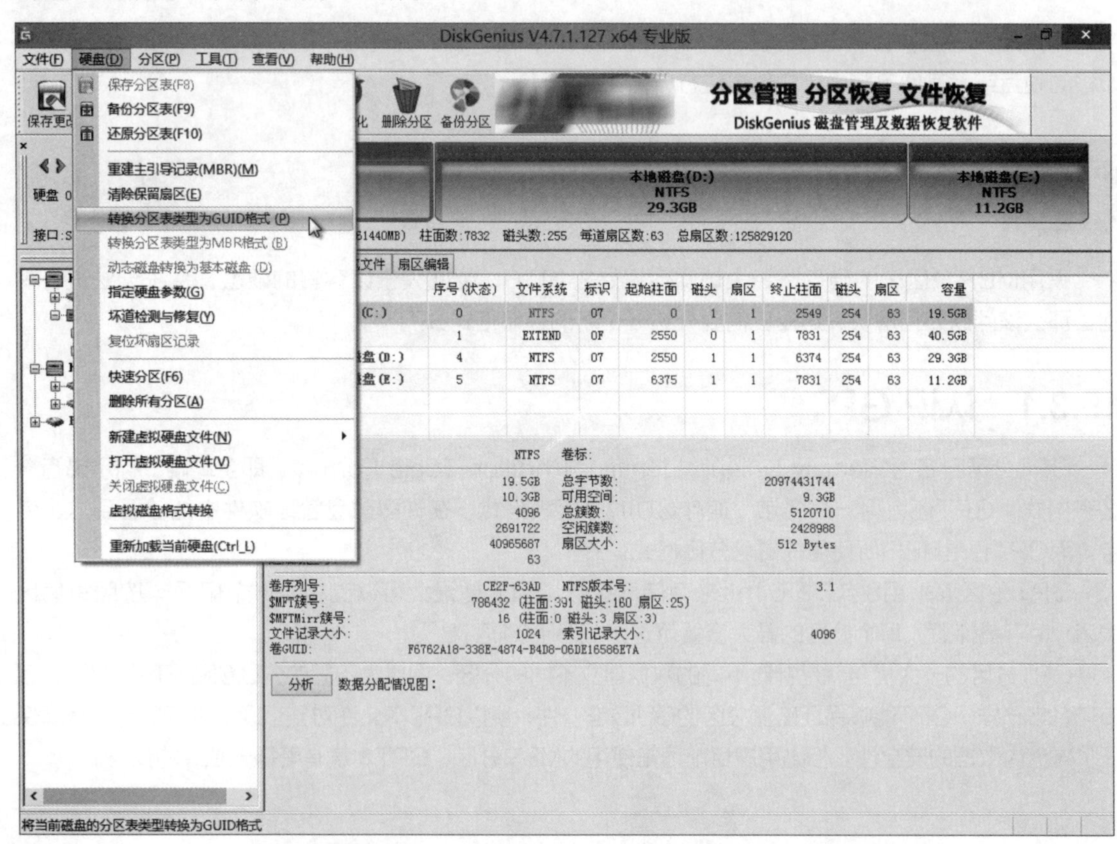

图15-1 选择“转换分区表类型为GPT”命令

STEP 02 弹出确认信息，并提示用户谨慎选择，如图15-2所示。确认后单击“确定”按钮，即可进行转换。

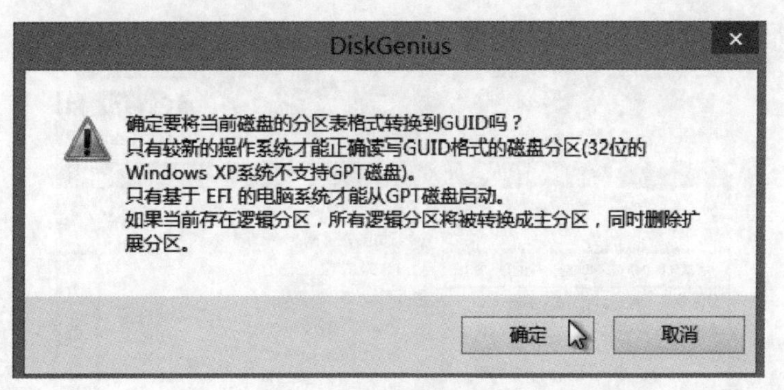

图15-2 转换确认信息

15.4 分区操作

分区操作有多种方法，如使用DiskGenius软件分区，或在系统安装时分区，以及安装好系统后进行分区。

15.4.1 使用 DiskGenius 软件进行分区

使用DiskGenius软件进行分区，可以先进入PE系统，再启动该软件。

STEP 01 在主界面中，选择左侧的HD0硬盘，或直接选择图形化的硬盘，如图15-3所示。

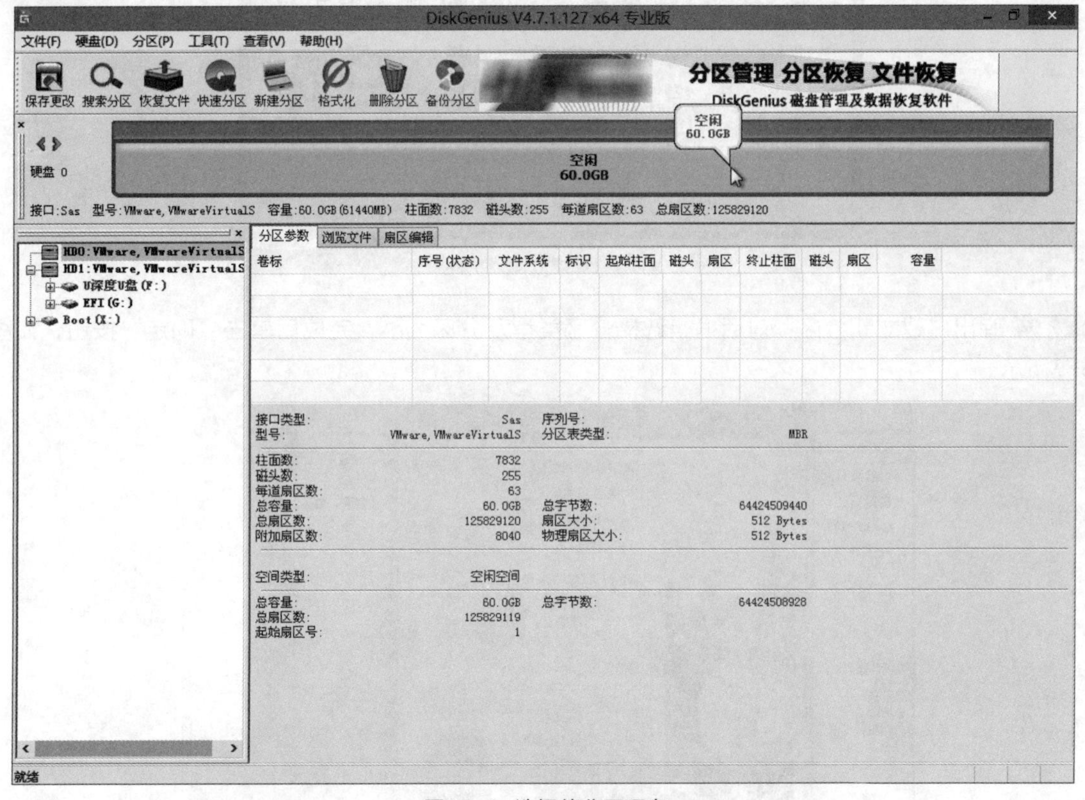

图15-3 选择待分区硬盘

STEP 02 单击鼠标右键，选择“建立新分区”命令，如图15-4所示。

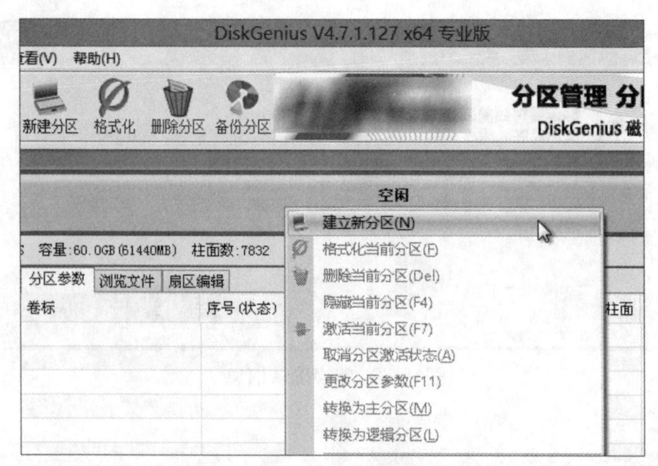

图15-4 选择“建立新分区”命令

STEP 03 弹出“建立ESP、MSR分区”对话框，勾选所有复选框，单击“对齐到此扇区数的整数倍：”下拉按钮，选择“4096扇区”，完成后单击“确定”按钮，如图15-5所示。

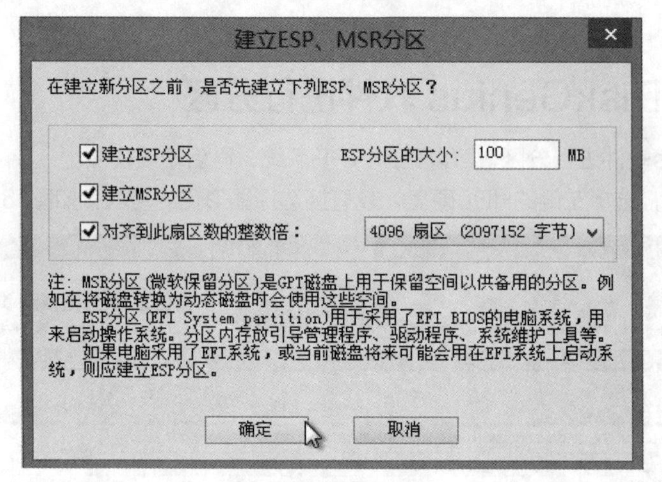

图15-5 建立默认分区

STEP 04 弹出“建立新分区”对话框，选择分区类型及分区大小，完成后单击“确定”按钮，如图15-6所示。

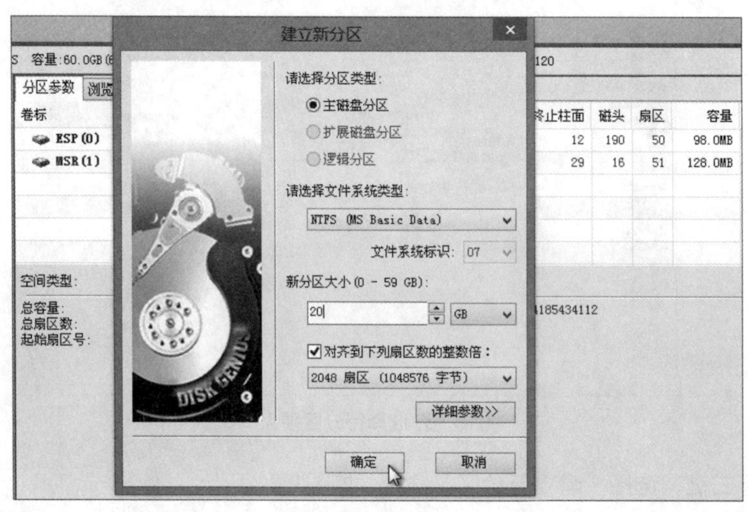

图15-6 建立分区

STEP 05 按同样方法，完成所有分区，如15-7所示。

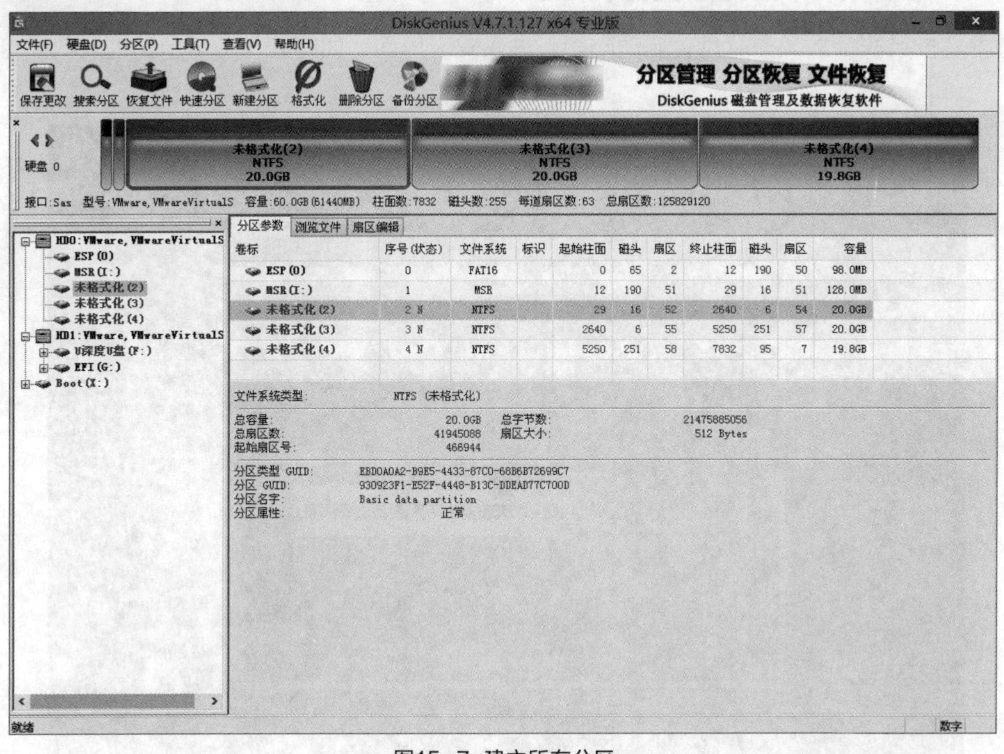

图15-7 建立所有分区

STEP 06 完成后，单击“保存更改”按钮，系统弹出保存提示，单击“是”按钮，如图15-8所示。

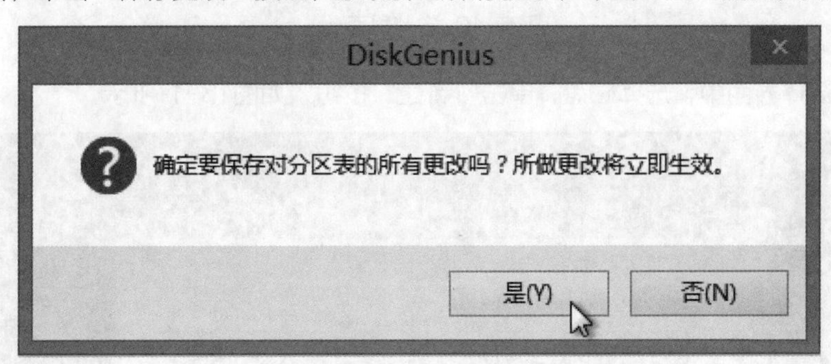

图15-8 确定更改

STEP 07 软件提示是否立即格式化，单击“是”按钮，如图15-9所示。

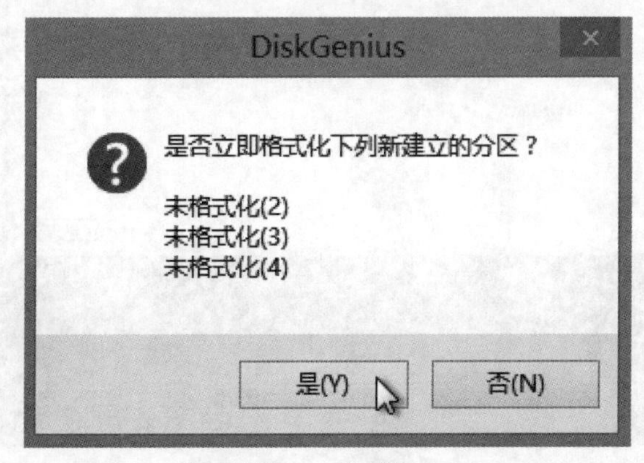

图15-9 格式化

15.4.2 使用安装光盘进行分区

STEP 01 将安装光盘放入光驱后，启动电脑，进入安装界面，如图15-10所示，进入到硬盘分区界面。

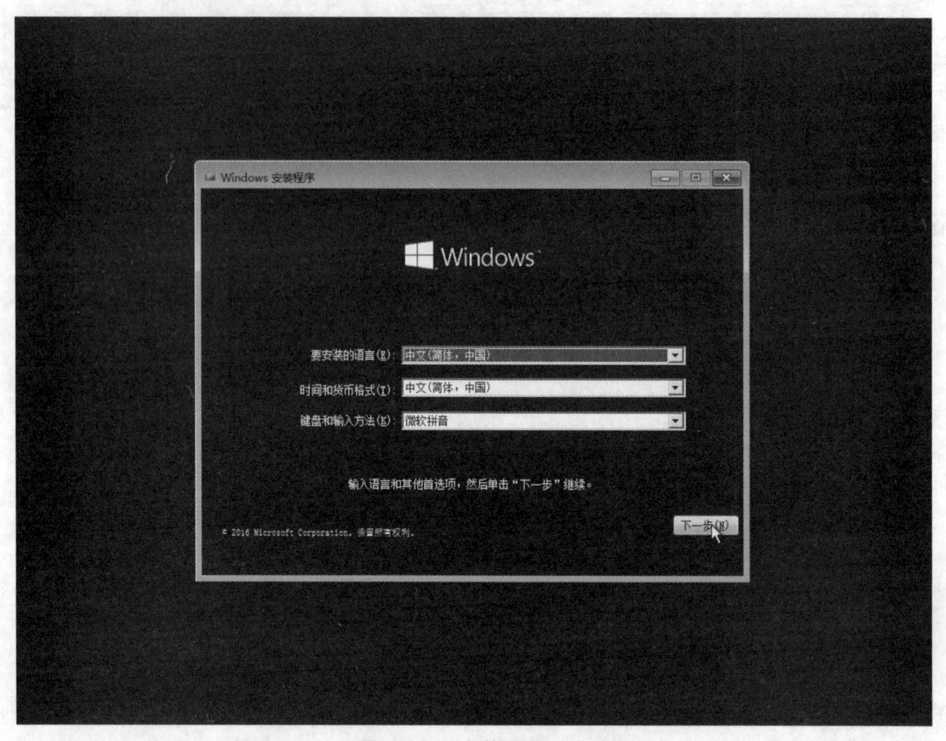

图15-10 安装界面

STEP 02 在硬盘选择界面中，选择磁盘，单击“新建”按钮，如图15-11所示。

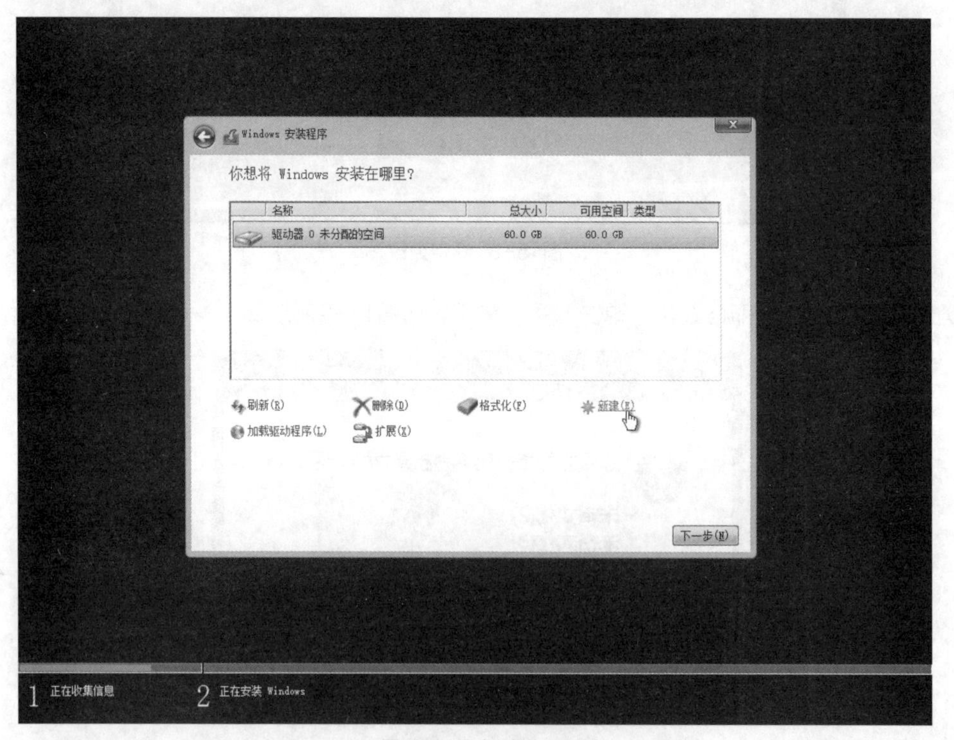

图15-11 新建分区

STEP 03 为分区设置大小，并单击“应用”按钮，如图15-12所示。

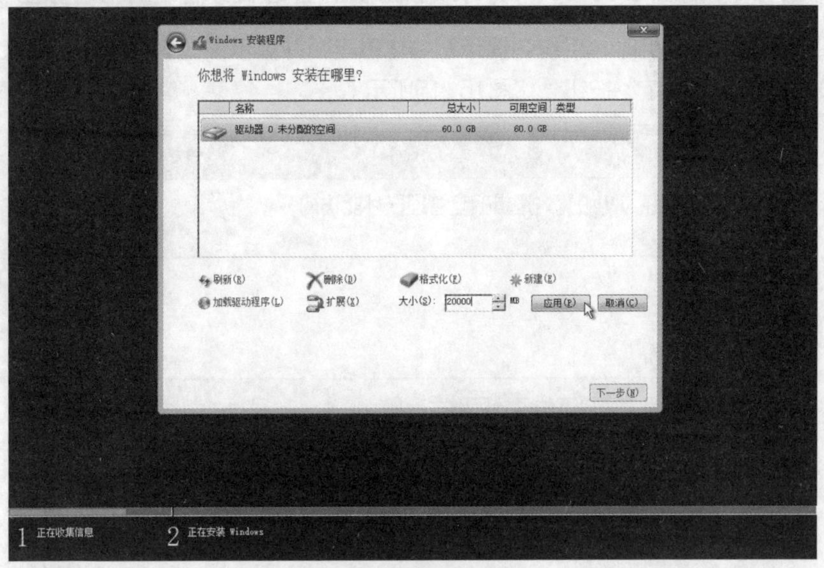

图15-12 设置分区大小

STEP 04 系统提示创建额外分区，单击“确定”按钮，如图15-13所示。

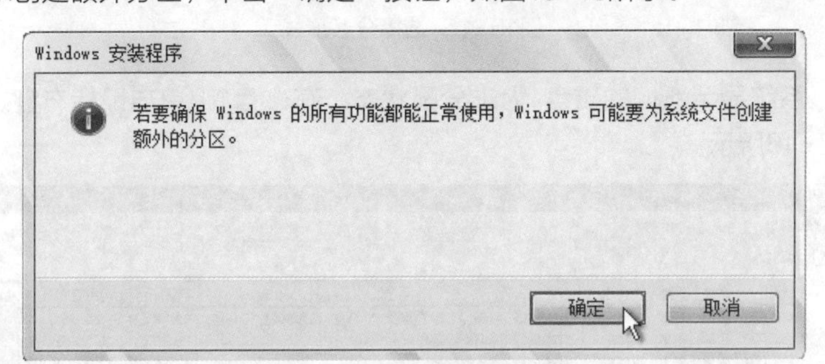

图15-13 创建额外分区

STEP 05 按同样方法，完成所有分区的建立，如图15-14所示。

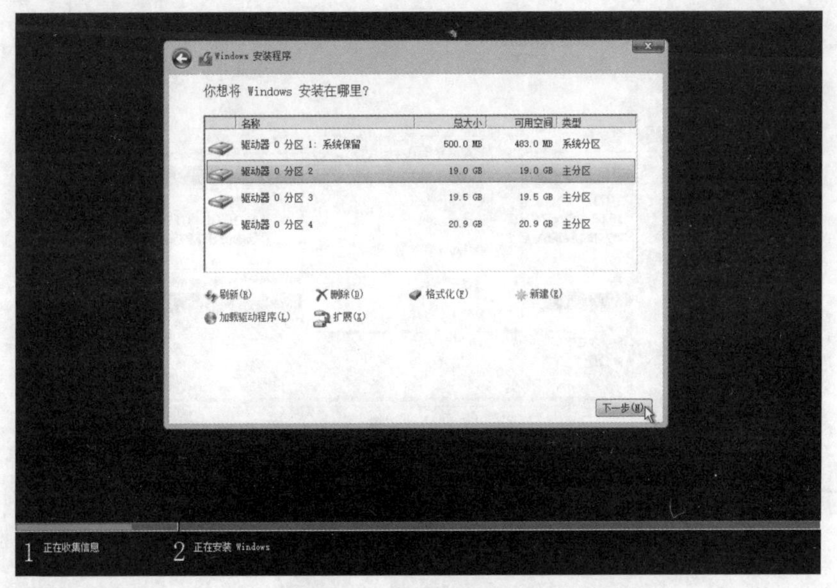

图15-14 完成分区建立

15.4.3 使用Windows 7自带的磁盘管理进行卷的创建

STEP 01 新加入硬盘，在开机时，系统会提示初始化磁盘，并提示该硬盘采用什么分区形式。用户单击GPT单选按钮，单击“确定”按钮，如图15-15所示。

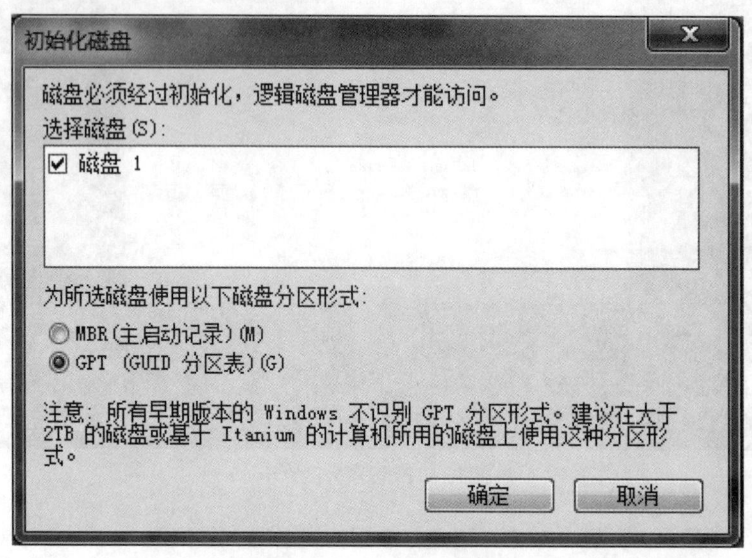

图15-15 选择分区形式

STEP 02 完成后，系统显示新加的磁盘1为未分配状态。在磁盘1上单击鼠标右键，选择“新建简单卷”命令，如图15-16所示。

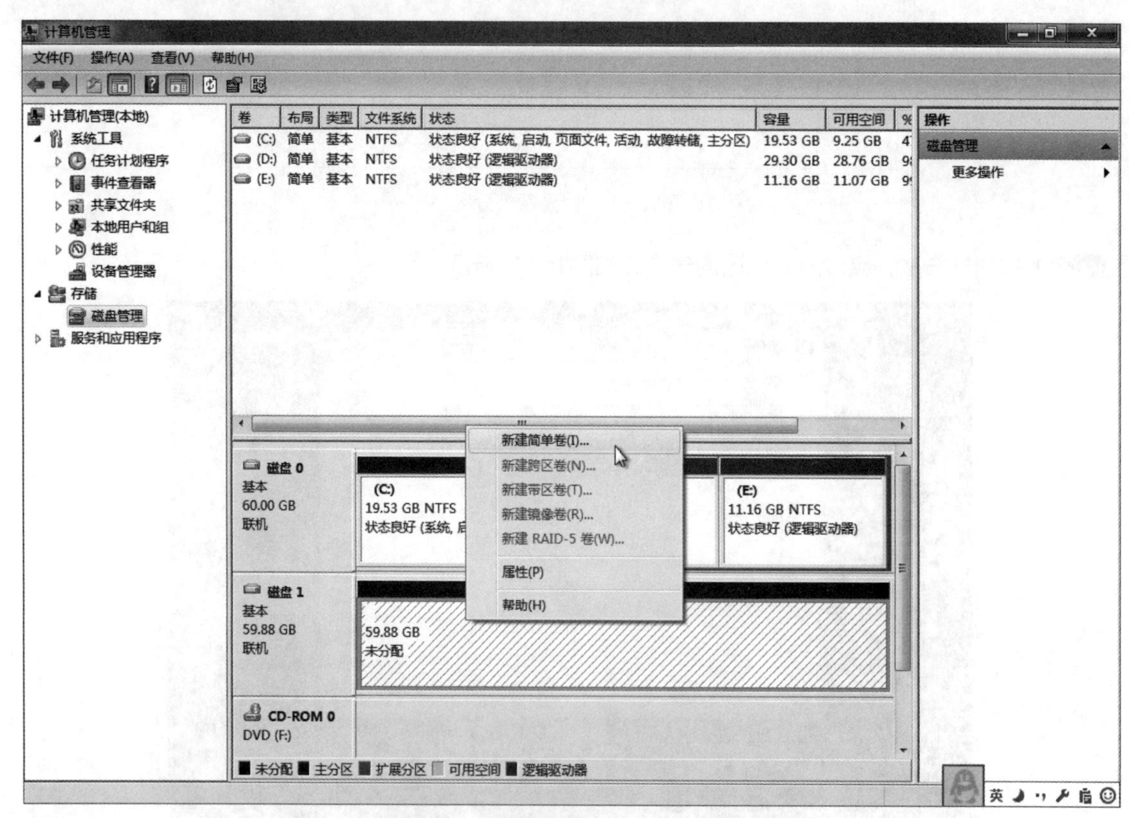

图15-16 选择“新建简单卷”命令

STEP 03 系统弹出新建向导，单击“下一步”按钮，如图15-17所示。

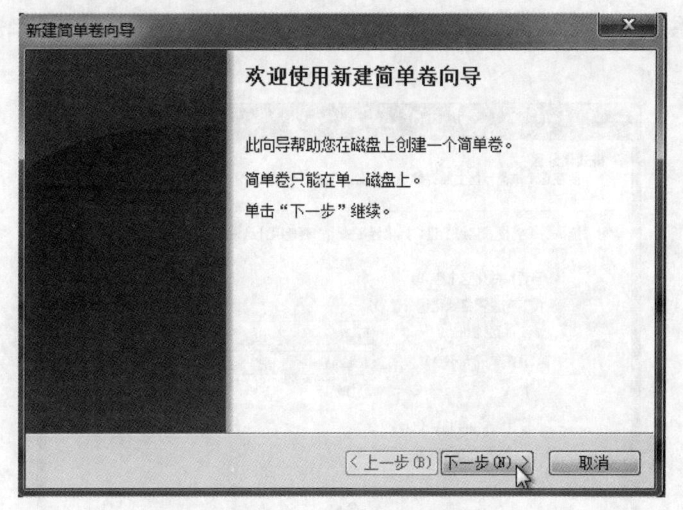

图15-17 打开新建向导

STEP 04 进入指定大小界面，输入卷大小，完成后单击“下一步”按钮，如图15-18所示。

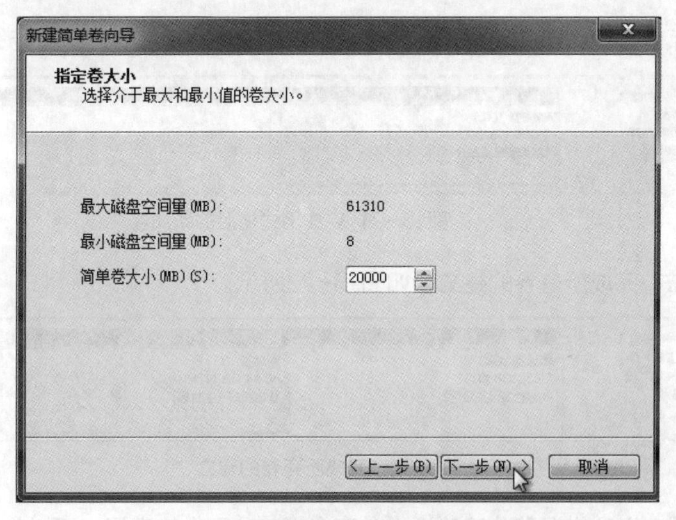

图15-18 指定大小

STEP 05 输入驱动器号，单击“下一步”按钮，如图15-19所示。

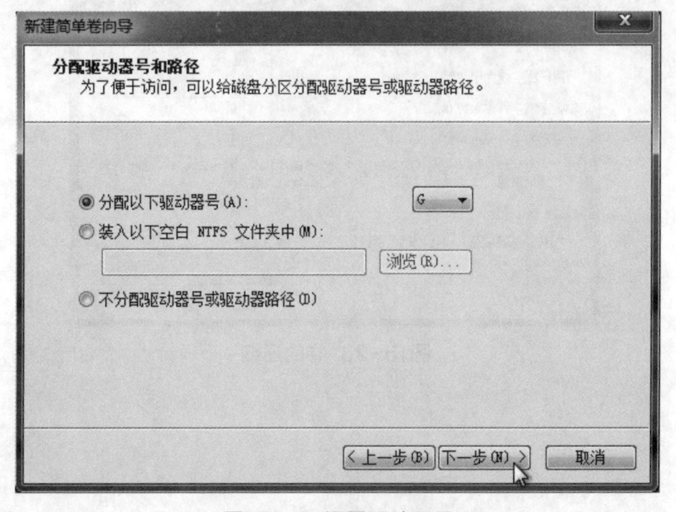

图15-19 设置驱动器号

STEP 06 设置文件系统、单元大小，勾选“执行快速格式化”复选框，完成后单击“下一步”按钮，如图15-20所示。

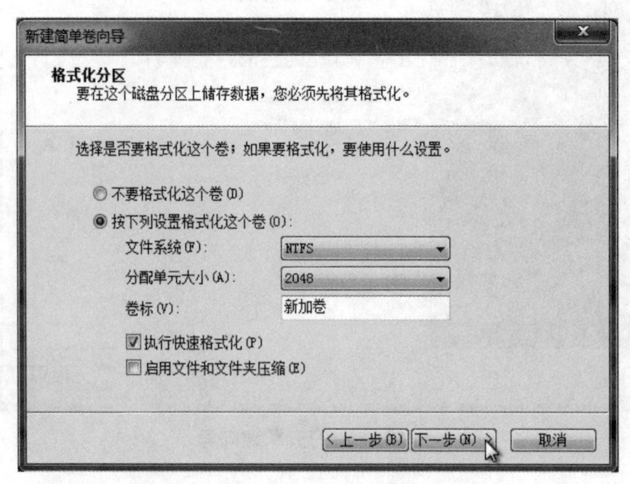

图15-20 格式化新加卷

STEP 07 完成后，系统自动新建并格式化。可以看到新建的卷“G：”，如图15-21所示。

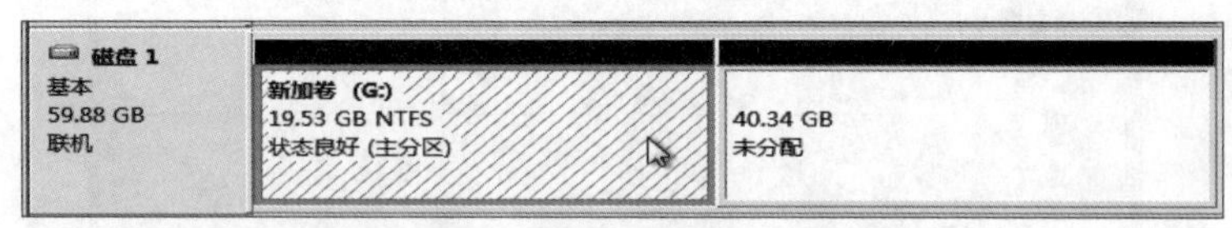

图15-21 完成格式化后的新加卷

STEP 08 按同样方法，完成所有卷的建立，如图15-22所示。

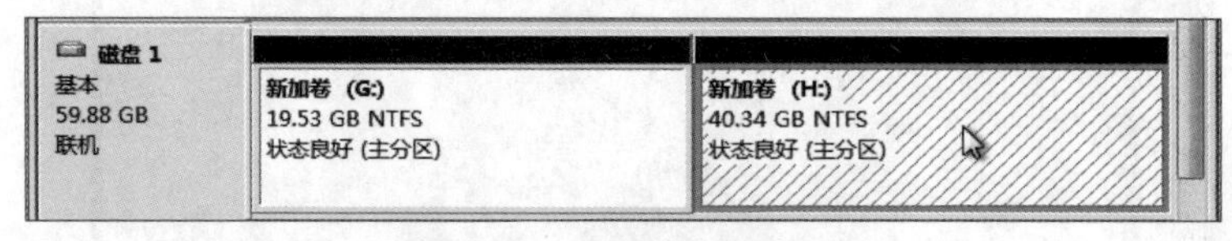

图15-22 完成所有卷的建立

建立卷的好处是可以动态调整分区的大小，不会影响分区中的数据。可以先进行压缩，然后在需要增加的分区上进行扩展，如图15-23所示。

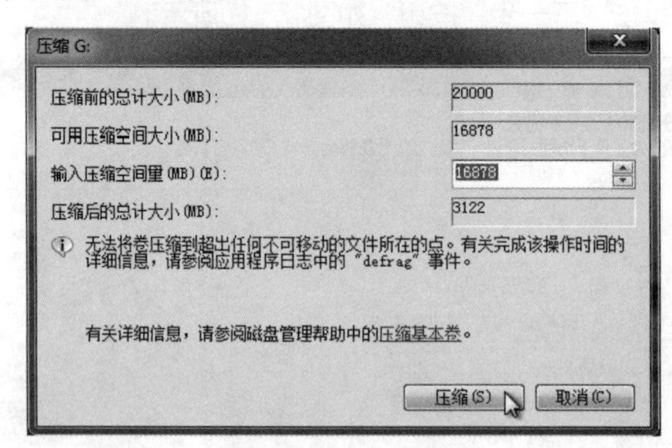

图15-23 卷的压缩

16 Chapter

制作启动U盘

知识概述

现在电脑安装系统一般使用 U 盘完成。只要主板支持 U 盘启动，那么用户可以进入 PE 系统或者直接将安装镜像放置在 U 盘中，启动电脑后，按照主板提示，进入 U 盘系统即可。

要点难点

- 认识 U 盘启动
- 启动 U 盘的制作
- 启动 U 盘的使用

16.1 了解 U 盘启动

U盘启动可以理解为，在电脑自检后，不从硬盘启动，而从U盘启动，读取U盘中的系统，启动菜单。然后用户选择高级选项，如启动PE系统、安装系统、启动镜像文件、进行GHOST安装、检测修复系统、分区等操作。

16.1.1 U 盘启动模式

现在绝大部分电脑都支持U盘启动。U盘启动按照模拟方式，有如下几种模式。

- USB-HDD：硬盘仿真模式，DOS启动后显示C盘，HPU盘格式化工具制作的U盘即采用此启动模式。此模式兼容性很高，但对于一些只支持USB-ZIP模式的电脑则无法启动。
- USB-ZIP：大容量软盘仿真模式，DOS启动后显示A盘，FlashBoot制作的USB-ZIP启动U盘即采用此模式。此模式在一些比较老的电脑上是唯一可选的模式，但对大部分新电脑来说兼容性不好，特别是大容量U盘。
- USB-HDD+：增强的USB-HDD模式，DOS启动后显示C盘，兼容性极高。其缺点在于对仅支持USB-ZIP的电脑无法启动。
- USB-ZIP+：增强的USB-ZIP模式，支持USB-HDD/USB-ZIP双模式启动（根据电脑的不同，有些BIOS在DOS启动后可能显示C盘，有些BIOS在DOS启动后可能显示A盘），从而达到很高的兼容性。其缺点在于有些支持USB-HDD的电脑会将此模式的U盘认为是USB-ZIP来启动，从而导致4GB以上大容量U盘的兼容性有所降低。
- USB-CDROM：光盘仿真模式，DOS启动后可以不占盘符，兼容性一般。其优点在于可以像光盘一样进行XP/2003安装。一般需要具体U盘型号/批号所对应的量产工具来制作。

16.1.2 UEFI 模式 U 盘启动

现在网上提供了多种U盘启动的制作软件，通常分为UEFI版及装机版。

1. UEFI模式的优点

- 免除了U盘启动设置：对于很多电脑新手来说，BIOS设置U盘启动无疑是非常苦恼的事，一不小心将BIOS设置错误可能导致系统无法正常启动。然而，只要主板支持UEFI启动相对来说就简单多了，UEFI为传统BIOS的升级版，具有图形界面，操作更为简洁，大部分UEFI可以选择U盘为优先启动，甚至直接选择U盘启动。

- 可直接进入菜单启动界面：这可以算是UEF版的一个鲜明特点，一般情况下，普通装机版U盘设置为U盘启动之后，若是将U盘拔出，则无法正常启动系统，而UEFI则不同，将U盘设置为第一启动项之后，在没有插入U盘的情况下，UEFI则会获取下一个启动项进入系统，免除了频繁更改启动项的烦恼。当需要进入PE时只需将U盘启动盘插入电脑，即可直接进入菜单启动界面。
- 进入PE快捷方便：UEFI初始化模块和驱动执行环境通常被集成在一个只读存储器中，即使新设备再多，UEFI也能轻松解决，这就大大加快了新设备预装能力，从而进入PE的速度更加迅速。

UEFI俗称为第二代BIOS，优点不止这么多，当然，总体来说UEFI版给电脑新手带来了更高的操作性与效率性。

2. 传统装机版优点

- 启动稳定：作为资深的装机人员来说，稳定性远远比效率更加重要。
- 占用空间小：装机版工具比UEFI版的工具更省内存空间，相对比较容易携带。
- 功能强大可靠，支持的主板比较多：UEFI版重装系统无法兼容广泛种类的主板。

16.2 制作启动 U 盘

使用网上的制作工具可以快速制作启动U盘，而且功能强大。

STEP 01 使用网上的制作软件通常需要先进行安装。用户在网上下载后，双击安装包，启动安装程序。完成后，如图16-1所示。

图16-1 安装制作工具

STEP 02 插入U盘，双击制作软件图标，打开软件，如图16-2所示。

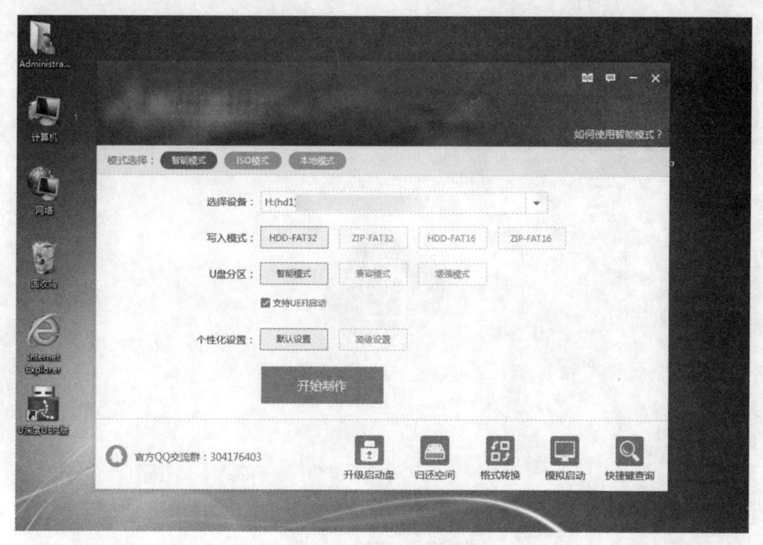

图16-2 打开软件

STEP 03 单击“选择设备”下拉按钮，选择U盘。其他参数保持默认设置，单击“开始制作”按钮，如图16-3所示。

图16-3 开始制作

STEP 04 软件提示用户将会删除所有数据，且不可恢复，单击“确定”按钮，如图16-4所示，开始制作。

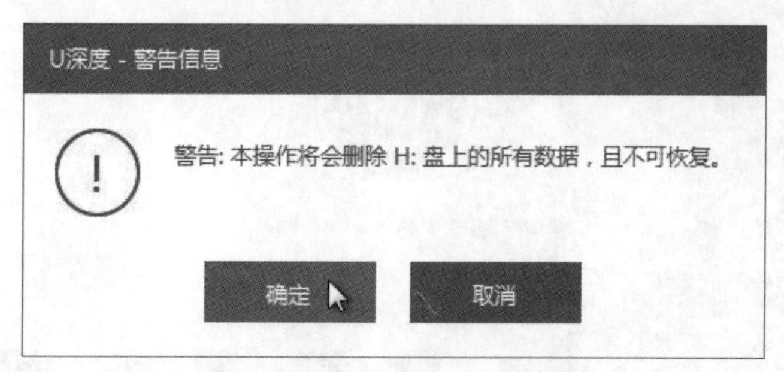

图16-4 确认提示

STEP 05 软件开始对U盘进行初始化操作，如图16-5所示，稍等片刻。

图16-5 初始化U盘

STEP 06 软件进行UEFI分区，如图16-6所示。

图16-6 进行UEFI分区

STEP 07 软件向U盘写入PE系统，并显示进度，如图16-7所示。

图16-7 写入PE系统

STEP 08 UD分区及数据分区格式化并写入数据包，完成后，系统弹出提示界面，并询问是否进行测试，单击“是”按钮，如图16-8所示。

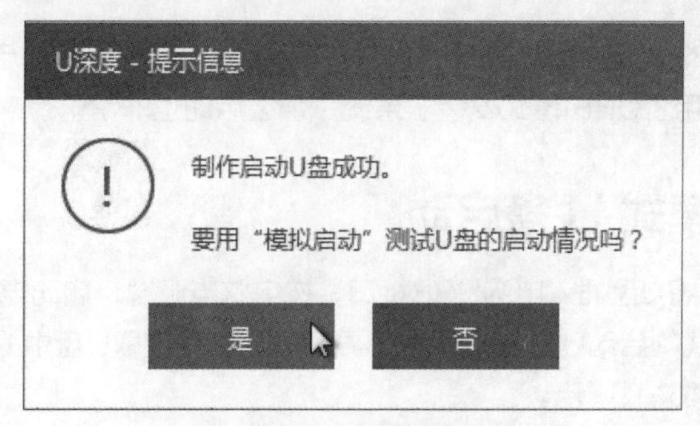

图16-8 弹出提示

STEP 09 软件弹出启动画面，说明测试通过，如图16-9所示。

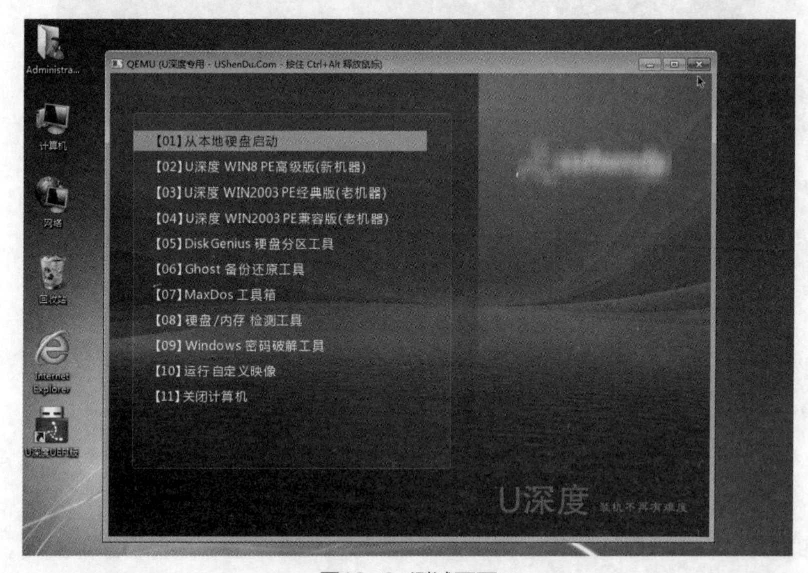

图16-9 测试画面

STEP 10 此时，查看U盘，可以看到包括图标在内，U盘已经变为了启动盘，如图16-10所示。

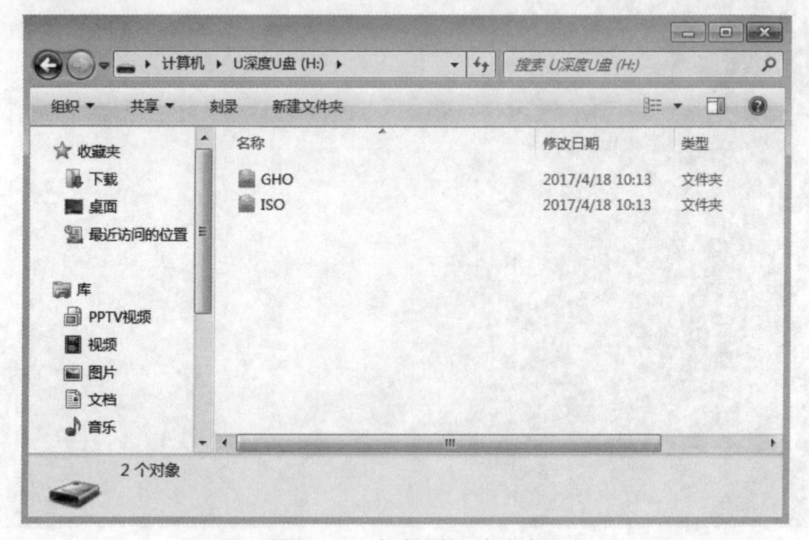

图16-10 完成后的U盘内容

16.3 使用启动 U 盘

下面，介绍启动U盘的使用方法。前面已介绍，使用UEFI模式制作的启动U盘，可以快速启动。当然，如果用户的电脑使用了UEFI模式安装了系统，那么启动也非常迅速。

16.3.1 UEFI 模式 U 盘启动

STEP 01 在关机状态下，将U盘插入电脑USB接口，按电脑电源键，启动电脑。

STEP 02 因为是UEFI模式的启动U盘，在LOGO界面，会直接读取U盘中的系统，省去了很多时间，不用选择启动项目，如图16-11所示。

图16-11 快速启动界面

STEP 03 PE加载完毕后，界面如图16-12所示，用户可以根据需要，选择合适的工具。

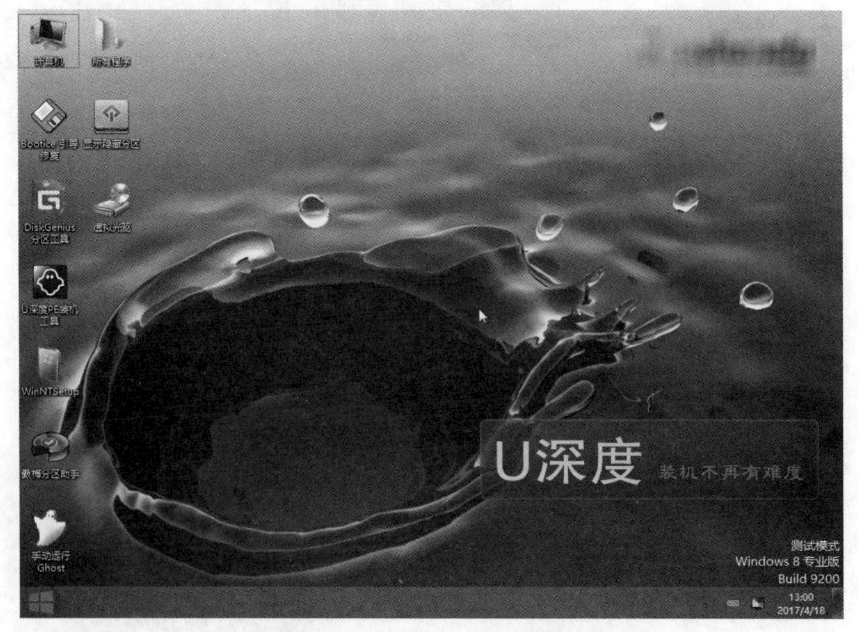

图16-12 Windows 8PE模式

16.3.2 普通模式 U 盘启动

如果是用普通模式制作的U盘，则按照下面的方法进行启动。

STEP 01 进入BIOS，将U盘设置为第一启动项，如图16-13所示。因为使用了虚拟机，这里U盘是模拟成硬盘0:1，选择时请注意分辨。

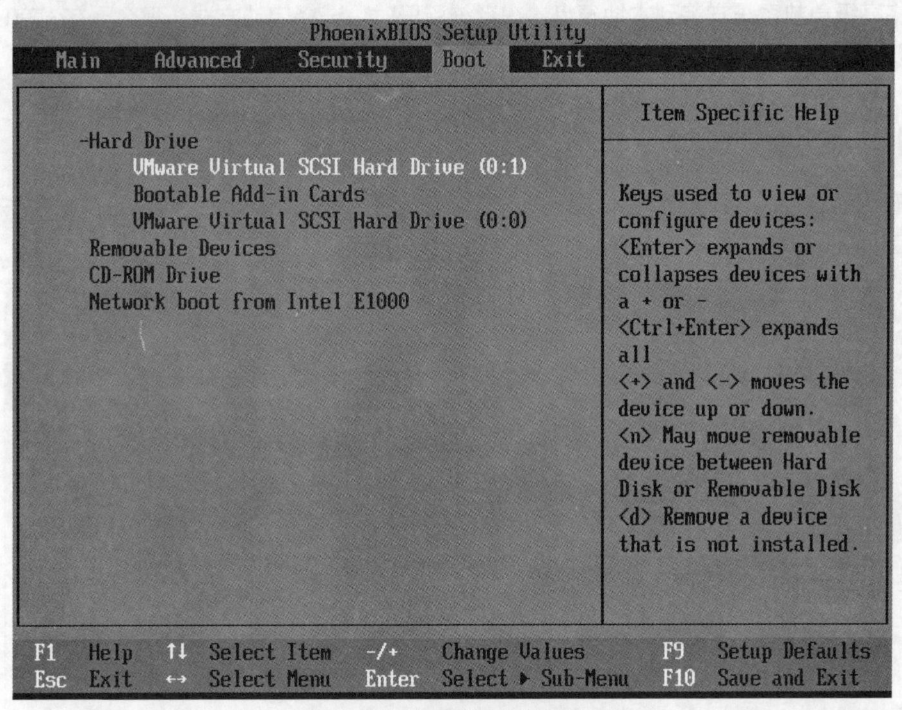

图16-13 设置U盘为首选启动项

STEP 02 保存后，重新启动，系统自动进入菜单选取界面，如图16-14所示。用户可以使用键盘或鼠标选择需要的功能。

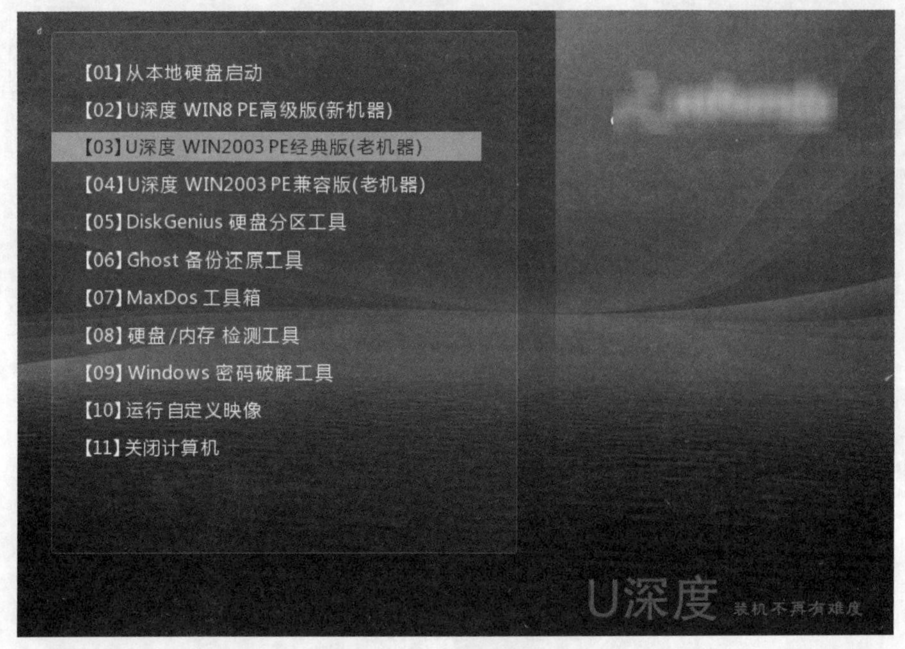

图16-14 U盘启动菜单

16.4 创建高级急救系统

U盘启动的目的就在于在电脑硬盘出现问题而无法启动系统时，可以使用U盘进行急救，如排错、拷贝重要资料、安装系统、测试。

可以将高级急救系统安装到本地硬盘，在系统引导时，选择启动方式，那么，在没有U盘的情况下，也可以使用PE系统进行急救，十分方便。

16.4.1 本地模式

STEP 01 在启动软件后，切换到“本地模式”选项卡，使用默认参数。如果要防止其他用户误操作，可以设置启动密码。单击“开始制作”按钮，如图16-15所示。

图16-15 启动本地模式

STEP 02 软件提示是否确定安装急救系统，单击“确定”按钮，如图16-16所示。

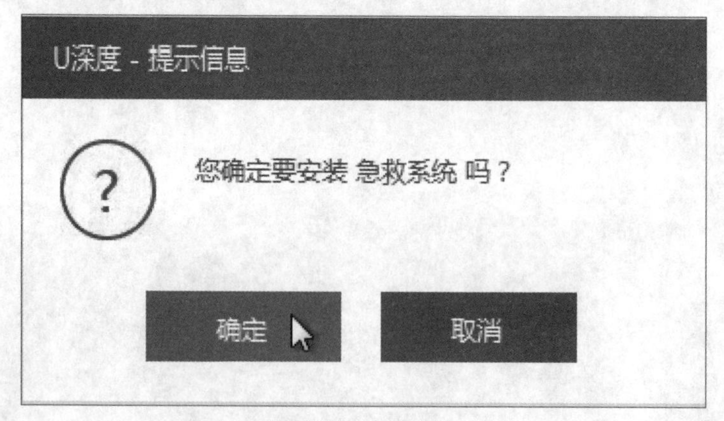

图16-16 确定安装

STEP 03 软件开始进行本地系统的制作，如图16-17所示。

图16-17 制作本地系统

STEP 04 稍等片刻，弹出提示信息，单击“确定”按钮，完成安装，如图16-18所示。

图16-18 完成安装

16.4.2 高级操作

在软件的下方，还提供了多种操作模式，如图16-19所示。

图16-19 高级操作

- 升级启动盘：可以更新U盘上的系统，方便快捷。
- 归还空间：U盘如果是UEFI格式，默认分了3个区，为了防止病毒，其中还有写保护和隐藏分区，用户可以通过归还空间完成U盘初始状态的转换。

- 格式转换：格式转换可以将U盘转换成NTFS格式。
- 模拟启动：可以随时查看U盘模拟启动状态，确定在各系统中可以进行启动，如图16-20所示。

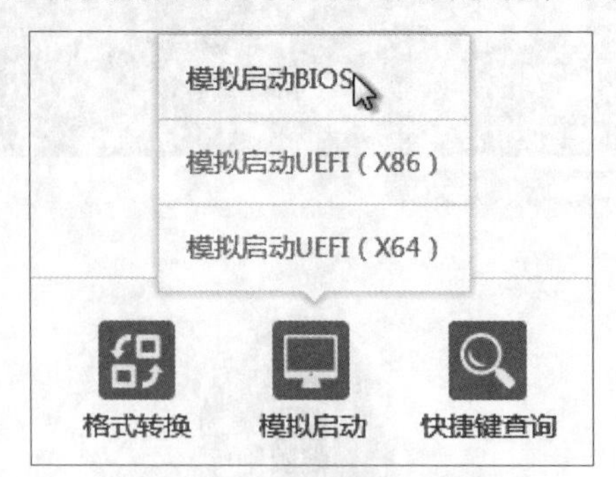

图16-20 模拟启动

- 快捷键查询：可以查看各品牌电脑的快捷启动按钮，如图16-21所示。

主板品牌	启动按键	主板品牌	启动按键	主板品牌	启动按键
华硕	F8	技嘉	F12	微星	F11
映泰	F9	Intel	F12	昂达	F11
七彩虹	ESC 或 F11	双敏	ESC	富士康	ESC 或 F12
铭瑄	ESC	盈通	F8	捷波	ESC
冠盟	F11 或 F12	华擎	F11	杰微	ESC 或 F8
磐英	ESC	致铭	F12	冠铭	F9
精英	ESC 或 F11	翔升	F10	顶星	F11 或 F12
梅捷	ESC 或 F12	磐正	ESC	斯巴达克	ESC

图16-21 快捷键查询

17 Chapter 快速启动Windows系统

知识概述

采用 UEFI 安装的系统可以支持快速启动，并且 GPT 可以支持大于 2.2T 的硬盘，这在以后的系统安装中将会成为主流。那么如何才能实现 UEFI 安装与启动呢？本章将着重进行介绍。

要点难点

- 如何实现电脑快速启动
- 使用UEFI方式安装系统
- 使用UEFI方式启动电脑

17.1 电脑快速启动的方法

使用UEFI方式安装的系统，与MBR方式相比，启动时可以跳过自检，而且支持更多硬件。

17.1.1 快速启动系统

快速启动就是需要GPT+UEFI，硬盘需要采用GPT格式，并且在纯UEFI模式下安装支持UEFI的Windows系统，具体的要求如下：

- 支持UEFI的主板。
- 支持UEFI的启动设备（如UEFI模式U盘）。
- 支持UEFI的操作系统（如Windows 7 64位、Windows 8 64位、Windows 10 64位）。
- 硬盘必须是GPT格式（包含主分区、ESP分区、MSR分区和系统保留分区）。

17.1.2 快速启动系统的安装步骤

在安装内容上，采用UEFI模式安装系统，与传统方式安装的内容并无不同。主要是在安装方式上需要进行特别的准备。

STEP 01 将硬盘格式由MBR转换成GPT格式。

STEP 02 在支持UEFI格式的主板BIOS中，开启UEFI模式。

STEP 03 在BIOS中设置启动设备为UEFI光驱或者UEFIU盘。

STEP 04 使用Windows 7、8、10 64位的安装光盘或镜像文件启动系统安装。

17.2 安装系统前的准备工作

无论是不是快速启动的系统安装，都需要在安装前做好准备工作。

17.2.1 备份重要资料

如果电脑还能开机，尽量将C盘中的资料，尤其是桌面上的资料拷贝到安全的位置，再进行安装，因为安装过程中需要格式化系统分区。如果需要转换成GPT格式的硬盘，那么最好将所有资料都转移到安全位置，因为转换会将分区中的资料消除。

如果电脑已经无法进入系统，那么可以尝试进入安全模式。当然，最好的方法是进入PE，再拷贝资料，如图17-1所示。

图17-1 PE中查看并拷贝数据

当然，新加的硬盘或者新买的电脑，可以直接使用工具格式化电脑或调整格式。

17.2.2 记录重要数据

下面介绍在安装系统前，对重要数据进行记录的操作方法，具体如下。

STEP 01 在安装系统前，最好进入到设备管理器中，查看当前设备的信息，并记录好主要的硬件型号，以便在安装系统后，下载驱动使用，如图17-2所示。

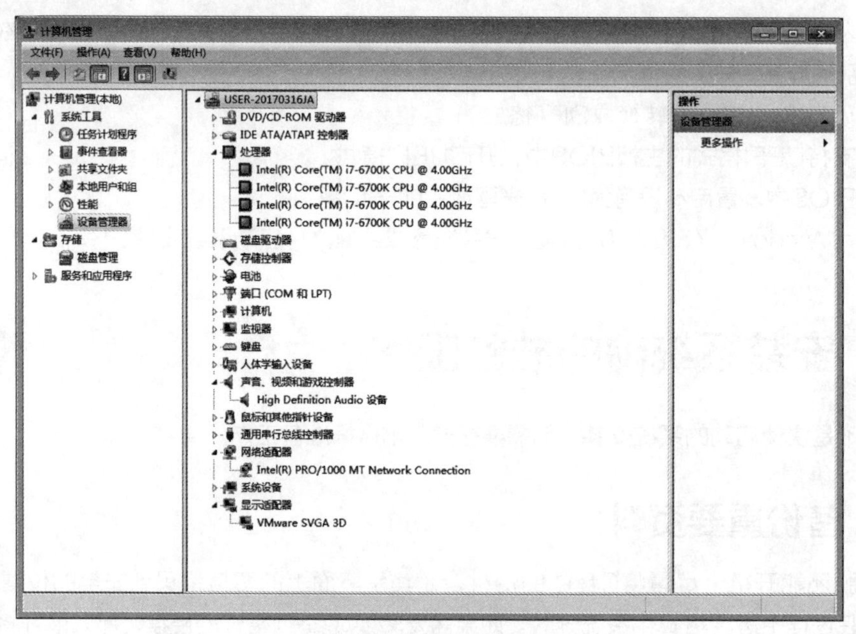

图17-2 查看设备信息

STEP 02 打开Windows的程序管理，记录好经常使用的软件，以便在重装后，按照记录安装应用软件。

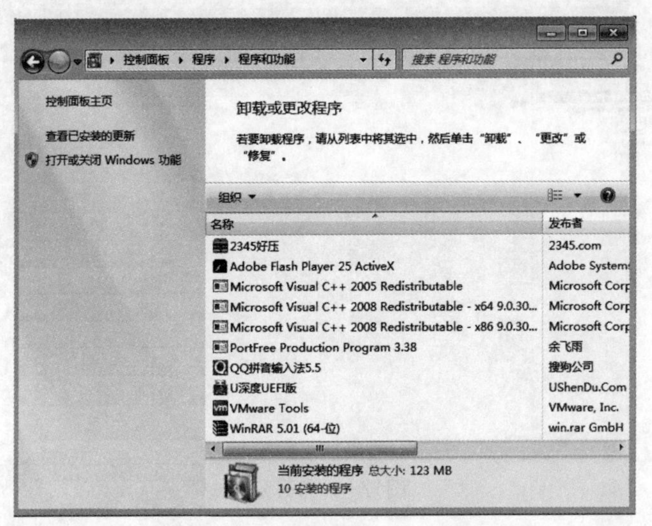

图17-3 查看系统应用软件信息

17.2.3 准备安装的工具

安装的工具包括：

- 启动介质：U盘、光盘。
- 操作系统光盘或镜像。
- 驱动盘或者驱动软。
- 应用程序安装文件。

17.2.4 安装主要流程

下面介绍系统安装的主要流程，具体如下。

STEP 01 将硬盘转换成GPT格式。

STEP 02 开启BIOS的UEFI模式。

STEP 03 使用启动介质启动电脑。

STEP 04 使用安装文件安装系统。

STEP 05 进入桌面安装设备驱动。

STEP 06 安装应用软件。

17.3 硬盘的格式化与分区

在安装系统前最好先进行分区。这里使用的软件是DiskGenius。DiskGenius是一款硬盘分区及数据恢复软件。Windows版本的DiskGenius软件，除了继承并增强了DOS版的大部分功能外，还增加了许多新的功能。如已删除文件恢复、分区复制、分区备份、硬盘复制等功能，另外还增加了对VMWare、Virtual PC、VirtualBox虚拟硬盘的支持。

新购买的电脑，在使用前需要对硬盘进行格式转换以及分区。

STEP 01 使用U盘启动到PE模式，打开分区工具DiskGenius，如图17-4所示。

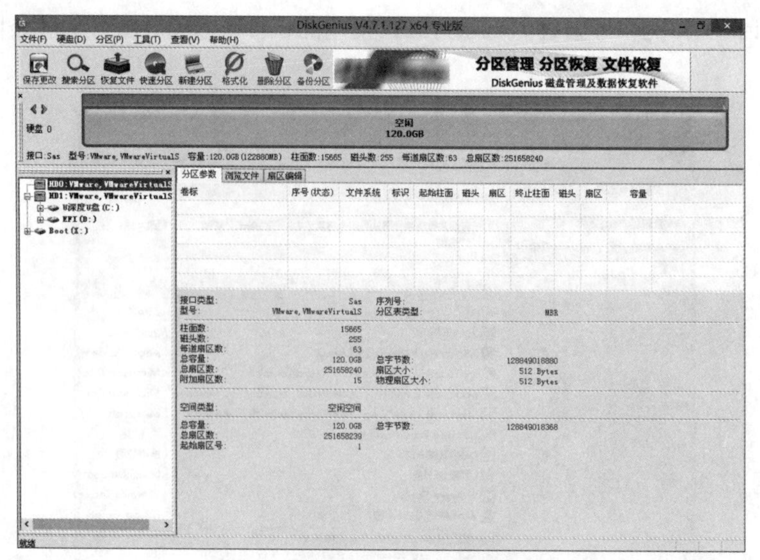

图17-4 打开分区软件

STEP 02 选中新硬盘，在“硬盘”菜单中选择“转换分区表类型为GUID格式”命令，如图17-5所示。

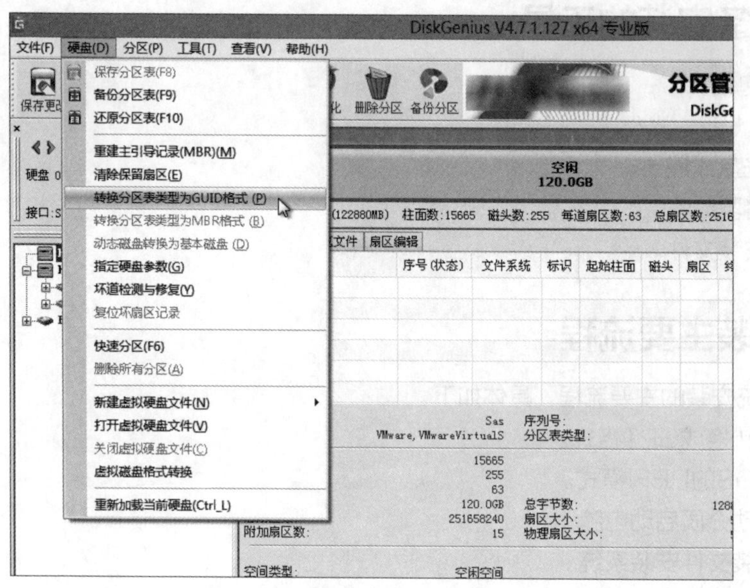

图17-5 转化分区表类型为GPT

STEP 03 系统弹出提示对话框，单击“确定”按钮，如图17-6所示。

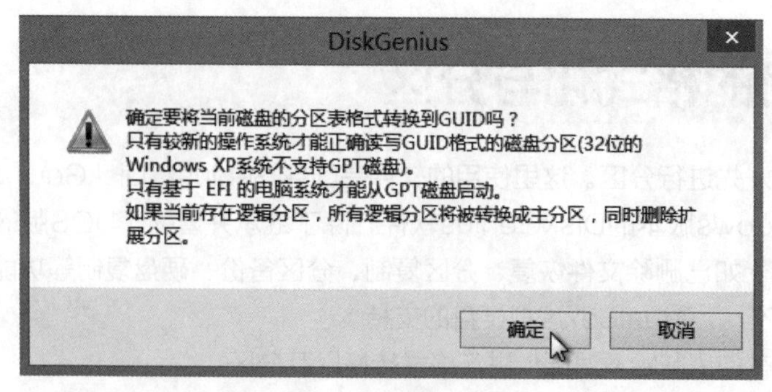

图17-6 确定转换

STEP 04 在硬盘图形上，单击鼠标右键，选择“建立新分区”命令，如图17-7所示。

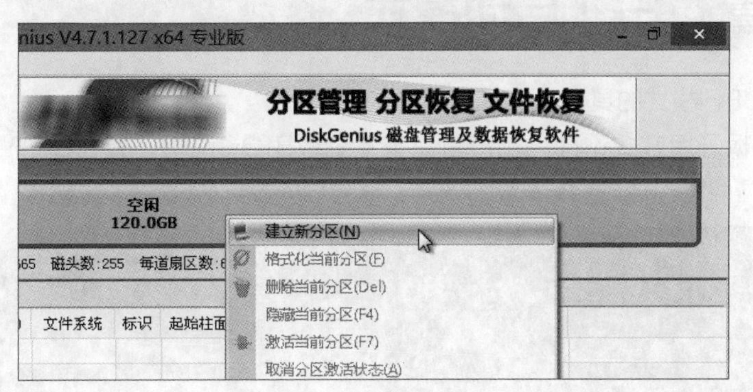

图17-7 新建分区

STEP 05 在弹出的提示对话框中，勾选“建立ESP分区”复选框，单击“确定”按钮，如图17-8所示。

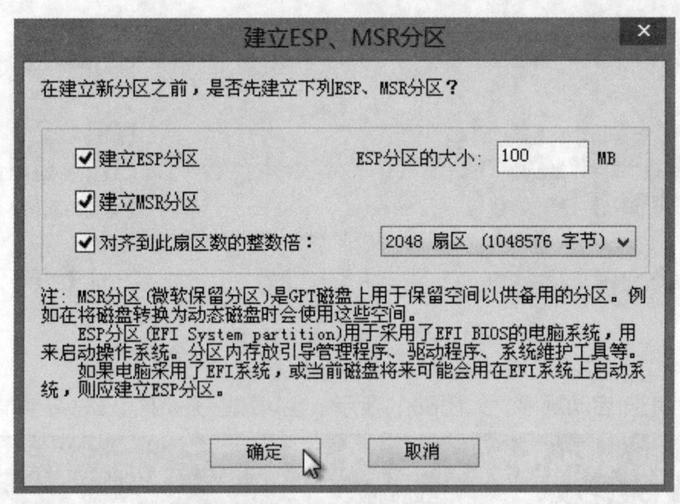

图17-8 建立ESP分区

STEP 06 然后按照用户的要求，建立相应的分区，单击“保存更改”按钮，如图17-9所示。最后进行分区及格式化操作。

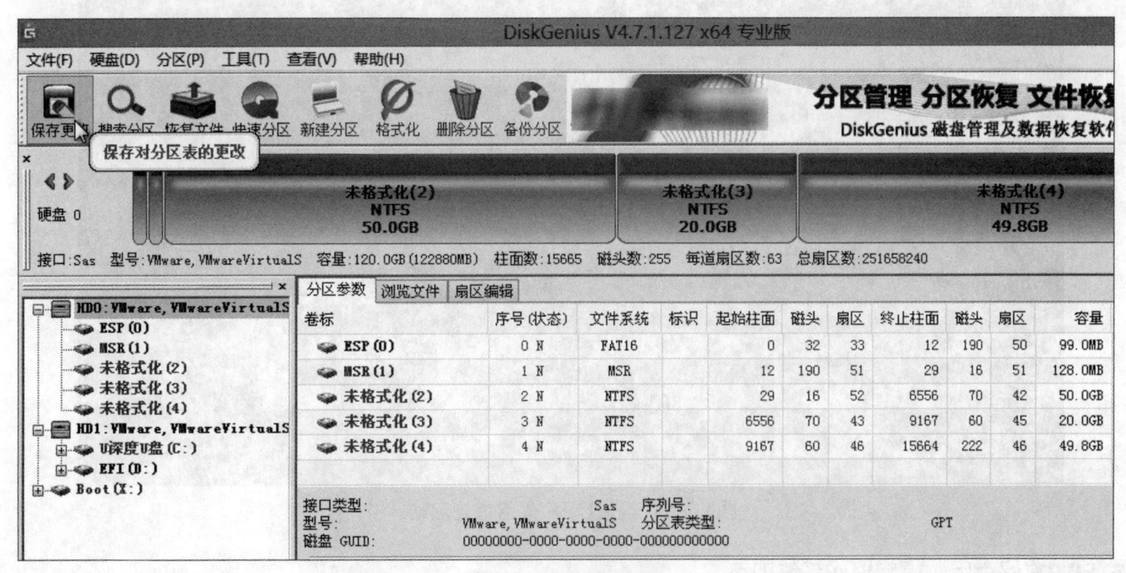

卷标	序号(状态)	文件系统	标识	起始柱面	磁头	扇区	终止柱面	磁头	扇区	容量
ESP(0)	0 N	FAT16		0	32	33	12	190	50	99.0MB
MSR(1)	1 N	MSR		12	190	51	29	16	51	128.0MB
未格式化(2)	2 N	NTFS		29	16	52	6556	70	42	50.0GB
未格式化(3)	3 N	NTFS		6556	70	43	9167	60	45	20.0GB
未格式化(4)	4 N	NTFS		9167	60	46	15664	222	46	49.8GB

图17-9 完成分区

17.4 设置 UEFI 启动模式

下面讲解开启UEFI模式的具体步骤。

STEP 01 由于各主板开启方式不同，用户可以参考主板BIOS说明，开启UEFI模式，如图17-10所示。

CPU Power Saving Mode [Enabled]
Hyperthreading [Enabled]
EDB (Execute Disable Bit) [Enabled]
Legacy USB Support [Enabled]
UEFI Boot Support [Enabled]
AHCI Mode Control [Manual]
Set AHCI Mode [Enabled]
Fan Silent Mode [Auto]
Battery Life Cycle Extension [Disabled]
USB S3 Wake-up [Disabled]
Purchase Date 2011/07/08

图17-10 开启主板UEFI模式

STEP 02 设置主板的UEFI启动顺序，如图8-11所示。也可以在开机时，选择启动顺序。

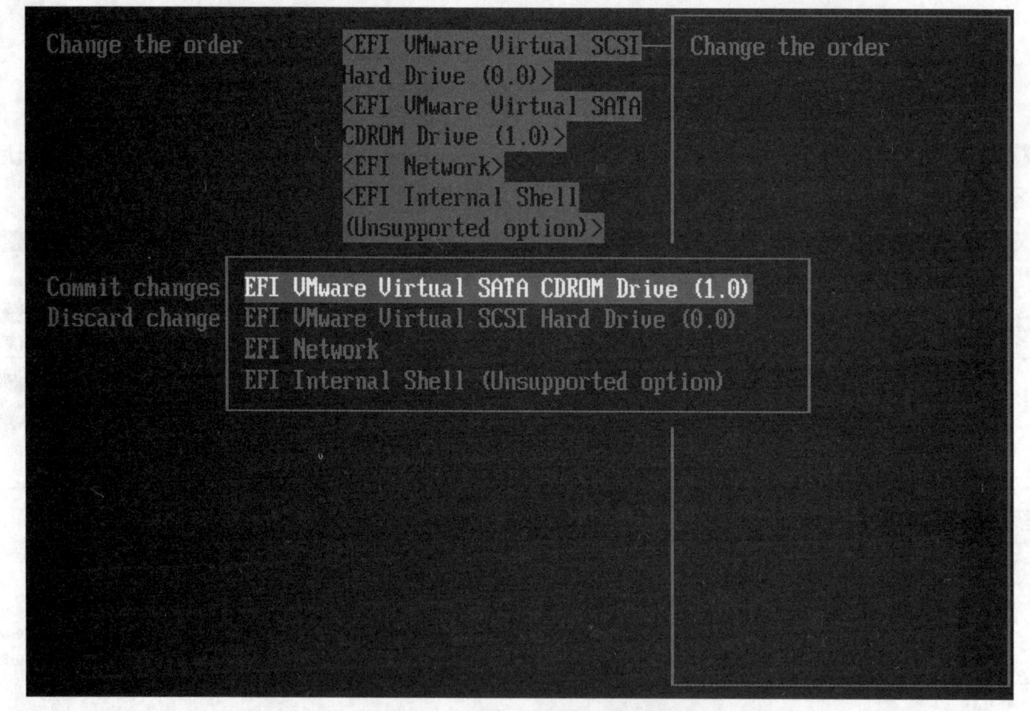

图17-11 设置UEFI光盘首先启动

STEP 03 保存后，重启操作系统即可。

17.5 安装 Windows 10

下面介绍安装Windows 10操作系统的方法，具体步骤如下。

STEP 01 将系统光盘放入光驱，因为硬盘上没有系统，默认从光盘启动，读取启动数据，如图17-12所示。

图17-12 启动安装

STEP 02 设置国家及语言，单击“下一步”按钮，如图17-13所示。

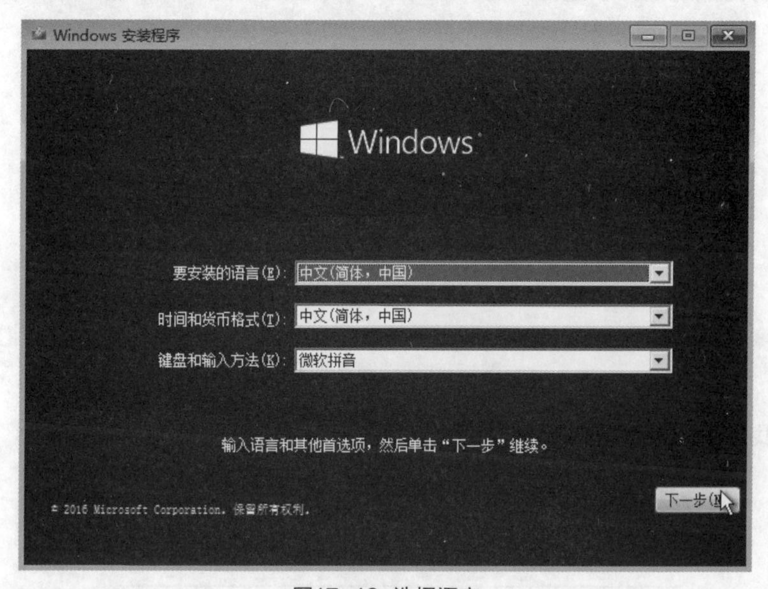

图17-13 选择语言

STEP 03 单击“现在安装”按钮，如图17-14所示。

图17-14 现在安装

STEP 04 提示输入产品密钥，用户可以在安装完成后进行输入，这里单击“我没有产品密钥”按钮，如图17-15所示。

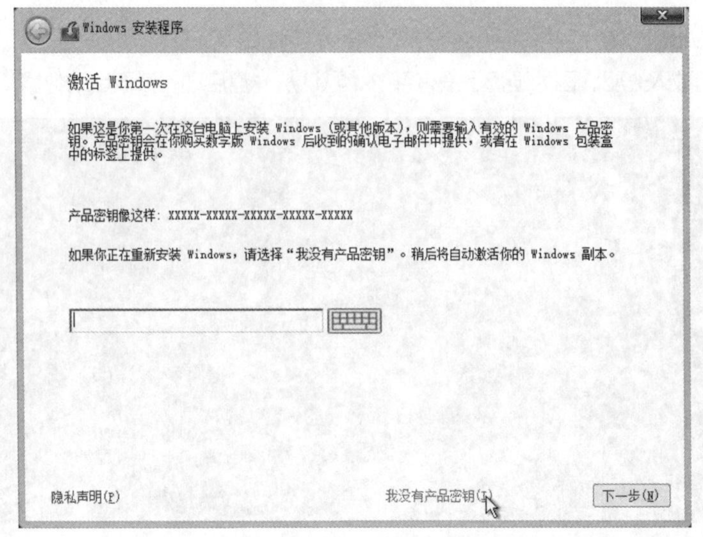

图17-15 取消输入密钥

STEP 05 提示进行产品的选择，选择“Windows 10专业版”选项，单击“下一步”按钮，如图17-16所示。

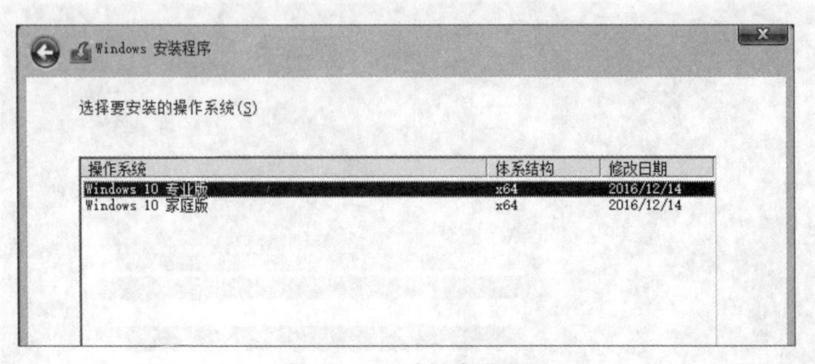

图17-16 选择专业版

STEP 06 勾选“我接受许可条款”复选框，单击“下一步”按钮，如图17-17所示。

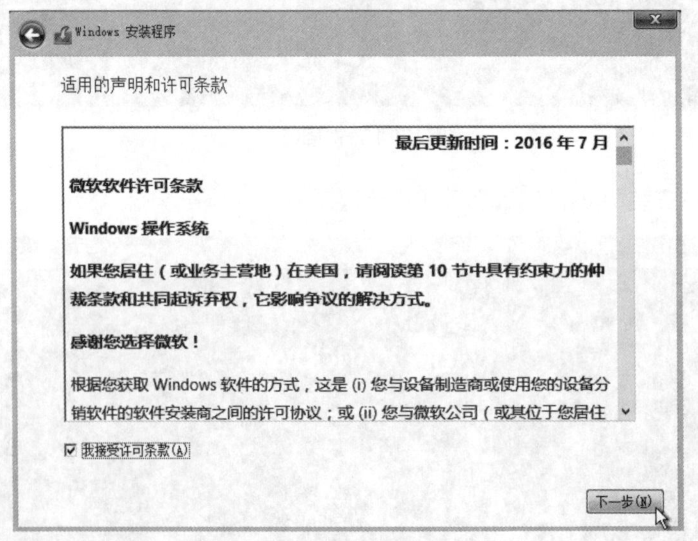

图17-17 接受许可条款

STEP 07 选择安装类型，这里选择“自定义：仅安装Windows”选项，如图17-18所示。

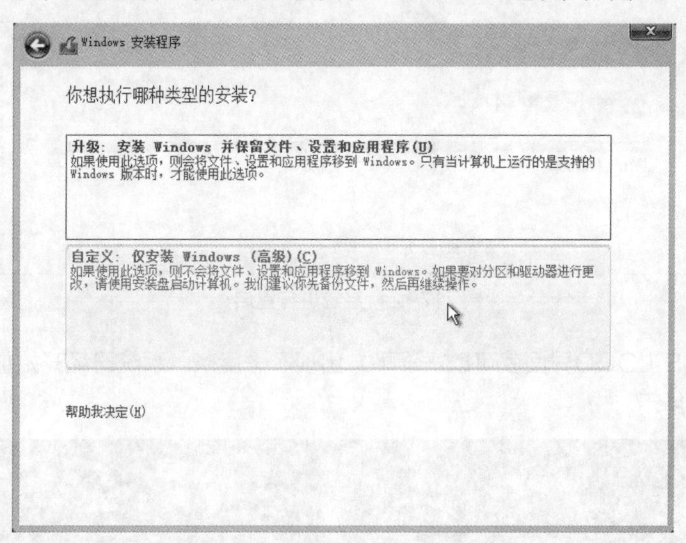

图17-18 全新安装Windows 10

STEP 08 选择安装位置，单击“下一步”按钮，如图17-19所示。因为之前已经采用GPT格式分区表，并使用NTFS格式化了分区，此时，只要选择安装位置即可。否则需要在该处调整分区表格式，并进行格式化操作。

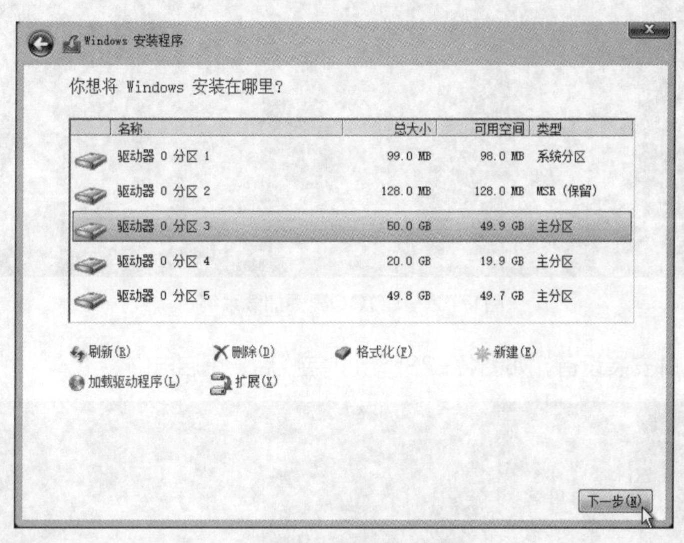

图17-19 选择安装位置

STEP 09 系统进行文件的拷贝，如图17-20所示。

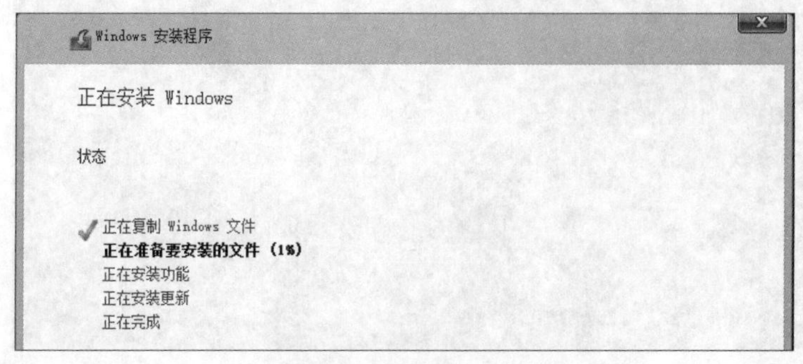

图17-20 展开安装文件

STEP 10 文件展开完成后，系统进行重启操作，如图17-21所示。

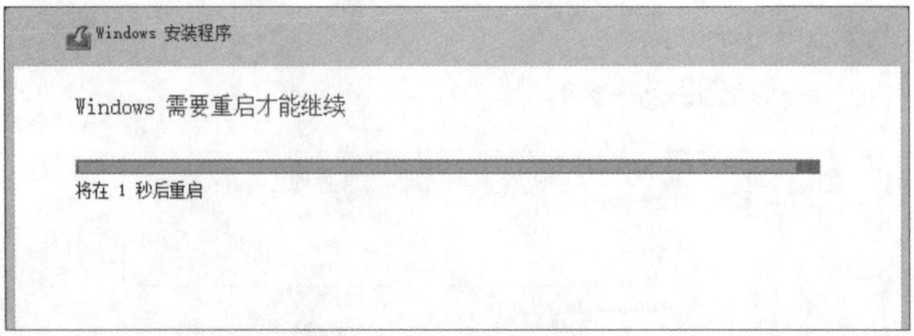

Windows 安装程序
Windows 需要重启才能继续
将在 1 秒后重启

图17-21 系统进行重启

STEP 11 此时在BIOS LOGO界面就可以发现下方出现了进度条，系统已经开始加载，比传统启动要快很多，如图17-22所示。

vmware

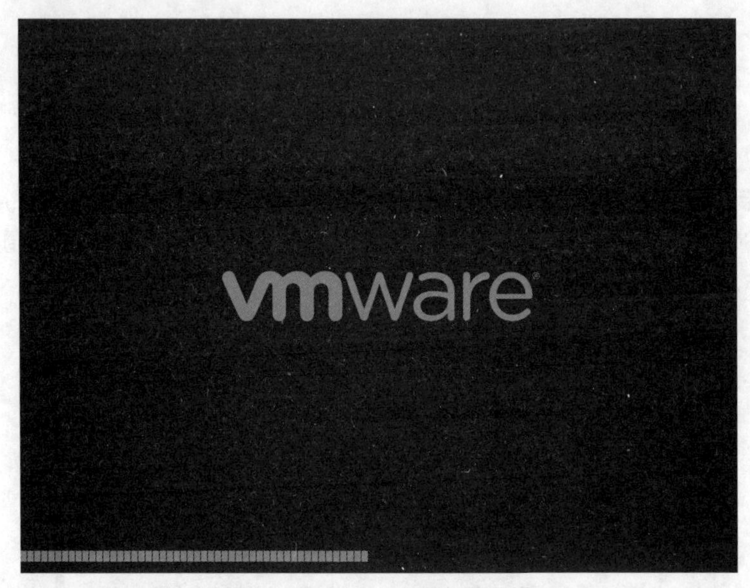

图17-22 LOGO界面加载系统

STEP 12 系统准备，并安装设备，如图17-23所示。完成后，重启电脑。

正在准备设备

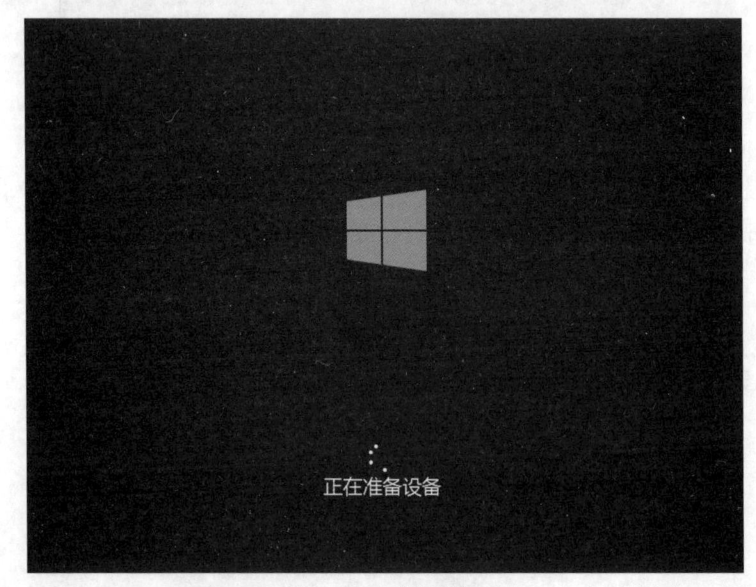

图17-23 准备设备

STEP 13 重启完毕后，系统进入设置界面，单击“自定义”按钮，如图17-24所示。

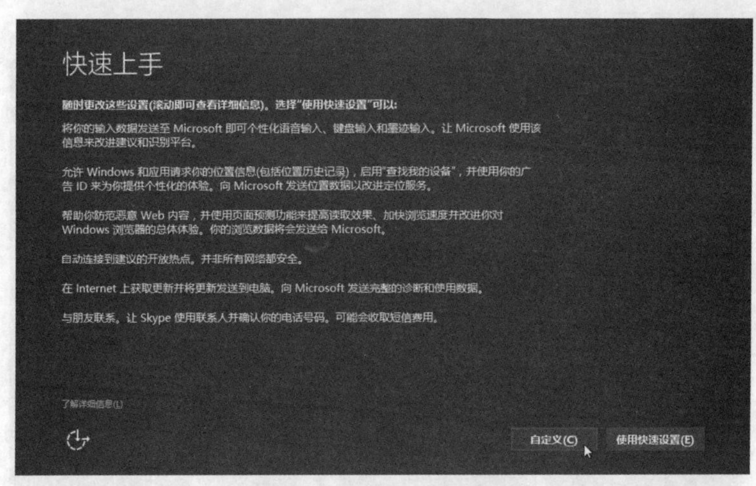

图17-24 进入自定义设置

STEP 14 设置个性化及位置服务，单击“下一步”按钮，如图17-25 所示。

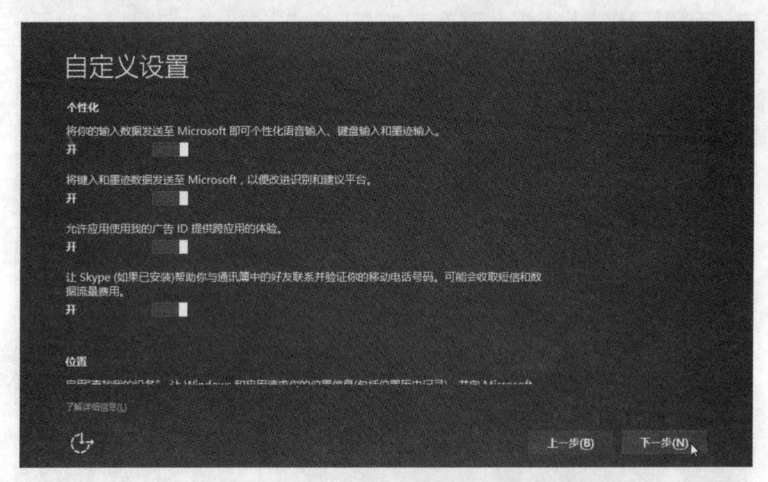

图17-25 选择个性化及位置服务

STEP 15 依次完成其他自定义设置后，进入电脑设置界面，选择“我拥有它”选项，单击“下一步”按钮，如图17-26所示。

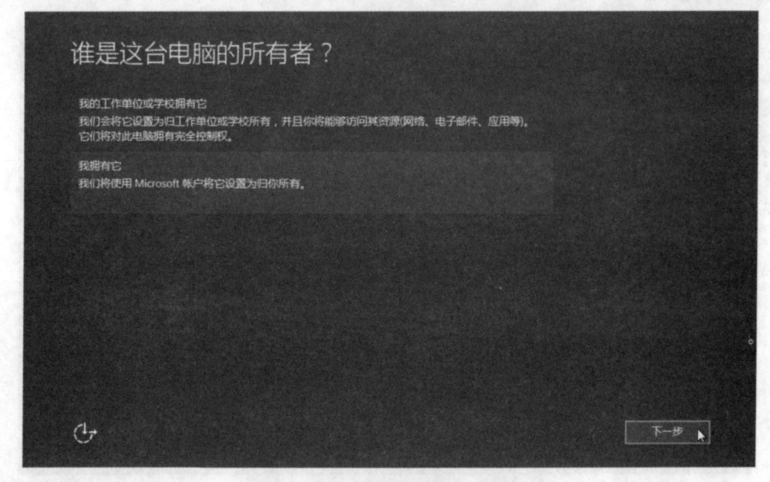

图17-26 选择电脑的归属

STEP16 系统提示是否使用Microsoft帐户进行登录，以便可以共享配置和资源，这里选择“跳过此步骤”选项，如图17-27所示。

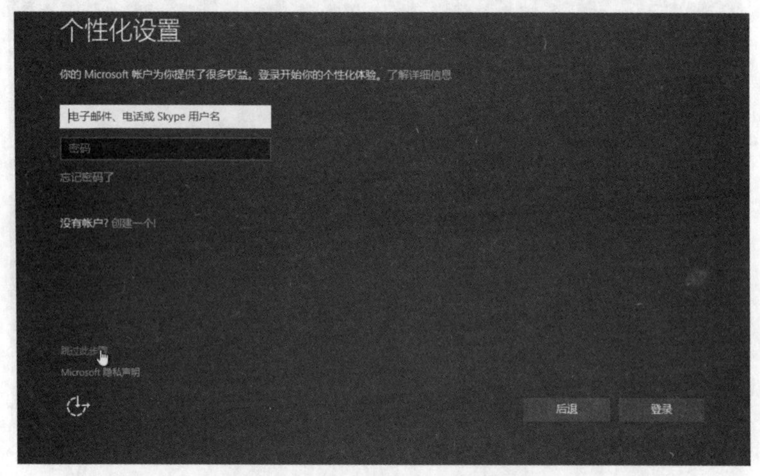

图17-27 使用Microsoft帐户登录

STEP17 创建帐户，可以不用输入密码，直接单击“下一步”按钮，如图17-28所示。

为这台电脑创建一个帐户

如果你想使用密码，请选择自己易于记住但别人很难猜到的内容。

谁将会使用这台电脑?

TEST001

确保密码安全。

输入密码

重新输入密码

密码提示

上一步(B) 下一步(N)

图17-28 创建帐户

STEP18 系统提示是否启用Cortana，单击“暂不”按钮，如图17-29所示。

图17-29 是否启用Cortana

STEP 19 系统提示准备更新，如图17-30所示。

青，取之于蓝而青于蓝；冰，水为之而寒于水。
正在准备更新，请勿关闭电脑。

图17-30 系统准备更新数据

STEP 20 稍等片刻，系统进入Windows 10主界面，安装工作到此结束，如图17-31所示。

图17-31 进入操作系统桌面环境

此后，用户通过启动电脑，就可以享受到快速进入操作系统的感觉。

17.6 安装 Windows 7

若电脑已经安装了系统，而且没有启用UEFI模式，硬盘也已经分区，并且没有采用GPT模式，那么这种情况，如何进行快速启动系统的安装，下面将进行介绍。

17.6.1 安装前的准备工作

在这种情况下安装系统，需要准备：

- 确定电脑主板支持开启UEFI模式。
- Windows 7 64位的安装介质，可以是U盘，也可以是光盘启动。

17.6.2 安装的主要流程

下面介绍Windaws 7系统安装的主要流程，具体如下。

STEP 01 备份资料，因为要将硬盘分区表格式转化为GPT，所以要将硬盘中数据进行备份。

STEP 02 使用U盘启动电脑，使用工具进行格式转化，或使用安装光盘在安装时进行转换。

STEP 03 使用光盘进行安装。

STEP 04 安装驱动文件及应用软件。

17.6.3 执行安装操作

安装前的准备工作完成后，即可进行系统安装操作，具体如下。

STEP 01 在BIOS中，开启UEFI模式，并将光盘插入光驱。

STEP 02 在启动时，进入启动项选择界面，选择光盘启动，如图17-32所示。

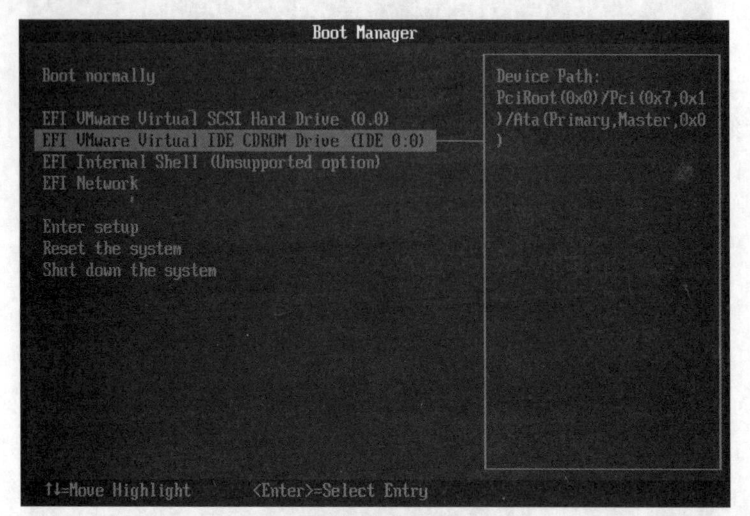

图17-32 选择光盘启动

STEP 03 读取光盘安装文件并启动到安装界面，保持默认参数，单击“下一步”按钮，如图17-33所示。

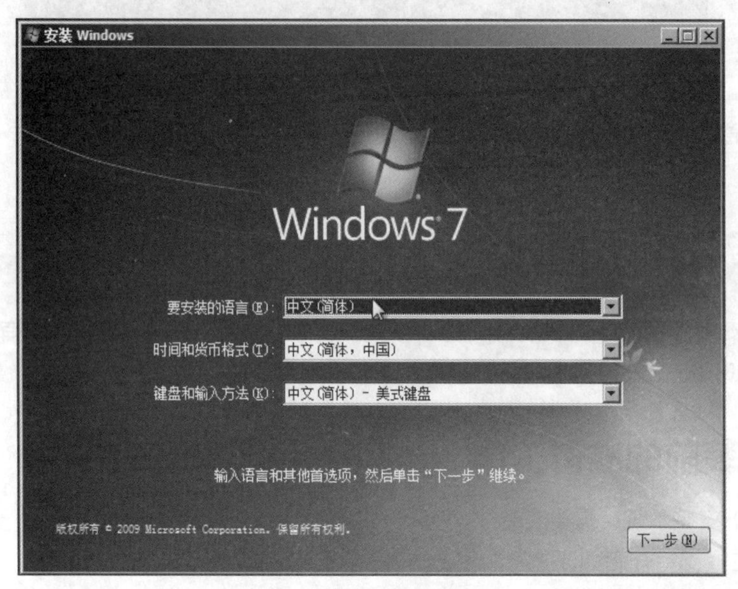

图17-33 选择语言等选项

STEP 04 单击“现在安装”按钮，如图17-34所示。

图17-34 选择现在安装

STEP 05 接受条款后，选择“自定义”安装模式，如图17-35所示。

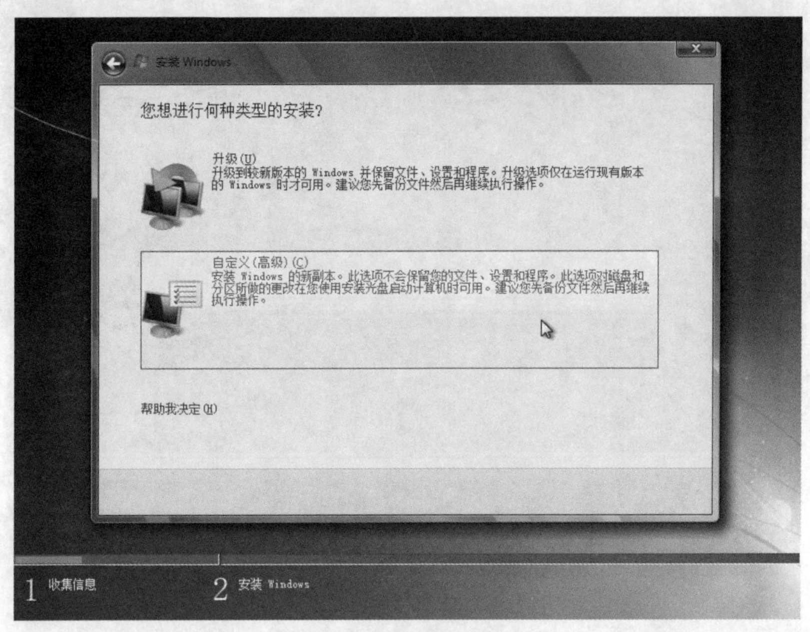

图17-35 自定义安装模式

STEP 06 进入到安装位置后，可以发现系统无法安装到任何分区，单击“显示详细信息”按钮后，查看系统提示无法安装，因为老系统使用的是MBR分区表，在UEFI系统上，Windows只能安装到GPT磁盘上，如图17-36所示。

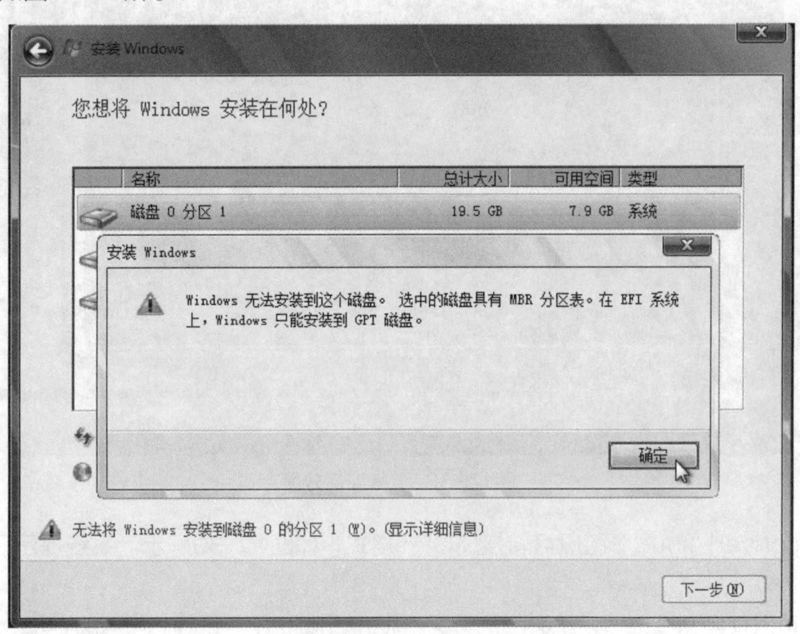

图17-36 提示无法安装到该分区

STEP 07 那么应该怎么办呢?下面就需要使用命令来进行操作了。按Shif+F10组合键使用管理员权限启动控制台，如图17-37所示。

STEP 08 输入diskpart命令使用分区调整命令，输入list disk命令列出当前电脑安装的所有硬盘，输入select disk X命令选择需要进行专员的硬盘，输入clean命令来清除所有磁盘分区，如图17-38所示。完成后，系统提示成功清除了磁盘。

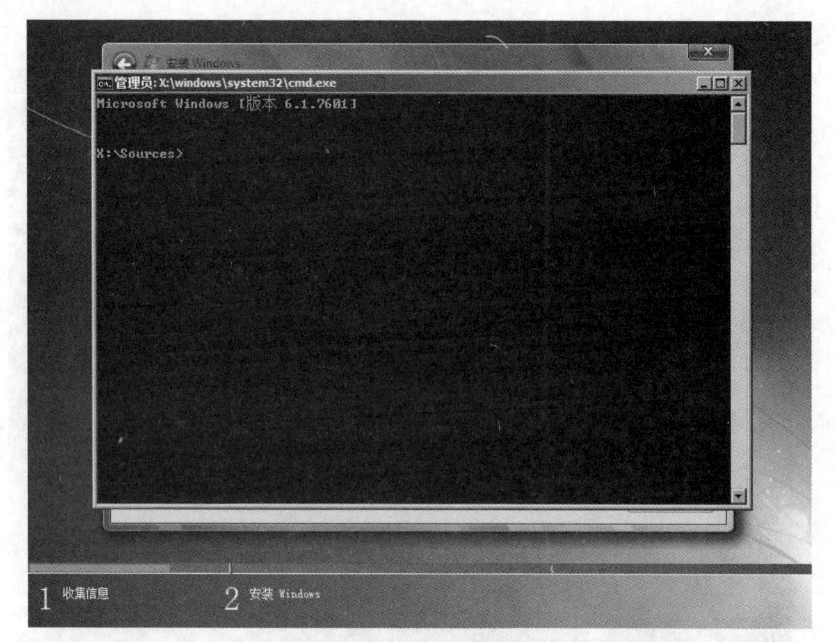

图17-37 启动控制台

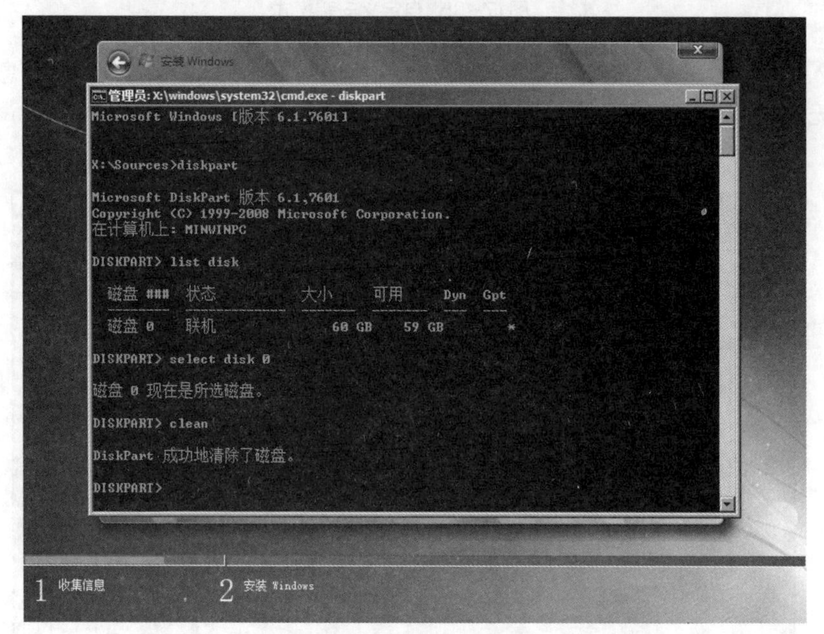

图17-38 清除磁盘分区

STEP 09 使用convert gpt命令将磁盘转换成GPT格式，如图17-39所示。系统提示已经成功进行了转换。

STEP 10 当也可以使用命令创建系统必须的分区。使用create partition efi size = 100命令从总磁盘中创建EFI也就是ESP系统分区。使用create partition msr size = 128命令创建MSR保留分区。当然，也可以用命令创建其他主分区，这里的单位为M，使用exit命令退出控制台，如图17-40所示。

STEP 11 返回到分区的界面，如果此时没有刷新，可以单击左上角的返回按钮，返回到上一级界面，再进入到分区界面。可以看到已经成功的进行了转换，而且创建了2个分区。选中剩下的未分配空间，单击“新建”按钮，如图17-41所示。

```
管理员: X:\windows\system32\cmd.exe - diskpart
DISKPART> select disk 0

磁盘 0 现在是所选磁盘。

DISKPART> clean

DiskPart 成功地清除了磁盘。

DISKPART>

DISKPART>

DISKPART> convert gpt

DiskPart 已将所选磁盘成功地转更换为 GPT 格式。

DISKPART>

DISKPART>

DISKPART>

DISKPART>

DISKPART>
```

1 收集信息　2 安装 Windows

图17-39 转换成GPT格式

```
管理员: X:\windows\system32\cmd.exe - diskpart
DISKPART> select disk 0

磁盘 0 现在是所选磁盘。

DISKPART> clean

DiskPart 成功地清除了磁盘。

DISKPART> conver gpt

DiskPart 已将所选磁盘成功地转更换为 GPT 格式。

DISKPART> list partition

这个磁盘上没有显示的分区。

DISKPART> create partition efi size = 100

DiskPart 成功地创建了指定分区。

DISKPART> create partition msr size = 128

DiskPart 成功地创建了指定分区。

DISKPART> exit
```

1 收集信息　2 安装 Windows

图17-40 使用命令创建分区

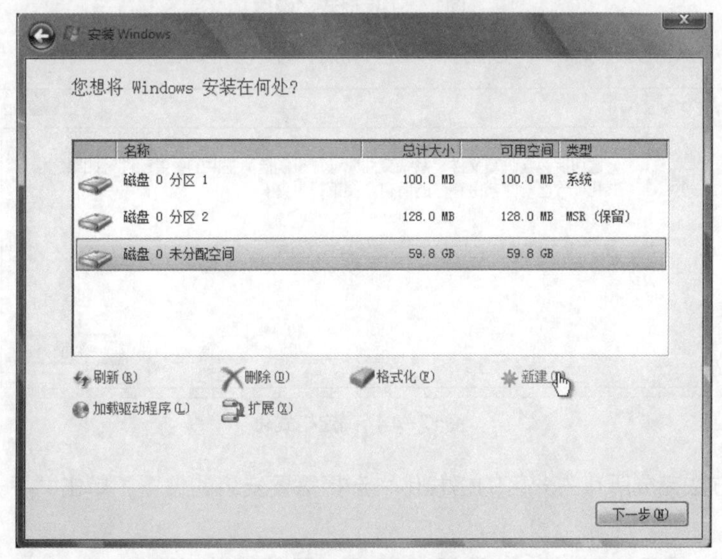

图17-41 安装界面新建分区

STEP 12 输入分区的大小，单击“应用”按钮，如图17-42所示。

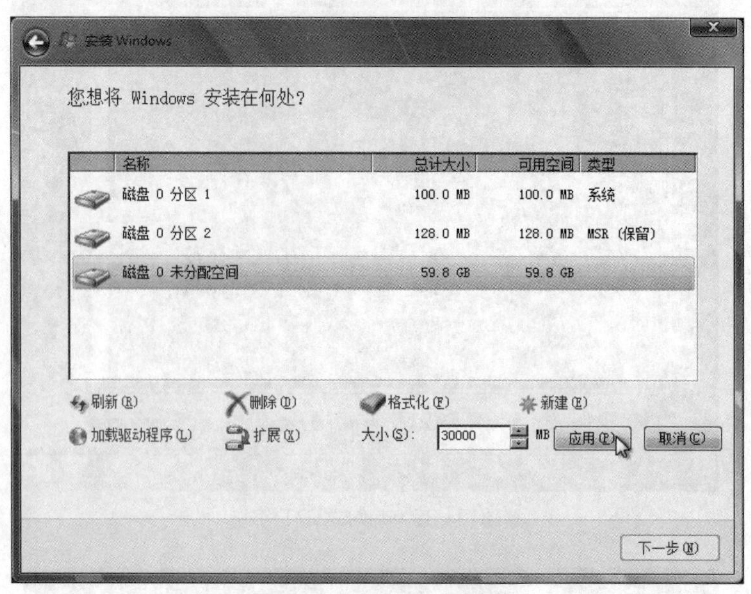

图17-42 新建其他主分区

STEP 13 按照该方法完成所有硬盘的建立，选中刚建立的磁盘，单击“格式化”按钮，如图17-43所示。

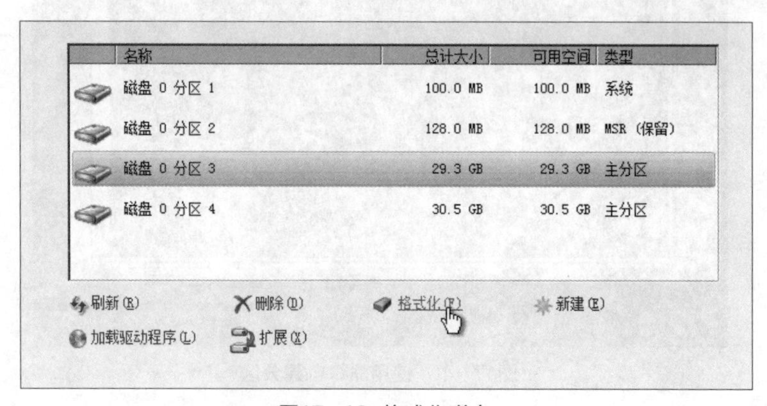

图17-43 格式化磁盘

STEP 14 系统提示格式化会删除所有数据，单击“确定”按钮，如图17-44所示。

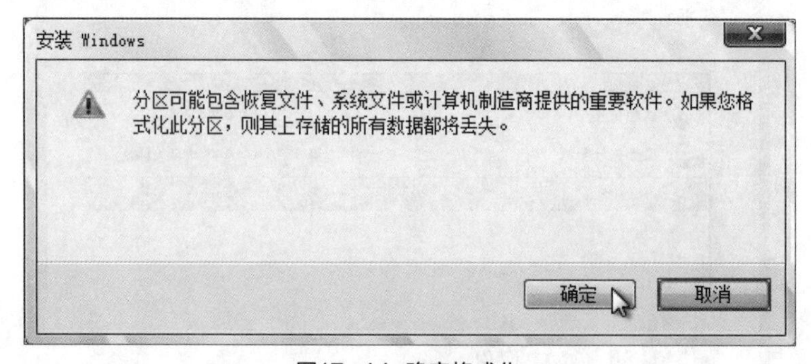

图17-44 确定格式化

STEP 15 按照该方法完成所有主分区的格式化，选择需要安装的位置，单击“下一步”按钮，如图17-45所示。

STEP 16 系统复制并展开安装文件，如图17-46所示。稍等片刻即可。

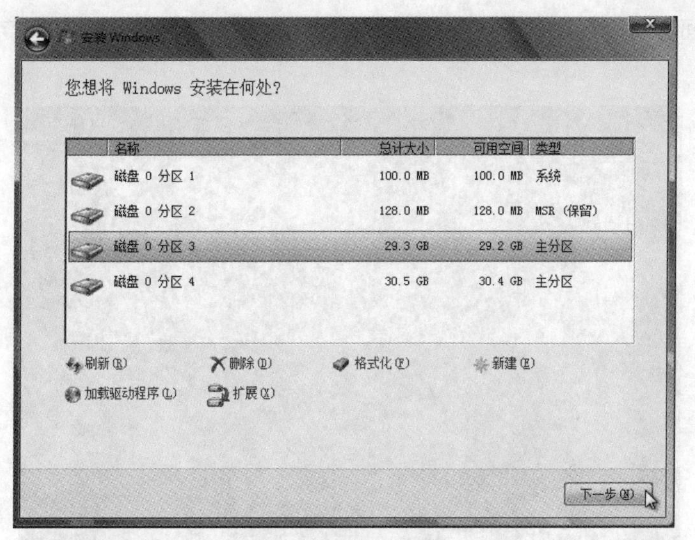

图17-45 选择安装位置

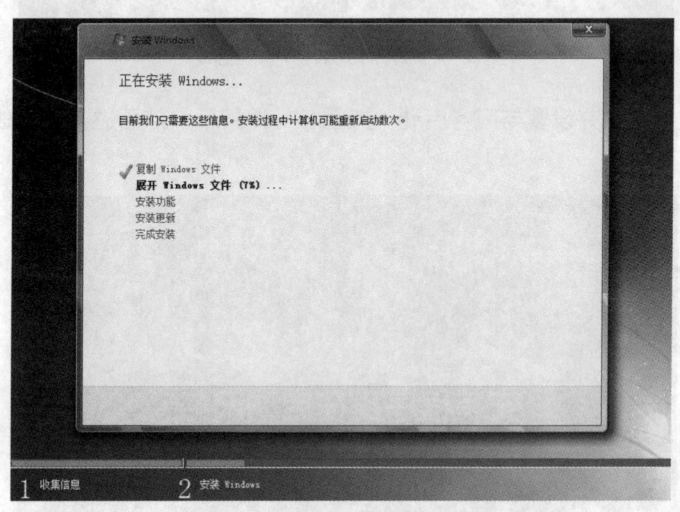

图17-46 复制并展开文件

STEP 17 完成展开后，系统进入重启界面，如图17-47所示。

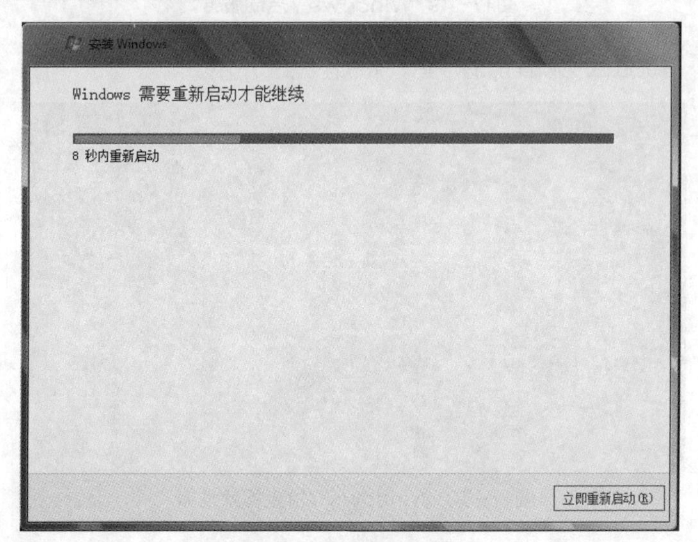

图17-47 系统进行重启

STEP18 在重启界面中可以看出，系统在LOGO界面已经进行了系统加载，速度飞快，如图17-48所示。

图17-48 Windows 7快速启动

STEP 19 安装程序进行注册并设置与服务启动，如图17-49所示。然后进入“完成安装”界面，再次进行重启。

图17-49 Windows 7启动服务

STEP 20 重启动后，系统进入视频性能的检查，如图17-50所示。

图17-50 Windows 7检查视频性能

STEP 21 输入用户名及电脑名称，然后单击“下一步”按钮，如图17-51所示。

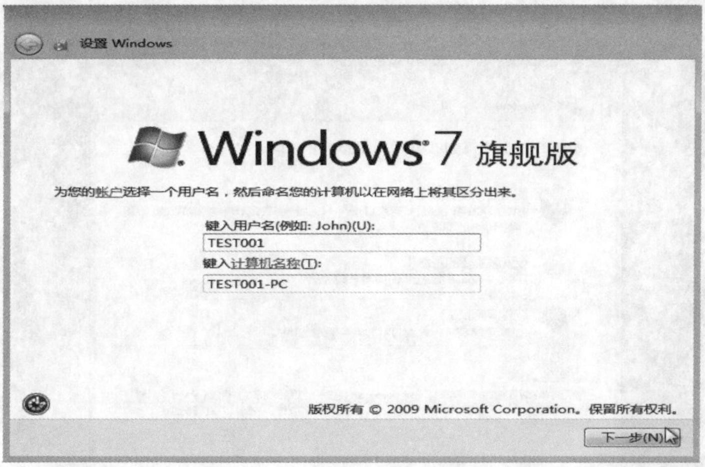

图17-51 设置用户名和电脑名称

STEP 22 可以设置密码，也可以直接单击“下一步”按钮，如图17-52所示。

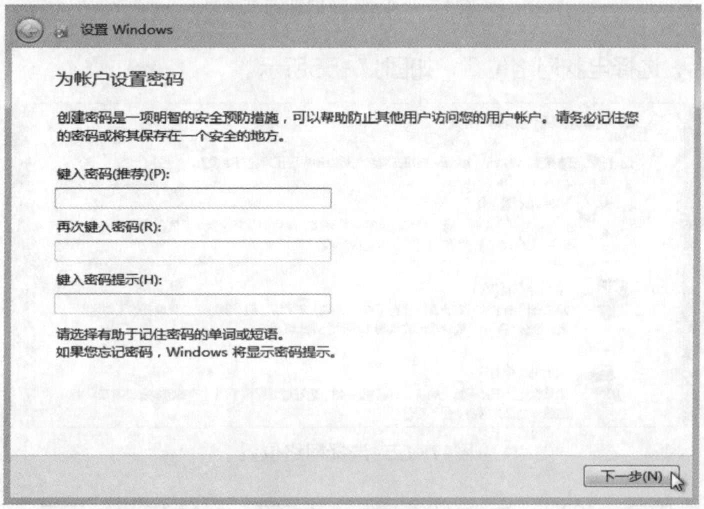

图17-52 设置密码

STEP 23 系统提示输入密钥，单击“跳过”按钮，如图17-53所示。

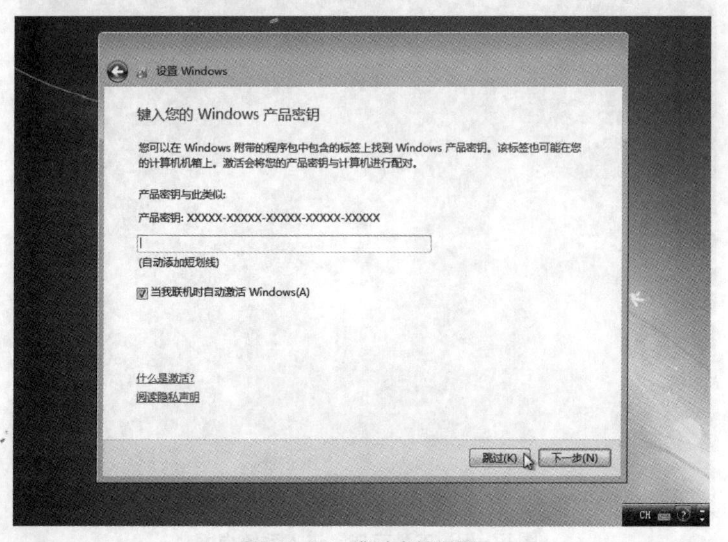

图17-53 跳过密钥设置

STEP 24 选择更新服务，这里根据需要进行选择，如图17-54所示。

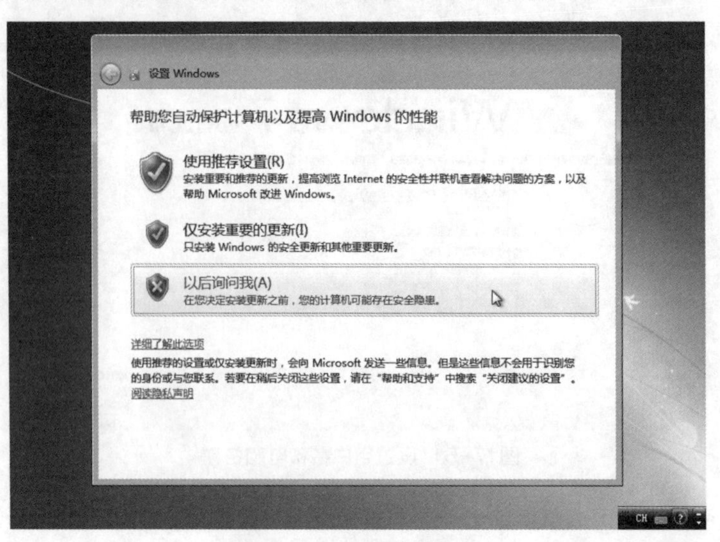

图17-54 选择更新方式

STEP 25 设置时间后，选择电脑网络位置，如图17-55所示。

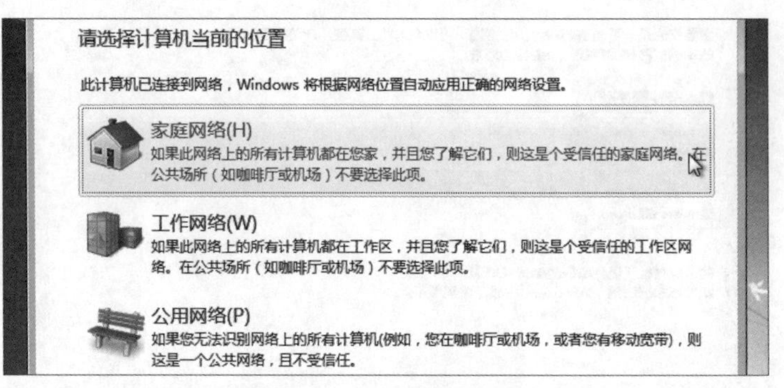

图17-55 选择网络位置

STEP 26 系统自动应用网络设置，进入Windows 7桌面，如图17-56所示。至此，快速启动的Windows 7已经安装完毕。

图17-56 安装完毕，进入系统桌面

17.7 安装GHOST版本系统

本节将对GHOST的运行环境、安装准备以及进行系统安装的操作步骤进行介绍。

17.7.1 认识GHOST

GHOST系统是指通过赛门铁克公司（Symantec Corporation）出品的GHOST在装好的操作系统中进行镜像克隆的技术。通常GHOST用于操作系统的备份，在系统不能正常启动的时候进行恢复操作。GHOST系统界面如图17-57所示。

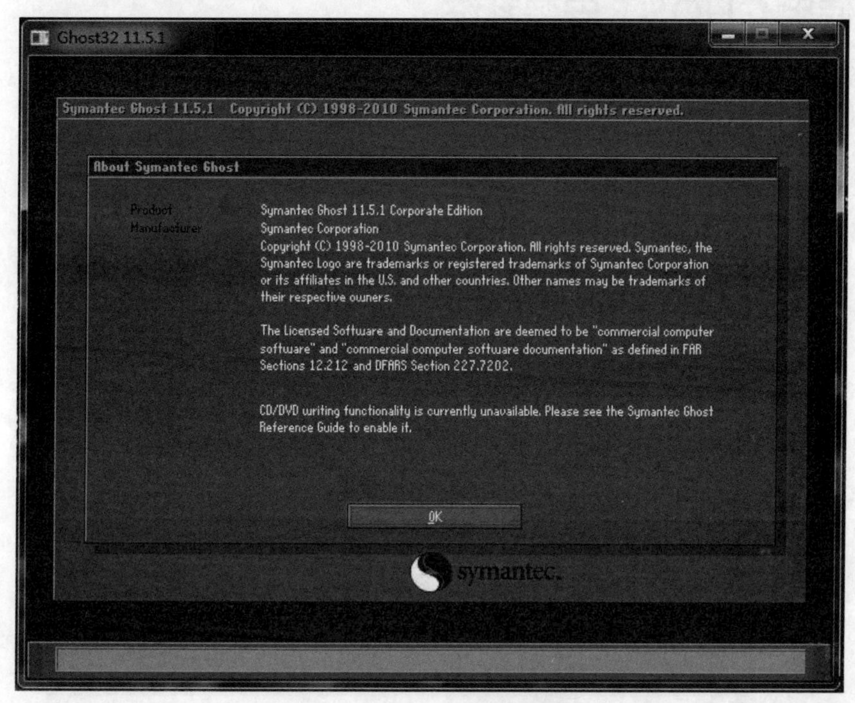

图17-57 GHOST启动界面

因为GHOST系统既方便又节约时间，故广泛应用于复制操作系统GHOST文件到其他电脑上进行操作系统安装（实际上就是将镜像还原）。因为安装时间短，所以深受装机商们的喜爱。但这种安装方式可能会造成系统不稳定。因为每台机器的硬件都不一样，按常规操作安装系统，系统会检测硬件，然后按照本机的硬件安装一些基础的硬件驱动，如果某个硬件工作不太稳定的时候就会终止安装程序，稳定性方面做得会比GHOST好。所以安装操作系统应尽量按常规方式安装，这样可以获得比较稳定的性能。

17.7.2 GHOST运行环境

GHOST可以在DOS、PE以及Windows环境下运行，可以使用光盘、U盘、硬盘作为载体，不需要进行安装。

用户可以使用编辑好的一键备份与还原功能，也可以手动设置。

实际上使用GHOST安装Windows系统，就是将一个已经打包的Windows系统还原到硬盘上。而打包的系统含有自动驱动检测及安装。所以从效果来看，与手动安装的原版系统是一致的。

原版系统一般用于需要长期稳定的工作环境。而GHSOT版本系统更适合家庭或者办公娱乐性电脑，或者需要大批量快速安装的情况。

17.7.3 GHOST 安装系统的准备

GHOST安装系统准备工作可以分为以下几类：

- 安装程序：存储在光盘上，需要光盘启动；存储在U盘上，可以U盘启动；存储在电脑上，可以光盘启动、U盘启动、本地硬盘启动后调用GHOST程序。
- GHOST文件：指备份的系统。可以存储在光盘、U盘、本地磁盘上。启动GHOST程序后，调用GHOST文件即可。
- 文件备份：只要将C盘的重要文件移走即可。

17.7.4 使用 GHOST 安装系统

进行系统一键安装与其他方式的原理是相通的，下面以PE手动GHOST为例进行介绍。

STEP 01 将U盘插入电脑，进入U盘启动，选择PE模式，如图17-58所示。

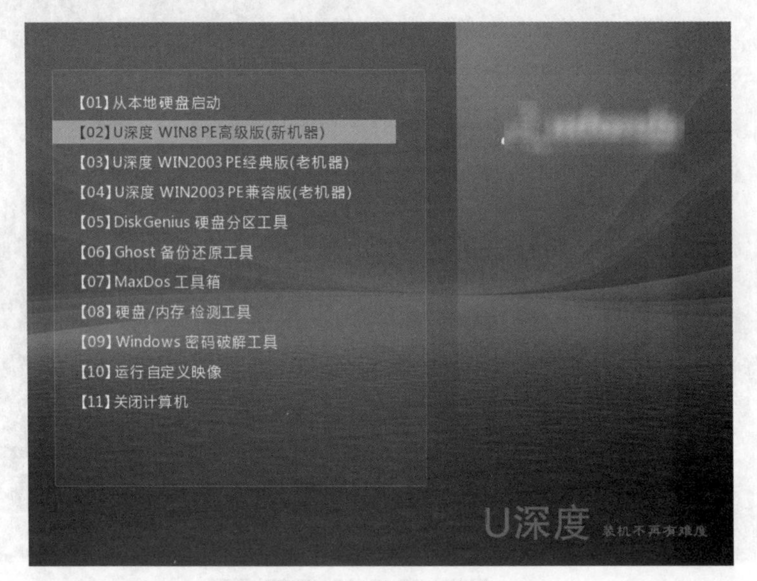

图17-58 选择PE模式

STEP 02 系统读取数据文件，启动PE模式，进入主界面，如图17-59所示。

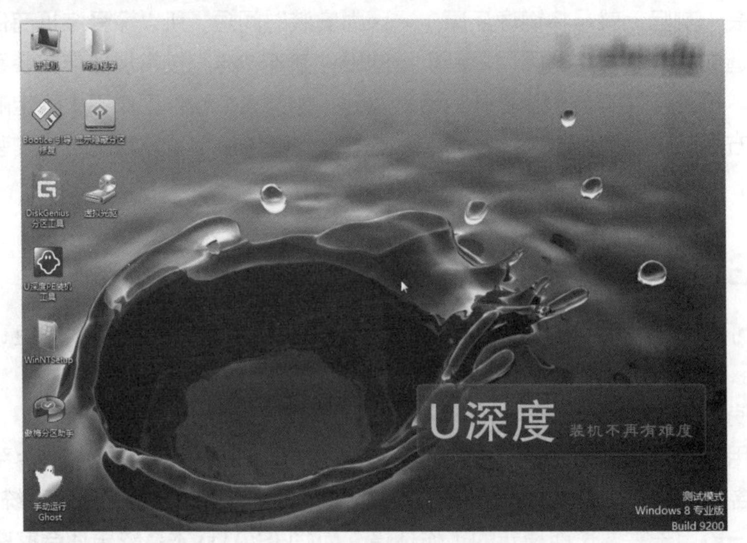

图17-59 进入PE界面

STEP 03 在桌面上、从开始菜单，或者从硬盘上找到GHOST文件启动，在GHOST主界面中单击OK按钮，如图17-60所示。

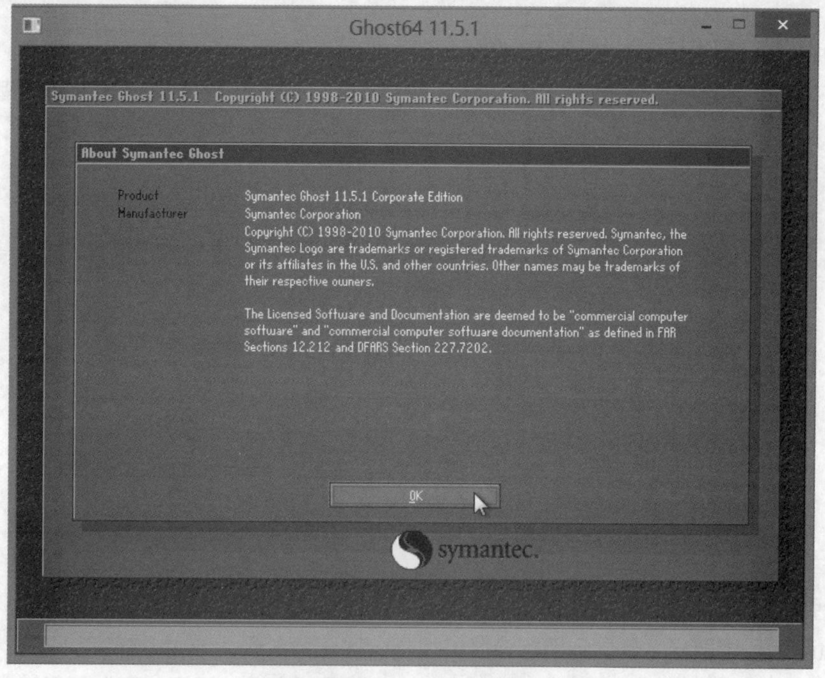

图17-60 进入GHOST界面

STEP 04 在GHOST主菜单中，可以看到的菜单选项如下。

- Local：本地操作，对本地硬盘进行操作。
- Peer to Peer：通过点对点的模式对网络电脑上的硬盘进行操作。当电脑没有安装网络驱动时，该选项与下面的GhostCast为不可选状态。
- GhostCast：通过单播、多播或者广播方式对网络电脑上的硬盘进行操作。这个功能在局域网大规模部署安装系统时，比较常用。
- Options：选项设置，一般采用默认设置即可。
- Help：帮助。
- Quit：退出。

这里因为是本地硬盘安装，使用鼠标单击选择Local选项，进入下级菜单，如图17-61所示。

图17-61 GHOST一级菜单

STEP 05 随后出现二级菜单，其中各选项的含义如下。

- Disk：对整个硬盘进行备份和还原，在早期的网吧或者采用同一品牌的电脑进行硬盘对刻时使用。
- Partition：对分区进行备份和还原操作，一般会使用该选项。
- Check：检查磁盘或备份档案，避免因不同的分区格式、硬盘磁道损坏等造成备份与还原的失败。

这里选择Partition选项，如图17-62所示。

图17-62 GHOST二级菜单

STEP 06 随后弹出三级菜单，其中各选项的含义如下。

- To Partition：将原分区备份到目标分区，目标分区比原分区大或者一样大。
- To Image：将源分区备份成镜像文件，文件名后缀是.GHO，目标分区必须足够大。
- From Image：从镜像文件还原到目标分区，目标分区必须足够大。

后面两个选项就是经常使用的备份和还原功能，因为GHOST安装Windows相当于还原，这里选择From Image选项，如图17-63所示。

图17-63 GHOST三级菜单

STEP 07 本例中，GHOST文件在光盘上，将光盘插入光驱，在GHOST弹出的界面中，单击“Look in：”下拉按钮，选择E盘，即光驱所在盘符，如图17-64所示。

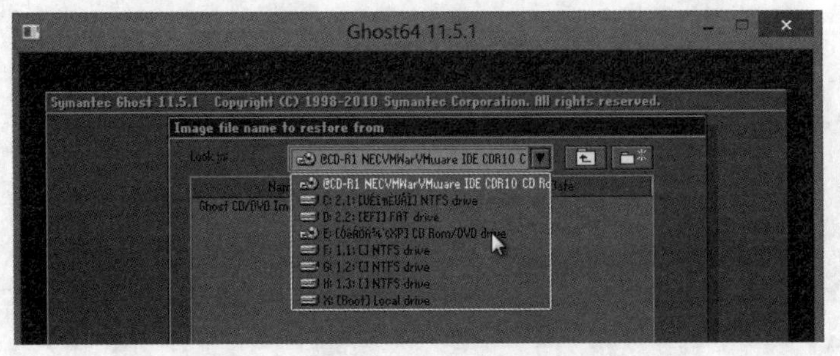

图17-64 选取光驱盘符

STEP 08 选择光盘中的镜像文件WINXPSP3.GHO，如图17-65所示。

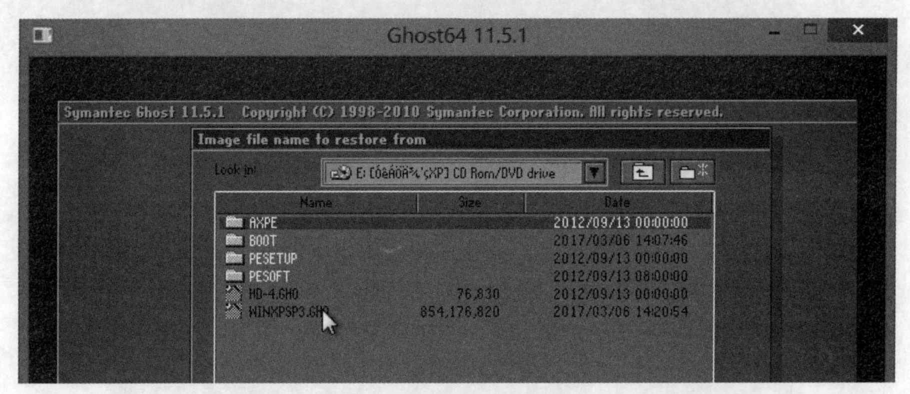

图17-65 选择镜像文件

STEP 09 从镜像文件中选择需要进行还原的分区，这里只有一项，单击OK按钮，如图17-66所示。

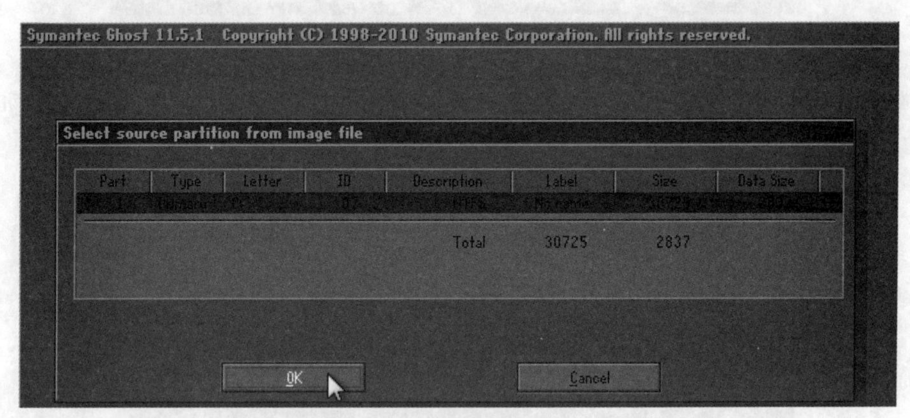

图17-66 选择镜像中的分区

STEP 10 选择目标磁盘，就是需要还原到的磁盘或者说需要安装GHOST系统的磁盘。用户可以查看硬盘大小，以确定磁盘，这里选择第一行，单击OK按钮，如图17-67所示。

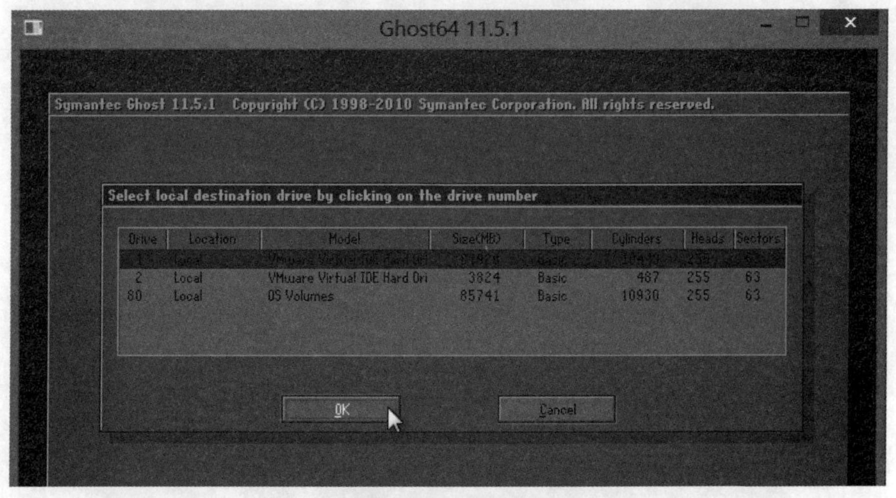

图17-67 选择目标硬盘

STEP 11 选择需要还原的分区，可以打开“电脑”面板查看盘符，或者根据分区容量进行选择，这里选择1号分区，单击OK按钮，如图17-68所示。

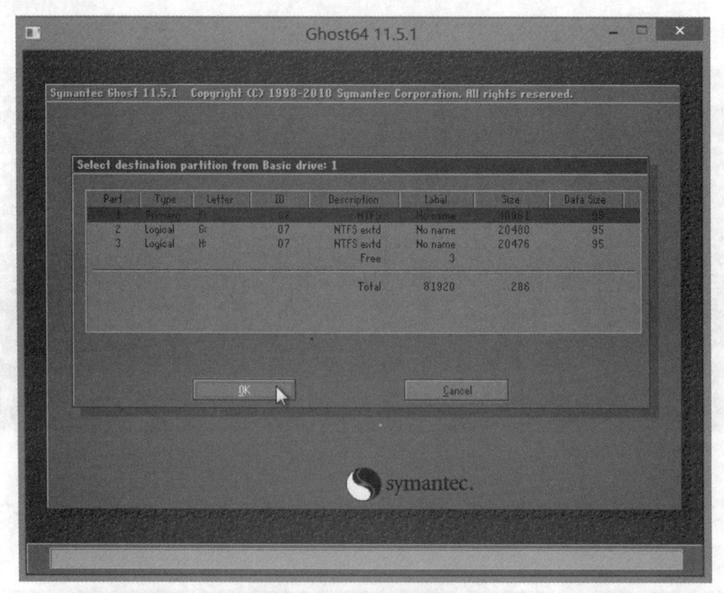

图17-68 选择目标分区

STEP 12 软件提示进行写入操作，并且将目标分区的所有文件进行覆盖，单击Yes按钮，如图17-69所示。

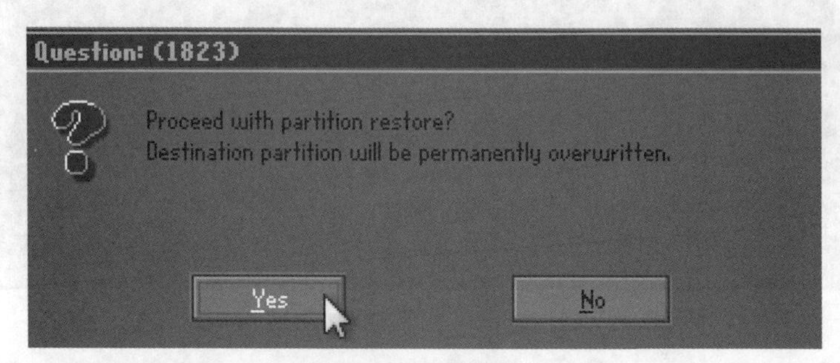

图17-69 确定操作

STEP 13 GHOST进行文件的写入操作，如图17-70所示。

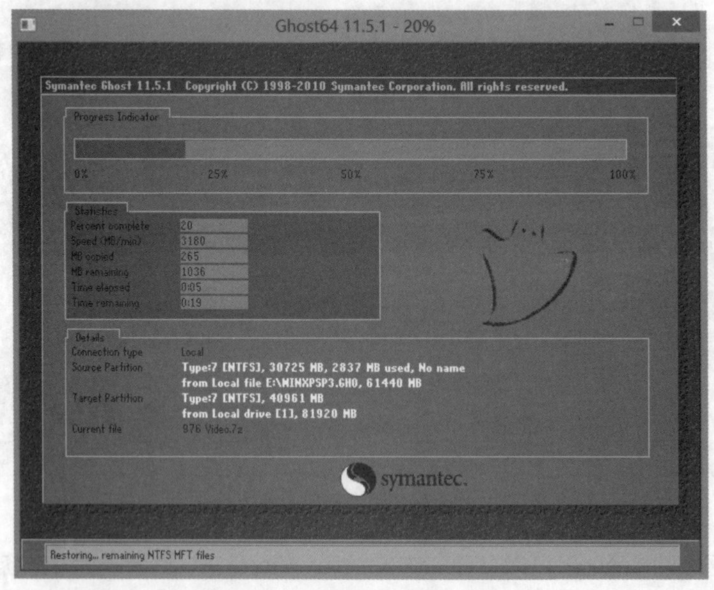

图17-70 GHOST执行写入操作

STEP 14 完成后，软件提示GHOST成功。单击“Reset Computer”按钮，进行电脑重启操作，如图17-71所示。

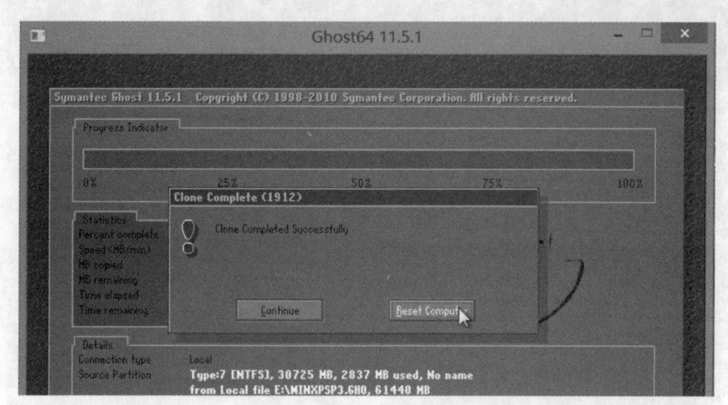

图17-71 完成还原

STEP 15 系统重启后，自动进行驱动的安装，如图17-72所示。

图17-72 自动识别并安装驱动

STEP 16 系统进行最小化安装，如图17-73所示。

图17-73 进行最小化安装

STEP 17 系统进行数据还原和注册工作，如图17-74所示。

图17-74 系统进行数据还原操作

STEP 18 完成后，电脑进行重启后，进入系统桌面环境，GHOST安装到此完成，如图17-75所示。

图17-75 完成安装

17.8 安装快速启动系统

下面将对安装快速启动系统的注意事项、操作准备以及操作步骤等进行介绍。

17.8.1 注意安装的系统版本

主流的Windows 7 64位、Windows 8 64位、Windows 10 64位系统的数据盘及系统盘都可

以使用GPT分区表，并使用UEFI模式启动。其他版本的数据盘可以使用GPT，但是系统盘不支持GPT分区。

17.8.2 U 盘系统的快速启动

除了硬盘的系统可以快速启动，UEFI模式的启动U盘如果上面有系统，只要主板支持UEFI，也可以快速启动，包括安装程序。

17.8.3 UEFI 安装系统须用 GPT 分区表

因为Windows安装程序在UEFI模式下只识别GPT分区。如果已经做好了这些，可以在已经列出的合适分区上安装Windows。如果不是这种情况的话，删除之前全部的分区，直到只剩下“未分配空间”的标签出现在硬盘分区选项里。

17.8.4 安装过程的分区

- 系统保留分区：这个EFI分区包含操作系统的核心文件，就像之前系统版本的NTLDR：HAL：boot.txt等文件，都是启动操作系统所必需的。
- MSR：微软系统恢复（MSR）分区是在每个硬盘分区里给Windows内部使用的储存空间。
- 主分区：这是Windows和所有用户数据储存的通用分区，即系统分区。

17.8.5 分区的作用

先进行分区可以避免很多麻烦，而且可以随心所欲分配磁盘空间。当然，用户也可以使用UEFI方式引导安装文件，到选择安装位置时，删除硬盘的所有分区，使硬盘变成一整块未分配空间，这时要设置建立系统文件分区的大小，如图17-76所示。

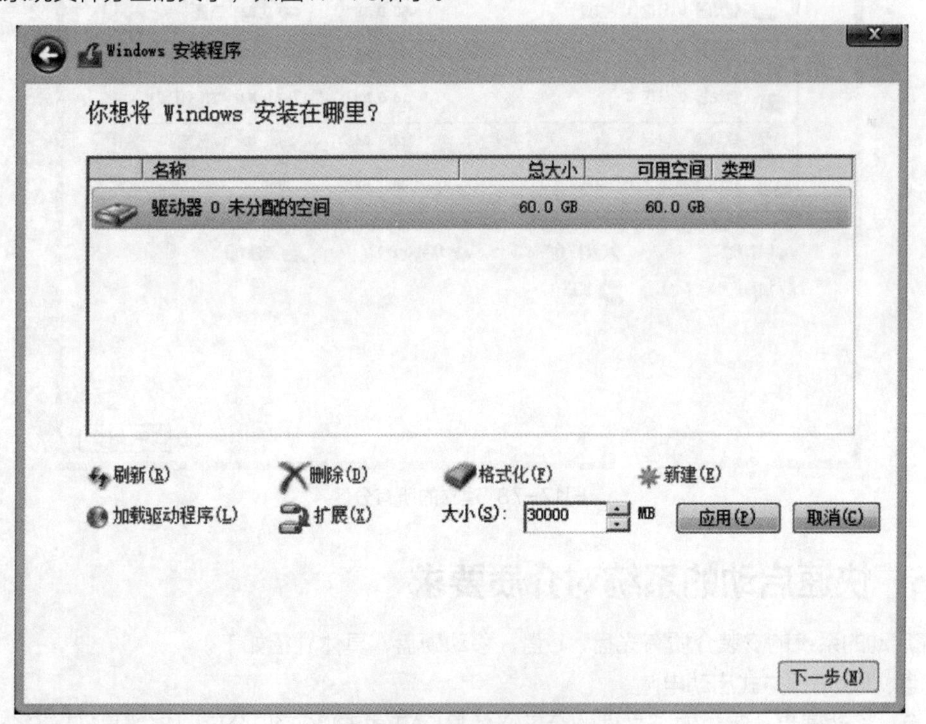

图17-76 删除磁盘所有分区

系统会自动提示需要建立额外的分区，如图17-77所示。

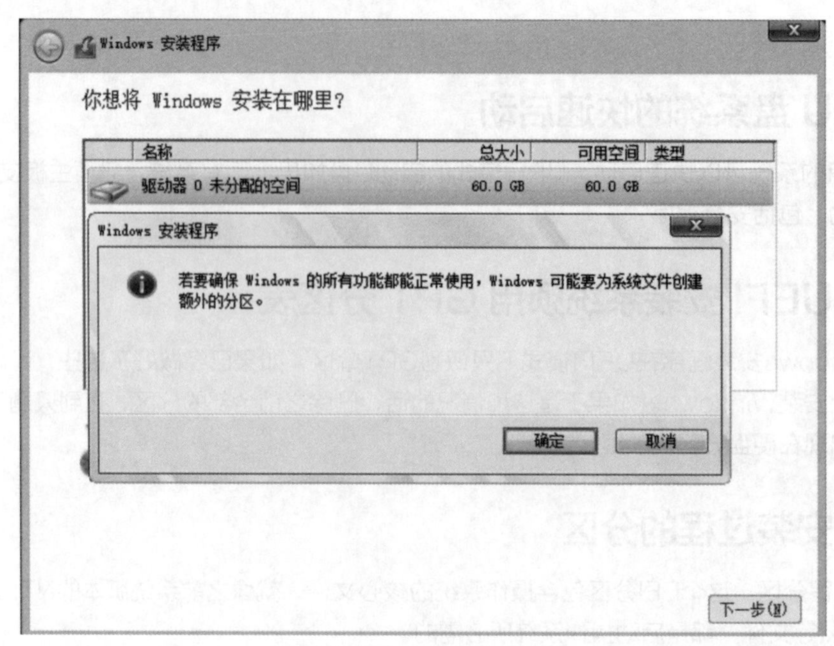

图17-77 系统建立额外分区

完成各种默认分区创建，并将硬盘分区表转换成GPT格式。可以查看此时的分区状态，如图17-78所示。

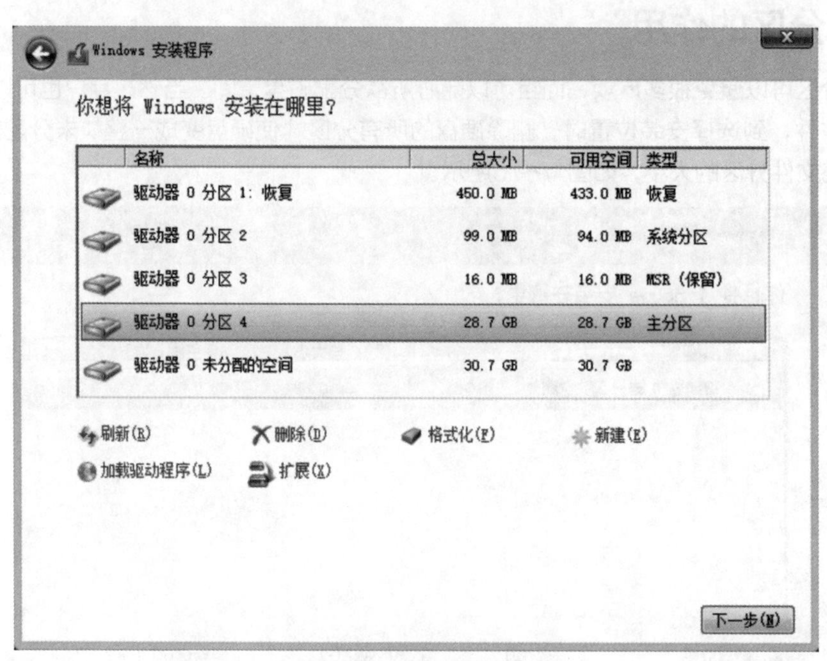

图17-78 建立的所有分区

17.8.6 快速启动的系统对介质要求

快速启动的系统的安装介质有光盘、U盘、移动硬盘，具体介绍如下。

- 光盘：以UEFI方式启动电脑。
- U盘、移动硬盘：存放安装文件的分区必须是FAT或者FAT32分区，不能是NTFS分区，因为

UEFI不能识别NTFS分区。

- Windows 8及以上系统原生支持UEFI。Windows 7不一样，如果是U盘或移动硬盘安装，需要添加UEFI支持文件，否则不能以UEFI方式启动。

17.8.7 以 UEFI 模式启动电脑

有些用户在进行系统安装时，会提示无法安装到选定的磁盘，这是因为选中的磁盘采用了GPT分区形式，即安装介质必须以UEFI模式启动电脑。那么什么是“以UEFI方式启动电脑”呢？

- BIOS中打开UEFI模式。
- 安装介质支持UEFI启动。
- Windows 7及以前的系统，用U盘或移动硬盘安装时，须添加UEFI支持文件。具体操作方法：从Windows 8的安装文件中提取Bootmgfw.efi文件，重命名为BOOTX64.EFI，复制到Windows 7安装文件的“EFI\Boot”路径下，没有BOOT文件夹就新建一个。Bootmgfw.efi文件也可以从已经安装好的Windows 8系统获得。
- 符合前两个条件时，启动菜单会出现以UEFI标识的U盘或移动硬盘启动项，选择该选项，才会以UEFI方式启动电脑。电脑不同，此项稍有差异。

17.8.8 关于 BIOS 设置的问题

- 打开BIOS中的UEFI支持：把Boot mode项设为UEFI only；如果有Lunch CSM选项，将其设为Enabled。
- 关闭安全引导：进入Security→Secure Boot，将其设为Disabled。这是Windows 8新引入的安全机制，不关闭不能安装其他操作系统。

17.8.9 使用 GHOST 备份分区

下面介绍使用GHOST备份分区的操作方法，步骤如下。

STEP 01 进入PE环境，打开GHOST文件，如图17-79所示，单击“OK”按钮。

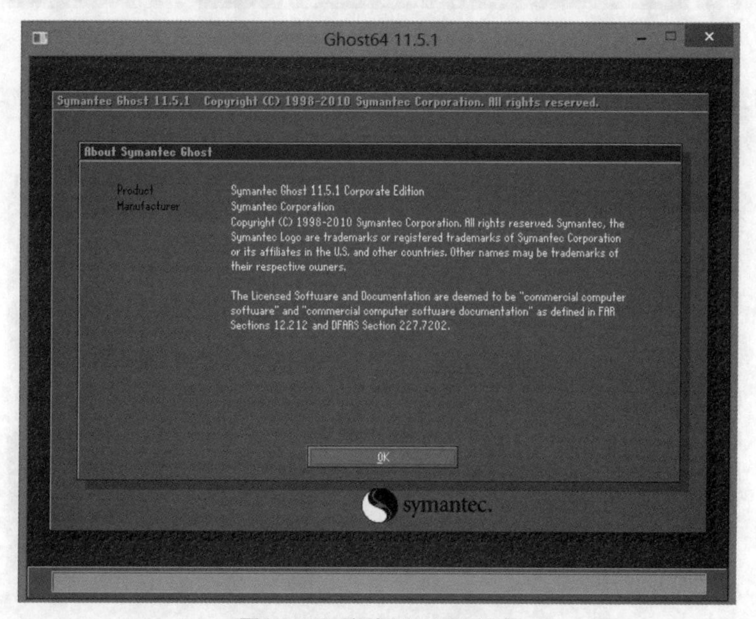

图17-79 启动GHOST程序

STEP 02 在主菜单中，依次选择Local→Partition→To Image选项，如图17-80所示。

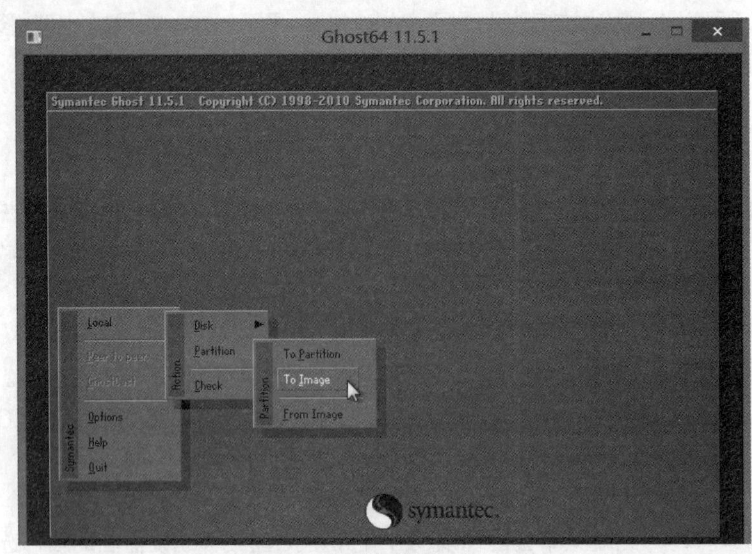

图17-80 分成GHOST文件

STEP 03 在弹出的选择界面中，选择需要进行备份分区所在的盘符。这里选择1号分区，单击“OK”按钮，如图17-81所示。

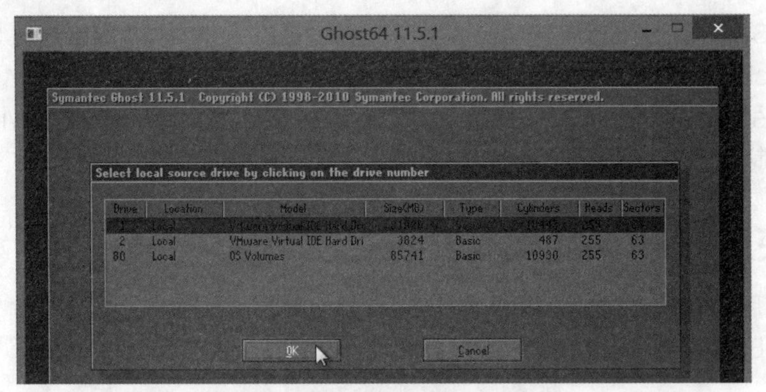

图17-81 选择备份分区所在硬盘

STEP 04 选择需要备份的分区，一般备份的是系统所在的盘，通常盘符为“C：”。单击“OK”按钮，如图17-82所示。

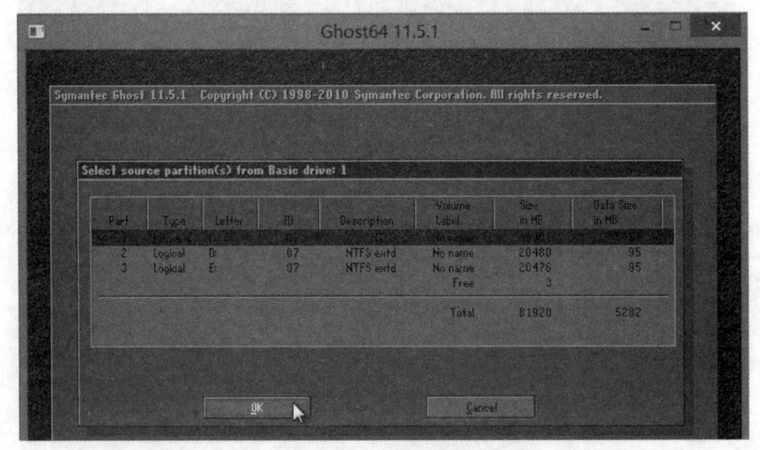

图17-82 选择需要备份的分区

STEP 05 在弹出的对话框中，单击保存位置下拉按钮，选择保存到的分区，这里选择E盘，如图17-83所示。

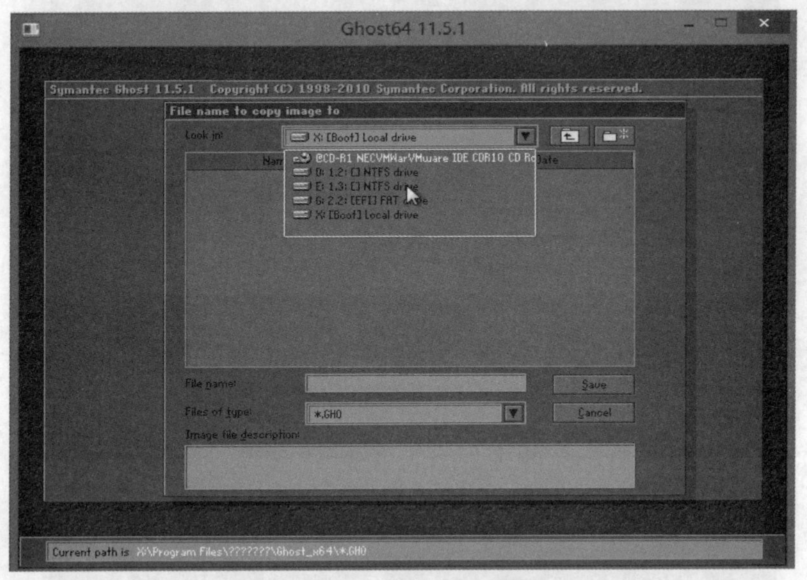

图17-83 选择保存的位置

STEP 06 为保存的文件设置名称，单击“Save”按钮，如图17-84所示。

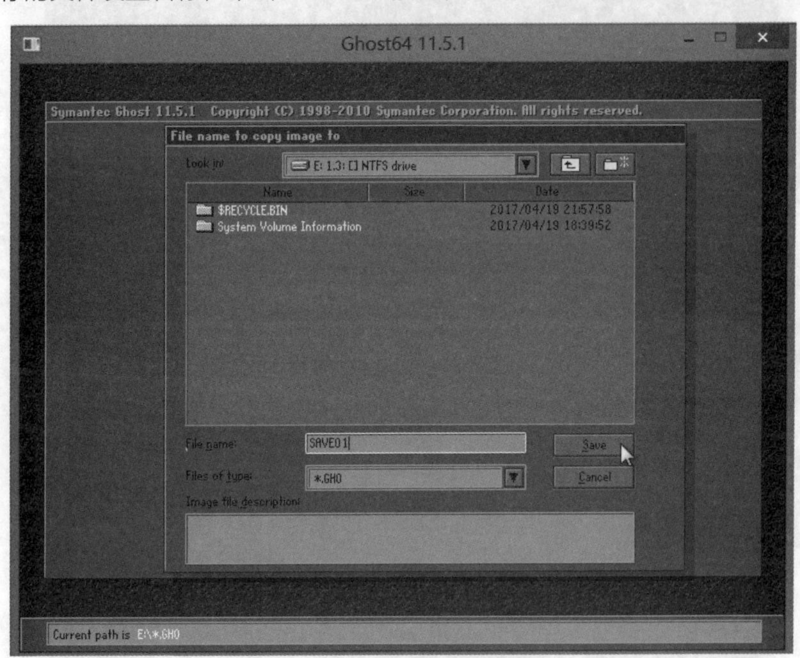

图17-84 设置GHOST文件名

STEP 07 文件提示采用以下几种压缩方式：

- No：不压缩，速度最快，但文件体积最大。
- Fast：低压缩，较快速，文件体积稍小。
- High：高压缩，速度最慢，但文件体积最小。

用户可根据硬盘的空间进行选择。因为GHSOT备份不需要经常操作，但磁盘空间的大小往往比较重要，所以单击“High”按钮，如图17-85所示。

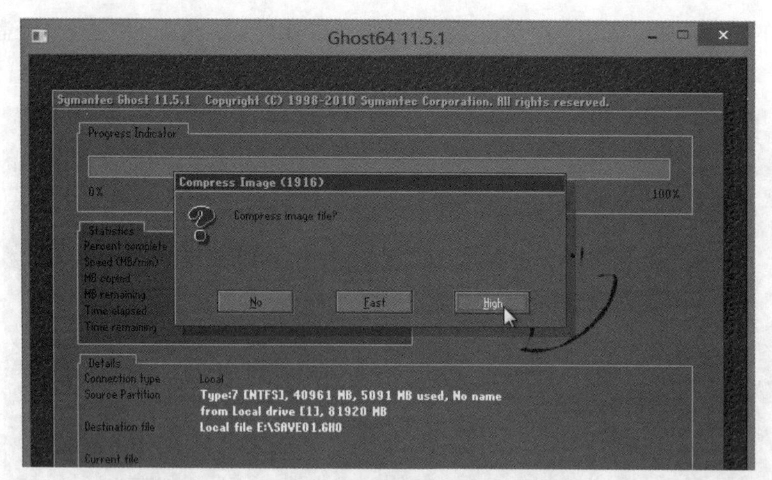

图17-85 选择压缩方式

STEP 08 GHOST提示马上进行备份，单击“Yes”按钮，如图17-86所示。

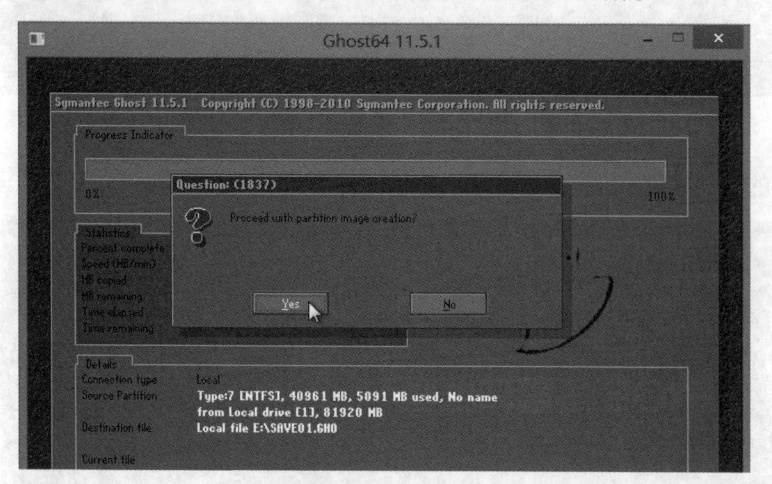

图17-86 确认备份

STEP 09 开始进行备份，可以看到进度条的进度，如图17-87所示。

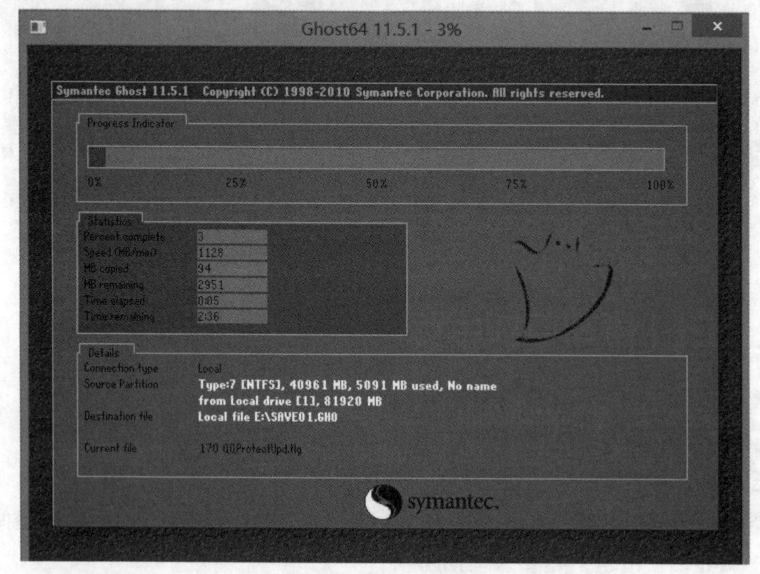

图17-87 进行备份

STEP10 完成备份后，软件弹出提示时单击“Continue”按钮，完成备份操作，如图17-88所示。

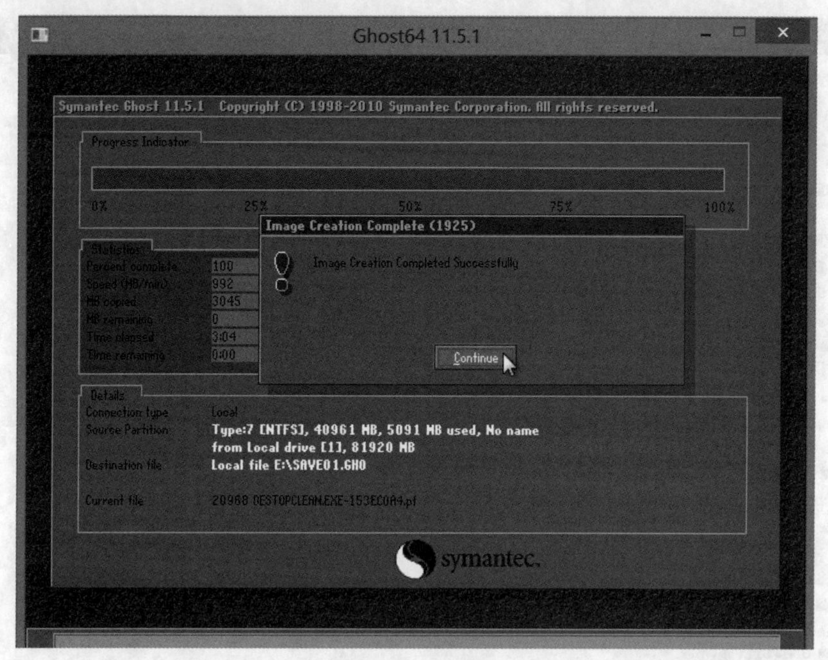

图17-88 完成备份

STEP11 返回软件主菜单，单击“Quit”按钮退出GHOST程序，可以进入到E盘查看刚刚备份的GHOST文件，如图17-89所示。

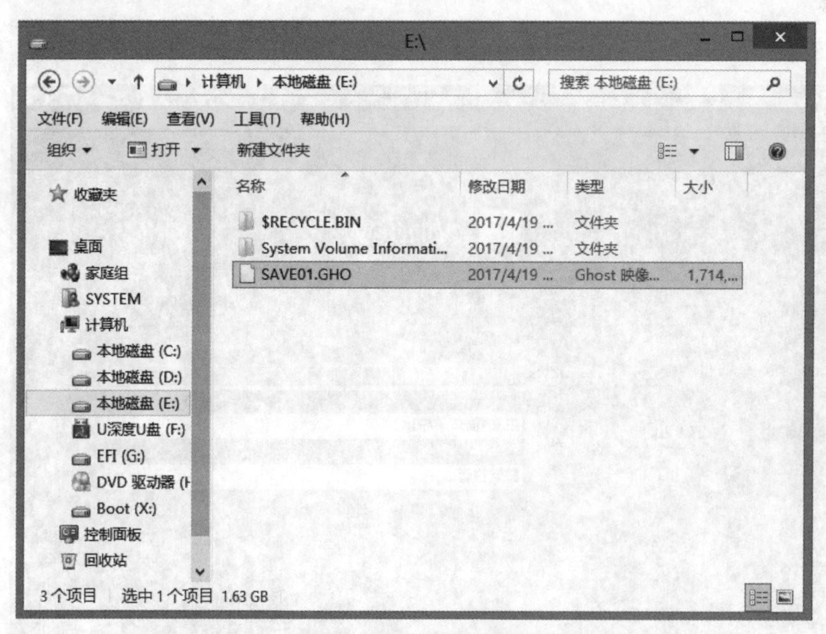

图17-89 查看备份文件

17.8.10 其他安装系统的方法

下面介绍其他安装系统的操作方法。

1. 直接安装法

STEP 01 将原版安装光盘放入光驱，进入PE环境后，打开“电脑”面板，双击DVD驱动器图标，如

图17-90所示。

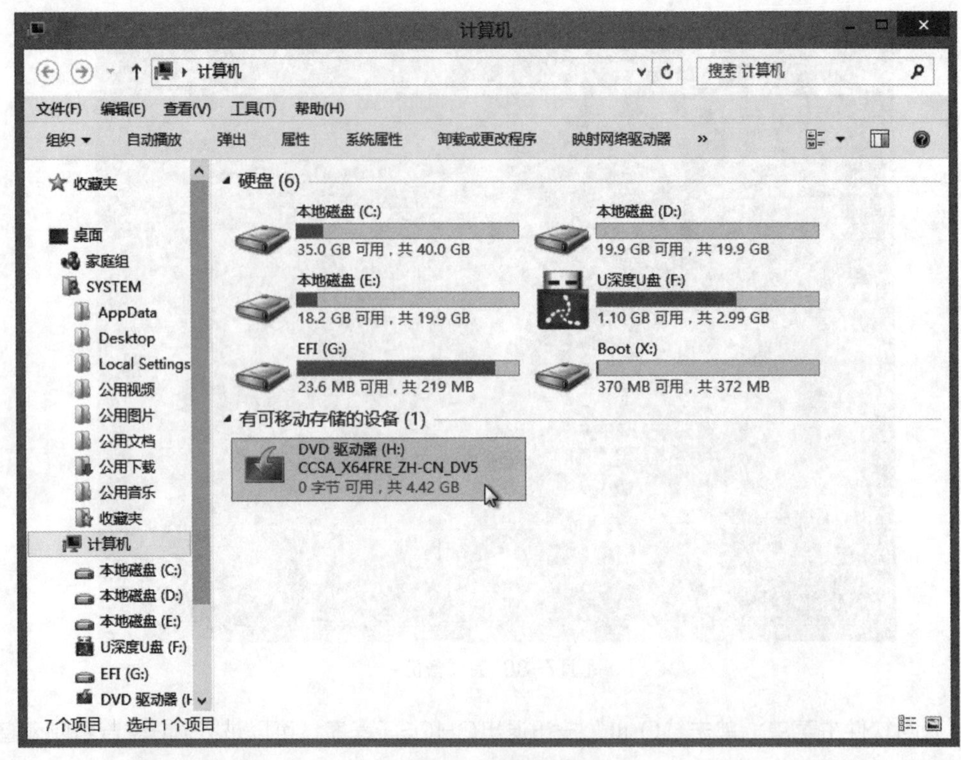

图17-90 启动安装程序

STEP 02 弹出安装界面，如图17-91所示，按照之前介绍的方法进行一步步操作即可。

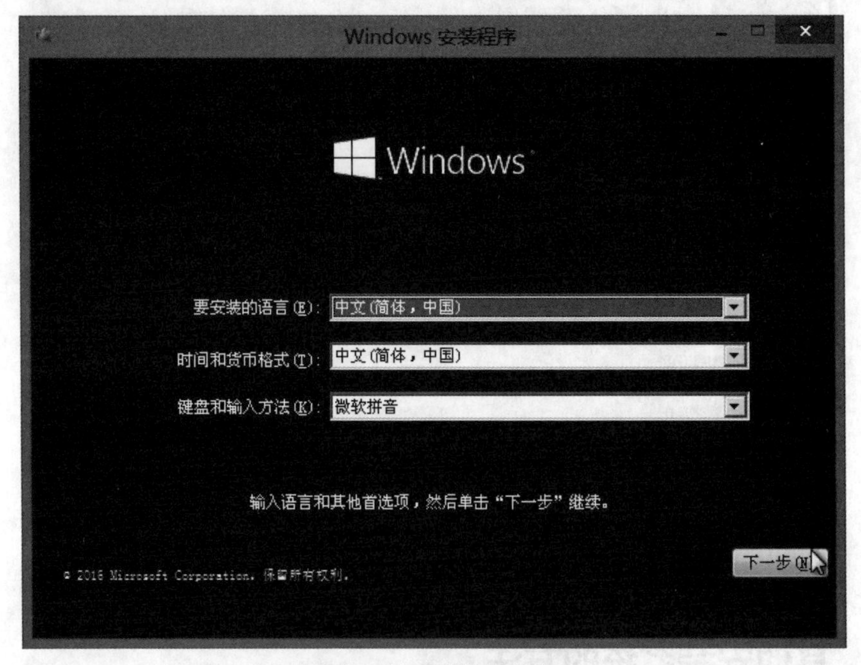

图17-91 开始进行安装

2. 使用WinNTSetup工具进行安装

STEP 01 进入PE后，启动WinNTSetup软件，弹出安装界面，根据当前安装的系统，选择相应的选项卡。单击选择安装包后的“选择”按钮，如图17-92所示。

图17-92 进入WinNTSetup界面

STEP 02 选择Windows安装文件夹，或者单击鼠标右键选择镜像文件，完成后如图17-93所示。

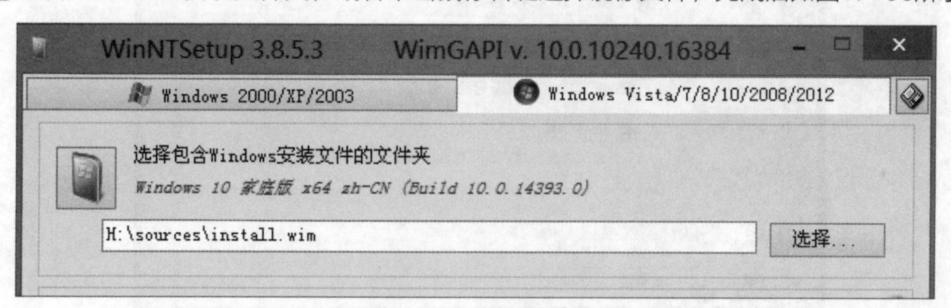

图17-93 选择安装文件

STEP 03 然后选择安装的版本，如图17-94所示。

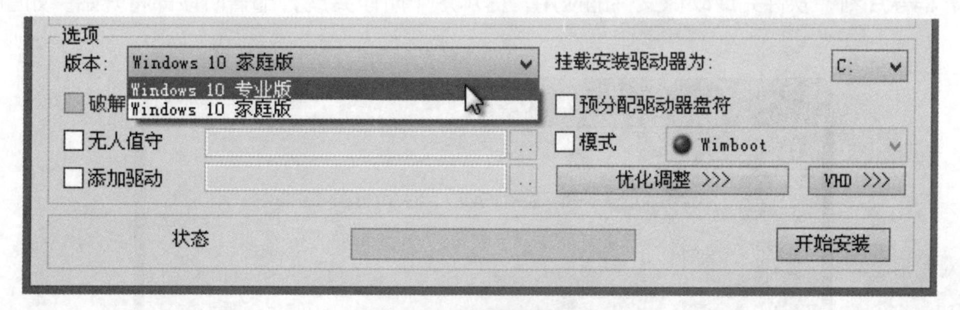

图17-94 选择安装的版本

STEP 04 选择“安装磁盘的位置”为“C：”盘，单击“开始安装”按钮，如图17-95所示。

WinNTSetup 3.8.5.3 WimGAPI v. 10.0.10240.16384
Windows 2000/XP/2003
Windows Vista/7/8/10/2008/2012
选择包含Windows安装文件的文件夹
Windows 10 专业版 x64 zh-CN (Build 10.0.14393.0)
H:\sources\install.wim
选择...
选择引导驱动器
35 GB free NTFS Space Align 1024 K
MBR
BOOTMGR PBR
BOOT PART
C:
F
选择...
安装磁盘的位置
35 GB free NTFS Space Align 1024 K
C:
F
选择...
选项
版本: Windows 10 专业版
挂载安装驱动器为: C:
破解uxtheme.dll以支持使用第三方未签名主题
预分配驱动器盘符
无人值守
模式
Wimboot
添加驱动
优化调整 >>>
VHD >>>
状态
开始安装

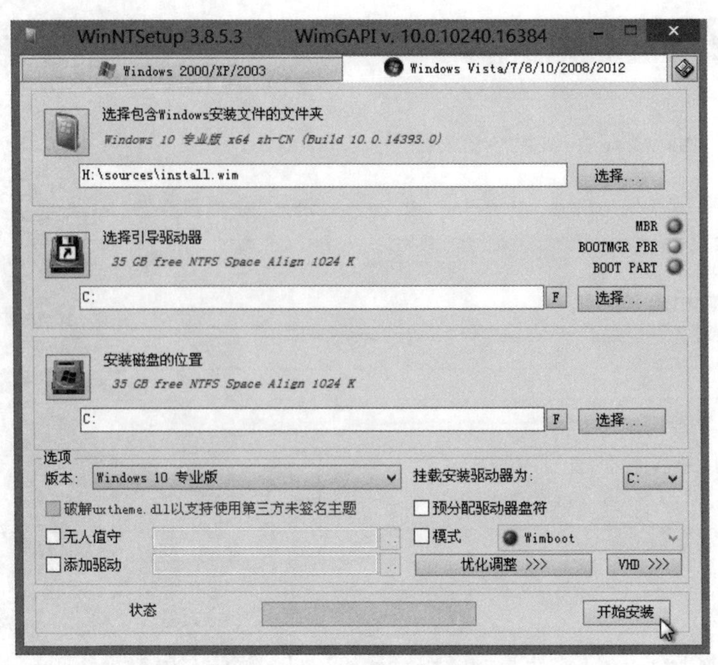

图17-95 选择安装位置

STEP 05 软件询问是否都准备好了，单击“确定”按钮，如图17-96所示。

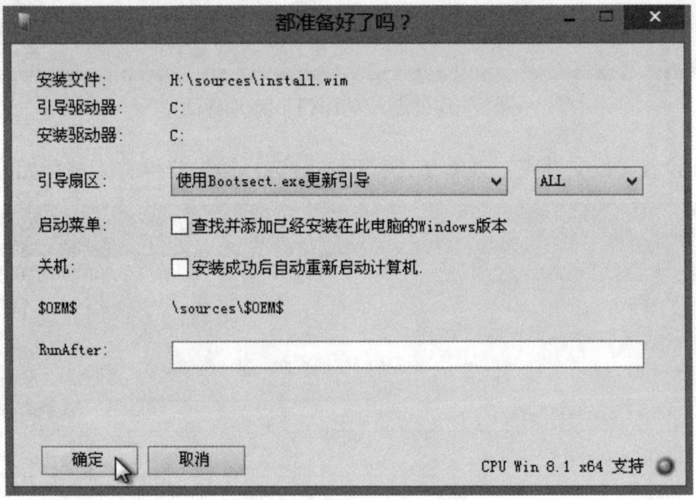

都准备好了吗？
安装文件: H:\sources\install.wim
引导驱动器: C:
安装驱动器: C:
引导扇区: 使用Bootsect.exe更新引导
ALL
启动菜单: 查找并添加已经安装在此电脑的Windows版本
关机: 安装成功后自动重新启动计算机.
OEM \sources\OEM
RunAfter:
确定
取消
CPU Win 8.1 x64 支持

图17-96 确定安装信息

STEP 06 稍等片刻，软件完成映像文件的应用，提示这个阶段完成，部署阶段即将开始，如图17-97所示。

已完成！
这个阶段的安装完成重新启动后，Sysprep部署阶段将开始.
确定

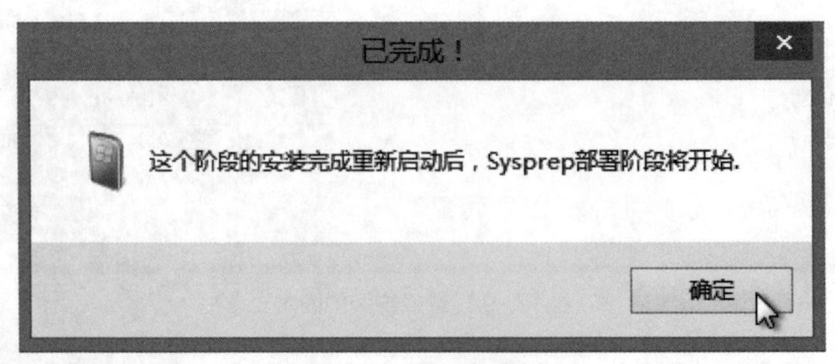

图17-97 确定部署信息

STEP 07 重新启动系统，可以看到系统启动了安装部署程序，如图17-98所示。

图17-98 启动安装部署程序

STEP 08 稍等片刻，进入安装完毕后的设置界面，如图17-99所示。

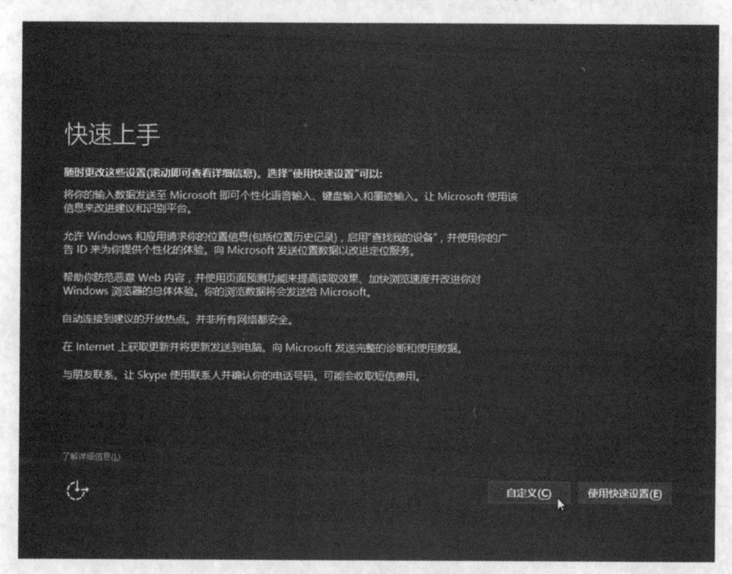

图17-99 进入设置界面

18 Chapter 安装电脑驱动及应用软件

知识概述

系统安装完毕后，要想各设备正常工作，还需要驱动支持。驱动程序即添加到操作系统中的一小块代码，其中包含有关硬件设备的信息。有了此信息，电脑就可以与设备进行通信。驱动程序是硬件厂商根据操作系统编写的配置文件，若没有驱动程序，电脑中的硬件将无法工作。虽然系统中已经集成了一些驱动，要设备完全发挥作用，还需要安装一些设备的驱动。另外，在新系统中用户可以根据需要安装各种应用软件。

要点难点

- 手动安装驱动
- 自动安装驱动
- 安装应用软件

18.1 手动安装驱动软件

下面介绍手动安装驱动软件的操作方法，具体如下。

STEP 01 在安装操作系统前，用户可以登陆官方网站，找到对应的驱动进行下载，如图18-1所示。

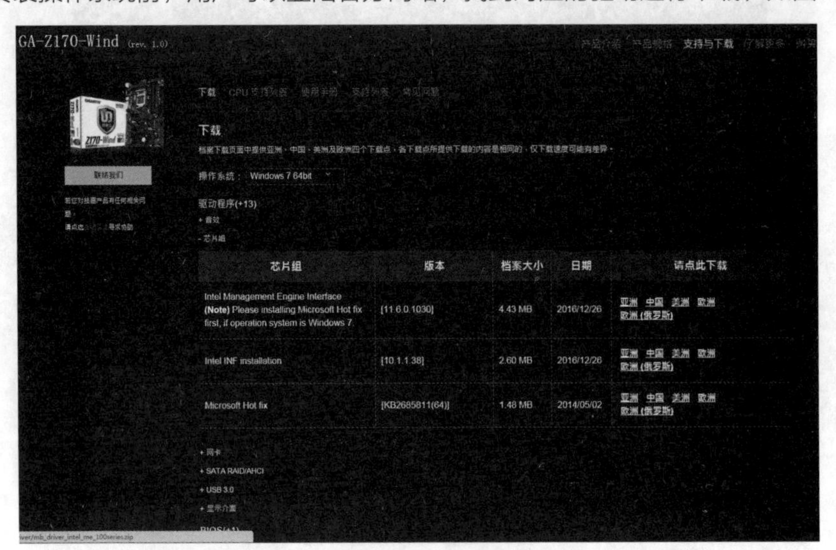

图18-1 下载驱动

STEP 02 双击驱动文件，即可安装驱动，如图18-2所示。

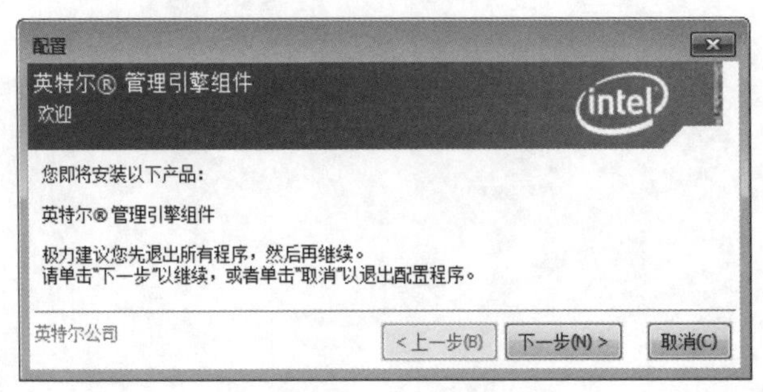

图18-2 安装驱动

18.2 自动安装驱动软件

手动安装驱动费时费力，万一弄错了还影响系统的稳定性，这时使用可以自动识别系统硬件，并自动下载驱动程序的软件，能够十分方便地自动安装驱动软件。

STEP 01 启动驱动安装软件，单击“立即检测”按钮，如图18-3所示。

图18-3 检测硬件

STEP 02 稍等片刻，软件将本机的硬件及可用的驱动罗列出来。用户可以根据实际情况安装驱动，或者升级驱动，如图18-4所示。

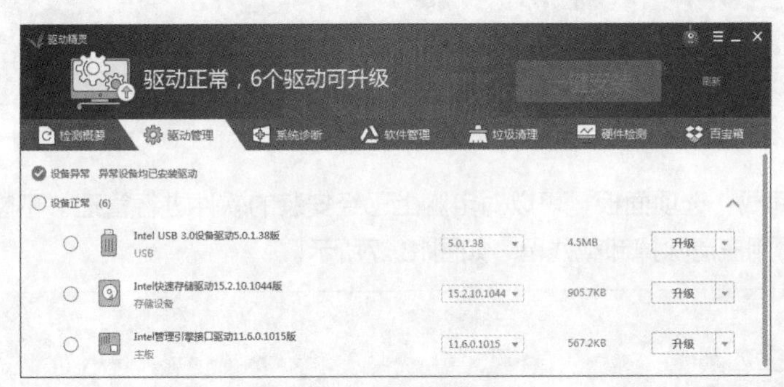

图18-4 安装或升级软件

其实，使用Windows的Update功能，也可以对计算机的硬件及软件进行检测，并且通过更新操作，及时下载相关的驱动进行安装，如图18-5所示。

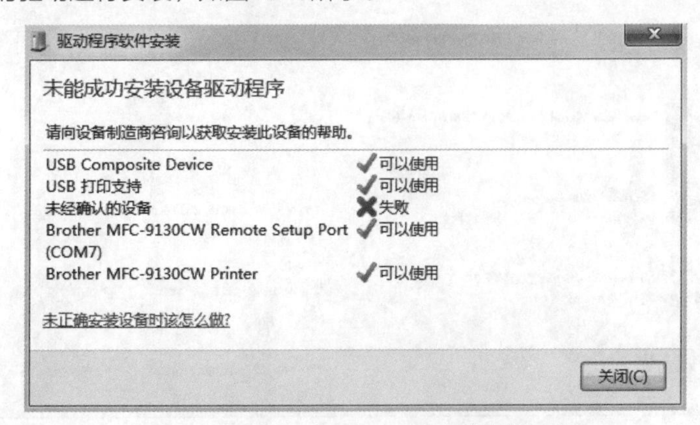

图18-5 Windows Update自动安装驱动

18.3 自动安装应用软件

从网站下载软件进行安装固然很方便，但是对于维修人员来说，要安装的应用软件太多，那么如何快速地搜索安装所需要的应用软件？

STEP 01 启动腾讯的软件管理界面，如图18-6所示。在“首页”面板中，直接单击需要的应用软件选项自动安装该软件。

图18-6 自动安装软件

STEP 02 切换到“卸载”选项面板，可以对电脑上已经安装的软件进行管理。不想用的软件可以一键卸载，而且系统会帮用户清除掉卸载残留，如图18-7所示。

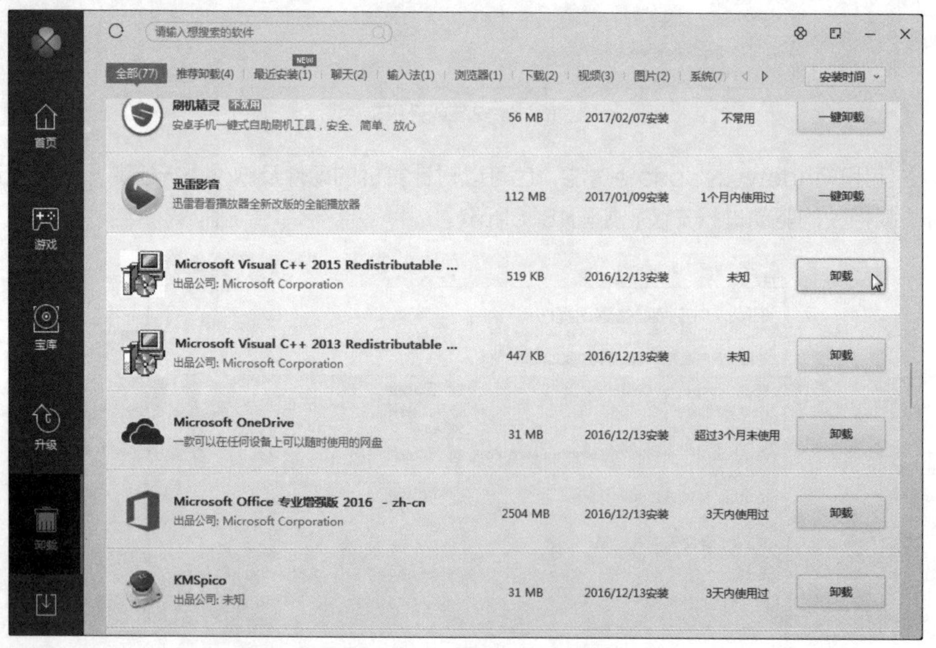

图18-7 卸载软件

Part 3

电脑故障检测与维修

内容导读

由于电脑是一个复杂的系统，虽然正常情况下系统比较稳定，但仍不排除会出现各种故障。在大多数情况下，电脑故障检测占据了维修的一多半时间。明确了故障原因，再难的故障也会有相应的解决办法。

本篇将讲解电脑常见故障的维修方法，包括操作系统故障的检测、硬件故障的检测、故障的分析以及排除故障的基本步骤方法等。

19 Chapter 检测维修工具

知识概述

工欲善其事，必先利其器。虽然不使用工具也可以进行一些故障检测与维修，但有各种专业工具的支持，有时可以起到事半功倍的效果，而且基本的拆装工具也是必须的。本章将着重介绍电脑维修中经常使用的工具以及这些工具的用法。

要点难点

- 常用工具的种类
- 常用工具有哪些
- 常用工具的使用方法

19.1 常用工具的种类

常用工具可以分为以下几类。

- 拆装工具：用于拆装电脑时使用。
- 清洁工具：灰尘是电脑杀手，清除各种灰尘是维护电脑经常要做的事。
- 检测工具：专业级检测工具，在准确判断电脑故障时起到关键作用。
- 其他专业工具：为了维修的准确性、专业性，需要其他专业工具的支持。

19.2 常用工具及使用方法

下面将向用户介绍常用工具的作用以及使用方法。

19.2.1 螺丝刀

螺丝刀是电脑维修时最常用的工具。螺丝刀种类很多，一般使用中号的十字螺丝刀和一字螺丝刀来拆装电脑上的主要螺丝，如图19-1所示。

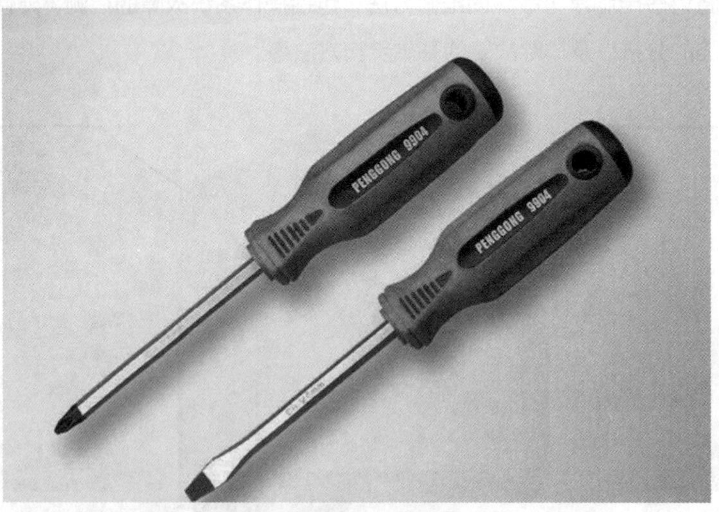

图19-1 使用螺丝刀拆装电脑

要拆装电脑中的具体硬件，最好准备一些小号的一字和十字螺丝刀。当然，这就涉及到更加专业的维修操作。

维修用的螺丝刀最好带有磁性，可以更好地固定螺丝，或者粘取螺丝时使用。但在磁盘等磁性材料设备上使用时，需要注意距离和时间，以免破坏数据。

19.2.2 尖嘴钳

尖嘴钳用于拆装小型元件，如跳线帽、主板支撑架、金属螺柱、机箱挡板、塑料定位卡等需要使用工具协助拆装的情况下使用，如图19-2所示。

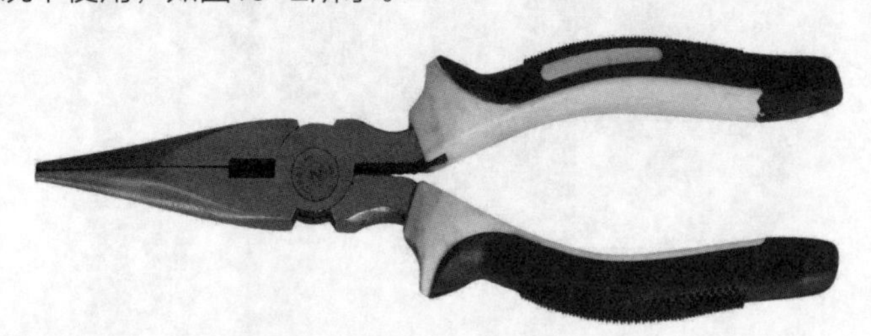

图19-2 维修时使用的尖嘴钳

19.2.3 镊子

一般机箱并没有足够大的操作空间，要拿取螺丝等小型零部件或者进行拆装操作时，镊子是最为灵活、合适的临时固定工具，如图19-3所示。

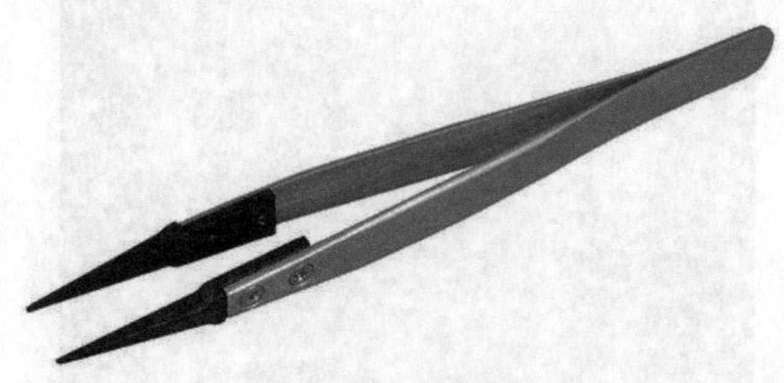

图19-3 防静电镊子

19.2.4 强光手电

在机箱内操作时，一般需要配备小型手电来解决机箱内光线较暗的问题，如图19-4所示。

图19-4 可充电式强光手电

19.2.5 橡皮擦

橡皮擦是金手指故障主要的维修工具，如图19-5所示。不要对橡皮成为维修工具感到奇怪，在了解了问题的性质后，解决问题的方法往往就是这么简单。

图19-5 钢笔橡皮擦

19.2.6 收纳盒

收纳盒用于放置拆装时的螺丝、零件等，在维修笔记本时经常使用。在普通维修时，使用收纳盒盛装小零件，方便随时拿取各种零部件，如图19-6所示。

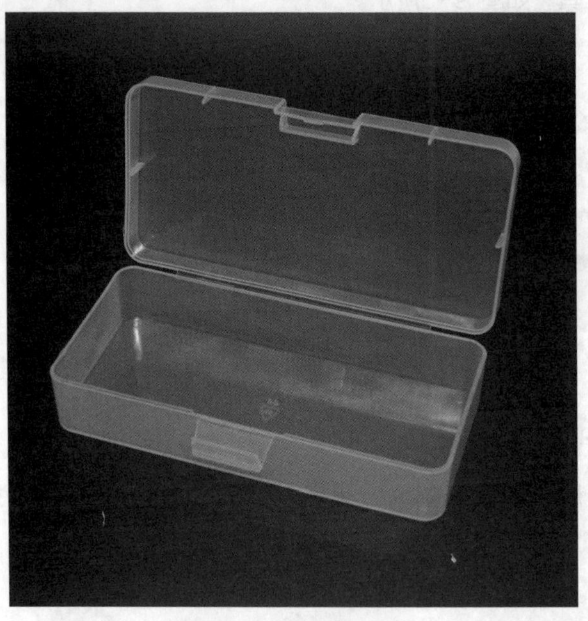

图19-6 维修用收纳盒

19.2.7 机箱吹风机

机箱用久了，会聚集很多的灰尘，用普通的手段进行清理往往费时费力。使用机箱吹风机，可以非常方便迅速地清理机箱以及电源风扇中的灰尘，如图19-7所示。需要注意，用户最好在室外空旷的场地使用。

图19-7 机箱吹风机

19.2.8 液晶屏清洁套装

液晶屏清洁套装是用于清理液晶屏的专业工具，如图19-8所示。

图19-8 液晶屏清洁套装

19.2.9 光驱清洁套装

光驱清洁套装是专门用来清洗光驱激光头的清洗盘，如图19-9所示。实际上就是一张附有清洗液的特殊CD盘，比普通的CD盘多了两个小毛刷。使用时将清洗液涂在CD盘小毛刷上，然后放入光驱中，使用播放软件来播放清洗盘上的CD音乐，即可完成清洗光驱激光头的工作。

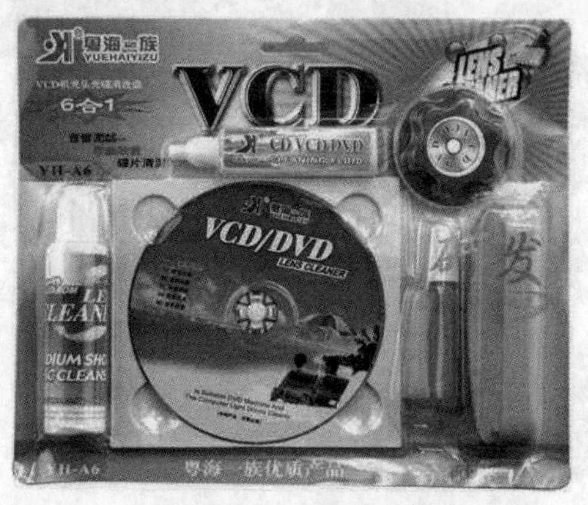

图19-9 光驱清洁套装

19.2.10 其他清洁工具

常用的其他清洁工具有小毛刷、皮老虎、棉签等。

19.2.11 主板检测卡

主板故障诊断卡是利用主板中BIOS内部自检程序的检测结果，通过代码一一显示出来，结合代码含义速查表来快速查找电脑故障。尤其在PC机不能引导操作系统、黑屏、主板不报警时，使用主板检测卡可以快速方便地定位电脑故障。

BIOS在每次开机时，对系统的电路、存储器、键盘、CPU、显卡、硬盘、软驱等各个组件进行自检，并载入各设备配置信息。对已配置的基本I/O设置进行初始化，一切正常后，再引导操作系统。其显著特点是以显示器是否能显示为分界线，先对关键部件进行测试。

使用时，将主板检测卡插入扩充槽内，根据卡上显示的代码，参照机器查看是属于哪一种BIOS，再查出该代码所表示的故障原因和部位，就可清楚地知道故障所在。

检测卡上一般有多盏指示灯，它们代表的内容和含义如下：

- CLK总线时钟，不论ISA或PCI只要一块空板（无CPU等）接通电源就应常亮，否则CLK信号坏。
- BIOS基本输入输出，主板运行时对BIOS有读操作时就闪亮。
- IRDY主设备准备好，有IRDY信号时才闪亮，否则不亮。
- OSC ISA槽的主振信号，空板上电则应常亮，否则停振。
- FRAME帧周期，PCI槽有循环帧信号时灯闪亮，平时常亮。
- RST复位，开机或按了RESET开关后，亮半秒钟熄灭属正常；若不灭常因主板上的复位插针接上了加速开关或复位电路坏。
- 12V电源，空板上电即应常亮，否则无此电压或主板有短路。
- －12V电源，空板上电即应常亮，否则无此电压或主板有短路。
- 5V电源，空板上电即应常亮，否则无此电压或主板有短路。
- －5V电源，空板上电即应常亮，否则无此电压或主板有短路（只有ISA槽才有此电压）。
- 3V电源，这是PCI槽特有的3.3V电压，空板上电即应常亮，有些有PCI槽的主板本身无此电压，则不亮。

由于PCI插槽已经逐渐被淘汰，现在主要流行PCI-E插槽检测卡，如图19-10所示。

图19-10 PCI-E主板故障检测卡

19.2.12 电源检测器

在电脑维修过程中，判断电源问题时，可以使用电源检测器来判断多种电压是否符合要求，如图19-11所示。

图19-11 电源测试仪

19.2.13 数字万用表

数字万用表可以测量交流、直流的电流和电压、元器件电阻以及是否短路，它是维修必备工具之一。常用的万用表还有指针式的，但没有数字万用表的功能直观、多样，如图19-12所示。

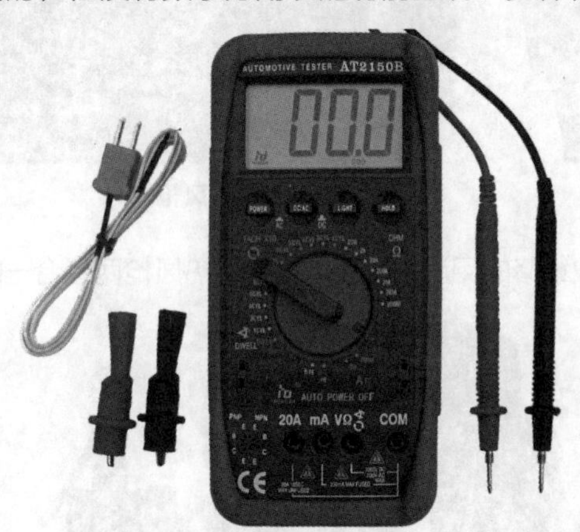

图19-12 数字万用表

19.2.14 电烙铁和热风枪

电烙铁是电子产品和电器维修的必备工具，如图19-13所示。主要用途是焊接元件及导线，按机械结构可分为内热式电烙铁和外热式电烙铁，按功能可分为无吸锡电烙铁和吸锡式电烙铁，根据用途不同又分为大功率电烙铁和小功率电烙铁。当然，使用电烙铁还需要焊锡丝以及助焊膏，如图19-14、图19-15所示。

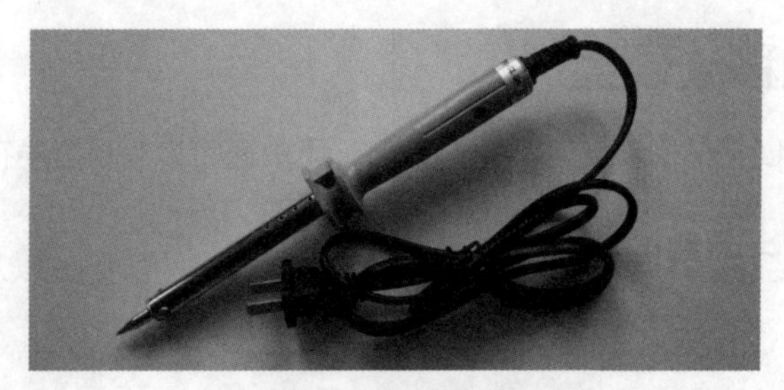

图19-13 电烙铁

图19-14 焊锡丝

图19-15 无铅助焊膏

热风枪主要是利用发热电阻丝的枪芯吹出热风来对元件进行焊接与摘取的工具，如图19-16所示。热风枪在主板维修中使用非常广泛，一般采用850型热风枪。热风枪主要由气泵、加热器、外壳、手柄、温度调节按钮、风速调节按钮等组成，焊接不同元器件需要采用不同的温度和风速。

图19-16 850型热风枪

如果有必要，建议从事专业维修的用户，配置电烙铁和热风枪两者合一的热风枪焊台，如图19-17所示。

图19-17 热风枪焊台

19.2.15 U盘及移动硬盘

前面章节介绍了使用U盘安装系统的操作，另外，用户还可以在U盘中存储常用的测试软件、驱动软件等。

移动硬盘主要起到在系统损坏后，从电脑向外拷贝重要数据的作用，以及系统镜像的存储、常用应用软件的存储。

当然，如果准备的U盘足够大，那么将系统镜像存储在U盘上是最方便的，并且安装起来也非常快速。

19.2.16 系统光盘及移动光驱

准备系统光盘是为旧电脑不支持U盘启动或者有其他问题时，可以直接使用电脑自带的光驱安装系统或进入PE环境等。

如果电脑没有光驱，又不支持U盘启动，或者有其他启动问题时，可以配备移动光驱进行系统的安装，如图19-18所示。

图19-18 移动光驱

19.2.17 其他维修工具

以上介绍的是修复电脑常见问题使用的主要工具，如果用户希望从事维修领域的工作，还需要配备一些专业级设备，如维修主板、显卡的各种工具、硬盘数据还原的各种工具、维修显示器的各种工具等等。

如果是作为兴趣、爱好的话，除了以上工具，可以适当地配备一些网络方面的设备，如压线钳、打线钳、测线仪、剥线钳、寻线仪等等，如图19-19所示。

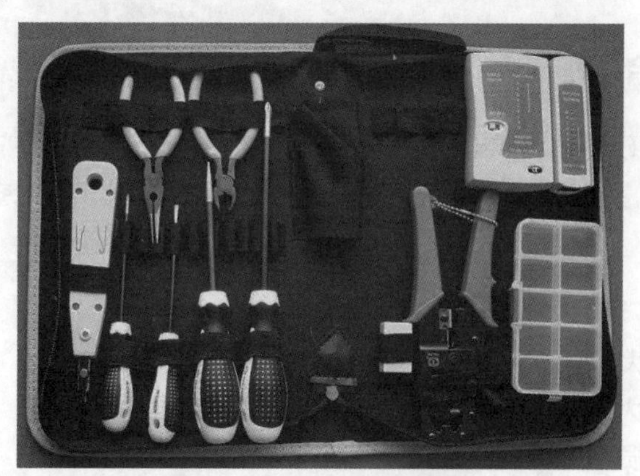

图19-19 网络工具套装

在维修电脑时，除了要熟练使用常见的维修工具外，要想做好电脑维修，还需要日常的知识积累和设备的积累。

所谓设备的积累，是指各种电脑部件都配备一两个，这样虽然花费较多，但对故障检测及确定方面，可以做到准确、迅速、万无一失。

20 Chapter 故障分析及处理方式

知识概述

电脑产生故障并不可怕，要冷静地观察、分析、判断出问题的原因，并找到最为准确的处理方法来迅速排除故障，使电脑正常工作。本章将向读者介绍电脑故障出现后的分析思路和处理方法。

要点难点

- 故障原因分析
- 故障处理方式
- 故障维修基本原则与步骤

20.1 电脑故障的分类

电脑是由软件和硬件组成，电脑故障分为软件故障、硬件故障，或者是两者均出现故障。

20.1.1 软件故障

软件故障主要指电脑操作系统或者应用软件等产生的故障，具体包括Windows系统错误、系统配置不当、病毒入侵、操作不当、兼容性错误等造成电脑不能正常工作的故障。

如使用盗版Windows安装程序、使用了兼容性差的GHOST系统、安装过程不正确的操作造成的系统损坏、非法操作造成的系统文件丢失等，该类错误可以采用重新安装操作系统，或者使用操作系统提供的修复程序来进行修复。

若使用了与当前系统不兼容的应用软件、与电脑硬件不兼容的应用软件、程序本身的BUG、缺少运行环境等发生的故障，需要用户结合应用软件使用环境来判断，确认是否需要更换软件版本、是否采用兼容性模式使用该软件、是否需要管理员权限、是否属于正版软件。用户也可以结合杀毒软件与防火墙，判断软件及文件是否含有病毒与木马程序、是否有黑客袭击、系统是否有漏洞等情况。

网络故障往往与网络配置、网络参数设置有关，用户可以从这些方面进行核查。

20.1.2 硬件故障

硬件故障主要指电脑硬件损坏或电气性能不良导致的故障。了解故障产生的原因，提前进行预防，养成良好的使用习惯，可以有效防止硬件故障带来的损害，延长电脑使用年限。现在介绍引起故障的几个方面：

1. 供电引起的故障

供电故障包括电压过大、电流过大、电源连接错误、突然断电等。

电压或电流的突然增大，有极大可能对电脑硬件造成损害。比如短路、雷击等，都会对包括电脑在内的各种家用电器造成损害。

家庭使用不稳定的大功率家用电气，也会改变线路中的电压及电流，不稳定的电压电流会对电脑中的各种电路元器件造成损害，所以在购买时一定要选择优质元器件。

要避免电压或电流突然增大引起的故障，用户可以选用带有防雷击、防过载的电源插座，如图20-1所示。另外需要注意，尽量不要将电脑电源线接到大功率设备的电路上，如空调、热水器等。

图20-1 三重防雷接线板

2. 过热引起的故障

电脑内部配备了很多风扇，包括机箱风扇、CPU风扇、显卡风扇，以及各种散热装置，其目的是对电脑内部各种元器件进行散热。正常情况下，电脑的发热量不会影响正常使用，但如果产生了硬件故障，元器件就会散发出几倍甚至几十倍的热量，从而导致硬件的损坏或者短路。

图20-2 为CPU涂抹硅脂

电脑在使用过程中，用户需要经常观察CPU、显卡、机箱风扇的运转是否正常，可以通过软件查看转速或观察传感器显示的温度，从而及时获取信息。当发现转速下降或温度不正常升高，需要及时为风扇清理灰尘，重新涂抹散热硅脂，如图20-2所示。如果电脑仍然无故断电，而且比较频繁，用户需进行硬件检查，了解是否有硬件损坏，最常见的硬件故障就是CPU过热导致电脑自动关机。

3. 使用不当导致的故障

灰尘是电脑的第一号杀手，大量的灰尘可以使电路板上传输的电流发生变化，从而影响电脑性能。如果遇到潮湿的天气，灰尘会引起元件的氧化反应，造成接触不良，甚至会引起电路短路，烧坏元器件。所以在使用的时候，要经常为电脑清理一下灰尘，如图20-3所示。

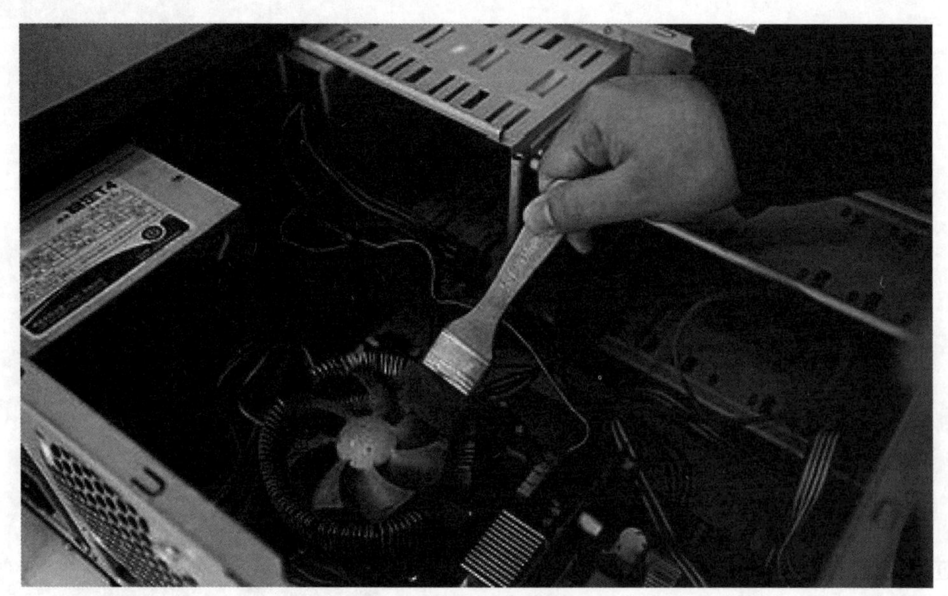

图20-3 为电脑清理灰尘

在使用过程中保持电脑周围的环境清洁、干燥。

另外，电脑摆放尽量水平，电脑中包含经常进行旋转的设备，如风扇、硬盘马达等会因旋转角度问题，造成噪声变大，影响使用寿命。

4. 安装不当引起的故障

非专业人员的安装电脑时，最怕发生接错线、暴力接线或直接插拔设备的情况，这样容易使硬件损坏或者产生硬件故障。在安装前一定要做足功课，了解接口的接法和位置。

5. 静电导致的故障

电脑工作时会有大量电流通过，机箱容易带上静电，人也会带有静电。电脑中的元器件对静电十分敏感，静电一般高达几万伏特，在接触电脑部件的一瞬间，可能导致电脑部件被静电击穿。

在接触电脑前，需要洗手去除人身体上的静电。电脑电源应该使用三项接地的插排。如果没有接地，那么可以使用钢丝将机箱与水管、墙体、地面相连，排除静电。有条件的话，请配备防静电手套、指套，再进行电脑的维修操作，如图20-4、图20-5所示。

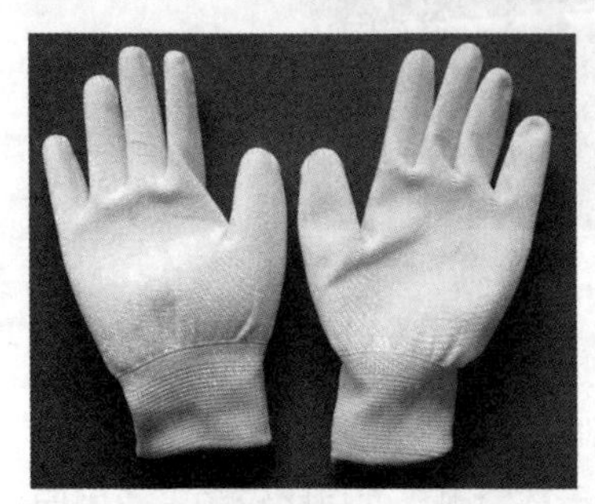

图20-4 防静电手套

图20-5 防静电指套

6. 元器件物理损坏

有些电脑硬件在制造时为了降低成本，使用了劣质的元器件，经过一段时间的运行，会频繁地出现故障。尤其在高温的环境中，会出现元器件损坏的问题，如图20-6、图20-7所示。希望用户在选购配件时，选择有资质的大型厂商的产品。

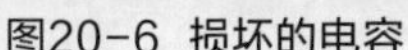

图20-6 损坏的电容

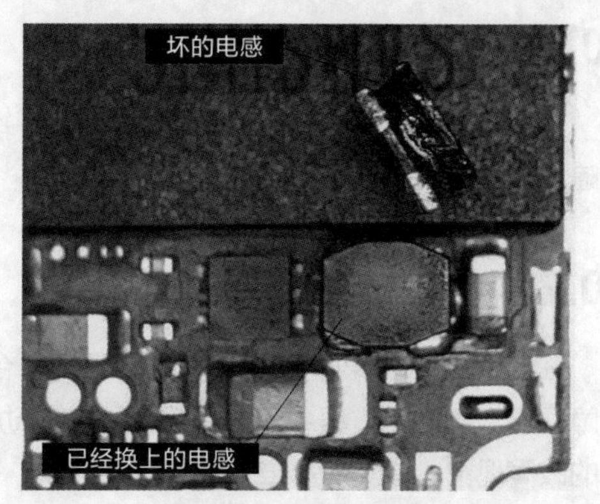

图20-7 损坏的电感

20.2 电脑故障处理顺序

电脑出现故障后，要根据实际情况分析原因，具体的处理顺序如下。

20.2.1 维修判断

进行维修判断，首先要从最简单的事情做起。

1. 观察

- 要进行维修判断，首先要观察电脑周围的环境情况，包括位置、电源、连接、其他设备、温度与湿度等。
- 电脑所表现的现象、显示的内容以及它们与正常情况下的差异。
- 电脑内部的环境情况，如灰尘、连接、元器件颜色、部件的形状、指示灯的状态等。
- 电脑的软硬件配置，如安装了何种硬件，资源的使用情况；使用的是哪种操作系统，其上又安装了何种应用软件；硬件的设置、驱动程序版本等。

2. 简捷的环境

- 最小系统（在20.3.2节中有详细介绍）。
- 在判断的环境中，仅包括基本的运行部件及软件，和被怀疑有故障的部件及软件。
- 在一个干净的系统中，添加用户的应用（硬件、软件）来进行分析判断。

从简单的事情做起，有利于集中精力进行故障的判断与定位。一定要注意，必须通过认真的观察后，才可进行判断与维修。

20.2.2 先想后做

根据观察到的现象，做到“先想后做”，具体包括以下几个方面。

- 先想好怎样做、从何处入手，再实际动手，即先分析判断，再进行维修。
- 对于所观察到的现象，尽可能地先查阅相关的资料，看有无相应的技术要求、使用特点等，然后根据查阅到的资料，结合故障现象，再着手维修。
- 在分析判断的过程中，要根据自身已有的知识、经验来进行判断，对于自己不太了解或根本不了解的，一定要先向有经验的人咨询，寻求帮助。

20.2.3 先软后硬

整个维修判断的过程，要先判断是否为软件故障，先检查软件问题，判断软件环境正常时，如果故障不能消失，再从硬件方面着手检查。

20.2.4 分清主次

在出现故障现象时，有时可能会看到一台故障机不止有一个故障现象，而是有两个或两个以上的故障现象，如启动过程中无显示但机器在启动，同时启动后有死机的现象等。这时应该先判断、维修主要的故障现象，修复后再维修次要故障现象，有时可能次要故障已不需要维修了。

20.3 电脑故障的处理方法

电脑出现了故障，可以按照以下方法进行判断处理。

20.3.1 观察法

观察是维修判断过程中的第一要法，它贯穿于整个维修过程中。观察不仅要认真，而且要全面，要观察的内容包括以下几方面。

- 硬件环境，包括接插头、查座和插槽等。
- 软件环境。
- 用户操作的习惯、过程。

20.3.2 最小系统法

最小系统是从维修判断的角度，能使电脑开机或运行的最基本的硬件和软件环境。最小系统有以下两种形式。

- 硬件最小系统：由电源、主板和CPU组成。在这个系统中，没有任何信号线的连接，只有电源到主板的电源连接，通过声音来判断这一核心组成部分是否可正常工作。
- 软件最小系统：由电源、主板、CPU、内存、显示卡或显示器、键盘和硬盘组成，这个最小系统主要用来判断系统是否可完成正常的启动与运行。

对于软件最小环境，就“软件”有以下几点要说明：

（1）硬盘中的软件环境，保留着原先的软件环境，只是在分析判断时，根据需要进行隔离，如卸载、屏蔽等。保留原有的软件环境，主要是用来分析判断应用软件方面的问题。

（2）硬盘中的软件环境，只有一个基本的操作系统环境（可以卸载所有应用，或重新安装一个干净的操作系统），然后根据分析判断的需要，加载需要的应用，然后使用一个干净的操作系统环境来判断系统问题、软件冲突或软、硬件间的冲突问题。

（3）在软件最小系统下，可根据需要添加或更改适当的硬件。如在判断启动故障时，由于硬盘不能启动，可以尝试能否从其他驱动器启动。

最小系统法，主要是先判断在最基本的软、硬件环境中，系统能否正常工作。如果不能正常工作，即可判定最基本的软、硬件部件有故障，从而起到故障隔离的作用。

最小系统法与逐步添加法结合，能较快速地定位发生故障的部件或位置，提高维修的效率。

20.3.3 逐步添加 / 去除法

逐步添加法，以最小系统为基础，每次只向系统添加一个部件、设备或软件，来检查故障现象是否消失或发生变化，来判断并定位故障部位。逐步去除法，正好与逐步添加法的操作相反。逐步添加或去除法要与替换法配合，才能较为准确地定位故障部位。

20.3.4 隔离法

隔离法是将可能防碍故障判断的硬件或软件屏蔽起来的一种判断方法。该方法也可用来将相互冲突的硬件、软件隔离开，来判断故障是否发生变化的一种方法。

上面提到的软硬件屏蔽，对于软件来说就是停止其运行或卸载；对于硬件来说，是在设备管理器中禁用、卸载其驱动，或干脆将硬件从系统中去除。

20.3.5 替换法

替换法是用好的部件去代替可能有故障的部件，以判断故障现象是否消失的一种维修方法。好的部件可以是同型号的，也可能是不同型号的。替换的顺序一般为：

（1）根据故障的现象或故障类别，考虑需要进行替换的部件或设备。

（2）按先简单后复杂的顺序进行替换。如先内存、CPU，后主板；又如要判断打印机故障时，可先考虑打印驱动是否有问题，再考虑打印机电缆是否有故障，最后考虑打印机本身是否有故障等。

（3）先考察与怀疑有故障部件相连接的连接线、信号线等，接下来替换怀疑有故障的部件，然后替换供电部件，最后替换与之相关的其他部件。

（4）从部件的故障率高低来考虑最先替换的部件，故障率高的部件先进行替换。

20.3.6 比较法

比较法与替换法类似，即用好的部件与怀疑有故障的部件进行外观、配置、运行现象等方面的比较，也可在两台电脑间进行比较，以判断故障电脑在环境设置，硬件配置方面的不同，从而找出故障部位。

20.3.7 专业诊断法

如果可以进入系统，可以使用专用的软件对电脑软硬件进行测试，以判断其稳定性和损坏程度。

如果可以开机，可以进入安全模式，在仅满足系统运行的情况下运行测试软件，以排除其他影响因素。

20.4 电脑故障排查的注意事项

下面将对电脑出现故障时，故障排查的注意事项以及应该注意的问题进行简单介绍。

20.4.1 了解情况

在进行维修前，与用户交流沟通了解故障发生前后的情况，了解用户的操作过程、出故障时所进行过的操作以及用户使用电脑的水平等，进行初步的判断。如果能详细地了解故障发生前后的使用情况，将使现场维修效率及判断的准确性得到提高，不仅能初步判断故障部位，也对维修配件的挑选有所帮助。

20.4.2 复现故障

在进行维修服务时，需进行以下确认：

- 用户所报修故障现象是否存在，对所见现象进行初步的判断，确定下一步的操作。
- 是否还有其他故障存在。

在进行故障现象复现、维修判断的过程中，应避免故障范围扩大；在维修时，须查验、核对装箱单及配置。

20.4.3 环境判断

在进行维修服务时，要对电脑的使用环境进行判断，具体如下。

1. 周围环境

电源的环境，例如是否有其他高功率电器、电、磁场状况、机器的布局、网络硬件环境、温湿度、环境的洁净程度；安放电脑的台面是否稳固；周边设备是否存在变形、变色、异味等异常现象。

2. 硬件环境

机箱内的清洁度、温湿度；部件上的跳接线设置、颜色、形状、气味等；部件或设备间的连接是否正确，有无错误或错接、缺针/断针等情况；用户加装的与机器相连的其他设备等一切可能与机器运行有关的其他硬件设施。

3. 软件环境

- 系统中加载了何种软件、它们与其他软、硬件间是否有冲突或不匹配的地方。
- 除标配软件及设置外，要观察设备、主板及系统等驱动；补丁是否已安装、是否合适；要处理的故障是否为业内公认的BUG或兼容问题；用户加装的其他应用与配置是否合适。
- 加电过程中的观察：元器件的温度、异味、是否冒烟等；系统时间是否正确。
- 拆装部件时的观察：要有记录部件原始安装状态的好习惯，且要认真观察部件上元器件的形状、颜色、原始的安装状态等情况。
- 观察用户的操作过程和习惯是否符合要求等。

20.4.4 检验

维修服务后，要进行检验操作。

（1）维修后必须进行检验，确认故障现象已得到解决，且用户的电脑不存在其他可见的故障。

（2）进行整机验机，尽可能消除用户未发现的故障，并及时排除。

20.4.5 随机性故障的处理思路

随机性故障是指随机性死机、随机性报错、随机性出现不稳定的现象，对于这类故障的处理思路如下。

（1）慎换硬件，特别是上门服务时，要在充分的软件调试和观察后，在一定的分析基础上进行硬件更换。如果没有把握，最好在维修站内进行硬件更换操作。

（2）以软件调整为主，调整的内容有：

- 设置BIOS为出厂状态（注意BIOS开关位置）。
- 查杀病毒。
- 调整电源管理。
- 调整系统运行环境。
- 必要时做磁盘整理，包括磁盘碎片整理、无用文件的清理及介质检查（注意，应在检查磁盘分区正常及分区中空余空间足够的情况下进行）。
- 确认有无用户自加装的软硬件，如果有，确认其性能的完好性或兼容性没有问题。
- 与无故障的机器比较，这种对比的方法是：在一台配置与故障机相同的无故障机器上，逐个插入故障机中的部件（包括软件），查看无故障机的变化，当插入某部件后，无故障机出现了与故障机类似的现象，可判断该部件有故障。注意这种方式的对比应做得彻底，以防漏掉可能有两种部件引起同一故障的情况。

20.4.6 其他注意事项

在维修过程中，还应注意以下事项。

（1）在维修前，如果灰尘较多或怀疑是灰尘引起的，应先除尘。

（2）对于自己不熟悉的应用或设备，应在认真阅读使用手册或其他相关文档后再动手维修。

（3）通过相关技术资料及其他工程师们的经验，来积累自己的经验，提高维修水平。

（4）如果要通过比较法、替换法进行故障判断的话，应先征得用户的同意。

（5）在进行维修判断的过程中，如有可能影响到用户所存储的数据，一定要在做好备份或保护措施，并征得用户同意后，才可继续进行。

（6）当出现大量的相似故障时，一定要对周围的环境、连接的设备，以及与故障部件相关的其他部件或设备进行认真的检查和记录，找出引起故障的根本原因。

21 Chapter 电脑故障的直观判断

知识概述

通过看和听可以直观地判断电脑故障产生的原因，从而可以快速定位到出错的硬件设备及故障位置。

要点难点

- 通过开机画面判断
- 通过声音判断
- 快速判断硬件故障的方法

21.1 通过开机画面判断电脑故障

通过开机画面可以直观地排查出一些电脑故障产生的原因。

21.1.1 开机画面排错

一般开机后电脑就开始进行自检，用户可以从屏幕上看到系统各种硬件信息。这些信息就是判断电脑故障最重要的数据之一。

（1）当电源开关按下时，电源开始向主板和其他设备供电，此时观察主机面板上的电源指示灯，如果灯一直亮着，说明电源成功启动，否则说明电源供电出现问题。其中，最常见的故障是没电，这时要首先检查电源线接口及插排，然后检查主板启动电路是否出现了问题。

（2）BIOS接管控制权，进行加电自检。首先对总线进行检测，没问题的情况下会发出“滴”的提示音，进入下一检测环节。否则电脑停止启动，而主机供电没有问题，说明主板出现了问题。此时，如果发出其他情况的报警，请参见21.1.3小节介绍的声音报警讲解。此时最常见的问题就是内存条无法工作。

（3）系统BIOS会查找显卡BIOS，找到后会调用显卡BIOS的初始化代码，此时显示器就开始显示了（这就是为什么自检失败只能靠发声进行提醒的原因）。首先显示了BIOS的相关信息，包括版本和名称，如图21-1所示。如果此时死机，说明BIOS存在故障，可以采取CMOS放电或者升级BIOS再试的方法。

```
Phoenix - AwardBIOS v6.00PG, An Energy Star Ally
Copyright (C) 1984-2008, Phoenix Technologies, LTD
```

图21-1 BIOS版本及信息

（4）接下来，在BIOS信息下方显示了显卡的检测信息，主要是显卡的显示核心信号、显存大小、显卡的BIOS版本信息等，如图21-2。如果此时电脑死机或重启，说明显卡存在故障。

```
Phoenix - AwardBIOS v6.00PG, An Energy Star Ally
Copyright (C) 1984-2008, Phoenix Technologies, LTD

NI520 A2G+ (N52CA926 BS)
```

图21-2 显卡的相关信息

（5）在对CPU进行检测时，显示器显示CPU的型号、名称、主频等信息。然后显示内存测试信息，如大小、共享缓存等，如图21-3所示。然后进入下一步，如果此时出现问题，那么就需要对CPU或者内存进行检测。

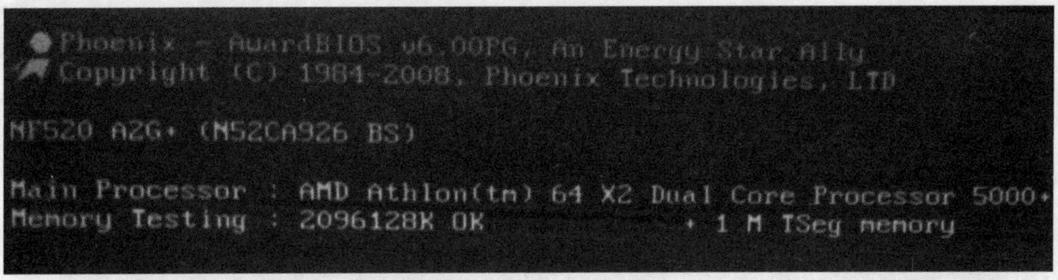

Phoenix - AwardBIOS v6.00PG, An Energy Star Ally
Copyright (C) 1984-2008, Phoenix Technologies, LTD
NF520 A2G+ (N52CA926 BS)
Main Processor : AMD Athlon(tm) 64 X2 Dual Core Processor 5000+
Memory Testing : 2096128K OK + 1 M TSeg memory

图21-3 CPU及内存信息

（6）进入BIOS的POST过程，电脑会将电脑设备与BIOS中存储的设备信息进行对比，如果此时出现问题，则应尝试升级BIOS或者将BIOS值设置为默认值。此时可以进入BIOS进行设置，如图21-4所示。

Award Modular BIOS v6.00PG, An Energy Star Ally
Copyright (C) 1984-2008, Award Software, Inc.
Intel G31 BIOS for G31M-S2C F1
Main Processor : Intel(R) Pentium(R) Dual CPU E2140 @ 1.60GHz(200x8)
<CPUID:06FD Patch ID:00A3>
Memory Testing : 1038272K OK+ 9M shared memory
<DEL>:BIOS Setup/Q-Flash <F9>:XpressRecovery2 <F12>:Boot Menu <End>:Qflash
06/16/2008-G31-ICH7-6A89OG05C-00

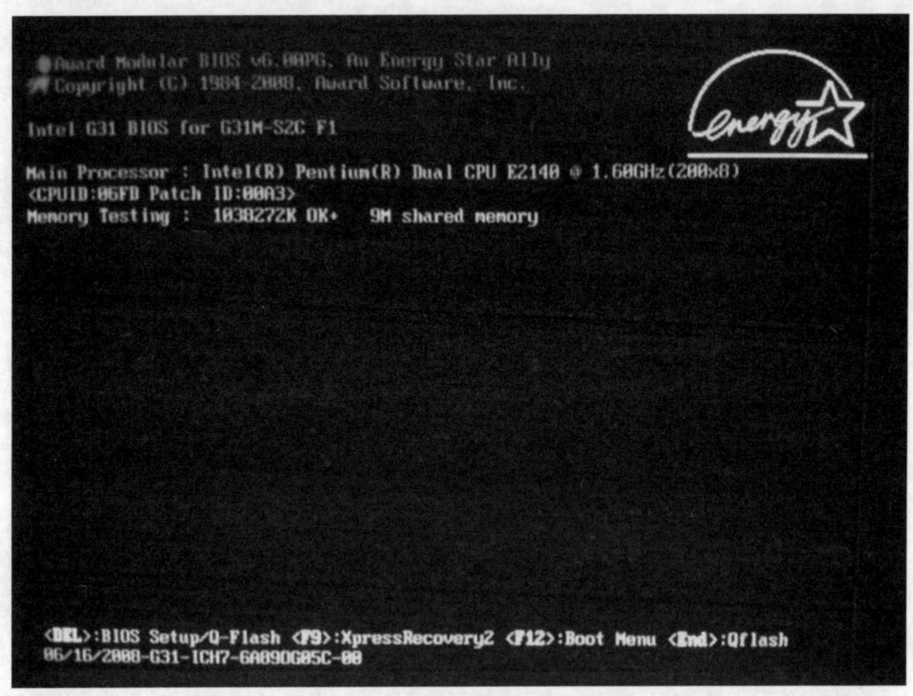

图21-4 在该画面进入BIOS设置

（7）BIOS检测IDE设备信息，并进行输出。此时连接的设备为光驱设备，如图21-5所示。如果出问题，请检查光驱。

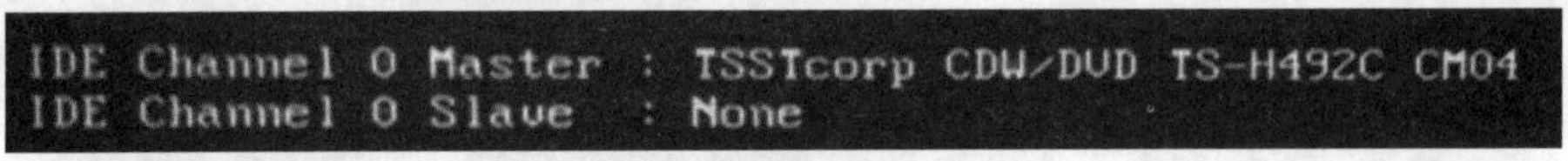

IDE Channel 0 Master : TSSTcorp CDW/DVD TS-H492C CM04
IDE Channel 0 Slave : None

图21-5 检测光驱设备

（8）BIOS检测SATA设备，如果没有问题，即进行输出显示。此时SATA设备为硬盘，显示硬盘信息，如图21-6所示。如果出现问题，请检查硬盘。

（9）检测完成后会接着检测即插即用设备，为该设备分配中断、DMA通道和I/O端口等资源。此时所有的设备都已经检测完成了，老机器会进行一次清屏操作，并显示一个系统配置表，如果和上次启动相比出现了硬件变动，BIOS还会更新ESCD，即“Extended System Configuration Data”（扩展系统配置数据），它是系统BIOS用来与操作系统交换硬件配置信息的数据，这些数据被存放在CMOS中。现在的机器则不再显示这些信息，如图21-7所示。

```
Phoenix - AwardBIOS v6.00PG, An Energy Star Ally
Copyright (C) 1984-2008, Phoenix Technologies, LTD

NF520 A2G+ (N52CA926 BS)

Main Processor : AMD Athlon(tm) 64 X2 Dual Core Processor 5000+
Memory Testing : 2096128K OK               + 1 M TSeg memory


IDE Channel 0 Master  : TSSTcorp CDW/DVD TS-H492C CM04
IDE Channel 0 Slave   : None

SATA 1 Device         : None
SATA 2 Device         : None
SATA 3 Device         : WDC WD3200AAJS-00L7A0 01.03E01
SATA 4 Device         : None
```

图21-6 检测硬盘设备

```
CPU ID          : 0FB2              Base Memory      :   640K
CPU Clock       : 2800MHz           Extended Memory  :  2047M
                                    L1 Cache Size    :   128K X 2
                                    L2 Cache Size    :   512K X 2

Diskette Drive A  : 1.44M, 3.5"     Display Type      : EGA/VGA
Pri. Master Disk  : DVD,ATA 33      Serial Port(s)    : 3F8
Pri. Slave  Disk  : None            Parallel Port(s)  : 378
                                    DDR2 at DIMM      : 3

DE Channel 3 . Master Disk  HDD S.M.A.R.T. capability .... Disabled

CI Devices Listing ...
us  Dev  Fun  Vendor Device  SVID  SSID Class  Device Class          IRQ

0    1    1    10DE   03EB   1458  0C11  0C05  SMBus Cntrlr           11
0    2    0    10DE   03F1   1458  5004  0C03  USB 1.1 Host Cntrlr     5
0    2    1    10DE   03F2   1458  5004  0C03  USB 2.0 Host Cntrlr    10
0    5    0    10DE   03F0   1458  A002  0403  Multimedia Device      11
0    6    0    10DE   03EC   1458  5002  0101  IDE Cntrlr             14
0    8    0    10DE   03F6   1458  B002  0101  Native IDE Cntrlr      11
2    0    0    10DE   0640   7377  0000  0300  Display Cntrlr          5
                                               ACPI Controller         9
erifying DMI Pool Data ............
```

图21-7 其他信息

（10）到这里BIOS自检结束，将控制权交给了MBR，如果启动没有反应或者其他问题，则应进行MBR修复，如图21-8所示。

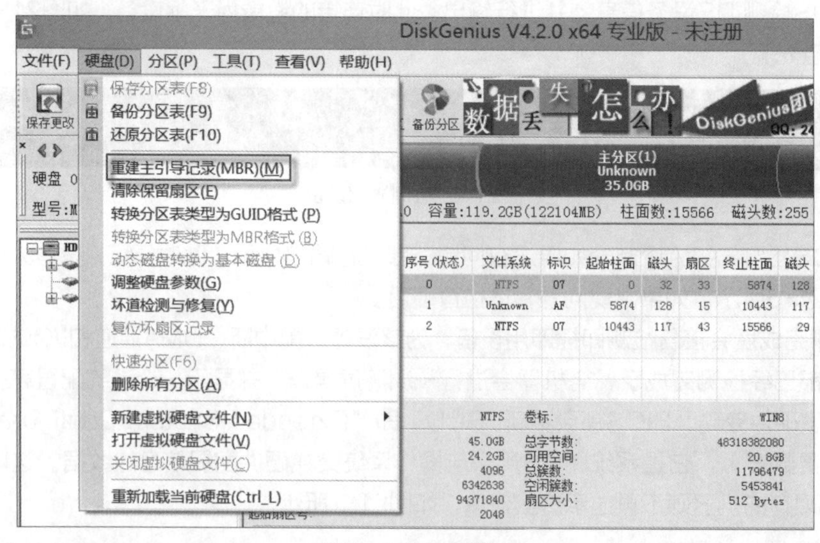

图21-8 MBR修复

（12）MBR得到控制权后，同样会读取引导扇区，以便启动Windows启动管理器的bootmgr.exe程序。

Windows启动管理器的bootmgr.exe被执行时，会读取Boot Confi guration Data store（其中包含了所有电脑操作系统配置信息）中的信息，然后据此生成启动菜单。如果只安装了一个系统，启动引导选择页不会出现；如果安装并选择了其他系统，系统就会转而加载相应系统的启动文件，如图21-9所示。此时如果出现问题，则应重新设置Windows启动管理器程序。

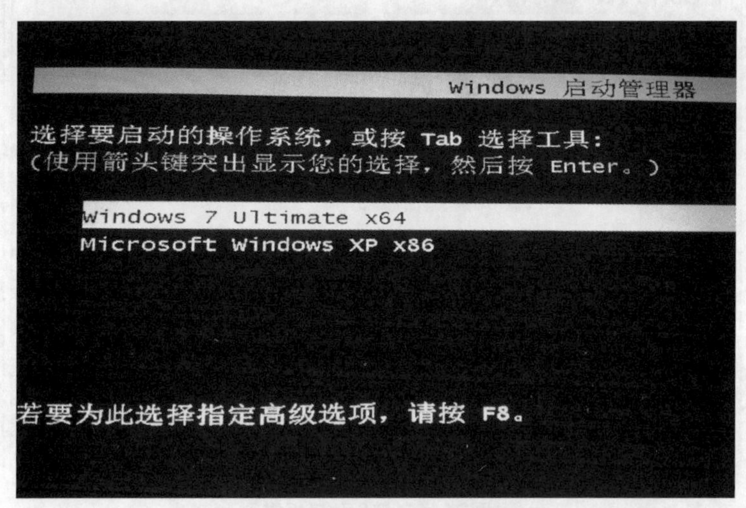

图21-9 Windows启动管理器

（12）加载ntoskrnl.exe系统内核和硬件抽象层hal.dll，从而加载需要的驱动程序和服务。

内核初始化完成后，会继续加载会话管理器smss.exe。正常情况下这个文件存在于Windows\system32文件夹下，如果不是，很可能就是病毒。

此后，Windows启动应用程序中的wininit.exe会启动，它负责启动services.exe（服务控制管理器）、lsass.exe（本地安全授权）和lsm.exe（本地会话管理器），一旦wininit启动失败，电脑将会蓝屏死机。

当这些进程都顺利启动之后，就可以登录系统了，如图21-10所示。至此，系统启动完成。如果在登陆过程中发生错误，则应从操作系统本身查找错误。

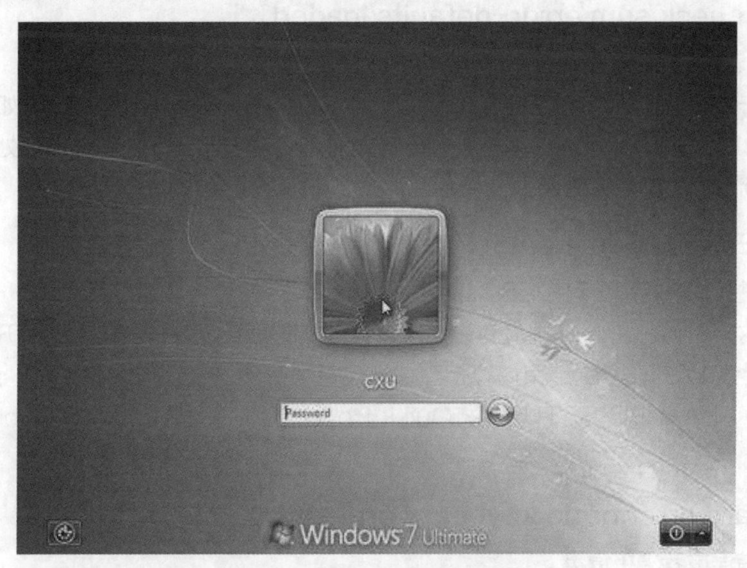

图21-10 Windows登陆界面

（13）系统启动后，会加载自启动应用程序，或者用户启动自己的应用程序。如果此时发生问题，则应从这些出错的应用程序下手进行诊断，或确认是否有病毒破坏的情况，如图21-11所示。

图21-11 应用程序报错

21.1.2 自检过程报错含义及解决办法

在自检过程中如果出现问题，BIOS会在屏幕上以英文方式进行显示，用户可以根据提示进行故障的判断，并且考虑解决方法。

1. CMOS battery failed

中文：CMOS电池失效。

解决办法：这说明CMOS电池已经快没电了，只要更换新的电池即可。

2. CMOS check sum error-defaults loaded

中文：CMOS执行全部检查时发现错误，要载入系统预设值。

解决办法：一般来说出现这句话都是说电池快没电了，可以先换个电池试试，如果问题还是没有解决，那么说明CMOS RAM可能有问题，如果购买时间没过一年，可以到经销商处换一块主板，过了一年就让经销商送回生产厂家维修。

3. Press ESC to skip memory test

中文：正在进行内存检查，可按ESC键跳过。

解决办法：这是因为在CMOS内没有设定跳过存储器的第二、三、四次测试，开机就会执行四次内存测试，当然也可以按ESC键结束内存检查。不过每次都要这样操作太麻烦了，用户进入COMS设置后选择BIOS FEATURS SETUP，将Quick Power On Self Test设为Enabled，存储后重新启动即可。

4. Keyboard error or no keyboard present

中文：键盘错误或者未接键盘。

解决办法：检查一下键盘的连线是否松动或者损坏。

5. Hard disk install failure

中文：硬盘安装失败。

解决办法：可能因为硬盘的电源线或数据线未接好，或者硬盘跳线设置不当。用户可以检查一下硬盘的各连接线是否插好，看看同一根数据线上两个硬盘的跳线设置是否一样，如果一样，只要将两个硬盘的跳线设置得不一样即可（一个设为Master，另一个设为Slave）。

6. Secondary slave hard fail

中文：检测从盘失败

解决办法：可能是CMOS设置不当，比如没有从盘，但在CMOS里设为有从盘，那么就会出现错误，这时可以进入COMS设置，选择IDE HDD AUTO DETECTION并进行硬盘自动侦测。也可能是硬盘的电源线、数据线未接好或者硬盘跳线设置不当，解决方法参照第5条。

7. Hard disk（s）diagnosis fail

中文：执行硬盘诊断时发生错误。

解决办法：出现这个问题一般是硬盘本身出现了故障，用户可以将硬盘放到另一台电脑上试一试，如果问题还是没有解决，只能维修了。

8. Memory test fail

中文：内存检测失败。

解决办法：重新插拔一下内存条，看看是否能解决，出现这种问题一般是因为内存条互相不兼容，需要进行更换。

9. Override enable-defaults loaded

中文：当前CMOS设定无法启动系统，载入BIOS中的预设值以便启动系统。

解决办法：一般是在COMS内的设定出现错误，只要进入COMS设置，选择LOAD SETUP DEFAULTS载入系统原来的设定值，然后重新启动即可。

10. Press TAB to show POST screen

中文：按TAB键可以切换屏幕显示。

解决办法：有的OEM厂商会以自己设计的显示画面来取代BIOS预设的开机显示画面，用户可以按Tab键，在BIOS预设开机画面与厂商自定义画面之间进行切换。

11. Resuming from disk，Press TAB to show POST screen

中文：从硬盘恢复开机，按Tab键显示开机自检画面。

解决办法：这是因为有的主板的BIOS提供了Suspend to disk功能，如果用Suspend to disk的方式来关机，那么在下次开机时就会显示此提示消息。

12. Hareware Monitor found an error，enter POWER MANAGEMENT SETUP for details，Press F1 to continue，DEL to enter SETUP

中文：监视功能发现错误，进入POWER MANAGEMENT SETUP查看详细资料，按F1键继续开机程序，按Del键进入COMS设置。

解决办法：有的主板具备硬件的监视功能，可以设定主板与CPU的温度监视、电压调整器的电压输出准位监视和对各个风扇转速的监视，当上述监视功能在开机时有异常，便会出现上述这段话，这时可以进入COMS设置选择POWER MANAGEMENT SETUP，查看是哪部分发生了异常，然后再加以解决。

21.1.3 自检过程声音报警含义及解决办法

在自检过程中，出现错误的同时电脑会通过蜂鸣器发出报警声，提醒用户发现了问题。不同的故障，电脑会发出不同的声响，通过声音可以快速辨别故障。

不同的主版BIOS类型，主板报警的含义也不同，下面分别进行介绍。

1. Award BIOS

Award BIOS界面如图21-12所示。下面介绍自检过程中发出报警声音的含义，具体如下。

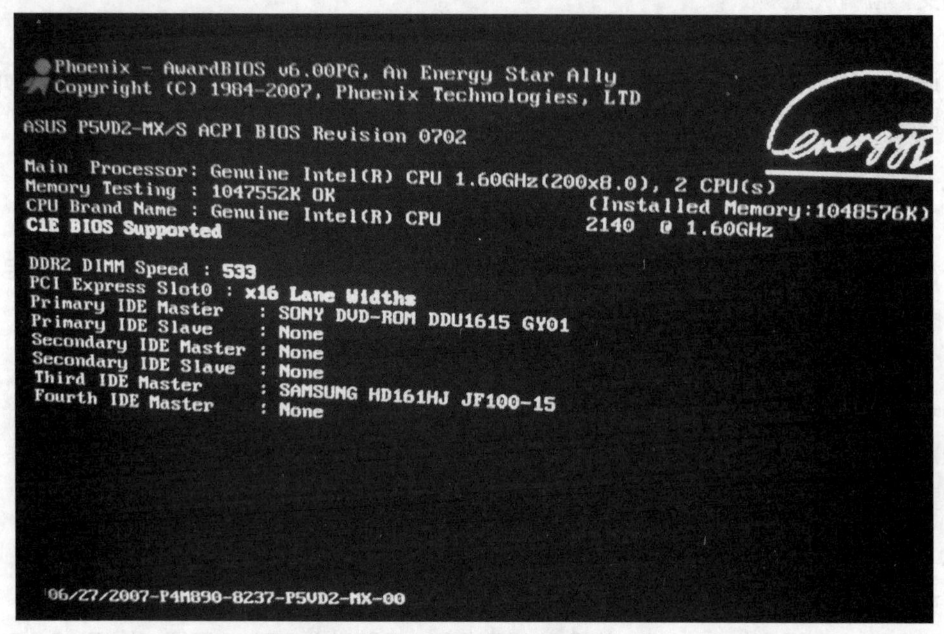

图21-12 Award BIOS界面

- 1短声：系统正常启动，这是每天都能听到的声音，表明机器没有任何问题。
- 2短声：常规错误，请进入CMOS Setup，重新设置不正确的选项。
- 1长1短声：RAM或主板出错，可以换一条内存试试，若还是不行，只能更换主板。
- 1长2短声：显示器或显示卡错误。
- 1长3短声：键盘控制器错误，请用户检查主板是否正常。
- 1长9短声：主板FlashRAM错误、EPROM错误或BIOS损坏，请用户换块FlashRAM试试。
- 不断地响（长声）：内存条未插紧或损坏，请重插内存条，若还是不行，只有更换一条内存。
- 不停地响：电源、显示器与显示卡连接问题，请检查一下所有的插头。
- 重复短响：电源问题。
- 无声音无显示：电源问题。

2. AMI BIOS

AMI BIOS界面如图21-13所示，下面介绍自检过程中发出报警声音的含义，具体如下。

- 1短声：内存刷新失败，可能内存损坏比较严重，须更换内存。
- 2短声：内存奇偶校验错误，用户可以进入CMOS设置，将内存Parity奇偶校验选项关掉，即设置为Disabled。一般来说，内存条有奇偶校验并且在CMOS设置中打开奇偶校验，这对电脑系统的稳定性是有好处的。
- 3短声：系统基本内存（第1个64Kb）检查失败，须更换内存。
- 4短声：系统时钟出错，须维修或更换主板。

- 5短声：CPU错误。但未必全是CPU本身的错，也可能是CPU插座或其他什么地方有问题，如果此CPU在其他主板上正常，则错误在主板上。
- 6短声：键盘控制器错误。如果是键盘没插上，插上就行；如果键盘连接正常但有错误提示，则换一个好的键盘试试；否则就是键盘控制芯片或相关的部位有问题了。
- 7短声：系统模式错误，不能切换到保护模式，也属于主板的问题。
- 8短声：显存读/写错误。显卡上的存贮芯片可能有损坏，如果存贮片是可插拔的，只要找出坏片并更换，否则显卡需要维修或更换。
- 9短声：ROMBIOS检验出错。用户可以更换同类型好的BIOS试试，如果证明BIOS有问题，可以采用重写甚至热插拔的方法试图恢复。
- 10短声：寄存器读/写错误，用户可以维修或更换主板。
- 11短声：高速缓存错误。

如果听不到beep响铃声也看不到屏幕显示，首先应该检查一下电源是否接好，在检修时往往容易疏忽这一点，往往不接上主板电源就开机测试。其次看看是不是少插了什么部件，如CPU、内存条等。接着拔掉所有有疑问的插卡，只留显示卡试试。最后找到主板上清除（clear）CMOS设置的跳线，清除CMOS设置，让BIOS回到出厂时状态。如果显示器、显示卡以及连线都没有问题，CPU和内存也没有问题，经过以上这些步骤后，电脑在开机时还是没有显示或响铃声，那就是主板的问题了。

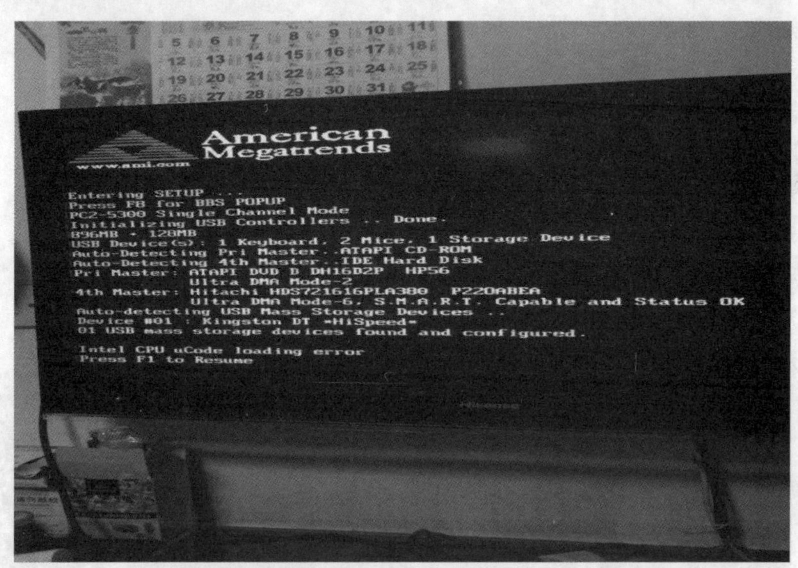

图21-13 AMI BIOS界面

3. Phoenix-Award BIOS

Phoenis-Award BIOS的界面如图21-14所示。下面对该界面中自检时声音报警的含义进行介绍。

- 1短声：系统启动正常。
- 1短1短1短声：系统加电初始化失败。
- 1短1短2短声：主板错误。
- 1短1短3短声：CMOS或电池失效。
- 1短1短4短声：ROMBIOS校验错误。
- 1短2短1短声：系统时钟错误。
- 1短2短2短声：DMA初始化失败。
- 1短2短3短声：DMA页寄存器错误。

- 1短3短1短声：RAM刷新错误。
- 1短3短2短声：基本内存错误。
- 1短3短3短声：基本内存错误。
- 1短4短1短声：基本内存地址线错误。
- 1短4短2短声：基本内存校验错误。
- 1短4短3短声：EISA时序器错误。
- 1短4短4短声：EISANMI口错误。
- 2短1短1短声：前64K基本内存错误。
- 3短1短1短声：DMA寄存器错误。
- 3短1短2短声：主DMA寄存器错误。
- 3短1短3短声：主中断处理寄存器错误。
- 3短1短4短声：从中断处理寄存器错误。
- 3短2短4短声：键盘控制器错误。
- 3短1短3短声：主中断处理寄存器错误。
- 3短4短2短声：显示错误。
- 3短4短3短声：时钟错误。
- 4短2短2短声：关机错误。
- 4短2短3短声：A20门错误。
- 4短2短4短声：保护模式中断错误。
- 4短3短1短声：内存错误。
- 4短3短3短声：时钟2错误。
- 4短3短4短声：时钟错误。
- 4短4短1短声：串行口错误。
- 4短4短2短声：并行口错误。
- 4短4短3短声：数字协处理器错误。

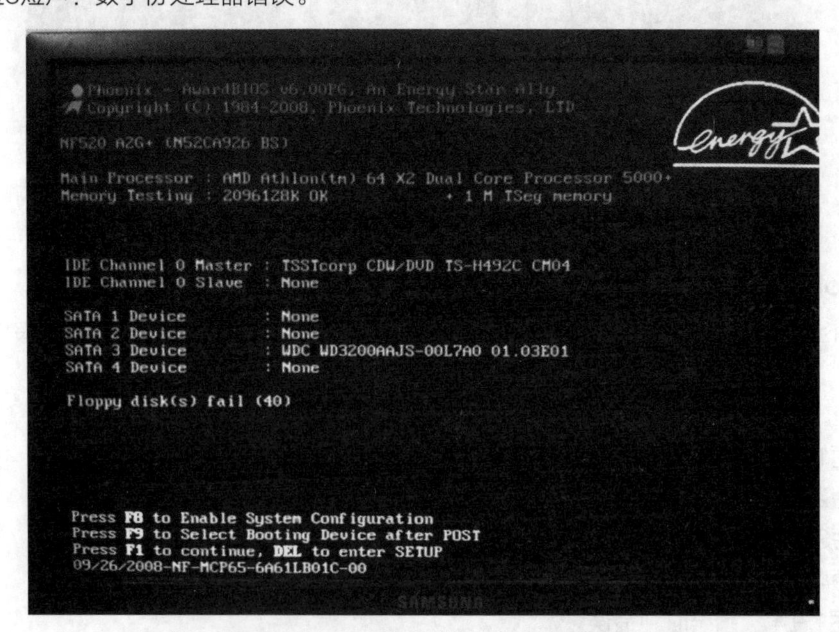

图21-14 Phoenix-Award BIOS界面

21.2 快速判断电脑主要设备故障

电脑出现故障后，如果无法快速判断故障原因，可以先进行整体检查，或进行整体归零操作。

（1）如果修改过BIOS，需要还原成默认值，尤其是在进行了超频后。

（2）如果可以进入Windows界面，应该先查看电脑状态。

（3）在Windows设备管理器中，查看是否有硬件处于错误或故障状态，若驱动有问题，则需先进行驱动的安装。

（4）如果进入不了Windows界面，可以使用光盘或者启动U盘进入Windows PE，再使用测试软件进行测试或者查看设备状态。

（5）打开机箱前，一定要关闭电源再进行设备的清灰操作。

（6）检查设备间连线是否有松动，是否有氧化，检查电路板及各设备外观是否有烧坏的痕迹，尤其是各电器元件，如电容、电感是否有损坏。

21.2.1 快速判断 CPU 故障

在电脑使用过程中，如果发生下列情况，则有可能是CPU故障。

（1）如果电脑不能启动或者启动过程中有错误，有可能CPU安装不当或者损坏。

（2）电脑运行过程中死机，有可能是CPU内部故障或者损坏。

（3）没有进行任何操作，CPU温度急速飙升至安全界线或者死机，有可能是CPU故障或者散热系统故障。

（4）运行某一程序时死机，有可能是与主板有关或CPU部分的补丁缺失。

（5）不能关闭电脑，有可能是CPU内部故障。

出现上述问题时，如果不是CPU内部故障，可以使用特殊方法使CPU全负荷工作，来检测CPU稳定性。

用户可以同时打开多个大型应用程序，在“任务管理器”面板中，观察CPU性能，和高负荷下CPU的稳定性，如图21-15所示。用户也可以使用测试软件进行运算稳定测试，常用的有Super π 测试软件，如图21-16所示。

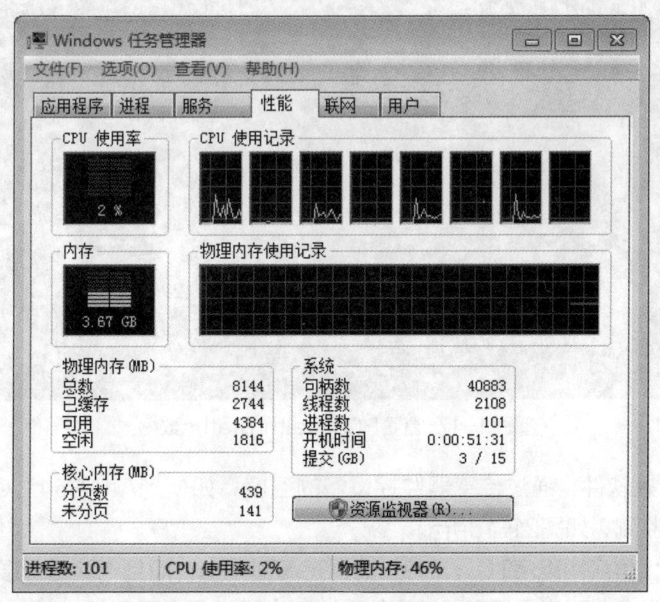

图21-15 启动Windows任务管理器

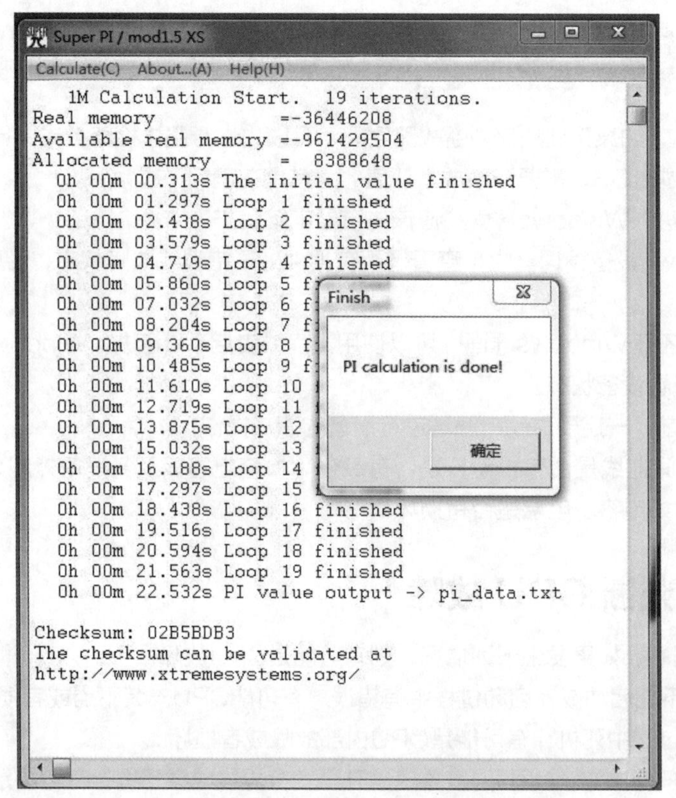

图21-16 Super π测试软件

如果电脑经常死机，大部分是因为CPU温度过高。要查看CPU温度，可以在开机时进入BIOS中，在PC Health Status选项中有CPU温度和散热风扇转速的详细数据，如图21-17所示。

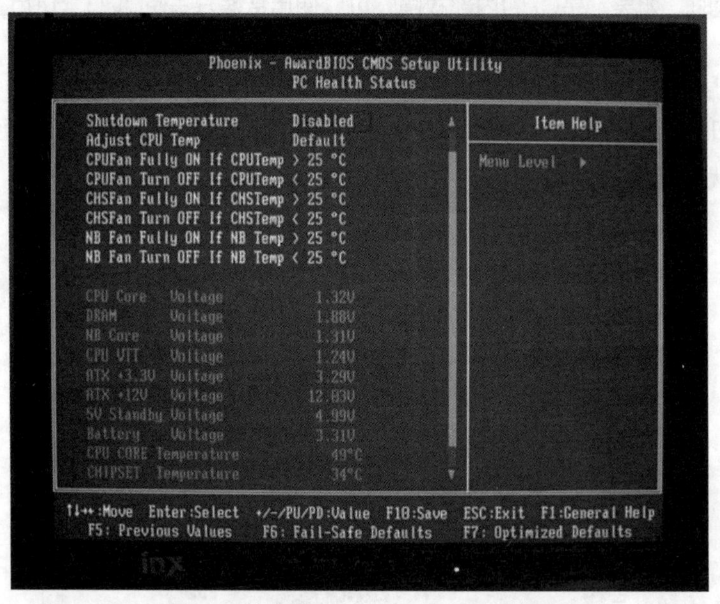

图21-17 查看PC Health Status数据

用户可以使用监控软件，通过传感器监控设备的温度，如使用AIDA64对CPU、主板、显卡核心、硬盘等进行温度监测，如图21-18所示。

如果在没有打开大型应用程序时，CPU长期保持高使用率，而且电脑运行缓慢，那么有可能被恶意代码或者病毒攻击了，此时应尽快安装杀毒软件，对电脑进行全盘查杀。

图21-18 监测电脑各部件温度

当CPU出现故障时，用户可以将CPU散热器拆下，查看CPU在插座中安装是否正常、是否有针脚弯曲、是否有烧焦等损坏的痕迹，如图21-19所示。

图21-19 CPU烧坏痕迹

21.2.2 快速判断主板故障

主板上集中了对内对外的各种接口插槽，所以主板的检测是所有设备中最难的，任何设备出现故障都可能造成主板的工作故障。

（1）大部分BIOS故障都需要对CMOS芯片进行清除操作，即放电操作。

（2）除非迫不得已，不要随意对BIOS进行升级操作。

（3）在Windows界面中，确认主板芯片组的驱动都安装完毕以后，芯片组各功能部件都能正常工作。

（4）打开主机，查看主板电路板，尤其是电子元器件有没有烧焦、虚焊、电容爆浆现象。

（5）为SATA设备更换数据线进行测试，否则各设备间互换SATA数据线进行测试。

（6）使用减法进行测试，拆下声卡、网卡、光驱、硬盘，一步步进行测试。

（7）在主板上只保留CPU和内存，然后加电进行开机操作，根据提示声判断是否可以开机。

（8）清理主板，再进行测试。

（9）使用检测卡（有些主板自带检测），根据检测卡显示代码进行故障判断。

检测卡常见故障代码如下：

1. 错误代码：00（FF）

代码含义：主板没有正常自检。

解决方法：这种故障较麻烦，原因可能是主板或CPU没有正常工作。遇到这种情况，首先将电脑上除CPU外的所有部件全部取下，并检查主板电压、倍频和外频设置是否正确，然后再对CMOS进行放电处理，再开机检测故障是否排除。如故障依旧，还可将CPU从主板插座上取下，仔细清理插座及其周围的灰尘，然后再将CPU安装好，并加以一定的压力，保证CPU与插座接触紧密，再将散热片安装妥当，然后开机测试。如果故障依旧，则建议更换CPU测试。另外，主板BIOS损坏也可造成这种现象，必要时可刷新主板BIOS后再试。

2. 错误代码：01

代码含义：处理器测试。

解决方法：说明CPU本身没有通过测试，这时应检查CPU相关设备。如对CPU进行过超频，请将CPU还原至默认频率，并检查CPU电压、外频和倍频是否设置正确。如一切正常故障依旧，则可考虑更换CPU再试。

3. 错误代码：C1至C5

代码含义：内存自检。

解决方法：该错误代码为常见的故障现象，一般表示系统中的内存存在故障。要解决这类故障，首先对内存实行除尘、清洁等工作，再进行测试。如问题依旧，可尝试用柔软的橡皮擦清洁金手指部分，直到金手指重新出现金属光泽为止，然后清理掉内存槽里的杂物，并检查内存槽内的金属弹片是否有变形、断裂或氧化生锈现象。开机测试后若故障依旧，可更换内存再试。如有多条内存，可使用替换法查找故障所在。

4. 错误代码：0D

代码含义：视频通道测试。

解决方法：这也是一种较常见的故障现象，一般表示显卡检测未通过。这时应检查显卡与主板的连接是否正常，如发现显卡松动等现象，应及时将其重新插入插槽中。如显卡与主板的接触没有问题，可取下显卡清理上面的灰尘，并清洁显卡的金手指部份，再插到主板上测试。如故障依旧，可更换显卡测试。

一般系统启动通过0D错误代码后，就已将显示信号传输至显示器，此时显示器的指示灯变绿，然后DEBUG卡继续跳至31代码，显示器开始显示自检信息，这时可通过显示器上的相关信息判断电脑故障的位置。

5. 错误代码：0D至0F

代码含义：CMOS停开寄存器读/写测试。

解决方法：检查CMOS芯片、电池及周围电路部分，可先更换CMOS电池，再用小棉球蘸无水酒精清洗CMOS的引脚及其电路部分，然后开机查看问题是否解决。

6．错误代码：12、13、2B、2C、2D、2E、2F、30、31、32、33、34、35、36、37、38、39、3A

代码含义：测试显卡。

解决方法：该故障在AMI BIOS中较常见，可检查显卡的视频接口电路、主芯片、显存是否因灰尘过多而无法工作，必要时可更换显卡，来检查故障是否解决。

7．错误代码：1A、1B、20、21、22

代码含义：存储器测试。

解决方法：同内存故障的解决方法相同。

注意事项：如在BIOS设置中设置为不提示出错，当遇到非致命性故障时，诊断卡不会停下来显示故障代码，用户可以在BIOS设置中设置为提示所有错误之后再开机。

如果诊断卡的代码跑00或FF停止，说明CPU还没有开始工作，一般是CPU或主板的问题。

代码从00 FF跑到C1或D3（BIOS不同跑的代码不一定相同）说明CPU是好的，问题出在内存部分没有工作，一般是内存的金手指或插槽脏了，或者主板给内存提供的工作条件不足，也可能是主板坏了。

代码从00 FF跑到26，一般来说如果显卡和主板没有问题的话，显示器就应该点亮了。

如果代码从00 FF跑到41，主机不亮，有可能是BIOS坏了，则重新刷写或更换BIOS。

代码从00 FF经过CI C3 05 07 13 26 （0B）41 43等再次跑回00或FF，说明主板的启动过程完毕，开始按照CMOS的设置进行引导。

21.2.3 快速判断内存故障

内存故障是电脑最常见的故障。若发生无法开机、电脑运行缓慢或死机等情况，都可以从内存着手。在“任务管理器”面板中，可以查看内存的使用情况，用户也可以在“进程”选项卡中，查看各进程使用内存的情况，如图21-20所示。

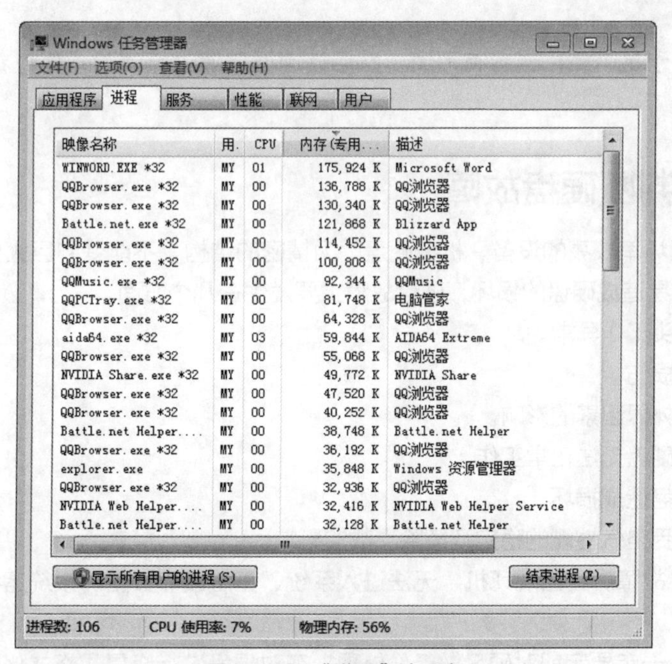

图21-20 “进程”选项卡

内存与其他设备一样，容易受到不稳定电压、过热、灰尘等影响。最常见的故障是内存与内存插槽的氧化，一般除了清理氧化的方法外，也可以使用更换内存插槽的方法进行测试。内存损坏的表象经常是出现“系统发生知名错误”提示、电源灯和CPU散热器都正常，但显示器黑屏无图像、DLL模块错误而产生的死机现象。

如果资源监视器显示内存长时间保持满负荷，有可能是电脑被恶意代码或病毒攻击了，可以使用杀毒软件进行查杀。

打开机箱，取下内存条，查看内存颗粒是否烧焦、内存插槽周围有无电容冒泡等现象。

检查内存的金手指是否被氧化，如果有氧化或者污渍，可以使用橡皮擦进行清除。检查插槽中是否有灰尘、污物等，然后进行清除即可。

如果电脑中有两条以上内存条，利用分别插在各内存插槽上的方法，确定内存本身是否能用。

21.2.4 快速判断显卡故障

显卡故障最明显的表现就是显示器出现不正常显示，如画面模糊、有彩条等等。排除显卡故障最简单的方法就是换一台显示器或主机。

显示器故障最常见的表现有：显示器上出现横条或竖条、显示器自动关闭、显示器画面不完整。

显卡故障最常见表现有：画面颜色不正常、有光斑及光线以及开机显示No Signal、Power Save Mode或“无信号”提示等。

播放视频或玩3D游戏时死机，可能是主板或显卡故障所致。若显示器灯亮，但没有显示内容，则有多种原因导致，如内存、显卡、显示器问题等。

排查显卡故障，可以按照下面的方法进行：

- 如果超频了，请将显卡参数设置为默认值。很多故障都是因为超频引起的。
- 检查显卡驱动是否使用了正确的版本，并不是越新的驱动越好，正常使用追求的是稳定性，可以下载比较新的稳定版本进行测试。
- 安装显卡支持的DirectX，XP系统最高支持Direct 9，而Windows 7系统支持Direct10及11。
- 根据显卡温度，查看显卡散热风扇是否转动，散热片及出风口是否被堵塞了，要及时清理灰尘及堵塞物。
- 取下并查看显卡是否氧化或者有污渍，然后使用橡皮擦进行清除，再查看内存插槽是否有异物堵塞。

21.2.5 快速判断硬盘故障

硬盘是电脑中损坏率较高的设备，机械硬盘因为精密的结构，不能受到巨大外力的影响。工作时反复的震动和磕碰最易造成硬盘的损坏，硬盘故障主要发生在几个方面。

- 电机马达和磁头工作异常。
- 磁盘受到物理损伤。
- 主板、供电等外界因素的影响。
- 设备冲突造成硬盘无法正常工作。
- 系统病毒对硬盘造成损坏。
- 固态硬盘主要受电气性能的稳定及擦除次数的影响。

一旦硬盘出现了故障，会出现死机、无法进入系统、无法读取数据、系统运行缓慢、硬盘发出异常的声响等现象。

在日常使用中，一定要定期对硬盘做备份处理，在对硬盘进行修复、格式化等操作前，也要备份好硬盘中的数据。用户可以通过以下方法判断硬盘故障。

- 没有发出正常硬盘运行时的声响，或者碟片旋转后又停止了，说明马达工作正常，但不能读取盘片上的数据。
- 在设备管理器中，查看并确认硬盘的工作状态是否正常。
- 在BIOS的硬盘设置中，将值设置为Auto。
- 更换SATA数据线及电源线来判断。
- 通过软件检测硬盘的坏道。
- 查看MBR是否有问题、分区是否有问题、是否有病毒。
- 通电后，硬盘发出剐蹭声，说明磁头划到了碟片，应立刻停止使用，使用软件进行数据的抢救。
- 通电后，没有磁碟转动的声音、感受不到马达的转动，或转动没有达到正常值，说明硬盘供电出现问题，需检查硬盘电路板，查看供电电路、控制电路有没有损坏的痕迹。

如果怀疑硬盘出现坏道或者引导区出现问题，可以使用硬盘厂商提供的专业检测软件。大多数情况下，用户可以使用通用检测工具HD Tune进行检测，如图21-21所示。

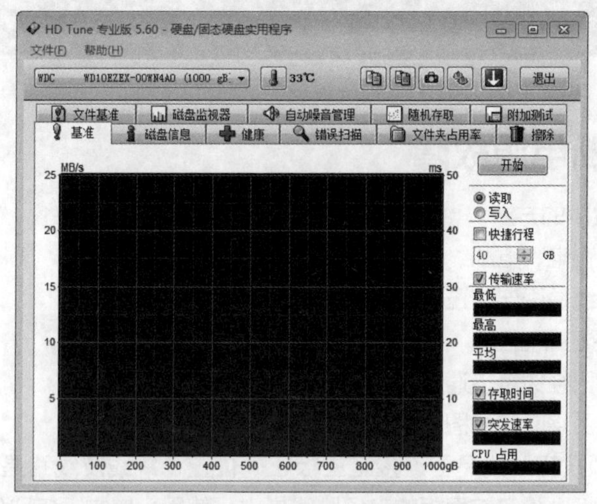

图21-21 HD Tune主界面

使用该软件可以检测硬盘的读写、基本信息、健康情况，还可以使用错误扫描等功能，如图21-22所示。

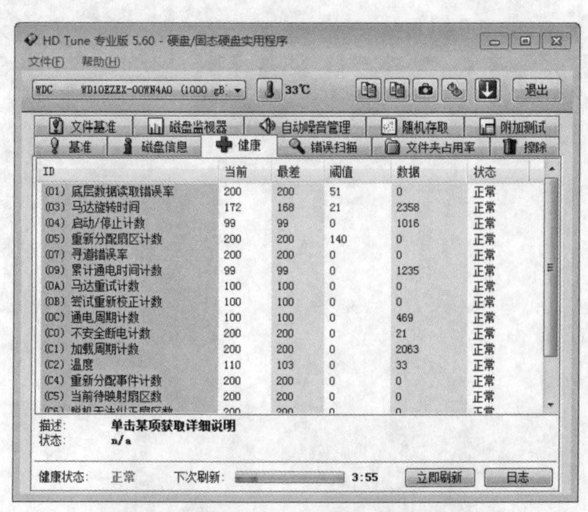

图21-22 HD Tune查看硬盘基本信息

在错误扫描中，可以全面扫描硬盘中的坏道信息。用户在检测出坏道后，使用低级格式化来对坏道进行屏蔽，从而修复硬盘，但时间可能很长，如图21-23所示。

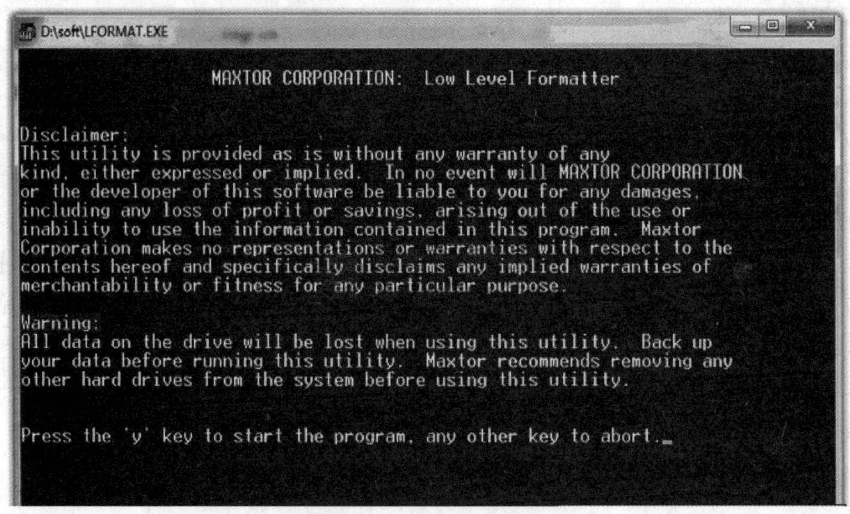

图21-23 硬盘低格工具

21.2.6 快速判断电源故障

下面介绍判断电源故障的方法。

- 检查电源插座是否有电、电源线是否工作正常。
- 检查电源主板连接线是否连接正常。
- 检查CPU供电是否已经插上。
- 确认电源上的开关已经拨至接通状态。
- 检查电源保险管是否烧断，如图21-23所示。
- 检查前面板的电源按钮跳线是否连接至主板正确位置、跳线及线路是否无故障、按钮是否损坏。用户可以将主板上机箱前面板的电源跳线拔出，使用金属物短接PWR SW的两根插针，如果电脑可以启动，说明前面板电源按钮部分损坏了。
- 经常清除电源出风口附近的灰尘，以防止电源风扇故障，造成温度过高。

图21-24 电源保险管

22 Chapter 操作系统故障处理

知识概述

前面介绍了电脑故障的处理以“先软后硬”为原则，所以软件是首要的排查对象，而电脑最重要的软件就是操作系统了。本章将着重介绍操作系统中经常出现的故障及处理方式。

要点难点

- 操作系统的故障检测
- 操作系统故障修复
- 系统错误修复

22.1 Windows的启动过程

在进行系统故障及错误检测修复前，需要了解系统的启动经历了哪些内容。Windows系统的启动过程从电脑自检完成后开始，启动到系统桌面为止。

22.1.1 预引导阶段

打开电脑电源后，预引导过程就开始运行了。在这个过程中，电脑硬件首先要完成通电自检（Power-On Self Test，POST），这一步会对电脑中安装的处理器、内存等硬件进行检测，如果一切正常，则会继续下面的过程。

如果电脑BIOS支持即插即用，而且所有硬件设备都已经被自动识别和配置，接下来电脑将会定位引导设备（例如第一块硬盘，设备的引导顺序可以在电脑的BIOS设置中修改），然后从引导设备中读取并运行主引导记录（Master Boot Record，MBR）。至此，预引导阶段成功完成。

22.1.2 引导阶段

引导阶段又可以分为：初始化引导载入程序、操作系统选择、硬件检测、硬件配置文件选择四个步骤。在这一过程中，需要使用的文件包括：Ntldr、Boot.ini、Ntdetect.com、Ntoskrnl.exe、Ntbootdd.sys、Bootsect.dos（非必须）。

1. 初始化引导载入程序

在这一阶段，首先出场的是Ntldr，该程序会将处理器由实模式（Real Mode）切换为32位平坦内存模式（32-bit Flat Memory Mode）。不使用实模式的主要原因是：在实模式下，内存中的前640 KB是为MS-DOS保留的，而剩余内存则会被当作扩展内存使用，这样Windows将无法使用全部的物理内存。而下32位平坦内存模式下，Windows自身将使用电脑上安装的所有内存。

接下来Ntldr会寻找系统自带的一个微型文件系统驱动。DOS和Windows 9x操作系统是无法读写NTFS文件系统的分区的，那么Windows XP的安装程序为什么可以读写NTFS分区？其实这就是微型文件系统驱动的功劳了。只有载入这个驱动后，Ntldr才能找到硬盘上被格式化为NTFS或者FAT/FAT32文件系统的分区。如果这个驱动损坏了，就算硬盘上已经有分区，Ntldr也是识别不出来的。

读取了文件系统驱动，并成功找到硬盘上的分区后，引导载入程序的初始化过程就已经完成了，随后将会进行到下一步。

2. 操作系统选择

这一步只有在电脑中安装了多个Windows操作系统的时候才会出现。不过无论电脑中安装了几个Windows系统，电脑启动的过程中，这一步都会按照设计运行一遍，只有在确实安装了多个系统的时候，系统才会显示一个列表，选择想要引导的系统。如果只有一个系统，那么引导程序在判断完成后会直接进入下一阶段。

如果电脑中已经安装了多个Windows操作系统，那么所有的记录都会被保存在系统盘根目录下一个名为boot.ini的文件中。Ntldr程序在完成了初始化工作之后，会从硬盘上读取boot.ini文件，并根据其中的内容判断电脑上安装了几个Windows，它们分别安装在第几块硬盘的第几个分区上。如果只安装了一个，那么就直接跳过这一步。如果安装了多个，Ntldr会根据文件中的记录显示一个操作系统选择列表，并默认持续30秒。只要做出选择，Ntldr就会自动开始装载被选择的系统。如果没有选择，那么30秒后，Ntldr会开始载入默认的操作系统。至此操作系统选择这一步已经成功完成。

系统盘（System Volume）和引导盘（Boot Volume）是两个很容易搞混的概念，因为根据微软对这两个名词的定义，很容易令人产生误解。根据微软的定义，系统盘是指保存了用于引导Windows的文件（根据前面的介绍，这些文件是指Ntldr、boot.ini等）的硬盘分区/卷；而引导盘是指保存了Windows系统文件的硬盘分区/卷。如果只有一个操作系统的话，通常会将其安装在第一个物理硬盘的第一个主分区（通常被识别为C盘）上，那么系统盘和引导盘属于同一个分区。但是，如果Windows安装到了其他分区中，例如D盘中，那么系统盘仍然是C盘（因为尽管Windows被安装到了其他盘，但是引导系统所用的文件还是会保存在C盘的根目录下），但引导盘将会变成D盘。保存了引导系统所需文件的分区叫做“系统盘”，而保存了操作系统文件的分区叫做“引导盘”，正好颠倒了，但这就是微软的规定。

3. 硬件检测

在硬件检测过程中，主要需要用到Ntdetect.com和Ntldr两个程序。当用户在前面操作系统选择阶段选择了想要载入的Windows系统之后，Ntdetect.com首先要将当前电脑中安装的所有硬件信息收集起来，并列成一个表，接着将该表交给Ntldr（这个表的信息稍后会被用来创建注册表中有关硬件的键）。这里需要被收集信息的硬件类型包括：总线/适配器类型、显卡、通讯端口、串口、浮点运算器（CPU）、可移动存储器、键盘、指示装置（鼠标）。至此，硬件检测操作已经成功完成。

4. 配置文件选择

这一步也不是必须的，只有在电脑（常用于笔记本电脑）中创建了多个硬件配置文件的时候才需要处理这一步。

配置文件选择功能比较适合笔记本电脑用户。如果笔记本电脑需要在办公室和家里都使用，在办公室的时候，可能会使用网卡将其接入公司的局域网，公司使用了DHCP服务器为客户端指派IP地址；但是回到家之后，没有了DHCP服务器，启动系统的时候系统将会用很长时间寻找那个不存在的DHCP服务器，这将延长系统的启动时间。在这种情况下就可以分别在办公室和家里使用不同的硬件配置文件，通过硬件配置文件决定在某个配置文件中使用哪些硬件，不使用哪些硬件。例如，用户可以为笔记本电脑在家里和办公室分别创建独立的配置文件，而家庭用的配置文件中会将网卡禁用。这样，回家后使用家用的配置文件，系统启动的时候会直接禁用网卡，也就避免了寻找不存在的DHCP服务器延长系统启动时间。

如果Ntldr检测到系统中创建了多个硬件配置文件，那么它就会将所有可用的配置文件列表显示出来，供用户选择。这其实和操作系统的选择类似，不管系统中有没有创建多个配置文件，Ntldr都会进行这一步操作，不过只有在确实检测到多个硬件配置文件的时候才会显示文件列表。

22.1.3 载入内核阶段

在这一阶段，Ntldr会载入Windows的内核文件Ntoskrnl.exe，但这里仅仅是载入，内核此时还不会被初始化，随后被载入的是硬件抽象层（hal.dll）。

硬件抽象层其实是内存中运行的一个程序，这个程序在Windows内核和物理硬件之间起到了桥梁的作用。正常情况下，操作系统和应用程序无法直接与物理硬件打交道，只有Windows内核和少量内核模式的系统服务可以直接与硬件交互。而其他大部分系统服务以及应用程序，如果想要和硬件交互，就必须通过硬件抽象层进行。

使用硬件抽象层，主要有两个原因：

1. 忽略无效甚至错误的硬件调用

如果没有硬件抽象层，那么硬件上发生的所有调用甚至错误都会反馈给操作系统，这可能会导致系统不稳定。而硬件抽象层就像工作在物理硬件和操作系统内核之间的一个过滤器，可以将认为会对操作系统产生危害的调用和错误全部过滤掉，直接提高了系统的稳定性。

2. 多平台之间的转换翻译

这个原因可以列举一个形象的例子，假设每个物理硬件都使用不同的语言，而每个操作系统组件或者应用程序使用了同样的语言，那么不同物理硬件和系统之间的交流将会是混乱且很没有效率的。如果有了硬件抽象层，等于给软硬件之间安排了一位翻译，这位翻译懂所有硬件的语言，并会将硬件说的话用系统或者软件能够理解的语言原意转达给操作系统和软件。通过这个机制，操作系统对硬件的支持可以得到极大的提高。

硬件抽象层被载入后，接下来要被内核载入的是HKEY_LOCAL_MACHINE/System注册表键。Ntldr会根据载入的Select键的内容判断接下来需要载入哪个Control Set注册表键，而这些键会决定随后系统将载入哪些设备驱动或者启动哪些服务。这些注册表键的内容被载入后，系统将进入初始化内核阶段，这时候Ntldr会将系统的控制权交给操作系统内核。

22.1.4 初始化内核阶段

当进入到这一阶段，电脑屏幕上会显示Windows的标志，同时还会显示一条滚动的进度条，这个进度条可能会滚动若干圈。从这一步开始，用户才能从屏幕上对系统的启动有一个直观的印象。在这一阶段中主要会完成四项任务：创建Hardware注册表键、对Control Set注册表键进行复制、载入和初始化设备驱动以及启动服务。

1. 创建Hardware注册表键

首先要在注册表中创建Hardware键，Windows内核会使用在前面的硬件检测阶段收集到的硬件信息来创建HKEY_LOCAL_MACHINE/Hardware键，也就是说，注册表中该键的内容并不是固定的，而是会根据当前系统中的硬件配置情况动态更新。

2. 对Control Set注册表键进行复制

如果Hardware注册表键创建成功，那么系统内核将会对Control Set键的内容创建一个备份。这个备份将会被用在系统的高级启动菜单中的“最后一次正确配置”选项。例如，如果安装了一个新的显卡驱动，重新启动系统后，Hardware注册表键还没有创建成功系统就已经崩溃了，这时候如果选择“最后一次正确配置”选项，系统将会自动使用上一次的Control Set注册表键的备份内容重新生成Hardware键，这样就可以撤销之前因为安装了新的显卡驱动对系统设置的更改。

3．载入和初始化设备驱动

在这一阶段里，操作系统内核首先会初始化之前在载入内核阶段载入的底层设备驱动，然后内核会在注册表的HKEY_LOCAL_MACHINE/System/CurrentControlSet/Services键下查找所有Start键值为1的设备驱动。这些设备驱动将会在载入之后立刻进行初始化，如果在这一过程中发生了任何错误，系统内核将会自动根据设备驱动ErrorControl键的数值进行处理。ErrorControl键的键值共有四种，分别具有如下含义：

- 0：忽略，继续引导，不显示错误信息。
- 1：正常，继续引导，显示错误信息。
- 2：恢复，停止引导，使用“最后一次正确配置”选项重启动系统，如果依然出错则会忽略该错误。
- 3：严重，停止引导，使用“最后一次正确配置”选项重启动系统，如果依然出错则会停止引导，并显示一条错误信息。

4．启动服务

系统内核成功载入，并且成功初始化所有底层设备驱动后，会话管理器会开始启动高层子系统和服务，然后启动Win32子系统。Win32子系统的作用是控制所有输入/输出设备以及访问显示设备。当所有这些操作都完成后，Windows的图形界面就可以显示出来了，同时用户也可以使用键盘以及其他I/O设备。

接下来会话管理器会启动Winlogon进程，至此，初始化内核阶段已经成功完成，这时用户就可以开始登录了。

22.1.5 登录阶段

在这一阶段，由会话管理器启动的winlogon.exe进程将会启动本地安全性授权（Local Security Authority，lsass.exe）子系统。之后屏幕上将会显示Windows 的欢迎界面或者登录界面，这时已经可以顺利进行登录了。不过与此同时，系统的启动还没有彻底完成，后台可能仍然在加载一些非关键的设备驱动。

随后系统会再次扫描HKEY_LOCAL_MACHINE/System/CurrentControlSet/Services注册表键，并寻找所有Start键的数值是2或者更大数字的服务。这些服务就是非关键服务，系统直到用户成功登录之后才开始加载这些服务。

到这里，Windows 系统的启动过程就算全部完成了。

22.2 Windows 系统故障恢复

在使用Windows系统时，经常因为人为操作失误或者恶意程序破坏，造成Windows系统相关文件或者注册表错误，系统会弹出错误提示框，如图22-1所示。

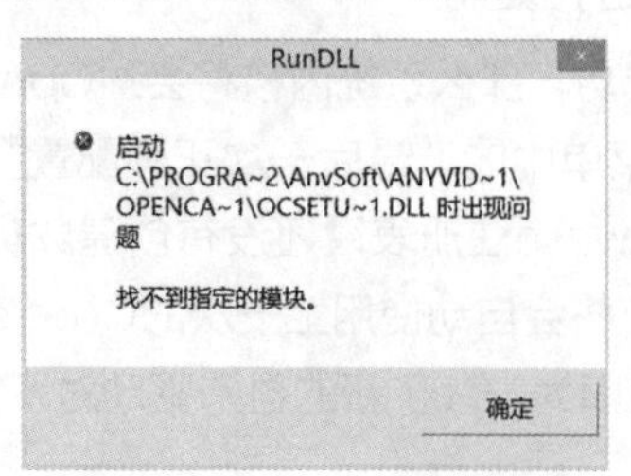

图22-1 Windows系统报错

系统错误会造成应用程序自动关闭、数据丢失，严重会造成系统崩溃。除了重装、GHOST备份还原，用户还可以使用系统自带工具进行灾难性恢复。

22.2.1 Windows 系统还原

“系统还原”的目的是在不需要重新安装操作系统，也不会破坏数据文件的前提下，使系统回到正常工作状态。在Windows Me就加入了“系统还原”功能，并且一直在Windows Me以上的操作系统中使用。“系统还原”可以恢复注册表、本地配置文件、COM+ 数据库、Windows 文件保护（WFP）高速缓存（wfp.dll）、Windows 管理工具（WMI）数据库、Microsoft IIS 元数据，以及实用程序默认复制到“还原”存档中的文件。

22.2.2 配置系统还原

默认情况下，系统还原功能是关闭状态，用户需要进行手动开启，操作步骤如下。

STEP 01 启动Windows 10，在系统桌面的“此电脑”图标上单击鼠标右键，选择“属性”命令，如图22-2所示。

图22-2 打开Windows属性界面

STEP 02 在“系统”界面中，单击“系统保护”选项，如图22-3所示。

图22-3 启动系统保护

STEP 03 在“系统属性”对话框中，选择需要启动系统保护的分区，单击“配置”按钮，如图22-4所示。

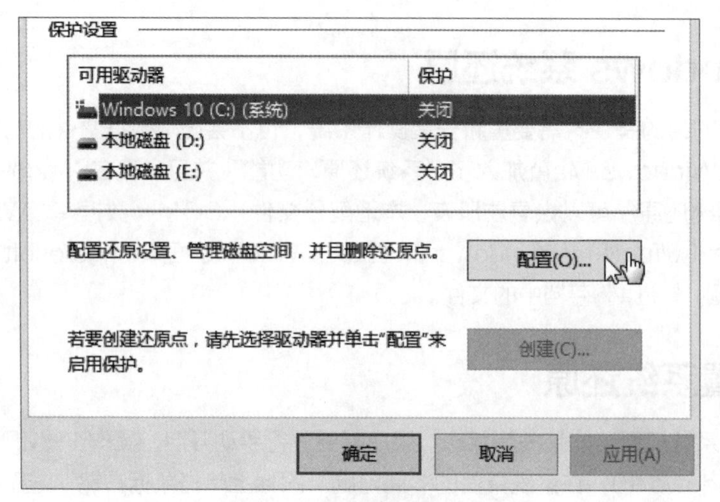

图22-4 启动配置系统还原

STEP 04 在打开的对话框中，单击“启用系统保护”单选按钮，拖动“最大使用量”滑块，设置系统保护最大空间后，单击“确定”按钮，如图22-5所示。

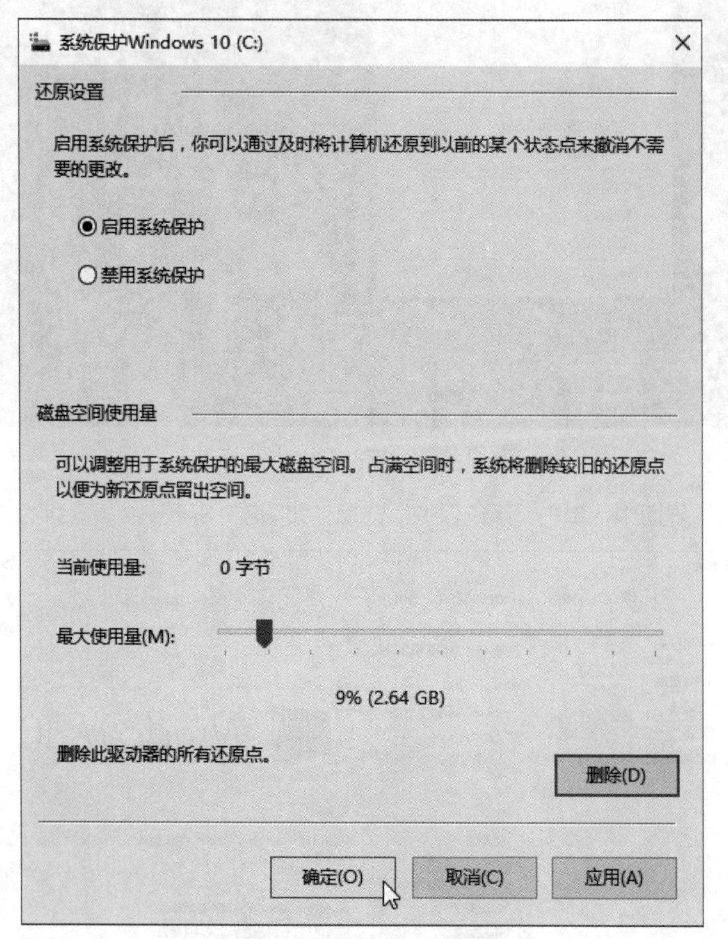

图22-5 设置启用保护参数

STEP 05 返回到“系统属性”对话框，单击“创建”按钮，为选择的驱动器设置还原点，如图22-6所示。

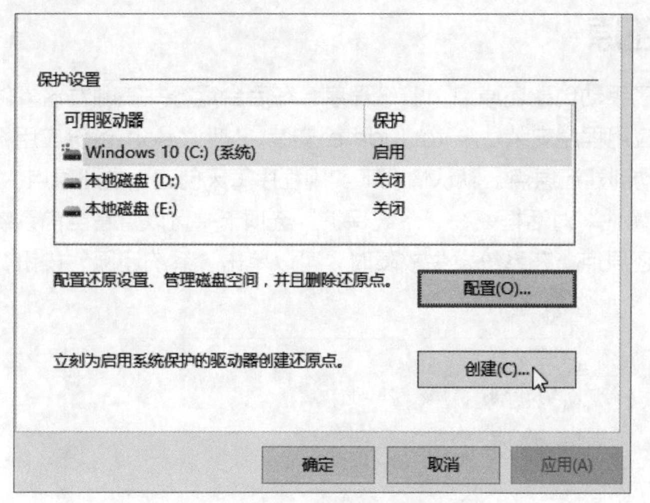

图22-6 开始创建还原点

STEP 06 在“系统保护”对话框中，为还原点创建描述信息后，单击“创建”按钮，如图22-7所示。

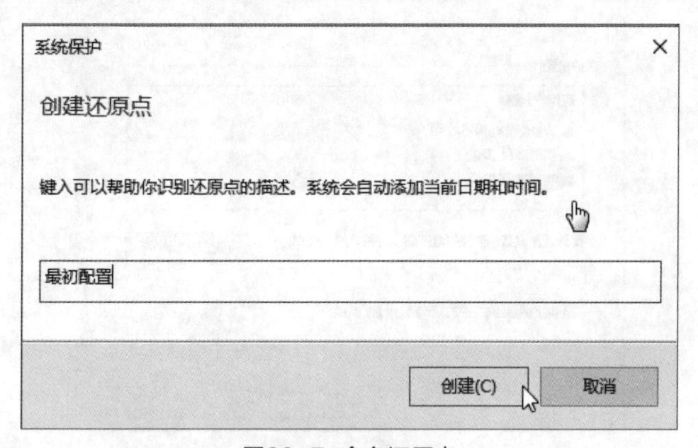

图22-7 命名还原点

STEP 07 系统开始创建还原点，如图22-8所示。

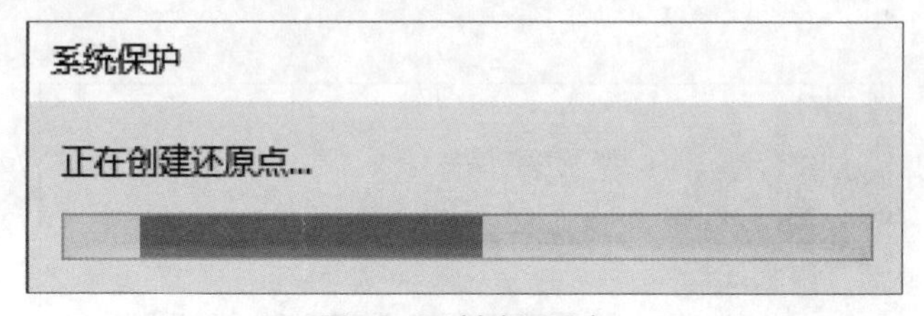

图22-8 创建还原点

STEP 08 完成还原点创建工作，单击“关闭”按钮，如图22-9所示。

图22-9 完成还原点创建

22.2.3 系统还原

配置完毕后，除了手动创建还原点，备份程序会在后台运行并在触发器事件发生时自动创建还原点。触发器事件包括应用程序安装、AutoUpdate 安装、Microsoft 备份应用程序恢复、未经签名的驱动程序安装以及手动创建还原点。默认情况下实用程序每天创建一次还原点。

STEP 01 打开“系统属性”对话框，在“系统保护”选项卡中可以查看当前系统保护信息，并且可以配置还原参数，创建还原点。在系统发生故障时，可以单击“系统还原”按钮，进行系统还原，如图22-10所示。

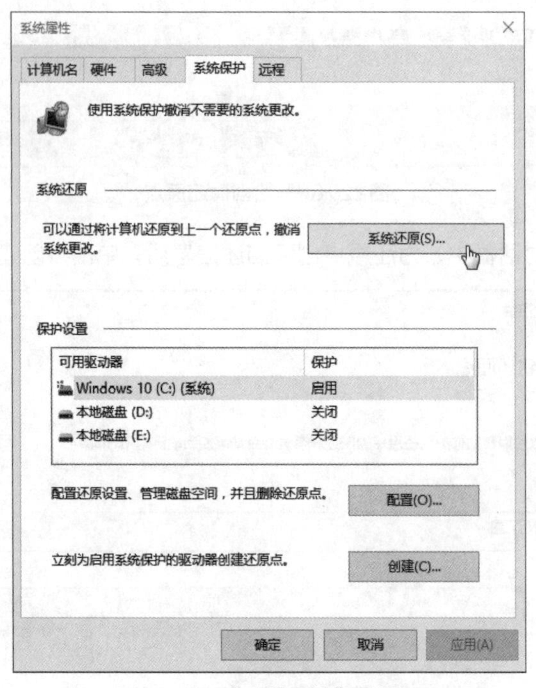

图22-10 “系统属性”对话框

STEP 02 在“系统还原”对话框中，介绍了“还原系统文件和设置”的含义，单击“下一步”按钮，如图22-11所示。

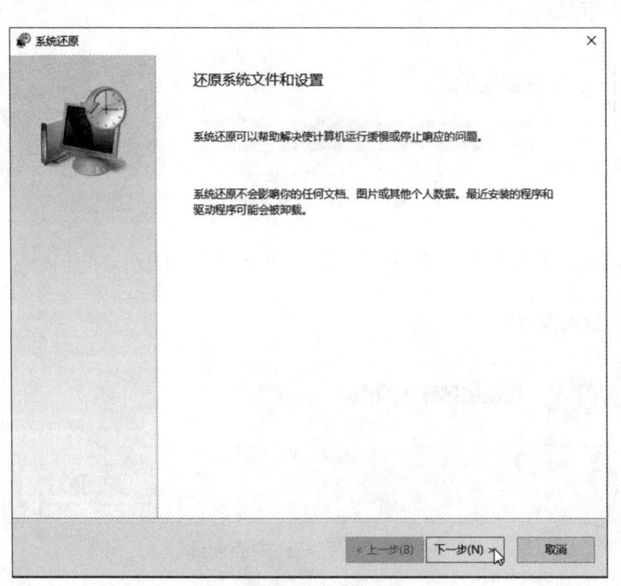

图22-11 系统还原说明

STEP 03 在状态浏览界面中，可以查看所有还原点信息、备份的日期以及描述等内容。选择系统正常工作状态下的还原点，单击“下一步”按钮，如图22-12所示。用户也可以单击“扫描受影响的程序”按钮，来了解还原后哪些程序不可用。

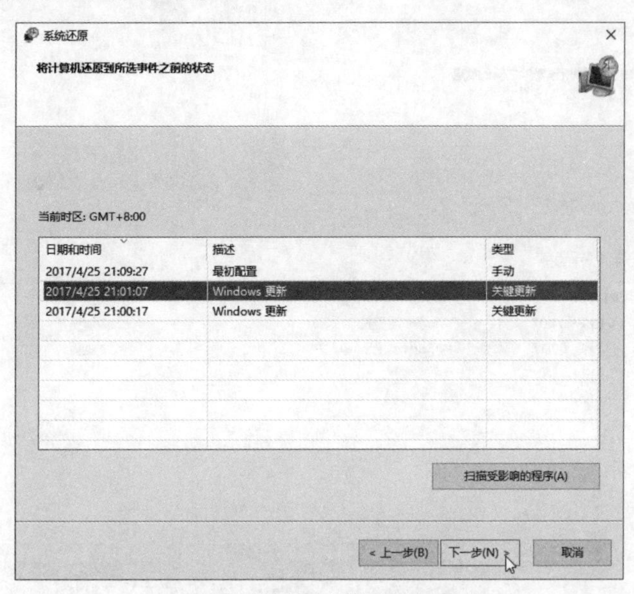

图22-12 选择正常状态的还原点

STEP 04 系统弹出确定信息，确认无误后单击“完成”按钮，如图22-13所示。

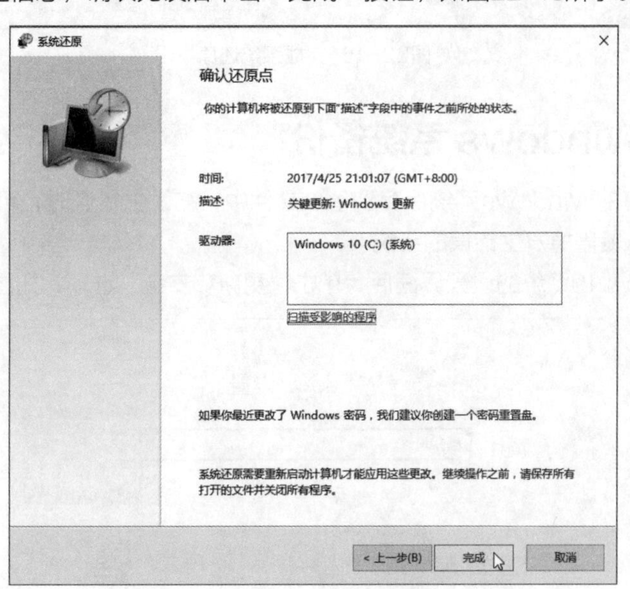

图22-13 确认还原信息

STEP 05 弹出警告信息对话框，单击“是”按钮，如图22-14所示。

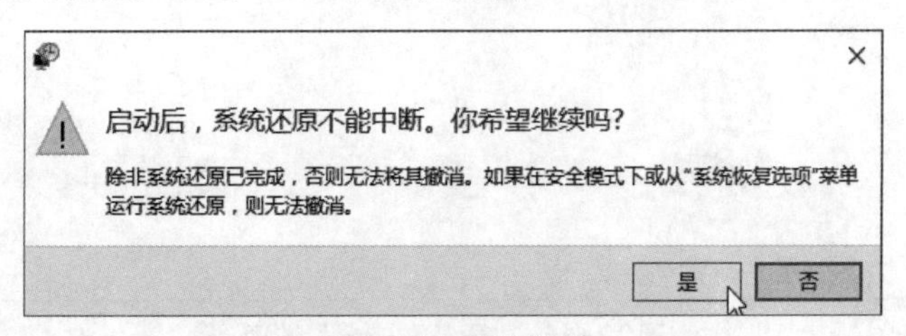

图22-14 警告信息

STEP 06 系统准备还原系统，并准备数据，完成后重启电脑，再次返回到桌面后，系统提示还原成功。可以查看故障是否排除。再次返回到还原状态界面中，可以看到此时的还原点状态，如图22-15所示。

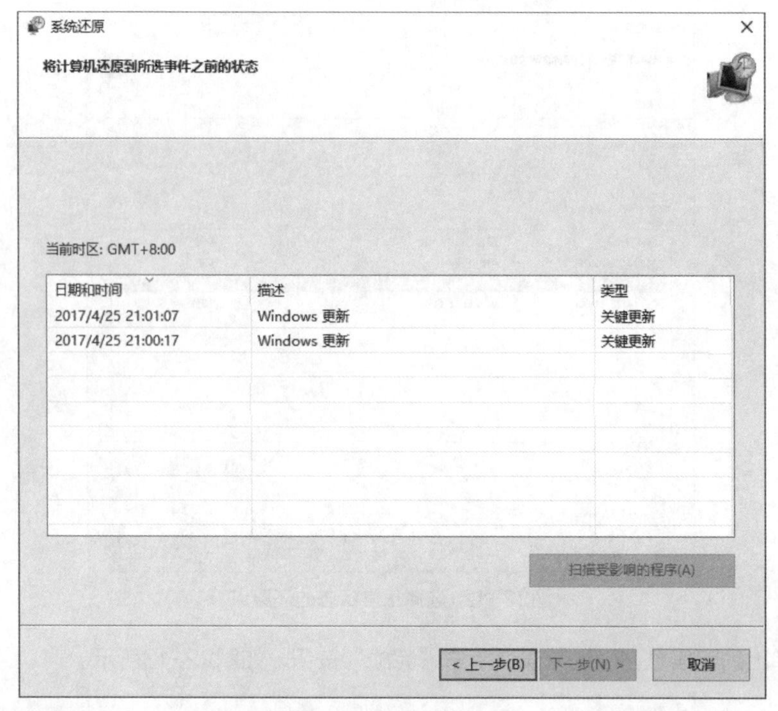

图22-15 完成系统还原

22.2.4 设置 Windows 系统备份

系统备份是将现有的Windows系统保存到备份文件中，在发生错误时，可以将备份的Windows系统还原到系统盘中，覆盖掉发生错误的系统。

STEP 01 进入Windows 10系统的设置界面后，单击“更新和安全”选项，如图22-16所示。

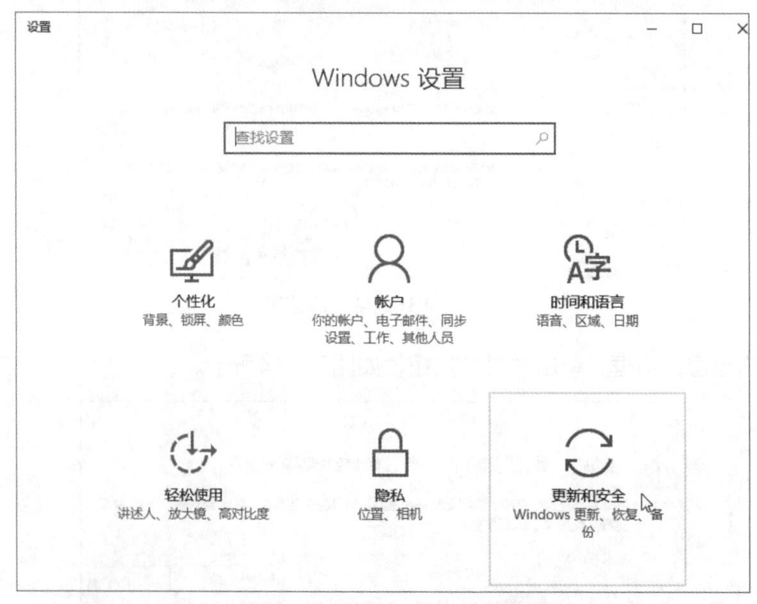

图22-16 “更新和安全”选项

STEP 02 在“更新和安全”界面中，选择“备份”选项，并单击“添加驱动器”前的加号按钮，如图22-17所示。

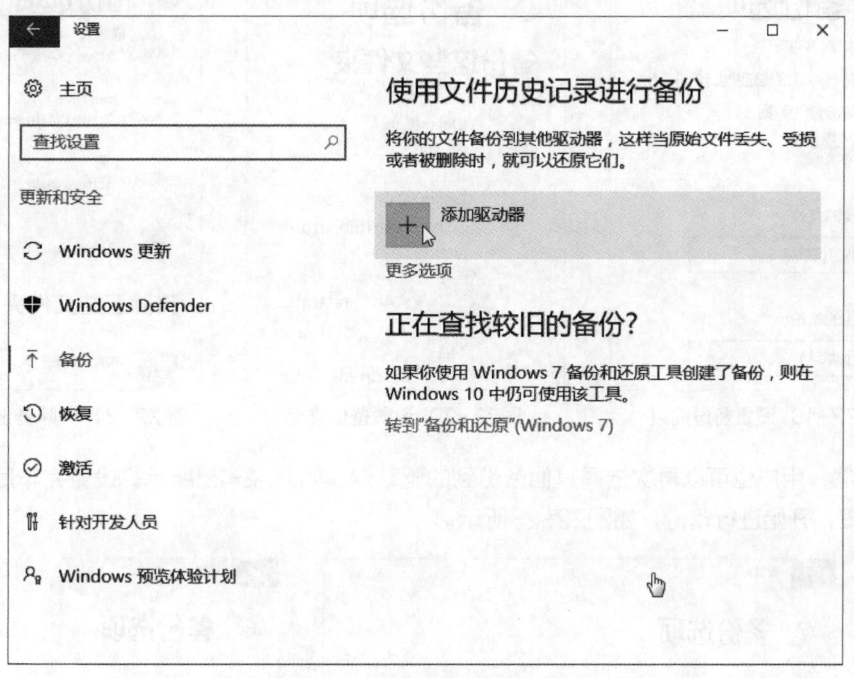

图22-17 添加备份保存的位置

STEP 03 选择一个空间充足的分区，Windows备份不是一次性备份，还可以自动备份或递增备份，完成后单击“更多选项”选项，如图22-18所示。

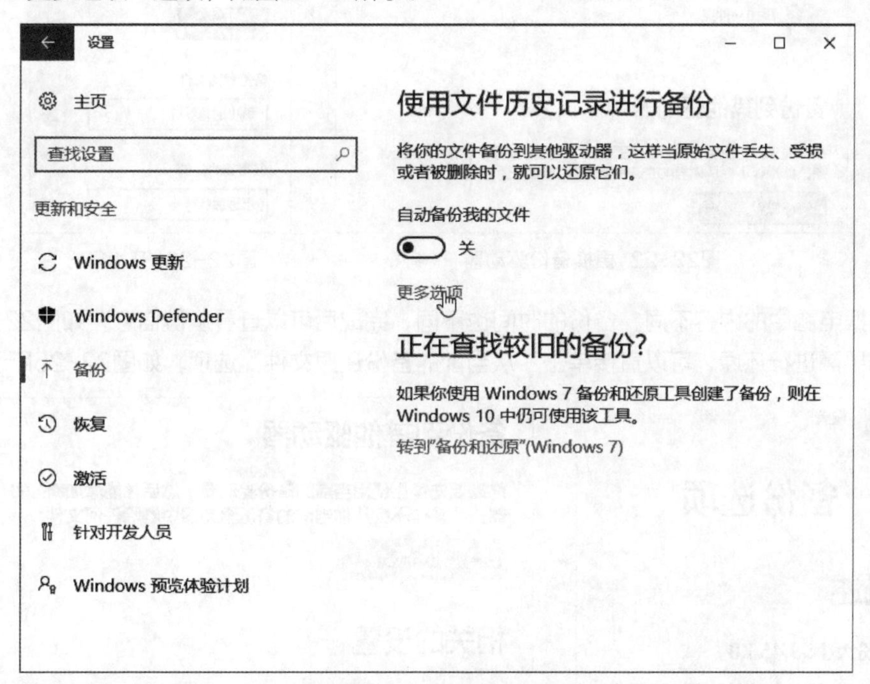

图22-18 设置备份选项

STEP 04 在更多选项面板中，可以设置备份文件的时间间隔以及保存模式，如图22-19所示。要设置备份哪些文件夹，用户可以添加备份的文件夹，如图22-20所示。也可以排除不需要备份的文件夹，如图22-21所示。

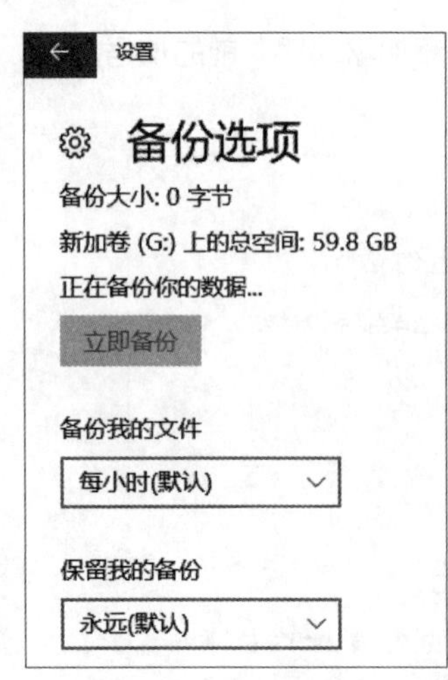

图22-19 设置备份间隔

图22-20 设置备份文件

图22-21 排除备份文件

STEP 05 当然，用户也可以再次选择其他备份到的驱动器，如图22-22所示。设置完毕后，单击“立即备份”按钮，开始进行备份，如图22-23所示。

图22-22 更换备份驱动器

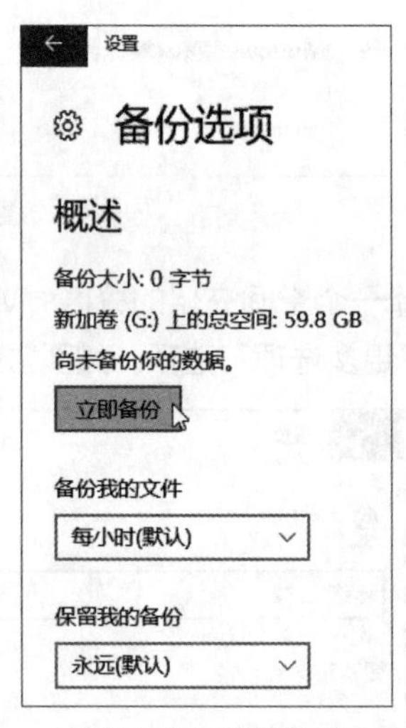

图22-23 开始备份

STEP 06 根据电脑中的内容不同，备份的时间也不同，完成后可以查看备份信息，如图22-24所示。

STEP 07 如果需进行还原，可以直接单击“从当前的备份还原文件”选项，如图22-25所示。

图22-24 查看备份信息

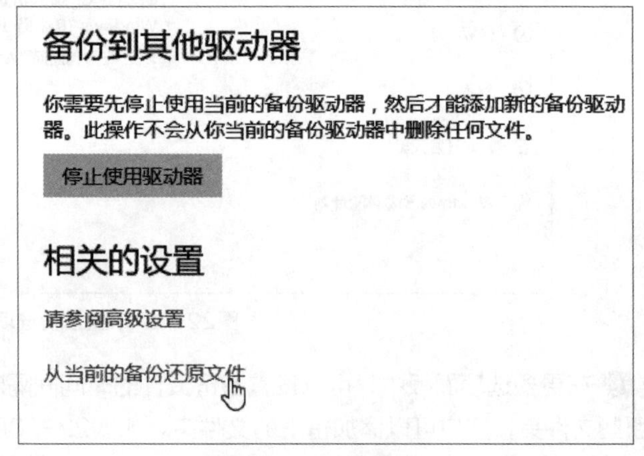

图22-25 还原备份

STEP 08 浏览备份的内容，如果需要还原，可以单击“还原”按钮，如图22-26所示。

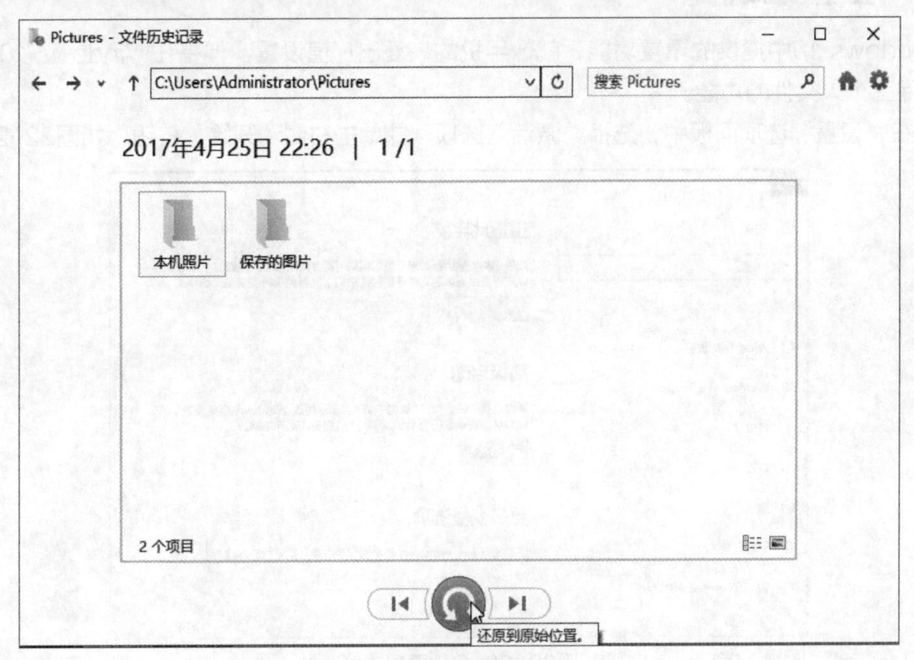

图22-26 选择还原内容

22.2.5 Windows 7 备份还原

用户可以在Windows 10中使用兼容性较高的Windows 7备份还原功能，在备份内容中，可以进行更加详细的设置，如图22-27所示。

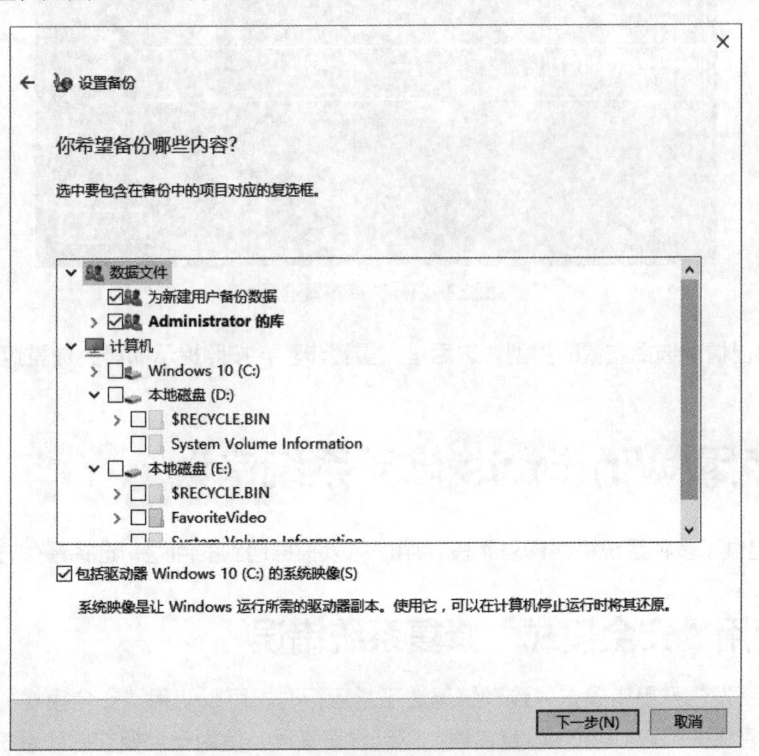

图22-27 Windows 7备份还原

22.2.6　重置系统

在Windows 10中提供的重置功能，就像手机的恢复出厂值设置。但是在Windows 10中，用户可以设置保留个人文件的功能。

STEP 01 在“设置”选项面板中，选择“激活”选项，并单击右侧“开始”按钮，如图22-28所示。

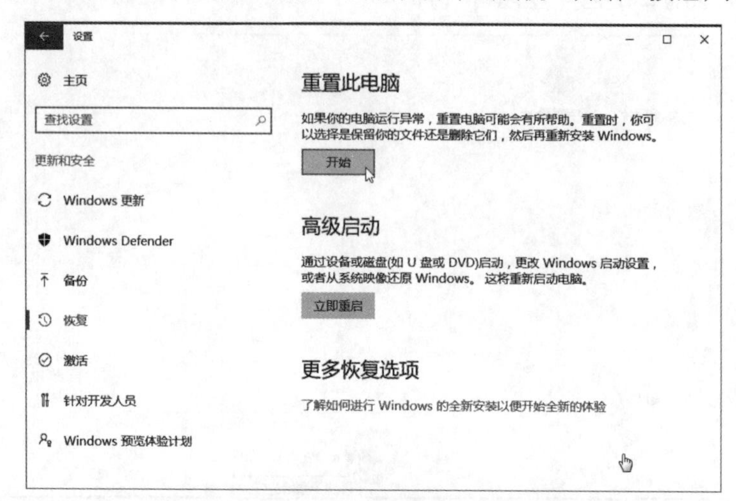

图22-28　启动重置功能

STEP 02 选择是否保留个人文件，这里选择“删除所有内容”选项，如图22-29所示。

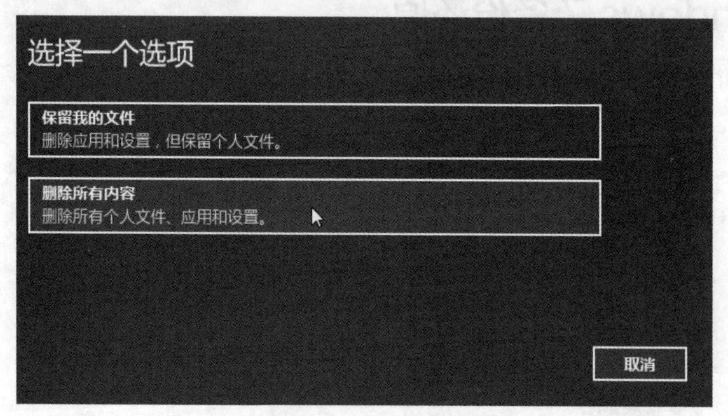

图22-29　选择重置选项

STEP 03 根据自己情况选择重置的类型，之后进入重置步骤，按照提示即可完成重置操作。

22.3　使用 Windows 修复系统错误

Windows提供了多种系统错误修复手段，用户可以根据遇到的问题，选择最优方式。

22.3.1　使用“安全模式”修复系统错误

当Windows 发生严重错误，导致系统无法正常运行时，可以使用“安全模式”进行修复。修复的内容为注册信息丢失、Windows设置错误、驱动设置错误。使用安全模式启动系统，对硬件配置问题引起的故障重新配置，注册表损坏或系统文件损坏引起的系统错误都可以进行自动修复。

1. Windows 7安全模式进入

STEP 01 在系统启动时，按F8键，在出现的启动菜单中，选择“安全模式”选项，如图22-30所示。

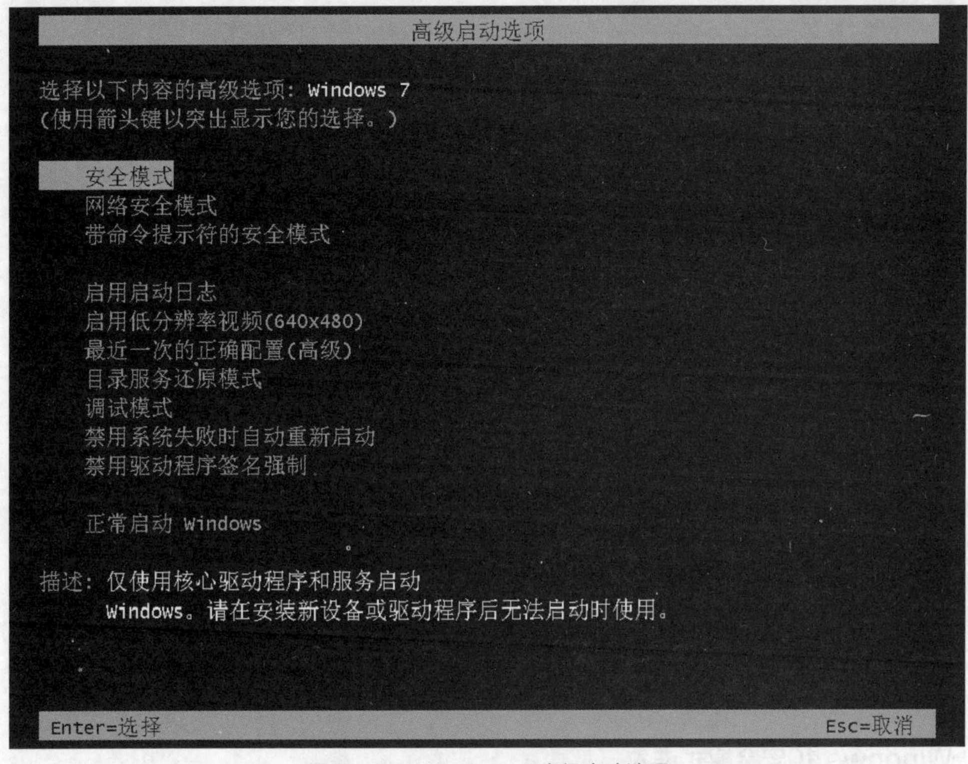

图22-30 Windows 7高级启动选项

STEP 02 系统加载核心文件，如图22-31所示。

```
正在加载 Windows 文件
\Windows\system32\drivers\amdxata.sys
\Windows\system32\drivers\amd_xata.sys
\Windows\system32\drivers\fltmgr.sys
\Windows\system32\drivers\fileinfo.sys
\Windows\System32\Drivers\Ntfs.sys
\Windows\System32\Drivers\msrpc.sys
\Windows\System32\Drivers\ksecdd.sys
\Windows\System32\Drivers\cng.sys
\Windows\System32\drivers\pcw.sys
\Windows\System32\Drivers\Fs_Rec.sys
\Windows\system32\drivers\ndis.sys
\Windows\system32\drivers\NETIO.SYS
\Windows\System32\Drivers\ksecpkg.sys
\Windows\System32\drivers\tcpip.sys
\Windows\System32\drivers\fwpkclnt.sys
\Windows\system32\drivers\vmstorfl.sys
\Windows\system32\drivers\volsnap.sys
\Windows\System32\Drivers\spldr.sys
\Windows\system32\drivers\rdyboost.sys
\Windows\System32\Drivers\mup.sys
\Windows\system32\drivers\hwpolicy.sys
\Windows\System32\DRIVERS\fvevol.sys
\Windows\system32\drivers\disk.sys
请等候...
```

图22-31 安全模式加载核心文件

STEP 03 稍等片刻，完成加载后进入到Windows 7 安全模式界面，如图22-32所示。

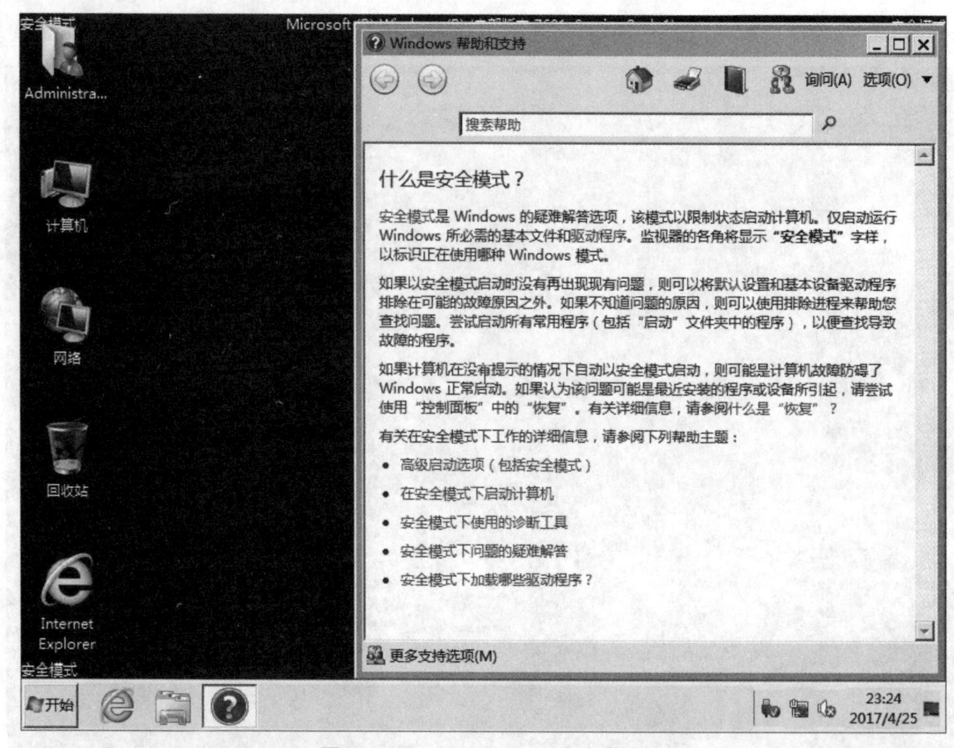

图22-32 Windows 7 安全模式

2. Windows 10安全模式进入

Windows 10进入安全模式与Windows 7略有不同，具体如下。

STEP 01 在系统界面中，按住Shift键同时选择"重启"选项，如图22-33所示。

图22-33 高级重启

STEP 02 Windows 10提示用户需要进行选择，这里选择“疑难解答”选项，如图22-34所示。

图22-34 进入疑难解答模式

STEP 03 在“高级选项”区域中，选择 “启动设置”选项，如图22-35所示。

图22-35 更改Windows 启动行为

STEP 04 在“启动设置”界面中，单击“重启”按钮，如图22-36所示。

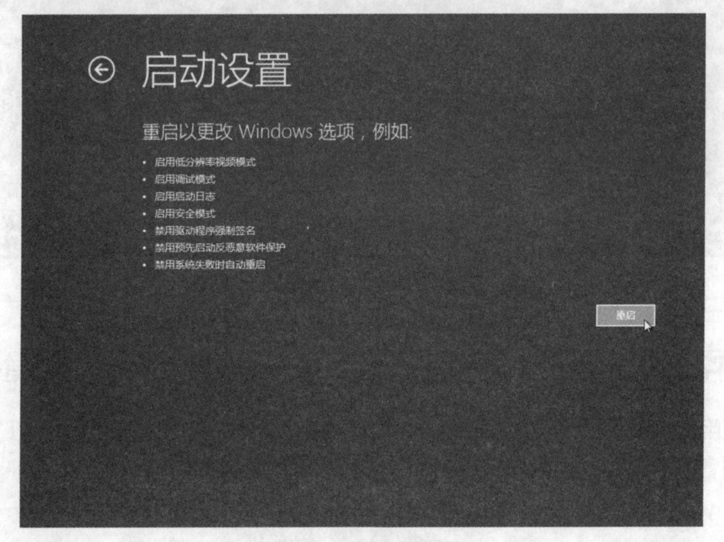

图22-36 确认重启

STEP 05 系统重启后，进入高级启动模式，按F4键进入“安全模式”，如图22-37所示。

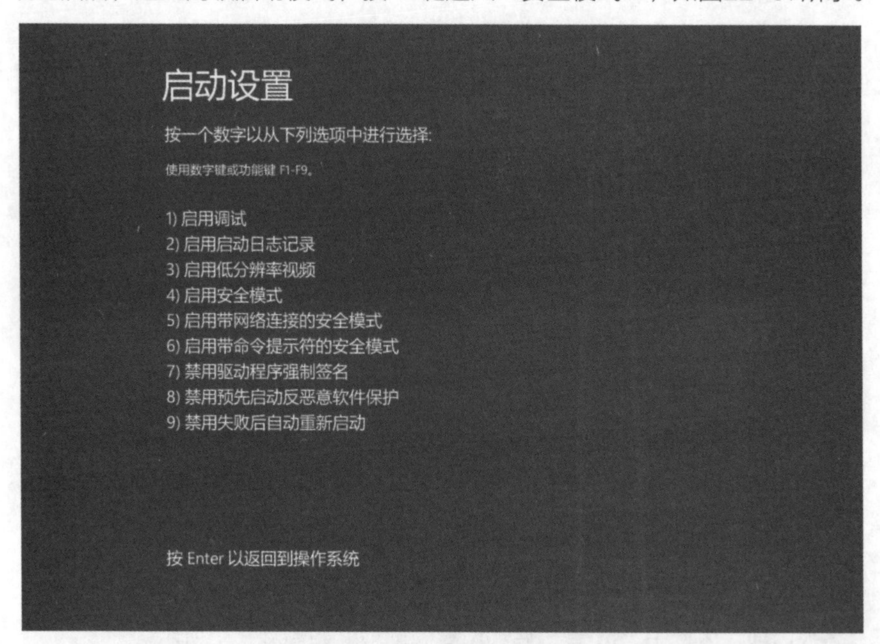

图22-37 启用安全模式

STEP 06 电脑加载核心文件后，进入安全模式界面，如图22-38所示。

图22-38 Windows 10 安全模式

22.3.2 使用“最后一次正确配置”选项修复系统故障

一般情况下，电脑蓝屏都出现于更新了硬件驱动或新加硬件并安装驱动后，这时Windows提供的“最后一次正确配置”选项就是解决蓝屏的快捷方式，能够解决电脑的常见异常现象，如由于注册信息丢失、Windows设置错误、驱动设置错误等引起的系统错误。最新的Windows系统都具有比较强的自我修复能力，发生错误时，多数情况下都能自我恢复，并正常启动Windows系统。

Windows 7系统在开机时按F8键，即可进入“高级启动选项”界面，在这里选择“最后一次的正确配置（高级）”选项，如图22-39所示。

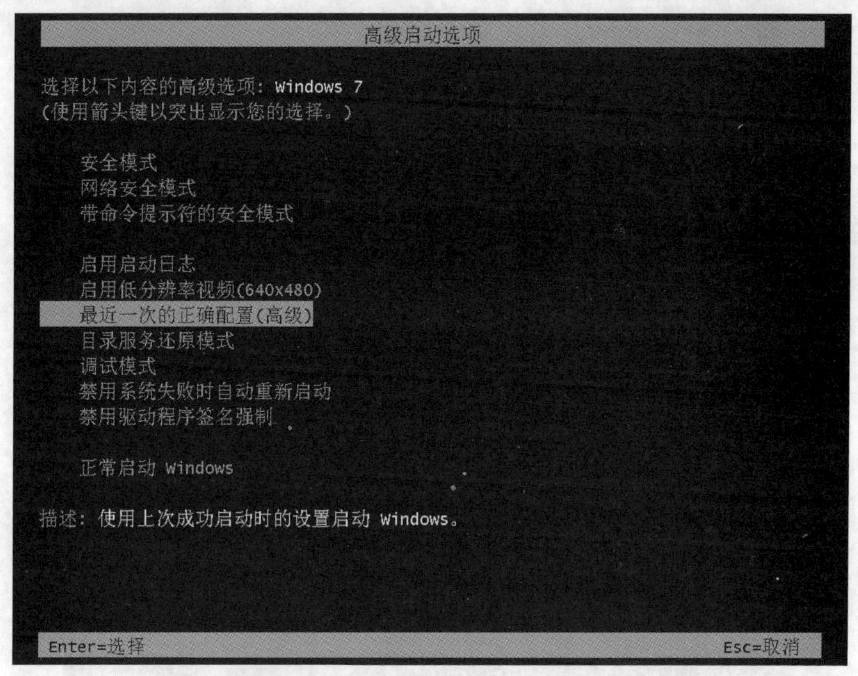

图22-39 Windows 7设置“最近一次的正确配置”选项

22.3.3 使用“启动修复”修复系统启动故障

当遇到问题无法启动电脑时，可以将系统安装光盘放入光驱启动，并运行“启动修复”功能，使用命令来修复错误。

STEP 01 使用光驱启动电脑，进入到系统安装时读取阶段，如图22-40所示。

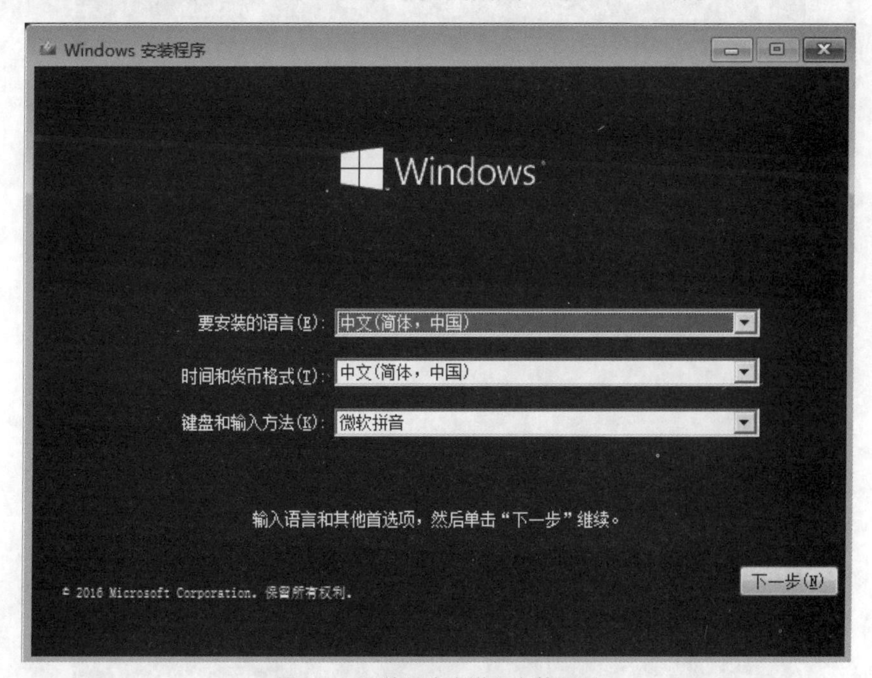

图22-40 使用光盘进入安装界面

STEP 02 在“现在安装”界面中，选择“修复计算机”选项，如图22-41所示。

图22-41 进入“修复计算机”功能

STEP 03 在“选择一个选项”区域中单击“疑难解答”按钮，如图22-42所示。

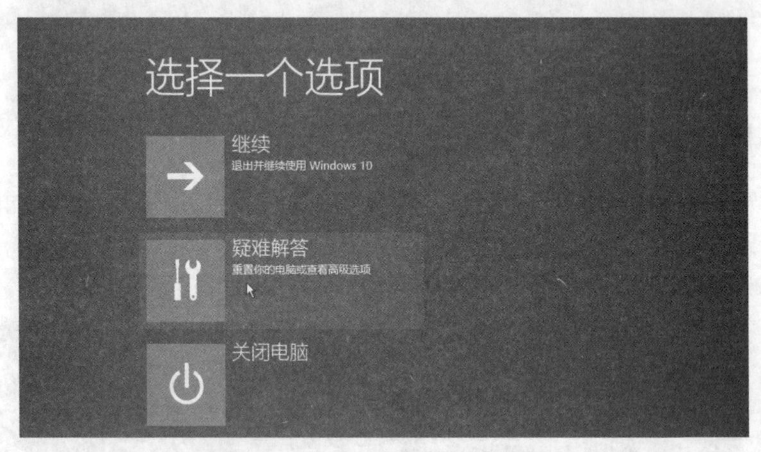

图22-42 使用“疑难解答”功能

STEP 04 在弹出的“高级选项”区域中，单击“启动修复”按钮，如图22-43所示。

图22-43 使用“启动修复”功能

STEP 05 系统将弹出“启动修复”界面，在此显示需要进行修复的系统。如果是多系统，则在此处显示所有操作系统，选择需要进行修复的系统，如图22-44所示。

图22-44 选择需要进行修复的系统

STEP 06 系统对电脑的启动进行诊断，如图22-45所示。

图22-45 系统运行诊断程序

STEP 07 系统进行尝试性修复，如图22-46所示。

图22-46 系统进行尝试性修复

STEP 08 系统进行重启，并完成修复操作。

22.3.4 全面修复受损文件

如果系统丢失了大量系统文件，需要进行综合恢复，可以使用SFC文件检测器来全面检测并修复受损的系统文件。

STEP 01 在Windows界面中，单击“开始”按钮，在“命令提示符”选项上单击鼠标右键，选择“更多>以管理员身份运行”选项，如图22-47所示。

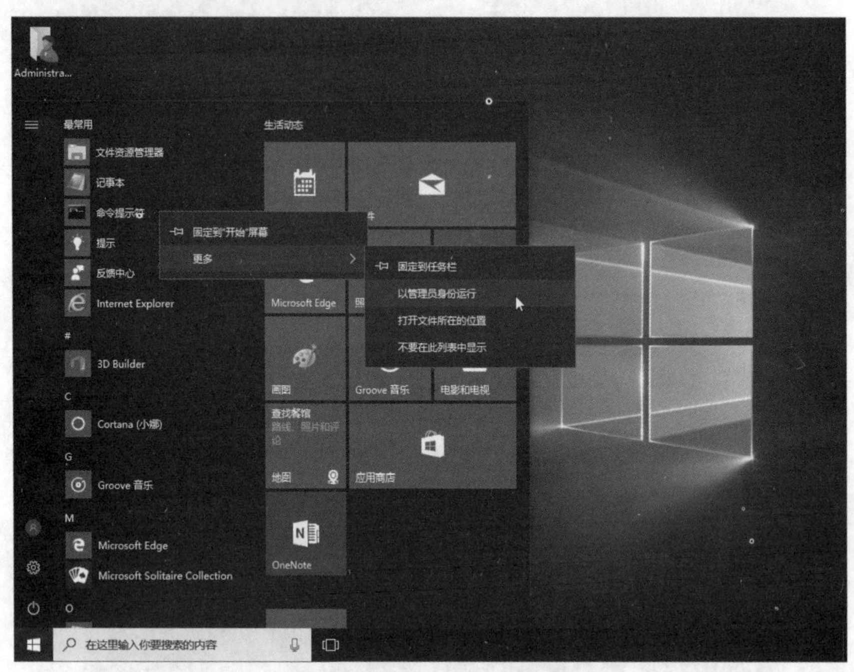

图22-47 启动命令提示符窗口

STEP 02 在命令提示符窗口中，输入“sfc/?”命令，来了解该命令的说明、语法、参数信息，如图22-48所示。

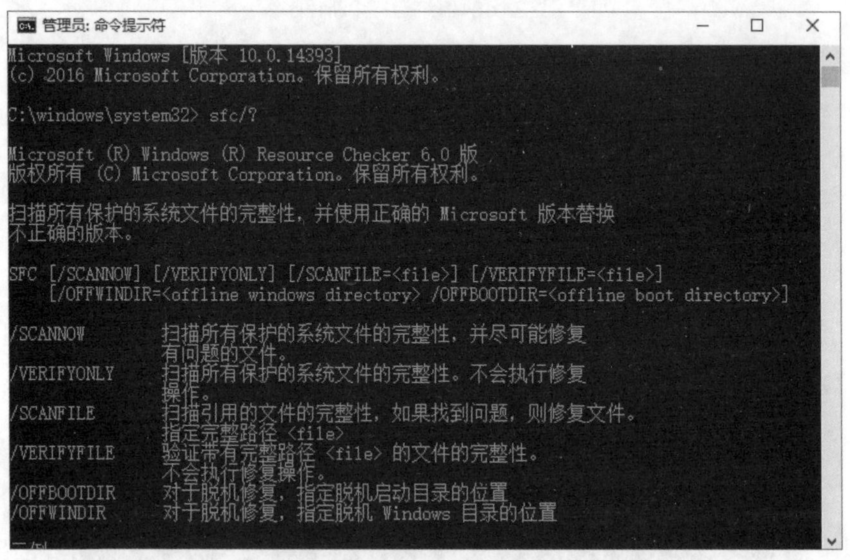

图22-48 了解SFC命令

STEP 03 使用“sfc /scannow”命令扫描所有受保护系统文件的完整性，并修复出现的问题，如图22-49所示。

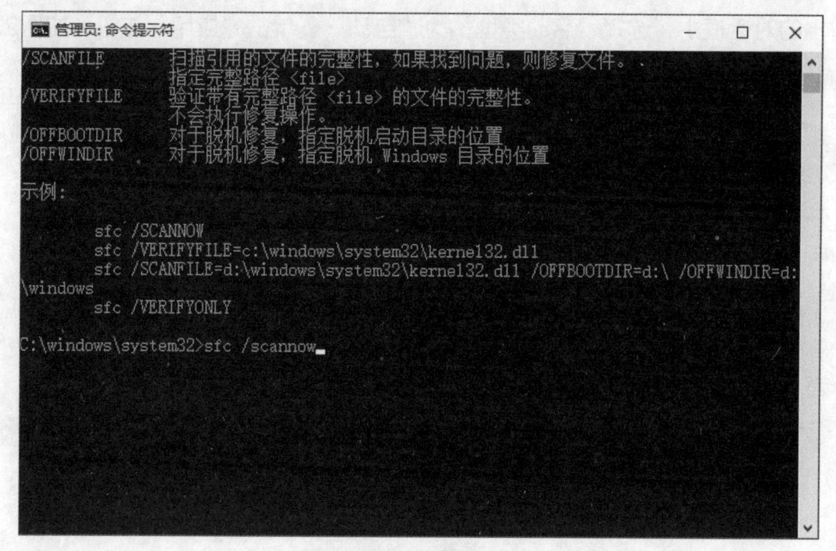

图22-49 使用sfc命令

STEP 04 此时，系统提示“Windows 资源保护无法启动修复服务”，需要启动相应的服务。则使用WIN+R组合键，打开“运行”对话框，输入Services.msc并单击“确定”按钮，如图22-50所示。

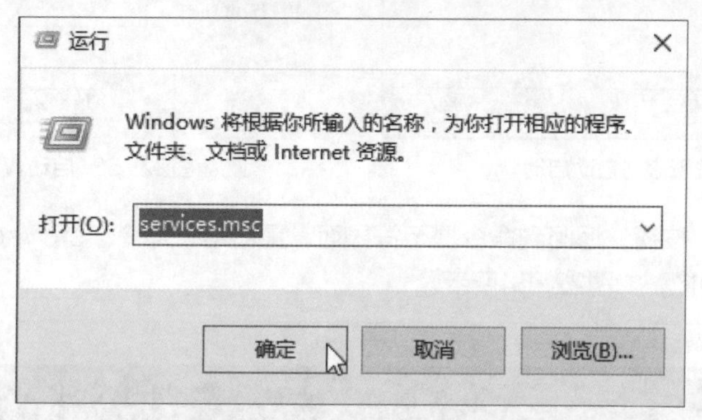

图22-50 打开Windows服务

STEP 05 在“服务”面板中，找到Windows Modules Installer服务选项，双击该服务选项，如图22-51所示。

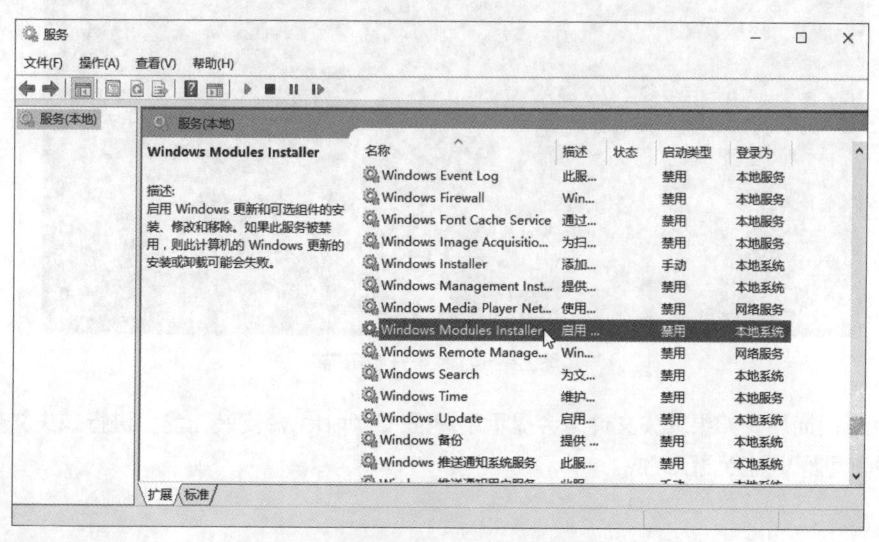

图22-51 找到Windows服务选项

STEP 06 在弹出的对话框中，选择“启动类型”为“自动”，单击“应用”按钮，如图22-52所示。

STEP 07 单击“启动”按钮，启动服务，如图22-53所示。

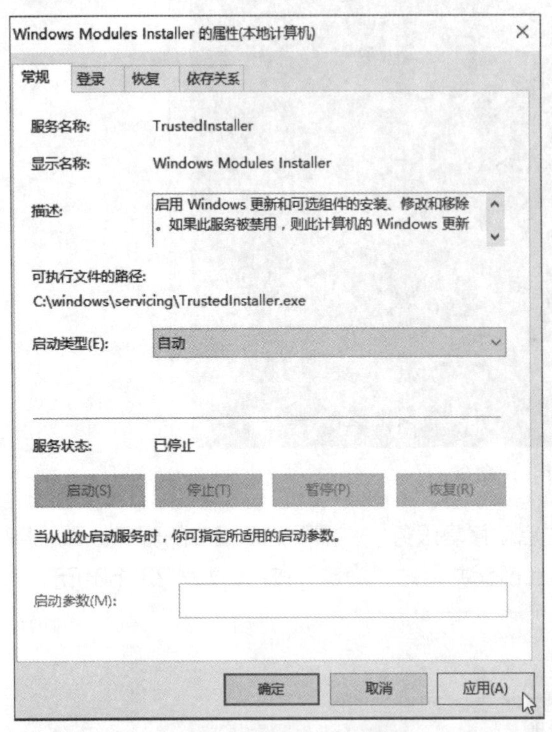

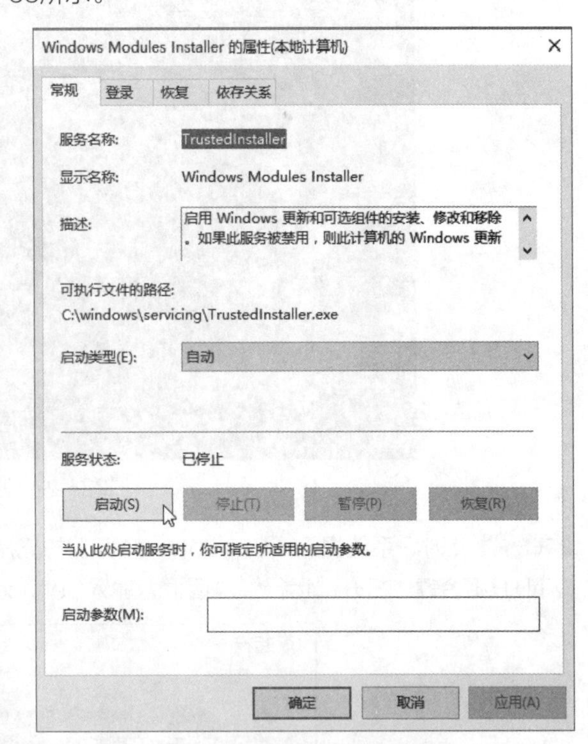

图22-52 设置服务自动启动

图22-53 启动Windows服务

STEP 08 单击“确定”按钮，返回到命令提示符界面，重新运行命令“sfc /scannow”。单击回车键后，系统开始进行扫描，如图22-54所示。

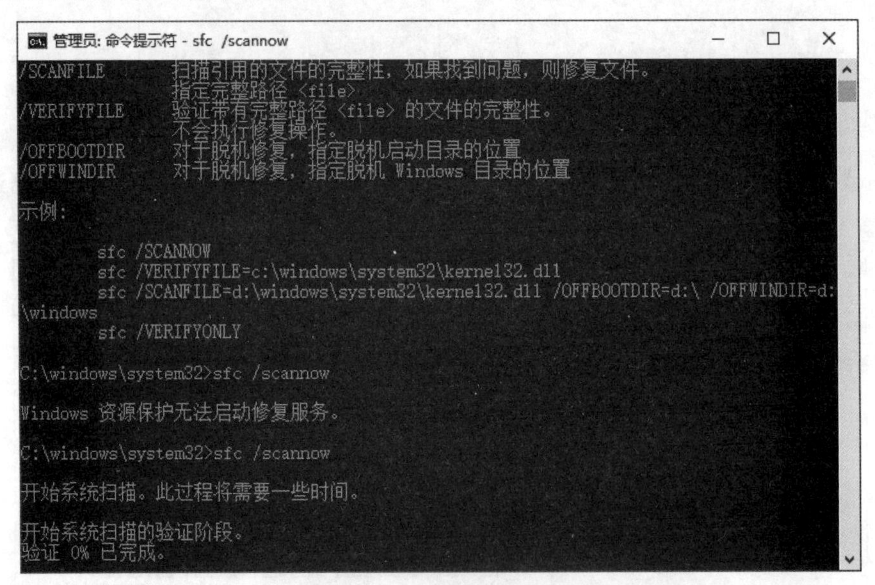

图22-54 系统开始扫描

STEP 09 完成扫描后，如果缺失文件，会提示用户插入Windows安装光盘，进行缺失文件的修复工作。如果没有问题，则会显示完成。

22.3.5 Windows 常见文件修复

下面对Windows 常见文件的修复进行介绍。

1. 修复丢失的DLL文件

DLL文件是系统的动态链接库文件，又称“应用程序拓展”，是软件文件类型。在Windows中，许多应用程序并不是一个完整的可执行文件，它们被分割成一些相对独立的动态链接库文件，即DLL文件，放置于系统中。当执行某一个程序时，相应的DLL文件就会被调用。一个应用程序可使用多个DLL文件，一个DLL文件也可能被不同的应用程序使用，这样的DLL文件被称为共享DLL文件。

常见的DLL文件错误，如rundll32.exe文件，如图22-55所示。用户可以通过Windows安装光盘进行修复。

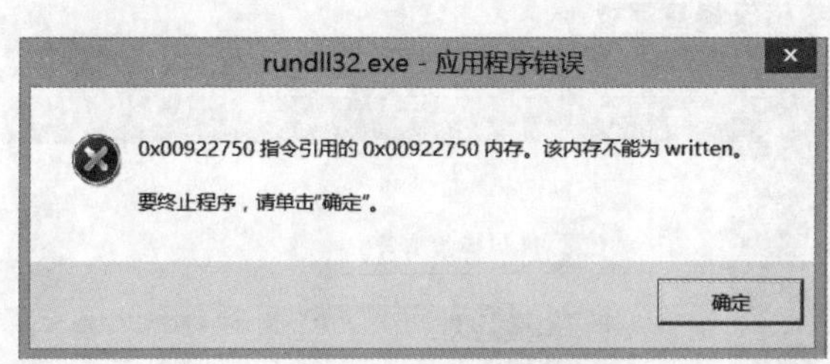

图22-55 rundll32错误

STEP 01 将Windows安装光盘放入光驱，打开“运行”窗口。

STEP 02 输入命令“expand x：\i386\rundll32.ex_c：\windows\system32 \rundll32.exe”，其中x指用户的光驱盘符。完成后，重启电脑即可。

2. 恢复丢失的CLSID注册码文件

这类故障出现时一般会给出一组CLSID注册码，而不是告诉用户所损坏或丢失的文件名称。例如在“运行”窗口中执行gpedit.msc命令来打开组策略时，曾出现了“管理单元初始化失败”的提示窗口，单击“确定”按钮也不能正常地打开相应的组策略。

其实CLSID（Class IDoridentifier）是注册表中给每个对象分配的一个唯一标识。解决方法就是在“运行”窗口中执行regedit命令，然后在打开的注册表窗口中依次单击“编辑→查找”按钮，然后在输入框中输入CLSID标识，在搜索的类标识中选中InProcServer32选项，接着在右侧窗口中将双击“默认”选项，这时在“数值数据”中会看到“%SystemRoot%\System32\GPEdit.dll”，其中的GPEdit.dll就是本例故障所丢失或损坏的文件。这时只要将安装光盘中的相关文件解压或直接复制到相应的目录中，即可完全修复。

3. 恢复丢失的NTLDR文件

在突然停电或在高版本系统的基础上安装低版本的操作系统时，很容易造成NTLDR文件的丢失，这样在登录系统时就会出现“NTLDR is missing press any key to restart”的故障提示，用户可在“故障恢复控制台”中进行解决。

进入故障恢复控制台，插入Windows XP安装光盘，接着在故障恢复控制台的命令状态下输入“copy x：\i386\ntldr c：\”命令并按回车键即可（x为光驱所在的盘符），然后执行“copy x：\i386\ntdetect.com c：\”命令，如果提示是否覆盖文件，则键入y确认，并按回车键。

4. 恢复受损的Boot.ini文件

在遇到NTLDR文件丢失故障时，boot.ini文件多半也会出现丢失或损坏的情况。这样在进行了上面的NTLDR修复操作后，还要在故障恢复控制台中执行bootcfg /redirect命令来重建Boot.ini文件。

最后执行“fixboot c：”命令，在提示是否进行操作时输入y确认并按回车键，这样Windows XP的系统分区便可写入到启动扇区中。当执行完全部命令后，键入exit命令退出故障恢复控制台，重新启动后系统即可完成恢复过程。

22.3.6 使用第三方工具修复系统错误

和手动修复相比，第三方工具进行修复的适用范围更大，操作简单方便，针对性强，特别适合新手使用。常用的修复工具有修复精灵，下面对该工具进行介绍。

STEP 01 双击即可打开该软件，如图22-56所示。

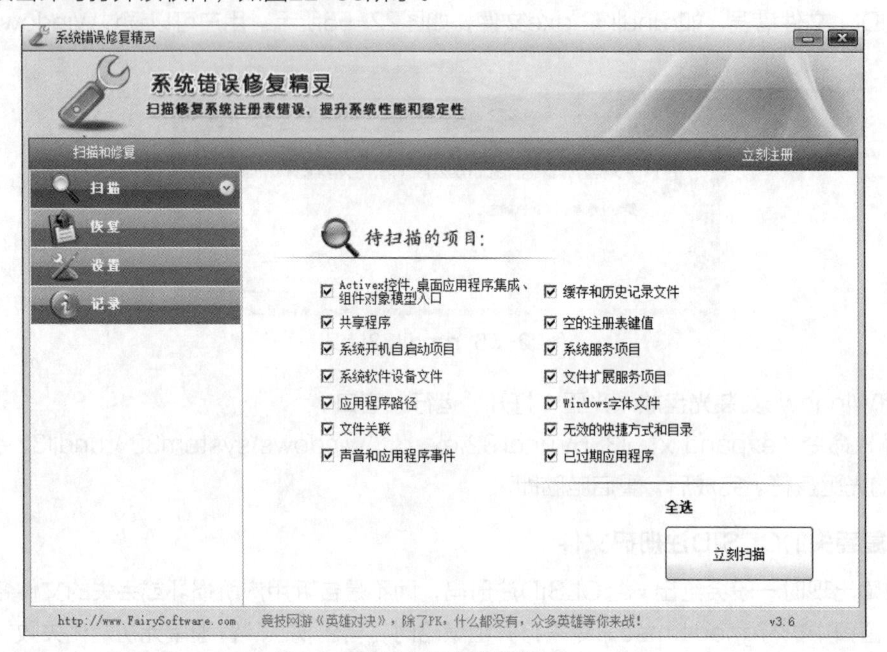

图22-56 打开软件

STEP 02 勾选需要修复项目的复选框，单击“立刻扫描”按钮，如图22-57所示。

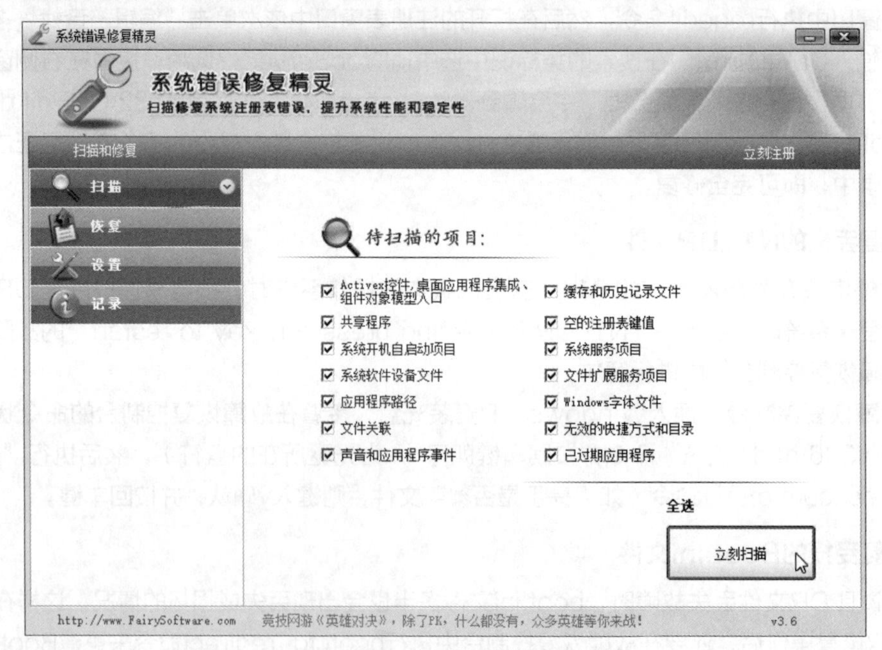

图22-57 扫描系统错误

STEP 03 勾选需要进行修复的条目复选框，单击“修复”按钮，如图22-58所示。

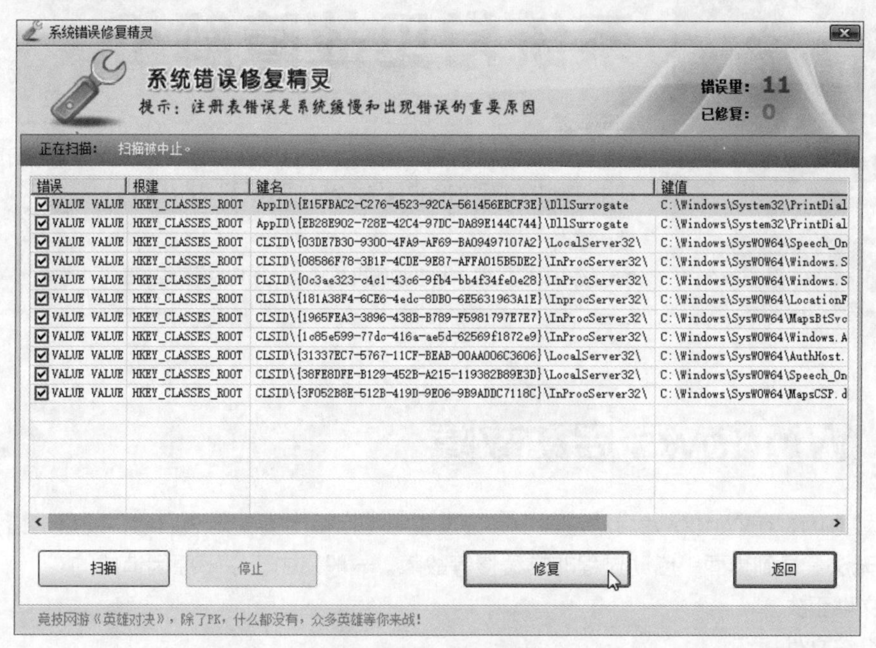

图22-58 修复系统错误

STEP 04 稍等片刻，系统完成修复，并弹出提示框。

STEP 05 万一修复造成了某些异常，可在“恢复”选项面板中将修复的项目进行恢复操作。

STEP 06 在“记录”选项面板中，可以查看扫描时间、错误个数及修复数量。

STEP 07 在“设置”选项面板中，可以勾选“修复错误前进行备份”复选框，单击“应用”按钮，如图22-59所示。以便在发生问题时，可从备份进行还原操作。

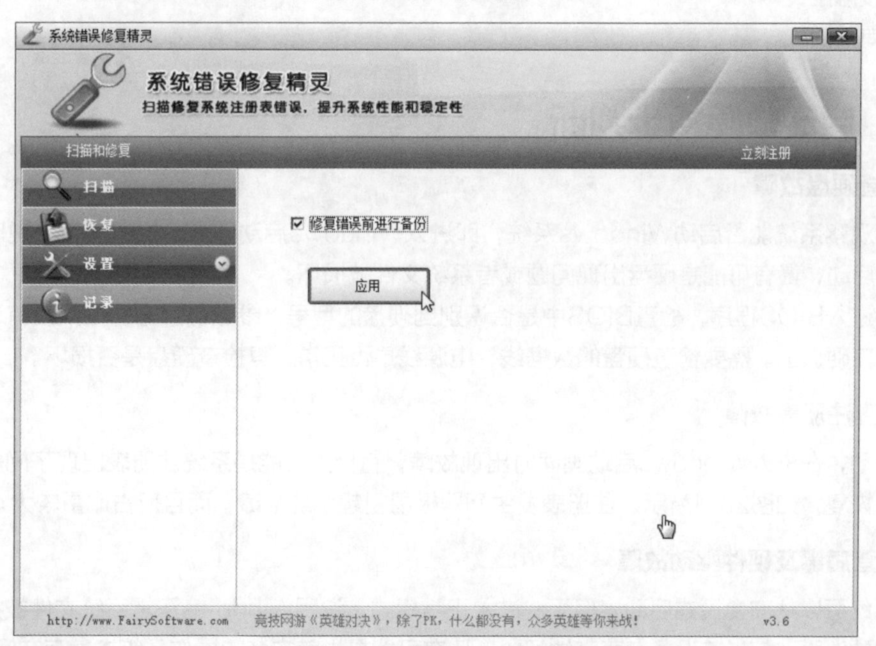

图22-59 修复前进行备份操作

23 Chapter 系统常见故障解析

知识概述

前面介绍了操作系统故障的原理以及故障的解决方法。本章将着重讲解在日常使用过程中，遇到的各种具体系统的问题及解决方法。

要点难点

- 电脑开关机故障
- 电脑死机故障
- 电脑蓝屏故障
- 其他常见故障

23.1 Windows 启动故障

由于各种原因，在Windows启动过程中，会发生电脑自检出错，无法启动；硬盘出错，无法引导操作系统；无法登录到桌面；启动过程非常缓慢等故障。一般是由于以下原因造成的：

- 系统文件丢失。
- 操作系统文件损坏。
- 系统感染病毒。
- 硬盘有坏扇区。
- 硬件不兼容。
- 硬件设备有冲突。
- 硬件驱动程序与系统不兼容。
- 硬件接触不良。
- 硬件有故障。

23.1.1 启动故障初步判断

1. 排查硬盘故障

首先，观察系统能否启动Windows系统，即进入Windows启动画面。如果没有，说明电脑没有从硬盘进行启动，最有可能是硬盘出现问题或者系统文件被损坏。

其次，进入BIOS程序，检查BIOS中是否识别到硬盘的型号、参数信息等。如果没有识别到，则说明问题出在硬盘上。需要检查硬盘的数据线、电源线是否正常，再检查硬盘是否损坏。

2. 排查注册表故障

电脑启动，在进入Windows启动画面时出现故障，有极大可能是系统注册表出现了问题，需要对注册表进行恢复，如图23-1所示。注册表发生问题极易引起系统故障，而且所占比重较大。

3. 排查病毒及硬件驱动故障

如果系统可以从安全模式启动，但无法进入正常模式，说明Windows正常系统文件被病毒破坏，或者安装的硬件驱动与当前设备有兼容性问题。还有可能是当前安装的操作系统本身存在问题。

如果是病毒破坏，清除病毒后仍然不能启动系统的，则需要重新安装系统。

如果是驱动问题，那么需要将设备驱动逐一卸载后进行测试，直至可以进入正常系统。则用户需要更换有问题的设备的驱动。

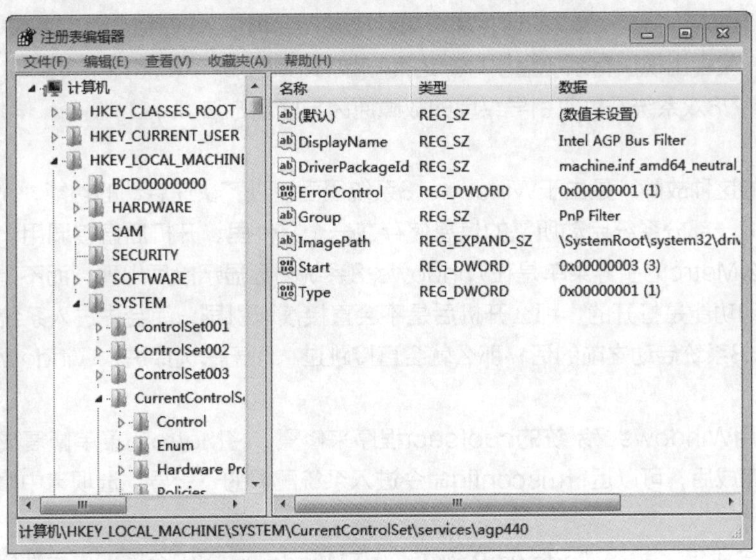

图23-1 Windows 7注册表编辑器

23.1.2 启动故障修复步骤

STEP 01 启动电脑，按照之前介绍的方法进入安全模式。如果无法进入，出现死机或蓝屏现象，转至步骤6。

STEP 02 如果可以进入安全模式，则造成故障的原因可能是硬件驱动不兼容、操作系统故障、感染了病毒，可以在安全模式启动杀毒软件进行病毒查杀，而后启动电脑。

STEP 03 如果仍然不能正常启动系统，有可能病毒破坏了系统文件，只能通过重装系统进行解决。

STEP 04 如果没有查找出病毒，则将关注重点定位在硬件设备驱动上。将声卡、网卡、显卡等设备的驱动逐一删除，并测试是否能进入系统，直至找到出现问题的硬件。然后通过下载另一个版本的驱动安装后进行测试。

STEP 05 如果检查完驱动，仍然找不到问题，那么可能是由于操作系统文件损坏造成了故障，可以通过重新安装系统解决故障。

STEP 06 如果电脑不能进入安全模式，则可能是系统文件严重损坏，或者硬件设备有兼容性问题，用户可以通过重新安装系统来解决问题。如果故障依旧，则转到步骤10。

STEP 07 如果可以正常安装操作系统，安装后，复查故障是否仍然存在。如果故障消失，则故障由系统文件损坏引起。

STEP 08 如果重新安装系统后，故障依旧，则故障可能由硬盘坏道或者设备驱动与本操作系统不兼容引起。再用安全模式启动电脑，如果不能启动，则是硬盘坏道引起故障，用户可以使用硬盘工具进行坏道的修复。

STEP 09 如果能启动安全模式，则电脑还存在设备驱动程序问题，需要重新进行设备驱动的排查工作。

STEP 10 如果安装操作系统时出现了死机、蓝屏、重启等故障，则故障可能由硬件设备接触不良引起，用户需要对电脑进行清灰操作。再次重新安装系统。

STEP 11 如果仍然无法安装系统，则可能是硬件故障。用户可以使用替换法进行测试，找到出现问题的设备，进行更换后，重新安装驱动即可。

23.1.3 Windows 7/8 双系统启动故障修复步骤

当用户在Windows 7系统的基础上再安装Windows 8系统时，开机后Windows 8是默认系统。如果想选择进入Windows 7的话，需要重启电脑然后再进入Windows 7系统。一旦Windows 8系统崩溃的话，就会出现没有系统盘引导，进而导致Windows 7系统也无法进入。

Windows 7/8双系统开机双引导菜单的故障原因与修复方法。

故障原因：

出现上面的这种故障，是由于Windows 8系统里面引进了快速启动的功能，微软的说法就是为节约开机时间，将一部分系统启动所需的信息储存在一个文件里，开机后直接调用。其实就是休眠。所以这就是为什么Metro的引导菜单是在Windows 8系统图标显示以后出现，而不是在这之前出现。由于默认快速启动功能是打开的，那么开机后是不会直接读取引导，而会先进入系统。如果把引导菜单放在Windows 8系统启动之前的话，那么就会直接跳过，而无法选择进入Windows 7操作系统了。

修复方法：

STEP 01 可以用Windows 7系统的bootsect程序来修复，将Metro的菜单修复成开机启动的普通菜单。自动修复完成后，可以运行msconfig命令进入系统配置的“引导”选项卡中修改默认系统和等待时间。

STEP 02 设置完成后，进入Windows 8系统，按下Windows+X组合键，单击选择使用管理员权限运行命令提示符。

STEP 03 在打开的命令提示符窗口中输入powercfg -h off，关闭快速启动。只有这样才是真正的关机，才会显示Windows 8系统图标前的引导菜单。

当然也有一些先安装Windows 8系统，再安装Windows 7系统的用户也会遇到这样的情况。这种情况的修复办法更简单，只要将Windows 8系统设置为默认启动项，然后和第一种情况一样，将Windows 8系统的快速启动关闭即可。

23.2 Windows 关机故障

关机故障是指在单击“关机”按钮后，操作系统无法正常关机。在出现“Windows正在关机”提示后，系统无任何反应，如图23-2所示。这时只能强行关闭电源。下一次开机时系统会自动运行磁盘检查程序，长时间不正常关机会对硬盘造成一定的损害。

图23-2 Windows 10关机界面

23.2.1 Windows 关机过程

Windows的关机过程经过了以下4个过程：

STEP 01 完成所有磁盘写操作。

STEP 02 清除磁盘缓存。

STEP 03 执行关闭窗口程序，关闭所有当前运行的程序。

STEP 04 将所有保护模式的驱动程序转换成实模式。

这四步程序是关机必须经过的程序。强行关机会导致缺少某些过程，势必造成系统的故障。

23.2.2 Windows 关机故障原因分析

- 没有在实模式下为视频卡分配一个IRQ。
- 某一程序或TSR程序可能没有正确关闭。
- 加载一个不兼容的、损坏的或冲突的设备驱动程序。
- 选择Windows时的声音文件损坏。
- 不正确配置硬件或硬件损坏。
- BIOS程序设置有问题。
- 在BIOS中的“高级电源管理”或“高级配置和电源接口”的设置不正确。
- 注册表中快速关机的键值设置为“enabled”。

23.2.3 Windows 关机故障诊断修复

STEP 01 检查所有正在运行的程序，关闭不必启动的程序。在Windows 7系统中执行“开始→运行”命令，打开“运行”对话框；在Windows 8/10系统中，使用Windows+R组合键打开“运行”对话框。在对话框中输入msconfig，单击“确定”按钮，如图23-3所示。

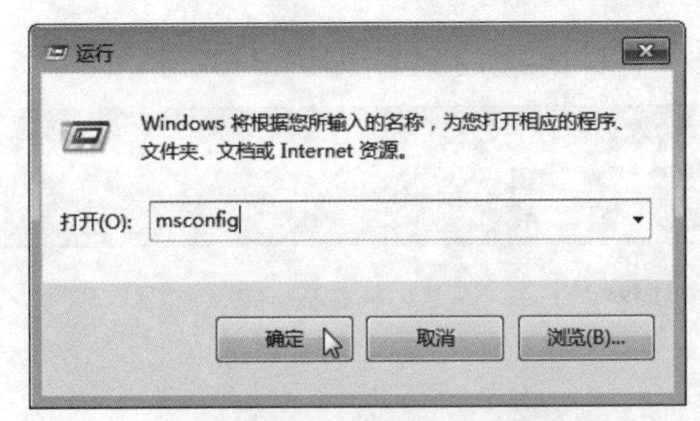

图23-3 打开“运行”对话框

STEP 02 在“启动”选项卡中，取消勾选不需要开机启动的项目，单击“确定”按钮，如图23-4所示。这样在系统开机时，可以尽量减少启动项目，使系统进行较简洁，较干净的引导，便于对系统错误的排查。

图23-4 取消勾选不需要的开机启动项

STEP 03 若软件程序停用后，仍然无法进行正常关机，则可能是由于硬件原因造成的。在“控制面板”中，将“查看方式”改为“小图标”，单击“设备管理器”按钮，如图23-5所示。

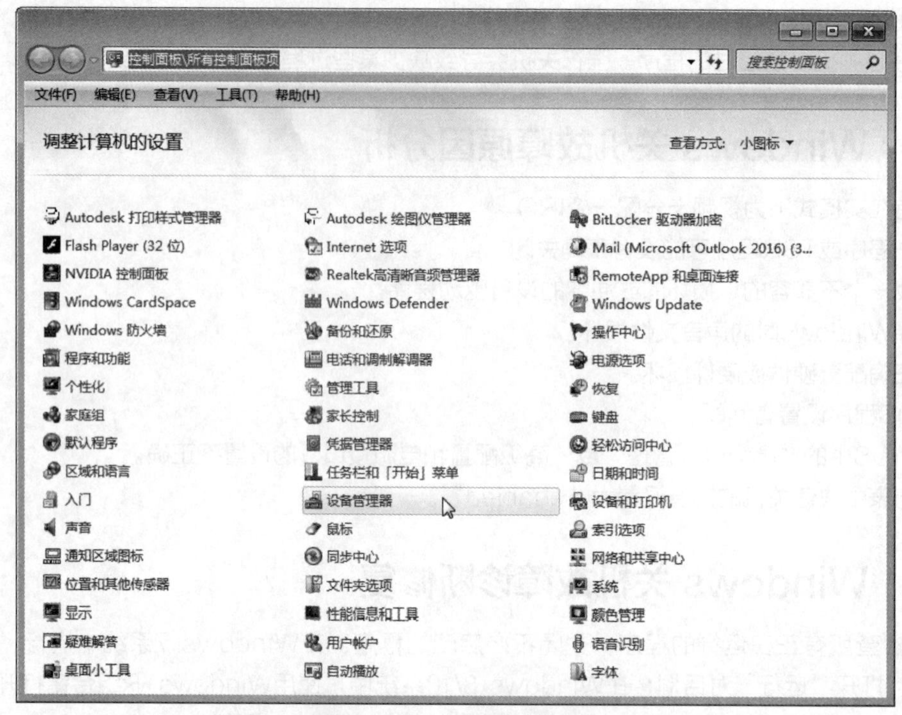

图23-5 启动“设备管理器”

STEP 04 展开“显示适配器”，双击当前的设备，如图23-6所示。

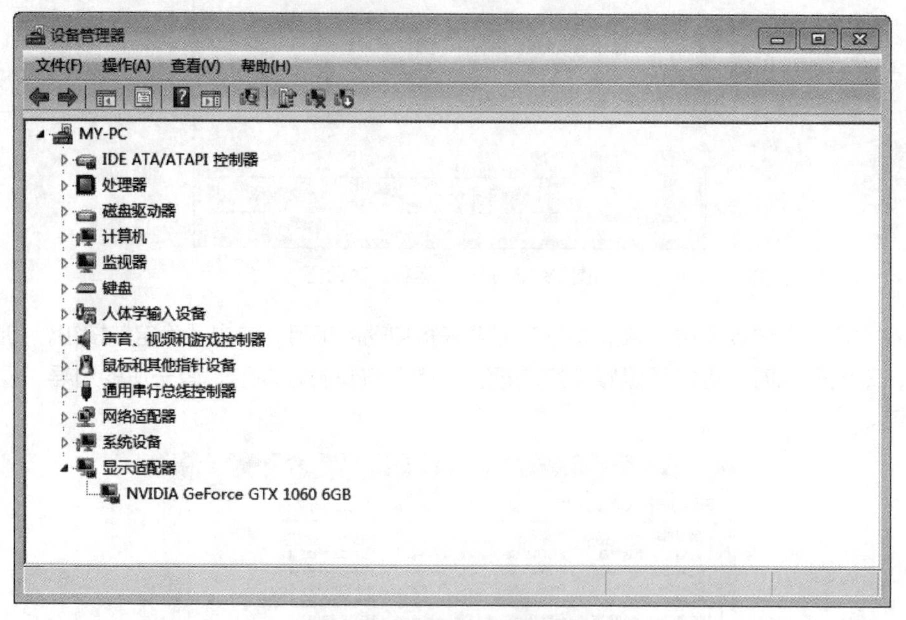

图23-6 打开设备属性对话框

STEP 05 在打开的显卡属性对话框中，单击切换至“驱动程序”选项卡，单击“禁用”按钮，即可停用该设备，如图23-7所示。

STEP 06 按照同样的方法，停用其他设备。同时进行关机操作，观察是否可以正常关机，排查出造成故障的设备。然后，更新此硬件的驱动程序或者BIOS来解决硬件不兼容的问题。

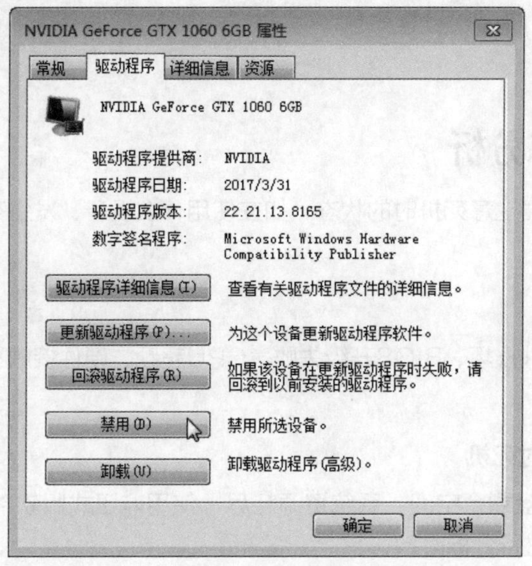

图23-7 停用显卡

23.3 Windows 死机故障

在Windows故障中，最难排查的当属死机故障。因为牵扯到电脑太多方面的故障点和特殊情况。

23.3.1 死机故障的现象

- 蓝屏。
- 无法启动系统。
- 画面无反应。
- 鼠标键盘无法使用。
- 软件运行非正常中断。

23.3.2 死机原因分析

- 电脑病毒。
- BIOS设置问题。
- 系统文件被破坏。
- 硬盘剩余空间太少或碎片较多。
- 动态链接库文件丢失。
- 电脑系统资源耗尽。
- 使用非正式版软件。
- 软件冲突。
- 非正常关闭电脑。
- BIOS升级失败。
- 内部散热不良。
- 硬件接触不良。
- CPU超频不稳定。

- 硬件间兼容性问题。
- 硬件资源冲突。

23.3.3 死机状态分析

发生死机现象时，需要注意死机时的状态，如在使用什么设备、发生在什么时候、运行了什么软件等。

1. 系统启动时死机

应该从病毒、系统文件损坏、BIOS升级失败、CPU超频、硬件接触不良、硬件间兼容性等方面进行分析。

2. 使用某特定程序时死机

应该从病毒感染、硬盘剩余空间、系统资源耗尽、使用非正式版软件、软件冲突、DLL文件丢失、电脑散热不良等方面进行分析。

3. 使用某硬件设备时死机

应该从病毒破坏、硬盘剩余空间过小、系统资源耗尽、内部散热不良、设备接触不良、硬件间兼容性太差、硬件资源冲突等方面进行分析。

23.3.4 死机故障的修复

1. 病毒破坏引起的死机

病毒可以使电脑工作处于非正常环境中，会造成频繁死机。用户可以使用杀毒软件进行定时查杀、全盘查杀，如图23-8所示。使用多个杀毒软件查杀、专杀工具查杀等，并且及时更新杀毒软件的病毒库。

图23-8 对电脑进行全盘杀毒

2. BIOS设置不当引起的死机

BIOS设置不当会造成硬件工作状态异常、不符合系统要求、与操作系统冲突等故障。如果用户在设置了BIOS后，产生了死机现象，应该将BIOS改回默认值，或者“载入标准预设值”，如图23-9所示。或者将CMOS放电使其设置变为默认值。

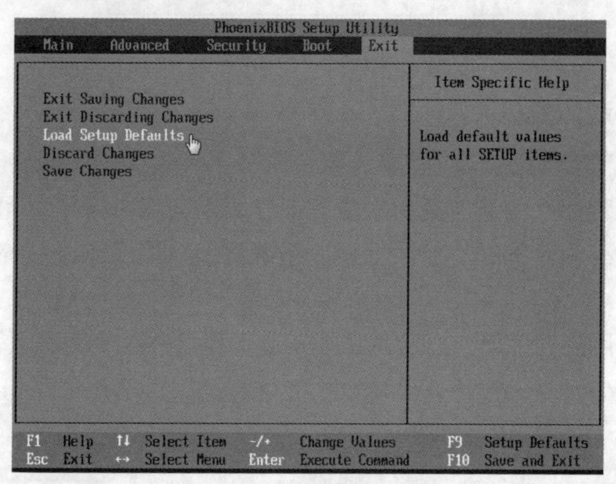

图23-9 载入标准预设值

3. 系统文件遭到破坏

在电脑启动或者运行时，起着关键性作用的文件叫做系统文件。造成系统文件被破坏的主要原因是病毒破坏、用户操作错误误删除了系统文件，而缺少了这些系统文件会造成系统无法正常运行。

4. 动态链接库文件丢失

动态链接库文件是Windows中扩展名为DLL的文件，这些文件可能会有多个软件在运行时需要调用。如果应用程序本身有问题，那么在删除该程序时，程序的卸载程序可能会按照记录删除程序文件，并且删除动态链接库文件。丢失了动态链接库文件，如果牵扯到系统的核心链接，往往会造成系统崩溃或者死机现象，如图23-10所示。用户可以通过安全模式重新安装该动态链接库文件解决问题。

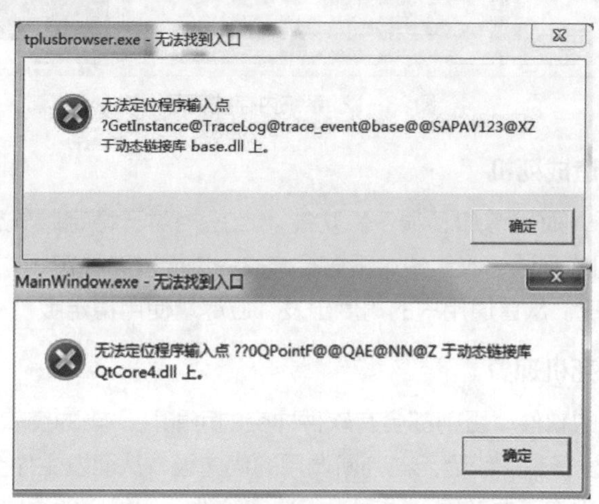

图23-10 动态链接库文件丢失报错

5. 硬盘剩余空间太少引起的死机

一些大型程序的运行需要大量内存。如果是老款电脑，内存往往较小，此时大多需要虚拟内存的支持。虚拟内存是从硬盘上划出一部分容量作为内存使用。如果硬盘容量已不能满足虚拟内存的使用，则会造成死机现象，如图23-11所示。用户需要定期整理硬盘、清除垃圾文件，或将虚拟内存占用的空间从系统分区移至其他容量较大的分区，为系统需要留出足够的空间。

图23-11　系统提示虚拟内存不足

6. 系统资源耗尽引起的死机

电脑操作系统中运行了大量的应用程序、用户打开了大量窗口，或者系统内存资源不足等情况往往会造成由于系统资源耗尽而引起的死机现象。此外，当电脑执行了有问题的程序或代码时，会引起死循环现象。而因为没有限制的循环会反复调用系统资源，最终造成系统资源耗尽引起死机，如图23-12所示。

用户除了及时关闭不用的程序外，还应从正规渠道下载软件，使用正版软件。

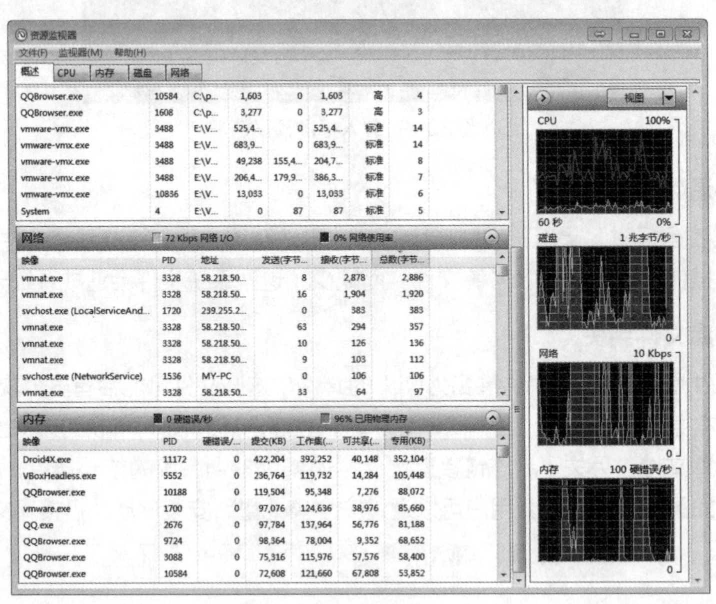

图23-12　系统内存被耗尽

7. 使用测试版软件造成死机

测试版软件虽然较新，而且增加了很多新功能。但是相对于稳定版软件，还是存在不明原因的BUG，需要进行一段时间的测试、收集资料再进行修改，进而发布稳定版。所以测试版会出现数据丢失、程序错误、死机的情况。从普通用户的角度出发，应尽量使用稳定版。

8. 软件冲突引起的死机现象

除非使用同一家公司的软件，否则都会有软件冲突的可能性。当冲突软件启动或工作时，会调用同一个系统资源或者系统设备，系统因无法判断调用的优先级，从而发生冲突，造成死机现象。

如果发生冲突现象，用户不要在同一时间运行冲突软件。如果必须同时使用，那么只能通过更换软件解决。

9. 非正常关闭电脑造成死机

电源不稳定容易造成硬件工作不稳定，从而发生死机现象。而长按机箱电源键强制关机容易造成系统文件的损坏或者丢失，也会产生死机现象。所以应尽量将电源接入正常电压的电路系统，采用正常关机程序进行关机操作。

10. BIOS升级造成死机

BIOS升级容易造成硬件间的冲突，如果升级过程中出现问题，容易造成电脑死机。用户需要在升级BIOS前备份好现在的BIOS，如图23-13所示。另外，除非出现了硬件兼容性或稳定性问题，尽量不要升级BIOS程序。

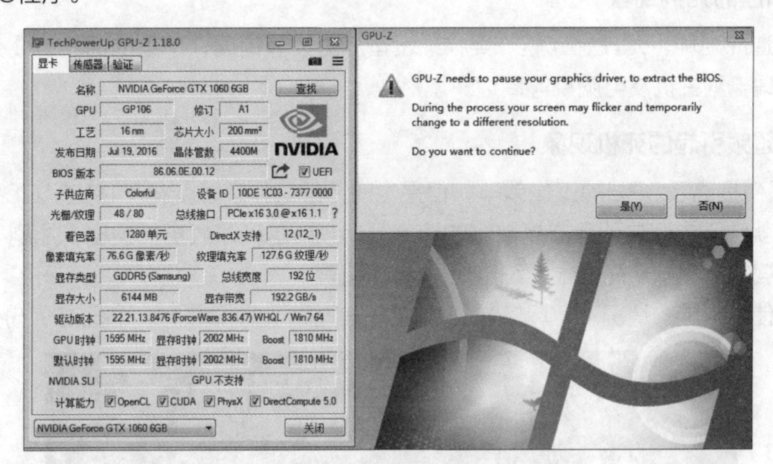

图23-13 使用GPU-Z进行BIOS备份

11. 电脑内部散热不良导致死机

由于某些元件热稳定性不良造成此类故障，具体表现在CPU、电源、内存条、主板。对此，可以让电脑运行一段时间，待其死机后，再用手触摸以上各部件，倘若温度太高则说明该部件可能存在问题，可用替换法来诊断。值得注意的是，在安装CPU风扇时最好能涂一些散热硅脂。实践证明，硅脂能降低温度5°~10°左右。发热量较大的CPU倘若不涂散热硅脂，电脑根本无法正常工作，如图23-14所示。

此外，应经常检查机箱风道是否通畅、散热装置是否工作正常。

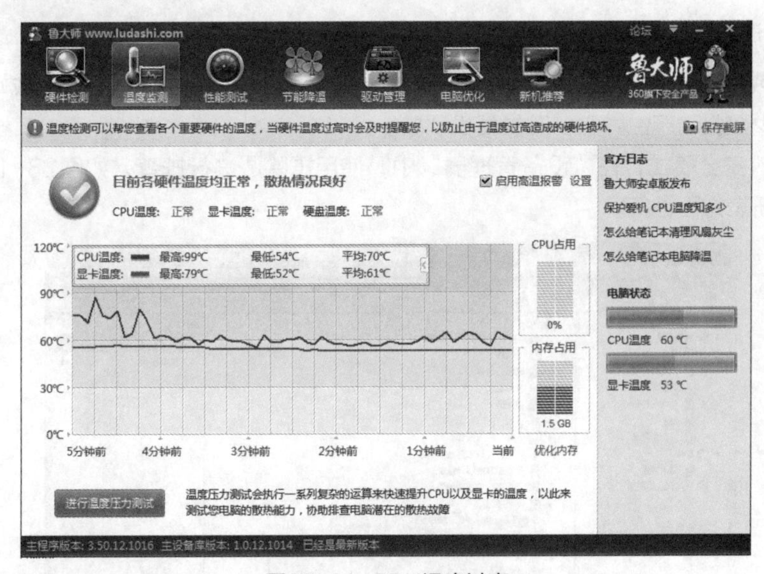

图23-14 CPU温度过高

12. 接触不良引起的死机

此类现象比较常见，特别是购买使用了一段时间的电脑。由于各部件大多是靠金手指与主板接触，经过一段时间后，其金手指部位会出现氧化现象，在拔下各卡后会发现金手指部位已经泛黄。此时，可用橡皮擦来回擦拭其泛黄处来予以清洁。

另外，电脑移动过程中，如果震动过大，也容易造成机器内部器件松动，从而导致接触不良。在移动过程中需要注意，尽量减小震动。

13. 灰尘引起的死机现象

灰尘过多会造成硬件，尤其是光驱一类物理设备产生读写错误，严重的话会造成死机现象。用户需要注意定期清理电脑主机及电脑桌等周边环境。

14. CPU超频引起的死机现象

CPU超频虽然提高了CPU的工作效率，但是也使系统工作环境变得不稳定。CPU在内存中存取数据的速度本来就快于内存与硬盘交换数据的速度，超频使这种矛盾更加突出，加剧了在内存或虚拟内存中找不到数据的情况，从而导致系统出现异常和错误。

如果是正常使用电脑的情况下，尽量让CPU工作在其默认的频率上，如图23-15所示。

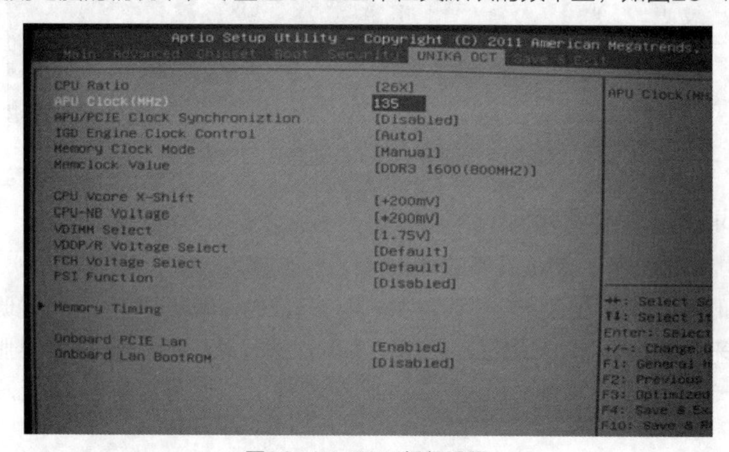

图23-15 CPU超频设置

15. 硬件资源冲突引起死机现象

由独立声卡或独立显卡的冲突，造成异常错误。以及其他设备的中断、DMA或端口出现冲突的话，也可能导致少数驱动产生异常，发生死机现象。

用户可以进入安全模式，在“设备管理器”中，使用排除法进行排查，如图23-16所示。还可以从驱动程序和注册表方面进行着手。

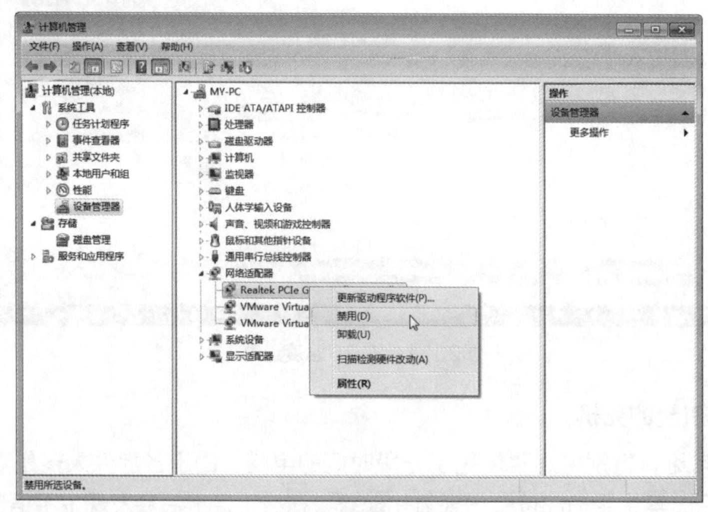

图23-16 禁用设备判断冲突来源

16. 硬件的质量问题引起的死机

硬件的质量直接影响到系统的稳定性。如使用了劣质元器件的设备、没有严格的检验测试就投放市场、使用打磨及二手原料进行再加工等。还有一些是因为电脑使用了较长时间，元器件的稳定性已经达到了极限。

在购机安装时，尽量选择大品牌厂商。如果可以的话，在安装完成后，使用第三方工具软件进行全面的测试，如图23-17所示。另外，因为硬件也是有寿命的，为了安全考虑，也应该在合适的时间完成电脑的更新换代。

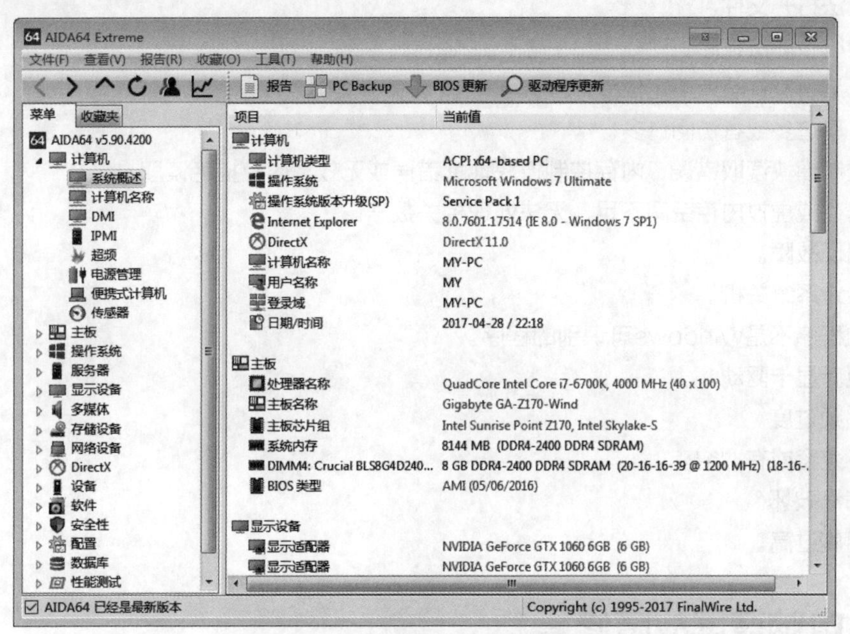

图23-17 使用第三方工具检测电脑硬件

23.4 Windows 蓝屏故障

电脑蓝屏，又叫蓝屏死机（Blue Screen of Death，简称BSOD），是Windows操作系统在无法从一个系统错误中恢复过来时，为保护电脑数据文件不被破坏而强制显示的屏幕图像。Windows操作系统的蓝屏死机提示已经成为标志性画面，大部分是系统崩溃的现象，如图23-18所示。

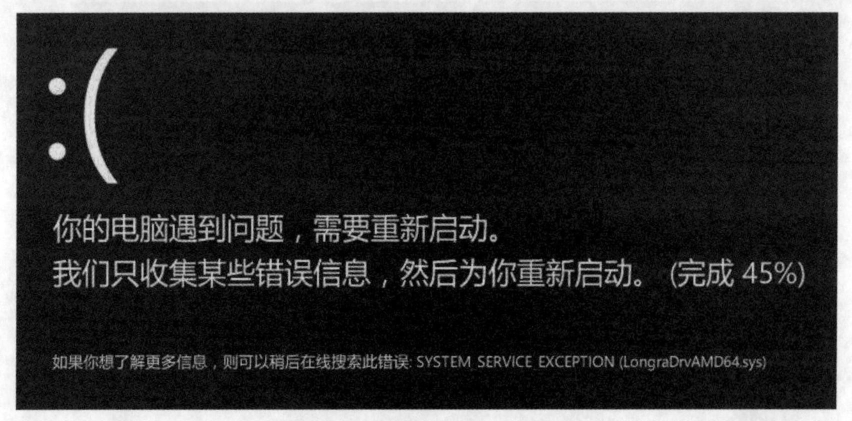

图23-18 Windows 10蓝屏

23.4.1 电脑蓝屏故障原因

产生蓝屏的原因有很多，既包括硬件方面的，也包括软件方面的。产生故障的常见原因有：

- 不正确的CPU运算。
- 运算返回了不正确的代码。
- 系统找不到指定文件或者指定路径。
- 硬盘找不到指定扇区或磁道。
- 系统无法打开文件。
- 系统运行了非法程序。
- 系统无法将文件写入指定位置。
- 开启共享过多或者访问过多。
- 内存控制模块读取错误，内存控制模块地址错误或无效，内存拒绝读取。
- 物理内存或虚拟内存空间不足，无法处理相关数据。
- 网络出现故障。
- 无法中止系统关机。
- 指定的程序不是Windows可识别的程序。
- 错误更新显卡驱动。
- 电脑超频过度。
- 软件不兼容或有冲突。
- 电脑病毒破坏。
- 电脑温度过高。

23.4.2 电脑蓝屏故障修复

发生蓝屏故障时，需要了解发生的原因并根据具体的情况选择不同的修复方法。

1. 虚拟内存不足造成系统多任务运算错误

虚拟内存是系统解决资源不足的方法。虚拟内存的大小一般为物理内存的2~3倍。如果内存不足，则无法正常接收系统数据，从而导致虚拟内存因硬盘空间不足而出现运算错误，出现蓝屏故障。

用户需要经常关注系统盘剩余空间的大小，如果出现过小的问题，则应清理空间、删除临时文件，或手动配置虚拟内存空间到其他足够容量的分区，如图23-19所示。

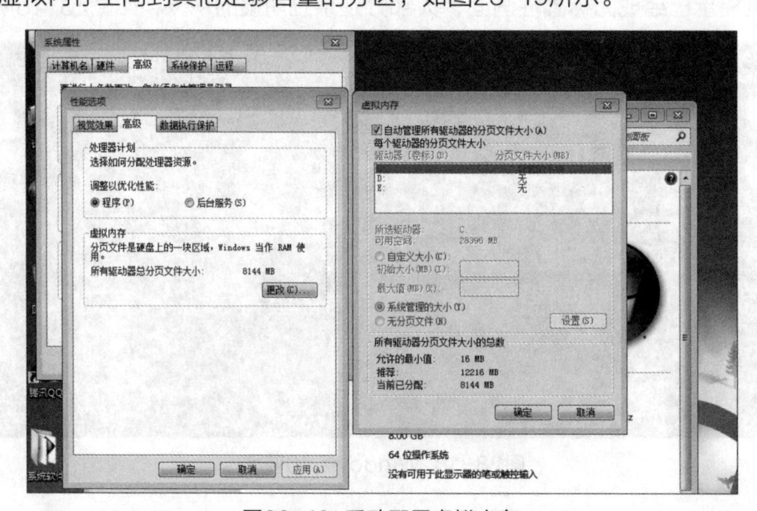

图23-19 手动配置虚拟内存

2. CPU超频过度导致蓝屏

超频过度是导致蓝屏的一个主要硬件问题。过度超频，是由于进行了超载运算，造成内部运算过多，使CPU过热，从而导致系统运算错误。如果既想超频，又不想出现蓝屏，只有做好散热措施。更换强力风扇，再涂抹硅胶类的散热材料会好许多。另外，适量超频或干脆不超频也是解决的办法之一。对于大多数用户来说一般都不建议进行超频操作。

3. 内存条问题导致蓝屏

在实际的工作中，最常见的蓝屏现象就是内存条接触不良（主要是由于电脑内部灰尘太多导致，老旧电脑常发生）以及硬盘故障导致的电脑蓝屏故障居多。可尝试打开电脑机箱，将内存条拔出，清理下插槽并且擦干净内存条金手指后再装回去即可。如果问题未解决，确定是内存故障，更换内存条即可。

使用不同品牌的内存条或者内存条时序有差异也有可能造成蓝屏现象，用户需要根据原因更换内存条即可。

4. 光驱问题导致蓝屏

光驱问题指光驱在正常读写数据时，被误操作强行打开，造成数据无法读写而导致出现蓝屏。此故障不影响系统工作，只要重新装入即可。

5. 系统硬件冲突导致蓝屏

硬件冲突产生蓝屏的原因与解决方法与死机情况相同。

6. 加载程序过多导致蓝屏

查看启动项，取消不需要的启动内容，以免使系统资源耗尽而蓝屏。

7. 应用程序错误出现蓝屏

应用程序本身存在问题，在运行时与Windows系统发生冲突或者争夺资源，造成Windows系统无法为其分配内存地址或遇到其保护性错误。解决方法是尽量使用正式软件，尤其是操作系统本身。

8. 遇到病毒或者木马破坏

病毒木马感染系统文件，造成系统文件错误或导致系统资源耗尽，也可能造成蓝屏现象的发生。建议重新启动电脑进行杀毒操作，选用目前主流的杀毒软件进行查杀。如果遇到恶意病毒，建议系统还原或者重装系统。

9. 版本冲突导致蓝屏

在安装软件时，将旧版本的DLL覆盖了原先新的DLL文件；或者删除程序时，删除了DLL文件，以至其他程序在调用该文件时，获取了错误的数据，造成了运算不正确而出现蓝屏。

用户可以找到错误的DLL文件，手动安装正确的DLL文件。

10. 注册表引起的蓝屏

注册表保存着Windows系统的硬件配置、应用程序设置、用户数据等重要资料。而且Windows系统会在运行时随时调用注册表数据。如果注册表文件出现错误或者损坏，就会出现蓝屏故障。

用户需要及时对注册表进行检测和修复，解决蓝屏故障。

11. 软硬件不兼容导致蓝屏故障

安装了新的硬件后出现蓝屏，可以尝试对老BIOS进行版本更新。另外，错误安装或更新驱动后导致电脑蓝屏故障也是主要原因之一。

用户需要在重启电脑后进入安全模式，在安全模式的控制面板-添加删除中把相应驱动删除干净，然后重启正常进入系统，重新安装驱动或换另一个版本的驱动。用户可以使用之前介绍的自动安装驱动软件，一键检测安装。根据用户的电脑型号与配置，推荐安装与电脑兼容的电脑驱动，有效防止因用户错误操作致使驱动安装错误导致的电脑蓝屏故障。

12. 硬盘故障导致蓝屏

硬盘出现问题也会导致电脑蓝屏，如硬盘出现坏道，电脑读取数据错误导致蓝屏现象。因为硬盘和内存一样，承载一些数据的存取操作，如果存取或读取系统文件所在的区域出现坏道，也会造成系统无法正常运行，从而导致系统或电脑蓝屏。

用户需要首先检测硬盘坏道情况，如果硬盘出现大量坏道，建议备份数据更换硬盘；如果出现坏道比较少，建议备份数据，重新低级格式化分区磁盘。还可以将坏道硬盘区进行隔离操作，之后再重新安装系统即可。

23.4.3 部分蓝屏代码及解决方法

1. 蓝屏代码：0x000008e

- 更改、升级显卡、声卡、网卡驱动程序。
- 安装系统补丁。
- 给电脑杀毒。
- 检查内存条是否插紧，质量是否有问题或不兼容。
- 升级显卡驱动；降低分辨率（800×600）、颜色质量（16）、刷新率（75）；降低硬件加速-桌面属性-设置-高级-疑难解答-将“硬件加速”降到“无”（或适中），必要时更换档次较高的显卡。
- 打开主机机箱，除尘；将所有的连接插紧、插牢；给风扇上油，或换新风扇。台式机在主机机箱内加临时风扇，辅助散热。如果是笔记本电脑，增加散热垫。
- 拔下内存条用橡皮擦清理一下内存条的金手指，清理插槽，再将内存条插紧。如果主板上有两条内存条，有可能是内存不兼容或损坏。拔下一条然后开机试试看，再换上另一条试试看。
- 将BIOS设置成出厂默认或优化值。
- 进入安全模式查杀木马病毒，清除恶意插件。
- 换个系统光盘重装系统。
- 如果是新安装驱动或软件后产生的，禁用或卸载所有新安装的驱动和软件。
- 从网上驱动之家下载驱动精灵最新版，更新鼠标和其他如指针、网卡、显卡、声卡以及系统设备、IDE控制器、串行总线控制器等驱动。
- 检查并修复硬盘错误，开始→运行→输入Chkdsk /r（/前有空格），确定，重新启动电脑。
- 如果是玩游戏时出现蓝屏，更换游戏软件版本。
- 整理磁盘碎片。我的电脑→右击要整理磁盘碎片的驱动器→属性→工具→选择要整理的磁盘打开“磁盘碎片整理程序”窗口→分析→碎片整理，系统即开始整理。

2. 蓝屏代码：0x00000050

- 先对电脑上每个硬件进行注意替换排除法，测试出是否是硬件出现了故障。如果检测出哪个硬件故障的话，那么更换或者维修该硬件即可。当然，一般出现这种蓝屏现象，很多情况是硬件出现了故障。首先换一块硬盘，测试机器能否正常启动。如果测试硬盘没有问题，再试内存，内存也试过的话则换CPU。总之，这种故障是硬件故障的可能性很大。
- 如果是内存出现故障的话，特别有针对性地对内存进行检测排除。可通过一些系统诊断软件进行诊断。系统诊断软件比如360系统诊断工具等工具，都可以在网上下载然后对电脑进行检测修复故障。

- 如果是电脑中病毒和软件兼容性造成的话，解决方法是卸载一些不常用的软件，找到是哪款软件不兼容，进行卸载，然后对电脑进行杀毒。这样就可解决故障了。

3. 蓝屏代码：0x0000000a

- 检查BIOS和硬件的兼容性。对于新装的电脑，若经常出现蓝屏问题的话，应该首先检查并升级BIOS到最新版本，并关闭其中的内存相关项，比如缓存和映射。同时应对照微软的硬件兼容列表检查自己的硬件，如果主板BIOS无法支持大容量硬盘也会导致蓝屏，需要采取的措施是对其进行升级。
- 首先检查新硬件是否插牢，并安装最新的驱动程序，同时还应该对照一下微软网站的硬件兼容类别，检查一下硬件是否与使用的操作系统兼容。如果硬件没有在列表中，那么就要到硬件厂商网站进行查询了。
- 恢复到最后一次的正确配置。一般情况下，蓝屏都出现于更新了硬件驱动或新加了硬件并安装其驱动后。这时候可以重启系统，在出现启动菜单时按下F8键就会出现高级启动选项菜单，接着选择“最后一次正确配置”还原到没有出现问题之前的设置。
- 安装最新的系统补丁和Service Pack。有些蓝屏是Windows本身存在的缺陷造成的，因此可以通过安装最新的系统补丁和Service Pack来进行解决。
- 如果刚安装完某个硬件的新驱动或安装了某个软件，而它又在系统服务中添加了相应项目（比如杀毒软件、CPU降温软件、防火墙软件等），然后导致在重启或使用中出现了蓝屏故障，可以进入到安全模式来卸载或禁用它们。
- 不少用户对蓝屏代码的含义不了解，这里推荐下载Windows蓝屏代码查询工具，这样就可以知道蓝屏代码的原因并对症下药进行解决了。

4. 蓝屏错误代码：0x00000001e

STEP 01 按组合键Windows+R，打开“运行”窗口，输入msconfig，然后按Enter键。

STEP 02 在打开的“系统配置”窗口中，切换到“常规”选项卡，取消勾选“加载启动项”复选框。

STEP 03 切换到“服务”选项卡，单击勾选“隐藏所有Microsoft服务”复选框，然后再单击“全部禁用”按钮。

STEP 04 在“启动”选项卡中，单击“全部禁用”按钮，单击确定，重启电脑完成。

STEP 05 清除应用商店缓存，首先使用组合键Windows+R打开“运行”窗口，输入cmd，按Enter键确认。

STEP 06 输入wsreset，按Enter键确认，开始清除应用商店缓存，然后重启电脑即可解决。

5. 蓝屏报错代码：0x00000040

- 进入系统后，按组合键Windows+R，然后在“运行”窗口中输入ncpa.cpl，按Enter键。
- 在网络连接列表中，删除多余的连接，保留要用的连接。如果发现删除为灰色，那么可以先禁用再启动。
- 如果使用的是无线网络，那么就将有线的网卡设备禁用了，以免冲突。
- 操作方法为：右键单击计算机属性→设备管理器→网络适配器，然后右键单击不用的网卡选项，选择禁用就可以了。

6. 蓝屏错误代码：0x00000133

这个问题是由名为iastor.sys的驱动程序兼容问题引起的，微软正在对此进行修复。受影响的用户可通过暂时使用微软的storahci.sys驱动来避免蓝屏发生。操作方法很简单，在“设备管理器”中将“IDE ATA/ATAPI 控制器”驱动手动更换为“标准 SATA AHCI 控制器”即可。

23.5 电脑开机黑屏故障

电脑黑屏是比较容易出现的现象，尤其在一些较老的电脑或组装电脑中。电脑黑屏的故障原因有多种，如显示器损坏、主板损坏、显卡损坏、显卡接触不良、电源损坏、CPU损坏、零部件温度过高等。

23.5.1 快速诊断电脑开机故障

- 检查电脑外接电源，如果正常，则需要排查主板电源接口以及机箱开关连接线是否故障。
- 查看主机箱有无多余金属物，或者观察主板是否与机箱外壳接触造成短路现象，引起了主板的短路保护，无法开机。
- 拔掉前面板跳线，使用短接法直接开机，如图23-20所示。

图23-20 短接开机接线柱

- 如果可以开机，则说明前面板电源开关或跳线出现问题，否则说明电源或主板电路出现问题。
- 使用短接法或者使用电源检测专业工具，排查电脑电源是否有损坏。短接法即用金属线连接ATX电源20PIN中的绿线接口和旁边的黑线接口，观察电源风扇是否转动，如图23-21所示。

图23-21 短接法测试电源

- 如果ATX电源无反应，则说明电源损坏。如果电源正常，则说明主板供电模块可能有故障或者损坏。

23.5.2 常见开机黑屏故障及解决方法

1. 主板供电问题

电脑必须要有电才能工作，所以电脑无法开机首先需要考虑的就是电路问题。

- 检查线路是否正常连接在插座上

用户通常将主机电源线、显示器电源线、音箱电源线、光纤猫电源适配器、打印机等插在同一个插座上，很容易造成线路没有插好的情况。用户首先要检查的就是这些设备是否正确、紧密地插在插座上。

- 检查插座是否完好

在确认了电脑各设备及电源线无故障后，需要考虑插座本身的问题。因为雷电、电压或者电流过大都有可能造成插座短路或者损坏。用户可以使用电笔测试插座是否工作正常。用户在选择插座时一定要选择正规厂家生产的安全插座，给电脑供电的插座最好选择防静电、防雷型。

- 检查机箱电源

有些机箱电源在外面会配备一个电源开关，起到安全保障作用。用户在连接主电源后，打开该开关才能正常供电。某些时候，用户关闭该处电源开关后，忘记打开了。在排查电脑黑屏不启动的故障情况时，需要检查该处开关是否打开，如图23-22所示。

图23-22 机箱电源开关

- 检查主机电源问题

主机电源故障会出现两种情况，一种是正常启动后，电源风扇完全不转动；另外一种是风扇转动一两下便停下来。

如果风扇完全不动，则可能是电源内部元器件损坏或短路；还可能是主板开机电路有故障。如果是另一种情况，则可能是电源内部或者主板等其他设备短路、连接异常，使电源开启了保护机制，无法正常工作。

用户可以采取短接法进行测试。使用镊子或者导线将电源接口中的绿线孔和旁边的黑线孔短接，查看风扇是否转动。如果没有反应，则可能是电源内部损坏；如果转动，说明电源正常，可能是主板的电路问题引起的故障。用户也可以使用前面介绍的电源检测器检查电源，并且查看输出电压是否正常，如图23-23所示。

图23-23 机箱电源检测器

2. 检查显示器问题

显示器出现问题也可能造成黑屏。检测显示器的前提是主机正常加电，主机电源指示灯和硬盘指示灯正常显示，也就是说主机可以正常工作。

- 显示器电源线和信号线问题

如果打开显示器的电源开关，显示器没有反应，则说明显示器电源线没有电或者接触不良所致。如果显示器可以加电，但是显示器的提示是无信号输入，如图23-24所示，则应该检测显示器信号线是否接触不良。

图23-24 显示器无信号输入

- 设备损坏

如果电源线或者信号线损坏，则使用替换法进行测试。如果信号线的接口插针弯曲或者损坏，则应更换信号线。如果使用了替换法，显示器仍然没有显示，则应考虑显示器损坏的情况。

3. 电脑主机问题

最后要考虑的是电脑主机的问题。

- 查看主机箱内是否有金属物使主板与机箱相连造成短路，使主板启动短路保护。
- 内存条与主板接触不良，用户需要清理内存条金手指。
- 机箱灰尘影响设备运行，从而造成黑屏现象。用户需要定期清理机箱灰尘。
- 显卡、CPU、硬盘等接触不良。由于氧化或者移动、震动等原因，造成黑屏现象。用户需要定期清除氧化部分、重新插拔一下即可。
- 各种硬件与电源线的连接也能造成黑屏。用户也需要定期检查硬件与电源的连接是否正确或是通畅。

- 在更换了硬件之后，也可能出现黑屏现象。主要是硬件之间存在兼容性问题，如内存与主板的兼容性，显卡与主板的兼容性等。用户使用原先的硬件进行加电启动，如果可以正常启动，则说明新硬件兼容性出现了问题。
- 主板跳线如果出现问题，也会造成黑屏。用户需要检查硬件的跳线，可以将跳线拔出，使用短接法进行开机测试。如果可以开机，则说明前面板跳线一直处于短接状态或者无法短接，用户可以更换损坏的跳线。
- 硬件本身的损坏也可能造成无法开机，如主板、显卡、内存等。用户可以通过最小系统法进行测试，如果可以开机，则逐渐增加设备，以确定故障设备。

用户开机检查电路板元器件是否有爆浆、烧坏等故障。如有，需及时更换元器件或者设备。

23.6 “非法操作”故障

在使用Windows系统时，有时会弹出“非法操作”提示框，并终止了程序的运行。如果遇到该种情况，可以按照下面的方法进行排查故障源。

23.6.1 “非法操作”故障原因分析

1. 软件原因

- Windows系统文件损坏或者非法更换，打开系统程序时，就会出现非法操作提示。
- 运行了与Windows当前版本兼容性不好的应用程序。
- 电脑被病毒或者木马破坏，同样会引起非法操作。用户需要及时更新病毒库，并经常进行病毒查杀操作。
- 程序编写问题。一些商业软件的初期版本或试用版以及盗版软件都存在许多问题，建议不要使用这类软件。
- 驱动程序未正确安装，尤其是显卡驱动程序。在运行游戏程序时经常产生非法操作的提示。
- 软件之间不兼容。

2. 硬件原因

硬件问题也会造成该故障，但是需要首先排除驱动故障。

- 内存条质量较差，不能稳定地工作在某一时序上。用户可以手动调节内存的时序。
- CPU温度过高，而降温系统工作不正常，无法满足CPU散热要求，就可能造成非法操作。

23.6.2 “非法操作”故障排除方法

当发生“非法操作”时，首先从软件方面下手，通过卸载，排除故障软件。如果排除软件不容易，可以通过重新安装系统，查看故障是否排除。如果消失，则是系统问题。如果仍然存在，那么将关注点放在硬件上，通过排除法排除故障硬件。常见非法操作的含义及解决方法如下：

1. 停止编号：0x0000002E

说明文字：ATA-BUS-ERROR

原因分析：系统内存奇偶校验出错，通常由硬件问题导致。

解决方法：

- 卸掉所有新近安装的硬件。

- 运行由电脑制造商提供的系统诊断软件，尤其是硬件诊断软件。
- 禁用BIOS内存选项，例如cache或shadow。
- 确保硬件设备驱动程序和系统BIOS都是最新版本。
- 使用硬件供应商提供的系统诊断，运行内存检查来查找故障或不匹配的内存。
- 在启动后出现可用作系统列表时，按F8键。在Windows高级选项菜单屏幕上，选择“启动VGA模式”，然后按Enter键，如果这样做还不能解决问题，可能需要更换不同的视频适配器。

2. 停止错误编号：0x0000000A

说明文字：IRQL-NOT-LESS-OR-EQUAL

原因分析：驱动程序使用了不正确的内存地址。

解决方法：

- 如果无法登陆的话就重新启动电脑，如果出现可用的作系统列表时，按F8键进入安全模式。在Windows高级选项菜单屏幕上，“选择最后一次正确的配置”，然后按Enter键。
- 运行所有的系统诊断软件，尤其是检查内存的诊断软件
- 禁用或卸掉新近安装的硬件，驱动程序或软件。
- 检查是否正确安装了所有的新硬件或软件。如果这是一次全新安装，请与硬件或软件的制造商联系，获得可能需要的Windows更新或驱动程序。
- 禁用BIOS内存选项，例如cache或shadow。

3. 停止错误编号：0x0000001E

说明文字：KMODE-EXPTION-NOT-HANDLED

原因分析：内核模式进程试图执行一个非法或未知的处理器指令。

解决方法：

- 确保有足够的空间，尤其是在执行一次新安装操作的时候。
- 如果停止错误消息指出了某个特定的驱动程序，那么就禁用该驱动程序。
- 如果无法启动电脑的话，就在开机的时候进入安全模式启动，删除或禁用该驱动程序。
- 如果有非Microsoft支持的视频驱动程序，尽量切换到标准的VGA驱动程序或Windows提供的适当驱动程序。

4. 停止错误编号：0x00000023或0x00000024

说明文字：FAT-FILE-SYSTEM或MTFS-FILE-SYSTEM

原因分析：问题出现在Ntfs.sys（允许系统读写NTFS驱动器的驱动程序文件）内。

解决方法：

- 运行由电脑制造商提供的系统诊断软件，尤其是硬件诊断软件。
- 禁用或卸载所有的反病毒软件、磁盘碎片整理程序或备份程序。
- 通过在命令提示符下运行“Chkdsk /f”命令，检查硬盘驱动器是否损坏，然后重新启动电脑。

5. 停止错误编号：0x00000058

说明文字：FTDISK-INTERN-ERROR

原因分析：容错集内的某个主驱动器发生故障。

解决方法：使用Windows安装盘启动电脑，从镜像系统驱动器引导，有关如何编辑Boot.ini文件以指向镜像系统驱动器的指导，可在Microsoft支持的服务Web站点搜索Edit ARC path。

6. 停止编号：0x0000003F

说明文字：NO-MOR-SYSTEM-PTES

原因分析：没有正确清理驱动程序。

解决方法：禁用或卸载所有的反病毒软件，磁盘碎片处理程序或备份程序。

23.7 “内存不足”故障

如果是比较旧的电脑，在Windows中打开了过多程序，往往会出现“内存不足”的故障提示，如图23-25所示。

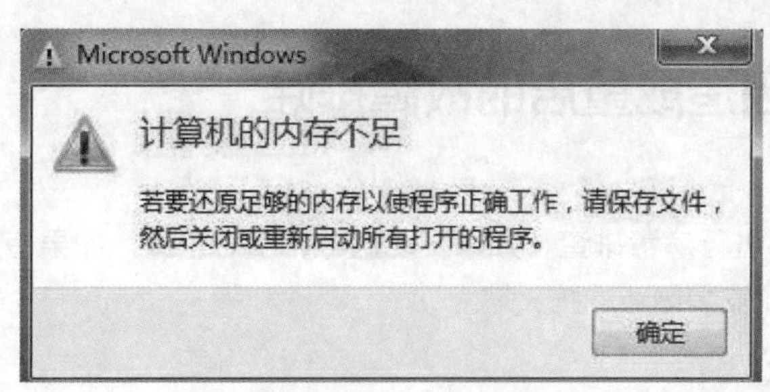

图23-25 内存不足的故障提示

产生该故障的原因主要有：

- 磁盘剩余空间不足。
- 同时运行了过多的程序或者页面文件。
- 电脑感染了病毒。

用户可以使用下面的方法解决该故障：

- 关闭不需要的应用软件或者页面文件。
- 删除剪贴板中的内容。
- 释放系统资源。
- 增加虚拟内存的容量，如图23-26所示。

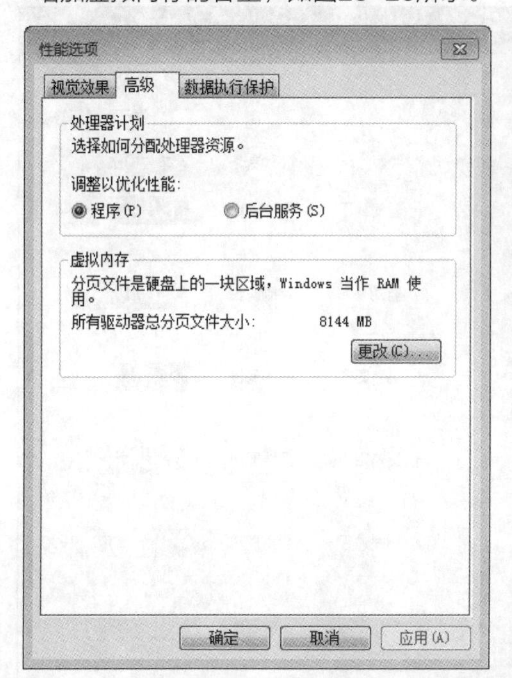

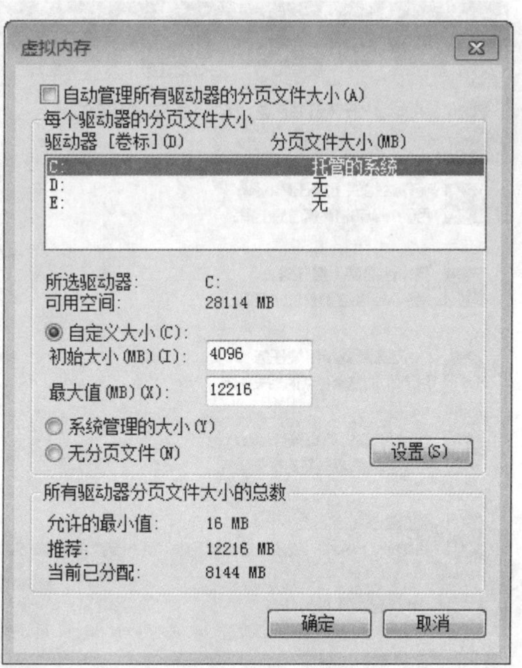

图23-26 手动调整虚拟内存的大小

如果所有方法都使用过了仍不能解决问题，建议增加内存，从根本上解决问题。但是用户需要按照之前介绍中提到的挑选规则，选择自己电脑可以使用的合适内存条。

23.8 电脑自动重启故障

在使用电脑时，有时会遇到偶然的电脑重启现象，那么用户只要注意在使用时定期保存手头的工作即可。但是重复性重启故障就需要用户查找故障原因并及时排除，以免影响到电脑的稳定性。

23.8.1 软件原因造成重启的故障排除

1. 病毒造成重启

使用最新版杀毒软件进行病毒排查，如果发现病毒，及时杀毒。如果有入侵提示，用户需要及时安装Windows补丁程序，安装最新的防火墙。

2. 系统文件被破坏

排除病毒原因。用户使用时误删除系统文件，会造成运行程序时找不到关键的系统文件，从而造成重启故障。用户需要找到被破坏的系统文件，进行修复操作，或者重新安装系统。

3. 定时软件或者计划任务造成重启

一些软件需要按时进行重启操作以完成功能的正常使用。计划任务也一样。最常见的重启就是Windows的自动更新补丁。一旦安装了关键补丁，需要进行重启才能完成安装操作并正常工作。用户可以使用第三方软件查看计划任务或者定时启动软件，如图23-27所示，并取消计划任务或者定时软件进行检测。当然，Windows的补丁程序也可以使用手动重启操作，而且建议用户按时安装补丁，并在空闲时进行重启操作。如果用户确实不需要安装补丁，那么可以在系统设置中，禁用掉自动更新程序，如图23-28所示。

图23-27 设置计划任务

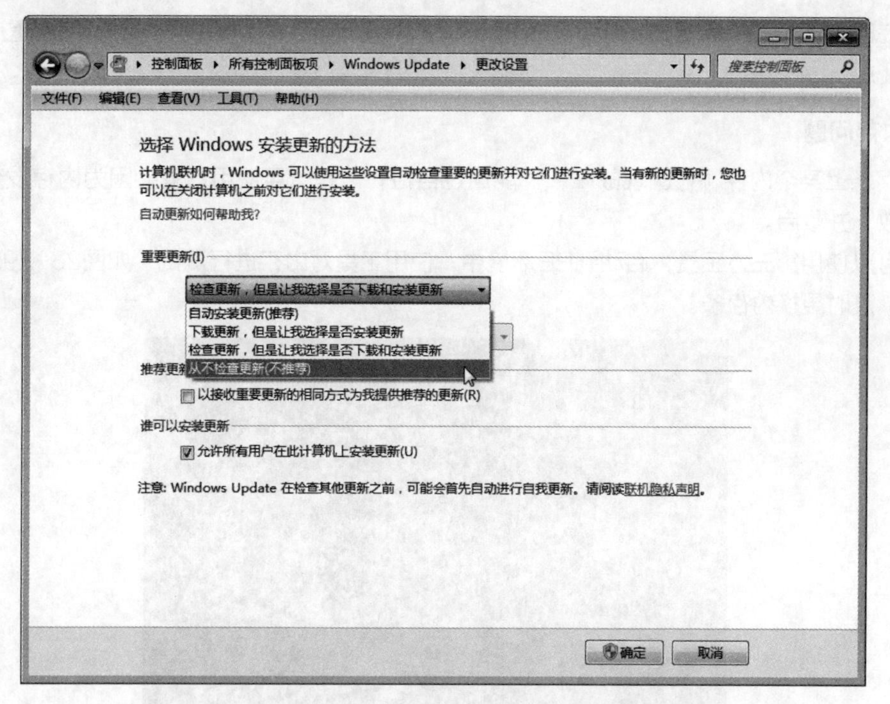

图23-28 禁用Windows自动更新程序

23.8.2 硬件原因造成重启的故障排除

硬件原因造成重启的故障很多，用户可以按照下面的方法排除故障。

1. 电压不稳

电脑电源的工作范围一般在170V~240V，当市电电压低于170V时，会造成电脑自动重启或者关机。

在供电不稳的地区，用户可以购置UPS电源来保证电脑的正常运行。

2. 电脑电源供电不足

在更换了新型显卡、增加了硬盘等设备，或在运行大型软件时，由于电源未更换为大功率电源，造成了供电不足而导致断电。当电脑关机后，功率恢复到正常，又可以启动电脑，以致产生反复重启故障。另一种情况是电源性能太差、虚标功率、以峰值功率代替额定功率欺骗消费者，因为电源本身的质量问题造成了重启。

用户在更换或者添加新设备时，需要了解机器原有电源的额定功率以及更换后的功率，如果不满足，就需要购置新电源，而不应该继续使用原有电源，埋下安全隐患。购买新电源时，一定要认准品牌及相关参数，千万不能只图便宜。

3. 电源线出现问题

当电源线因为老化或者不匹配，造成接口松动，很容易在正常使用时产生接触不良，造成重启故障，并伴有很明显的打火现象，十分危险。

此时，用户需要更换电源线，可以考虑3C认证的电源线。

4. CPU出现问题

当CPU出现故障，尤其是内部部分功能电路损坏，二级缓存出现故障时，电脑有可能可以正常启动并进入桌面环境，但是当处理某一特定运算或指令时，就会重启或者死机。

可以在BIOS中试着屏蔽二级缓存或者一级缓存，再查看故障是否排除。若仍出现重启现象，建议更换CPU。

5. 内存问题

当内存条上某个内存颗粒出现故障，仍能通过自检，但是一旦使用，就会因为内存发热量大而导致功能失效，并重启。

用户可以使用第三方工具，启动到PE环境中，使用工具对内存进行测试，如图23-29所示。如果发现问题，及时更换内存条。

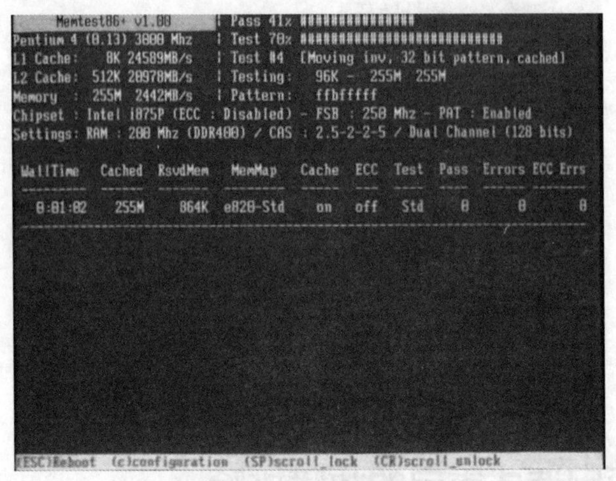

图23-29 内存测试软件

6. 机箱开关问题

机箱前面板跳线，尤其是RESET开关或者跳线出现问题，会造成RESET开关一直处于短接状态或者连接不良状态，从而造成不规则重启。用户可以从主板上拔掉该跳线，查看故障是否会消失。如果确定是跳线问题，可以通过更换跳线解决问题。

7. 添加了新的外接设备造成重启

该情况一般属于接口损坏造成故障，或者某一接脚对地短路、USB设备损坏等情况，当用户使用这些设备时，就会造成重启。用户可以使用排除法找到设备并更换设备即可。

8. 散热不良或传感器损坏

CPU散热不良，散热器与CPU之间不是紧密连接，热量不能及时散发出去；或者风扇故障；或者机箱灰尘太多，传感器损坏造成传感器温度显示到达警戒值就会重启。

用户可以检查并重新安装散热装置完成故障排除。当传感器损坏，用户只能在BIOS设置中，将警戒温度提高，或者关闭CPU保护温度，如图23-30所示，使CPU保护失效。

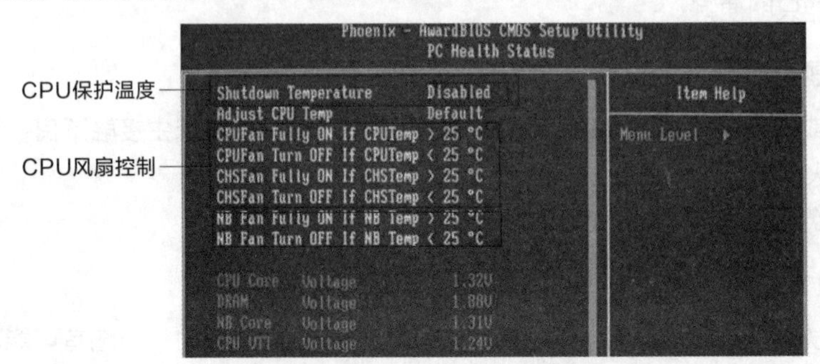

图23-30 关闭CPU保护温度

9. 强磁干扰

这些干扰主要来自CPU风扇、机箱风扇、显卡风扇、显卡、主板及硬盘干扰，外部的电源线，以及连接到同一主线的空调等大型用电设备。如果主机的抗干扰性能较差时，就会出现主机意外重启或者死机现象。

23.9 注册表故障

注册表是Windows操作系统中的一个核心数据库，其中存放着各种参数，直接控制着Windows的启动、硬件驱动程序的装载以及一些Windows应用程序的运行，从而在整个系统中起着核心作用。这些作用包括了软、硬件的相关配置和状态信息，比如注册表中保存有应用程序和资源管理器的初始条件、首选项和卸载数据等，联网电脑的整个系统的设置和各种许可，文件扩展名与应用程序的关联，硬件部件的描述、状态和属性，性能记录和其他底层的系统状态信息，以及其他数据等。

具体来说，在启动Windows时，Registry会对照已有硬件配置数据，检测新的硬件信息；系统内核从Registry中选取信息，包括要装入什么设备驱动程序，以及依什么次序装入，内核传送回它自身的信息，例如版权号等；同时设备驱动程序也向Registry传送数据，并从Registry接收装入和配置参数。一个好的设备驱动程序会告诉Registry它在使用什么系统资源，例如硬件中断或DMA通道等。另外，设备驱动程序还要报告所发现的配置数据；为应用程序或硬件的运行提供增加新的配置数据的服务；配合INI文件兼容16位Windows应用程序。当安装一个基于Windows 3.x的应用程序时，应用程序的安装程序Setup像在Windows中一样创建它自己的INI文件或在win.ini和system.ini文件中创建入口；同时Windows还提供了大量其他接口，允许用户修改系统配置数据，例如控制面板、设置程序等。

如果注册表受到了破坏，轻则使Windows的启动过程出现异常，重则可能会导致整个Windows系统的完全瘫痪。因此正确地认识、使用，特别是及时备份，有问题时恢复注册表，对Windows用户来说就显得非常重要。

23.9.1 造成注册表故障的原因

如果注册表受到严重的损害，存取硬件和软件可能会受到很大的限制，系统甚至不能启动。可能因为一个很小的问题，一个应用程序将不能正常运行，或者运行得不稳定。

注册表在运行时是受到保护的，所以它不可能被复制、删除或者改变内容，除非经过一个“验证过的”程序（比如安装程序，注册表编辑工具，和域用户管理器改变安全策略和浏览器等）。由于这些保护，注册表是十分安全的，但是并不是完全能防止的，问题仍会发生，需要做好认识它们的准备来应付这些问题。

（1）在注册表中大部分的错误与添加和删除程序有关。多数用户自己添加或者更新驱动、应用程序等，而且添加和删除都是多次的。

（2）程序本身也有问题。没有任何应用程序没有BOG或者错误。最好的情况也是错误微乎其微。在设计程序时因为受时间和经费的限制，这些错误被放置不管。作为一个程序员来讲，在程序里有错误可能是次要的，但是它使系统崩溃那就变成一个大问题了。

（3）驱动程序不兼容。个人电脑的开放结构体系造成了一定的风险，因为任何类型的部件组合在一起都是可能的，但测试所有的组合并保证所有设备的兼容性却不太可能。

（4）应用程序在安装过程中往注册表中添加了不正确的项。在安装时，多数应用程序使用一个叫SETUP.INF的文件详细说明例如需要什么磁盘，哪个目录将被建立，从哪里复制文件，使应用程序工作正常所需要建立的注册表项等信息。如果在SETUP.INF中有一个错误，这个改变也仍然会出现，就会出现严重的问题。

（5）一个应用程序导致另一个应用程序和它缺省的文件关联出现错误。当一个应用程序被安装后，缺省文件类型被记录在注册表中。用户可以通过双击来启动应用程序和装载文件。很多时候，其他应用程序也会使用同样的扩展名。举例说，当一个TIF图形在基于注册表里的设置被激活时，最后一次装载的程序将会变成一个执行体。有时候，彻底不相同和根本不兼容的程序会在它们自己的文档文件中使用相同的文件扩展名，启动文档的快捷方式将不会工作。在用户操作过程中，如果在文件打开方式选择了不正确的程序，就会造成一定的问题。

（6）在反安装时出现的错误。当用户在控制面板的添加/删除程序中删除程序时，通过应用程序自身的反安装特征，或者通过第三方软件，可能会对注册表造成损坏。除此之外，删除程序、辅助文件、数据文件和反安装程序可能会试图移去注册表的参数项。因为系统不可能知道一个应用程序在注册表中所要存取的相关参数项，这将会不经意地移除掉其他应用程序的参数项。

（7）字体的错误。注册表中字体ID出错，经常发生在用户频繁安装和删除字体的时候。

（8）如果电脑系统自身有问题，注册表也会有损害。通常，这些错误在正确的系统维护和管理下可以避免。

（9）病毒问题。病毒很隐秘地改变正常的文件和注册表中的部分内容来影响系统。

（10）电脑用电如果不正常也会影响电脑系统，使用UPS可以避免。

（11）磁盘问题。很多时候用户会因为容量不够而换掉原先的硬盘，这时用户不得不从备份中恢复注册表。其他的则是磁盘独立扇区或者簇的故障，虽然这些情况在今天的系统不可能发生，但是磁盘表面介质的故障会使得磁盘一些部分不可读，包括那些注册表文件位置。

（12）手工改变注册表。当用户手工编辑注册表时，由于数据的复杂性和难懂性使得用户难免容易犯错误，而且这个错误可能严重到导致系统工作发生中断。

（13）拷贝其他注册表是很多用户犯的一个严重错误。因为从其他机器上拷贝来的注册表文件并不意味着也会在这一机器上工作正常。对单独的系统来说注册表都是唯一的。甚至即使电脑硬件设备相同，拷贝来的注册表在另一个系统上也不见得能够工作。如果使用另一个系统的注册表，多数硬件设备将不会工作，用户和安全问题可能造成数据和应用程序信息无法使用。

如果注册表不断变得庞大，那么先导出它，然后像上面那样再逐个导入它。在这个导入导出的过程中，注册表中不必要的项将被清除出去。请记住：预防要比修复好得多。注册表太容易被修改了，在发生突然事件时，有几个注册表的备份是解决问题最好的方法。

23.9.2 注册表故障的恢复方法

- 重新启动电脑，在启动时按F8键，进入启动菜单，选择“最后一次正确配置”来启动电脑，注册表可恢复到上一次系统自动备份的状态。
- 如果上一个方法不行，那么在启动菜单中选择并进入“安全模式”，进行注册表修复。
- 如果仍然不行，那么用户可以使用启动盘启动电脑，进行注册表恢复工作。前提条件是用户必须定期手动备份注册表。

23.9.3 常用注册表修改项

1. 给Windows 7提提速，缩短程序响应时间

Windows用户常常会遇到“程序未响应”这样的系统提示，要么手动强行终止，要么继续等待其响应。不过大多数程序出现此问题时，很难再恢复过来。这个问题在Windows 7中也常常遇到，那

么，怎样才能缩短程序响应时间呢？其实很简单，方法如下：

STEP 01 运行注册表，依次展开到HKEY_CURRENT_USER\Control Panel\Desktop，然后在右侧窗口空白处单击右键，新建一个“DWORD 32位值”。

STEP 02 双击新建的值，并将其重命名为“WaitToKillAppTimeout”。

STEP 03 再确认一下该键值的数值为0后，保存修改并退出即可。

2. 去掉快捷方式的小箭头

以管理员身份打开注册表并定位到HKEY_CLASSES_ROOT\lnkfile，在右侧的窗口中找到IsShortcut并选中它，按F2键重命名时复制这些字符，然后将其整个键值删除。接着按F3键打开查找对话框，将刚才复制的IsShortcut粘帖后按Enter键继续查找，将找到的下一个键值也同样删除。之后注销一次就可以了。

3. 隐藏桌面

位置：HKEY_CURRENT_USER\Software\Microsoft\Windows\CurrentVersion\Policies\Explorer

键值名：NoDesktop，取值：0、1

这种隐藏桌面图标的方法与简单地在“显示-属性”窗口内使用“Active desktop”下的隐藏图标的方法不一样。这里的隐藏除了将图标隐藏外，连整个桌面都一并隐藏了起来，并且同时禁止了在桌面上单击鼠标右键的功能。

4. 修改登录背景

位置：HKEY_USERS\.DEFAULT\Control Panel\Desktop

键值名：Wallpaper，取值：目标背景图文件路径

5. 设置电源方案

HKEY_CURRENT_USER\Control Panel\PoweCfg主键下的PowerPolicies子键表示系统可以采用的所有电源方案，如“家庭/办公室桌面”方案、“便携型/膝上型”方案、“始终打开”方案。HKEY_CURRENT_USER\Control Panel\PoweCfg下的字符串CurrentPowerPolicy表示当前正在使用的电源方案，其值与PowerPolicies子键的电源方案值相对应。

6. 注册表的备份及恢复

注册表被破坏就会导致系统发生问题甚至瘫痪，所以需要备份注册表以便在注册表受到破坏时恢复它。常见的注册表备份方法有两种：

（1）直接将注册表文件System.dat和User.dat拷贝到硬盘指定的目录下或直接拷贝到软盘上作为备份。恢复时将该备份替换覆盖回原处即可。

（2）运行Regedit.exe。打开“注册表编辑器”后，利用菜单的“导出”及“导入”功能来备份、恢复注册表信息。具体方法为：

STEP 01 打开“注册表”下拉菜单，单击选择“导出注册表文件”选项，在打开的对话框中键入欲备份注册表的文件名及其保存位置，再单击“保存”按钮即可。

STEP 02 需要恢复注册表时，用同样的方法打开“注册表编辑器”。打开“注册表”下拉菜单后，单击选择“导入注册表文件”，在打开的对话框中，选中需恢复的备份文件，再单击“打开”按钮即可将该注册表备份文件恢复到系统中。

23.10 电脑病毒故障

电脑病毒（Computer Virus）是编制者在电脑程序中插入的破坏电脑功能或者数据的代码，可影响电脑使用并自我复制的一组电脑指令或者程序代码。病毒具有传播性、隐蔽性、感染性、潜伏性、可激发性、表现性或破坏性。电脑病毒的生命周期为开发期→传染期→潜伏期→发作期→发现期→消化期→消亡期。电脑病毒是一个程序，一段可执行代码。就像生物病毒一样，具有自我繁殖、互相传染以及激活再生等生物病毒特征。电脑病毒有独特的复制能力，能够快速蔓延，又常常难以根除。它们能把自身附着在各种类型的文件上，当文件被复制或从一个用户传送到另一个用户时，它们就随同文件一起蔓延传播开来。

23.10.1 电脑病毒的特征及种类

1. 寄生性

电脑病毒寄生在其他程序之中，当执行这个程序时，病毒就会产生破坏作用，而在未启动这个程序之前，它是不易被人发觉的。

2. 传染性

电脑病毒不但本身具有破坏性，更有害的是具有传染性。一旦病毒被复制或产生变种，其速度之快令人难以预防。传染性是病毒的基本特征。在生物界，病毒通过传染从一个生物体扩散到另一个生物体。在适当的条件下，它可得到大量繁殖，并使被感染的生物体表现出病症甚至死亡。同样，病毒也会通过各种渠道从已被感染的电脑扩散到未被感染的电脑，在某些情况下造成被感染的电脑工作失常甚至瘫痪。与生物病毒不同的是，电脑病毒是一段人为编制的电脑程序代码，这段程序代码一旦进入电脑并得以执行，它就会搜寻其他符合其传染条件的程序或存储介质，确定目标后再将自身代码插入其中，达到自我繁殖的目的。只要一台电脑染毒，如不及时处理，那么病毒会在这台机子上迅速扩散，其中的大量文件（一般是可执行文件）会被感染。而被感染的文件又成了新的传染源，一旦与其他机器进行数据交换或通过网络接触，病毒就会继续进行传染。正常的电脑程序一般是不会将自身的代码强行连接到其他程序之上的。而病毒却能使自身的代码强行传染到一切符合其传染条件的未受到传染的程序之上。电脑病毒可通过各种可能的渠道，如电脑网络，去传染其他的电脑。当在一台机器上发现了病毒，往往曾在这台电脑上用过的各种介质都已感染上了病毒，而与这台机器联网的其他电脑也许也染上了该病毒。是否具有传染性，是判别一个程序是否为电脑病毒的最重要条件。病毒程序通过修改磁盘扇区信息，或文件内容并把自身嵌入到其中的方法达到病毒的传染和扩散，被嵌入的程序叫做宿主程序。

3. 潜伏性

有些病毒像定时炸弹一样，让它什么时间发作是预先设计好的。比如“黑色星期五”病毒，不到预定时间一点都觉察不出来，等到条件具备的时候一下子就爆炸开来，对系统进行破坏。一个编制精巧的电脑病毒程序，进入系统之后一般不会马上发作，可以在几周或者几个月内甚至几年内隐藏在合法文件中，对其他系统进行传染而不被人发现，潜伏性愈好，其在系统中的存在时间就会愈长，病毒的传染范围就会愈大。潜伏性的第一种表现是指，病毒程序不用专用检测程序是检查不出来的，因此病毒可以静静地躲在磁盘里呆上几天甚至几年，一旦时机成熟，得到运行机会，就要四处繁殖、扩散，并危害系统。潜伏性的第二种表现是指，电脑病毒的内部往往有一种触发机制，不满足触发条件时，电脑病毒除了传染外不做什么破坏。触发条件一旦得到满足，有的在屏幕上显示信息、图形或特殊标识，有的则执行破坏系统的操作，如格式化磁盘、删除磁盘文件、对数据文件做加密、封锁键盘以及使系统锁死等。

4. 隐蔽性

电脑病毒具有很强的隐蔽性，有的可以通过病毒软件检查出来，有的根本就查不出来，有的时隐时现、变化无常，这类病毒处理起来通常很困难。

5. 破坏性

电脑中毒后，可能会导致正常的程序无法运行，把电脑内的文件删除或受到不同程度的损坏。

6. 可触发性

病毒因某个事件或数值的出现，诱使病毒实施感染或进行攻击的特性称为可触发性。为了隐蔽自己，病毒必须潜伏，少做动作。如果完全不动，一直潜伏的话，病毒既不能感染也不能进行破坏，便失去了杀伤力。病毒既要隐蔽又要维持杀伤力，它就必须具有可触发性。病毒的触发机制就是用来控制感染和破坏动作的频率的。病毒具有预定的触发条件，这些条件可能是时间、日期、文件类型或某些特定数据等。病毒运行时，触发机制检查预定条件是否满足，如果满足，启动感染或破坏动作，使病毒进行感染或攻击；如果不满足，则病毒继续潜伏。

依据病毒特有的算法，病毒可以分为：

（1）伴随型病毒。这一类病毒并不改变文件本身，它们根据算法产生EXE文件的伴随体，具有同样的名字和不同的扩展名（COM），例如XCOPY.EXE的伴随体是XCOPY.COM。病毒把自身写入COM文件并不改变EXE文件，当DOS加载文件时，伴随体优先被执行，再由伴随体加载执行原来的EXE文件。

（2）“蠕虫”型病毒。通过电脑网络传播，不改变文件和资料信息，利用网络从一台机器的内存传播到其他机器的内存，计算网络地址，通过网络将自身的病毒发送出去。一般除了内存不占用其他资源。

（3）寄生型病毒。除了伴随型和“蠕虫”型，其他病毒均可称为寄生型病毒。它们依附在系统的引导扇区或文件中，通过系统的功能进行传播。按其算法不同可分为：练习型病毒，病毒自身包含错误，不能进行很好的传播，例如一些病毒在调试阶段；诡秘型病毒，它们一般不直接修改DOS中断和扇区数据，而是通过设备技术和文件缓冲区等DOS内部修改，不易看到资源，使用比较高级的技术，利用DOS空闲的数据区进行工作；变型病毒（又称幽灵病毒），这一类病毒使用一个复杂的算法，使自己每传播一份都具有不同的内容和长度。它们一般是一段混有无关指令的解码算法和被变化过的病毒体组成。

23.10.2 电脑病毒的识别方法

- 电脑系统运行速度减慢。
- 电脑系统经常无故发生死机。
- 电脑系统中的文件长度发生变化。
- 电脑存储的容量异常减少。
- 系统引导速度减慢。
- 丢失文件或文件损坏。
- 电脑屏幕上出现异常显示。
- 电脑系统的蜂鸣器出现异常声响。
- 磁盘卷标发生变化。

- 系统不识别硬盘。
- 对存储系统异常访问。
- 键盘输入异常。
- 文件的日期、时间、属性等发生变化。
- 文件无法正确读取、复制或打开。
- 命令执行出现错误。
- 虚假报警。
- 更换当前盘。有些病毒会将当前盘切换到C盘。
- 时钟倒转。有些病毒会令系统时间倒转，逆向计时。
- Windows操作系统无故频繁出现错误。
- 系统异常重新启动。
- 一些外部设备工作异常。
- 异常要求用户输入密码。
- Word或Excel提示执行“宏”。
- 不应驻留内存的程序驻留内存。

23.10.3 电脑病毒的防御方法

- 安装杀毒软件。
- 定期做好数据备份工作，以免因病毒造成损失。
- 杀毒软件经常更新，以快速检测到可能入侵电脑的新病毒或者变种。
- 使用安全监视软件，主要防止浏览器被异常修改、插入钩子、安装不安全或恶意的插件。
- 使用防火墙或者杀毒软件自带防火墙。
- 关闭电脑自动播放并对电脑和移动储存工具进行定时杀毒。
- 定时全盘病毒木马扫描。

23.11 其他常见系统故障实例及排除方法

下面介绍一些比较常见的系统故障及排除方法，供用户参考。

23.11.1 无法获得 Windows 10 正式版推送

- 删除“C：\Windows\SoftwareDistribution\Download”下所有文件；
- 按Windows+R组合键打开“运行”窗口
- 输入wuauclt.exe /updatenow 后Enter键。注意，命令中exe和“/”之间有一个空格。
- 进入控制面板，找到系统更新，单击更新，或者电脑会自动更新，前提是当前系统所有系统更新文件已经更新，缺一不可。

23.11.2 安装 Windows 10 推送，提示缺少 boot.wim

把Windows 10安装程序的下载临时文件夹“C：\$Windows.~BT\”复制到其他分区后，启动其中source文件夹内的setupre.exe程序就可以进行正常安装。

23.11.3 升级后，除了使用 Edge 浏览器外都无法上网

进入管理员命令符操作，之后执行netsh winsock reset命令。

23.11.4 设置、邮件等系统内置程序无法打开

“无法使用内置管理员账户打开xx”，用户在进入设置、邮件、联系人等程序时，就有一定概率看到该提示。这是由于在默认情况下，Windows 10系统不允许使用内置的Administrator用户来访问内置程序以及设置选项。用户可以通过更改权限的方法进行解决。

STEP 01 在“运行”窗口，输入gpedit.msc，单击“确定”按钮。

STEP 02 在左侧依次展开“计算机配置-Windows设置-安全设置-本地策略-安全选项”选项，在右侧的列表中双击“用户帐户控制：用于内置管理员帐户的管理员批准模式”，将“安全设置”改为“启用”，如图23-31所示。完成后，重启电脑，即可正常使用内置程序。

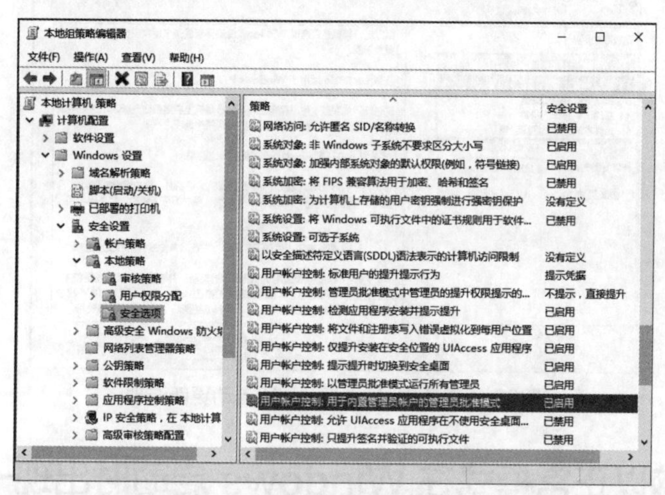

图23-31 启用内置管理员帐户批准模式

23.11.5 升级了 Windows 10 但开机后卡顿，磁盘使用率 100%

这个主要是出现在刚刚升级完的电脑中。刚升级完的Windows 10是要安装驱动的，所以磁盘占有率满了基本属于正常。建议刚刚升级后的用户连网一段时间，这样Windows 10会自动安装很多东西，而且重启完后也不会卡顿或者按组合Windows+X然后按T键，启动任务管理器，在“启动”选项卡中，选择不需要启动的程序，单击“禁用”按钮，把不用启动的软件都禁用，其实就是禁止自启，如图23-32所示。这样的话开机也会变快，Windows 10开机15秒。

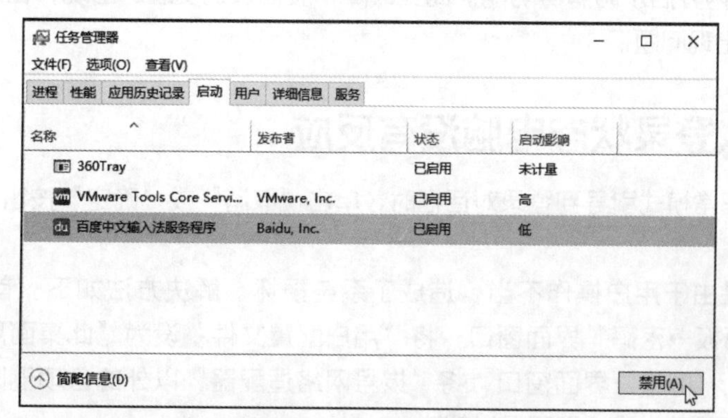

图23-32 取消自启动程序

23.11.6　禁止 Windows 10 自动更新

STEP 01 按下组合键Windows+R，弹出“运行”对话框，输入命令gpedit.msc，按下Enter键打开组策略编辑器。

STEP 02 选择“计算机配置-管理模板-Windows组件-Windows 更新”。

STEP 03 将“配置自动更新-选项”设置为“2-通知下载并通知安装”，如图23-33所示。这样就可以在需要的时候手动安装更新了。

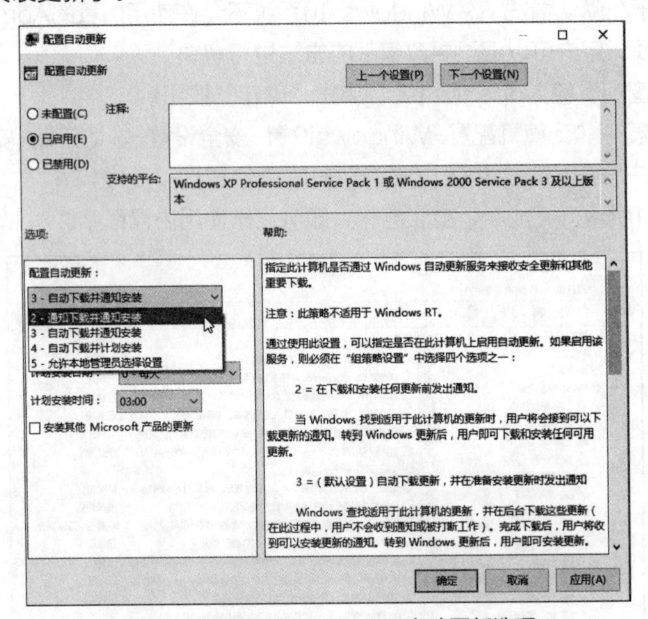

图23-33　配置Windows 10自动更新选项

23.11.7　电脑以正常模式在 Windows 启动时出现一般保护错误

- 内存条原因。倘若是内存原因，可以改变一下CAS延迟时间，看能否解决问题。倘若内存条是工作在非66MHz外频下，例如75MHz 、83MHz 、100MHz甚至以上的频率，可以通过降低外频或者内存频率来试一下，如若不行，只有将其更换了。
- 磁盘出现坏道。倘若是由于磁盘出现坏道引起的，可以用安全模式引导系统，再用磁盘扫描程序修复一下硬盘错误，看能否解决问题。硬盘出现坏道后，如不及时予以修复，可能会导致坏道逐渐增多以致硬盘彻底损坏，因此，应尽早予以修复。
- Windows系统损坏。对此唯有重装系统方可解决。
- 在CMOS设置内开启了防病毒功能。此类故障一般在系统安装时出现，在系统安装好后开启此功能一般不会出现问题。

23.11.8　进入登录状态电脑没有反应

在Windows以正常模式引导到登录对话框时，单击“取消”或“确定”按钮后桌面无任何图标，不能进行任何操作。

此类故障一般是由于用户操作不当，造成了系统损坏。解决方法如下：首先以安全模式引导系统，进入“控制面板→密码”界面窗口，将“用户配置文件”设为“此桌面用户使用相同的桌面及首选项”；再进入“网络”界面窗口，将“拔号网络适配器”以外的各项删除，使其登录方式为Windows登录。重新启动电脑，即可予以解决。

23.11.9 拨号成功后不能打开网页

- 提示无法打开搜索页。此类故障一般是由于网络配置有问题造成的。进入“控制面板→网络”窗口，将拨号适配器以外的各项全部删除，重新启动电脑后再添加Microsoft的“TCP/IP协议”，如图23-34所示。重新启动电脑后即可解决。

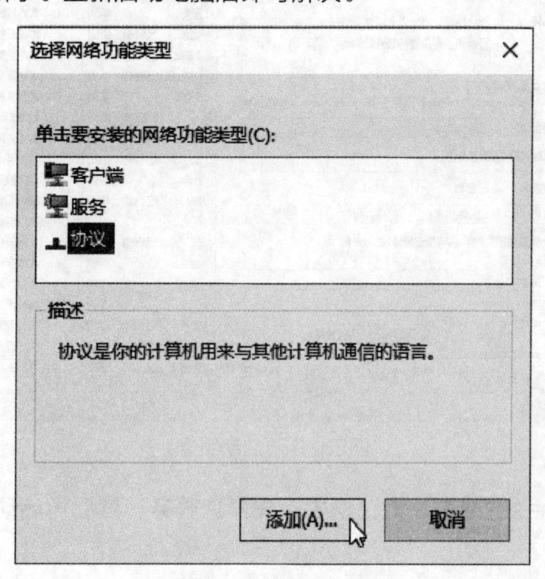

图23-34 安装网络协议

- 一些能够进去的站点不能进去且长时间查找站点。有一些Modem如若用户没有为其指定当地的IP地址就会出现此类故障，进入Modem设置项为其指定当地的IP地址即可。还有一种可能是用户用软件优化过，对此也可按上面介绍的方法重新安装网络选项或恢复一下注册表看能否解决问题。如若不行，就笔者的经验只有重新安装系统方可解决。
- 在Windows的IE浏览器中，为了限制对某些Internet站点的访问，可以在“控制面板”的“Internet”设置的“内容”页中启用“分级审查”，用户可以对不同的内容级别进行限制。但是当浏览含有activex的页面时，总会出现口令对话框要求输入口令，如果口令不对，就会无法看到此页面。这个口令被遗忘后，用户便无法正常浏览。解决的办法就是通过修改注册表，删除这个口令。方法如下：打开“注册表编辑器”，找到HKEY_LOCAL_MACHINE\Software\microsoft\Windows\current version\policies\ratings，这个子健下面存放的就是加密后的口令，将ratings子键删除，IE的口令就被解除了。

23.11.10 Aero 特效无法开启

强行重启系统会对系统造成或大或小的伤害，很多用户遇见过Aero特效消失的情况，在尝试使用自动修复功能时却被提示“已禁用桌面窗口管理器”，其解决方法如下：

用户需进行一次全面的杀毒，并检查服务状态，可以试试重置服务。

（1）在搜索框中键入services.msc打开服务列表，双击调出“Desktop Window Manager Session Manager 的属性”对话框。把“启动类型”改为“自动”、把“服务状态”设为“已启动”，单击“确定”按钮保存，如图23-35所示。（若“启动”和“停止”按钮为灰色，处于不可用状态，需重启后尝试）

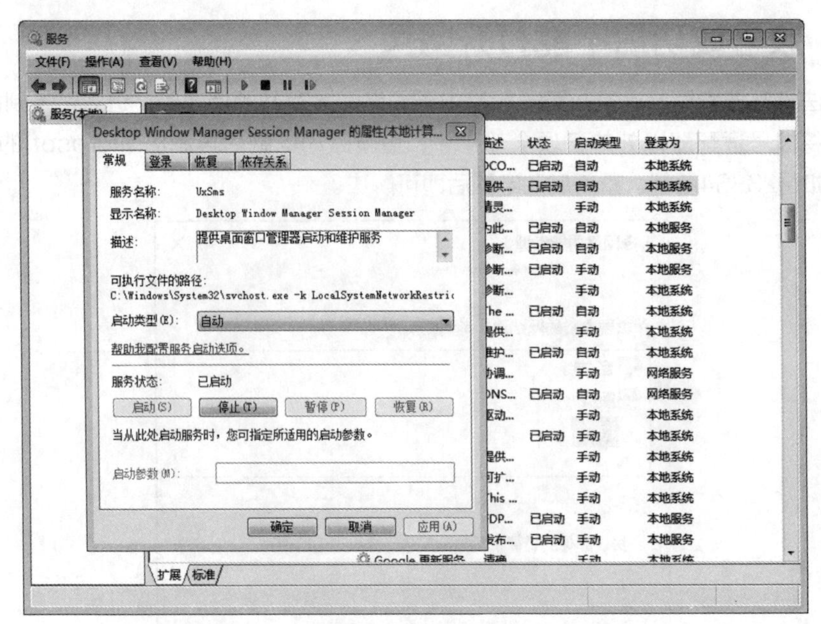

图23-35 启动服务

（2）同样在“Themes的属性”对话框中，先停止服务，然后再启动，把“启动类型”设置为“自动”。

（3）在开始搜索框中键入msconfig.exe，确定，打开“系统配置”对话框。单击切换至“服务”选项卡，确认已勾选Desktop Window Manager SessionManager 服务，单击“确定”按钮保存。这样，下次重启时系统将自动启用这个服务。

23.11.11 运行应用程序时出现非法操作的提示

此类故障引起的原因较多，有如下几种可能：

- 系统文件被更改或损坏。倘若由此引发，则打开一些系统自带的程序时就会出现非法操作的提示，例如打开控制面板。
- 驱动程序未正确安装，此类故障一般表现在显卡驱动程序之上。倘若由此引发，则打开一些游戏程序时均会产生非法操作的提示，有时在打开某些网页时也会出现非法操作的提示。
- 内存条质量不佳引起。可以使用软件或者在BIOS中提高内存延迟时间，即将系统默认的3改为2可以解决此类故障。
- 有时程序运行时倘若未安装声卡驱动程序也会产生此类故障。倘若未安装声卡驱动程序，运行时就会产生非法操作错误。
- 软件之间不兼容，当IE同时打开多个窗口时有时会产生非法操作的提示。

23.11.12 MBR 故障

故障现象：

开机后出现类似“press F11 start to system restore”的错误提示。

故障分析：

许多一键Ghost之类的软件，为了达到优先启动的目的，在安装时往往会修改硬盘MBR，这样在开机时就会出现相应的启动菜单信息。不过要是此类软件有缺陷或与Windows 7不兼容，就非常容易导致Windows 7无法正常启动。

故障修复：

对于硬盘主引导记录（即MBR）的修复操作，利用Windows 7安装光盘中自带的修复工具Bootrec.exe即可轻松解决此故障。其具体操作步骤是：先以Windows 7安装光盘启动电脑，当光盘启动完成之后，按下Shift+F10组合键，调出命令提示符窗口并输入DOS命令bootrec /fixmbr，如图23-36所示。然后按下Enter键，按照提示完成硬盘主引导记录的重写操作就可以了。

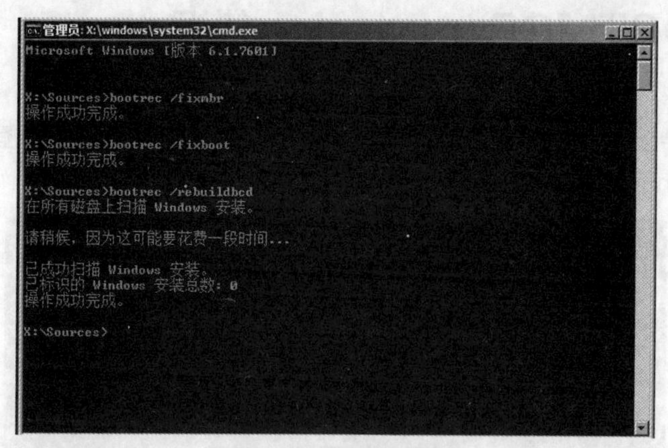

图23-36 修复MBR

23.11.13 Oxc000000e 故障

故障现象：

开机时不能正常地登录系统，而是直接弹出Oxc000000e故障提示，如图23-37所示。

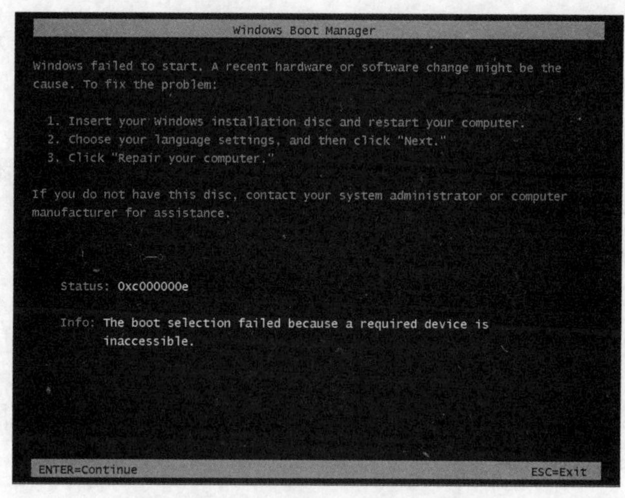

图23-37 Oxc000000e故障提示

故障分析：

由于安装或卸载某些比较特殊的软件，往往会对Windows 7系统的引导程序造成非常严重的破坏，这样Windows 7在启动时就会出现Oxc000000e错误，从而导致无法正常启动系统。在这种情况下，按下快捷键F8也无法调出Windows 7系统的高级启动菜单，当然也就无法在安全模式下执行修复操作。

解决方法：

依次执行以下5条DOS命令，C盘是Windows 7系统安装的系统盘。如果读者没有Windows 7安装光盘，亦可进入WinPE环境中执行命令。

C:

```
cd windows\system32
bcdedit /set {default} osdevice boot
bcdedit /set {default} device boot
bcdedit /set {default} detecthal 1
```

23.11.14 BOOTMGR is missing 错误

故障现象：

每当开机时，都会出现错误提示信息，如图23-38所示，同样不能正常地登录系统。该错误提示翻译成汉语就是Bootmgr丢失，按组合键Ctrl+Alt+Del重新启动。

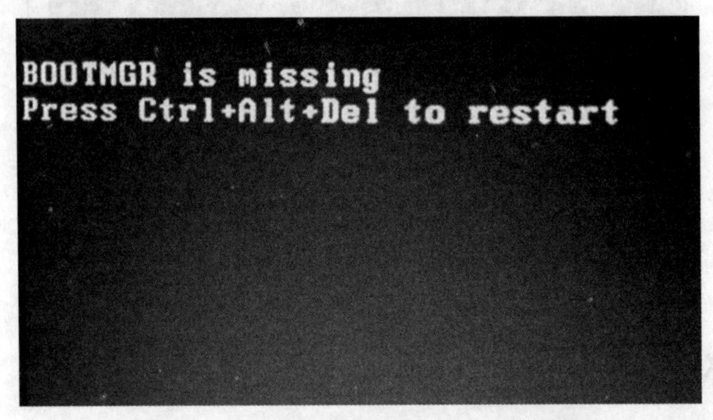

图23-38 BOOTMGR is missing错误提示

故障分析：

这种启动故障产生的原因，或者是由于Bootmgr文件确实丢失了，这是最为常见的。还有一种可能是由于磁盘错误导致的。

故障修复：

如果是Bootmgr文件丢失，可采用重建Windows 7系统引导文件的方法来解决问题即可。依次执行以下两条DOS命令：

```
C:
bcdboot C:windows /s C:
```

接着重启系统，就可以看到Windows 7系统熟悉的开机菜单了，然后选择第一个Windows 7系统菜单选项，经过一番初始化操作，就可以正常地使用Windows 7系统了。

如果经过以上步骤仍然不能解决问题，那么故障就很可能是由于磁盘错误所引起的了，此时可尝试在WinPE环境中，运行一下chkdsk /f命令，故障就可以得到很好地解决了。

23.11.15 BOOTMGR is compressed 错误

故障现象：

该故障和BOOTMGR is missing错误类似，同样是开机无法登录系统而只是会出现“BOOTMGR is compressed”的错误提示，如图23-39所示。

故障分析：

这种故障产生的原因是由于对系统盘进行了压缩所造成的。

故障修复：

以WinPE启动系统，运行其自带的命令提示符工具，并依次执行以下DOS命令：

```
c:
cd windows\system32
compact /u /a /f /i /s c: *
```

执行完上述DOS命令后，命令提示符工具就会开始C盘文件的完全解压操作。然后重启系统，即可正常登录Windows 7系统了。

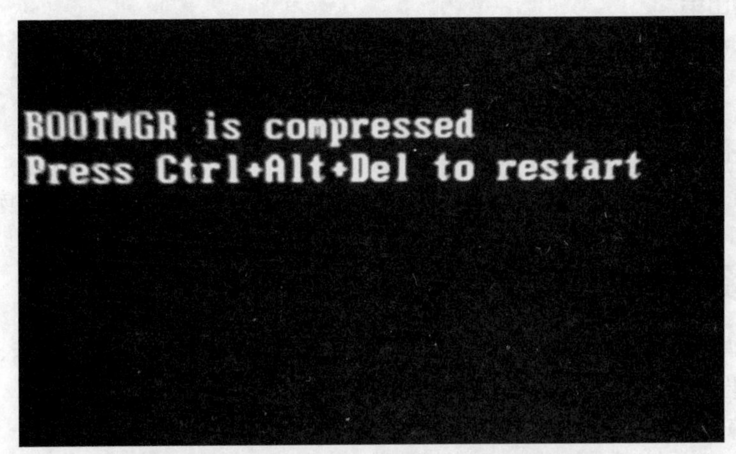

图23-39 BOOTMGR is compressed错误提示

23.11.16 开机没有声音的故障

1. 外置音响连接线错误或电源没有开启

有许多台式机的用户用的是外接的声音播放设备。在连接音频线的时候连接的是麦克风的孔，造成没有声音，只要更换插孔就可以了。一般台式机的插孔是绿色的，而且都有小图标提示。此外，外连接问题还包括扬声器和耳机、HDMI电缆、USB音频设备以及其他音频设备忘记开电源。

2. 驱动程序没有安装或安装不正确

驱动程序没有安装。有的声卡由于系统没有相对应的驱动所以安装Windows 7后没有声音，可以在设备管理器中查看驱动的情况，如图23-40所示。如果没有安装就安装对应的驱动，有的声卡要求先安装补丁才可以安装驱动。具体参见官方说明，也可以使用“驱动人生”检测。

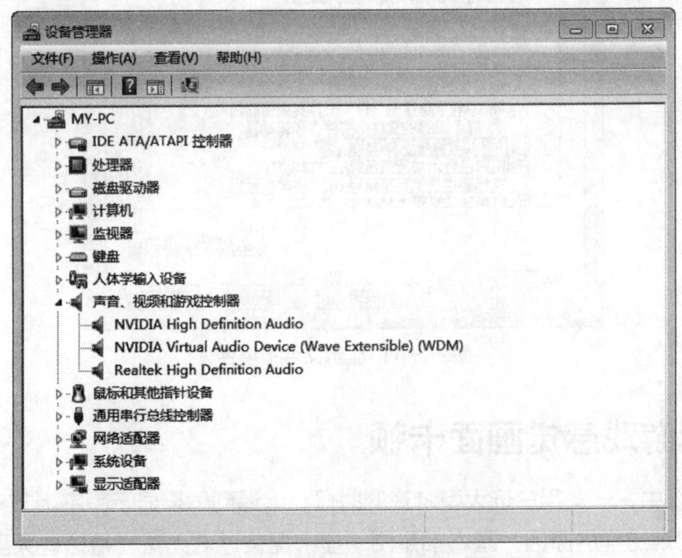

图23-40 查看声卡驱动是否工作正常

3. 驱动程序不兼容

有的时候驱动程序不兼容，有的笔记本电脑安装驱动顺序不正确也会造成安装Windows 7后没有声音，请更新驱动。例如华硕和DELL的电脑最好按官方的驱动安装顺序安装，一般是优先主板、芯片以及显卡。

4. 声音设置出错

依次单击“开始→控制面板”，单击“硬件和声音 ”文字链接，然后在“声音”文字链接下单击“调整系统音量”文字链接，向上移动滑块可增大音量，确保“静音”按钮未开启。

5. 声卡本身问题

老旧的电脑声卡本身已经有问题，不能发现声卡设备，或驱动找不到，可以更换声卡解决。

23.11.17 资源管理器反应缓慢

Windows 7旗舰版系统运行久了之后，有些用户会发现系统慢慢变得越来越卡、越来越慢，特别是打开“资源管理器”更是如此。解决方法如下：

STEP 01 在“计算机”图标上右击，选择进入“系统”界面。

STEP 02 单击“工具→文件夹和搜索选项”。

STEP 03 在打开的“文件夹选项”对话框中，切换到“查看”选项卡，勾选“始终显示图标，从不显示缩略图”复选框并单击选中“不显示隐藏的文件、文件夹或驱动器”选项。取消勾选“隐藏已知文件类型的扩展名”复选框，如图23-41所示。单击“确定”按钮保存以上设置即可。

通过以上设置后，在Windows 7系统中打开“资源管理器”，就不会再那么卡了。

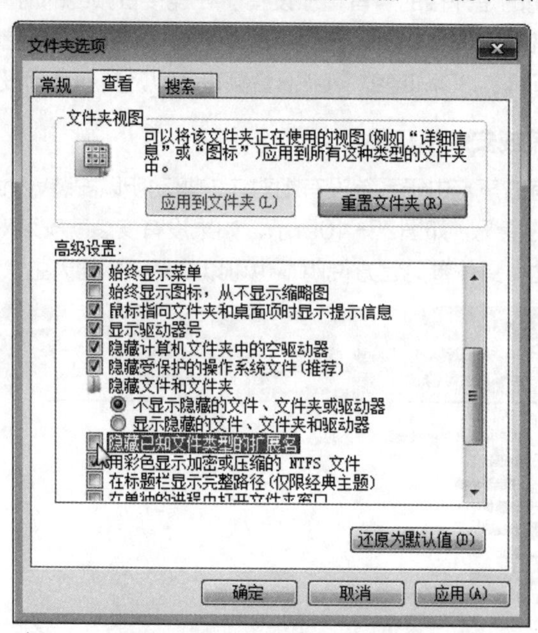

图23-41 显示文件扩展名

23.11.18 玩游戏感觉画面卡顿

Windows 7系统中，一些用户玩大型游戏的时候，会遇到屏幕显示跟不上节奏，且画面也很不流畅的问题。一般会出现这样的原因，基本都是由于显卡配置过低无法支持这些大型的游戏，或显卡出现了一些问题。Windows 7系统显卡出现问题的原因及解决方法如下：

- 电脑之间一直存在兼容性的问题。如果显卡不兼容的话，那就是显卡出现故障的原因之一。而显卡不兼容主要体现在硬件和软件两方面，软件方面主要是驱动程序不兼容；硬件方面主要是电脑不能启动、黑屏的现象，说明显卡本身不兼容主板。
- 软件不兼容一般主要体现在显卡驱动方面，比如驱动出现BUG，未安装好驱动。出现此问题应该重新更新驱动程序，更新之后查看是否能解除故障，或者重新安装Windows 7系统来解决。
- 如果故障仍旧，建议尝试换一个其他型号的显卡，然后重新安装显卡驱动。安装之后登陆游戏，查看画面方面是否有所改良，当显示器恢复正常时，那么可能跟显卡兼容性相关。硬件方面与主板不兼容，通常是芯片之间或显卡供电回电路的电流供给能力不足所造成。如果发现显示器还是很缓慢时，则说明是显卡已经被损坏了，只能更换新显卡解决显卡故障。

23.11.19 电脑休眠后无法唤醒

Windows 7系统的休眠功能能够节省电能，提高工作效率。但是如果Windows 7电脑休眠后无法唤醒，会导致Windows 7系统无法正常运行。

电脑休眠后无法唤醒故障的具体解决步骤如下：

STEP 01 在刚装的Windows 7系统中，系统默认没有休眠而只有睡眠，这时候在“电源选项”里面的“睡眠”选项列表中只有两个选项可以选择。

STEP 02 如果现在按下按钮唤醒Windows 7系统休眠的话，就会出现无法唤醒，或者自动唤醒的结果。现在要解决的就是如何将Windows 7系统唤醒。打开休眠的方法是按下组合键Windows+R，即打开“运行”窗口，然后输入powercfg -h on，确定此时一个窗口闪过，休眠选项就打开了。返回“电源选项”窗口观察，已经多了两个选项。

STEP 03 下面进行关键性的一步，单击选择“睡眠”列表中的“允许混合睡眠”选项，然后选择“打开”，最后确定。

23.11.20 Windows 10 出现蓝屏故障

故障现象：

正常使用的系统突然出现蓝屏故障，代码是0x0000001E：KMODE_EXCEPTION_NOT_HANDLED。

故障分析：

Windows内核检查到一个非法或者未知的进程指令。这个代码一般是由有问题的内存或是与前面0x0000000A相似的原因造成的。

故障修复：

- 硬件兼容有问题。对照最新硬件兼容性列表，查看所有硬件是否都包含在该列表中。
- 有问题的设备驱动、系统服务或内存冲突和中断冲突。如果在蓝屏信息中出现了驱动程序的名字，试着在安装模式或者故障恢复控制台中禁用或删除驱动程序，并禁用所有刚安装的驱动和软件。如果错误出现在系统启动过程中，则进入安全模式，将蓝屏信息中所标明的文件重命名或者删除。
- 如果错误信息中明确指出Win32K.sys，很有可能是第三方远程控制软件造成的，需要从故障恢复控制台中将该软件的服务关闭。
- 在安装Windows后第一次重启时出现，最大嫌疑可能是系统分区的磁盘空间不足或BIOS兼容有问题。
- 如果是在关闭某个软件时出现的，很有可能是软件本身存在设计缺陷，需要升级或卸载该软件。

24 Chapter 修复CPU常见故障

知识概述

CPU是电脑的大脑，CPU出现问题往往会导致系统无法启动、死机、重启、运行缓慢。本章将介绍常见的CPU故障产生原因及排除方法。

要点难点

● CPU常见故障 ● CPU故障产生的原因 ● CPU故障的修复 ● CPU故障实例

24.1 CPU常见故障现象

一般CPU出现故障后的常见现象有：

- 加电后系统没有任何反映，也就是经常所说的主机点不亮。
- 电脑频繁死机，即使在CMOS或DOS下也会出现死机的情况。这种情况在其他配件出现问题之后也会出现，可以利用排除法查找故障出处。
- 电脑不断重启，特别是开机不久便连续出现重启的现象。
- 不定时蓝屏。
- 电脑性能下降，下降的程度相当大。

24.2 CPU故障检测方法

观察现象或者使用检测工具可以快速定位故障方向及位置。

24.2.1 查看自检信息

如果电脑可以开机，在自检过程中，如果是CPU方面出现问题，电脑会通过显示及声音进行提示。比如在显示器上提示“CPU Fan Error!”，如图24-1所示，说明CPU风扇发生错误，需要用户进行排查。

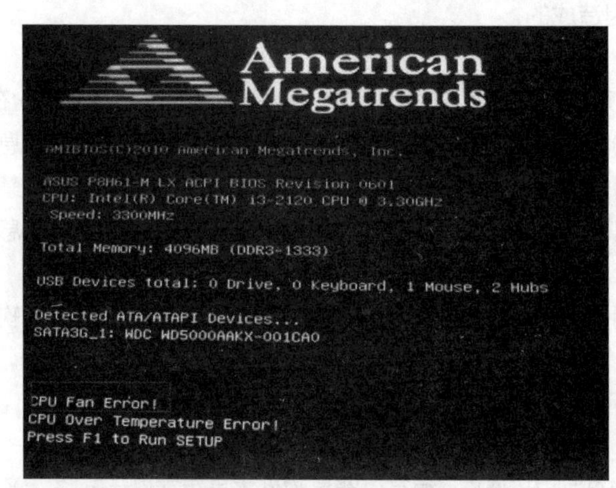

图24-1 CPU风扇发生问题

24.2.2 通过查看 CPU 风扇判断问题

CPU运行是否正常与CPU风扇关系很大。风扇一旦出现故障，则很可能导致CPU因温度过高而被烧坏。平时使用时，不应忽视对CPU风扇的保养。比如在气温较低的情况下，风扇的润滑油容易凝固，导致运行噪音大，甚至风扇坏掉，这时就应该将风扇拆下清理并加油。

24.2.3 检查 CPU 安装问题

CPU在运输过程及用户的安装过程中，特别需要注意CPU的完好性。在检查时，不仅要检查CPU与插槽之间是否连接通畅，而且要注意CPU底座是否有损坏或者安装不牢固而产生问题。

检查CPU及主板针脚有无弯曲，如图24-2所示。并检查有无安装错误的情况发生。现在的CPU采用的都是Socket架构。CPU通过针脚直接插入主板上的CPU插槽，尽管号称是“零插拔力”插槽，但如果插槽质量不好，CPU插入时的阻力还是很大。用户在拆除或者安装时应注意保持CPU的平衡，尤其是安装前要注意检查针脚是否弯曲，不要一味地用力压或拔，否则就有可能折断CPU针脚。

图24-2 CPU针脚弯曲故障

另外，还要查看散热器与CPU之间是否紧密连接，硅脂涂抹是否规范；有没有接触不良或者短路的情况发生。

在CPU使用一段时间后，要清除散热器灰尘，并重新涂抹硅脂，以防止因阻塞、老化等原因造成散热不良。这一点在夏季散热条件不是很好的情况下往往尤为重要。

还有一条就是在清理完成后，一定要插上风扇或者散热器的电源跳线，否则可能因无法散热造成死机等故障。

24.2.4 检查 CPU 设置问题

这一点在BIOS中需要特别注意。由于误操作或者病毒的原因造成CPU无法工作在稳定的频率上，容易造成死机、蓝屏、重启等现象。最简单的方法是恢复设置的默认值。

用户可以通过放电法或者短接法对CMOS进行复位。注意在使用该方法时，一定要将身上的静电放空，防止静电造成CPU或者主板元器件损坏。

24.2.5 测试软件检测 CPU

如果不太确定故障是否是CPU的问题，可以通过检测软件检查CPU的工作状态、频率、电压等情况，如图24-3所示。也可以实时监测CPU的工作温度，如图24-4所示。

CPU-Z
处理器 | 缓存 | 主板 | 内存 | SPD | 显卡 | 测試分數 | 关于
处理器
名字 Intel Core i7 6700K
代号 Skylake
TDP 95.0 W
插槽 Socket 1151 LGA
工艺 14 纳米
核心电压 0.780 V
intel CORE i7 inside
规格 Intel(R) Core(TM) i7-6700K CPU @ 4.00GHz
系列 6
型号 E
步进 3
扩展系列 6
扩展型号 5E
修订 R0
指令集 MMX, SSE, SSE2, SSE3, SSSE3, SSE4.1, SSE4.2, EM64T, VT-x, AES, AVX, AVX2, FMA3, TSX
时钟 (核心 #0)
核心速度 1299.69 MHz
倍频 x 13.0 (8 - 42)
总线速度 99.98 MHz
额定 FSB
缓存
一级 数据 4 x 32 KBytes 8-way
一级 指令 4 x 32 KBytes 8-way
二级 4 x 256 KBytes 4-way
三级 8 MBytes 16-way
已选择 处理器 #1
核心数 4
线程数 8
CPU-Z Ver. 1.78.0.x64
工具
验证
确定

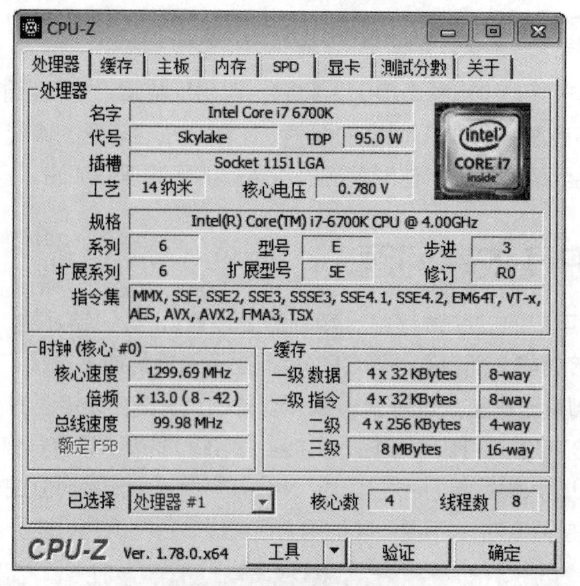

图24-3 查看CPU参数

电脑概览 复制信息
电脑型号 技嘉 To be filled by O.E.M.
操作系统 Microsoft Windows 7 旗舰版 (64位/Service Pack 1)
CPU (英特尔)Intel(R) Core(TM) i7-6700K CPU @ 4.00GHz(4001 ...
主板 技嘉 Z170-Wind-CF
内存 8.00 GB (2400 MHz)
主硬盘 130 GB (S2YMNYAH596694 已使用时间: 1744小时)
显卡 NVIDIA GeForce GTX 1060 6GB (6144MB)
显示器 冠捷 2369 32位真彩色 60Hz
声卡 Realtek High Definition Audio
网卡 Realtek PCIe GBE Family Controller
温度检测
CPU 26℃
主板 27℃
硬盘 32℃
显卡 34℃

图24-4 CPU温度监测

对于CPU稳定性及性能测试，可以使用CPU-Z进行测试，如图24-5所示。在这里也可以判断CPU的真假。

CPU-Z
处理器 | 缓存 | 主板 | 内存 | SPD | 显卡 | 測試分數 | 关于
單處理器執行緒
這個處理器 2058
參考 2031
多重處理器執行緒
這個處理器 8379
參考 8554
线程数 8
參考 Intel(R) Core(TM) i7-6700K CPU @ 4.00GHz (4C/8T)
測試處理器分數
測試處理器穩定度
提交和比较
CPUID Benchmark Version 15.01.64
CPU-Z Ver. 1.78.0.x64
工具
验证
确定

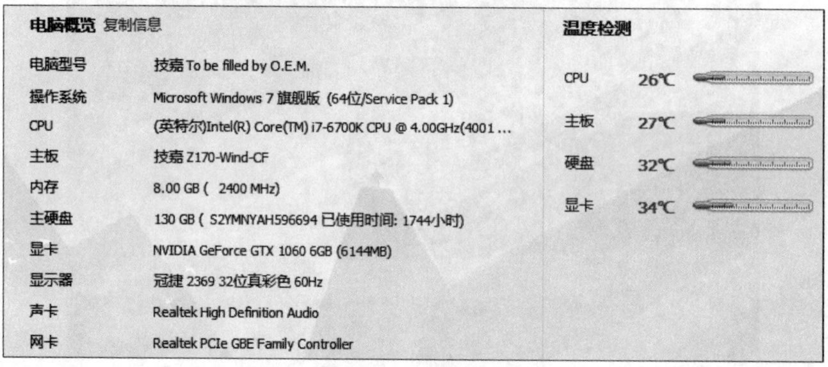

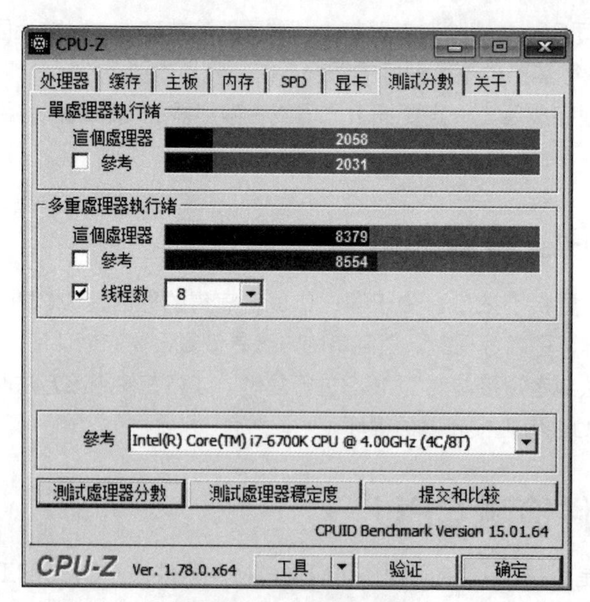

图24-5 CPU测试

24.3 CPU常见故障产生原因及排除方法

24.3.1 CPU散热系统工作不正常引起的故障

当CPU散热不良时，会造成CPU温度过高，一般都会造成主机故障。其主要表现有死机、黑屏、机器变慢、在CMOS和DOS下死机、主机反复重启等现象。

● CPU风扇安装不当会造成风扇与CPU接触不够紧密，而使CPU散热不良。解决方法是在CPU上涂抹薄薄一层散热膏，之后正确安装CPU风扇。

● 主机里面的灰尘过多。解决方法是将CPU风扇卸下，用毛笔或软毛的刷子将灰尘清除。

● CPU风扇的功率不够大或老化。解决方法是更换CPU风扇。

● 环境温度太高，无法将产生的热量及时散去。解决方法是更换更为先进的散热系统。

24.3.2 重启故障

引起电脑重启故障的原因很多，有软件和硬件原因之分。硬件方面，内存、主板、CPU、电源等都会引起电脑的频繁重启。而CPU也是引起重启故障的重要元素之一，当主板侦测到CPU过热，就会重启系统，以此来保护CPU不被烧毁，所以如果系统频繁重启请检查CPU散热是否正常。

24.3.3 超频造成CPU出现问题

一般超频后的CPU在性能上有一定提升，但是对电脑稳定性和CPU的使用寿命都是有害的。超频后，如果散热条件达不到散发的热量需要的标准，将出现无法开机、死机、无法进入系统、经常蓝屏等情况。

在发生该问题时，可以通过增加散热条件、提高CPU工作电压，增加稳定性。如果故障依旧，建议普通用户恢复CPU默认工作频率。

24.3.4 CPU损毁故障

CPU烧毁的故障一般是无法挽回的，所以以下引起CPU损毁故障的原因一定要注意。

● 长时间的高效率的工作。

● CPU超频后，散热设备不足。

● 挂起模式造成CPU烧毁。

一般的系统挂起并不会造成CPU烧毁，系统会自动降低CPU工作频率和风扇转速来节省能耗。而因挂起模式造成CPU被烧毁的，均是超频后的CPU。CPU被烧毁全都因为风扇停止运转造成的。主板上的监控芯片除可以监控风扇转速外，有的还能在系统进入Suspend（挂起）省电模式下，自动降低风扇转速甚至完全停止运转。这本是好意，可以省电，也可以延长风扇的寿命与使用时间。过去由于CPU处于闲置状态下，热量不高，所以风扇不转，只靠散热片还能应付散热。但现在的CPU频率实在太高，即使进入挂起模式，当风扇不转时，CPU也会热得发烫。

这种情况并不是每块主板都会发生，它必须符合三个条件。首先CPU风扇必须是3pin风扇，这样才会被主板所控制。第二，主板的监控功能必须具备Fan Off When Suspend（进入挂起模式即关闭风扇电源），且此功能预设为On。有的主板预设为On，有的甚至在Power Management的设定中只有Fan Off When Suspend这一个选项，读者可以注意看看。第三，进入挂起模式。因此，现在就对照检查一下电脑吧。

- “低温”工作也能烧毁CPU。

主板检测到的温度是CPU附近的空气温度，而温度最高的内核温度却不容易检测。所以有些CPU在还没有达到CPU极限温度的时候就已经烧毁。CPU在正常工作的时候，如果散热正常一般不会出现烧毁故障，而超频后CPU烧毁的几率则大大增加。

24.4 CPU 故障检测顺序

1 检测CPU能否开机。

2 如果不能开机则检查CPU是否插好。如果没有插好，只要重新安装CPU即可。

3 如果已经插好，则检查CPU工作电压是否正常。如果电压正常，则问题出现在CPU本身，用户可以使用替换法进行检查。

4 如果工作电压不正常，则应从电源本身进行检查。

5 如果CPU可以开机，则测试CPU本身是否存在死机故障。

6 如果存在死机故障，首先查看CPU风扇是否工作正常。如果不正常，则检查风扇供电并检查风扇是否损坏。

7 如果CPU风扇工作正常，则检查BIOS设置中CPU是否进行了超频。

8 如果没有超频，则问题可能出现在其他部件上。

9 如果进行了超频，则需要将CPU参数恢复到出厂值即可。

24.5 CPU 故障修复实例

下面介绍一些日常中经常出现的CPU故障及故障的修复方法。

24.5.1 主机不断重启

故障描述：

为使电脑安全渡过暑期，用户购买了CPU散热器。在安装之后机器稳定运行了一个月左右，由于用户使用电脑频率一直不高，因此也没有遇到什么问题。但随着利用频率的增加和天气越来越热，问题出现了。机器开机之后只能正常工作40分钟，然后便重新启动。随着利用时间越来越长，重启的频率也越来越高。于是将故障的根源锁定在更换的散热器上。

故障分析：

CPU产生的热量不能及时地散发出去，会发生由于温度过高而出现频繁死机的现象。一般情况下，如果主机工作一段时间后出现频繁死机的现象，首先要检查CPU的散热情况。

故障排除：

既然断定问题的根源与散热器有关，在开机的情况下查看散热器风扇的运转情况，一切正常，说明风扇没有问题。于是将散热器重新拆下后，通过认真清洗后重新装上，开机后问题如故。于是更换了散热风扇后问题解决经反复对比终于发现，原来是扣具方向装反了，结果造成散热片与CPU核心部分接触有空隙。CPU过热，主板侦测CPU过热，于是重启保护。

原来CPU散热风扇安装不当，也会造成Windows自动重启或无法开机。

随着工艺和集成度的不断提高，CPU核心发热已是一个比较严峻的问题，因此目前的CPU对散热风扇的要求也越来越高。散热风扇安装不当而引发的问题也是相当普遍和频繁。用户在挑选散热器时，请选择质量过硬的CPU风扇，并且一定要注意其正确的安装方法。否则轻则造成机器重启，严重的甚至会造成CPU烧毁。

另外，如果在BIOS中检测发现CPU温度上升过快，也可能是CPU散热器出现了问题，亦或是安装不正确。过高的工作温度会出现电子迁移现象，从而缩短CPU寿命。对于CPU来说，53℃的温度太高了，长时间使用易造成系统不稳定和硬件损坏。

24.5.2 CPU 频率自动降低

故障描述：

一般正常使用中的电脑，开机后本来3.6GMHz的CPU变成2GMHz，并显示有“Defaults CMOS Setup Loaded”的提示信息。在重新进入CMOS Setup中设置CPU参数后，系统正常显示主频，但过了一段时间后又出现了以上故障。

故障分析：

这种故障常见于设置CPU参数的主板上。这是由于主板上的电池电量供应不足，使得CMOS的设置参数不能长久有效地保存所致。

故障排除：

将主板上的电池更换即可解决。

另外，温度过高时也会造成CPU性能的急剧下降。如果电脑在使用初期表现异常稳定，但后来性能大幅度下降，偶尔伴随死机现象。使用杀毒软件查杀无发现，用Windows的磁盘碎片整理程序进行整理也没用，格式化重装系统仍然不行，此时应打开机箱更换新散热器。

配备了热感式监控系统的处理器，会持续检测温度。只要核心温度到达一定水平，该系统就会降低处理器的工作频率，直到核心温度恢复到安全界限以下。这就是系统性能下降的真正原因。同时，这也说明散热器的重要。推荐优先考虑一些品牌散热器，不过它们也有等级之分，在购买时应注意其所能支持的CPU最高频率是多少，然后根据自己的CPU“照方抓药”。

24.5.3 针脚接触不良

故障现象：

2015年组装的一台兼容机，使用两年一切正常。在一次搬家后电脑却无法启动了。风扇运转正常，CPU温度也不高，更换内存条也试过，不能解决问题。

故障分析：

按下机箱电源后，机器没有任何反应，为故障排除带来了一定的难度，因此使用替换法查找出问题的所在。使用一台配置相当的电脑，先从电源开始，用替换法逐一查找故障。更换CPU后，机器启动正常，运行测试程序三个小时也没有出现不稳定的现象。由于这台机器一直以来并没有超过频，并且也并不经常使用，唯一的应用就是办公上网，因此说明处理器无问题。另外，CPU风扇运转一直很正常，这也显示处理器应该没有问题。于是顺手替换CPU进行测试机器上。开机后一切正常，运行也很稳定。

CPU和主板都没有问题，但主板却无法认出原有的CPU，仔细观察两块CPU，没有发现什么不同。经过仔细观察，忽然发现CPU的针脚上有轻微的夹痕。

故障修复：

是不是由于CPU插座和CPU针脚之间的接触不良造成的故障？是哪个脚接触不良呢？考虑到替换用的CPU可以在机子上正常运行，这种接触不良应该是比较轻微的。于是将替换CPU插入CPU插座内，同时轻轻下压CPU插座上的扳手，当感觉拔插CPU有了一定阻力时，将CPU强行从插座中拔出。这一动作有一定危险性，注意插座扳手不可压得太紧，拔CPU时要垂直向上用力，否则CPU针脚弯了就会造成新问题。如此重复几次，再重新装入CPU，扣上风扇。开机后，一切正常。

这种故障并不常见，由于CPU针脚上镀有金，同时按Intel的要求，CPU插座上也需要镀金。由于黄金导电性能好，不易氧化，所以CPU和插座间并不容易出现接触不良的情况。但随着市场价格竞争的激化，有不少主板上的CPU插座并没有镀金，或者镀金的厚度低于Intel所要求的厚度。因此在使用中，随着时间的推移，CPU插座易产生一层氧化层，使CPU和插座间出现接触不良，导致机器死机等情况。这里使用的方法就是让CPU针脚与插座进行摩擦，从而破坏插座上的氧化层，这样就可以使CPU和插座间的接触尽可能良好。

24.5.4　导热硅胶造成 CPU 温度升高

故障现象：

要让CPU更好散热，在芯片表面和散热片之间涂了很多硅胶，但是CPU的温度没有下降，反而升高了。

故障修复：

硅胶是用来提升散热效果的，正确的方法是在CPU芯片表面薄薄地涂上一层，基本能够覆盖芯片即可。涂多了反而不利于热量传导。而且硅胶容易吸收灰尘，硅胶和灰尘的混合物会大大地影响散热效果。

24.5.5　病毒导致死机

故障现象：

一台电脑在使用初期表现异常稳定，但后来似乎感染了病毒，性能大幅度下降，偶尔伴随着死机现象。

故障分析：

感染病毒后磁盘碎片增多或CPU温度过高。电脑大幅度下降的原因可能是为处理器的核心配备了热感式监控系统，它会持续检测温度。只要核心温度到达一定水平，该系统就会降低处理器的工作频率，直到核心温度回复到安全线以下为止。另外，CPU的温度过高也会造成死机。

故障修复：

首先使用杀毒软件查杀病毒，接着用Windows的磁盘碎片整理程序进行整理。最后打开机箱，发现CPU散热器的风扇出现问题，通电后根本不会转动。更换新的散热器，问题即可解决。

24.5.6　玩游戏死机

故障现象：

电脑启动后，运行半个小时后死机；启动后运行较大游软件死机。

故障分析：

这种有规律性的死机一般与CPU的温度有关。

故障修复：

打开机箱侧板后开机，发现装在CPU散热器上的风扇转速时快时慢，叶片上还沾满了灰尘。关机取下散热器，用刷子把风扇上的灰尘刷干净。然后把风扇上的不干胶揭起一大半露出轴承，发现轴承处的润滑油早已干涸，且间隙过大，造成风扇转动时声音增大许多。拿来摩托车机油在上下轴承各滴一滴，然后用手转动几下，擦去多余的机油并重新粘好贴纸。把风扇装回到散热器，再重新装到CPU上面。启动电脑后发现转速明显快了许多，而噪音也小了许多。系统运行稳定，故障排除。

24.5.7 CPU风扇故障

故障现象：

一台电脑的CPU风扇在转动时忽快忽慢，电脑一会就死机。

故障分析：

由于现在大多数电脑使用普通的滚珠风扇，需要润滑剂来润滑滚珠和轴承，这种现象的发生估计是缺乏CPU风扇的滚珠和轴承之间的润滑油，造成风扇转动阻力增加，转动困难，使其忽快忽慢。由于CPU风扇不能持续为CPU提供强风进行散热，使CPU温度上升，最终导致死机。

故障修复：

在给CPU风扇加了润滑油后，CPU风扇转动正常，死机现象消失。

24.5.8 超频故障

故障现象：

CPU超频后，在Windows操作系统中经常出现蓝屏现象，无法正常关闭程序，只能重启电脑。

故障分析：

蓝屏现象一般是CPU在执行比较繁重的任务时出现，如进行大型3D游戏、处理运算量非常大的图形和影像等。并不是CPU的负荷一大就会出现蓝屏，这通常没有什么确定的规律可循，但解决此问题的关键在于散热。

故障修复：

首先应检查CPU的表面温度和散热风扇的转速，并检查风扇和CPU的接触是否良好。如果仍不能达到散热要求，就需要更换大功率的散热风扇，甚至是冷却设备。若还是不行，将CPU的频率恢复到正常，通常就可以解决问题了。

24.5.9 超频无法开机

故障现象：

超频后，无法正常开机。

故障分析：

过度超频之后，电脑启动可能出现散热风扇转动正常，而硬盘灯只亮了一下，便没了反应，显示器也维持待机状态的故障。由于此时已不能进入BIOS设置选项，因此也就无法给CPU降频，这样就必须恢复BIOS默认设置。

故障修复：

（1）打开机箱，并在主板上找到给COMS放电的跳线（一般都安装在纽扣电池的附近），将其设置在“CMOS放电”位置或者把电池抠掉，稍等几分钟后，再将跳线或电池复位并重启电脑即可。

（2）现在较新的主板大多具有超频失败的专用恢复功能。如可以在开机时按住INSERT不放，此时系统启动后，便会自动进入BIOS设置选项，随后便可进行降频操作。

而一些更为先进的主板，还可在超频失败后主动“自动回复”CPU的默认运行频率。因此，对于热衷超频而又缺乏实际操作经验的普通用户来说，选择带有逐兆超频、超频失败自动回复等人性化的主板，会使超频变得更加简单轻松。

25 Chapter 修复主板常见故障

知识概述

主板是电脑的核心部件，是电脑故障率较高的设备。本章将着重介绍主板常见故障及其产生的原因、修复的方法等。

要点难点

● 主板常见故障 ● 主板故障产生的原因 ● 主板故障的修复 ● 主板故障实例

25.1 主板常见故障现象

主板属于电脑的中枢神经，连接了各种电脑设备。主板的稳定性直接影响了电脑工作的稳定性。由于主板集成了大量电子元件，作为电脑工作平台，主板的故障也是多种多样，而且牵扯了大量不确定性因素。主板的主要故障现象有：

1. 人为原因引起的故障

- 由于静电，造成元器件被击穿。
- 插拔各种设备时，因为用力不当，造成对接口或者芯片的损害。

2. 工作环境引起的故障

静电、不稳定的电压等会造成元器件被击穿、爆浆、损害等故障。大量的灰尘也会造成氧化、短路，从而影响主板的稳定性。

3. 元器件质量问题引起的故障

劣质的元器件经常造成供电电路、开机电路、时钟电路、复位电路以及接口电路出现各种故障。常见的故障包括无法开机、死机、重启、接口无法使用等。

25.2 主板故障主要原因

- 主板驱动程序有BUG。
- 主板元器件接触不良。
- 主板元器件短路或者损坏。
- CMOS电池没电。
- 主板兼容性较差。
- 主板芯片组散热出现问题。
- 主板BIOS损坏。

25.3 主板故障修复流程

如果主板发生故障了，可以按照下面的方法进行判断及维修。

（1）检查主板外观，有无短路、断路、烧焦、电容有无爆浆、鼓起、松动等。如果发现元器件出现问题，则直接更换对应元器件或者主板。

（2）如果主板外观没有问题，则检查电源插座有无短路。如果有，则检查主板供电电路。

（3）插入电源，并试着点亮主板尝试开机。如果不能开机，则检查：

- CPU电压对地阻值有无短路。
- CMOS跳线有无跳错。
- 检查南桥旁小晶振有无损坏。
- PS-ON信号连线是否损坏。
- 测量I/O和南桥供电是否正常。
- 检查Power Nn到南桥电路或I/O连线是否正常。

（4）如果可以开机，则测量主板元器件有无发热元器件。如果有，检查散热是否正常，修复因散热造成的故障。

（5）测量CPU供电输出是否正常：

- 测量三极管有无损坏。
- 测量电源芯片有无工作电压。
- 测量三极管与芯片之间连接是否正常。

（6）测量时钟信号是否正常，测量并修复：

- 时钟芯片是否工作正常。
- 晶振是否有波形。

（7）测量有无复位信号，测量并修复：

- 测量RESET排针电压是否够高。
- 测量时钟芯片有无时钟输出。
- 测量排针与门电路或南桥的连线。
- 测量南桥是否损坏。

（8）查看是否可以启动到系统界面，如果不能，则排查：

- 北桥供电。
- 南桥不良。
- 北桥不良。
- 检测BIOS。
- 检测南桥旁电阻、排阻。
- 检测时钟发生器。
- I/O不良。

25.4 主板故障诊断方法

可以通过以下手段判断主板是否存在故障。

25.4.1 通过 BIOS 报警声和主板诊断卡进行排查

用户可以采用之前介绍过的开机报警声来初步诊断错误来源，也可以使用主板诊断卡的显示数字进行故障的排查工作。主板诊断卡的常用代码及其代表的故障原因如下，其他代码用户可以上网进行查找。

- BIOS灯：为BIOS运行灯，正常工作时应不停闪动。
- CLK灯：为时钟灯，正常为常亮。
- OSC灯：为基准时钟灯，正常为常亮。
- RESET灯：为复位灯，正常为开机瞬间闪一下，然后熄灭。
- RUN灯：为运行灯，工作时应不停闪动。
- +12V、-12V、+5V、+3.3V：灯正常为常亮。

1. 代码00、CO、CF、FF或D1

测BIOS芯片CS有无片选。

有片选：换BIOS，测BIOS的OE是否有效；测PCI的AD线；测CPU复位有无1.5V~0V跳变。

无片选：测PCI的FRAME；测CPU的DBSY ADS#，如不正常则北桥坏；若帧周期信号不正常则南桥坏。

这种故障较棘手，原因可能是主板或CPU没有正常工作。一般遇到这种情况，可首先将电脑上除CPU外的所有部件全部取下，并检查主板电压、倍频和外频设置是否正确。然后再对CMOS进行放电处理，并开机检测故障是否排除。如故障依旧，还可将CPU从主板的插座上取下，仔细清理插座及其周围的灰尘，然后再将CPU安装好，并加以一定的压力，保证CPU与插座接触紧密。再将散热片安装妥当，最后开机测试。如果故障依旧，则建议更换CPU测试。另外，主板BIOS损坏也可造成这种现象，必要时可刷新主板BIOS后再试。

2. 代码C0、C1

CPU插槽脏；针脚坏；接触不好。

换电源；换CPU；换转接卡，有时可解决问题。

刷BIOS、检查BIOS座；检测I/O坏、北桥虚焊、南桥是否损坏；检查PCB断线、板上是否粘有导电物。

若CPU本身没有通过测试，这时应检查CPU相关设备。若对CPU进行过超频，请将CPU的频率还原至默认频率，并检查CPU电压、外频和倍频是否设置正确。如一切正常而故障依旧，则可更换CPU再试。

3. 代码C1、C3、C6、A7或E1

内存接触不良（用镊子划内存槽）。

检测内存工作电压；测时钟（CLK0~CLK3）；检查CPU旁排阻是否损坏；检测CPU地址线和数据线；检测DDR的负载排阻和数据排阻；检测北桥坏。

4. 代码C1~05循环跳变

检查BIOS是否损坏；检查I/O或南桥损坏。

5. 代码C1、C3、C6

刷BIOS、检查BIOS座；换电源、换CPU、换转接卡有时可解决问题；检查PCB断线、板上粘有导电物，更换速度更快更稳定的内存条。

较常见的故障现象，一般表示系统中的内存存在故障。要解决这类故障，可首先对内存条实行除尘、清洁等工作再进行测试。若问题依旧，可尝试用柔软的橡皮擦清洁金手指部分，直到金手指重新出现金属光泽为止，然后清理掉内存槽里的杂物，并检查内存槽内的金属弹片是否有变形、断裂或氧化生锈现象。开机测试后若故障依旧，可更换内存条再试。若有多条内存，可使用替换法查找故障的所在。

6．循环显示代码C1~C3或C~C5

刷BIOS，换I/O有时可解决问题；检查I/O外围电路；检查PCB断线、板上是否粘有导电物；更换电源、换CPU、换内存；检查南桥芯片是否损坏。

7．代码：0D

视频通道测试。

这也是一种较常见的故障现象，一般表示显卡检测未通过。这时应检查显卡与主板的连接是否正常，如发现显卡松动等现象，应及时将其重新插入插槽中。如果显卡与主板的接触没有问题，则可取下显卡清理其上的灰尘，并清洁显卡的金手指部份，再插到主板上测试。如故障依旧，则可更换显卡测试。

一般系统启动过0D后，就已将显示信号传输至显示器，此时显示器的指示灯变绿。然后DEBUG卡继续跳至31，显示器开始显示自检信息，这时就可通过显示器上的相关信息判断电脑故障了。

8．代码：0D至0F

CMOS停开寄存器读/写测试。

检查CMOS芯片、电池及周围电路部分，可先更换CMOS电池，再用小棉球蘸无水酒精清洗CMOS的引脚及其电路部分，然后看开机检查问题是否解决。

9．代码：12、13、2B、2C、2D、2E、2F、30、31、32、33、34、35、36、37、38、39、3A

测试显卡。

该故障在AMI BIOS中较常见，可检查显卡的视频接口电路、主芯片、显存是否因灰尘过多而无法工作，必要时可更换显卡检查故障是否解决。

10．代码：1A、1B、20、21、22

存储器测试。

同Award BIOS篇内存故障的解决方法。

若在BIOS设置中设置为不提示出错，则当遇到非致命性故障时，诊断卡不会停下来显示故障代码。解决方法是在BIOS设置中设置为提示所有错误之后再开机，然后再根据DEBUG代码查找。

25.4.2 通过电源工作状态判断主板故障

启动电脑，然后观察电源风扇有没有转动。如果电源风扇正常转动，说明电源工作正常，那么说明主板供电部分或者时钟部分有故障，修复后再进行下一步的排查。

如果电源风扇没有转动，说明电源没有正常工作，那么可以使用短接法先判断是不是电源故障引起的无法开机，然后再进行主板故障的排查。

25.4.3 通过自检判断主板故障

开机后，BIOS自检，通过代码判断主板是否出现故障，先进行故障的排除再继续判断。

25.4.4 判断 CMOS 电池的故障

主板的很多问题都与BIOS的设置及CMOS部分有关，可以对CMOS电池进行排查，如图25-1所示，确定是不是该原因引起的故障。

图25-1 检查CMOS电池

25.4.5 检查主板是否有物理损坏

因为主板集成了大量元器件、接口、芯片，一旦出现撞击、雷击、异物、灰尘等情况，很容易造成损坏、短路等。

在检查主板时，要检查电路板、芯片是否有烧焦或者划痕，如图25-2所示，检查电容等电子元器件是否有开焊或者爆浆的现象。

图25-2 主板烧焦

25.4.6 检查主板接触不良的问题

主板接触不良主要是由于主板上有灰尘、异物等，造成主板接触不良或者死机现象。然后查看硬件与主板的连接部分；连接线部分等。可以使用万用表对主板进行短路的测试。

25.5 主板常见故障的维修方法

主板故障的维修思路如下。

（1）先问清楚主板发生故障的情况，在什么状态下发生了故障，或者添加、去除了哪些设备后发生了故障。

（2）通过倾听主板报警声的提示，判断故障。如果CPU未能工作，则检查CPU的供电电源。

（3）可以借助放大镜、强光手电，对主板上的元器件进行仔细排查。虽然比较繁琐，但这是主板维修比较重要的一步。

（4）主板维修前，需要对主板进行清理，除去主板上的灰尘、异物等容易造成故障的情况。清理时一定要去除静电，并使用油漆刷、毛笔、皮老虎、电吹风等设备仔细进行清理，尽量减小二次损害的发生。

（5）清理接口可以排除接触不良造成的故障。一定要在切断电源的情况下进行，可以使用无水酒精、橡皮擦除去接口的金属氧化物。

（6）使用最小系统法进行检修。主板只安装CPU、风扇、显卡、内存，然后短接进行点亮。查看能否开机，再添加其他设备进行测试。

25.5.1　主板驱动造成使用故障

因为误操作、病毒，会造成主板芯片组等功能芯片的驱动丢失，用户可以在“设备管理器”中查看是否有未识别的硬件，如图25-3所示，并通过重新安装驱动的方法解决驱动故障。一般情况下，所有设备的驱动都可以安装上，说明主板工作正常，发生故障的原因可以是电脑的其他硬件。

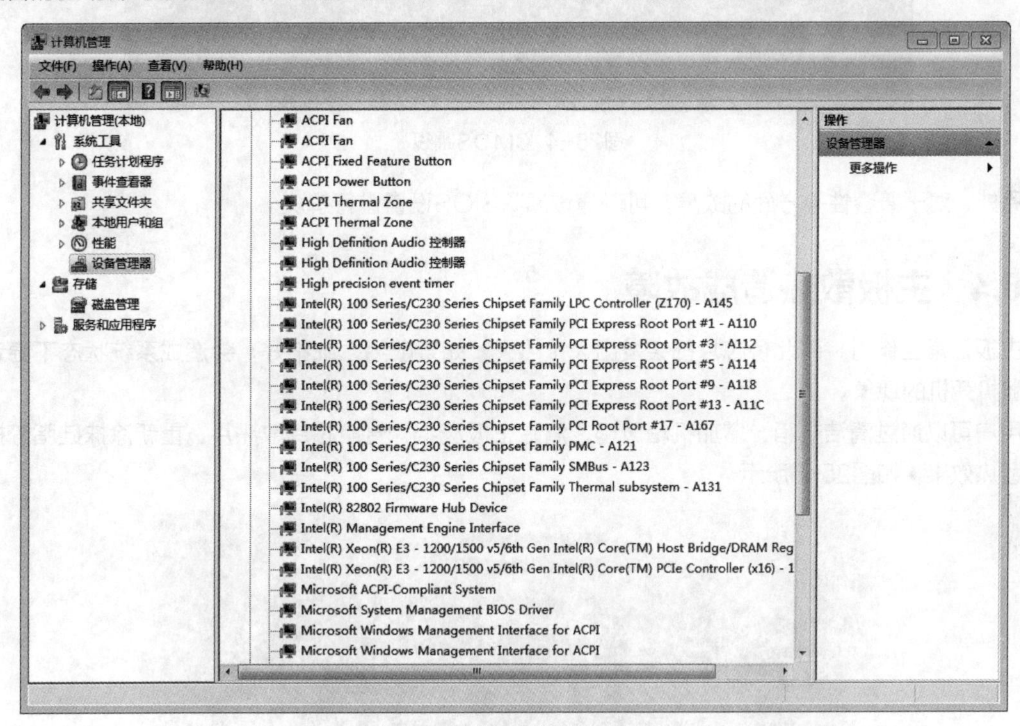

图25-3　查看设备驱动有无问题

25.5.2　主板保护性故障

所谓保护性故障是指主板本身正常的保护性策略在其他因素的影响下，误判断，造成无谓的故障。如由于灰尘较多，造成主板上的传感器热敏电阻附上灰尘，对正常的温度造成高温报警信息，从而引发了保护性故障。

所以在电脑使用了一段时间后，需要对主机、主板进行清灰，排查异物如小螺丝钉，去除金属氧化物等操作。

25.5.3 CMOS 故障排除

CMOS故障主要集中在电池部分。如果纽扣电池没电，很容易造成BIOS的设置信息无法保存，从而导致开机后找不到硬盘、时间不对等故障。

解决方法是检查主板CMOS跳线是否为清除模式。如果是的话，需要将跳线设置为正常模式，然后重新设置BIOS信息。如果不会跳线，可以查看主板的跳线说明，如图25-4所示。如果不是CMOS跳线错误，那么很有可能是因为主板电池损坏或者电池电压不足造成的，用户可以更换电池后再进行测试。

图25-4 CMOS跳线

另外，对于兼容性等方面的故障，可以通过清除BIOS设置进行解决。

25.5.4 主板散热造成故障

主板正常工作时，南北桥芯片都会发出大量热量，如果散热系统不好，会造成系统状态不稳定，发生随机死机的现象。

用户可以通过清洁机箱、增加机箱风扇、清除主板灰尘、更换芯片散热片、重新涂抹硅脂等措施增加散热效果，如图25-5所示。

图25-5 芯片组散热系统

25.5.5 主板电容引起的故障

虽然现在比较主流的电脑使用的都是固体电容，但传统电脑上，电解电容使用率非常高。而且传统电脑使用时间较长，普通用户也不太关心散热及清理的问题。电解电容由于时间、温度、质量等多方面因素的相互作用，很容易发生老化、爆浆现象，导致主板抗干扰能力下降，影响电脑正常工作。用户在遇到主板这些故障时，需要用容量相同的电容进行替换，如图25-6所示。

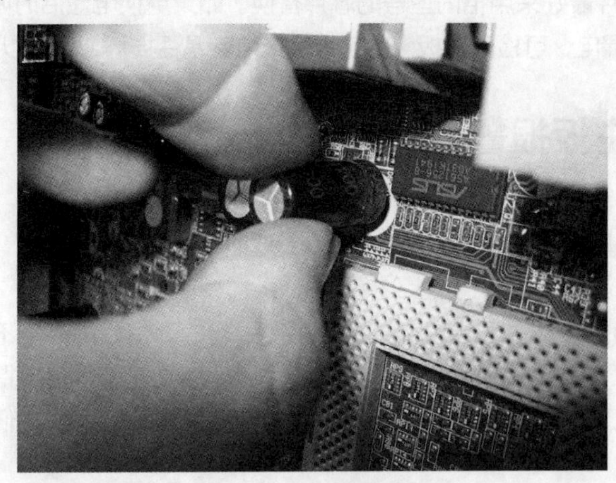

图25-6 手动更换电容

25.5.6 BIOS 损坏引起的故障

由于BIOS刷新失败或者病毒引起的BIOS损坏，会造成主板无法正常工作。

用户可以自制启动盘重新刷新BIOS，或者使用热插拔法或者编程器进行修复，如图25-7所示。

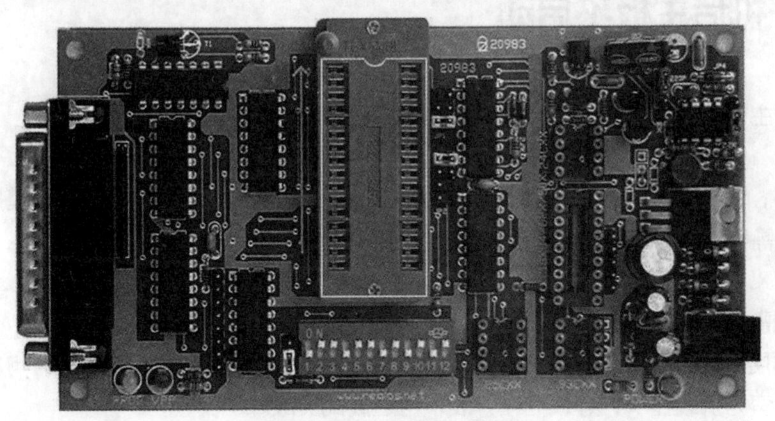

图25-7 多功能BIOS编程器

25.6 主板故障修复实例

在正常使用电脑的过程中，会遇到各种问题，其中主板的故障占据了很大一部分。

25.6.1 电池故障

故障现象：

开机后提示CMOS Battery State Low，有时可以启动，使用一段时间后死机。

故障分析：

这种现象大多是CMOS供电不足引起的。对于不同的CMOS供电方式，应采取不同的措施。

故障修复：

- 焊接式电池：用电烙铁重新焊上一颗新电池即可。
- 钮扣式电池：直接更换。
- 芯片式：更换此芯片最好采用相同型号的芯片替换。如果更换电池后时间不长又出现同样现象的话，很可能是主板漏电，可检查主板上的二极管或电容是否损坏，也可以跳线使用外接电池。

25.6.2 开机后主板报警

故障现象：

主板不启动，开机无显示，有内存报警声（"嘀嘀"地叫个不停）。

故障分析：

内存报警的故障较为常见，主要是内存条接触不良引起的。例如内存条不规范，内存条有点薄，当内存条插入内存插槽时，留有一定的缝隙；内存条的金手指工艺差，金手指的表面镀金不良，时间一长，金手指表面的氧化层逐渐增厚，导致内存条接触不良；内存插槽质量低劣，簧片与内存条的金手指接触不实在等。

故障修复：

打开机箱，用橡皮仔细地把内存条的金手指擦干净，把内存条取下来重新插一下，用热熔胶把内存插槽两边的缝隙填平，防止在使用过程中继续氧化。注意在拔插内存条时，一定要拔掉主机的电源线，防止意外烧毁内存条。

25.6.3 开机后主板不启动

故障现象：

电脑故障时主板不启动，开机无显示，无报警声。

故障分析：

原因有很多，主要有以下几种。针对以下原因，逐一排除。要求熟悉数字电路模拟电路，会使用万用表，有时还需要借助DEBUG卡检查故障。

故障修复：

- 主板扩展槽或扩展卡有问题

因为主板扩展槽或扩展卡有问题，导致插上显卡、声卡等扩展卡后，主板没有响应，因此造成开机无显示。例如蛮力拆装显卡，导致插槽开裂，可造成此类故障。

- 主板BIOS被破坏

主板的BIOS中储存着重要的硬件数据，同时BIOS也是主板中比较脆弱的部分，极易受到破坏，一旦受损就会导致系统无法运行。

出现此类故障一般是因为主板BIOS被CIH病毒破坏造成的。一般BIOS被病毒破坏后，硬盘里的数据将全部丢失，用户可以检测硬盘数据是否完好，以便判断BIOS是否被破坏。在有DEBUG卡的时候，也可以通过卡上的BIOS指示灯是否亮来判断。当BIOS的BOOT块没有被破坏时，启动后显示器不亮， PC喇叭有“嘟嘟”的报警声；如果BOOT被破坏，这时加电后，电源和硬盘灯亮，CPU风扇转，但是不启动，此时只能通过编程器来重写BIOS。

用户也可以插上ISA显卡，查看是否有显示。如有提示，按提示步骤操作即可。倘若没有开机画面，可以自己制作一张自动更新BIOS的软盘，重新刷新BIOS，用写码器将BIOS更新文件写入BIOS中。

● CMOS使用的电池有问题

按下电源开关时，硬盘和电源灯亮，CPU风扇转，但是主机不启动。当把电池取下后，就能够正常启动。

● 主板自动保护锁定

有的主板具有自动侦测保护功能，当电源电压有异常或者CPU超频、调整电压过高等情况出现时，会自动锁定，停止工作，具体表现是主板不启动，这时可把CMOS放电后再加电启动。有的主板需要在打开主板电源时，按住RESET键即可解除锁定。

● 主板上的电容损坏

检查主板上的电容是否冒泡或炸裂。当电容因电压过高或长时受高温烘烤，会冒泡或淌液，这时电容的容量减小或失容，电容便会失去滤波的功能，使提供负载电流中的交流成份加大，造成CPU、内存、相关板卡工作不稳定，具体表现为容易死机或系统不稳定，经常出现蓝屏。

25.6.4 CMOS 故障

故障现象：

CMOS设置无法保存，系统频繁死机或重启。

故障分析：

此类故障一般是由于主板电池电压不足造成的，对此予以更换即可。但有的主板电池更换后同样不能解决问题。

故障修复：

- 主板电路问题，对此要进行专业级别的维修。
- 主板CMOS跳线问题，有时候是因为错误地将主板上的CMOS跳线设为清除选项，或者设置成外接电池，使得CMOS数据无法保存。用户可以将跳线设置为普通模式，再进行设置即可。

25.6.5 接触不良故障

故障现象：

显卡总是发出非正常的报警声。

故障分析：

出现这种现象，很可能是显卡与主板之间出现了松动，或者是显卡本身受到了损坏；另外一种可能是主板与显卡无法正常兼容。

故障修复：

要是显卡与主板之间有松动现象，千万不要随意震动电脑，最好把显卡拔出来，重新插紧插好。要是显卡在其他主板中使用一切正常，但到了这台电脑上时总是没有图象出现，不过显示器电源正常，那么这很可能是因为显卡和主板不兼容引起的，此时必须更换能够与主板兼容的显卡。要是上面的方法还不能解决问题的话，很有可能是显卡本身的问题。可以将它安装在其他主板上，仍旧不能工作就可以断定显卡已经损坏，此时只有重新更换新的显卡了。

25.6.6 不支持外部设备

故障现象：

无法正确识别出键盘和鼠标。

故障分析：

出现这种现象的可能原因是主板不支持鼠标、键盘，这样系统就无法找到鼠标、键盘，即使可以找到鼠标，鼠标操作也不受控制；或者键盘、鼠标与电脑连接时，出现接口连接松动现象，这样就很容易造成键盘、鼠标与主板接触不良的现象；还有一种原因是鼠标、键盘本身有故障，导致系统无法有效识别。

故障排除：

首先需要查看说明书，看看主板到底支持什么样的键盘、鼠标，如果当前使用的与主板不兼容的话，可以重新更换主板能够兼容的键盘、鼠标，就能解决问题；如果鼠标、键盘的连接端口出现松动的话，可以重新更换一下键盘、鼠标接口，确保连接稳定、可靠；如果上面的方法都无法解决问题的话，必须检查键盘、鼠标本身的问题，例如查看它们的供电电压是否为+5V，如果不正常，就应该检查供电保险电阻有没有出现熔断现象，如果保险电阻数值很大，可以使用较细的导线直接连通。

25.6.7 主板安装失误

故障现象：

启动电脑后，正常运转一分钟左右，就会死机。

故障分析：

根据现象分析，造成故障的原因主要有。

- 主板出现问题。
- 电源出现问题。
- 机箱开关跳线出现故障。

故障修复：

- 检查电源，发现电源有过压保护、短路保护、防雷击等智能技术，坏的可能性较小。
- 检查主板，拆下主板换到另一台电脑，运行正常。
- 检查机箱开关以及跳线，没有发现问题。

经过仔细观察，发现在主板与机箱之间有几个小铜柱，是将主板固定在机箱上的零件。铜柱可以将主板垫高，避免主板直接接触机箱造成短路。而本例中的主板和机箱间少了一根，造成了短路。

- 由于电源具有短路保护功能，当主板与机箱的底板接触造成短路时，电源就会自动切断电力供应。在主板与机箱底板之间重新安装一个铜柱，使主板避免和机箱直接接触。由此可见，在电脑安装过程中，即使是小插座也有可能造成很大问题。轻则不能启动，重则可能烧毁主板、电源。因此，在装机过程中必须十分小心。

25.6.8 主板散热不良造成故障

故障现象：

电脑频繁死机，在进行BIOS设置时，也会死机。

故障分析：

有可能是主板散热不良，也有可能是主板缓存有问题。

故障修复：

- 如果因为主板散热不够好而导致该故障，可以在死机后触摸CPU周围元器件，若发现非常烫手，更换大功率风扇后，死机现象即可解决。
- 如果是缓存出现问题，可以进入BIOS设置，将Cache禁用即可。当然，禁用缓存对电脑速度有影响。

- 如果仍然出现问题，那么就是主板或CPU有问题了，可以使用排除法进行排查，也可以更换主板。

25.6.9 驱动故障

故障现象：

在装机、格式化硬盘及安装系统时，电脑都正常。但是当安装完驱动后，出现电脑关机不正常的故障，在“开始”菜单中选择“关闭电脑”，一直停留在关机画面，接着电脑自行启动。如果先安装显卡驱动，关机正常；安装完主板驱动后，电脑关机时会自动重启。

故障分析：

此故障主要原因为主板和显卡的驱动不兼容。

故障修复：

更换主板或者显卡驱动程序。

25.6.10 硬件散热故障

故障现象：

使用时突然出现蓝屏现象。

故障分析：

在散热问题上所出现的故障往往都有一定规律，一般电脑运行一段时间后才出现，表现为蓝屏死机或随意重启。故障原因主要是过热引起的数据读取和传输错误。

故障修复：

采取超频的应降频，超温的应降温。其实不一定所有的故障都那么复杂，有时候从简单的方面考虑，也能够很好地解决问题。

26 Chapter 修复内存常见故障

知识概述

通过本章的学习，读者可以了解电脑内存各种常见故障，并根据现象学会基本分析方法，掌握内存的基本维修流程。同时结合经典案例，学会举一反三。

要点难点

● 内存常见故障 ● 内存故障产生的原因 ● 内存故障的修复 ● 内存故障实例

26.1 内存常见故障现象

内存是电脑的临时存储设备，负责临时数据的高速读取与存储，也是最小化系统启动必不可少的部分。内存出现故障会造成死机、蓝屏、速度变慢等。内存的主要故障现象有：

- 开机无显示，主板报警。
- Windows运行不稳定，经常产生非法错误。
- 注册表无故损坏，提示用户进行恢复。
- Windows自动从安全模式启动。
- 随机性死机。
- 运行软件时，会提示内存不足。
- 系统莫名其妙自动重启。
- 系统经常随机性蓝屏。

26.2 内存故障主要原因

- 内存条的内存颗粒质量引起故障。
- 内存条与主板插槽接触不良。
- 内存与主板不兼容。
- 内存电压过高。
- CMOS设置不当造成故障。
- 内存损坏造成故障。
- 超频带来的内存工作不正常。

26.3 内存故障检修流程

- 将内存条插入主板内存插槽，启动电脑电源。
- 如果不能开机，则首先检查内存条是否插好，最好重新安装内存。
- 如果已经插好，则检查内存供电是否正常。如果没有电压，那么首先排查机箱电源故障。
- 如果电源正常，则检查内存芯片是否损坏。如果损坏，那么直接更换内存条。

- 如果内存条芯片完好，那么有可能是内存和主板不兼容，建议使用替换法进行排查。
- 如果可以开机，那么可以通过系统自检查看问题。
- 如果自检不正常，首先检查内存的大小与主板支持的大小是否有冲突。
- 如果没有冲突，那么要考虑内存与主板不兼容的情况。如果超出了主板支持的大小，那么只能更换内存条或者主板。
- 如果自检正常，那么查看使用时是否有异常。在异常的情况下，内存发热量是否过大。
- 如果是发热量过大，那么需要进一步查看是否超频，是否散热系统有问题。

26.4 内存常见故障的诊断方法

接下来介绍内存在使用时经常产生的故障以及排除方法：

26.4.1 通过主板报警诊断内存故障

内存的故障率较高，尤其是老机器随时间和温度容易造成氧化现象。在开机时，可以通过报警声及主板的种类判断主机问题是否为内存故障所致。且不同的报警声也可以指引用户如何排除故障。

1. Award BIOS

一直长鸣：内存条未插紧。

1长1短：内存或者主板故障。

2. AMI BIOS

1短：内存刷新故障。

2短：内存ECC效验错误。

1长3短：内存错误。

3. Phoenix BIOS

4短 3短 1短：内存错误。

26.4.2 通过主板自检信息诊断内存故障

如果电脑在自检过程中，发现内存信息不对，或者出现Memory Test Fail的提示，则说明内存条存在接触不良或者损坏的故障。

26.4.3 通过主板诊断卡诊断内存故障

主板诊断卡不仅可以发现主板的故障，对于主板无法正常工作的情况，还可以检测各种故障源。

一般情况下，C开头或者D开头的故障代码大都代表内存出现了问题，如图26-1所示。现在比较流行的中文诊断卡可以显示故障的原因，如图26-2所示。但是故障代码只是给出了一个故障的方向，电脑是一个复杂的系统，造成故障的原因是多种多样的，或者是相互作用产生了故障。用户还需要经过其他的方法确定故障。

图26-1 主板诊断卡发现故障

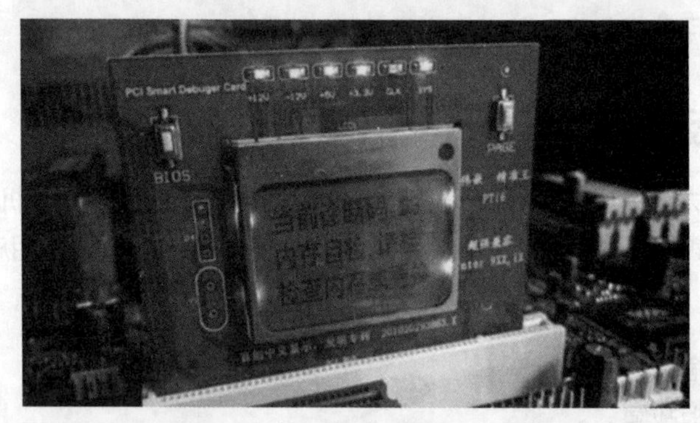

图26-2 中文诊断卡发现内存故障

26.4.4 观察内存发现故障

观察法是发现物理故障最有效、最快捷的方法。

- 观察内存条上是否有焦黑、发绿等现象，如图26-3所示。
- 观察内存条表面内存颗粒及控制芯片是否有缺损或者异物。
- 观察金手指是否有氧化现象。

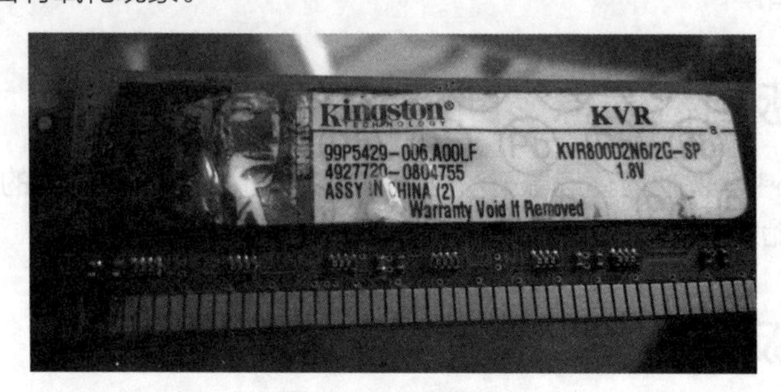

图26-3 内存烧焦

26.4.5 金手指氧化故障

内存接触不良，最主要的原因是金手指氧化、内存插槽有异物、损坏等。

内存接触不良，最主要的表现是系统黑屏现象。处理方式是清除异物、对金手指的氧化部分进行处理。

- 用橡皮擦轻轻擦拭金手指。
- 用铅笔对氧化部分进行处理，提高导电性能。

- 用棉球蘸无水酒精擦拭金手指，但是要等酒精挥发完后再进行安装。
- 使用砂纸轻轻擦拭金手指，但一定要注意力度。
- 使用毛刷及吹风机清理内存插槽，如图26-4所示。

图26-4 清理内存插槽

26.4.6 检测内存兼容性

内存兼容性问题主要出现在更换或添加硬件之后。可以使用替换法进行测试以及使用内存替换或者使用硬件替换。

（1）若高频率的内存安装在不支持此频率的主板上，会产生系统自动进入安全模式的故障。所以在更换主板或者内存时，一定要查看主板支持的内存频率。

（2）内存之间的不兼容。这种情况发生在采用了几种不同芯片的内存，内存条之间的参数不同，从而导致系统经常发生死机现象。此种情况下，可以在BIOS中降低内存工作频率。

26.4.7 BIOS 导致内存故障

使用超频软件或者用户手动调整内存时序或频率后，会使内存工作不正常，导致黑屏、死机、速度变慢等故障。用户在遇到该问题时，可以进入到BIOS内，查看内存的参数是否更改，如图26-5所示。可以恢复到默认值，查看故障现象是否消失。

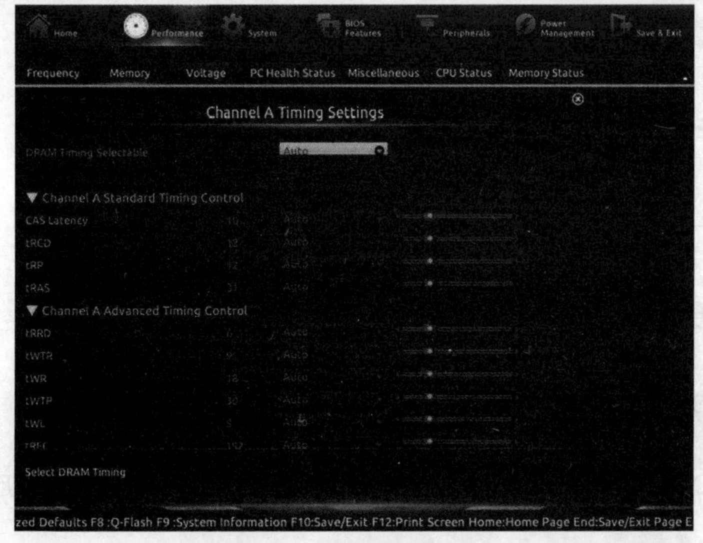

图26-5 内存时序更改

26.4.8 使用测试软件对内存进行测试

用户可以使用专业的测试软件，对可能发生问题的内存条进行读写测试，根据测试报告综合判断内存是否发生了故障，如图26-6所示。

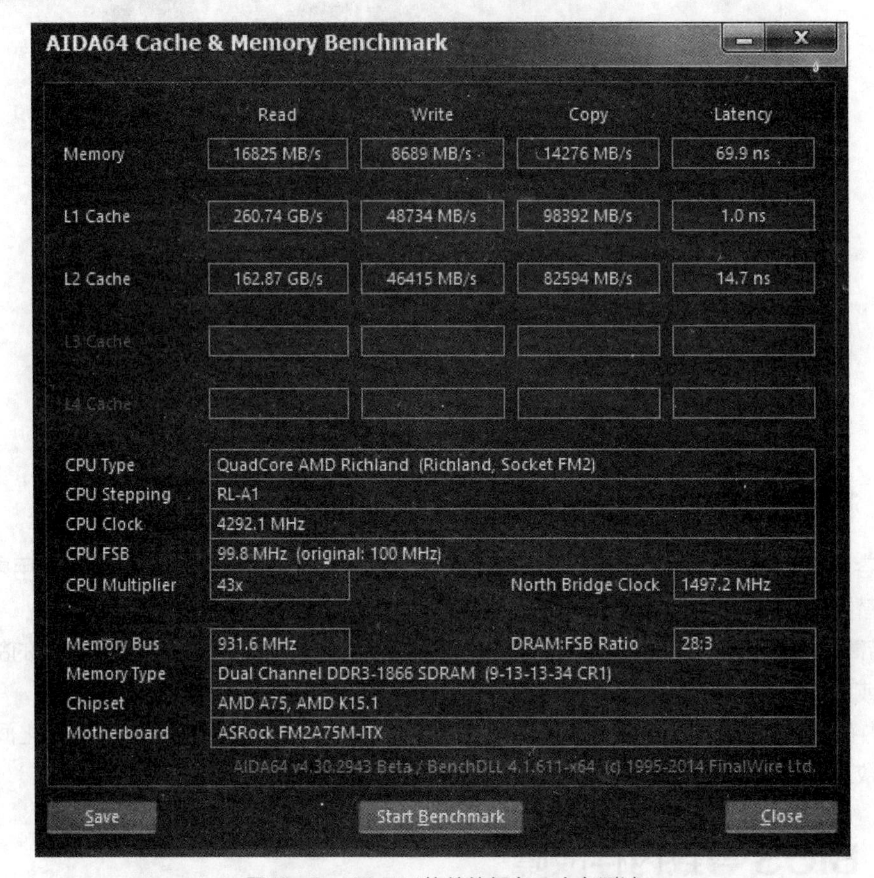

图26-6 AIDA64软件的缓存及内存测试

26.5 内存故障修复实例

下面根据经常遇到的内存问题，进行内存故障分析及修复方法的汇总。

26.5.1 内存检测时出现死机

故障现象：

内存检测时出现随机性错误或死机。

故障分析：

检测内存时，发生随机性错误、死机、蓝屏等故障，主要是因为存储器芯片控制电路速度较低，输入信号也不稳定，延时器延时输出不正常以及有些芯片处于即将损坏的临界值。其中延时器的延时不准确，会使控制时序发生偏移，从而产生读写错误。

故障修复：

用户可以在BIOS中重新设置CAS值为3，对主板上的硬跳线增加电压。如果仍然发生故障，建议更换内存条。

26.5.2 非法错误

故障现象：

安装Windows系统时，进行到系统配置时产生一个非法错误。

故障分析：

一般是由内存条损坏引起的。

故障修复：

先用毛刷清扫或者用皮老虎清除灰尘和异物，用橡皮清理金手指部分，或者更换内存插槽。用户可以使用替换法进行测试。如果仍然不行，只能更换内存条。

26.5.3 接触不良现象

故障现象：

有时打开电脑电源后显示器无显示，并且听到持续的蜂鸣声。有的电脑会表现为一直重启。

故障分析：

此类故障一般是由于内存条和主板内存槽接触不良所引起的。

故障修复：

拆下内存，用橡皮擦来回擦拭金手指部位，然后重新插到主板上。如果多次擦拭内存条上的金手指并更换了内存槽，但是故障仍不能排除，则可能是内存损坏。此时可以另外找一条内存条来试试，或者将本机上的内存换到其他电脑上测试，以便找出问题所在。

26.5.4 死机现象

故障现象：

一台正常运行的电脑上突然提示“内存不可读”，然后是一串英文提示信息，如图26-7所示。这种问题经常出现，且出现的时间没有规律，只是天气较热时出现此故障的几率较大。

故障分析：

由于系统已经提示了“内存不可读”，所以可以先从内存方面来寻找解决问题的办法。由于天气热时该故障出现的几率较大，一般是由于内存条过热而导致系统工作不稳定。

故障修复：

对于该问题的处理，可以自己动手加装机箱风扇，加强机箱内的空气流通。还可以给内存加装铝制或者铜制的散热片来解决故障。

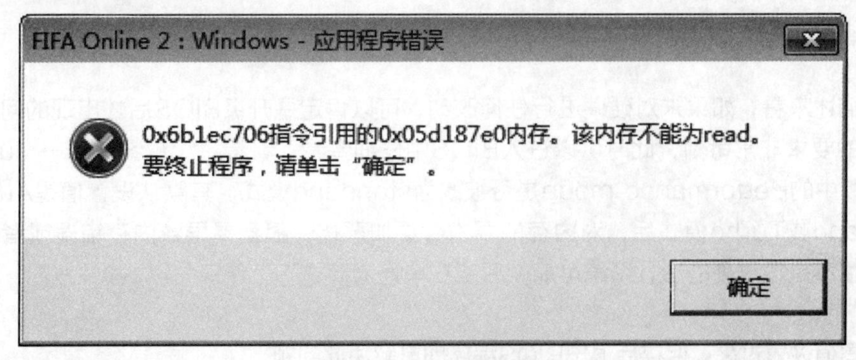

图26-7 内存不可读错误

26.5.5 内存检测时间过长

故障现象：

开机时电脑内存自检需要重复三遍才可通过。

故障分析：

随着电脑基本配置内存容量的增加，开机内存自检时间越来越长，有时可能需要进行几次检测，才可检测完内存，此时用户可使用Esc键直接跳过检测。

故障修复：

开机时，按Del键进入BIOS设置程序，选择BIOS Features Setup选项，把其中的Quick Power On Self Test设置为Enabled，如图26-8所示。然后存盘退出，系统将跳过内存自检。

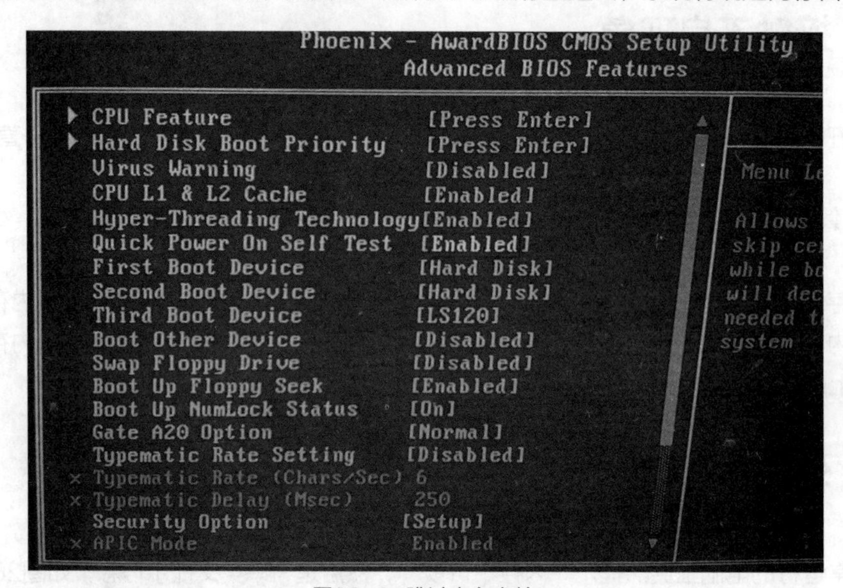

图26-8 跳过内存自检

26.5.6 双通道问题

故障现象：

新配置的电脑，主板采用的是华硕，该主板支持双通道DDR1600内存和超线程技术，因此选用了两条现代DDR1600 8G内存。开始时使用一切正常，后来将BIOS升级到了最新版本，在刷新BIOS时没有出现任何异常，但之后启动时，原来的Memory runs Dual Channnel提示不见了，出现的却是Memory runs Single Channnel（内存工作在单通道模式下）。

故障分析：

从故障描述来看，如果未对硬件进行任何改动，可以肯定是升级BIOS后才出现的问题。双通道模式对内存的要求非常苛刻，此时可以进入BIOS中仔细查看，看看“Advanced→ JumperFree Configure”中的Performance mode是否被改为standand模式。其默认设置值是Auto模式，设置为Standand或Turbo模式后，对内存的要求会更加严格，很容易导致内存错误或者运行异常。如果内存质量不是很过硬的话，系统可能就只能在单通道模式下工作。

故障修复：

将其设置值恢复过来，保存后退出BIOS程序即可解决此问题。

26.5.7 兼容性故障

故障现象：

电脑升级后加装了一条4G DDR4 1600内存，使电脑内存变成8G。但是开机自检时，显示容量为4G，偶尔为8G。

故障分析：

可能为链条内存不兼容所致，查看内存后，发现两条内存品牌不同，做工有很大差异。

故障修复：

把每条内存条单独放置在电脑中，启动后，发现容量都为4G，说明内存本身没有问题。但一起插上仍显示为4G，更换内存插槽后，故障依旧存在。更换了一条和原内存相同的内存条后，故障排除，系统显示为8G。

内存的兼容性问题虽然不多，但是往往会出现意想不到的情况。建议用户在添加内存条时，尽量选择相同品牌的内存，最大程度避免兼容性问题的发生。

26.5.8 系统导致内存条容量问题

故障现象：

新购买的主机内存为4G，安装完系统后，发现可用内存为3.8G内存，如图26-9所示。

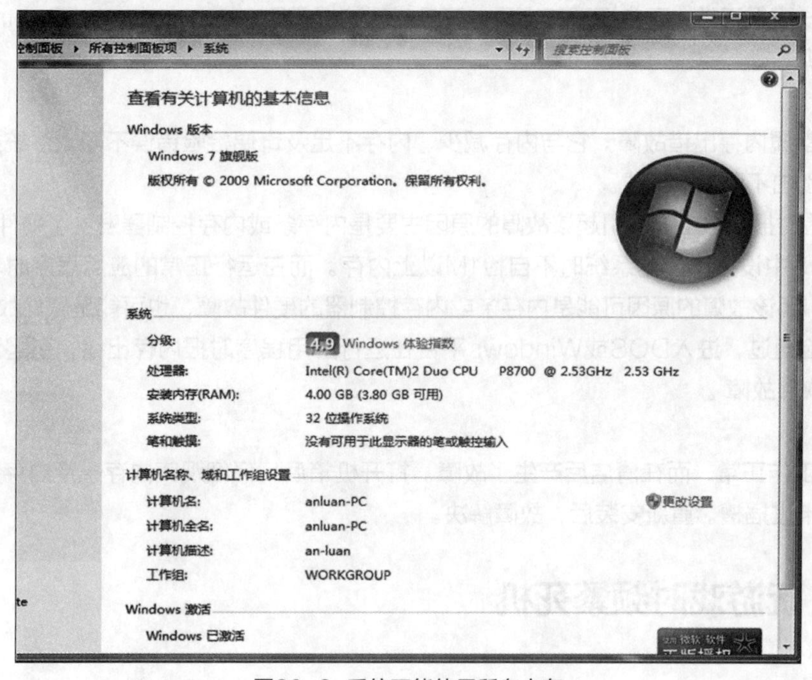

图26-9 系统不能使用所有内存

故障分析：

更换了内存条，发现故障依旧。因为电脑可以正常使用，排除了内存条以及硬件方面的问题。最后将关注点转移到操作系统上。

操作系统分为32位及64位。本例中，用户安装的是32位的Windows 7。因为32位系统寻址最大可以达到32位，也就是2的32次方这么大的内存，即4G。

故障修复：

重新安装64位的Windows 7系统，系统完美识别4G内存，故障解除。

26.5.9 升级内存出现问题

故障现象：

一台老款电脑，使用一直正常，升级为2G内存条后，自检时显示1G容量。

故障分析：

根据故障现象分析，产生该故障的原因有：

- 内存问题。
- 主板问题。
- BIOS问题。

故障修复：

- 仔细检查内存，发现内存正常。更换其他电脑后，可以正常显示2G容量。
- 检查主板后，发现主板说明上标出最大支持内存为1G，从而得出主板不支持大容量内存引起该故障。
- 升级BIOS后，故障排除。

26.5.10 清理电脑发生故障

故障现象：

电脑工作一直很正常，正常清理灰尘后，开机时系统提示Error：Unable to Contro IA20 Line错误提示后死机。

故障分析：

这些问题都属内存出错故障。它与内存减少、内存不足及奇偶检验错误不同，系统报内存出错有三种情况，分别由不同原因造成。

- 开机自检时报内存出错。引起该故障的原因主要是内存条或内存控制器发生了硬件故障。
- 在CMOS中设置了启动系统时不自检1M以上内存。而在运行正常的应用程序时，系统报内存出错。引起该故障的原因可能是内存条或内存控制器的硬件故障，也可能是软件故障。
- 开机自检通过，进入DOS或Windows平台在运行应用程序时报内存出错，引起该故障的原因主要是软件故障 。

故障修复：

因为之前工作正常，而在清洁后产生了故障。打开机箱后，仔细观察内存条及内存插槽，发现内存条没有完全卡进插槽。重新安装后，故障解决。

26.5.11 玩游戏时频繁死机

故障现象：

新组装的电脑，CPU为Intel I7-6700K，主板为技嘉170芯片组主板，内存为8G DDR4 1600。启动时没有问题，但工作时间长了或者是玩大型游戏时会死机。

故障分析：

由于电脑是新组装的，可以排除软件方面的故障。会造成此故障的主要因素有：

- CPU过热。
- 硬件间不兼容。
- 电源出现问题。

故障修复：

- 打开机箱，运行大型游戏，死机时用手触摸CPU散热片，发现温度不高。
- 用替换法检查内存、显卡、CPU、主板等部件，发现工作都是正常的，但是在检测CPU时，发现内存表面的温度很高。
- 因为CPU的发热量相对较高，所以使用了大功率散热器。但散热器的出风口正好对着内存，导致内存在工作时，温度被动升高很多。
- 将散热器出风口方向调整为其他位置。
- 重新启动电脑后，电脑运行正常，故障排除。

26.5.12 优化电脑造成了故障

故障现象：

使用优化软件对新购买的电脑进行了优化，但重新启动电脑后，电脑频繁出现“非法操作”的错误提示。

故障分析：

此故障应该是优化时优化了BIOS后，电脑操作系统或硬件运行不正常引起的问题。由于电脑在BIOS优化前使用正常，可以认为电脑操作系统等软件方面没有问题，那么会造成该故障的主要因素如下：

- 电脑超频。
- 内存问题。
- 系统问题。
- 感染病毒。
- 主板问题

故障修复：

- 检查BIOS设置中的内存设置，内存设置不当也会引起系统问题。
- 进入BIOS后，选择Advanced Chipset Features，并检查内存设置项，发现CAS Latencey Control选项值被设置为2，一般设置为2.5或者3比较合适。
- 更改设置为2.5，保存退出后重启电脑进行测试，发现故障消失。最终确定故障是优化BIOS设置时，内存设置不当引起的。

27 Chapter 修复硬盘常见故障

知识概述

硬盘是电脑最主要的外部存储设备，是电脑主要的数据存放处，所以硬盘的故障是用户最不愿意看到的情况。而硬盘故障也会导致系统无法启动或者死机现象。本章将向读者介绍如何修复硬盘的常见故障。

要点难点

- 硬盘常见故障
- 硬盘故障产生的原因
- 硬盘故障的修复
- 硬盘故障实例

27.1 硬盘常见故障现象

由于操作系统是安装在硬盘上的，所以硬盘若出现故障，会导致电脑无法正常工作。而硬盘的常见故障现象如下：

- 电脑BIOS无法识别硬盘。
- 无法正常启动电脑，出现错误提示Device error，Non-System disk or error，replace and strike any key when ready，如图27-1所示。

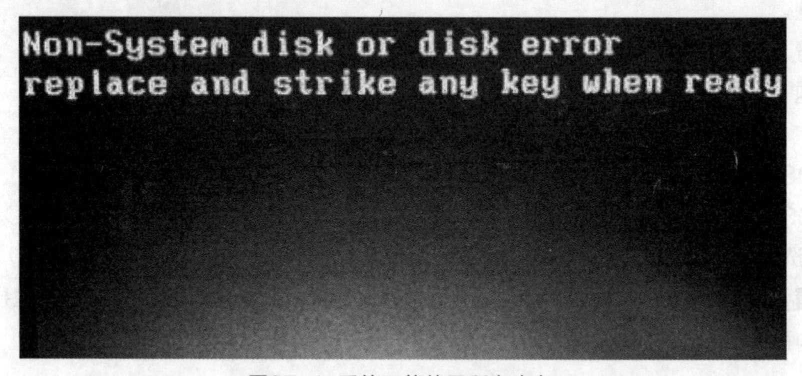

图27-1 系统不能使用所有内存

- 电脑启动，系统长时间不动，最后显示HDD Controller Failure的错误提示。
- 电脑启动时，出现Invalid Partition Table的错误提示，无法启动电脑，如图27-2所示。

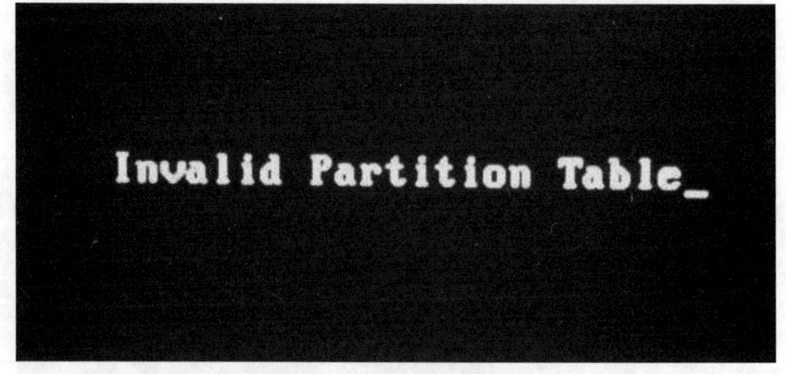

图27-2 提示分区表无效

- 电脑启动时，出现No ROM Basic System Halted的错误提示，无法启动电脑。
- 电脑异常死机。
- 频繁无故出现蓝屏。
- 数据文件无法拷贝出来或者写入硬盘。
- 电脑硬盘工作灯长亮，但是系统速度非常慢，并经常无反应。
- 读取硬盘文件报错，如图27-3所示。

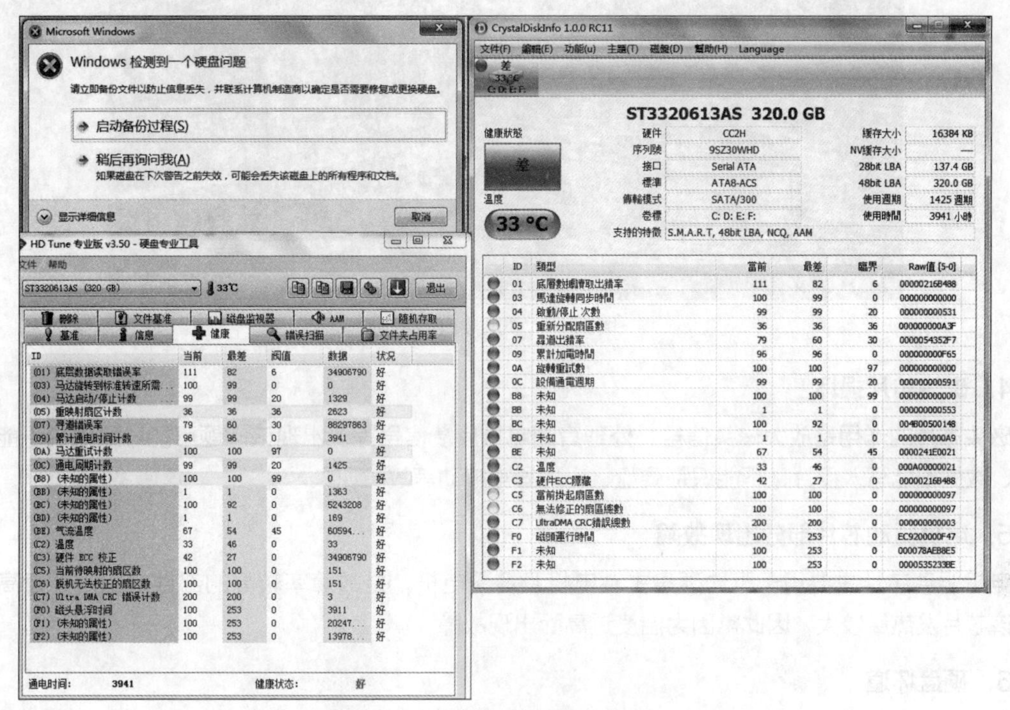

图27-3 系统提示硬盘需要紧急备份

- 无法读取硬盘，无法对硬盘进行任何操作。
- “磁盘管理”无法正确显示硬盘状态，无法对硬盘进行操作。

27.2 硬盘故障主要原因

1. 硬盘供电电路出现问题

如果供电电路出现问题，会直接导致硬盘不工作。具体表现有硬盘不通电、硬盘检测不到、盘片不转动、磁头不寻道。供电电路常出问题的部位有插座接线柱、滤波电容、二极管、三极管、场效应管、电感、保险电容等。

2. 接口电路出现问题

如果硬盘接口电路出现故障，那么会导致硬盘无法被电脑检测到，出现乱码、参数被误认等故障。接口电路出现故障是接口芯片或者与之匹配的晶振损坏、接口插针折断、虚焊、污损、接口排阻损坏及接口塑料损坏等，如图27-4所示。

3. 缓存出现问题

缓存出现问题会造成硬盘不能被识别、乱码、进入操作系统后异常死机。

图27-4 硬盘接口损坏

4. 磁头芯片损坏

磁头芯片的作用是放大磁头信号、处理音圈电机反馈信号等。出现该问题可能导致磁头不能正常寻道、数据不能写入盘片、不能识别硬盘、出现异常响动等故障现象。

5. 电机驱动芯片部分出现故障

电机驱动芯片主要用于驱动硬盘主轴电机及音圈电机，是故障率较高的部件。由于硬盘高速旋转，该芯片发热量较大，因此常因为温度过高而出现故障。

6. 硬盘坏道

因为震动、不正常关机、使用不当等原因造成坏道，会造成电脑系统无法启动或者死机等故障。

7. 分区表出现问题

因为病毒破坏、误操作等原因造成分区表损坏或者丢失，使系统无法启动。

27.3 硬盘故障排查流程

STEP 01 硬盘如果无法启动系统，需要查看硬盘是否有异常响动。

STEP 02 如果有的话，问题可能是硬盘固件损坏、硬盘电路方面出现问题、硬盘盘体出现损坏。

STEP 03 如果没有异常响动，那么需要进入BIOS中，查看是否能够识别到硬盘。

STEP 04 如果不能检测到硬盘，那么需要检查硬盘电源线有没有接好、硬盘信号线有没有损坏、查看硬盘电路板有没有损坏。

STEP 05 如果可以检测到硬盘信息，那么需要查看硬盘系统文件是否损坏，如果没有，那么故障出现在硬盘与主板上，或其他硬件有兼容性问题。

STEP 06 如果系统文件被损坏，那么只能进行修复或者重新安装操作系统了。

STEP 07 维修后，如果可以正常进入系统，那么仅仅是系统文件损坏了。如果仍不能进入系统，那么说明硬盘出现了坏道。

STEP 08 使用低级格式化软件，如图27-5所示，手动屏蔽掉坏道，或者更换为更为保险的新硬盘。

图27-5 硬盘低级格式化

27.4 硬盘常见故障诊断方法

硬件常见的故障有以下几种，用户可以根据实际情况判断导致故障的因素。

27.4.1 检查外部连接诊断故障

虽然硬盘出现故障的几率较大，但硬盘本身在电脑硬件中，还是相对比较耐用的设备。一般的小毛病往往出现在外部连接中。

硬盘外部故障，常常导致系统不能正常工作。硬盘外部连接故障有主板硬盘接口松动、损坏；连接硬盘的电源线损坏或电源接口损坏；硬盘接口的金手指损坏或者氧化，如图27-6所示。

图27-6 硬盘接口金手指氧化

检测硬盘的外部连接问题，需要对硬盘外部连接线进行排查，包括主板与硬盘的连接、电源与硬盘的连接等。还需要检查主板的硬盘接口有没有损坏、氧化；连接线是否有折断或者烧焦现象；接口插槽有没有异物。

还可以采用替换法及排除法，即更换连接线及硬盘，如果系统还是不能工作，那么可以将侧重点集中在主板及系统上面。

通过类似的替换以及排除法，可以准确地判断出是主板接口、电源、连接线或是硬盘本身出现了问题。

在硬盘外部连接中，容易忽视的金手指也需要仔细检测，因为氧化及损坏的原因，可能造成系统不能正常工作。

如果硬盘的外接电源不稳定，会出现死机、不断重启或者运行缓慢的状况。所以在检测时，硬盘外接电源是否正常供电也是需要特别关注的地方。

27.4.2 使用工具软件诊断故障

如果可以进入系统并且可以识别到硬盘，可以使用专业的硬盘检测软件对硬盘进行测试。

1. 使用系统自带的扫描修复工具进行检测

在查看硬盘分区时，在分区图标上右击，选择“属性”选项，在打开对话框中的“工具”选项卡中，使用“查错”功能对硬盘进行检查和修复，如图27-7所示。

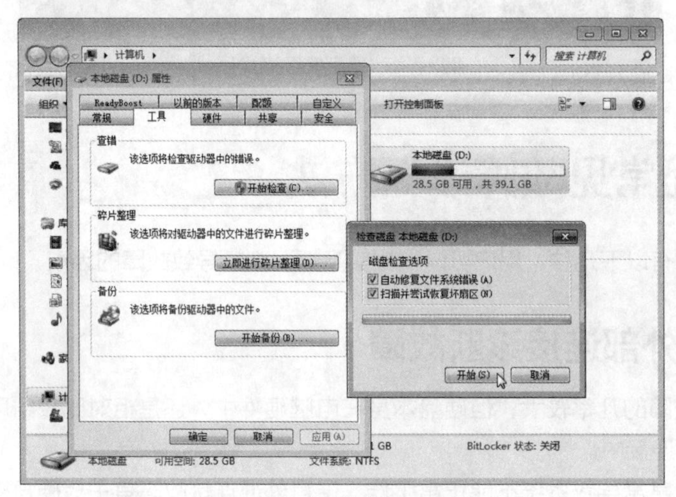

图27-7 扫描并修复磁盘

2. 使用第三方工具进行检测

经常使用的是之前提到过的HD Tune。该软件是一款硬盘性能检测诊断工具，可以对硬盘的传输速度、突发数据传输速度、数据存取时间、CPU使用率、硬盘健康状态、温度等进行检测，还可以扫描硬盘表面，检测坏道等，如图27-8所示。另外也可以查看到硬盘的基本信息，如固件版本、序列号、容量、缓存大小以及当前的传输模式等。

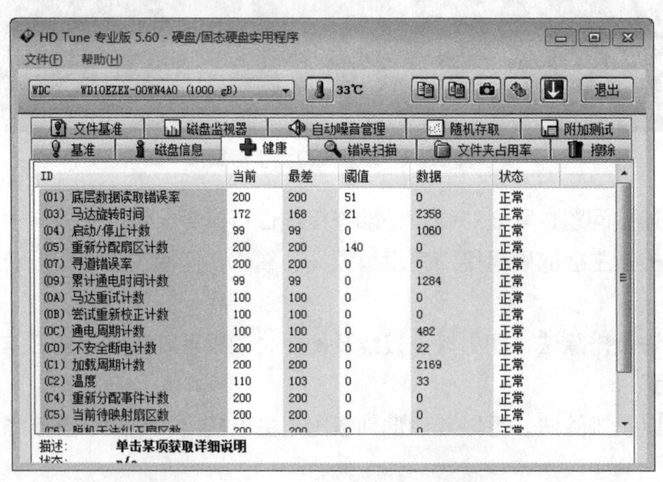

图27-8 查看硬盘健康状态

27.4.3 使用系统命令修复坏道故障

硬盘坏道是指硬盘中损坏的扇区所引发的故障。由于硬盘工作环境、人为误操作、不正常关机、使用不当、硬盘老化等原因，经常会造成硬盘坏道。如果该故障不解决，会造成系统不稳定以及数据不安全的问题。而且由于硬盘坏道会随着使用增大损坏范围，严重的话将导致电脑无法启动或者数据被破坏而无法读取。

当硬盘出现坏道时，可以按照下面的方法进行修复。

- 使用Windows系统中的磁盘扫描工具对磁盘进行完整的扫描，对于硬盘损坏的簇，程序将以黑底红字的B标出。
- 对于坏道较多，而且比较集中的，分区时可以将坏道划分到一个分区中，以后不要在该分区存储文件，来避开使用坏道。
- 将坏道分区隐藏。使用Partition Magic分区软件可对坏道进行隐藏。在启动软件后，单击Operations-check标注坏簇，然后使用Operations-Advanced/bad Sector Retest将坏簇分为一个或者多个分区，再用Hide partition将坏簇分区隐藏，最后使用Tools-Drive Mapper快捷方式和注册表中的相关信息，更新程序中的驱动盘符参数，以确保程序的正常运行。

27.4.4 综合检测开机无法识别硬盘故障

开机后，电脑的BIOS没有检测到硬盘，没有硬盘的参数。该故障一般是因为硬盘接口与主板接口没有连接好、数据线接头接触不良、线缆断裂、跳线设置不当、硬盘硬件损坏造成的。

当发生了开机检测不到硬盘故障，可以按照下面的步骤进行检测：

STEP 01 关闭电源，打开机箱，检查硬盘数据线、电源线是否连接正常，如果发现有接反、未插紧等情况，请重新连接。

STEP 02 如果连接正常，检查硬盘数据线是否连接了多个设备，如硬盘与光驱、硬盘与硬盘，如图27-9所示。如果是，请检查设备跳线是否正确。这在老款电脑，尤其是使用了IDE数据线的电脑中比较常见。

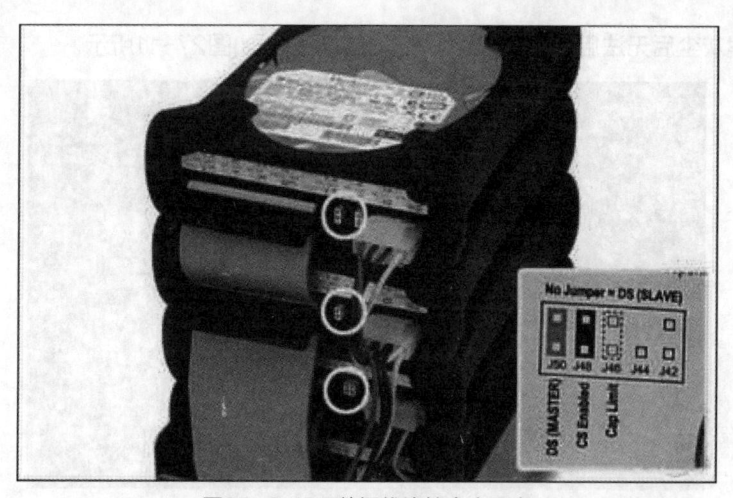

图27-9 IDE数据线连接多个硬盘

STEP 03 如果数据线只连接了硬盘，那么开机并检查硬盘是否有电机转动的声音。

STEP 04 如果没有，则可能是硬盘的电路板中的电源电路有故障，需要维修电源电路。

STEP 05 如果电机运转正常，那么关闭电源，使用替换法，将数据线连接到其他接口上，再开机进行检测。如果仍然检测不到硬盘，那么硬盘的固件可能出现了问题，用户可以使用专门的工具软件重新更新硬盘固件，如图27-10所示。

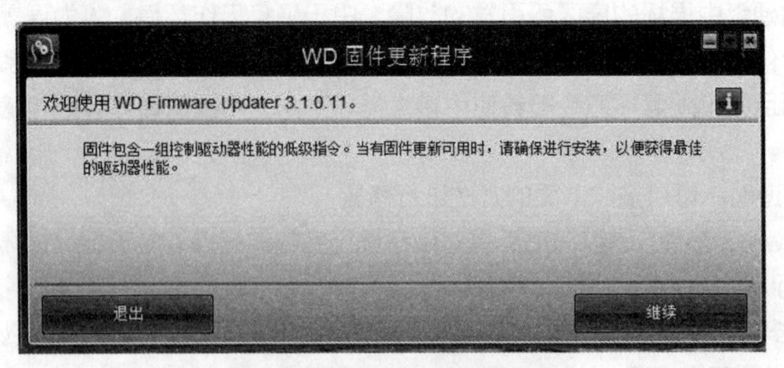

图27-10 WD硬盘更新固件

STEP 06 如果BIOS中，可以检测到硬盘，那么可能是主板中的硬盘接口损坏，更换接口即可解决此故障。

STEP 07 如果故障依旧，使用替换法更换数据线进行测试。如果故障消失，那么故障就是数据线损坏造成的。如果故障仍然存在，那么将硬盘接驳到其他机器进行测试。

STEP 08 如果在另外一台电脑上可以检测到该硬盘，那么故障出现在电脑主板上，用户需更换电脑主板。如果问题依旧，那么故障应该是由于硬盘损坏造成的。除了更换硬盘，用户也可以尝试检查硬盘接口电路等硬盘电路板是否存在故障。

27.5 硬盘故障修复实例

硬盘故障产生的原因，有可能是硬件，也有可能是软件，需要仔细检查后再进行判断。

27.5.1 无法检测到硬盘

故障现象：

老式电脑清理灰尘后无法启动，BIOS中也看不到硬盘，如图27-11所示。

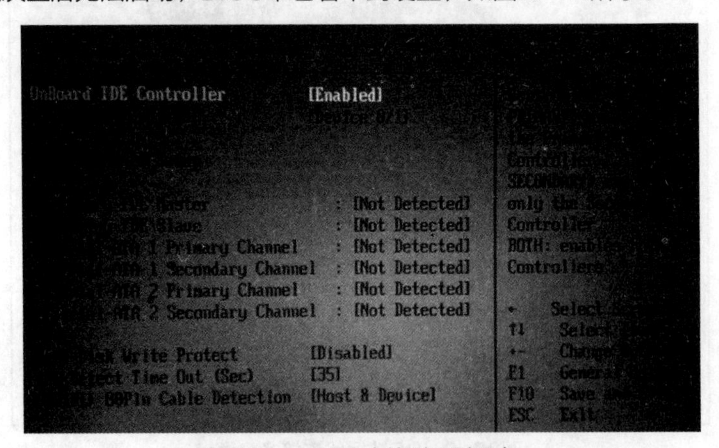

图27-11 BIOS中检测不到硬盘

故障分析：

无法检测到硬盘的主要故障原因有硬盘数据线接口与硬盘未连接好，或者数据线接触不良、电缆线断裂、跳线设置不当、硬盘损坏。

故障修复：

因为电脑之前可以正常使用，经过物理检查后，发现因为数据线出现了断裂，造成了无法检测到硬盘。更换数据线后，故障得到解决。

27.5.2 开机后出错

故障现象：

启动时系统停留很长时间后，出现HDD Controller Failure的错误提示。

故障分析：

此类故障一般是硬盘线接口接触不良或者连接线错误所导致。

故障修复：

先检查硬盘电源线与硬盘的连接状态，再检查数据线的连接状态。

27.5.3 硬盘故障引起蓝屏

故障现象：

正常使用的电脑突遇停电，再开机时可以正常进入系统，但是不定时出现蓝屏现象。

故障分析：

硬盘由于非法关机、使用不当等原因造成坏道，使电脑系统无法启动或者经常死机，并出现读取某个文件或者运行某个软件时经常出错，或者要经过很长时间才能操作成功，期间硬盘不断读盘，并发出刺耳的杂音。这种现象意味着硬盘上载有数据的某些扇区已经损坏。

故障修复：

使用工具完全扫描硬盘，使用第三方工具对损坏的扇区进行隔离。

27.5.4 系统给出错误提示

故障现象：

正常使用电脑，在下载了破解软件后再次开机，系统无法启动，并给出错误提示Missing Operating System，如图27-12所示。

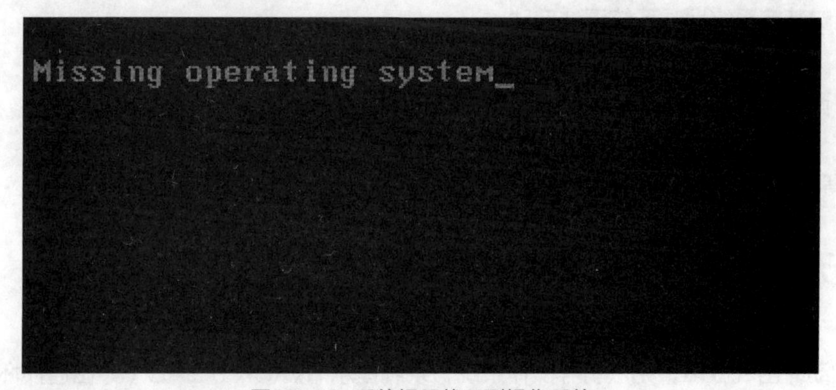

图27-12 系统提示找不到操作系统

故障分析：

此类故障一般为病毒破坏了硬盘分区表所致。

故障修复：

使用启动U盘启动电脑，进入系统盘。如果出现Invalid Drive Specitication（无效的驱动器）提示则说明感染了病毒，硬盘分区表被破坏。用杀毒软件和备份的硬盘分区表进行恢复，也可以使用第三方工具如DiskGenius进行分区表的复原，如图27-13所示。

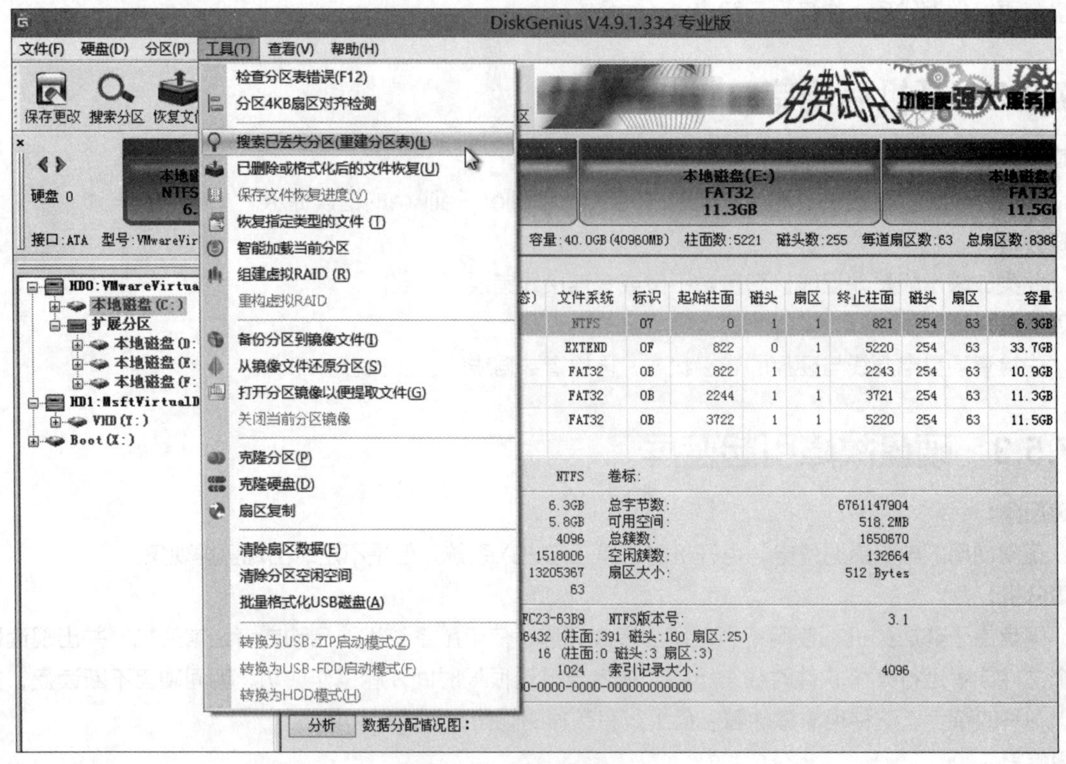

图27-13　重建分区表

网上大量的破解软件含有各种病毒，用户切莫贪图小利而使自己的电脑受到病毒、木马的危害，请使用正版软件。

27.5.5　系统无法启动

故障现象：

使用硬盘安装完系统后，系统无法启动。

故障分析：

检测后发现是由于在分区时，没有激活硬盘的主分区造成的。

故障修复：

使用PQ等硬盘管理软件激活硬盘主分区，故障排除。

27.5.6　无法引导系统

故障现象：

电脑在启动时出现故障，无法引导操作系统，系统提示TRACK 0 BAD（零磁道损坏）。

故障分析：

由于硬盘的零磁道包含了许多信息，如果零磁道损坏，硬盘就会无法正常使用。

故障修复：

遇到这种情况，可将硬盘的零磁道变成其他的磁道来代替使用。如通过诺顿工具包DOS下的中文PUN工具来修复硬盘的零磁道，然后格式化硬盘，即可正常使用。

27.5.7 硬盘无法响应

故障现象：

老式电脑，最近使用时发现速度变慢，硬盘经常无响应，硬盘指示灯长亮。

故障分析：

系统运行磁盘扫描程序后，提示发现有坏道。

故障修复：

磁盘出现的坏道只有两种，一种是逻辑坏道，即非正常关机或运行一些程序时出错导致系统将某个扇区标识出来，这样的坏道由于是软件因素造成的，且可以通过软件方式进行修复，因此称为逻辑坏道；另一种是物理坏道，是由于硬盘盘面上有杂点或磁头将磁盘表面划伤造成的坏道，由于这种坏道是硬件因素造成的且不可修复，因此称为物理坏道。对于硬盘的逻辑坏道，一般情况下可通过Windows操作系统的Scandisk命令修复，也可以利用其他工具软件来对硬盘进行扫描，并用低级格式化的程序修复硬盘的逻辑坏道，清除引导区病毒等。但低格对硬盘极为损伤，建议不要采用这种方式。对于硬盘的物理坏道，一般是通过分区软件将硬盘的物理坏道分在一个区中，并将这个区域屏蔽，以防止磁头再次读写这个区域，造成坏道扩散。不过对于有物理损伤的硬盘，建议将其更换，因为硬盘出现物理损伤表明硬盘的寿命已不长了。

27.5.8 碎片整理出错

故障现象：

使用了一段时间的电脑，发现速度变慢。在对硬盘进行磁盘碎片整理时系统提示出错。

故障分析：

文件存储在硬盘的位置实际上是不连续的，特别是对文件进行多次读取操作后，这样操作系统在找寻文件的时候会浪费更多时间，导致系统性能下降。而磁盘碎片整理实际上是把存储在硬盘的文件通过移动调整位置等，使操作系统在找寻文件时更快速，从而提升系统性能。如果硬盘有坏簇或坏扇区，在进行磁盘碎片整理时就会提示出错。

故障修复：

解决方法是在此之前对硬盘进行一次完整的磁盘扫描，以修复硬盘的逻辑错误或标明硬盘的坏道。对硬盘进行磁盘碎片整理的时间不宜频繁，因为进行整理操作时，系统会频繁读取硬盘并耗费相当长的时间，如果整理次数过频，很可能导致硬盘损伤。一般以两个月左右一次为宜。

28 Chapter

修复显卡常见故障

知识概述

显卡故障比较少见，但故障涉及的范围仍然比较广。通过本章的学习，读者可以了解电脑显卡的常见故障，并通过给出的经典案例，学会基本的显卡故障维修技巧，举一反三。

要点难点

- 显卡常见故障
- 显卡故障产生的原因
- 显卡故障的修复
- 显卡故障实例

28.1 显卡常见故障现象

显卡是提供显示输出的设备，一旦故障，会直接使电脑无法显示，或者显示异常。显卡的常见故障现象如下：

- 开机无显示，主板报警，提示显卡故障。
- 系统工作时发生死机现象。
- 系统工作时发生蓝屏现象。
- 输出画面显示不正常，出现偏色现象。
- 显示画面不正常，出现花屏现象。
- 屏幕出现杂点或者不规则图案 。
- 运行游戏时发生卡顿、死机现象
- 系统显示不正常，分辨率无法调节。

28.2 显卡故障主要原因

1. 接触不良

该故障主要是由于灰尘、金手指氧化等原因造成，在开机时有报警提示音。可以重新安装显卡，清除显卡及主板的灰尘。拆下的显卡仔细观察金手指，是否发黑、氧化，板卡是否变形。

2. 散热引起故障

同CPU及主板芯片类似，显卡在工作时，显示核心、显存颗粒会产生大量热量，而这些热量如果不能及时散发出去，往往会造成显卡工作不稳定。所以出现故障后，需要检查显卡的散热，风扇是否正常运行，散热片是否可以正常散发热量，如图28-1所示。

3. BIOS中设置不当

这里主要指和显卡相关的各种参数的设置。如果设置出现问题，会造成很多故障，包括设置集成显卡、显存大小、快速写入支持、显卡BIOS映射、显卡BIOS缓存等，如图28-2所示。

4. 显卡显存造成故障

若挑选显卡时，选择了劣质显卡，显存质量不过关，散热不良、损坏等，会引起电脑死机现象。

图28-1 检查显卡散热器

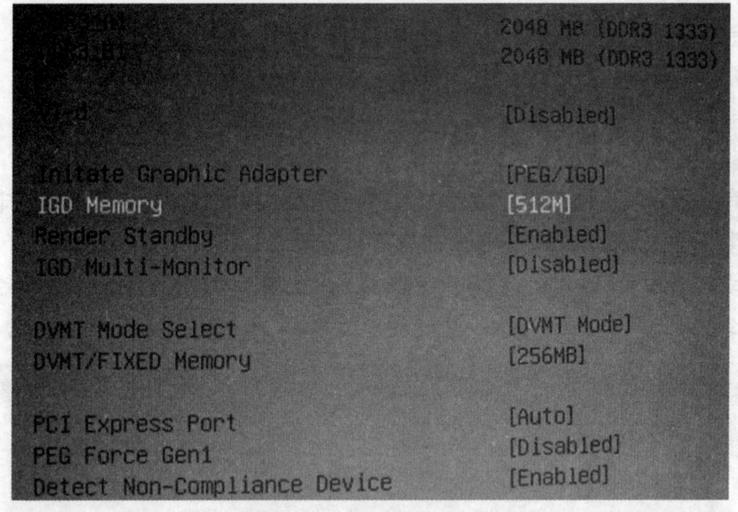

图28-2 设置显卡显存大小

5. 显卡工作电压造成故障

现在的显卡已经不满足于主板的供电，稍微高端一点的显卡都需要额外的电源供电，如图28-3所示。而若电源不能满足显卡的工作，会输出低于或高于标准的电压，从而导致电脑随机发生故障。

图28-3 显卡双6pin供电

6．兼容问题造成故障

兼容问题通常发生在升级或者刚组装电脑的时候。主要表现为主板与显卡不兼容，或者主板插槽与显卡不能完全接触所产生的物理故障。

7．超频故障

超频是为了手动提高显卡的工作状态从而得到更为强劲的性能。超频会带来显卡工作状态的改变，如果没有设置到位，那么极易产生各种故障。

28.3 显卡故障主要排查流程

STEP 01 安装好显卡开启启动，检查是否有报警。

STEP 02 如果有，需要检查：

- 接触不良造成的故障。
- 不兼容造成的故障。
- 散热不良造成的故障。
- 显卡供电造成的故障。

STEP 03 如果没有报警，那么检查电脑启动时是否死机。如果死机，检查显卡供电电压是否正常。

STEP 04 如果供电正常，那么故障的原因集中在芯片过热或者是有元器件的损坏。

STEP 05 如果启动时没有死机，那么检查图像显示是否正常，然后检查玩游戏会不会频繁死机。如果有死机现象，那么故障主要集中在DirectX上，可以检查DirectX信息，并进行测试，如图28-4所示。

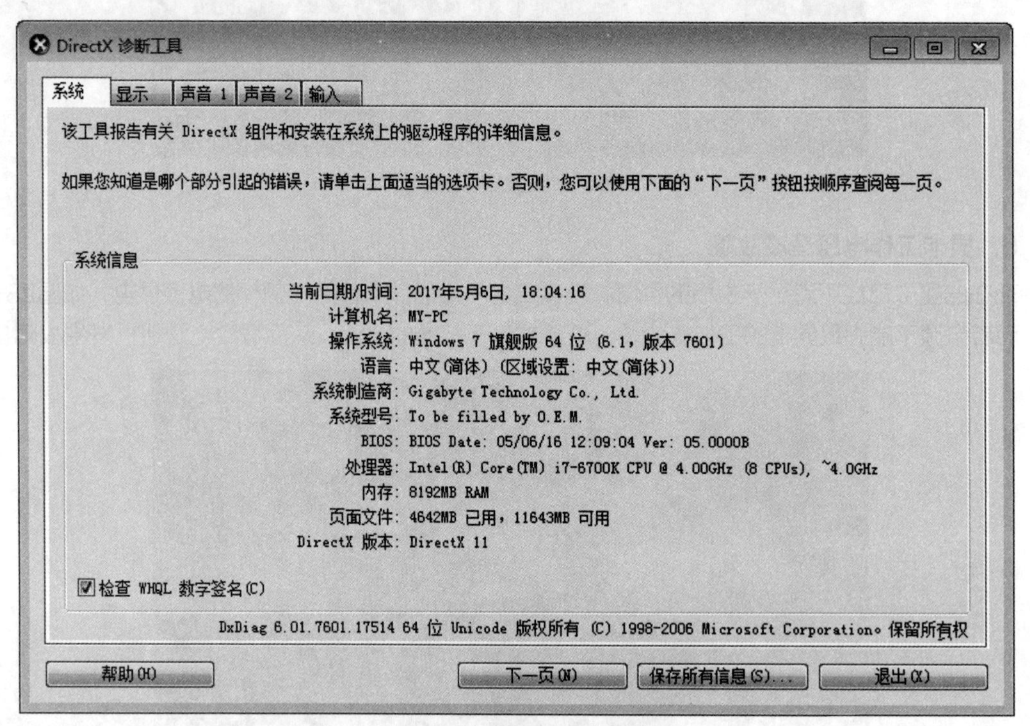

图28-4 检查DirectX信息

STEP 06 如果图像不能正常显示，那么检查驱动程序是否已经装好。

STEP 07 如果程序未装好，那么重新安装显卡驱动即可。

STEP 08 如果程序已经安装完成，那么故障主要集中在兼容性方面。如果可以，建议更换显卡。

28.4 显卡常见故障的诊断

显卡发生故障比较容易判断，就是显示出现了问题。

28.4.1 通过主板报警声判断故障

三种不同的BIOS关于显卡故障，会发出不同的报警声。

1. Award BIOS

- 1长2短：显卡或者显示器错误。
- 短声响：显示器或者显卡未连接。

2. AMI BIOS

- 1长8短：显卡测试错误。

3. Phoenix BIOS

- 3短、4短、2短：显示器错误。

28.4.2 通过自检信息判断故障

如果在加电自检过程中，显示画面一直停留在显卡信息处，不能继续进行其他自检，如图28-5所示，说明显卡可能出现了故障。

图28-5 显卡通过不了自检

这时，需要检查显卡是否有接触不良或者损坏的情况。

28.4.3 通过显示画面判断故障

电脑显示出现问题，最为直观的判断就是查看显示画面是否有异常。

显示器花屏、显示模糊或者黑屏现象，是显示故障的主要表现形式。但这些并不都是显示器的问题，所以在判断故障源的时候，重点需要判断是显卡的故障还是显示器本身的故障。

导致显示器花屏、显示模糊等故障的主要原因有显卡接触不良、显卡散热不良，导致显卡温度过高等。

另外，显卡驱动、显卡与主板不兼容；分辨率设置错误；没有开启特效；显示模式设置等也可能造成显示故障。

28.4.4 通过主板诊断卡判断故障

当电脑主机不能正常启动或者显示显示黑屏时，使用主板检测卡是一个比较便捷的检测手段。

如果诊断卡显示的故障代码为0B、26、31等，代表显卡可能存在问题。这时需要重点检查显卡与主板是否接触不良、显卡是否损坏等问题。

28.4.5 通过显卡外观判断故障

拆下显卡，观察显卡表面是否有划痕，电容、电感、显示核心是否有烧焦或者损坏的现象，如图28-6所示。查看金手指是否氧化、脱落、折断的现象。

查看显卡的散热系统有没有问题：风扇是否转动、显示核心与散热器是否连接紧密、硅脂是否老化。最重要的是如果显卡上沉积了大量灰尘，会造成各种元器件的氧化以及损坏。用户需要及时进行清理。

图28-6 显卡金手指损坏

28.4.6 通过安装问题判断故障

主流的显卡有主板接口、独立供电接口等，在排查连接问题时，需要从以下几个方面进行判断：

- 检查金手指是否氧化。如果有，需要使用工具对金手指氧化部分进行清洁。
- 检查显卡的电源、输入接口和线路是否有损坏或者接触不良。
- 检查显卡的散热器部分是否正确安装，有没有松动或者压损显卡元器件的现象。

28.4.7 通过设备管理器判断故障

驱动管理器可以直观地观察到显卡是否工作正常，是否安装了驱动程序等。

驱动是显卡的灵魂，是显卡正常工作的保障。如果驱动出现了问题，可能导致蓝屏、死机、显示状态不正常等现象。

如果显卡驱动错误或者出现问题，在设备管理器中可以查看到显卡驱动显示不正常或者无法识别，如图28-7所示，用户需要重新安装显卡驱动来解决问题。

其他设备
基本系统设备
人体学输入设备
软件设备
声音、视频和游戏控制器
鼠标和其他指针设备
通用串行总线控制器
图像设备
网络适配器
系统设备
显示适配器
AMD Radeon HD 7400M 系列(Microsoft Corporation- WDDM v1.20)
Intel(R) HD Graphics 3000
音频输入和输出

图28-7 显卡驱动工作不正常

28.5 显卡主要维修步骤

用户在遇到出现故障的显卡后，可以按照下面的通用流程进行维修及判断。该方法从故障率最高的原因开始进行解决。

1. 擦拭金手指

首先解决显卡的金手指氧化问题。使用橡皮擦擦拭金手指，清除金手指氧化部分，可以解决由于金手指氧化引起的显卡与主板接触不良的问题。在实际中，有很多故障可以通过清理金手指氧化得到修复，如图28-8所示。

图28-8 清理显卡金手指

2. 检查显卡表面

仔细查看显卡表面是否有元器件损坏或烧焦，并以此为线索，快速查找到显卡的故障源，以便快速修复故障。

3. 检查显卡各参数

该步骤似乎可有可无，但是在显卡出现故障后，通过查看显卡说明的介绍，可以了解显卡的各工作参数、正常值范围，并快速判断出显卡的工作异常点，以此为线索，找到故障位置。

4. 测量显卡的供电及AD线

使用万用表检测显卡供电电路的电压输出端对地阻值、AD线（地址数据线）对地阻值；测量显卡独立输入电路的电压是否正常；测量显卡各元器件阻值是否正常。

5. 检查显存芯片

如果电脑可以进入系统，但是经常遇到死机或者花屏现象，可以使用MATS等第三方测试软件对显卡的显存进行测试。如果显存出现故障，可以更换相同型号的显存芯片。

6. 刷新显卡BIOS

显卡BIOS芯片用于存放显示芯片与驱动程序间的控制程序，以及显卡的型号、规格、生产厂家、出厂信息等参数。当其内部的程序损坏后，会造成显卡无法正常工作、显示黑屏等故障。对于此类故障，用户可以使用专业的工具对BIOS程序进行刷新来排除故障，如图28-9所示。

图28-9 显卡BIOS更新工具

28.6 显卡故障修复实例

常见的显卡故障及修复手段如下。

28.6.1 显示花屏

电脑日常使用中，由于显卡造成的死机花屏故障对于初学者来说通常是不容易判断的，尤其是在未确定软硬件故障时，如图28-10所示。

- 此类故障多为显示器或者显卡不能够支持高分辨率、显示器分辨率设置不当引起的花屏。处理方法为，花屏时可切换启动模式到安全模式，重新设置显示器的显示模式即可。
- 显卡与中文系统冲突。

此种情况在退出中文系统时就会出现花屏，随意击键均无反应，类似死机。处理方法为输入MODE C080可得到解决。

- 显卡主控芯片散热效果不良也会出现花屏现象。处理方法为调节改善显卡风扇的散热效能。
- 显存损坏。当显存损坏后，在系统启动时就会出现花屏、字符混乱的现象。处理方法为更换显存，或者直接更换显卡。

图28-10 显卡花屏故障

28.6.2 突然死机

故障现象：

在正常使用的过程中，电脑突然死机。

故障分析：

相对花屏而言，死机的原因会更复杂一些，判断起来也更有难度。对于突然死机的情况，故障原因会有很多，可能是散热不良、设备不匹配、软硬件不兼容；或者内存故障、硬盘故障等。就显卡而言，一般多见于主板与显卡的不兼容、主板与显卡接触不良；或者显卡和其他扩展卡不兼容也会出现突然死机的情况。

故障修复：

软件方面，如果是在玩游戏、处理3D时才出现花屏、停顿、死机的现象，那么在排除散热问题之后，可以先尝试着换一个版本的显卡驱动。同时建议安装通过WHQL认证的显卡驱动，因为显卡驱动与程序本身不兼容或驱动存在BUG的情况确实很常见。

硬件方面，假如一开机显示屏就花屏死机的话，则先检查显卡的散热问题，用手摸一下显存芯片的温度，检查显卡的风扇是否停转。再看看主板上的AGP/PCIE插槽里是否有灰，金手指是否被氧化了。然后根据具体情况清理灰尘，用橡皮擦擦拭金手指，把氧化部分擦亮。假如散热有问题，就更换风扇或在显存上加装散热片，或者进入BIOS看看电压是否稳定。

对于长时间停顿或是死机、花屏的现象，在排除超频使用的前提下，一般是电源或主板插槽供电不足引起的，建议更换电源。现在的显卡属于高频率、高温度、高功耗的产品，对于电源的要求也随之加大。建议有条件的用户购买时注意查看计算实际输出功率，最好不要买杂牌电源。

28.6.3 开机黑屏

故障现象：

正常使用的电脑，在清理完灰尘后开机，发现始终处于黑屏状态。

故障分析：

此类故障一般是因为显卡与主板接触不良或主板插槽有问题造成的。对于一些集成显卡的主板，如果显存共用主内存，则需要注意内存条的位置，一般在第一个内存条插槽上应插有内存条。由于显卡原因造成的开机无显示故障，开机后一般会发出一长两短的蜂鸣声。

故障修复：

打开机箱，把显卡重新插好即可。要检查AGP/PCIE插槽内是否有小异物，否则会使显卡不能插接到位；对于使用语音报警的主板，应仔细辨别语音提示的内容，再根据内容解决相应故障。

如果以上办法处理后还报警，可能是显卡的芯片坏了，更换或修理显卡。如果开机后听到嘀的一声自检通过，显示器正常但就是没有图像，把该显卡插在其他主板上，如果使用正常，就说明显卡与主板不兼容，应该更换显卡。

28.6.4 屏幕出现异常色点

故障现象：

使用了一段时间的笔记本，为了提高性能采用了超频，虽然能够正常启动电脑，但是在使用时发现屏幕出现异常杂点。

故障分析：

常见的有显卡与主板接触不良造成屏幕出现异常杂点或图案的情况。还有一种情况是因显卡质量问题造成异常，如显存或者显示核心出现问题等。

故障排除：

对于这种因金手指接触不良造成的异常情况，可以清洁显卡的金手指，然后重新插上试试。

在显卡工作一段时间后（特别是在超频的情况下），温度升高，造成显卡上质量不好的显示内存、电容等元件工作不稳定而出现问题。

本例中，取消超频并降频到正常工作状态，故障排除。如果用户的电脑是超频状态下（有些发烧友CPU和显卡同时超频）而出现问题，建议还是降频。

28.6.5 显卡驱动出现错误

故障现象：

正常使用的电脑，在安装了游戏加速软件并优化后，经常出现死机的现象。打开“设备管理器”，发现显卡驱动出现了问题。

故障分析：

此类问题在DIY机器中比较常见，主要原因是显卡与主板不兼容，会经常出现开机驱动程序丢失，图标变大，要不就是出现死机、花屏等问题。

故障修复：

先尝试更新显卡驱动程序，如果问题不能解决，可以尝试刷新显卡和主板的BIOS版本。但是刷新BIOS有一定风险，需在刷新前做好备份工作。

还有一类特殊情况，以前能够载入显卡驱动程序，但在显卡驱动程序载入后，进入Windows时出现死机。可更换其他型号的显卡，在载入其驱动程序后，插入旧显卡予以解决。如若还不能解决此类故障，则说明注册表故障，对注册表进行恢复，或重新安装操作系统即可。

28.6.6 颜色显示不正常

机器显示的颜色不正常，如呈底片状的反相效果或者过分鲜艳、缺色等，如图28-11所示。此类故障一般有以下原因：

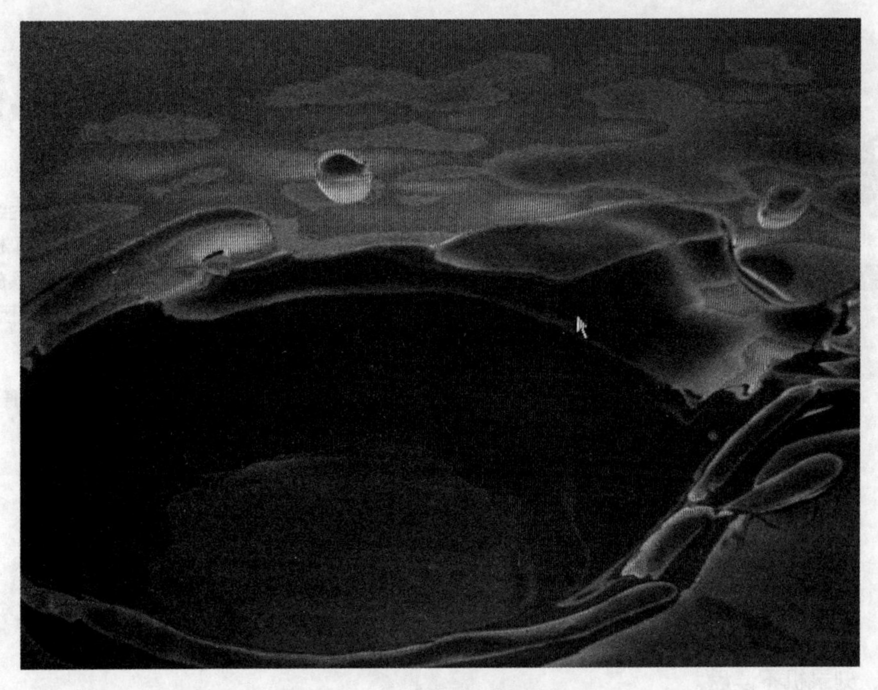

图28-11 颜色显示不正常

- 显卡与显示器信号线接触不良。
- 显示器自身故障。
- 在某些软件里运行时颜色不正常，一般常见于老式机，在BIOS中有一项校验颜色的选项，将其开启即可。
- 显卡损坏。
- 显示器被磁化。此类现象一般是由于与有磁性的物体过分接近所致，磁化后还可能会引起显示画面出现偏转的现象。

开机后屏幕显示颜色不正常，但使用一段时间后又恢复正常颜色，这类情况是因为显示器使用的时间过长而导致显象管老化，可以到专门维修显示器地方进行维修，不过维修后效果未必能改善多少而且费用也较高，不如更换一台新显示器。

开机后屏幕显示的颜色不正常，而且无论等多长时间也无法恢复正常的颜色，这种情况可能是显示器与显卡之间的连接插头有缺针（断针）或某些针弯曲导致接触不良，可以检查显示器连接插头是否出现了问题。

需要注意的是，检查时最好与一台正常工作的显示器进行比较，如果确定是显示器连接插头有问题，可以尝试购买一个插头自己替换即可。购买时还应注意与显示器连接接头的形状是否吻合，以避免购买后无法与显示器连接。

29 Chapter 修复光驱、刻录机常见故障

知识概述

虽然光驱和刻录机的使用频率不像其他硬件那么频繁，但是作为维修人员，应该对光驱、刻录机常见故障有比较成熟的处理方法。由于光驱及刻录机不是密封设备，而且是物理性能较多的设备，所以故障较多。尤其是使用或者摆放时间过长，容易出现各种问题。本章将着重讲解光驱、刻录机的常见故障、产生原因和修复方法。

要点难点

- 光驱、刻录机常见故障
- 光驱、刻录机故障产生的原因
- 光驱、刻录机故障的修复
- 光驱、刻录机故障实例

29.1 光驱、刻录机常见故障现象

- 光驱、刻录机不读盘。
- 光驱、刻录机挑盘。
- 光驱、刻录机无法自动打开仓门。
- 光驱、刻录机不能正常工作，指示灯没反应。
- 系统无法识别光驱或刻录机，在“资源管理器”中找不到对应的盘符。
- 安装刻录机后无法正常启动电脑。
- DVD光驱不能读取数据盘内容。
- 无法刻录数据到光盘。
- 刻录光盘的过程中，经常出现刻录失败的现象。
- 刻录软件识别不到刻录机。
- 电脑无法检测到已经安装的光驱或刻录机。

29.2 光驱、刻录机故障主要原因

- 使用时间长，激光头老化。
- 激光头被灰尘覆盖，无法工作。
- 进出电机插针接触不良或者是电机烧毁。
- 进出盒机械结构中的传动带松动、打滑。
- 电源及数据线接口接触不良。
- 多设备，跳线设置错误，或BIOS设置错误。
- 驱动丢失或者损坏。

29.3 光驱、刻录机故障检测流程

STEP 01 光驱、刻录机故障后，启动电脑并进入系统，查看是否可以识别到光驱并显示光驱图标。

STEP 02 如果没有显示，则需要检查：

- BIOS设置错误。
- 跳线设置错误。
- 光驱或刻录机是否损坏。
- 光驱或刻录机电源线是否连接到位，电源是否工作正常。
- 检查光驱或刻录机数据线是否工作正常。

STEP 03 如果光驱、刻录机可以正常被识别，那么放入光盘查看是否可以正常读取。

STEP 04 如果可以读取，需要检查：

- 激光头是否老化。
- 光盘是否损坏。
- 数据线是否损坏。

STEP 05 如果不可以读取，则检查刻录机是否能写入。

STEP 06 如果不能写入，则说明刻录软件不能正确识别该光驱。

29.4 光驱、刻录机主要故障诊断

29.4.1 开机检测不到光驱、刻录机

电脑开机时，BIOS程序会对所有接入电脑主板的设备进行自检，如图29-1所示。

- 检测是否存在设备。
- 检测设备是否可用。

图29-1 BIOS检测到刻录机

如果该阶段检测不到设备，说明光驱的控制器存在物理故障或者连接出现了问题。如果在该阶段可以检测到光驱，但是进入Windows后却无法看到光驱，则说明系统出现了问题或者病毒破坏了光驱的检测程序，应该从系统修复入手。

如果之前可以正常使用光驱，但是突然发现光驱检测不到或者不可以使用了，可以先从检测光驱电源线及数据线入手，或者使用替换法，更换数据线及电源线再开机，这样可以排除线缆及接口的问题。

如果有条件的话，可以将光驱放置在其他正常的电脑上进行测试。如果发现电路板对地阻值不正常，则需要更换同型号电路板。

也可以在开机时进入安全模式，然后退出并重启电脑，查看是否可以识别。如果还不能识别，需要对注册表进行修复操作。

29.4.2 无法读取光盘

光驱或刻录机使用时间较长的话，会出现不读盘的情况。可以使用光驱清理套件清理激光头进行解决，也可以采用逐渐提高激光头功率的方法，延长光驱的使用寿命。但光驱的使用寿命是一定的，需要适时进行更换。

如果不确定是否是光盘的原因造成不能读取的情况，将光盘放置在其他正常电脑的刻录机或光驱中测试即可。

激光头是光驱中最重要的组成部分，使用时间久了以后，激光头位置会沉积大量的灰尘，会对光驱的读盘能力有很大影响。

清理激光头，需要打开光驱外壳，使用棉签蘸取无水酒精，轻拭激光头的折射棱镜，如图29-2所示。等酒精挥发完毕后，将光驱重新安装后，即可正常工作了。

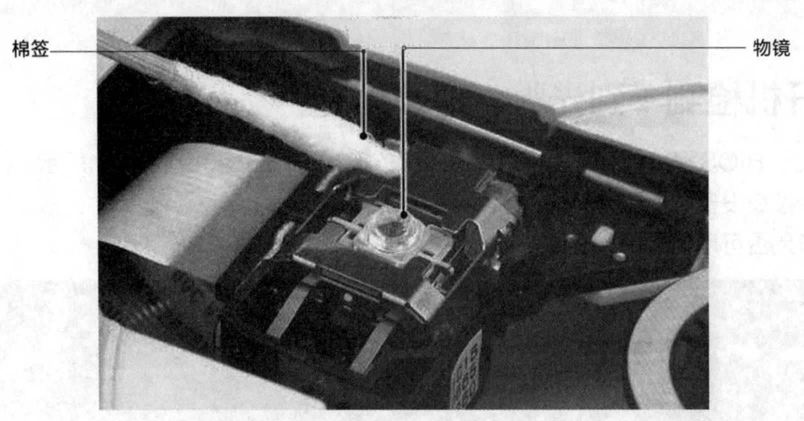

图29-2 清理激光头

因为笔记本光驱的激光头和托盘是一体的，清理时只需弹出托盘，无需拆开光驱，比较方便，如图29-3所示。

图29-3 笔记本光驱

有些情况下，因为光驱老化严重，单纯使用清理已经无法使其重新读盘，那么可以采用提高或降低激光头功率的方法延长使用寿命。在光驱的电路板上有一个可调电阻，用来提高或者降低激光头的功率，如图29-4所示。调节时最好使用万用表，先测量电阻两端的阻值，然后使用螺丝刀顺时针调节，不要一次调节幅度过大，一般以5度为一档进行调节，以免对激光头造成损坏。

图29-4 光驱可调电阻

29.4.3 读盘能力差故障

电脑光驱使用久了就会出现读盘能力差的问题，有些盘能够读，有些不能读，还有的光盘读到一半就出现卡死的现象。光驱读盘能力差很多时候都是由于光驱个别部件老化或光头过于污浊造成的，还有个别是适量问题。光驱读盘能力差，用户可以采取下面的4种方法来进行检查。

1. 首先检查激光头的表面上是否有污物

如果脏了，用电吹风的冷风吹一下，注意千万不要用嘴去吹。

2. 检查光盘托架上面的光盘臂的压力是否够大

光驱随着使用时间的增加，光盘臂的压力逐渐减小，导致夹不住光盘，盘片在光驱中打滑，从而使光驱读盘能力下降。可以在光盘转动时轻轻按压光盘臂，如果有所改善，就可以断定光盘臂的压力太小，不足以夹住盘片。调整时可以将光盘臂轻轻向下折或将光盘臂根部的小弹簧取出拉长后再装入即可。

3. 如果压夹的压力正常，调整激光头的发射功率

虽然不同品牌光驱激光头的调节电位器位置不同，但仔细查找就可以找到，它通常在激光头的旁边。调节前需要记住原来的位置，如果不行就恢复原状。先按顺时针方向旋转一点，如果读盘效果变弱，那么就向相反的逆时针方向旋转。这时候的调节一定要细心，一点一点调整，不要一次调得过大。

4. 调节激光头的角度

这是最后一步，不到万不得已的情况最好不要采用，因为如果调节不好会造成整个光驱报废。在激光头的下面有两颗小螺丝，上面涂着黑色或红色的绝缘油漆，稍微调整其中一颗，再加电试试，如

果读盘效果有所改善就再调整一点。

光驱读盘能力差，都是因为光驱使用时间长，光驱的零部件出现老化导致的。如果以上4个步骤还是不能解决光驱读盘能力差的问题，就可能是光驱出现了质量问题。现在通常使用刻录机，价格与光驱相差无几，如果需要更换可以直接购买刻录机。

29.4.4 光驱的日常维护

1. 注意防震

光驱激光头中的透镜和光电检测器非常脆弱，经不起强烈的撞击和震动，因此，一定要轻拿轻放，防止跌落或碰撞。

2. 注意防尘

光驱是靠激光束在盘片信息轨道上的良好聚集和正确检测反射光强度来实现信息读取的，其光学系统对灰尘的敏感性很强，所以一定要注意防尘。在使用光驱时，要避免电脑电源风扇和系统主板风扇的气流直接作用，否则气流夹带空气中的灰尘通过光驱时，会将灰尘沉积在透镜和棱镜上，影响光驱的寿命。

3. 操作要轻

在托盘上放置或取出盘片时要小心，放置或取出盘片后应及时按键，将托盘弹回驱动器内，防止托架意外损坏。在将托架弹回驱动器内时，一定要通过按键由控制电路自动将托架收回，而不应用手强行将托架推回驱动器内。

4. 不用时一定要及时将盘片从驱动器内取出

驱动器所有的部件都在时刻准备读取数据，所以不用时应及时将盘片从驱动器内取出，降低驱动器机械系统的磨损，减少激光二极管的使用时间，延长光驱的使用寿命。

5. 不要使用质量差的光盘

当光驱在读不出劣质光盘的数据时，就会自动提高激光头的电流，这样容易造成激光头的老化。

6. 读盘时不要突然地弹出光驱仓门

如果突然弹出仓门或开机时光驱内有盘片，会造成光驱的忽然停止或忽然转动，这样对激光头会造成很大的损伤。

29.5 光驱、刻录机维修实例

下面通过日常使用时遇到的故障实例，来讲解分析、修复故障的方法。

29.5.1 光驱不读盘

故障现象：

光驱内的摩擦声音很大且不读盘。

故障分析：

这是因为光驱的夹盘结构没有产生足够的夹紧力，导致光盘转动时打滑所致。绝大多数光驱的夹盘结构都为压板式，即光盘送入光驱后，套在正对数据面的伞形轮上，然后光盘上方压板前部的塑料轮压住光盘，压板后面的一个小弹簧伸长使光盘臂下压夹紧光盘，随后伞形轮带动光盘旋转。光驱使用一段时间后，由于弹簧弹力减弱或弹簧向下弯曲，会导致压板压力减小，夹不住盘。

故障修复：

- 将光盘臂轻轻向下折动，或将光盘臂根部的小弹簧取出拉长后再装入就可以了。
- 作为临时应急的解决措施，可以在放入光驱的光盘上面再叠压一张光盘，使光盘变厚。

29.5.2 读取报错

故障现象：

光驱中放入光盘后提示驱动器读取错误，如图29-5所示。

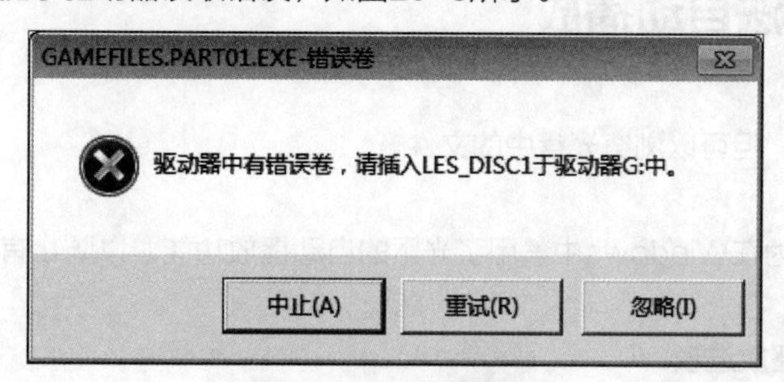

图29-5 驱动器读取错误

故障分析：

出现这种错误一般是因为系统无法读取光盘的内容。可能是光盘脏了，也有可能是光盘上有划痕，或者是光盘变形了。

故障修复：

如果是光盘脏了导致无法读取，只要用一块干净的布将光盘擦干净就可以了。如果是是光盘上有划痕，用干净的液态涂料把刮痕补好也能解决问题。若是因为光盘变形造成的无法读盘，则换张光盘即可。

29.5.3 光盘变硬盘

故障现象：

光驱中插入光盘后提示“驱动器中的磁盘未被格式化，想现在格式化吗”，光驱中的光盘变成了磁盘。

故障分析：

出现这种问题一般是CMOS设置有错误。

故障修复：

重新启动电脑进入CMOS设置，在STANDARD CMOS FEATUER选项中，将IDE Primary（Sencondary）、Master（slave）等项目设为AUTO。

29.5.4 光驱不工作

故障现象：

放入光盘后光驱仓盒已关上很久，却听不到光驱读盘的声音。

故障分析：

光驱托盘进出正常，说明光驱的12V电压正常。而放进光盘托盘归位后，光驱应有激光头寻道的上下动作，以及光盘伺服电机转动的声音。如果没有读光盘的声音，则说明5V电压没有加上。主要原因包括：

- 开机瞬间电压不稳。
- 主机开关电源稳压性能不好，电压偏高。
- 带电拔光驱的电源插头，造成电源插头损坏。

故障修复：

检查光驱电源接口处的保险电阻，该保险电阻与普通电阻相似，一般是绿色的，也有黑色的，然后找一条相同规格的保险电阻更换。

29.5.5 光驱无法自动播放

故障现象：

光盘无法自动播放，但可以浏览光盘中的文件。

故障分析：

造成这种情况是因为在Windows中禁用了光驱的自动播放功能，以防止有恶意病毒自动运行。

故障修复：

- 检查光驱的自动播放选项

在“资源管理器”中右键单击光驱所在的盘符，然后选择“属性”命令，打开“光驱属性”对话框，切换到“自动播放”选项卡。此时可以看到自动播放选项卡有一个下拉菜单，可以针对不选择格式文件选择不同的操作。以选择音乐CD选项为例，在对话框中选择“每次提醒我选择一个操作”单选按钮，然后单击“确定”按钮即可。

- 查看组策略中的相关设置

如果这样设置后仍不能自动播放，执行“开始→运行”命令，键入gpedit.msc后按Enter键，打开“组策略编辑器”。在左侧依次展开“本地计算机策略-计算机配置-管理模板-系统”，然后在右边双击关闭自动播放，打开对话框，选择“未配置”后单击“确定”按钮退出，如图29-6所示。

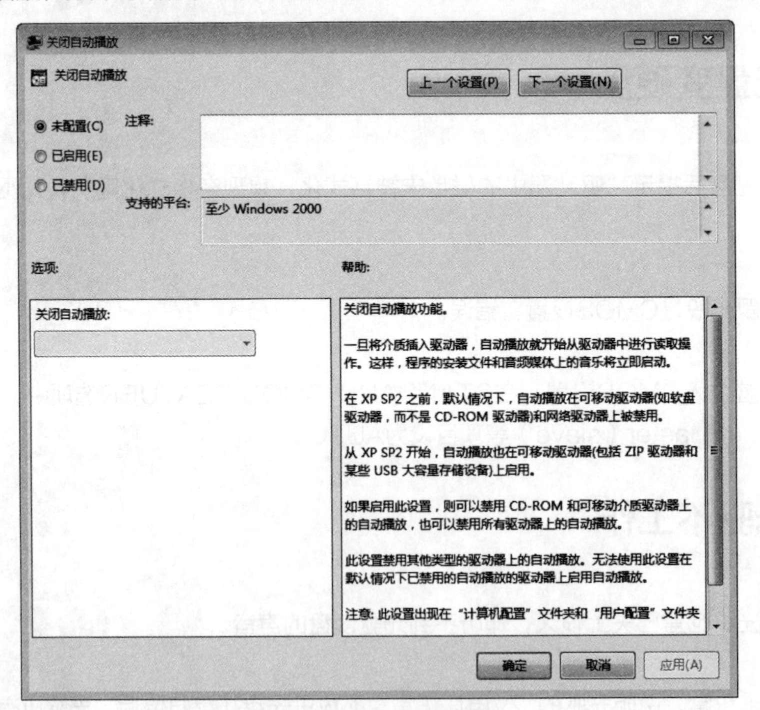

图29-6 启动自动播放

需要注意的是，在计算机配置和用户配置中，都有关闭自动播放的设置。但在都配置的情况下，计算机配置比用户配置的设置优先，且这项配置不能阻止自动播放音乐CD。

29.5.6 光驱读取不出数据

故障现象：

光驱运转声音正常，但长时间读不出数据，按光驱上的弹出按钮，光驱托盘无法弹出。

故障分析：

根据故障现象，推测这是由光驱机械故障引起控制电路异常所导致的。虽然光驱托盘可以收回，但光驱并没有准确地收到托盘归位的信号。一般来说，光驱是通过托盘撞击运动滑轨尽头的一个微动开关来触发该信号。

故障修复：

取出光驱，旋下背面的螺钉，可以看到光驱内部共有三个电机：中间一个为主轴电机，带动光盘旋转；旁边有一个步进电机，带动激光头沿着滑轨运动；另外一个是控制光驱进出仓的电机，检查它的工作状况。沿着托盘的运行滑轨，可以在光驱的尾部发现一个很小的微动开关。用万用表检查这个开关是否接触良好，如果属于接触不良，应该换一个同样的开关。

29.5.7 安装刻录机后，无法启动电脑

故障现象：

老式的电脑主机，因为工作需要，添加了一个老式IDE刻录机，但是安装后，系统无法正常启动。

故障分析：

查看主机后，发现电脑使用了迷你型主板，只有一个IDE接口，而硬盘和光驱都连接在这条IDE数据线上。

故障修复：

检查IDE线是否完全插入，并且要保证PIN-1的接脚位置正确连接。因为刻录机与其他IDE设备共用一条IDE线，需保证两个设备不能同时设定为MA（Master）或SL（Slave）方式，可以把一个设置为MA，一个设置为SL。修改后开机顺利进入系统，设备使用也正常，故障修复。

29.5.8 刻录失败

故障现象：

使用刻录机进行刻录，使用模拟刻录成功，但是实际刻录却失败。

故障分析：

刻录机提供的“模拟刻录”和“刻录”命令的差别在于是否打出激光光束，而其他的操作都是完全相同的。也就是说，“模拟刻录”可以测试源光盘是否正常，硬盘转速是否够快，剩余磁盘空间是否足够等刻录环境的状况，但无法测试待刻录的盘片是否存在问题和刻录机的激光读写头功率与盘片是否匹配等。

鉴于此，“模拟刻录”成功，而真正刻录失败，说明刻录机与空白盘片之间的兼容性不是很好，可以采用如下两种方法来重新试验一下。

故障修复：

- 降低刻录机的写入速度。
- 更换另外一个品牌的空白光盘进行刻录操作。出现此种现象的另外一个原因就是激光读写头功

率衰减。如果使用相同品牌的盘片刻录，在前一段时间内均正常，则很可能与读写头功率衰减有关。有条件的话更换读写头。

更换后，设备刻录成功，故障修复。

29.5.9 刻录出现错误提示信息

故障现象：

刻录软件刻录光盘过程中，有时会出现BufferUnderrun的错误提示信息。

故障分析：

这在比较老旧的电脑及刻录机上出现频率较高。BufferUnderrun错误提示信息的意思为缓冲区欠载。一般在刻录过程中，待刻录数据需要由硬盘经过IDE界面传送给主机，再经由IDE界面传送到刻录机的高速缓存中（BufferMemory），最后刻录机把储存在BufferMemory中的数据信息刻录到CD-R或CD-RW盘片上。这些动作都必须是连续的，绝对不能中断。如果其中任何一个环节出现了问题，都会造成刻录机无法正常写入数据，并出现缓冲区欠载的错误提示，进而使盘片报废。

故障修复：

在刻录之前需要关闭一些常驻内存的程序，比如关闭光盘自动插入通知；“关闭防毒软件；关闭Windows任务管理和计划任务程序以及屏幕保护程序等，以腾出足够的系统资源给刻录机使用。完成后，刻录正常，故障修复。

29.5.10 突然停电，光盘还在光驱中

这是经常出现的情况。而且有时使用了光盘，但是在关闭电脑后，想起光盘还在光驱中。尤其是维修人员，经常忘记光驱中有光盘。该种情况对光驱的机械部件会造成损坏。

如果在无法通电的情况下，如何拿出光驱中的光盘？用户可以将曲别针掰直，或者使用类似长度及粗细的介质，插进光驱的紧急退盘孔中，孔中有类似按钮的突起，使用曲别针插进去即可将光驱托架弹出，如图29-7所示。

图29-7 光驱紧急退盘孔

29.5.11　刻录光盘时发生飞盘

飞盘可分为显性和隐性两种，就是刻录的光盘刻录坏了。

1. 显性飞盘

显性飞盘即在刻录过程中报错或者失败，此类问题多半是因为光盘盘片质量太差，或者和刻录机的兼容性不好，在刻录过程中就会出错，导致刻录停止，盘片报废。这种情况非常常见，会出现如“电源校准错误”或者“以XX速度刻录失败”的字样。解决方法是更换品质过硬的盘片。而“电源校准错误”由于误解比较多，单独进行讲解。Power Calibration Error实际上不应叫做“电源校准错误”，而应该叫做“功率校准过程出错”，其实和主机电源的功率大小并没有直接关系。刻录机在刻录时的第一个步骤就是收集盘片上原先由厂商写入的碟片信息，这些信息中包括碟片刻录的要求激光功率等。第二个步骤是进行Power Calibration（功率校准）：在刻录盘上的随机一点发射激光，看是否得到刻录有效的反馈。若失败，则证明该碟片要求的激光功率已经大于该刻录机光头的功率。“碟片要求刻录操作功率大于光头功率”才是该错误的实质，解决问题还是要从碟片和激光头两方面找。碟片问题包括：碟片的染料刻录功率要求高，碟片表面存在较明显的污渍或划痕，碟片质量差、盘基或染料不均匀，当高倍速、高功率刻录对光头需求超过刻录机功率范围的要求，便显示该错误。一般把刻录速度降低到4X可以完成刻录，但最好的方法还是更换有品质保证的盘片。如果以前高速刻录很正常的碟片也发生了这样的错误，就要考虑是否是刻录机光头老化和镜头污染了，在保期内更换是最好的办法。

2. 隐性飞盘

隐性飞盘即刻录过程正常完成，没有看到任何不良症状，但是盘片刻录完之后，其中的某一部分数据却无法复制回硬盘，提示例如“MS-DOS功能无效”“数据冗余错误”等信息。多半原因是因为盘片内伤，某部分PIE PIF过高。这是盘片本身质量的问题出现坏区，然而之所以刻录过程正常完成，多半因为刻录机和盘片的兼容性较好且电源没有出现问题。

30 Chapter 修复电源常见故障

知识概述

主机电源为电脑内部所有设备及电脑外部部分设备供电。虽然电源的好坏不会影响电脑处理能力和速度的快慢，但电源直接影响到各设备的工作状态及整体的稳定性。本章将着重介绍电源常见的故障以及修复的方法。

要点难点

- 电源常见故障
- 电源故障产生的原因
- 电源故障的修复
- 电源故障实例

30.1 电源常见故障现象

- 电源无电压输出，电脑无法正常开机。
- 电脑重复性重启。
- 电脑频繁死机。
- 电脑正常启动，但一段时间后自动关闭。
- 电源输出电压高于或者低于正常电压。
- 电源无法工作，并伴随着烧焦的异味。
- 启动电脑时，电源有异响或者有火花冒出。
- 电源风扇不工作。

30.2 电源故障主要原因

- 电源输出电压低。
- 电源输出功率不足。
- 电源损坏。
- 电源保险丝被烧坏。
- 开关管损坏。
- 300V电容损坏。
- 主板开关电路损坏。
- 机箱电源开关线损坏。
- 机箱风扇损坏。

30.3 电源故障维修流程

STEP 01 电脑加电，观察是否可以开机。如果不能则检查电源开关是否工作正常。

STEP 02 如果电源开关损坏，则维修电源开关。

STEP 03 如果电源开关正常，则测试电源是否能工作。

STEP 04 如果电源不能工作，则检查电源保险丝、电源开关管、电源滤波电容。

STEP 05 如果电源可以工作，则检查主板是否正常。

STEP 06 如果主板没有问题，那么故障点在于电源负载过大。

STEP 07 如果是主板损坏，那么检查是主板开关电路出现故障还是其他部分损坏。

STEP 08 如果电脑可以开机，那么检测电脑工作时是否会重启或者死机。

STEP 09 如果有相关状况，那么检查电源电压是否正常。

STEP 10 如果电压不正常，那么需要对电源进行检修。

STEP 11 如果电压正常，那么重点查看内存、CPU等部件，查看是否是其他原因引起的。

30.4 电源故障的维修方法

下面介绍常见电源故障的维修方法：

30.4.1 电脑无法开机，电源无电压输出故障

将电源从主机拆下，单独接上电源，使用短接法，用镊子等将电源24PIN电源线中的绿色线与黑色线短接，查看电源风扇是否转动，使用电源检测器检测各电源线电压输出是否正常。

电脑无法正常开机，电源无电压输出的故障一般与电源中的辅助电源故障有关。维修方法如下：

STEP 01 拆开电源外壳，观察电路板，查看元器件是否有明显损坏的痕迹，如图30-1所示。

图30-1 机箱电源电路板

STEP 02 连通220V市电，然后测量整流滤波电容电压，如图30-2所示。约为300V，电压正常。继续测量开关管栅极电压，读出的数字约为0.5V，说明正反馈电路有故障。

图30-2 整流滤波电容

STEP 03 测量正反馈及开关管通路，没有发现开路损坏元件，测量负载段，未发现短路。

STEP 04 到此，怀疑开关变压器有故障。尝试更换开关变压器后，通电测试，电源输出值正常。

30.4.2 电源无直流电压输出故障

电源无直流电压输出的故障涉及的范围较大，首先拆下电源，单独接220V市电进行测试，发现电源接头3.3V、5V、12V和待机电压均为0V，说明辅助电路没有工作，故障应当出在辅助电路上。

STEP 01 拆开电源的外壳，观察电路板外观，发现保险管发黑，主电源两只开关爆裂，匹配电阻也已经烧黑。

STEP 02 拆除损坏的开关管、电阻等元器件，更换保险管，通电检查紫色线（待机电压）输出电压，发现输出电压正常，但其他电压输出仍然为0。

STEP 03 将电源断开，检查低压整流输出端对地电阻，发现其中一个整流二极管短路。

STEP 04 更换损坏的整流管，并装上开关管，更换匹配电阻，然后开机测试，电源风扇不转，电压测量仍然无直流输出。

STEP 05 测量TL494第9和第10脚对地电阻，发现阻值很小，估计驱动管击穿短路。继续检查四只驱动管，发现均处于短路状态。

STEP 06 更换四只驱动管，通电开机检测，发现电源风扇转动，再检查各组输出电压均正常。

30.4.3 电源风扇转动，但电脑主机不能启动故障

该故障一般是由于输出电压不稳定，或滤波不良，或PG显号不正常引起。检查维修步骤如下：

STEP 01 通电检测电源的±5V、±12V、+3.3V输出电压，均正常，如图30-3所示。

图30-3 电脑电源输出检测

STEP 02 检查PG信号输出电压，发现电压不正常。

STEP 03 打开电源外壳直接检查，发现300V整流滤波电容上面出现严重鼓包。更换相同规格的电容后，通电测试，PG信号端输出电压正常，故障排除。

30.4.4 通过保险丝状态排查故障

当电源在有负载的情况下，测量不出各输出端的直流电压时即认为电源无输出。这时应先打开电源外壳检查保险丝，如图30-4所示。通过保险丝熔断情况来分析故障范围。

图30-4 电脑电源保险管

1. 保险丝熔断并发黑

说明有严重短路现象，应重点检查整流滤波和功率逆变电路。

（1）交流滤波电容C3、C4因交流浪涌电压击穿而短路，有些ATX电源交流滤波电路比较复杂，应检查是否有短路的元件。

（2）交流主回路桥式整流电路中某个二极管击穿。损坏原因是由于直流滤波电容C5、C6一般为330μF或470μF的大容量电解电容，瞬间充电电流可达20A以上，所以瞬间大容量的浪涌电流易造成整流桥中某个性能略差的整流管烧坏。另外，交流浪涌电压也会击穿整流二极管而短路。

（3）整流滤波电路中的直流滤波电容C5、C6击穿，甚至发生爆裂现象。损坏原因是由于大容量的电解电容耐压一般为200V左右，而实际工作电压达到150V左右，接近额定值。因此，当输入电压产生波动或某些电解电容质量较差时，就容易发生击穿电容现象。另外，当电解电容发生漏电时，就会严重发热而爆裂。

（4）直流变换电路中的功率开关晶体管VT1、VT2和换向二极管VD1、VD2击穿损坏。损坏原因是由于整流滤波后的输出电压一般高达300V左右，逆变功率开关管的负载又是感性负载，漏感所形成的电压峰值可能接近于600V，而VT1、VT2的耐压Vceo只有450V左右。因此当输入电压偏高时，某些耐压偏低的开关管将被击穿。所以可选择耐压更高的功率开关管。

2. 保险丝熔断但不发黑

说明不是短路引起的保险丝熔断。

（1）通电瞬间烧断保险丝，故障多为瞬间的大电流将保险丝冲断，如开机时直流滤波电容的充电电流。

（2）使用过程中烧断保险丝，多为负载过大所致。

3. 保险丝未熔断

如电源无输出，而保险丝完好，则应检查电源控制线路中是否有开路、短路现象，以及过压、过流保护电路是否动作，辅助电源是否完好等。

（1）交流输入回路的限流电阻THR开路，此时测不到300V直流电压。开关电源采用220V直接整流滤波电路，当接通交流电压时会有较大的浪涌电流（电容充电电流），浪涌电流易造成限流电阻或保险丝熔断。

（2）辅助电源无+5V电压输出。应重点检查辅助电源电路中的相关元件，如辅助电源电路VT15振荡管损坏，VZ16稳压管、VD30、VD41二极管击穿短路，限流电阻R72或启动电阻R76断路等。

（3）脉宽调制芯片TL494损坏，电压比较器LM393损坏。另外如IC10、VT7短路，会使IC1的4脚的电压为高电平，而处于待机状态。

（4）直流输出端有短路，此时短路保护会起作用。其现象是开机瞬间电源指示亮，然后马上又熄灭。应仔细检查±5V、±12V线路是否有破损或电路板上有击穿的器件。一般最为常见+5V直流回路的肖特基二级管被击穿。

（5）直流输出过压，此时过压保护会起作用。应检查+5V、+12V自动稳压控制电路是否损坏，致使自动稳压控制失效。

30.5 电源维修实例

电源故障会引起多种现象，只有通过判断，确定属于电源故障，才能“对症下药”。

30.5.1 电源功率不足造成重启现象

故障现象：

一台多核电脑，可以正常启动、工作。最近对其进行了升级操作，增加了一部1TB硬盘，发现电脑工作不稳定了。当使用机器的光驱或者刻录机时，经常会发生重启故障。

故障分析：

根据故障判断，主要原因有：

- 刻录机或者光驱出现兼容性问题。
- 硬盘出现问题。
- 电源有问题。
- 主板出现问题。

故障修复：

- 检查刻录机及光驱电源线及数据线，未发现损坏。更换其他刻录机或光驱，仍然出现类似的故障。
- 检查硬盘，将新加的硬盘拔掉后，重新测试电脑，发现故障消失。而接上后，有时故障会出现。将硬盘放置在其他主机中，工作正常，未发现重启现象。
- 怀疑电源的功率不足，使用较大功率的电源代替原先电源进行测试，未发现重启现象，确定是电源功率不足引起的。重新购买新的大功率电源，更换后系统工作正常，故障被排除。

30.5.2 有电源输出，但是开机无显示

故障现象：

电脑无法开机，但使用工具测试电源后，发现有电源输出，而且各值都正常。

故障分析及修复：

出现此故障的可能原因是POWERGOOD输入的RESET信号延迟时间不够，或POWERGOOD

无输出。开机后，用电压表测量POWERGOOD的输出端。如果无+5V输出，再检查延时元器件；若有+5V，则更换延时电路的延时电容即可。

30.5.3 开机后自动重启

故障现象：

电脑在每次开机过程中都会自动重启一次，现在是重复一次自检之后才能进入操作系统。

故障分析及修复：

启动时重新引导通常是由于主板的故障而引起的，电源输出不稳定也可能造成这种原因。对这两个设备进行检查，发现是由于电源输出不稳定造成的，更换了电源滤波器后，问题修复。

30.5.4 元器件短路

故障现象：

正常使用时，机箱内打火，同时显示器电源的指示灯闪烁，并闻到刺鼻的气味。

故障分析及修复：

很有可能是电源的问题，因为在机箱内其他的配件都是很难产生这个问题，也就是说电源内部的器件损坏或短路了，拆开电源，发现300V整流滤波电容上面出现爆浆。更换相同规格的电容后，通电测试，故障修复。

30.5.5 开机一段时间后自动关机

故障现象：

电脑一直运转正常，最近大约每开机仅几分钟，电脑就会自动关机。主机、光驱及显示器上的指示灯都亮着，风扇也在运转，但并无反应，只有关掉电源重新启动才能正常工作。

故障分析与修复：

电源在工作一段时间后，发热会变强，元器件会出现工作不稳定的情况，导致输出电流断路，所以检修电源，排除故障。

30.5.6 打开开关，自动启动

故障现象：

电脑开机顺序颠倒了，通常情况下显示器和主机应该手工一一启动的，但在打开电源开关时就会自动启动主机电源。

故障分析与修复：

造成这一故障的原因很有可能是BIOS里的设置的问题造成的，这样就先进入主板的BIOS里进行设置，POSERMANAGERMENT中有一项PWERON AFRER POWERFALL选项，将该选项的功能关闭就可以解决问题了。

30.5.7 电源自动保护电路故障

故障现象：

在离线状态下，查看QQ消息以及FOXMAIL中的信件时，电脑会出现突然关机的现象。这时按电源开关并没有任何的反应，并且一定要把电源插头取下重新再插一次才可以重新启动。

故障分析及修复：

很可能是电源的自动保护电路出了问题，检查一下市电是否稳定，另外。可以先使用另外的电源，看看是否是由于电源本身造成的。

30.5.8 关机时重启

故障现象：

最近在每次关机进行到屏幕出现“现在正在关机”字样之后，就会自动重新启动。另外，有时也出现开机后刚进入Windows系统就自动重启的现象。

故障分析与修复：

这是由于Windows对能源控制功能方面有BUG。如果是这样就需要安装Windows的相关关机补丁程序来解决这个问题，如果是刚进入Windows就重新启动，则是主板有故障或是电源电流输出不当所造成的，可以在Windows系统的控制面板中关掉电源的高级管理。

30.5.9 机箱电源键无法关机

故障现象：

在用机箱上的电源开关时并不能彻底关机，而是进入休眠状态。另外，普通的软关机是正常的。

故障分析及修复：

在ATX构架的电脑中，在主板BIOS电源管理中，有对机箱电源开关的设置选项，可以设定按下机箱上的POWER键是用来关机还是用来进入休眠状态，这时如果需要用POWER键来关机的话，就需要将其按下4秒钟以上才能关机。

另外，可以进入Windows的电源选项中，设置电源键的作用，如图30-5所示。

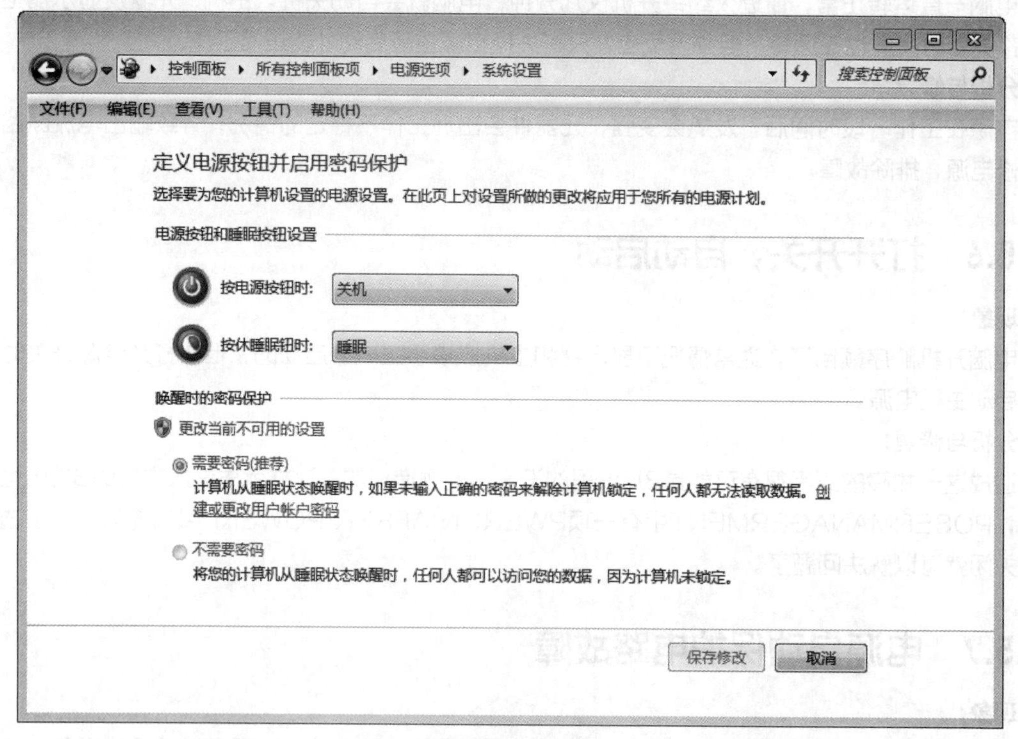

图30-5 电源选项

30.5.10 劣质电源带来的故障

1、容易使硬盘出现坏磁道

不好的电源易导致硬盘出现假坏道，这种故障一般可通过软件修复。碰到此类情况，首先要检查电源。如果确认是电源的问题，应当更换质量可靠、稳定的新电源。

2、光驱读刻盘性能不好

这种情况一般发生在新购买的电脑或新买的光驱上，读刻盘时伴有巨大的嗡嗡声。排除光驱的故障之后，很可能是电源有问题。这种故障通常是由于电源的功率不足所造成的，这时候需要更换功率更大的电源。

3、超频不稳定

由于CPU超频工作对电源的稳定性要求很高，如果电源质量比较差，超频后的电脑经常会出现突然死机或重新启动的现象。一般只要更换一个新的功率较大的电源即可。

4、主机经常莫名奇妙地重新启动

有可能是电源的功率不够，电源提供的功率不足以带动电脑所有设备正常工作，导致系统软件运行错误、硬盘、光驱不能读写、内存丢失等，使得机器重新启动。

5、电脑运行伴有“轰轰”的噪声

这时，问题一般出现在电源上的风扇，使得噪音增大。如果电脑长时间没有开启过，电扇上面灰尘积攒过多，则可能出现这种现象。解决办法是关闭电脑，卸下电源，将风扇从上面拆下，除尘。然后再重新装好，开机后噪声就会消除。

6、显示屏上有水波纹

有可能是电源的电磁辐射外泄，受电源磁场的影响，干扰了显示器的正常显示。如果长期不注意，显示器有可能被磁化。

如果电脑在使用中出现了以上故障，那么需要尽快检查并修复电源，否则将会造成更大的损失。

30.5.11 电脑自动通电

故障现象：

用户的老式电脑配置为奔腾4 2.0GHz处理器，微星845PE主板，希捷80GB硬盘，安装有一块网卡和一块内置猫。进入夏季以来，该电脑连续几天夜里突然自动通电，具体表现为电源指示灯亮，机箱内风扇声嗡嗡直响，显示器却没有显示。

故障分析：

以前，该电脑关机后电源插头都没有拔，也一直没出现过类似故障。先重装了次系统，可过了几天故障依旧，排除了软件故障的可能。此主板有D-LED功能，可对系统从加电到引导系统过程中的每一步进行检测。打开机箱，发现在主机自动通电后，D-LED的4个检测灯为全红，说明主机仅仅是通了电，没有进行其他任何工作。

故障修复：

因为主机自动通电后显示器无显示，发现该主板CMOS设置中的电源管理设定（Power Management Setup）中Resume On Ring/LAN项默认值为Enabled，想到机箱内的Modem，有可能是夏季的晚上电压不稳，使Modem接收到错误讯号而导致主机自动通电。重启进入CMOS设置查看，果然Resume On Ring/LAN项设为Enabled，将其更改为Disabled。保存重启后，故障消除。

30.5.12 电源老化，系统死机

故障现象：

一台2012年购买的品牌机，故障表现为系统启动后不久就死机，显示器黑屏无信号，光驱灯长亮。无论进Windows系统、用系统盘引导或进入CMOS系统都会出现此故障。一旦死机无论复位键还是电源键均不能关机，只有拔插电源线且必须等待一定时间后才能再次开机。

故障分析：

由于此机器刚装的操作系统，因此不可能是软件故障造成的。考虑到CMOS设置也会导致死机的情况，于是恢复CMOS初始设置，打开机箱拆下其他卡件最小化引导。更换内存条，检查CPU，故障依旧。用万用表测量，内部供电插头电压均正常。由于此机为ATX电源，给主板供电的插头无法拔下测量，故没有测量。分析本机购买已多年且内部配置板卡较多，电源长期高负荷下运行，可能是电源部分的故障。

故障修复：

将机器送至维修处，准备使用替换法，但开机运行一切正常，且连续运行几小时均未出现死机现象。但用户带回家后开机起动故障依旧，于是怀疑与市电有关。经测量市电电压高达240V，高于正常电压，找来一部稳压器，加上后起动故障消除，连续几小时均正常运转。分析为电源部件老化，长期高负荷运行已不能起到稳压作用，家用又没有配置UPS电源，导致电压高时无法正常工作，故障解决。

30.5.13 风扇出现问题

故障现象：

客户送来的主机，经常发生死机现象，经过排查，发现电源风扇已经停止转动。

故障分析及修复：

电脑电源的风扇通常采用接在+12V直流输出端的直流风扇。如果电源输入输出一切正常，而风扇不转，多为风扇电机损坏。如果发出响声，其原因之一是由于机器长期运转或运输过程中的激烈振动引起风扇的4个固定螺钉松动；其二是风扇内部灰尘太多或含油轴承缺油，只要及时清理或加入适量的高级润滑油，故障就可排除。

30.6 电源的日常保养

一般来说，电脑在正常工作时发出的声音很小，除了硬盘读写数据发出的声音外，主要是散热风扇发出的声音，其中尤以开关电源风扇发出的声音最大。有的开关电源长期使用后，在工作时会产生一些噪声，主要是由于电源风扇转动不畅造成的。引起电源风扇转动不畅发出噪声的原因很多，主要集中在以下几个方面：

- 风扇电机轴承产生轴向偏差，造成风扇风叶被卡住或擦边，发出“突突”的声音。
- 风扇电机轴承松动，使得叶片在旋转时发出“嗡嗡”的声音。
- 风扇电机轴向窜动，由于垫片的磨损，轴向空隙增大，加电后发出"突突"的声音。
- 风扇电机轴承中使用了劣质润滑油，在环境温度较低时容易和进入风扇轴承的灰尘凝结在一

起，增加了电机转动的阻力，使电机发出“嗡嗡”的声音。

如果风扇工作不正常，时间长了就有可能烧毁电机，造成整个开关电源的损坏。针对以上电源风扇发出声音的原因，平时需要进行维护保养工作。电源盒是最容易集结灰尘的地方，如果电源风扇发出的声音较大，一般每隔半年把风扇拆下来，清洗积尘和加点润滑油，进行简单维护。由于电源风扇是封在电源盒内，拆卸不太方便，所以一定要注意操作方法。

（1）拆风扇。先断开主机电源，拔下电源背后的输入、输出线插头。然后再拔下与电源连接的所有配件的插头和连线，卸下电源盒的固定螺丝，取出电源盒。观察电源盒外观结构，合理准确地卸下螺丝，取下外罩。取外罩时要把电线同时从缺口处撬出来。卸下固定风扇的4个螺丝，取出风扇，可以暂不取下两根电源线。

（2）清洗积尘。用纸板隔离好电源电路板与风扇后，可用小毛刷或湿布擦拭积尘，擦拭干净即可。也可以使用皮老虎吹风扇风叶和轴承中的积尘。

（3）加润滑油。撕开不干胶标签，用尖嘴钳挑出橡胶密封片。找到电机轴承，一边加润滑油，一边用手拨动风扇，使润滑油沿着轴承均匀流入，一般加几滴即可。要注意滚珠轴承的风扇是否有两个轴承，别忽略了给进风面的轴承上油，上油不要只上在主轴上。

（4）加垫片。如果风扇发出的是较大的“突突”噪声，一般只清洗积尘和加润滑油是不能解决问题的，这时拆开风扇后会发现扇叶在轴向滑动距离较大。取出橡胶密封片后，用尖嘴钳分开轴上的卡环，下面是垫片，此时可取出风扇转子（与扇叶连成一行），以原垫片为标准，用厚度适中的薄塑料片制成一个垫片。把制作好的垫片放入原有的垫片之间，注意垫片不要太厚，轴向要保持一定的距离。用手拨动叶片，风扇转动顺畅就可以了。最后装上卡环、橡胶密封片，贴上标签。记住主轴上的垫片、橡胶密封片、弹簧等小零件的位置，以免散落后不知如何复位。

总之，电源是电脑工作的动力，如果电源风扇出了故障，引发的后果是严重的，因此要定期地对其进行维护和保养。

31 Chapter 修复显示器常见故障

知识概述

显示器是电脑用于对外进行显示的主要设备。广义上的显示器还包括家里使用的液晶电视机、投影仪等设备。日常使用中，显示器也是极为耐用的产品，故障率较低。本章将着重向读者介绍有关显示器故障及相关修复方法。

要点难点

● 显示器常见故障 ● 显示器故障产生的原因 ● 显示器故障的修复 ● 显示器故障实例

31.1 显示器常见故障现象

- 显示器无法开机。
- 显示器画面昏暗。
- 显示器出现花屏。
- 显示器出现坏点。
- 显示器出现偏色。
- 显示器无法正常显示。

31.2 显示器故障主要原因

- 电源线接触不良。
- 显示器电源电路出现问题。
- 液晶显示器背光灯损坏。
- 液晶显示器高压电路板有故障。
- 显示器控制电路故障。
- 显示器信号线接触不良或损坏。
- 显示电路故障。
- 显卡出现故障。

31.3 显示器故障维修流程

（1）查看显示器是否可以开机。如果可以开机，查看显示器能否显示。

（2）如果不能显示，那么需要：

- 检查信号线。
- 检查电脑显卡。
- 检查控制电路。
- 检查接口电路。

（3）如果能显示，那么查看显示画面是否正常。

（4）如果不正常。那么需要：
- 检查信号线是否接触不良。
- 检查控制电路。
- 检查屏显电路。
- 检查背光电路。

（5）如果显示器不能开机，那么检查电源线是否已经连接好。如果没有，重新连接电源线。

（6）如果电源线已经连接好，那么检查电源电路保险是否烧坏。

（7）如果电源电路烧坏，那么更换电源电路保险丝，并检查电源电路是否还存在其他故障。

（8）如果没有烧坏，那么检查电源是否有电压输出。

（9）如果有电压输出，那么检查时钟信号及复位信号。

（10）如果没有电压输出，那么：
- 检查电源开关按键。
- 检查开关管。
- 检查滤波电容。
- 检查稳压管。
- 检查电源管理。
- 检查芯片等元器件。

31.4 显示器故障维修方法

显示器发生故障后，首先判断故障原因，然后可以按照如下方法进行修复。

31.4.1 显示器无法开机故障

造成该故障的原因主要有：
- 电源线接触不良。
- 电源开关损坏。
- 电源电路保险丝损坏。
- 电源电路开关管损坏。
- 滤波电容损坏。
- 稳压器损坏。

维修方法为：
- 检查电源接线板是否有电，检查电源线是否插紧。
- 拆开液晶显示器，检查主板等部件是否有明显的元器件被烧坏、接触不良等现象，如图31-1所示。如果存在，那么更换对应的元器件。
- 检查电源开关是否正常，如果不正常，维修或更换电源开关；如果正常，检测电源板是否有输出电压。
- 如果电源板有输出电压，接着检查12V及5V保护电路中的元器件，并更换损坏的元器件；如果没有输出电压，那么检查电源保险管是否烧断，如图31-2所示。如果已经烧断，那么需要更换保险管，并检查开关管电路。

图31-1 显示器驱动板

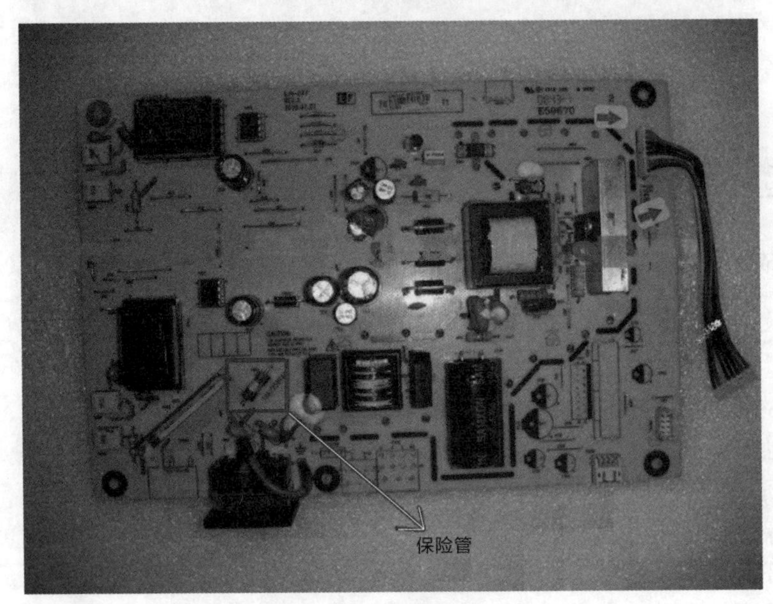

图31-2 显示器保险管

- 如果保险管没有烧断，接着测量310V滤波电容引脚电压是否为310V。如果不是，检查310V滤波电容及整流滤波电容中的整流二极管和滤波电容、电感，并更换损坏的元器件；如果310V滤波电容引脚电压为310V，那么检查开关管。

31.4.2 显示器无显示故障

产生该故障的原因有：

- 信号线问题。
- 液晶显示控制模块问题。
- 高压电路问题。
- 背光灯管问题。
- 显卡或主机问题。

维修方法为：

- 检查显示器信号线是否插紧；检查液晶显示器与显卡是否存在接触不良的状况。
- 用替换法检查电脑显卡及电脑主机是否工作正常。如果有问题，维修电脑主机。
- 打开显示器外壳，检查高压板电路及背光灯管是否正常，如果不正常。维修或更换损坏的元器件。
- 检查显示面板的背电极（X电极）和段电极（Y电极）的引出数据线及导电橡胶是否接触不良，如果存在接触不良，需要重新焊接。
- 如果没有接触不良问题，则可能是显示控制面板的工作电压及输出信号有问题，重点测量显示控制面板的元器件。

31.4.3 显示器显示紊乱故障

显示紊乱一般是由于外界磁场干扰引起的。首先检查液晶显示器周围有无音箱、电机等磁源，并关闭制造磁场的设备。如果没有发现磁源，则将显示器换一个地方再试下。直到找到磁场排除故障为止。

31.4.4 显示器缺色故障

该故障产生的原因有：

- 显示器信号线故障。
- 图像处理器故障。
- 图像信号输入电路元器件故障。

维修方法为：

- 拆开显示器外壳，检查屏线接口是否松动。
- 用万用表测量屏线接口的R、G、B信号是否正常（正常信号应为高电平）。
- 如果不正常，检查屏线并修复损坏的屏线。
- 检查信号处理器是否有R、G、B输入信号。
- 如果有，再检测图像处理器R、G、B信号输出端是否有信号。
- 如果没有，则是图像处理器损坏。
- 如果有，再检查输出端到屏线接口间的电路中损坏的元器件。
- 如果图像处理器没有R、G、B输入信号，检查数据接口到图像处理器的电路中，电感、电容、二极管等元器件，并更换损坏的元器件。

31.5 显示器故障维修实例

显示器故障的维修属于比较专业且有一定难度的工作，需要知识的不断积累。

31.5.1 花屏现象

故障现象：

显示器总是出现花屏的现象，如图31-3所示。可能是长时间地出现花屏，也有可能是短时间重复出现花屏。

图31-3 显示器花屏

故障分析：

产生该故障原因主要有：

- 显示设置分辨率等过高。
- 显卡的驱动程序不兼容或者版本有问题。
- 由于电脑病毒的原因引起花屏。
- 连接线出现松动或者连接线品质有问题或出现损坏。
- 显卡本身的问题。可能过热，超频过高，也有可能本身质量出现问题。
- 显卡和主板不兼容，或者插槽有问题，接触不良。
- 显示器出现问题。

故障修复：

使用替换法进行排查，发现显示器连接其他主机也存在花屏现象，排除主板及显卡故障。经过检测，发现显示器排线损坏，更换后，解决故障。

31.5.2 干扰现象

故障现象：

电脑正常使用，因娱乐需要更换成了家庭影院，电脑显示器出现了水波纹，如图31-4所示。

图31-4 显示器出现水波纹

故障分析：

产生该故障的原因主要有：

- 分辨率或者刷新率设置过高，显示器或者显卡不堪重负。
- 显示器品质低劣。
- 受到磁场的干扰。

故障修复：

因为是正常使用中突然发生的问题，想起家庭影院与电脑同时接入同一电源，为了增加效果，将电脑放置在家庭影院后。关闭家庭影院后，故障消失，判断为电磁干扰。

通过连接不同电源，另将主机做屏蔽处理，并远离家庭影院。再次开启后，故障消失。

31.5.3 出现横线

故障现象：

显示器中间出现固定的横线，如图31-5所示。

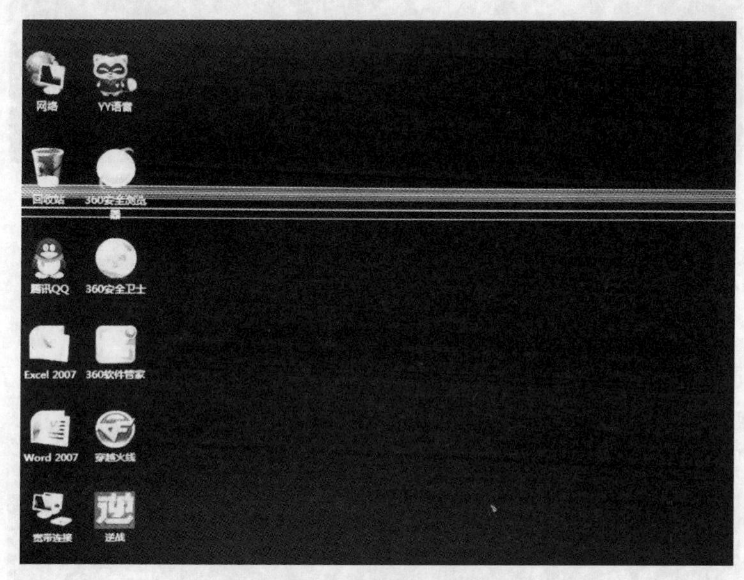

图31-5 显示器出现横线

故障分析：

- 出现跳动的横线，一般是显卡问题。显卡过热或者显卡损坏都有可能。
- 如果是比较稳定的横线，一般是显示器本身质量问题，内部屏线断裂或者其他情况。

故障修复：

经过排查，发现电脑主机及主板都没有问题，将显示器接入其他电脑仍然出现该故障。打开显示器外壳，更换排线，故障解决。

31.5.4 出现偏色故障

故障现象：

（1）在刚开机时整个屏幕偏红（部分彩显会带有回扫线），如图31-6所示，但瞬间就消失了。

（2）在使用中偶尔出现屏幕发红现象，但也是瞬间就消失了。

（3）整个屏幕呈白红且带有很重的回扫线并马上保护性关机（或黑屏且无法再开机了）。

故障分析及修复：

显像管故障会造成这一故障现象。轻微可用电击，严重的可重绕灯丝供电绕阻，而且有时某一色电子枪供电电阻虚焊或呈断路性损坏或阻值变大也会造成此类故障现象。另外，有一些机型只是有轻微漏电，通常不用检修，只是在开机时有瞬间偏色。

对于供电电阻呈断路造成的故障现象为满屏带回扫线且某一色极亮，但其并不会导致保护性关机。解决方法很简单，换同阻值的新电阻即可。当然，如果是阻值变大了，也要进行换新处理。

图31-6 显示器偏色

31.5.5 开机图像模糊

故障现象：

（1）开机时图像比较模糊，如图31-7所示，虽然使用一段时间后就逐渐消失了。但在关机一段时间后再开机时故障又会再次出现，而且故障越来越严重。

（2）开机后图像一直模糊，使用很长时间后也不见好转。

图31-7 显示器图像模糊

故障分析：

有人提出意见是显像管寿命到了；有检修人员看到了会说调一下对比度或高压包上的聚焦极电位器和加速极电位器就会好了；还有人说是显卡的硬件故障或显卡驱动损坏所致。这几种对故障的判断都是错误的，显像管老化和对比度下降并不会造成此类故障现象。至于调整聚集极和加速极电位器就更不正确了，这样做是治标不治本，而且很难调到令人满意的程度，而且不久后故障还会复发，加速显像管老化。

故障修复：

通常都是使用两年以上的彩显才会出现这种故障，真正的故障原因多数情况下是显像管管座受潮氧化所致，只要更换一下正品新管座就能排除故障。但有人说在插上新管座之前要先找一小块砂纸将显象管尾后凸出的管脚打磨干净，目的是除掉氧化层，这种做法无异于画蛇添足。在更换过管座的显像管中，有一些的确在管脚上有一些氧化物，但这些氧化物是原管座内遗漏到管脚上的，只要用小毛刷扫一扫就能清除。反倒是用力过大容易致使管脚处漏气而损坏显像管，所以不要用砂纸进行打磨，以免出现损坏。如果更换管座不见效就要更换高压包。另外，有些机型的部分电路比较特殊，有时发生故障后也会造成图像模糊，但这时通常亮度和行、场幅度也都有异常。

31.5.6 屏幕闪烁故障

故障现象：

（1）屏幕边缘有闪烁现象。

（2）整个屏幕有闪烁现象。

（3）屏幕的某一角有闪烁现象。

故障分析：

很多人认为这是市电的电源电压不够或不稳造成的，甚至会说是由于一些带有电子镇流器的灯具或机电类电器带给彩显电源的干扰，也有人说是显卡发生了硬件故障所致。其实这些看法都是错误的，因为显示器对电压的要求并不是十分的严格，目前绝大多数彩显都能在100V～240V的电源电压下工作。当然，如果电压过低或电压波动实在太大的话就另当别论。至于其他电器会造成干扰就更不可能了，毕竟彩显使用的不是互感式稳压电源，况且其他电器即使带来干扰也不会造成屏幕闪烁。

故障修复：

造成前两类故障现象的真正故障原因，通常是由于行电路部分元件虚焊或电源处的+300V滤波电容容量减小所致。而后者的可能性并不高，只有在个别机型中且其较严重失容时才会出现人眼能辨别的闪烁。另外，有些机型的视放供电部分的电路比较特殊，有时该部分的某一元件虚焊也会造成此故障现象。当然，如果将显示器的分辨率和刷新率设置得偏高或过低的话也可能造成此类故障，所以用户可把分辨率和刷新率设置为中间值试试（注：长期工作于超频状态会使某些元件老化而出现此故障，且故障点比较难找）。还有一种可能性就是显卡或显示器的驱动程序存在BUG，所以要先更新一下驱动程序试试。如果以上处理均无效，可重点检查高压包产生的加速极电压和高压，因为有时这两个电压异常也会导致此类现象。

31.5.7 显示器画面抖动

故障现象：

电脑刚开机时显示器的画面抖动得很厉害，有时甚至连图标和文字也看不清，但过一两分钟之后就会恢复正常。

故障分析及修复：

这种现象多发生在潮湿的天气，是显示器内部受潮的缘故。要彻底解决此问题，可使用食品包装中的干燥剂用棉线串起来，如图31-8所示。然后打开显示器的后盖，将干燥剂悬挂于显象管管颈尾部靠近管座附近。

图31-8 干燥剂

31.5.8 画面显示时间较长

故障现象：

电脑开机后，显示器只闻其声不见其画，漆黑一片。要等上几十分钟以后才能出现画面，且时间越来越长。

故障分析及修复：

这是显象管座漏电所致，须更换管座。拆开后盖可以看到显象管尾的一块小电路板，管座就焊在电路板上。小心拔下这块电路板，再焊下管座，到电子商店买回一个同样的管座，然后将管座焊回到电路板上，故障排除。

31.5.9 出现干扰杂波

这种现象多半是电源的抗干扰性差所致。如果不方便动手，可以更换一个新的电源。如果有足够的动手能力，也可以试着自己更换电源内滤波电容，这往往都能奏效。如果效果不太明显，可以将开关管一并更换下来。

31.5.10 滤波电容损坏

故障现象：

开机后显示器无反应，电源指示灯亮闪烁，电脑主机电源指示灯亮，主机发出“滴”的鸣叫。

故障分析：

电脑主机启动正常，故障发生在液晶显示器上。

故障修复：

- 将电脑主机连接另外一台显示器，可以正常显示画面，说明故障在于液晶显示器本身。
- 将信号线拔下后重新连接显卡接口，开机发现没有显示，排除信号线故障。
- 拆开液晶显示器，检查电源电路板，检查保险丝、滤波电容、开关管等部件，发现+300V滤波电容损坏，更换滤波电容后，故障修复。

31.5.11 供电故障

故障现象：

一台23寸液晶显示器开机后黑屏，无背光，电源指示灯绿灯长亮。

故障分析：

根据现象分析，故障可能在于高压板故障，显示器灯管损坏故障。

故障修复：

- 斜视液晶屏，发现显示屏有显示图像，说明故障是高压板供电电路问题引起的。
- 重点检查12V供电、3.3V或5V的开关电压，发现3.3V电压不正常。接下来检查MCU，发现MCU有问题，如图31-9所示，造成没有输出开关控制电压。
- 用一根电线从三端稳压器的输出端连接到3.3V开关控制电压输入端，最后开机测试，显示器可以正常显示，故障排除。

图31-9 显示器MCU

32 Chapter 修复键盘、鼠标常见故障

知识概述

键盘及鼠标是最常用的外部设备，用于用户输入数据及控制信号，因此也成为故障率较高的设备。本章将重点总结键盘、鼠标的常见故障及排除方法，同时给出经典维修案例以供各位用户参考。

要点难点

- 键盘、鼠标常见故障
- 键盘、鼠标故障产生的原因
- 键盘、鼠标故障的修复
- 键盘、鼠标故障实例

32.1 键盘常见故障现象

- 开机显示错误提示。
- 按键按下后不会弹起。
- 系统无法使用键盘。
- 键盘进水。
- 某些键不识别或者识别错误。

32.2 键盘故障主要原因

- 键盘接口接触不良。
- 键盘电路板损坏。
- 主板上键盘接口损坏。
- 键盘按键损坏。
- 键盘电路板被污损。
- 系统设置错误。
- USB接口损坏。
- PS/2接口损坏。

32.3 键盘故障维修流程

STEP 01 电脑启动时，查看自检信息是否报错。

STEP 02 如果报错，将电脑关闭，重新连接后，再次启动电脑。

STEP 03 如果工作正常，那么故障在于键盘或者主板的PS/2接口接触不良。

STEP 04 如果不能正常工作，将键盘接到其他电脑接口上，查看能否正常使用。

STEP 05 如果可以正常使用，那么该电脑的键盘接口损坏。

STEP 06 如果仍然不能正常工作，那么键盘接口损坏或者键盘损坏。

STEP 07 如果开机不报错，那么进入系统后，查看键盘是否可以正常使用。

STEP 08 如果不能正常输入，那么查看按键是否处于无法使用状态。

STEP 09 如果有，那么更换键盘帽后继续测试；如果没有，那么可能是键盘电路板有污垢或者有短路。

STEP 10 如果键盘可以正常使用，那么检查是否有连键等故障现象。如果有，那么需要清洁键盘电路。

32.4 键盘常见故障维修方法

键盘在日常使用中，经常会产生一些故障，影响电脑的正常使用。下面介绍键盘常见故障的维修方法。

32.4.1 开机报错

开机提示Keyboard Error故障，如图32-1所示。这种故障一般是由于键盘接触不良或者键盘接口损坏造成的。

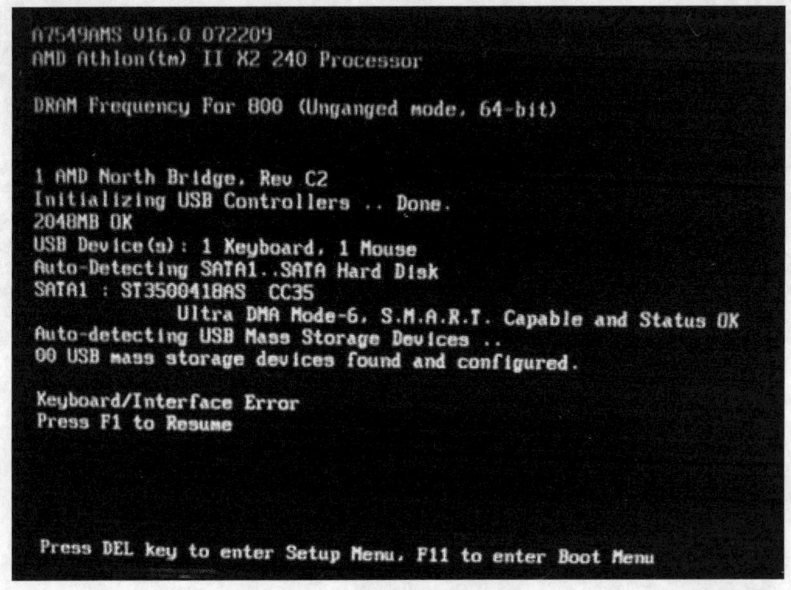

图32-1 开机提示键盘错误

先检查键盘接口是否有问题：将键盘线从机箱上拔出，再重新插回去，查看故障是否消失。这样可以排除由于键盘接口接触不良造成的故障。如果仍然存在问题，那么可以使用万用表测量机箱上的键盘接口，如图32-2所示。如果开机检测到第1、2、5芯的某个电压相对于4芯为0，那么说明连接线断了，找到断点并接好即可。

Male 公的	Female 母的	6-pin Mini-DIN (PS/2):	6脚 Mini-DIN(PS/2)
5 6 3 4 1 2	6 5 4 3 2 1	1 - Data	1—数据
		2 - Not Implemented	2—未实现，保留
		3 - Ground	3—电源地
		4 - +5v	4—电源+5V
(Plug) 插头	(Socket) 插座	5 - Clock	5—时钟
		6 - Not Implemented	6—未实现，保留

图32-2 PS/2接口定义

若机箱接口没有问题，拆开键盘，注意开机时键盘右上角的NumberLock、CapsLock、ScrollLock三个灯是否会同时闪烁一下。如果不亮，很可能是键盘线与键盘之间接头出现了问题，查看接头是否松动。如果松动，将其插紧后在进行测试，如果正常则故障排除；如果不正常，则用万用表测量接头的各脚电压是否正常。如果机箱上接头的电压正常而此处不正常，则说明键盘线中间有断线，需要更换一根线。

32.4.2 按键无法回弹故障

键盘按键按下无法回弹经常发生在Enter键及空格键上。因为这两个键使用率很高，使该按键下面的弹簧弹力减弱得最快，引起弹簧变形，使键与接触点不能及时分离，最后导致按键无法弹起。

用户可以使用小螺丝刀将键盘拔出，取下座子下方的弹簧，更换新的弹簧。或者将原弹簧重新整形恢复，重新安装即可，如图32-3所示。

图32-3 修复弹簧

32.5 鼠标常见故障现象

- 鼠标按键失灵。
- 电脑找不到鼠标。
- 鼠标指针移动不灵活。
- 鼠标定位不准。

32.6 鼠标故障主要原因

- 鼠标与电脑的USB或PS/2接口接触不良。
- 主板USB或者PS/2接口损坏。
- 鼠标线路接触不良。
- 鼠标损坏。
- 鼠标驱动丢失或者损坏。
- 鼠标按键损坏。
- 鼠标光电设备损坏。

32.7 鼠标故障维修流程

STEP 01 查看开机后显示器上是否有鼠标指针。
STEP 02 如果没有，则关机后重新插拔鼠标，再次开机查看鼠标是否正常。
STEP 03 如果可以正常使用，则问题出在鼠标接触不良上。
STEP 04 如果不能正常使用，则将鼠标接在其他电脑上，查看能否正常使用。
STEP 05 如果不能用，则说明鼠标损坏，需要更换。
STEP 06 如果可以正常使用，则查看原电脑系统是否存在问题。
STEP 07 如果系统不正常，则修复系统。
STEP 08 如果系统正常，那么鼠标接口已损坏。
STEP 09 如果开机有鼠标指针，但是不能正常使用，那么检查鼠标按键是否正常。
STEP 10 如果鼠标按键正常，那么检查光电设备及鼠标电路。
STEP 11 如果鼠标按键不能正常使用，那么需要更换鼠标微动。

32.8 鼠标常见故障维修方法

鼠标产生故障直接影响用户使用电脑，下面介绍快速维修的方法。

32.8.1 系统无法识别鼠标

造成该故障的主要原因有：

- 鼠标与主机连接的USB接口或者PS/2接口接触不良。
- 主板上的USB接口或者PS/2接口损坏。
- 鼠标线路接触不良。
- 鼠标彻底损坏。
- 鼠标驱动程序丢失或损坏。

从安全模式启动电脑，或者用恢复注册表的方法修复鼠标驱动程序。如果不行，则原因是接触不良或硬件损坏，可以将鼠标连接到另外一台电脑查看能否正常使用。

32.8.2 鼠标移动不灵活

在使用过程中，鼠标的灵活性下降，鼠标指针不像以前那样随心所欲地移动，出现了反应迟钝、定位不准或者不能移动的故障。这种故障的原因主要是因为鼠标定位装置积累了大量灰尘等，造成无法灵活定位，使用毛刷、清洁剂对反射板、光头等进行清理即可。

32.8.3 鼠标按键失灵

鼠标按键失灵分为如下两种情况。

1. 鼠标按键无动作

该故障可能是由于鼠标按键和电路板上的微动开关距离太远，或者按键经过一段时间的使用后反弹能力下降。

用户可以拆开鼠标，在鼠标按键下面粘上一片塑料片，厚度要根据实际手感而定，完成之后即可使用。

2. 鼠标按键无法正常弹起

该故障是因为鼠标按键下方微动开关中的碗型接触片断裂引起的，尤其是塑料簧片长期使用后容易断裂。

用户可以进行焊接，然后拆开微动开关，清洗接触点，并加上一些润滑油。或者直接更换微动开关即可，如图32-4所示。

图32-4 鼠标微动开关

32.9 键盘、鼠标故障维修实例

用户在鼠标键盘产生故障后，一般选择更换。在更换前，不妨使用下面介绍的修复方法试试。

32.9.1 关机后键盘指示灯仍然亮着

故障现象：

客户使用的是联想电脑，但经常会出现关机后键盘上的Num、Caps指示灯仍然亮着。

故障分析及修复：

由于现在的电脑大多使用ATX电源，而ATX电源在关机后并没有切断所有的电源供给，而是保留了一组5V的电源给主板供电，以保证电脑可以远程唤醒、键盘鼠标开机等功能。由于该主板支持键盘开机，所以在关机后电源仍然为主板的PS/2接口供电，以保证能实现键盘开机功能，所以键盘指示灯会亮。 如果不想使用键盘开机功能，可以查看主板说明书，检查主板上是否有禁用键盘开机功能的跳线，如果有就将跳线设为禁止；或进入BIOS中将键盘开机功能设为Disable，这样在关机后指示灯就不会再亮了。

32.9.2 键盘按键不灵

故障现象：

键盘使用了两年，虽然开机自检能够通过，但现在有许多字母键失灵，有些字母按下去的时候打不出字，或需要按许多次才能打出字。

故障分析：

这种情况可能是键盘电路板的字母键接触点不能导电所致，如图32-5所示。

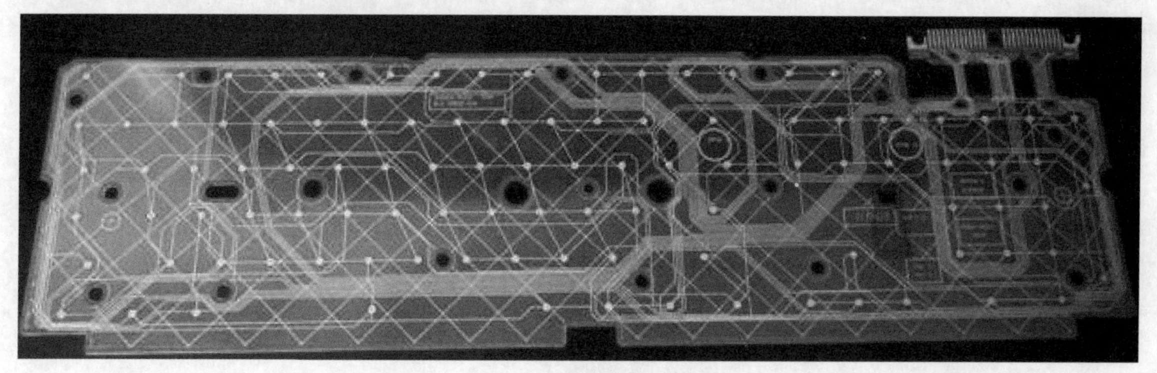

图32-5 键盘薄膜电路

故障修复：

使用十字螺丝刀拆开键盘。键盘的电路板大多是由三层透明的塑料板重叠而成的，中间那层为绝缘板。首先检查透明塑料板上的按键是否能够将触点压在一起，如果能够压在一起则正常。再使用万用表测量两个触点压在一起时是否可以导电，各分电路是否导电等。 如果电路或接触点的金属膜有损坏的部分，就需要将它们连接才能导电。但这里不能焊接，因为一焊接塑料就会融化。这里介绍一种既简单又实用的方法：用香烟包装用的铝箔对折，使上下面都是银白色铝箔面，剪成合适大小后放在损坏的电路处，使损坏的电路连通。注意不要让它碰到别的电路，并用透明胶布固定好。最后重新装好键盘，再测试看看是否恢复正常。 这种方法虽然非常简单但十分有效，可以解决大部分键盘电路损坏的情况。

32.9.3 按键失效

故障现象：

电脑购买一年多，平时主要用来打游戏和打字。但最近发现键盘上的A、S、W、D等几个键失灵了，在玩游戏时不能控制方向，打字时也要按许多次才能打出。

故障分析：

在玩游戏时一般都会使用这几个键来控制游戏中角色的方向、发招等，而且对战时大多用力比较大，时间长了就很容易导致这几个键失灵。

故障修复：

关闭电脑，将键盘从电脑上拆下，用螺丝刀等工具拆开键盘，使用酒精擦洗键盘按键下面与键帽接触的部分。注意，如果表面有一层比较透明的塑料薄膜，应揭开后清洗。如果键盘按键下面是靠弹簧来控制的，就更换几个弹性较好的新弹簧，然后安装好键盘就可以正常使用了。但如果故障仍然存在，则需考虑购买新键盘。

32.9.4 按键无法回弹

故障现象：

键盘因为使用时间长了，现在有几个键比如Enter键、Shift键、空格键等按下以后就卡住，弹不上来。

故障分析：

由于键盘上的Shift键、Enter键或空格键等使用频率最高，在使用一段时间后弹簧弹力或橡胶帽老化最快，就很容易出现按下后被卡住弹不起来的现象，尤其在一些廉价的键盘上更为常见。如果键盘还在保质期，建议立刻去经销商那里更换。如果已经过了保换、保修期，就需要自己动手了。

故障修复：

如果键盘内掉进了杂物，也可能卡住键盘帽，这时只要将键盘倒过来，拍打键盘背面，将杂物倒出即可。如果键盘按键底下使用的是弹簧，就可以用工具将键帽撬出，取出底盖片下的弹簧，更换新的弹簧或将原弹簧整型恢复，重新安装好后即可解决。

如果按键下使用的是橡胶帽，如图32-6所示，就需要拆开键盘了。用工具拆开键盘，就会看到对应每个键的位置上都有一个凹凸的导电橡胶帽。当按键被按下时，导电橡胶与电路板的触点接触，不用的时候就处于下凹的自然状态，长期使用就比较容易使导电橡胶老化，失去弹性。可以在维修店找一些可用的橡胶帽替换。如果找不到，也可以将一些不常用键的橡胶帽与这些导电橡胶相互调换一下，最后再装好键盘，Enter键及Shift键就可以使用了。

图32-6 硅胶按键帽

32.9.5 键盘进水

故障现象：

在使用电脑时不小心将一杯水洒进了键盘里面，造成几个按键不能正常使用。

故障分析及修复：

解决键盘进水其实并不难，在进水后要马上关闭电脑，并将键盘从机箱上拔下来，以免造成键盘短路或损坏电脑。然后卸下键盘，先倒过来将里面的水倒出，再用螺丝刀等拆开键盘背板，仔细擦拭干净键盘内及键帽上的水。小心打开键盘底座，可以看到键盘的塑料电路板。这时检查哪些地方有水，就用脱脂棉仔细擦拭。不过一定要注意，键盘的电路板是三层薄薄的塑料片，擦拭时千万要小心，不能用坚硬的东西去碰，也不要使劲擦电路部分，否则会损坏电路。当擦拭完以后，不要急着把键盘安装好，因为此时电路板仍然是潮湿的，应使用吹风机或风扇等将它吹干，或在太阳底下晾干再放置一段时间使水分完全蒸发掉。重新把键盘插到主板PS/2接口上，开机，键盘就应该可以正常使用了。 这里要提醒用户，无论键盘鼠标，还是显示器主机，一定要注意防水防潮。如果键盘在保修期内，建议最好送到维修部门。另外，对于较为粗心的用户，建议选择防水的键盘，一旦进水后晾干即可使用。

32.9.6 电脑发出连续鸣叫声

故障现象：

电脑一直使用正常，但有时在启动到Windows登录画面时，突然发出“嘀嘀嘀……”的连续鸣叫声。而这时显示画面好像没什么反应，慌乱之下乱拍键盘，响声又消失了，在Windows中检查也没发现什么故障。

故障分析及修复：

在Windows登录画面出现这种连续的鸣叫声，最可能的原因是键盘上的Enter键被卡住而弹不出来，导致系统登录时确认空密码，但由于密码不正确而又不能登录，因此就会发出这种声音。而当拍键盘时，使Enter键弹起，于是鸣叫声消失了。 如果再次出现这种情况，不要慌乱，只需使卡住的Enter键弹起来即可。如果Enter键因长时间使用而不能弹起，就要想办法进行修理了。

32.9.7 系统找不到鼠标

故障现象：

鼠标一直使用正常，但有一次启动到Windows后却提示找不到鼠标。

故障分析与修复：

- 鼠标彻底损坏，需要更换新鼠标。
- 鼠标与主机接口，如USB口或PS/2口接触不良，这时只要将接头插好，重新启动即可。
- 主板上的USB口或PS/2口损坏，这种情况比较少见。如果是USB口损坏，可以换接在其他USB口上；如果是PS/2接口损坏，可以参考说明书进行维修，如图32-7所示。

图32-7 PS/2口有断针

- 鼠标线路接触不良是最常见的现象，接触不良的点多在鼠标内部的电线与电路板的连接处。只要故障不在PS/2接头处，维修起来就比较容易。此故障通常是由于线路比较短或比较杂乱而导致鼠标线被用力拉扯。解决方法是将鼠标打开，使用电烙铁将焊点焊好。还有一种情况是鼠标线内部接触不良，这是由于时间长而造成老化引起的，这种故障点通常难以查找，最好是更换一个新鼠标。

32.9.8 鼠标按键失灵

故障现象：

鼠标使用了两年，最近在按下鼠标键时，虽然能听到清脆的“嗒”声，但电脑并无反应。有时需要多按几次才有反应，而鼠标却移动正常。

故障分析及修复：

如果鼠标移动正常，只是在Windows中按下键后无效，而有时多按几次又能管用，这种故障应该是鼠标按键接触不良所造成的。用螺丝刀拆开鼠标，可以看见在电路板上对应鼠标壳的按键下面有三个按键装置，用手按下出现失灵现象的按键装置上的凸起塑料片，随着按下力度的增大，凸起塑料片就被按得越深，失灵现象也应该明显减弱。可以找一个废弃的鼠标，将其按键卸下后装到这个鼠标上，然后将鼠标安装好，再连接到机箱上的接口上，鼠标就应该能正常操作，不会再出现按键失灵的现象了。

32.9.9 鼠标指针颤抖

故障现象：

发现鼠标指针总是颤抖，光标定位时也不准确。

故障分析及修复：

光电鼠标指针颤抖的情况比较常见，一般是由于鼠标垫造成的。由于光电鼠标是靠光的反射来定位的，如果使用滚轮鼠标垫或鼠标垫质量不好，可能会因反射光而造成光标定位不准确。而有的人不喜欢使用鼠标垫，但如果电脑桌的反光程度过大，那么光标就非常不容易移动，且会造成指针颤抖，所以为了更好地使用光电鼠标，最好使用不会反射光的鼠标垫。

32.9.10 USB 资源冲突，鼠标不能用

故障现象：

一个USB接口的光电鼠标，原来一直使用正常，后来连上了宽带，光电鼠标却出现了故障，在Windows中只显示指针而不能使用，但换用机械鼠标则正常。打开“设备管理器”，发现“通用串行总线控制器”下的USB Root Hub前显示一个黄色的问号，如图32-8所示。

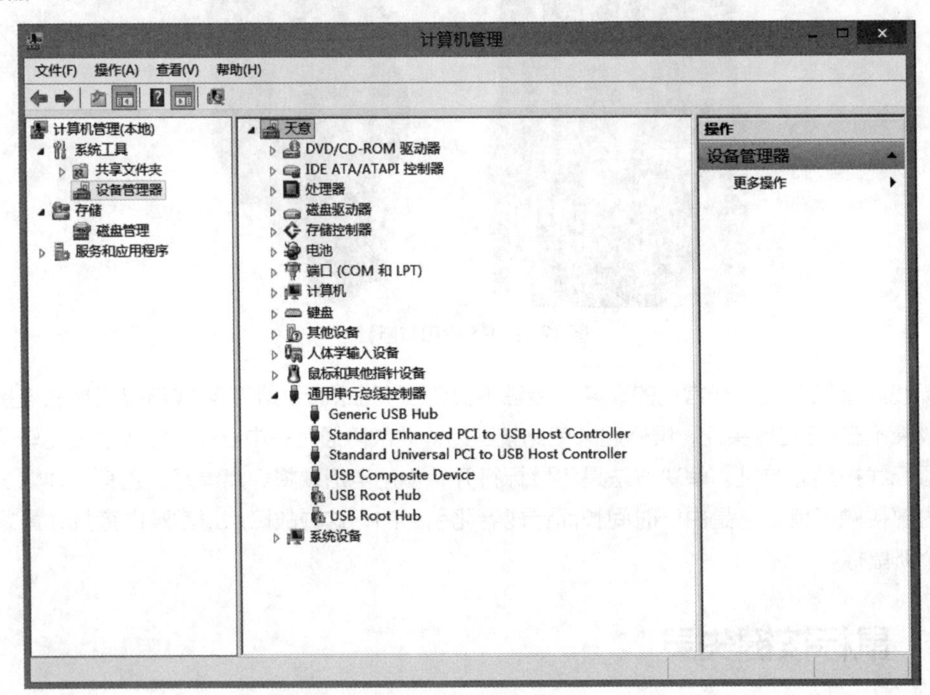

图32-8 USB资源冲突

故障分析与修复：

从所述故障来看，是安装新硬件后与USB控制器产生了资源冲突。可以打开“设备管理器”，先将“通用串行总线控制器”下的各项逐一删除，然后右键单击并选择右键快捷菜单中的“扫描检测硬件改动”选项，按提示重新安装驱动程序即可。如果仍然存在冲突，则重新启动电脑进入BIOS设置，将PNP/PCIConfiguration下的PNPOSInstalled选项设置为Yes，将含有UpdateESCD字样的选项设为Enabled，然后保存设置退出，并重新启动电脑即可。

32.9.11 灯光造成鼠标故障

故障现象：

用户在夜间使用光电鼠标时打开了电脑桌上的台灯，这时发现鼠标出现了问题。鼠标指针的移动很不灵活，不仅移动得慢，且要用好大力才能勉强移动一点。而有时又突然没事了，但不知什么时候故障又出现了，换了个鼠标垫也不管用。

故障分析：

出现这种现象不一定是鼠标有故障，有可能是光电鼠标的光反射造成的。由于光电鼠标是靠LED发出的光反射到光敏晶体管而产生脉冲，从而决定鼠标指针在屏幕上移动的距离和速度。由于状况是在打开了台灯后出现的，所以可能是由于台灯离鼠标比较近，灯光从斜上方照到鼠标顶盖和底座上，干扰了鼠标发出的光，结果导致鼠标不能正常工作。而有时又突然正常了，则可能是因为手碰巧挡住了台灯射向鼠标的光。

故障修复：

只需将台灯关闭，只打开屋顶上的日光灯，由于灯光是从上到下均柔和地照射，就不会影响到鼠标的正常工作了。

33 Chapter 修复声卡、U盘常见故障

知识概述

一般使用声卡的是追求专业级音质的发烧友，普通用户使用主板自带的声卡即能满足大多需求。U 盘是所有用户经常使用的存储设备。声卡损坏会影响音频效果，U 盘损坏则会直接影响用户的工作。本章将讲解这两种设备的常见故障及修复。

要点难点

- 声卡、U 盘常见故障
- 声卡、U 盘故障产生的原因
- 声卡、U 盘故障的修复
- 声卡、U 盘故障实例

33.1 声卡常见故障现象

- 音箱没有声音。
- 播放CD时也没有声音。
- 播放音乐时有杂音。
- 音量调节不起作用。
- 无法安装声卡驱动。

33.2 声卡故障主要原因

- 音箱音频线与声卡接触不良。
- 声卡与主板接触不良。
- 声卡与主板不兼容。
- 声卡与芯片组冲突。
- 声卡与其他设备冲突。
- 声卡驱动无法安装或者丢失。

33.3 声卡故障维修流程

STEP 01 查看音箱有没有声音。

STEP 02 如果有，查看音量是否太小。如果太小，调节音量。

STEP 03 如果音量正常，查看播放CD时是否有声音。

STEP 04 如果没有声音，那么需要检查音频线。

STEP 05 如果有声音，那么查看是否有杂音。

STEP 06 如果有杂音，那么检查：

- 音箱是否老化。
- 音频线是否接触不良。
- 声卡是否老化。

STEP 07 如果音箱没有声音，那么查看音量是否调节到最小或者没有声音。

STEP 08 如果是的话，那么调节音量大小即可。

STEP 09 如果不是，那么检查声卡驱动是否安装好了。

STEP 10 如果已经安装好，那么升级声卡驱动程序，并检查音箱信号线。

STEP 11 如果没有安装驱动，那么重新检查驱动是否正常工作。

STEP 12 如果工作仍然不正常，那么需要：

- 检查声卡冲突问题。
- 检查声卡兼容性问题。
- 检查声卡接触不良问题。
- 检查声卡老化问题。
- 检查声卡损坏的情况

33.4 声卡常见故障维修

声卡的一些常见故障及维修方法如下。

33.4.1 声卡无声

造成无声的现象较多，主要集中在音箱及连接线、声卡和系统设置方面。主要原因归纳为以下几点：

- 音量问题，包括音箱音量以及系统音量设置等。
- Windows音量设置中，设置为静音。
- 音箱与声卡连接问题，检查连接线及接口是否连接正常。
- 缺少音频线。
- 声卡驱动问题。
- 声卡与其他设备冲突。
- 声卡与主板不兼容。
- BIOS中设置错误。
- 接触不良。
- 主板扩展槽损坏。
- 声卡损坏故障。

所以要找出具体的故障原因，可以使用排除法进行排查。下面介绍具体的步骤。

STEP 01 查看右下角有无喇叭图标，如果有图标，则说明声卡及系统应该无问题。故障原因应该在音量上，有可能是系统设置为静音、音箱声音调太小、连接线故障等情况。

STEP 02 如果没有喇叭图标，则有可能是声卡故障。在“控制面板-声音设备-声音选项-程序事件”中，选择一个程序出错事件，再选择一个声音种类，然后看右边的预览按钮是否为黑色。如果为黑色，则表明声卡正常，故障原因应该在音量、静音设置、音箱及音箱与声卡连接线。

STEP 03 如果声音属性对话框中的预览按钮为灰色，可以在“控制面板-系统属性-硬件-设备管理器”中，查看声卡上是否有黄色问号，如图33-1所示。如果有，查看选项是否为声卡设备选项。如果是，则声卡驱动没有安装或者安装不正确。用户需要重新安装声卡驱动即可解决无声问题。

STEP 04 如果带问号的不是声音设备，那么查看声音、视频和游戏控制器选项下是否有黄色叹号。如果有，可能驱动不匹配、声卡与其他设备冲突或者声卡与主板不兼容。用户可以删除黄色叹号的声音设备并重新安装声卡驱动。

如果仍不能解决，那么双击该设备，打开属性对话框，查看设备冲突列表中有无冲突项。如果有，则声卡与Modem有中断冲突。打开Modem的属性框，手动设置一个与声卡不同的中断即可。

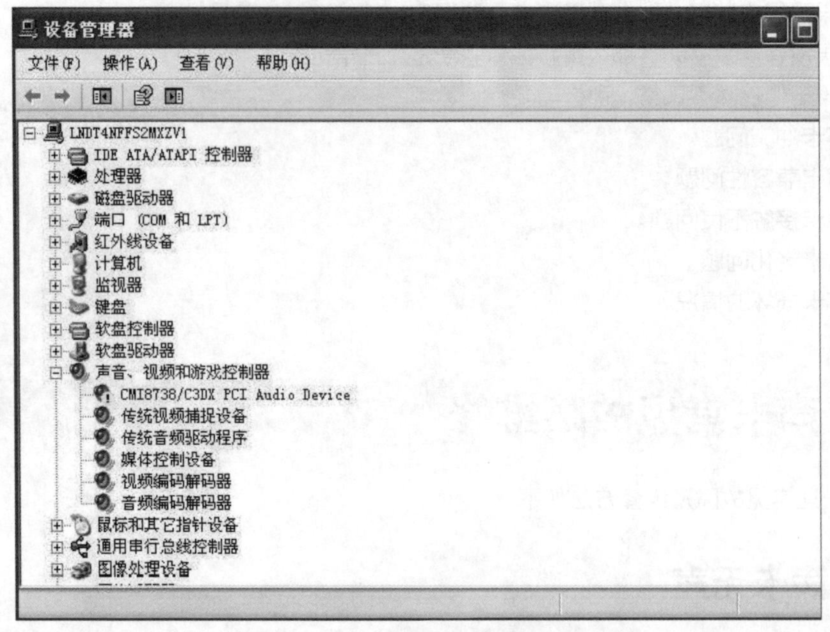

图33-1 声卡设备有问题

STEP 05 如果声卡没有冲突，则可能是声卡接触不良或者同主板不兼容。用户可以拔下声卡，清理金手指及主板的灰尘。重新将声卡插入主板，启动电脑，重新安装驱动。如果仍有故障，则更换声卡插槽，或者拿另一块声卡进行替换测试。

STEP 06 如果资源管理器中没有声卡设备，或者没有有问题的设备，则可能是BIOS设置问题，也可能是声卡接触不良或者损坏。可以在BIOS设置中的周边设备设置选项中，查看声卡设置是否为Enable。如果不是，请启用。然后清理声卡灰尘、金手指、更换插槽。如果仍然无效，使用更换法进行测试。

33.4.2 噪声故障

噪声及爆音故障，主要由以下几种情况引起。

1. 插卡不正

由于机箱制造精度不高，声卡外挡板制造或者安装不良会导致声卡不能与主板扩展槽完全紧密连接，可以看到声卡的金手指与扩展槽簧片有错位。

2. 接口错误

音箱输入接在声卡的Speaker输出端口，造成故障。应该接在声卡Line out接口，它的输出信号没有经过声卡的功放，噪声要小得多。

3. 声卡驱动与系统不兼容

更新显卡驱动版本或者系统版本即可解决。

33.5 U盘常见故障

- "无法识别的设备"故障。
- 电脑无法识别U盘或者无反应。
- 进入U盘时，提示未格式化。
- U盘中文件名都是乱码。
- 拷贝或传输文件时，系统报错。

33.6 U盘故障原因

- USB接口接触不良或者损坏。
- 闪存芯片损坏。
- 时钟电路故障。
- U盘接口故障。
- 供电电路故障。
- 主控芯片损坏。

33.7 U盘故障检测步骤

STEP 01 将U盘插入电脑后，查看U盘指示灯是否亮起。

STEP 02 如果没有亮，那么将U盘接入其他USB插槽中。如果还是没反应，那么U盘接口电路损坏或者主控损坏。如果指示灯可以亮，则说明电脑USB接口损坏。

STEP 03 然后检查资源管理器中是不是能够识别并显示出U盘的盘符。

STEP 04 如果有，那么检查能否存储或者读取文件。如果不能，那么故障原因在于：

- U盘未格式化。
- U盘Flash存储器故障。
- U盘主控芯片损坏。

STEP 05 如果资源管理器中没有显示U盘，那么检查并更换接口重新尝试。

STEP 06 如果故障消失，那么故障源在于USB接口问题。

STEP 07 如果U盘工作不正常，那么检查BIOS中的USB选项是否打开。如果没有，只需将其设置为Enable即可。

STEP 08 如果已经设置为Enable，那么需要注意：

- U盘接口电路是否损坏。
- U盘供电电路是否损坏。
- U盘时钟电路是否损坏。
- U盘主控芯片是否损坏。

33.8 U盘常见故障

U盘是容易发生故障的设备，用户在检测时，可以参考以下的故障原因。

33.8.1 电脑无法识别U盘

该故障一般是由于：

- U盘数据线损坏或者接触不良。
- U盘USB接口接触不良或损坏。
- U盘供电不正常。
- U盘时钟电路问题。
- U盘主控芯片损坏。
- 电脑USB接口损坏。

排查及维修方法如下：

STEP 01 检查U盘是否正确接入电脑USB接口，如果使用了延长线，那么去掉该延长线，直接接入电脑USB接口测试。

STEP 02 如果接入正常，那么将U盘接入其他USB接口进行测试，也可以使用其他U盘进行测试。

STEP 03 如果电脑USB接口正常，那么重启电脑进入BIOS中查看USB选项是否设置为Enable。如果不是，则更改设置为Enable，如图33-2所示。

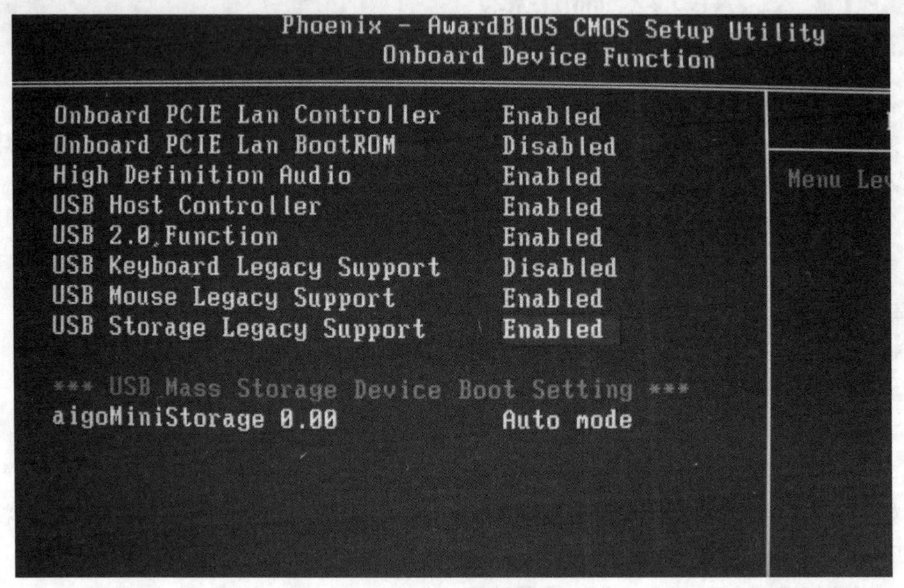

图33-2 启动U盘支持

STEP 04 如果其他都正常，则拆开U盘进行检查，查看USB接口插座是否虚焊或者损坏。如果是，重新焊接或者更换USB接口插座。

STEP 05 如果插座正常，测量U盘供电电压是否正常。如果不正常，检测U盘供电电路中的稳压管等元器件。

STEP 06 如果供电电压正常，那么检查U盘时钟电路的晶振等元器件。如果损坏，更换损坏的元器件。

STEP 07 如果时钟电路正常，则可能是U盘主控芯片故障。检测主控芯片的供电系统，并加焊主控芯片。如果故障依旧，那么更换主控芯片，如图33-3所示。

图33-3 U盘主控芯片

33.8.2 出现错误提示

U盘插入电脑出现错误提示，一般是由于U盘的USB接口电路故障、U盘时钟电路故障或者主控芯片故障。用户可以按照下面的方法排查和修复。

（1）当出现“无法识别的设备”错误提示时，拆开U盘检测USB接口电路中的电容、电阻等元器件。如果有损坏，则需要进行更换。

（2）检测U盘时钟电路晶振、谐振电容等元器件是否正常工作。如果损坏，则需要按照型号进行更换。

（3）如果时钟电路没有损坏的元器件，则故障可能是主控芯片工作不正常引起。需要检测主控芯片供电电压、接触不良问题。如果故障依旧存在，那么需要更换主控芯片。

33.8.3 无法进行读写操作

该故障一般是由于闪存芯片、主控芯片及固件引起。具体的排查方法如下：

（1）用U盘格式化工具对U盘进行格式化操作，查看故障是否消失。

（2）如果故障依旧，那么拆开U盘，检查闪存芯片与主控芯片的线路中是否有损坏的元器件或者断路故障。如果有，用户需要更换对应的元器件。

（3）如果没有损坏的元器件，接着检查U盘闪存芯片供电电压是否正常，该电压应为3.3V。如果不正常，那么需要检测供电电路故障。如果供电正常，那么重新加焊闪存芯片，然后检查故障是否依旧存在。

（4）如果仍然故障，那么更换闪存芯片后，再进行测试。

（5）如果更换后，仍然有故障，则是主控芯片出现损坏故障，需要更换主控芯片。

33.9 声卡及 U 盘维修实例

下面就声卡与U盘的常见故障进行故障分析及修复，用户可以进行参考。

33.9.1 爆音故障

故障现象：

用户的电脑加装了声卡，开机后就会出现爆音现象。

故障分析及修复：

● 声卡和芯片组冲突

这种故障通常发生在新声卡配老主板的时候，这种情况可以通过更新主板BIOS或者升级声卡驱动解决。

● IDE设置的问题

有用户常常遇到这样的问题，通过光驱播放DVD时，会发出声音，爆音比较严重，而把文件复制到硬盘播放的时候，就没爆音了。这时候的光驱可能是处于PIO模式，改成DMA模式即可。修改光驱的工作模式可在控制面板硬件管理器中进行操作。如果设置后还无法解决问题，则可能是主板芯片组驱动需要更新。

● 电源故障

声卡是对电源比较敏感的设备，因此一个好的PC电源会对音质的改善有帮助。在搭配劣质电源的时候，可能常常出现爆音，尤其是那些带有功率放大电路的声卡，电源一点点的小波动都会造成噪音甚至爆音，这种情况只有更换电源或者声卡了。

● PCI设备争夺带宽

如果爆音是出现在CPU负荷很大或者正在进行大量数据复制的时候，这是因为声卡驱动执行级别太低，无法和其他设备争夺带宽造成的。一般情况下声卡厂商这样做是为了求得系统的稳定性。这种情况在使用PCI显卡的时候非常容易发生，这是PCI设备争夺带宽造成的。

33.9.2 多声卡故障

故障现象：

用户为了追求高品质的声音效果，在原有声卡的基础上又增加了一块声卡，但是启动电脑后，经常发生蓝屏现象。

故障分析及修复：

在一个系统中安装多个声卡很容易出现问题，尤其是使用相同的音频加速器的时候。声卡安装最容易出现冲突的地方是端口，它们往往被分配到相同的资源，在启动的时候就容易蓝屏，或者其中一个无法使用，这个时候应该禁止掉其中一个。

33.9.3 噪声问题

故障现象：

用户配置的电脑在播放音乐时，伴有很大的噪声。

故障分析及修复：

电脑存在很大的噪声，这可能是声卡上的其他设备通道没有被静音的缘故。打开Windows自带的混音器，关闭除正在使用的通道之外的所有通道，这样会带来不错的音质提升。另外还有些噪声是声卡本身抗干扰不佳造成的，加上主机又没接入地线，这时应该让PC接地，这样电脑也会更安全。

33.9.4 DirectSound 延迟

有些声卡本身处理能力不是很强大，在非满载运行的时候，播放DirectSound音频流可能出现延迟的现象，或者一些基本的DirectSound音效要交给CPU来运算，这样会降低程序的运行效率。在“运行”窗口中输入DxDiag并执行。

此外，将Full acceleration（硬件加速）滑杆拉到最右方，这样可以启用声卡主DSP芯片全部的加速能力。

33.9.5 驱动程序故障

故障现象：

安装PCI声卡的驱动时，驱动程序选择错误，安装完成后声卡工作不正常。删除错误驱动，安装正确的驱动后，声卡还是工作不正常。

故障分析：

出现这种情况主要是因为Windows有自动检测即插即用设备并自动安装驱动程序的特性。如果先前安装的这个驱动有错误，即使用户在设备管理器中删除了声卡然后重新安装驱动，但因为Windows都会自动匹配原来的驱动程序，所以声卡还是不能发声。

故障修复：

这种故障不能用“添加新硬件”的方法解决，可以进入“Windows\inf\other”目录，把与声卡相关的“.inf”文件统统删掉。重新启动后再进行手动安装即可解决问题。

33.9.6 噪声故障

故障现象：

使用耳机模式输出时，伴随着无规律噪声。

故障分析：

耳机驱动芯片本身信噪比不是很出众，且PCB没有较好考虑防干扰的问题，导致耳机模式输出容易受到电源或者其他因素影响。

故障修复：

尽量远离其他设备。

33.9.7 电源故障

故障现象：

电脑在完全断电后，静默一段时间启动进入系统时，提示找到新声卡。

故障分析：

可能和电源有关。

故障修复：

重新安装驱动即可。

33.9.8 声音失真

故障现象：

不管是播放音乐还是影碟，声音都明显失真。

故障分析：

此故障一般由声卡驱动程序、音箱、硬件冲突所致。

故障修复：

先安装新版的声卡驱动程序；接着检查音箱，如确定是音箱的原因，则更换音箱；然后检查是否是由于扬声器的音量太高，超出扬声器的处理范围，此时应降低扬声器的音量；检查声卡是否与其他设备发生冲突（进入“设备管理器”窗口后，检查是否出现该设备以及该设备旁是否有黄色感叹号），如发现冲突，重新设置声卡即可。

33.9.9 U 盘无法格式化

故障现象：

电脑可以识别U盘，但打开时提示“磁盘还未格式化”而系统又无法格式化。或提示“请插入磁盘”，打开 U盘里面都是乱码，且容量与本身不相符等。

故障分析：

对于此现象，可以判断U盘本身硬件没有太大问题，只是软件问题而已。

故障修复：

找到主控方案的修复工具修复，即可使用何种修复工具需要查看U盘的主控是什么方案。

U盘故障中的无法写文件、不存储等现象，一般都是FLASH性能不良或有坏块而引起的。U盘不同于MP3，不存在固件之说，但有些厂家把自己的软件放到里面，低格一下就会没有。在碰到主控损坏或找不到相应的修复工具时，可以将故障机的FLASH拆下来，放到新的PCB板上即可。维修起来非常简单，进行数据恢复就更方便了。

33.9.10 U 盘进水

U盘进水后若正确处理过一般不影响正常使用，但切不可以在处理之前使用，否则优盘可能彻底损坏。正确的处理方法是打开U盘封装，用清水冲洗干净。最好用酒精擦洗，因为污水中含有盐分或者其他杂质，附着在电路板上可能导致配件损坏。清理完毕自然风干或拿电吹风冷风吹干。不能靠得太近，风太热会导致电路板破裂或者焊接的元件松动。市场上已经有了防水的优盘，掉进水里也能正常使用。另外，除了U盘，其他一些小的数码产品落水后的处理方法也是一样的。

33.9.11 U 盘出现卡机

尝试改变格式化格式，如用FAT32格式化、低格U盘或者量产U盘。 除了有坏块原因，U盘和硬盘一样，在使用中也会出现文件系统错误等导致读写速度缓慢或者无法读写某个文件的情况。先用系统自带的磁盘扫描程序扫描它，扫描时选中“自动修复文件系统错误”。扫描后看U盘上有没有文件夹find000，如果有类似文件夹，删除它即可正常使用；否则就尝试用FAT32格式化U盘，或者用相应的U盘工具低格，或者量产U盘。此外注意格式化前要备份U盘上的重要资料。

33.9.12 无法正常拔出 U 盘

故障现象：

在停止U盘工作，准备拔出时，系统提示：“无法停止通用卷”。

故障分析及修复：

这时候如果强行拔出的话，很容易损坏U盘数据。如果U盘上有重要的资料，很有可能就此毁坏了。那么应该怎么办呢?

（1）最常用的办法是清空剪贴板，或者在硬盘上随便进行一下复制某文件再粘贴的操作，这时候再去删除U盘提示符，看看是不是可以顺利删除了。

（2）同时按下键盘的Ctrl+Alt+Del组合键，这时会弹出“任务管理器”的窗口，单击切换至“进程”选项卡，在“映像名称”中寻找rundll32.exe进程，选中rundll32.exe进程然后单击“结束进程”按钮，这时会弹出任务管理器警告，确定是否关闭此进程。单击“是”按钮，即关闭了rundll32.exe进程。再删除U盘就可以正常删除了。使用这种方法时请注意，如果有多个rundll32.exe进程，此时需要将多个rundll32.exe进程全部关闭。

（3）这种方法同样是借助了任务管理器，同时按下键盘的Ctrl+Alt+Del组合键，弹出“任务管理器”的窗口，单击切换至“进程”选项卡，寻找EXPLORER.EXE进程并结束它。继续进行下面的操作，在任务管理器中执行“文件→新建任务”命令，输入EXPLORER.EXE并确定后。再删除U盘，会发现可以安全删除了。

（4）重启电脑。

33.9.13 强行拔出无法显示盘符

故障现象：

电脑里显示不了U盘盘符，设备管理器中wpd filesystem volume driver旁有一个黄色感叹号，更新显示已为最新，卸载磁盘驱动器后再插U盘依然如此。

故障修复：

STEP 01 右键单击计算机，并选择“管理”选项

STEP 02 单击“设备管理器”选项。在WPD文件系统卷驱动程序软件旁将看到黄色感叹号。

STEP 03 单击磁盘驱动器并逐个右击“卸载”，直到 WPD 文件系统中消失。

STEP 04 回到“计算机管理”窗口，打开“存储”下的“磁盘管理”，底部是磁盘列表。

STEP 05 逐个右击没有驱动器号的“可移动磁盘”，选择“更改驱动器号和路径”，为每个磁盘分配盘符（驱动器号）。

STEP 06 返回到“设备管理器”窗口。

STEP 07 单击“扫描检测硬件改动”，会找到“未知设备”，问题立即会自动解决。

33.9.14 无法格式化

故障现象：

U盘格式化时提示无法格式化。

故障修复：

STEP 01 右键单击“我的电脑”，选择“管理”命令，在打开的窗口中依次单击“存储→磁盘管理器”，在右侧的界面上可以看到代表该闪存的标志，右键单击并选择“新建一个分区”，按提示完成格式化等操作，问题即可解决。

STEP 02 下载“星梭低级格式化工具”，对闪存进行低级格式化。

33.9.15 无法创建文件夹

故障现象：

在U盘中无法创建新的文件夹。

故障修复：

- 首先可以查看一下U盘的格式。方法很简单，直接将U盘连接上电脑，然后右键单击U盘盘符，选择“属性”，在打开的“属性”窗口中就可以看到U盘的格式了。
- 如果其格式显示为FAT，可能就会出现这样的问题，可以先将重要的文件保备份，然后将U盘格式化。
- 如果格式没有问题的话，可以试试换台电脑使用，或者是换个USB接口使用。
- 或者可能是中毒了，中毒也会导致U盘出现故障。用户同样需要在保存好重要文件的情况下使用杀毒软件对U盘进行杀毒，如果病毒很顽固的话，则需要格式化。

33.9.16 数据错误

故障现象：

复制电脑里的一些视频文件到别的文件夹，复制到某一进度时，速度会越来越慢，最后Windows弹出错误提示“无法复制：数据错误（循环冗余检查）”。重复几次，仍然如此。但视频文件打开播放却没有问题。

故障分析：

视频文件虽然能播放，但实际上已经损坏，这就是CRC错误了，复制自然失败。可以试试对视频文件所在的磁盘分区进行扫描修复错误，看能否解决问题。

故障修复：

打开“我的电脑”，右键单击视频文件所在的磁盘分区，选择“属性”命令，在对话框的“工具”选项卡中单击“检查”按钮，然后选中“自动修复文件系统错误”。很多水货U盘都会出现这个问题，一般出现这种情况，都是买到假货或者贴牌的水货，而且是扩容过的U盘。

34 Chapter 修复打印机常见故障

知识概述

打印机是公司常用的办公设备，在使用一段时间后经常出现各种故障。引起打印机不打印的故障原因有很多种，本章将向读者介绍如何维修打印机故障。

要点难点

● 打印机常见故障 ● 打印机故障产生原因 ● 打印机故障的修复 ● 打印机故障实例

34.1 打印机常见故障现象

引起打印机不能打印的原因有很多，但一般都可以从硬件和软件两个大方面去判断分析。

- 启动打印后，打印机没有反应。
- 能打印测试页，但不能打印文档。
- 不能连续打印多页。
- 启动打印后，打印机不出纸。
- 打印出的文字是乱码。
- 按下电源后，打印机无任何反应。
- 电脑与打印机不能正常连接。
- 打印机卡纸或者不进纸。
- 打印时，提示“出现通信错误”。
- 耗材用尽，报错。
- 打印机内部机械发生故障。

34.2 打印机故障主要原因

- 设置错误（排版、纸张设置）。
- 驱动程序错误。
- C盘空间不足。
- 中毒或者系统出错。
- 连接线或接口接触不良或损坏。
- 设备老化或无耗材。

34.3 打印机故障排查顺序

STEP 01 如果打印机启动后，不能正常工作，那么检查能否打印测试页。

STEP 02 如果可以打印测试页，那么查看文字处理软件中打印机的设置项。

STEP 03 如果不能打印测试页，那么查看打印机指示灯或者液晶屏是否有提示。

STEP 04 如果没有提示，那么需要：

- 检查打印机开关有没有打开.
- 检查打印机保险有没有烧断。
- 检查打印机主板有无损坏。

STEP 05 如果打印机可以启动，那么检查打印机信号线是否正常。

STEP 06 如果信号线有问题，那么更换数据线再测试。

STEP 07 如果信号线没有问题，那么重新安装打印机驱动，再进行测试。

STEP 08 如果重装驱动后，打印机可以正常使用，那么问题出在驱动上。

STEP 09 如果仍然不能使用，那么检查打印机的各端口，并进行病毒的查杀工作。

34.4 打印机常见故障

打印机出现故障后，一般可以通过系统提示或者阅读说明书进行故障排除。

34.4.1 打印机不能打印故障

打印机不能打印的故障原因有硬件和软件两个方面的原因，打印机发生故障时，可按如下步骤进行检修：

STEP 01 首先检查打印机电源线连接是否可靠或电源指示灯是否点亮，然后再次打印文件。

STEP 02 如不能打印，接着检查打印机与电脑之间的信号电缆连接是否可靠，检查并重新连接电缆，尝试打印。

STEP 03 如不能打印，则换一条能够正常工作的打印信号电缆，然后重新打印。如仍不能打印，检查下一项。

STEP 04 检查串、并口的设置是否正确。 将BIOS中打印机使用的端口打开，即将打印机使用的端口设置为Enable，检查BIOS中打印端口模式设置是否正确，然后在驱动程序中正确配置软件中打印机端口。

STEP 05 如不能打印，接着检查打印机驱动程序是否正常。如果未使用打印机原装或匹配驱动程序，也会出现不能打印的故障，这时需要重新安装打印机驱动程序。

STEP 06 如不能打印，接着检查应用软件中打印机的设置是否正常，例如在WPS、Word办公软件中将打印机设置为当前使用的打印机。如果仍不能打印，检查下一项。

STEP 07 检查是否是病毒原因，使用查毒软件查杀病毒后尝试打印。

STEP 08 如经过以上处理还不能打印，则可能是打印机硬件出现故障。

34.4.2 提示错误信息引起不能打印故障

打印机不打印，提示“发生通讯错误”。一般此类故障原因可能是打印机驱动程序问题，打印电缆线松脱、损坏，打印机的数据端口损坏或电脑主板上的打印端口损坏等所致。

首先把原来的驱动程序删掉，再重新安装打印机驱动程序，然后试一试。如果不行，接着关掉电脑和打印机，把打印电缆线重新插拔一下再看看效果如何。如果还不行，更换数据线后再测试数据线和端口是否正常（可以把打印机安装到另一台电脑上测试）。

34.4.3 打印机不进纸故障

STEP 01 检查打印纸是否潮湿。

STEP 02 检查打印纸的装入位置是否正确，是否超出左导轨的箭头标志。

STEP 03 检查是否有打印纸卡在打印机内未及时取出。打印机在打印时如果发生夹纸情况，小心取出打印纸。取纸时沿出纸方向缓慢拉出夹纸，取出后必须检查纸张是否完整，防止碎纸残留机内，造成其他故障。

STEP 04 检查耗材寿命指示灯是否闪烁。一直亮则提示耗材即将用尽等信息。因为在耗材用尽时，打印机将不能进纸，必须更换相应的新墨盒才能继续打印。

34.4.4 打印机夹纸故障

STEP 01 检查打印纸是否平滑，是否存在卷曲或褶皱。

STEP 02 在装入打印纸之前，将纸叠成扇形后展开，防止纸张携带的静电使多张纸张粘连。

STEP 03 检查装入的打印纸厚度是否超出左导轨的箭头标志。

STEP 04 检查打印纸表面是否干净，有无其他胶类等附着物。

STEP 05 调整左导轨的位置，使纸槽的宽度与放入的纸张匹配。

STEP 06 检查打印纸张的克数是否过轻。使用的打印纸过薄，打印时走纸困难，造成夹纸。

STEP 07 检查搓纸轮是否老化，不能把纸搓进机器。

34.5 打印机维修实例

打印机的维修是一项比较专业的技能，但常见的故障排除起来还是比较方便的。

34.5.1 打印机墨盒故障

故障现象：

更换新墨盒后打印不出来。

故障分析：

此故障可能是未撕去墨盒顶部导气槽的黄色封条，墨盒内有小气泡，打印头堵塞，打印头老化或损坏所致。

故障修复：

先将黄色封条标签完全撕去，再清洗打印头1~2次。如果不行，更换打印头。

34.5.2 打印不出文字

故障现象：

激光打印机在正常打印时，能够正常打印出纸，但打印纸上图像颜色较淡，打印机连接电脑主机没有异常现象但没有图像。

故障分析：

因打印机连接电脑主机没有异常现象，打印机正常打印，可排除主机的故障，初步判断是激光打印机有问题。接着检查打印机粉盒，发现粉盒正常，安装到位，接触良好，没有异常。检查打印机硒鼓，发现硒鼓表面有文档信息的墨粉痕迹，可确定打印机显影阶段没有故障，初步判定问题出在排版信息从感光鼓向纸转移阶段。检查转印电极组件上的电极丝，发现电极丝并无断开，但在电极丝的前后左右有大量的漏粉，由此判断出现此故障的原因是，大量的带电漏粉致使电极丝无法发生正常的电晕放电，或发生的电晕放电电压过低，无法把带负电的显影墨粉吸到纸上，造成纸上无打印文档信息。

故障修复：

用棉花蘸少量甲基乙基酮，在关机状态下，轻轻擦除转印电极组件上电极丝周围的碳粉。再用棉花蘸少量酒精重新擦拭一遍，待酒精挥发干净后再开机使用，故障排除。

34.5.3 指示灯故障

故障现象：

激光打印机开机后进入自检/预热状态，电源指示灯亮，而Read/Wait指示灯不亮，打印机不能工作。而有时Read/Wait指示灯又正常，打印机也能正常工作。

故障分析：

因纸盒、硒鼓都安装到位，可排除此部件引起的此类故障。因Read/Wait指示灯时好时坏，打印机有时工作有时不工作，可排除控制主板的故障，初步判定是打印机预热过程可能有问题。打印机的预热过程是在定影部位，只有达到一定的温度才能使打印机正常工作，因此故障可能出现在定影组件上。把定影器组件从打印机中取出，去掉两侧的塑料盖，打开前面的挡板，发现热敏电容和电阻上都有很多纸屑，灰尘和烤焦的废物，原来是这些东西妨碍了热敏部件的温控作用。

故障修复：

用棉花蘸少许酒精，轻轻把测温元件上的废弃物擦掉。再用棉花擦干净，按原样装在定影附件上。然后将定影附件安装在打印机上，试机打印机工作正常，故障排除。

34.5.4 打印机暂停使用

故障现象：

平时可以正常打印，最近单击“打印”后打印机不工作，但电脑右下角显示有打印机图标。

故障分析：

打印机正常开机不提示错误信息，证明打印机正常，电脑与打印机也正常连接，驱动程序安装正确。单击右下角显示的打印机图标发现暂停使用。

故障修复：

取消暂停使用后正常打印。如不能正常打印，取消所有在打印的文档后打印正常。

34.5.5 纸张设置错误

故障现象：

可以打印测试页，打印文件时打印机错误灯亮，打印其他文件正常。

故障分析：

因为可以正常打印测试页和其他文档，说明打印机和电脑连接都是正常的，可推测该排版或设置错误。

故障修复：

重新设置文档纸张后正常。

34.5.6 无法打印大文件

故障现象：

打印机无法打印大型文件。

故障分析：

这种情况在激光打印机中发生的较多，这种问题主要是软件故障，与硬盘上的剩余空间有关。

故障修复：

首先清空回收站，然后再删除硬盘中的无用文件释放硬盘空间，故障排除。

34.5.7 打印丢失内容

故障现象：

文件前面的页面能够打印，但后面的页面会丢失内容，而分页打印时又正常。

故障分析：

可能是该文件的页面描述信息量较大，造成打印内存不足。

故障修复：

添加打印机的内存，故障排除。

34.5.8 打印内容为乱码

故障现象：

单击“打印”后，打印机工作，但出来图像不一致，都是乱码。

故障分析：

打印机与电脑的连接数据转输错误或不完整。

故障修复：

重装打印机驱动程序看是否能解决故障，更换打印信号线（针式打印机仿真模式设置错误）。

34.6 喷墨打印机常见故障

（1）打印时墨迹稀少，字迹无法辨认的处理，该故障多数是由于打印机长期未用或其他原因，造成墨水输送系统障碍或喷头堵塞。

解决的方法如下，如果喷头堵塞得不是很厉害，那么直接执行打印机上的清洗操作即可。如果多次清洗后仍没有效果，则可以拿下墨盒（对于墨盒喷嘴非一体的打印机，需要拿下喷嘴，但需要仔细），把喷嘴放置在温水中浸泡一会。注意，一定不要把电路板部分也浸在水中，否则后果不堪设想。用吸水纸吸走沾有的水滴，装上后再清洗几次喷嘴就可以了。

（2）更换新墨盒后，打印机在开机时面板上的墨尽灯亮的处理。

正常情况下，当墨水已用完时墨尽灯才会亮。更换新墨盒后，打印机面板上的墨尽灯还亮。发生这种故障，一种有可能是墨盒未装好，另一种可能是在关机状态下自行拿下旧墨盒，更换上新的墨盒。因为重新更换墨盒后，打印机将对墨水输送系统进行充墨，而这一过程在关机状态下将无法进行，使得打印机无法检测到重新安装上的墨盒。另外，有些打印机对墨水容量的计量是使用打印机内部的电子计数器来进行计数的（特别是在对彩色墨水使用量的统计上），当该计数器达到一定值时，打印机判断墨水用尽。而在墨盒更换过程中，打印机将对其内部的电子计数器进行复位，从而确认安装了新的墨盒。

解决方法如下，打开电源，将打印头移动到墨盒更换位置。将墨盒安装好后，让打印机进行充墨，充墨过程结束后，故障排除。

（3）喷头软性堵头的处理

软性堵头堵塞指的是因种种因素造成墨水在喷头上粘度变大所致的断线故障。

解决的方法如下，一般用原装墨水盒经过多次清洗就可恢复，但这样的方法太浪费墨水。最简单的办法是利用手中的空墨盒来进行喷头的清洗。用空墨盒清洗前，先要用针管将墨盒内残余墨水尽量抽出，越干净越好，然后加入清洗液（配件市场有售）。加注清洗液时，应在干净的环境中进行，将加好清洗液的墨盒按打印机正常的操作上机，不断按打印机的清洗键对其进行清洗。利用墨盒内残余墨水与清洗液混合的淡颜色进行打印测试，正常之后换上新墨盒就可以正常使用了。

（4）打印机清洗泵嘴的故障处理

打印机清洗泵嘴出故障的几率较大，也是造成堵头的主要因素之一。打印机清洗泵嘴对打印机喷头的保护起决定性作用。喷头小车回位后，要由清洗泵嘴对喷头进行弱抽气处理，对喷头进行密封保护。在打印机安装新墨盒或喷嘴有断线时，机器下端的抽吸泵要通过它对喷头进行抽气，此清洗泵嘴的工作精度越高越好。但在实际使用中，它的性能及气密性会因时间的延长、灰尘及墨水在其上的残留凝固物增加而降低。如果使用者不对其经常进行检查或清洗，会使打印机喷头不断出现故障。

养护此部件的方法如下，将打印机的上盖卸下移开小车，用针管吸入纯净水对其进行冲洗，特别要对嘴内镶嵌的微孔垫片进行充分清洗。在此要特别提醒用户，清洗此部件时，千万不能用乙醇或甲醇对其进行清洗，这样会造成此组件中镶嵌的微孔垫片溶解变形。另外要提的是，喷墨打印机要尽量远离高温及灰尘的工作环境，只有良好的工作环境才能保证机器长久正常的使用。

（5）检测墨线正常而打印精度明显变差的处理

喷墨打印机在使用中会因使用的次数及时间的延长而打印精度逐渐变差。喷墨打印机喷头也是有寿命的。一般一只新喷头从开始使用到寿命完结，如果不出什么故障较顺利的话，也就是20~40个墨盒的用量寿命。如果打印机已使用很久，现在的打印精度变差，用户可用更换墨盒的方法来试试。如果换了几个墨盒，其输出打印的结果都一样，那么这台打印机的喷头就需要更换了。如果更换墨盒以后有变化，说明使用的墨盒中有质量较差的非原装墨水。

如果打印机是新的，打印的结果不满意，经常出现打印线段不清晰、文字图形歪斜、文字图形外边界模糊、打印出墨控制同步精度差，这说明买到的是假墨盒，或者使用的墨盒是非原装产品，应当立即更换。

（6）行走小车错位碰头的处理

喷墨打印机行走小车的轨道是由两只粉末合金铜套与一根圆钢轴的精密结合来滑动完成的。虽然行走小车上设计安装有一片含油毡垫以补充轴上润滑油，但因生活的环境中到处都有灰尘，时间一久，因为空气的氧化，灰尘的破坏使轴表面的润滑油老化而失效。这时如果继续使用打印机，就会因轴与铜套的摩擦力增大而造成小车行走错位，直至碰撞车头造成无法使用。

解决的办法是如下，一旦出现此故障应立即关闭打印机电源，用手将未回位的小车推回停车位。找一小块海绵或毡，放在缝纫机油里浸饱油，用镊子夹住在主轴上来回擦。最好是将主轴拆下来，洗净后上油，这样效果更好。

34.7 激光打印机常见故障

（1）激光打印机预热超过2分钟或定形不牢，文字脱落。

- 考虑室内温度是否达20℃以上。
- 检查热敏电阻是否接触不良或失效。
- 看电压是否达到220V。
- 看纸张、墨粉是否太潮湿等。

（2）卡纸。

- 检查用纸尺寸是否合适，纸张太厚、太薄，纸张潮湿或卷曲，都会产生卡纸现象。
- 铜版纸不能用于激光打印机；
- 检查激光打印机分离爪是否磨损需要更换。

（3）打印出的纸样上出现局部或全部字不清楚，墨粉浓淡不匀等现象。

- 这种故障的原因是粉盒的墨粉量不足，需要补充。

（4）在印出的纸样上出现黑点或黑道，并且换纸后仍出现在同一位置上。

- 该故障原因是OPC感光鼓有损伤。

（5）打印出的纸样上出现横向条纹，而且换纸后还在同一位置上出现，则说明需换刮板。

（6）如果打印出的纸样上出现纵向条纹，换纸后还在同一位置上出现，是供粉仓盒上的磁辊有损坏，需更换。

（7）在打印出的纸样上，大字有锯齿状，文字出现一直线缺笔断划，说明六角转镜或Fθ物镜上有粉尘需清洁（此问题需专业技术人员处理）。

（8）更换墨粉时需要注意：

- 需把送粉仓和收粉仓的余粉清理干净。
- 上墨粉后，把送粉仓内的墨粉平行摇匀，用手顺时针转动齿轮数圈，使墨粉均匀地附着在磁辊上，保证墨粉均匀。

（9）若在更换墨粉后，出现文字墨色不匀或漏粉现象，多打印几张后故障还是未解决，这时首先要考虑墨粉是否受潮，其次是考虑送粉仓的墨粉是否太满。

（10）激光打印机在发样的过程中，若主机的显示器出现“激光打印机掉电”“外设设备没准备好”的字样，主要从连接信号线来查找解决。

（11）若激光打印机自检出来的纸样全是一片黑色，无自检线条。主机显示器出现 IACK!，说明视频接口卡有故障。

激光打印机在使用中应注意以下几点：

（1）打印机机壳必须有良好的接地导线。否则，打印机产生静电会使机器性能不稳，影响出样质量，严重时会损坏机器和击伤人。

（2）打印机内高压较多，温度较高，不能随便打开机壳。

（3）此机器功率较大，温控可控硅解发频率高，最好单独使用一台稳压电源。

（4）在使用过程中发生卡纸时。一定先确定卡纸部位，然后轻轻地用巧力将卡纸取出。否则，会损坏有关部位或纸屑留在机器内影响出样质量。

（5）打印机用纸，最低不能低于52g／m^2，最高不能超过130g／m^2，最好是用胶版纸或复印纸。铜版纸不能用于激光打印机，主要是印字过程中的加温定形会造成铜版起泡，影响使用。

（6）打印机工作结束后，维护清洁工作十分重要。对光学部分的清理特别要注意不能碰撞，金属工具等不能触碰鼓芯，以免造成永久性的破坏。在清理中，注意激光器为不可见光，要注意保护眼睛。

（7）用户可根据生产需要自行定期更换硒鼓芯、重复装入墨粉，硒鼓体就可多次使用；或简单清理即可获得高质量的文字、图形等。

激光打印机是将激光扫描技术、电子技术、静电成像技术等融为一体的打印输出设备。它具有打印速度快、打印质量好、分辨率高、噪声低等特点，是一种重要的电脑外围设备。随着网络打印机的出现，在办公自动化、印刷、出版、科研等行业的应用越来越广泛。

34.8 针式打印机常见故障

1. 打印机在通电状态下不能进行任何操作

首先找到打印机通电后不能工作的原因，可采用排除法一一排除，找到问题所在。

查看打印机的电源指示灯是否已亮，没有亮就应先检查电源插头和电源线是否存在断路故障，查看电源开关和保险丝是否已损坏。这些地方如果都没有问题，要是保险丝已断换后又熔断的话证明电路部分存在短路故障。如果在电路中还没有发现有什么明显损坏的元件的话，就应及时送到维修部门由专业人员进行维修。

打印机绿色指示灯发亮光的话，证明电源供电部分正常，这时可观察打印机是否有复位动作。开机后字车会先向右再向左后又回到起始位置，如没有看到复位动作，证明是打印机的控制电路部分出现了故障。

对于个别型号的打印机来说，看打印机的上盖是否盖好，这些打印机具有一个检测机盖是否盖上的限位开关，没有盖好的话，控制电路就会认为此时并不能进行打印工作而使打印机处于等待状态。

如果打印机能够进行正常的复位动作，再看打印机的自检打印是否正常。不能自检打印的话，说明打印机的控制电路存在故障。如果自检打印正常，说明打印机的主要部分无故障，故障点可能在接口电路或连接数据电缆上。

连接电缆和接口都没有问题，安装好打印纸后，屏幕上提示“打印机没有准备好”或“打印纸没有安装好”等信息，那就可能是中了病毒了。

2. 打印机能正常完成自检打印，但在联机状态下却不能进行正常的打印

打印机无法联机工作是比较常见的故障，包括硬件故障和软件故障这两种可能 。

能正常进行自检打印就证明打印机本身是正常的，然后查看连接下电源线及数据线是否连接正常。

还是有问题的话，查看软件方面，（1）检查驱动程序是否正确；（2）检查打印机端口的设置；（3）是否中了病毒（“2708”病毒），病毒可以通过封锁打印接口使主机和打印机之间无法进行正常通讯，用一张系统引导盘启动，然后再用Print Screen键来检查打印是否正常。

如果问题还没解决掉，可采用替换排除。

3. 在打印时突然出现无故停止打印、报警或打印错位、错乱等情况

打印头在打印时都会发热，为了避免打印头因过热而损坏，都设有打印头温度检测和自动保护电路。如果是超负荷打印造成停止打印，并不能算是故障，而是使用不当才会造成的。

打印纸被用完了暂停打印，红色缺纸指示灯就会发亮光，同时蜂鸣器也会发出代表报警信号的声音。只需安装好打印纸后并按联机键（ON LINE）就可以继续工作了。

个别情况下，打印完未及时收好堆积在一起的打印纸被卷入打印机里，会造成阻塞，打印机就会处于停机状态。

色带在打印过程中运转不畅发生了阻塞，如果字车导轴的污垢过多，会造成字车运行受阻，可在关机后用手移动字车看是否有很大阻力或移动不均。如果是就该清洗字车导轴并适当加适量润滑油，移动时感到阻力均匀、运行自如时就行了。

4. 打印字迹不清晰、无法正常观看

打印色带的问题，看色带是否安装正确，或是色带该更换新的了。检查一下打印头间隙调整杆的位置是否正确，间隙过大就会打印不上字，重新调整一下即可。

5. 存在缺点、断线

打印针出针口堵塞导致出针不畅而造成的，清洗一下打印头即可。

打印头有断针或个别针磨损变短而造成的，更换打印针即可。现在的打印机都可以自动更换打印针，但建议用户还是换上较好。

打印针驱动电路或打印头驱动线圈烧毁也会造成此类故障现象，首先检查一下驱动线圈和打印针驱动电路是否已经烧毁。不要急于换打印头或打印针，否则很有可能再次损坏。

6. 打印汉字出现错误，甚至不能打印汉字

打印西文正常，但无法正确打印汉字时，需要在电脑软件方面找原因。检查是否已安装了正确的汉字打印驱动程序；是否装有中文打印字库；是否字库文件已坏。

喷墨和激光打印机价格逐步下降，已是单位和个人都负担得起的设备。但针式打印机耗材更廉价，运行成本更低，并在一些特殊打印需求上，如打印蜡纸和多层压感纸时，都非使用针式打印机不可。针式打印机在使用过程中，因为各种原因经常会出现一些故障，有些故障是由于使用过程中不注意而造成的，有些小故障自己动手即可解决。

7. 打开打印机电源开关，打印机发出“嘎嘎”的响声

打印机发出“嘎嘎”报警，表示无法联机打印。

这与使用环境和日常的维护有着很大的关系。如果使用的环境差，灰尘多，就会较易出现该故障。因为灰尘积在打印头移动的轴上，和润滑油混在一起，越积越多，形成较大阻力，当打开打印机电源开关时，拖动打印头移动的电机过载，打印机发出“嘎嘎”响和报警，无法联机打印。所以一般情况下，打印机硬件损坏的可能性较小。关闭电源，用软纸把轴擦干净，再滴上缝纫机油后，反复移动打印头把脏东西都洗出擦净。最后在干净的轴上滴上机油，手动移动打印头使其分布均匀，开机即可正常工作。

8. 打印出的字符缺点少横，或者机壳导电

这是由于打印机打印头扁平数据线磨损造成的。打印机打印头扁平数据线磨损较小时，可能打印出的字符缺点少横，会误以为打印头断针。当磨损较多时，就会在磨损部分遇机壳时“吱、吱”导电。引起该故障的原因，一般是色带框破旧，卡不牢下陷，或卡打印头扁平数据线的卡子丢失，扁平数据线浮高起来了，时间长了磨损越来越多。解决办法很简单，更换扁平数据线即可。

9. 打印头断针

打印机断针是针式打印机最常见的故障之一，检测打印头是否断针。除了将打印头取下，查看有无断针（断针处有黑点，可较明显看出）之外，最简单的办法就是运行断针检测程序，如运行UCDOS下的断针检测免修程序PA TC H2 4.COM。对于只有少数的断针情况既可检测又可免修；对于断针的数目较多的情况，就需要动手更换断针了。

10. 打印机不走纸

打印机不走纸，原因可能是走纸电机坏，也可能是驱动走纸电机的大功率三极管烧毁。引起故障的主要原因是使用打印机的过程中，在需要调节打印纸时，带电转动卷轴旋钮，引起过载损坏打印机。

尽量避免在带电情况下卷动旋钮，而用换行等按钮调节纸的位置。这其实在打印机使用说明书里已经有了很详细的介绍，所以使用前要多看说明书。

11. 即使好的打印头，打出的字符也不很清爽，特别是打印在蜡纸上时

该故障主要是打印机使用的年数多了，各部件位置有些偏移。也可能打印针虽没断但磨损得有点略短，也可能打印机电路元件老化。解决该故障，只要拆开打印机，适当调节控制打印针力度的电位器即可。

35 Chapter 修复笔记本电脑常见故障

知识概述

笔记本电脑是现在商务办公必不可少的设备，以体积小、易携带、灵活方便等特点深受商务人士、学生的欢迎。现在的笔记本已经向超薄的超级本、大屏的游戏本等方向发展，在固态硬盘的配合下，展现了更强大的魅力。本章将就笔记本常见的故障介绍修复方法。

要点难点

- 笔记本电脑常见故障
- 笔记本电脑故障产生的原因
- 笔记本电脑故障的修复
- 笔记本电脑故障实例

35.1 笔记本电脑常见故障现象

笔记本电脑可以理解为缩小的台式机，虽然组成部件不同，但是原理是基本相同的。

- 开机不亮。
- 电池充不进电。
- 不识别外部设备。
- 定时或不定时关机。
- 开机不认硬盘或光驱。
- 定时死机。
- 键盘不灵。
- 运行大程序容易蓝屏。

35.2 笔记本电脑故障主要原因

- BIOS设置问题。
- 主板电源控制芯片出现故障。
- 主板外设接口接触不良或者损坏。
- 笔记本系统出现问题。
- 排线出现问题。
- 笔记本组成部件（硬盘、内存）出现故障。

35.3 笔记本电脑常见故障维修

1. 开机不亮

这也许是笔记本用户遇到最多的问题——按下开机按钮，结果电源指示灯不亮、屏幕也是黑的。首先查看笔记本电脑是否接通了电源？电池是否安装到位？适配器是否顺利连接上电源？电源插座上的按钮是否切断电源了？许多用户碰到的往往是这些让人虚惊一场的情况。

以下可能是真的发生了一些故障才导致笔记本开机不亮，这里可分为很多情况，处理器、内存、显卡、主板显卡控制芯片、主板BIOS、信号输出端口、电源适配器损坏都会导致笔记本电脑无法开机的情况。

这里面有一个检测方法，可以判断到底是笔记本主机出了问题还是适配器出了问题。如果是电源适配器的问题，可以用替换法来判断，不过只限于同型号相同规格的电源。如果电源适配器笔记本依然不亮，那么很有可能是笔记本主板上的故障了，这时候就需要拆机检查。这需要维修者具备丰富的电路知识和维修经验。

2. 电源指示灯亮但系统不运行，屏幕也没显示

如果笔记本电脑开机后电源指示灯亮了，但是屏幕没有显示，这时候有条件的用户可以将笔记本连接一台显示器，并且确认切换到外接显示状态。如果外接显示器能够正常显示，则通常可以认为处理器和内存等部件正常，故障部件可能为液晶屏、屏线、显卡和主板等。如果外接显示器也无法正常显示，则故障部件可能为显卡、主板、处理器和内存等。

这其中很大一部分原因是用户在升级内存时，没有将内存插接牢靠；也有可能是显示屏的排线松动导致的，如图35-1所示，具体问题还得具体分析。

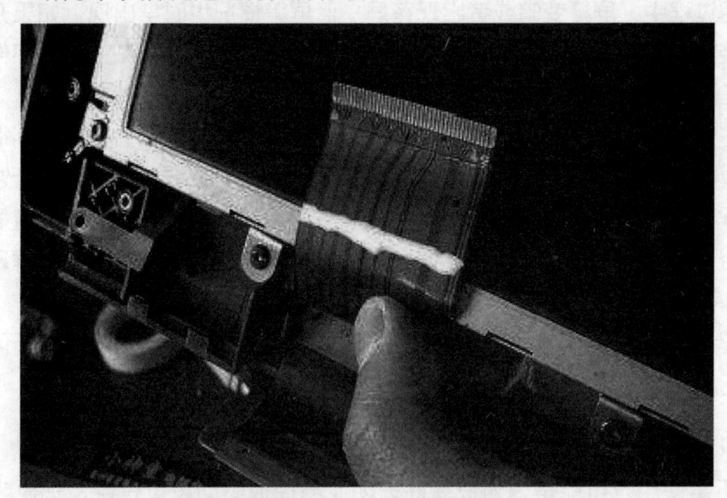

图35-1 笔记本显示屏排线

3. 开机或运行中死机，系统自动重启

很多用户在使用笔记本时往往会遇到死机或者系统自动重启等问题，这一般来说是操作系统或者应用程序等软件问题：系统文件异常，中了病毒；机型不支持某操作系统、应用程序冲突导致系统死机等情况。

当然也有可能是使用环境的温度、湿度等干扰因素，比如在炎热潮湿的夏天，笔记本电脑死机、自动重启的情况就很多。原因很简单，笔记本电脑的使用环境过热。解决方法也很简单，给笔记本清灰、使用散热底座或者在空调房内使用笔记本电脑均可。也有可能是有些笔记本电脑具备定时关机功能，看看是否设置了定时关机。

4. USB接口无法正常使用

USB接口无法正常使用具体表现为无法正常识别、读写外接设备。首先，要搞清楚是USB接口本身的问题还是外接设备的问题。在其他电脑上使用这个外接设备，如果也无法正常使用，则是这个设备本身存在问题。如果在其他电脑上可以用这个外接设备，那么就是笔记本本身的问题了。

这时候，就要检查主板上其他的USB接口是否存在相同的问题？如果都有故障，可能是主板问题。接着，要检查是否存在USB接口损坏、接触不良、连线不通、屏蔽不良等问题；或者使用其他的

USB外接设备测试，如果使用正常，可能是兼容性问题；检查某些USB设备的驱动程序是否正确安装；在BIOS设置中检查USB口是否设置为ENABLED。

5．没有声音、有杂音

开机之后发现笔记本电脑没有声音的情况也很常见，这时候要分清是笔记本音箱的问题还是声卡的问题。笔记本内置音箱没声音，外接音箱输出正常，一般情况是内置音箱损坏造成的。笔记本内置音箱、外接音箱同时无声，则可能是主板、声卡驱动等相关问题。笔记本内置音箱播放杂音、声音"卡"，可能是内置音箱、主板、驱动存在问题。

如果不是因为硬件问题导致了笔记本没有声音的情况，首先检查声卡驱动。右击"我的电脑"，选择"属性"命令，依次选择"硬件→设备管理器→声音、视频和游戏控制器"，右击Realtek，选择"更新或扫描，卸载重新安装"选项。

如声卡驱动装不上，解决方法为：依次选择"控制面板→管理工具→服务→Windows Audio"，设置"启动类型"为"自动"，再重启笔记本。

6．屏幕显示不正常

在笔记本使用过程中，屏幕变暗或者出现花屏、蓝屏等情况也时常出现。如果开机时的画面显示为花屏，连接外接显示器能够正常显示，则可能是液晶屏、屏线、显卡和主板等部件存在故障；连接外接显示器无法正常显示，则可能的故障部件为笔记本的主板、显卡、内存等。

如果在笔记本电脑的运行过程中，不定时出现白屏、绿屏之类的相关故障，则很有可能是显卡驱动兼容性相关因素导致的。而出现蓝屏的情况则往往是软件问题或者是系统过热导致的。

至于笔记本屏幕变暗的原因，首先检测调节显示亮度后是否正常；其次要检查显示驱动安装是否正确，分辨率是否适合当前的笔记本屏幕。如果进行了以上两个步骤的检查之后屏幕依然不亮，那么很有可能是笔记本背光控制板故障了。

也有一些情况会造成笔记本屏幕变暗，比如电脑休眠开关按键不良，一直处于闭合状态；液晶屏模组内部的灯管无法显示以及其他软件类的一些不确定因素。

7．触控板无法使用或者使用不灵活

触控板无法正常使用，可能是因为快捷键关闭或触控板驱动设置有误、主板或触控板硬件存在故障、接口接触不良问题或其他软件或设置问题。触控板使用过程中鼠标箭头不灵活，可能是机型问题、使用者个体差异或触控板驱动等软件问题。

遇到上面的情况，首先要检查是否有外置鼠标接入，并用MOUSE测试程序检测是否正常；有能力拆机的用户可以检查触控板连线是否连接正确，检查键盘控制芯片是否存在冷焊和虚焊现象。

35.4 笔记本电脑维修实例

笔记本故障判断其实同电脑整机故障判断类似，下面将就一些常见故障进行说明。

35.4.1 风扇停顿

故障现象：

笔记本电脑在不运行任何程序的情况下，系统风扇会间歇性地转动，大概转5秒，停10秒，然后再转5秒，周而复始。

故障分析及修复：

其实这个现象是正常的。因为笔记本电脑为了节省电力消耗，它的散热风扇并不是一直工作的，而是当笔记本电脑内部的温度达到一定程度后，才会启动散热，所以也就造成了时转时停的现象。

35.4.2 笔记本液晶屏变暗

故障现象：

使用了4年的笔记本电脑，最近使用时发现屏幕显示发暗。

故障分析：

造成屏暗的故障主要有4点：

（1）灯管断开（一般正常使用的电脑不会因电压高，烧毁或者断开灯管。灯管断开的主要原因是：电脑摔到地下灯管碰击严重）。

（2）高压包没电供到灯管（主板有3~4组电压供到高压包，高压包经过芯片变压后供到灯管，芯片老化或者电流过高把芯片烧坏没电压输出）。

（3）主板没电供到高压包（主板有3-4组电压供到高压包，主板有两组芯片输出电压到高压板，芯片老化或者电流过高把芯片烧坏没电输出）。

（4）连接线断开（主板和高压包之间都有一根连接线连接着，长时间搬动液晶屏连接线断开，造成没主电供到高压包上）。

故障修复：

拆机后，发现因为经常开关屏幕，造成连接线损坏。把连接线拆出来后看到屏蔽线已经裂开了，把屏蔽线都拆开后才发现有三根线已经断开了。找来导线把断开部分延长、焊好，修复故障。

35.4.3 笔记本电池待机变短

故障现象：

最近使用笔记本电池，发现电池使用时间越来越短。

故障分析：

笔记本电脑电池使用时间变短是因为电池在多次的充电和放电过程中，笔记本BIOS系统对电池电量产生了误判。这种情况下，可以通过“电池校正”的方法让笔记本剩余的电量充分发挥出来。

故障修复：

很多品牌的笔记本电脑在其BIOS里面都集成了电池校正的程序，一般英文的说法叫做Battery Calibration，即“电池电量校对”。直接进入笔记本BIOS就能完成电池校正的操作。这里以华硕笔记本为例，简单讲解如何操作，其他笔记本的操作方式类似。

STEP 01 开机，出现开机画面后按F2键，进入BIOS菜单。通过左右方向键，选择进入Power菜单。

STEP 02 进入Power菜单，就能看到Start Battery Calibration选项，选中它并按Enter键执行，如图35-2所示。

STEP 03 这时屏幕会变成蓝色，并有英文提示，要求把笔记本的电源适配器插上给电池充电，如图35-3所示。等电池电量充满后，屏幕又提示用户断开电源适配器。之后笔记本开始持续对电池放电，直到电池电量耗完。

STEP 04 这个过程需要一段时间，等电池耗尽自动关机后，接上电源适配器给电池充电，但不要开机。等充电完毕（充电指示灯熄灭）后，电池校正的过程才算完成。

BIOS SETUP UTILITY
Power Management Settings
LCD Power Saving
[Enabled]
▶ Start Battery Calibration
电池校正选项

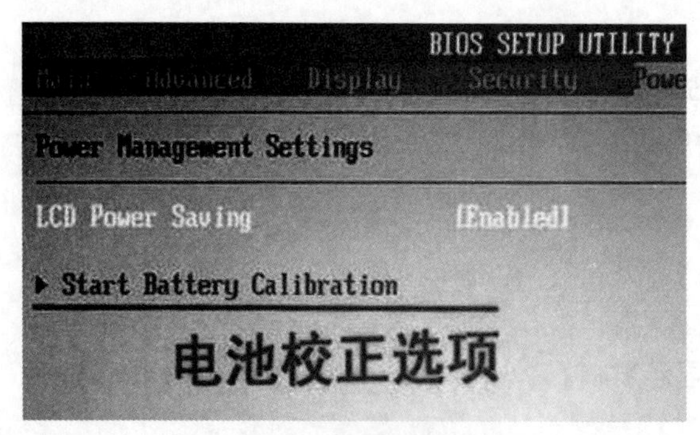

图35-2 笔记本电池校正

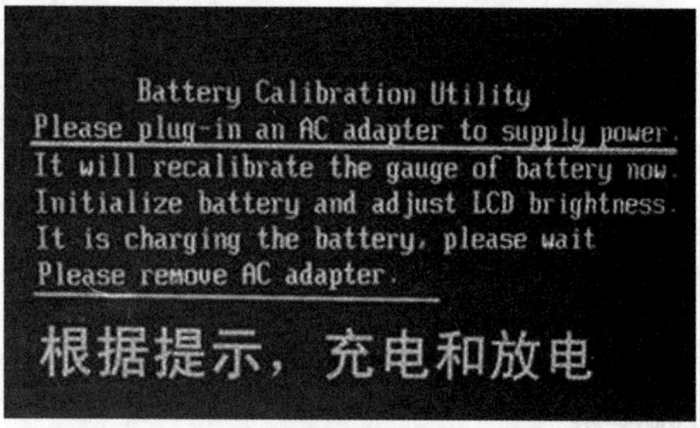

Battery Calibration Utility
Please plug-in an AC adapter to supply power.
It will recalibrate the gauge of battery now.
Initialize battery and adjust LCD brightness.
It is charging the battery, please wait
Please remove AC adapter.
根据提示，充电和放电

图35-3 充放电提示

35.4.4 出现干扰亮线

故障现象：

刚开机时工作正常，运行一段时间以后，屏幕经常有白色干扰亮线，如图35-4所示。

正在启动 Windows

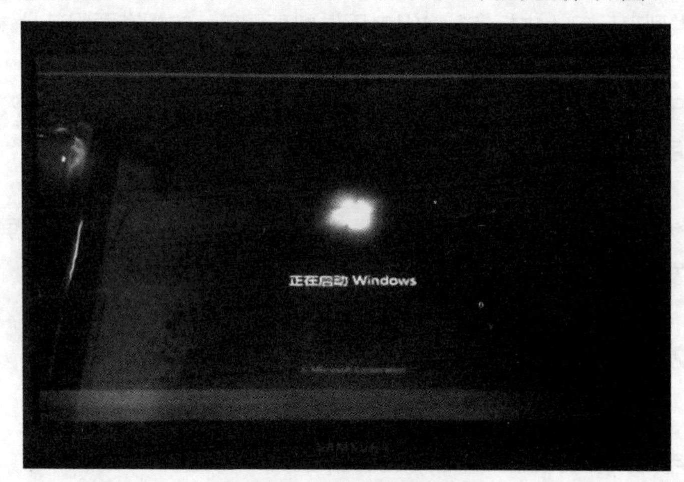

图35-4 屏幕出现干扰亮线

故障分析：

从故障现象上看，初步怀疑显卡或液晶显示电路有问题。将机壳打开，检测显卡及液晶显示电路，没有发现异常。再考虑可能是软件引起该故障，初步怀疑BIOS有问题。

故障修复：

下载BIOS文件，应用工具软件WinFlash刷新BIOS，重新开机工作，该笔记本电脑没有再出现此故障。

虽然图像出现干扰亮线故障和显卡及显示电路关系很大，但维修此类故障依然要遵循“先软件，再硬件”的维修顺序，避免检修走弯路。

35.4.5 不能开机

故障现象：

按下电源键后，电源指示灯亮1~2秒后熄灭。

故障分析：

这是比较典型的短路保护现象，在笔记本电脑电路有负载过大的情况下，电源保护电路就会动作，表现为电源指示灯亮一下就灭。

故障修复：

打开机壳，检查元器件外观正常，无焦糊味。测量电源分配电路输出电压，除3V和5V电压正常外，其他电压均无。将硬盘、内存、光驱、显卡等负载逐个断开再通电测量直流电源电压，缩小检修范围。当拆下显卡后通电，电源指示灯常亮了，说明电源保护电路没有再动作，很可能是显卡有局部短路故障，更换显卡后，故障排除。

如果在使用笔记本电脑的过程中出现此种故障，要立即维修。不要再反复通电试验，以免使短路的电路或元件过热，扩大故障。

35.4.6 通电不工作

故障现象：

客户的笔记本电脑，通电后电脑不工作。

故障分析：

首先检测电源适配器输出电压为20V，正常。打开机壳再检查滤波电容、保险电阻等供电电路的元件也正常。CPU和内存没有接触不良现象。再通电测量主板电源管理电路，发现电源管理芯片的输入电压正常，却没有输出电压。测量输出电压对地电阻也正常。

故障修复：

判断该芯片损坏的可能性较大，更换芯片后，通电测量主板供电正常了。将机壳装好，开机工作正常。

笔记本电脑整机不工作故障要先检查电源适配器输出电压是否正常。如果电源适配器输出电压正常，再打开机壳检查主板上元器件外观有无明显损坏、变形，烧焦、糊味等现象。如果没有发现问题，再通电检测关键点的电压和电流。

35.4.7 自动关机

故障现象：

客户笔记本电脑，工作不稳定，无规律自动关机。

故障分析：

最初怀疑是操作系统不稳定或是病毒引起此故障。格式化硬盘后重新安装操作系统，故障依旧。检查电池和电源适配器也没有发现问题。将机壳打开，测量各组直流电压基本正常。通过检查主板外观，发现了问题——在两只100微法电解电容的底部有漏液污渍。

故障修复：

用酒精清理电容漏液并更换两只电容，恢复好主板和机壳。通电试验一天，没有再出现自动关机现象。

电解电容是电子电路中常用的滤波元件，其内部具有腐蚀性的电解液如果泄露，不仅会影响滤波效果，还会引起电路板或元件腐蚀，对电子设备的可靠性造成影响。检修电子电路时要及时更换漏液或顶部变形的电解电容。

35.4.8 通电无反应

故障现象：

该笔记本电脑的故障是通电无反应，指示灯、液晶屏都不亮。

故障分析：

首先检测电源适配器输出电压，正常。再打开机壳，检测各组直流电压，发现没有+3V 电压输出，该点对地电阻值正常，排除+3V 对地短路引起的电压异常。更换电源管理芯片后，故障依旧。判断有可能是BIOS系统保护引起整机不工作。

故障修复：

断开电源，将BIOS电池从主板上拆下，短接电池底座的正、负极一分钟，将主板上滤波电容的储存电量放尽，再将BIOS电池恢复到主板上，通电检测+3v电压恢复正常。装好机壳开机，进入系统正常工作。

此类由BIOS系统异常造成的不开机故障，多是由于外部电源强脉冲信号干扰引起的。笔记本电脑充电的电源插座要接触良好，如果电源接触不好，在边充电边工作的情况下，电源插头打火会引笔记本电脑的BIOS系统保护，从而引起不开机故障。

35.4.9 触摸板故障

故障现象：

触摸板不灵敏，反应迟钝，有时没有反应，但外接鼠标正常。

故障分析：

首先排除软件故障，重新安装了操作系统和触摸板驱动程序，没有效果。再更换内存、硬盘，故障依旧。通过询问使用者得知，这台笔记本电脑曾经更换过电源适配器。

故障修复：

更换了正规原厂电源适配器，再测试笔记本电脑触摸板的反应灵敏了，一切正常。故障排除。

后配置的笔记本电源适配器多不是正规厂商生产的适配器，很多小厂生产的劣质电源适配器，为降低成本，精简了一些滤波、抗干扰器件，造成输出电压不稳定，这样会导致很多特殊故障。建议使用正规、原厂生产的电源适配器。

35.5 笔记本电脑保养

（1）笔记本电池有使用寿命。如有固定的外接电源，通过适配器供电，可将电池取下，但必须进行每月一次完全充电使用（充电达到100%时断开适配器供电，用笔记本电池使用至电池显示1%）。取电池时必须将电池充电到100%关闭笔记本电脑，拔下适配器供电电源后，最后打开电池锁扣取下电池。还有一个问题需要注意，如果长期不用电池供电而用适配器供电的，应把电池放在干燥、阴凉的地方，避免潮湿的环境。另外，如果整机不用，最好把电池和笔记本分开放置。

（2）笔记本电脑能否保持良好状态，与使用环境与个人的使用习惯有很大的关系，好的使用环境和习惯能够减少故障的发生，并且能最大限度的发挥其性能。导致笔记本电脑损坏的几大环境因素如下：

- 震动：包括跌落、冲击、拍打和放置在较大震动的表面上使用。系统在运行时外界的震动会使硬盘受到伤害甚至损坏，震动同样会导致外壳和屏幕的损坏。
- 湿度：潮湿的环境也对笔记本电脑有很大的损伤。在潮湿的环境下存储和使用会导致电脑内部的电子元件遭受腐蚀，加速氧化，从而加快电脑的损坏。
- 清洁度：保持在尽可能少灰尘的环境下使用电脑是非常必要的。严重的灰尘会堵塞电脑的散热系统以及容易引起内部零件之间的短路，而使电脑的使用性能下降甚至损坏。
- 温度：保持电脑在建议的温度下使用也是非常有必要的。在过冷和过热的温度下使用电脑会加速内部元件的老化过程，严重的甚至会导致系统无法开机。
- 电磁干扰：强烈的电磁干扰也将造成对笔记本电脑的损害。例如电信机房，强功率的发射站以及发电厂机房等地方。

- 请勿将水杯放在笔记本电脑上。
- 灰尘会堵塞散热孔影响散热甚至内部电路短路。
- 请勿将电脑放置在床、沙发桌椅等软性设备上使用。

（3）不正确的携带和保存同样会使得电脑提早受到损伤。

建议携带电脑时使用专用电脑包。待电脑完全关机后再装入电脑包，防止电脑过热损坏。直接合上液晶屏可会造成系统没有完全关机。不要与其他部件、衣服或杂物堆放一起，以避免电脑受到挤压或刮伤。旅行时随身携带请勿托运，以免电脑受到碰撞或跌落。在温差变化较大时（指在内外温差超过10℃时，如室外温度为0℃，突然进入25℃的房间内），请勿马上开机，温差较大容易引起电脑损坏甚至不开机。

（4）笔记本液晶屏保养：液晶屏作为笔记本电脑主要部件之一，良好的使用习惯和定期保养能够最大限度发挥其性能并延长之使用寿命。

建议切勿压迫笔记本的液晶屏。笔、尺、手指等硬物的直接碰触会导致屏幕的永久性物理损伤而影响其使用性能；在运输和携带笔记本电脑的过程中，切勿让屏幕和顶盖受到压迫，压迫可能造成屏幕的排线断裂和顶盖碎裂。这也是最常见的屏幕损坏情况。

避免屏幕在强光下爆晒。强光照射会加快液晶屏的老化，尽可能在日光照射较弱或者没有强光照射的地方使用。

合上机盖需小心。请特别注意开合机盖方式与力度。目前，大多数笔记本的顶盖和机身的连接轴是合成材料，在不正确的操作中可能造成连接轴断裂甚至脱离，进而伤及连接轴内的液晶屏的显示及供电排线。因此，正确的开合姿势是在顶盖前缘正中开合，并且注意用力均匀、尽量轻柔。携带电脑时请合上屏幕。

清洁屏幕的注意事项：屏幕最容易沾染灰尘，只要用干燥的软毛刷刷掉即可。切勿使用有机溶剂和水擦拭屏幕，液晶屏幕有较强的透水性，可用蘸水拧干的湿布来擦拭或购买LCD专用清洁剂对屏幕进行清洁。

不要将书本等重物压顶盖；不要在屏幕和主机间放物品；不要单手拎起笔记本电脑；请勿拎屏幕顶盖，拎屏幕顶盖易导致转轴损坏。

（5）笔记本硬盘保养：不要在震动的平台或环境中使用；避免过分用力于硬盘所在的位置，如单手拿起笔记本等；防止跌落笔记本；开机使用不要连续超过12小时。

（6）笔记本键盘保养：避免因水或饮料放在笔记本旁边而引起的污染；如笔记本进水后要马上关闭电脑，断开电源适配器，取下电池，晾干水分。切勿用热吹风机吹干；不要自行取下键帽；不要让烟灰掉入键盘，灰尘会加速腐蚀键盘中的导电橡胶；不要在键盘前面吃东西避免异物掉入键盘内；不要用布来擦拭键盘，会导致按键帽脱落。

（7）笔记本电源适配器保养：请勿压挤电源适配器线缆，防止电源线外部绝缘套破裂，压线会导致线缆破损；请勿让电源线缆长期承重而导致电源线损坏，长期悬挂会使适配器线缆损坏；防止跌落和撞击；电脑关机不使用后，请将电源适配器和插座断开。

（8）笔记本外壳保养：避免刮伤、碰撞外壳；使用专业的电脑包；不要在桌面推动笔记本，防止脚垫脱落。

（9）笔记本端口保养：注意不要把电源线端口插入其他端口上；水平插入和拔出接线，防止端口松动；切勿带电插拔串口、并口。

（10）笔记本光驱保养：不要触摸光驱的内部元件；使用高质量的盘片，可以提升光驱寿命；装卸光盘时，要用手托住托盘。

读书笔记

Part 4

组建小型局域网及故障修复篇

内容导读

通过前面的学习，相信各位对系统和硬件的故障原因及修复有了一定了解。本篇将开始介绍网络知识及网络故障修复方法。现在网络已经进入了千家万户，而有关网络的故障也时有发生，所以具备一定的网络知识是非常必要的。

36
Chapter

常用网络设备

知识概述

网络服务提供商将电话线、网线、光纤接入到用户家中，而用户要想使用或者想要共享使用，需要配备一些专业的网络设备。本章将向读者介绍常用的网络设备及其运行原理等。

要点难点

- 常见网络设备的种类
- 网络设备的作用及工作原理
- 线材的种类及作用

36.1 路由器

中小型路由器是公司或者家庭经常使用的路由设备。

36.1.1 路由器的概念

路由器又称为网关设备，是互联网的主要节点设备。路由器通过路由决定数据的转发。转发策略称为路由选择（Routing），这也是路由器名称的由来（Router，转发者）。

36.1.2 路由器的作用

路由器的一个作用是连通不同的网络，另一个作用是选择信息传送的线路。选择通畅快捷的近路，能大大提高通信速度，减轻网络系统通信负荷，节约网络系统资源，提高网络系统畅通率，从而让网络系统发挥出更大的效益来。

36.1.3 路由器的分类

1. 接入级路由器

接入路由器用于家庭或ISP内的小型企业客户。以上提到的及现在家庭使用的基本上都是接入级路由器，如图36-1所示。而且一般带有无线功能，就是平时提到的WIFI，提供手机、电视、笔记本等设备的无线连接，以及传统电脑、带网卡的设备等有线连接。而且现在的路由器还可以接入存储设备，提供远程下载，起到家庭影音娱乐中心的作用。

图36-1 接入级路由器

2. 企业级路由器

企业级路由器连接许多终端系统，连接对象较多，但系统结构相对简单，且数据流量较小。这类路由器的要求是以尽量便宜的方法实现尽可能多的端点互连，同时还要求能够支持不同的服务质量，如图36-2所示。

图36-2 企业级路由器

3. 骨干级路由器

骨干级路由器是实现企业级网络互连的关键设备，它数据吞吐量较大，非常重要，如图36-3所示。对骨干级路由器的基本性能要求是高速度和高可靠性。为了获得高可靠性，网络系统普遍采用诸如热备份、双电源、双数据通路等传统冗余技术，从而使得骨干路由器的可靠性能达到较高的程度。

图36-3 骨干级路由器

36.1.4 路由器的工作原理

1. 共享上网原理

路由器共享上网连接的原理就是NAT（Network Address Translation，网络地址转换）。要解释NAT，就要先讲解IP地址。由于互联网飞速的发展，到今天为止，IPV4的资源已经被瓜分殆尽，为了解决公网IP地址不够用的状况，NAT就应运而生了。NAT的原理是可以将保留IP转换为可以在互联网传播的公网IP，这样即使一个机构没有足够的公网IP也能够让每台客户端联网。

2. 路由器与NAT

路由器就是一台NAT设备，当无线路由器通过猫成功进行拨号，WAN口会获得一个公网IP（路由器的运行状态页会显示WAN口IP），然后连接到LAN口的客户端就能共享上网了。当内网客户端访问一个位于互联网上的主机时会发出请求数据包，数据包经过路由器，路由器会记录下数据包的各种状态信息并将之保存在内存当中，然后将源地址改为WAN口的公网IP再将数据包发送出去。远程主机收到数据包之后会发回响应数据，当响应数据经过路由器，路由器会比较内存中保留的信息，如果确认是响应数据，则会把数据包的目的IP（这时还是路由器WAN口的IP）改为内网客户端的IP并转发到内网。之后每次的请求和响应数据都遵循这样的一个原理，直到通讯结束。

3. NAT与端口映射

细心的用户会发现，在上边讲到的通讯过程中，如果是远程主机主动发送的请求数据到路由器，由于路由器的内存中没有与之匹配的信息（换句话说就是发现这些数据不是内网主机发出数据的响应信息），那么这些数据包的下场就是被丢弃（从这里可以看出使用路由器对保护内网安全是有好处的）。所以，如果希望路由器能够响应这些数据，就要使用端口映射或者开启路由器远程WEB管理功能。端口映射提供外部主机对内网服务器的访问，而路由器远程WEB管理则提供远程主机对路由器本身的访问。

36.1.5 路由器接口及作用

路由器接口外观如图36-4所示。

图36-4 路由器背面

具体功能介绍如下：

• 电源适配器接口

用于连接电源适配器，为路由器供电。一般路由器没有开关，通过直接插拔电源控制。

• RESET复位按钮

当路由器死机、工作不正常或者配置错误，无法对路由器再进行操作时，可以通过复位按钮恢复出厂值设置。

• WAN接口

用于路由器与外网网线进行连接，通过该端口拨号，连接上Internet网。

• LAN接口

一般有4个，用于用户连接内网，内网终端使用网线连接路由的LAN口，可以达到共享上网的目的。

• 天线

用于无线数据的接收和发送。

• USB接口

一般用于连接USB设备，为路由器刷新固件；或者连接存储设备，利用路由器的操作系统，实现远程下载、数据共享等功能。

36.1.6 路由器拓扑图

如拓扑图36-5所示，路由器处于外网（Internet）与内网（公司或家庭上网终端）之间，起到拨号及共享上网的作用。

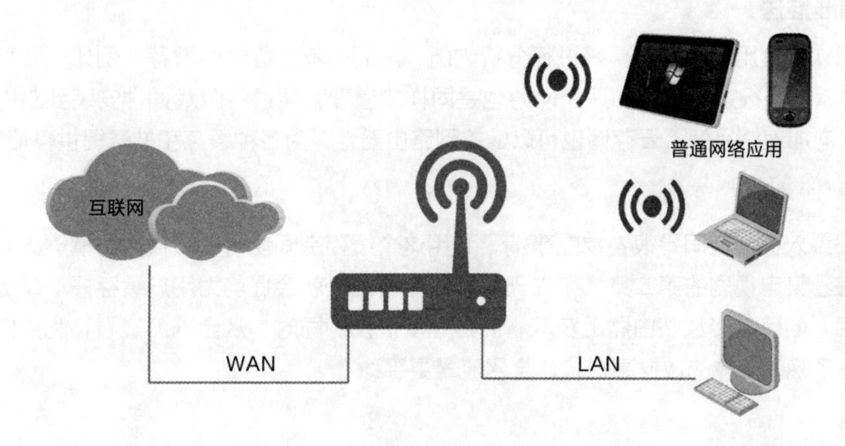

图36-5 路由器适用范围及功能

36.1.7 家用路由相关新功能

1. 双频传输

如今很多智能路由器均配备2.4G频段和5G频段双WIFI传速，由于11.ac支持5G频段，所以在内网可以快速进行数据传输，可以满足高清电影等大宽带需求设备无线使用。而2.4G虽然带宽没有5G大，但其穿墙能力强，用于稍复杂的传输状态。

2. 家庭数据中心

可以内置或者连接扩展U盘、硬盘等设备，如图36-6所示，可以离线下载各种视频文件到存储设备中，供智能手机、电脑等设备离线下载或者观看。比如可以设置智能路由器夜间下载电影，然后共享给上网设备。白天用户就可以离线看视频，而不会影响到其他上网用户的网速。

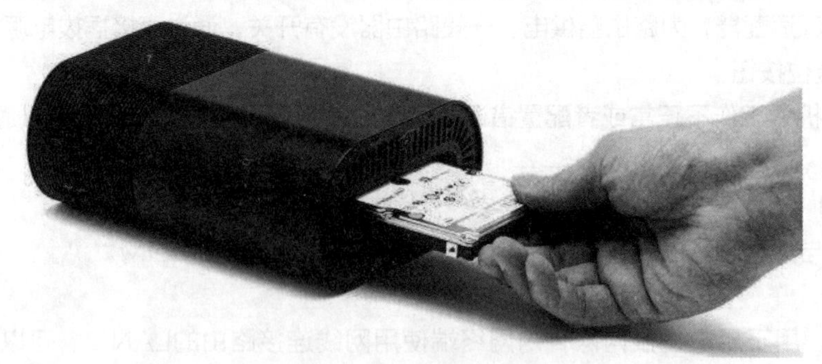

图36-6 路由器内置硬盘

3. 安装应用

路由器安装应用也是一个扩展功能，因为智能路由器相当于微型电脑，也有操作系统。用户可以在路由器上自行安装各种应用，从而实现更强大的扩展功能。

4. 控制带宽

尽管原有的一些路由器具备此功能，但实际效果不佳，其复杂的设置也让很多用户放弃了这个功能。随着平板电脑、智能手机等终端的兴起，在家庭、办公室等场合，用户看视频、浏览网页等需求变得更加智能化。此时，均衡分配网速或根据需要对各终端网速进行不同的流量限制，显得尤为重要。微路由等路由器对控制带宽做了综合强大的处理，对比传统路由器有较大改善。

5. 内容精准推送

对用户所用软件及用户行为、喜好进行分析判断，从而向其进行内容推荐，例如视频网站可以利用路由器开放的API进行定向视频加速；网游也是同样的道理，通过将游戏插件安装到路由器上，便可实现网游的定向加速。另外，云存储也可以嫁接到路由器上，为各种缓存和推送提供存储空间。

6. 预缓存

路由器内部置入存储空间是很容易的事情，利用这个缓存空间便可以做很多事情。比如智能路由器发现用户正在看某电视剧的第二集，第二天第三集更新后，就会提前为用户缓存好。晚上用户到家打开移动终端后，便可直接从路由器上获取，而且速度很快。同时，从全网流量看，利用白天空余网络下载，也缓解了晚间整体的数据高峰，让全网流量更平稳。

7. 云应用

智能路由器也可以提供上传加速和私有云等功能。例如用户使用优酷客户端上传一段视频，但由于视频较大，上传时用户需要等待很久，有了智能路由器后这种情况便可以得到改变。当用户单击上传后，可以先将视频快速上传到路由器上，然后用户就可以不用管了，让路由器慢慢传，传好后路由器会通知用户。

8. 网络安全

智能路由器可以自动判断用户的合法性，为符合条件的用户提供上网服务，而对外部攻击等则提供有效防御手段。另外，可以为路由器内部的文件提供杀毒等服务，解决病毒木马通过局域网大批量传播的危害。

36.2 交换机

交换机是内网经常使用的一类网络设备。下面将向用户简单介绍一下交换机的概念、作用、分类、工作原理等知识。

36.2.1 交换机的概念

交换机可以为接入设备提供数据交换服务，按照MAC表的内容，如图36-7所示，将需要传输的信息送到符合要求的端口设备。交换机是局域网所必须的网络设备。

```
inter-openstack# show mac address-table
          Mac Address Table
--------------------------------------------
(*) - Security Entry
Vlan    Mac Address        Type        Ports
----    -----------        --------    -----
1       0026.b93b.9fac     dynamic     eth-0-15
100     0025.9095.6174     dynamic     eth-0-4
100     0026.b93b.9faa     dynamic     eth-0-1
100     0025.909f.608d     dynamic     eth-0-48
100     001c.5437.97d3     dynamic     eth-0-48
100     089e.01b3.3744     dynamic     eth-0-48
100     089e.01b3.377a     dynamic     eth-0-48
100     001e.0808.9800     dynamic     eth-0-48
100     782b.cb47.9cc6     dynamic     eth-0-48
```

图36-7 交换机路由表

36.2.2 交换机的作用

公司或者家用的交换机，主要提供大量可以通讯的传输端口，以方便局域网内部设备共享上网使用；或为局域网中、各终端之间或者终端与服务器之间的数据传输服务。

36.2.3 交换机的分类

- 根据网络覆盖范围可分为：

局域网交换机和广域网交换机。

- 根据传输介质和传输速度可划分为：

以太网交换机、快速以太网交换机、千兆以太网交换机、10千兆以太网交换机、ATM交换机、FDDI交换机和令牌环交换机。

- 根据交换机应用网络层次划可分为：

企业级交换机、校园网交换机、部门级交换机和工作组交换机、桌面型交换机。

- 根据工作协议层划可分为：

第二层交换机、第三层交换机和第四层交换机。

36.2.4 交换机的工作原理

1. 工作原理

交换机根据收到数据帧中的源MAC地址建立该地址同交换机端口的映射，并将其写入MAC地址表中。

交换机将数据帧中的目的MAC地址同已建立的MAC地址表进行比较，以决定由哪个端口进行转发。

如数据帧中的目的MAC地址不在MAC地址表中，则向所有端口转发。这一过程称之为泛洪（flood）。

广播帧和组播帧向所有的端口转发。

2. 交换机的主要功能

- 学习：以太网交换机了解每一端口相连设备的MAC地址，并将地址同相应的端口映射起来，存放在交换机缓存中的MAC地址表中。
- 转发/过滤：当一个数据帧的目的地址在MAC地址表中有映射时，它被转发到连接目的节点的端口而不是所有端口，如该数据帧为广播/组播帧则转发至所有端口。
- 消除回路：当交换机包括一个冗余回路时，以太网交换机通过生成树协议避免回路的产生，同时允许存在后备路径。

3. 交换机的工作特性

交换机的每一个端口所连接的网段都是一个独立的冲突域。

交换机所连接的设备仍然在同一个广播域内，也就是说，交换机不隔绝广播。唯一的例外是在配有VLAN的环境中。

交换机依据帧头的信息进行转发，因此说交换机是工作在数据链路层的网络设备。

36.2.5 交换机接口及作用

交换机接口如图36-8所示。

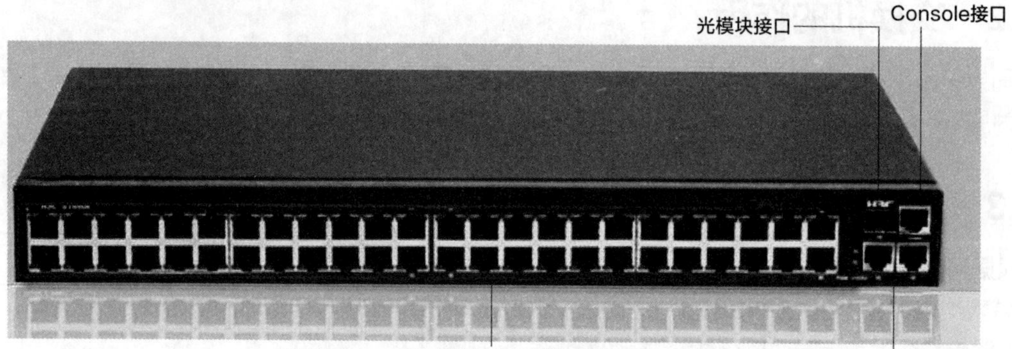

36-8 交换机接口

功能如下：

- 10/100Base-TX自适应以太网端口

即网络接口，用于在局域网中连接电脑网络跳线。

- 光模块接口

用于安装光纤模块，以提供更高的带宽、更快的速度或者更多功能。

- Console接口

使用Console线连接交换机与电脑，用于交换机的配置，以实现更多功能。

- 10/100/1000Base-TX上行端口

用于与交换机与核心交换机或者路由器相连。

36.2.6　交换机拓扑图

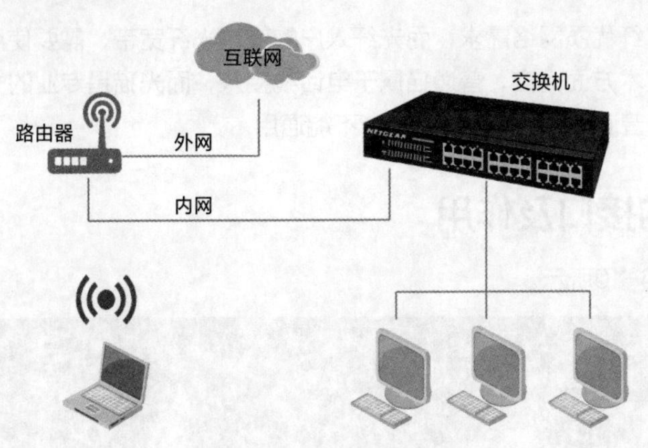

图36-9　交换机拓扑图

如图36-9所示，接入级交换机处于路由器与接入终端之间，用于提供大量接口供终端连接，用于局域网数据传输，并与路由设备连接，为终端提供共享上网的功能。

36.2.7　家用交换机相关新功能

- 支持移动电源供电

可以使用移动电源为设备供电，解决一些突发状况，起到断电不断网。

- 防雷

有些交换机内置专业防雷电路保护系统，可以保证恶劣天气下设备安全。

36.3　光猫

电话线拨号上网已经越来越少，但现在的光纤仍然需要Modem支持。

36.3.1　光猫的概念

光猫从专业上来讲，应该称为光调制解调器，也称为单端口光端机，是针对特殊用户环境而研发的一种三件一套的光纤传输设备。该设备采用大规模集成芯片，电路简单，功耗低，可靠性高，具有完整的报警状态指示和完善的网管功能。

36.3.2　光猫的作用

光纤通信因其频带宽、容量大等优点而迅速发展成为当今信息传输的主要形式。要实现光通信就必须进行光的调制解调，因此作为光纤通信系统的关键器件，光调制解调器正受到越来越多的关注。

36.3.3　光猫的工作原理

光猫是一种类似于基带Modem（数字调制解调器）的设备，和基带Modem不同的是，它接入的是光纤专线，是光信号，用于广域网中光电信号的转换和接口协议的转换，接入路由器，是广域网接入。光电收发器是用局域网中光电信号的转换，而且仅仅是信号转换，没有接口协议的转换。

36.3.4 光猫与传统 Modem 的区别

普通猫无法满足光纤优质网络需求，而光纤入户的就是光纤宽带，需要使用光猫拨号上网，与原来的普通猫类似。但技术方面而言，普通猫属于电话线接入，而光猫是专业的光纤接入，两者接口协议不一样，因此光猫与普通猫有本质区别，两者不能通用。

36.3.5 光猫的接口及作用

光猫的接口如图36-10所示。

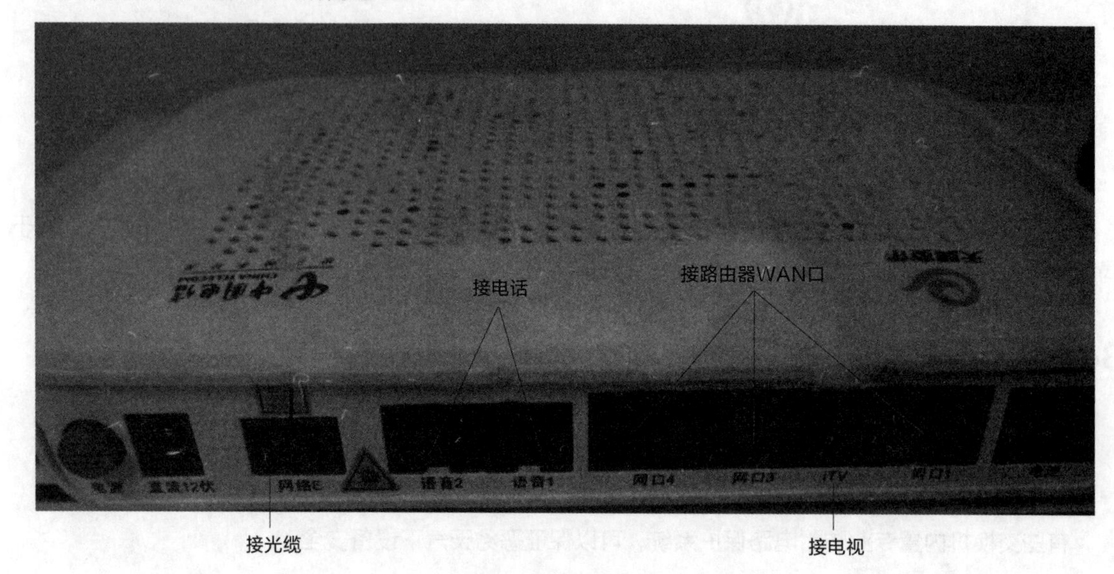

图36-10 光猫接口

- 电源按钮

用于控制光猫电源通断。

- 直流12V

用于连接12V电源适配器。

- 网络E

用于连接入户光纤。

- 语音1、2

用于连接电话线，为固定电话提供接口。

- 网口1、3、4

用于连接用户有线终端，用于拨号上网使用。也可以连接路由器，通过路由器拨号提供共享上网。

- 其他接口

有些光猫直接提供了共享上网，不需要连接路由器，可以直接连接网口进行上网。有些光猫提供了无线上网功能，可以通过手机认证或者直接连接上网。还有些提供了USB接口或者电池接口，一般不太使用。

36.3.6 光猫拓扑图

通过拓扑图36-11可以发现，在互联网与路由器之间，加入了光猫，这是因为随着网络的发展，传统的电话线、网线等传输介质已经逐渐被光纤取代。光纤提供了高速、大带宽、长距离的数据传输，所以光猫只是主流传输介质的需要。

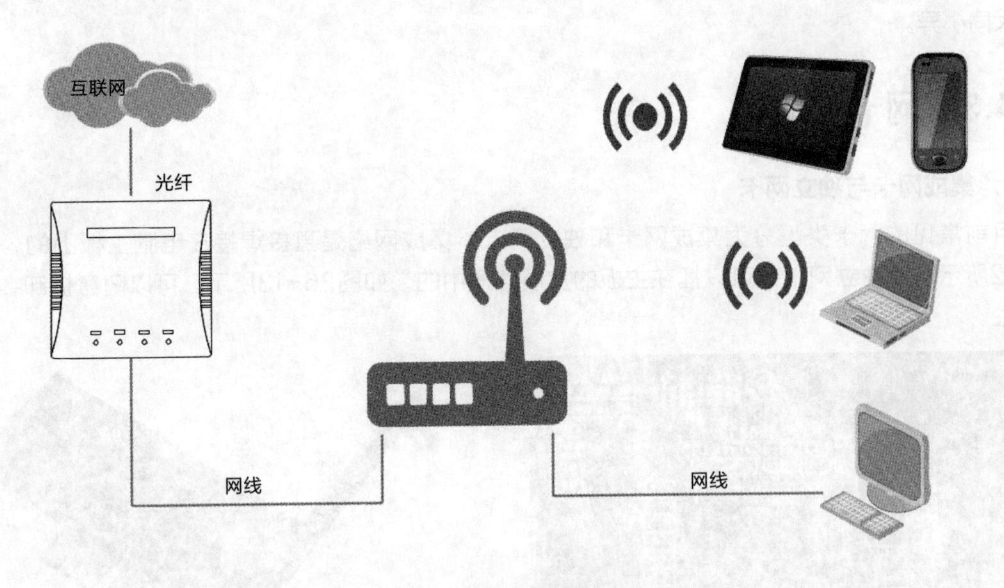

图36-11 光猫网络拓扑图

36.4 网卡

网卡是上网必备的设备，下面介绍网卡的相关知识。

36.4.1 网卡的概念

电脑与外界局域网的连接是通过主机箱内插入的一块网络接口板（或者是在笔记本电脑中插入一块PCMCIA卡）。网络接口板又称为通信适配器或网络适配器（Network Adapter）或网络接口卡NIC（Network Interface Card），但是更多的人愿意用更为简单的名称“网卡”来称呼它。

36.4.2 网卡的作用

网卡是工作在链路层的网络组件，是局域网中连接电脑和传输介质的接口。它不仅能实现与局域网传输介质之间的物理连接和电信号匹配，还涉及帧的发送与接收、帧的封装与拆封、介质访问控制、数据的编码与解码以及数据缓存的功能等。

网卡上面装有处理器和存储器（包括RAM和ROM）。网卡和局域网之间的通信是通过电缆或双绞线以串行传输方式进行的。而网卡和电脑之间的通信则是通过电脑主板上的I/O总线以并行传输方式进行。因此，网卡的一个重要功能就是要进行串行/并行转换。由于网络上的数据率和电脑总线上的数据率并不相同，因此在网卡中必须装有对数据进行缓存的存储芯片。

在安装网卡时必须将管理网卡的设备驱动程序安装在电脑的操作系统中。这个驱动程序以后就会告诉网卡，应当从存储器的什么位置上将局域网传送过来的数据块存储下来。网卡还要能够实现以太网协议。

网卡并不是独立的自治单元，因为网卡本身不带电源，而必须使用所插入的电脑的电源，并受该电脑的控制。因此网卡可看成为一个半自治的单元。当网卡收到一个有差错的帧时，会直接将这个帧丢弃而不必通知它所插入的电脑。当网卡收到一个正确的帧时，就会使用中断来通知该电脑并交付给协议栈中的网络层。当电脑要发送一个IP数据包时，由协议栈向下交给网卡组装成帧后发送到局域网。

随着集成度的不断提高，网卡上芯片的个数不断减少，虽然各个厂家生产的网卡种类繁多，但其功能大同小异。

36.4.3 网卡的分类

1. 集成网卡与独立网卡

目前常见的网卡类型分为集成网卡和独立网卡。集成网络是直接焊接在电脑主板上的，如图36-12所示。而独立网卡是可以插在主板的扩展插槽中的，如图36-13所示，可以随意拆卸，具有灵活性。

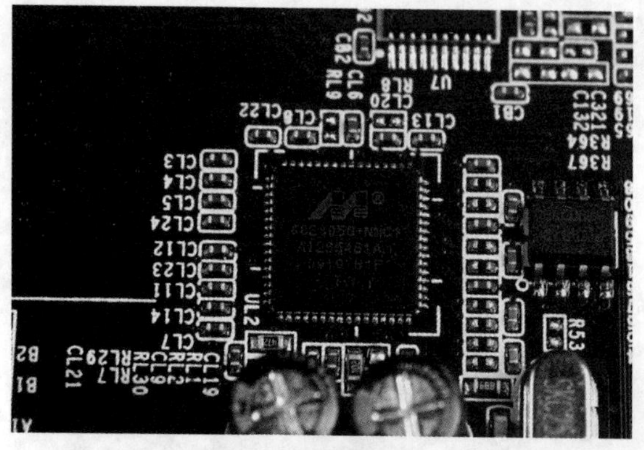

图36-12 集成网卡

图36-13 独立网卡

2. PCI网卡、USB网卡、PCMCIA网卡

PCI网卡即PCI插槽的网卡。PCI无线网卡可以安装高增益天线加强信号，所以能够获得良好的信号，稳定性好。PCI网卡一般不会坏，寿命长。

USB网卡遵循支持即插即用功能，具有使用灵活、携带方便、节省资源等特点，而且它只占用一个USB接口，如图36-14所示。

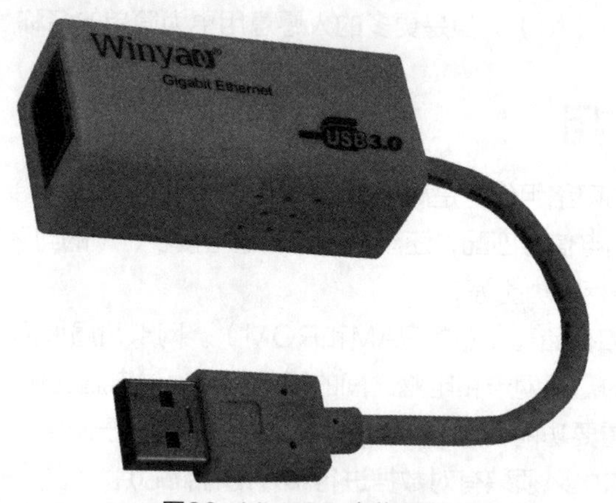

图36-14 USB 有线网卡

PCMCIA网卡，如图36-15所示，它是笔记本电脑专用网卡，因为受笔记本电脑空间的限制，体积较小，比PCI接口网卡小。PCMCIA总线网卡分为两类，一类是16bit PCMCIA，另一类是32bit CardBus。CardBus是一种新的高性能PC卡，总线接口标准，具有功耗低、兼容性好等优势。

图36-15 PCMCIA有线网卡

3．按带宽分类

网卡按照支持的网络带宽将其分为10Mbps网卡、100Mbps网卡、10Mbps/100Mbps自适应网卡和1000Mbps网卡。10Mbps的网卡早已被淘汰，目前的主流产品是10Mbps/100Mbps自适应网卡，能够自动侦测网络并选择合适的带宽来适应网络环境。1000Mbps网卡带宽可以达到1Gbps，能够带给用户网络高速体验。

4．有线网卡、无线网卡

有线网卡就是可以连接RJ45接口的网卡。

所谓无线网络，就是利用无线电波作为信息传输的媒介构成的无线局域网（WLAN）。与有线网络的用途十分类似，最大的不同在于传输媒介的不同，利用无线电技术取代网线。

无线网卡是无线网络的终端设备，如图36-16所示，是无线局域网的无线覆盖下通过无线连接网络进行上网使用的无线终端设备。具体来说无线网卡就是使用户的电脑可以利用无线来上网的一个装置。但是有了无线网卡也还需要一个可以连接的无线网络，如果用户在家里或者所在地有无线路由器或者无线AP（AccessPoin，无线接入点）的覆盖，就可以通过无线网卡以无线的方式连接无线网络，并可上网。

图36-16 带天线的无线网卡

36.4.4 网卡工作原理

发送数据时，电脑把要传输的数据并行写到网卡的缓存，网卡对要传输的数据进行编码（10M以太网使用曼切斯特码，100M以太网使用差分曼切斯特码），串行发到传输介质上。接收数据时，则相反。对于网卡而言，每块网卡都有一个唯一的网络节点地址，是网卡生产厂家在生产时烧入ROM（只读存储芯片）中的。它是MAC地址（物理地址），且保证绝对不会重复。MAC为48bit，前24比特由IEEE分配，是需要购买的。后24bit由网卡生产厂家自行分配.

36.5 网线

网线是连接终端与网络设备的必要线材。

36.5.1 网线的概念

网线，一般由金属或玻璃制成，它可以用来在网络内传递信息。常用的网络电缆有三种：双绞线、同轴电缆和光纤电缆（光纤）。双绞线是由许多对线组成的数据传输线。它的点是价格便宜，所以被广泛应用。双绞线是用来和RJ45水晶头相连的，有STP和UTP两种，常用的是UTP。

36.5.2 同轴电缆

同轴电缆是由一层层的绝缘线包裹着中央铜导体的电缆线，如图36-17所示。它的特点是抗干扰能力好，传输数据稳定，价格也便宜。同样被广泛使用，如闭路电视线等。同轴细电缆线一般市场售价几元一米，不算太贵。同轴电缆用来和BNC头相连，市场上卖的同轴电缆线一般都是已和BNC头连接好了的成品，用户可直接选用。

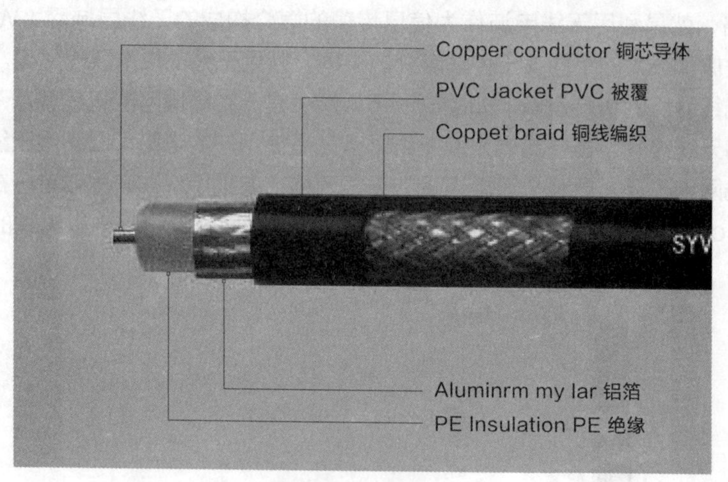

图36-17 同轴电缆

36.5.3 光纤

光纤是目前最先进的网线了，但是它的价格较贵，除了宽带入户的光纤线外，在家用场合很少使用。光线是由许多根细如发丝的玻璃纤维外加绝缘套组成的。由于靠光波传送，它的特点就是抗电磁干扰性极好，保密性强，速度快，传输容量大等，如图36-18所示。

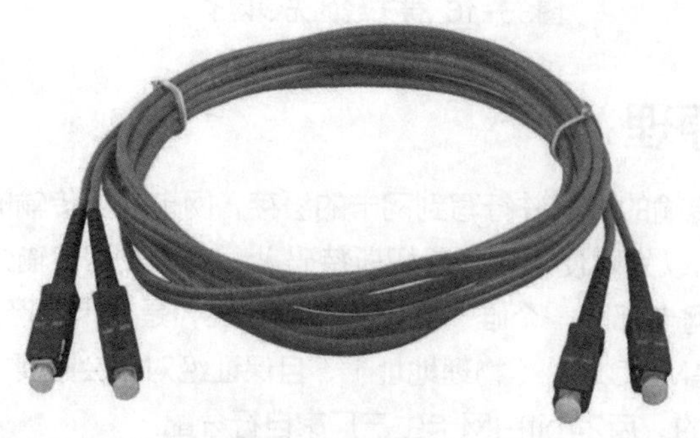

图36-18 光纤跳线

36.5.4 双绞线

双绞线的英文名字叫Twist-Pair，是综合布线工程中最常用的一种传输介质，在家庭及公司中大量使用。

双绞线采用了一对互相绝缘的金属导线互相绞合的方式来抵御一部分外界电磁波干扰。把两根绝缘的铜导线按一定密度互相绞在一起，可以降低信号干扰的程度，每一根导线在传输中辐射的电波会被另一根线上发出的电波抵消。“双绞线”的名字也是由此而来。双绞线一般由两根22~26号绝缘铜导线相互缠绕而成，实际使用时，双绞线是由多对双绞线一起包在一个绝缘电缆套管里的。典型的双绞线有四对的，也有更多对双绞线放在一个电缆套管里的。这些称之为双绞线电缆。在双绞线电缆（也称双扭线电缆）内，不同线对具有不同的扭绞长度，一般地说，扭绞长度在38.1cm至14cm内，按逆时针方向扭绞。相临线对的扭绞长度在12.7cm以上。一般扭线越密其抗干扰能力就越强，与其他传输介质相比，双绞线在传输距离、信道宽度和数据传输速度等方面均受到一定限制，但价格较为低廉。

双绞线可分为屏蔽双绞线（STP=SHIELDED）和非屏蔽双绞线（UTP=UNSHIELDED）。

STP（屏蔽双绞线）的双绞线内有一层金属隔离膜，在数据传输时可减少电磁干扰，所以它的稳定性较高，如图36-19所示。STP的价格相差较大，便宜的几元一米，贵的可能十几元以上一米。

图36-19 七类屏蔽双绞线

UTP（非屏蔽双绞线）内没有这层金属膜，所以它的稳定性较差，但它的优势就是价格便宜，如图36-20所示。采用UTP的双绞线价格一般在一元钱左右一米。非屏蔽双绞线优势为：

- 无屏蔽外套，直径小，节省所占用的空间。
- 重量轻，易弯曲，易安装。
- 将串扰减至最小或加以消除。
- 具有阻燃性。
- 具有独立性和灵活性，适用于结构化综合布线。

图36-20 非屏蔽双绞线

36.5.5 双绞线分类

双绞线常见的有五类线和超五类线、六类线，以及最新的七类线。前者线径细而后者线径粗。

- 五类线：该类电缆增加了绕线密度，外套一种高质量的绝缘材料，传输率为100MHz，用于语音传输和最高传输速率为100Mbps的数据传输，主要用于100BASE-T和10BASE-T网络。这是最常用的以太网电缆。
- 超五类线：超五类具有衰减小，串扰少，并且具有更高的衰减与串扰的比值（ACR）和信噪比（Structural Return Loss）、更小的时延误差，性能得到很大提高。超五类线的最大传输速率为250Mbps。
- 六类线：该类电缆的传输频率为1MHz～250MHz。六类布线系统在200MHz时综合衰减串扰比（PS-ACR）应该有较大的余量，它提供两倍于超五类的带宽。六类布线的传输性能远远高于超五类标准，最适用于传输速率高于1Gbps的应用。六类与超五类的一个重要的不同点在于，改善了在串扰以及回波损耗方面的性能。对于新一代全双工的高速网络应用而言，优良的回波损耗性能是极重要的。六类标准中取消了基本链路模型，布线标准采用星形的拓扑结构，要求的布线距离为永久链路的长度不能超过90米，信道长度不能超过100米。
- 超六类线：超六类线是六类线的改进版，同样是ANSI/EIA/TIA-568B.2和ISO 6类/E级标准中规定的一种非屏蔽双绞线电缆，主要应用于千兆位网络中。在传输频率方面与六类线一样，也是200MHz～250MHz。最大传输速度也可达到1000Mbps，只是在串扰、衰减和信噪比等方面有较大改善。
- 七类线：该线是ISO 7类/F级标准中最新的一种双绞线，它主要为了适应万兆位以太网技术的应用和发展。但它不再是一种非屏蔽双绞线了，而是一种屏蔽双绞线，所以它的传输频率至少可达500MHz，是六类线和超六类线的两倍以上，传输速率可达10Gbps。

36.5.6 双绞线的制作

1. 工具和材料的认识

在制作网线前，必须准备相应的工具和材料。首要的工具是RJ-45工具钳，该工具上有三处不同的功能。最前端是剥线口，它用来剥开双绞线外壳；中间是压制RJ-45头工具槽，这里可将RJ-45头与双绞线合成；离手柄最近的部分是锋利的切线刀，此处可以用来切断双绞线，如图36-21所示。接下来需要的材料是RJ-45头和双绞线。由于RJ-45头像水晶一样晶莹透明，所以也被俗称为水晶头。每条双绞线两头通过安装RJ-45水晶头来与设备相连。而双绞线是指封装在绝缘外套里的由两根绝缘导线相互扭绕而成的四对线缆，它们相互扭绕是为了降低传输信号之间的干扰。

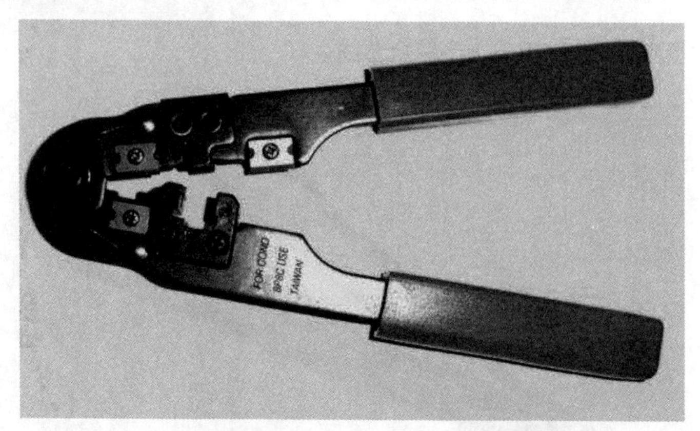

图36-21 网线钳

2. 网线的标准和连接方法

双绞线的做法有两种国际标准：EIA/TIA568A和EIA/TIA568B，而双绞线的连接方法也主要有两种：直通线缆和交叉线缆。直通线缆的水镜头两端都遵循568A或568B标准，双绞线的每组线在两端是一一对应的，颜色相同的在两端水晶头的相应槽中保持一致。它主要用在交换机Uplink口连接交换机普通端口或交换机普通端口连接电脑网卡上。而交叉线缆的水晶头一端遵循568A，另一端则采用568B标准，即A水晶头的1、2对应B水晶头的3、6，而A水晶头的3、6对应B水晶头的1、2，它主要应用在同种网络设备间使用。

3. 网线的制作

- 剪断：利用压线钳的剪线刀口剪取适当长度的网线。
- 剥皮：用压线钳的剪线刀口将线头剪齐，再将线头放入剥线刀口，让线头触及挡板，稍微握紧压线钳慢慢旋转，让刀口划开双绞线的保护胶皮，拔下胶皮。注意：剥与大拇指一样长就可以了。

网线钳挡位离剥线刀口长度通常恰好为水晶头长度，这样可以有效避免剥线过长或过短。剥线过长一则不美观，另一方面因网线不能被水晶头卡住，容易松动；剥线过短，因有保护皮存在，太厚，不能完全插到水晶头底部，造成水晶头插针不能与网线芯线完好接触，当然也不能制作成功了。

- 排序：剥除外包皮后即可见到双绞线网线的4对8条芯线，并且可以看到每对的颜色都不同。每对缠绕的两根芯线是由一种染有相应颜色的芯线加上一条只染有少许相应颜色的白色相间芯线组成。4条全色芯线的颜色为棕色、橙色、绿色、蓝色。每对线都是相互缠绕在一起的，制作网线时必须将4组线对的8条细导线一一拆开，理顺，捋直，然后按照规定的线序排列整齐。

最常使用的布线标准有两个，即T568A标准和T568B标准。T568A标准描述的线序从左到右依次为1-白绿、2-绿、3-白橙、4-蓝、5-白蓝、6-橙、7-白棕、8-棕；T568B标准描述的线序从左到右依次为1-白橙、2-橙、3-白绿、4-蓝、5-白蓝、6-绿、7-白棕、8-棕。在网络施工中，建议使用T568B标准。对于一般的布线系统工程，T568A也同样适用。

- 排列水晶头8根针脚：将水晶头有塑造料弹簧片的一面向下，有针脚的一方向上；使有针脚的一端指向远离自己的方向，有方型孔的一端对着自己。此时，最左边的是第1脚，最右边的是第8脚，其余依次顺序排列，如图36-22所示。

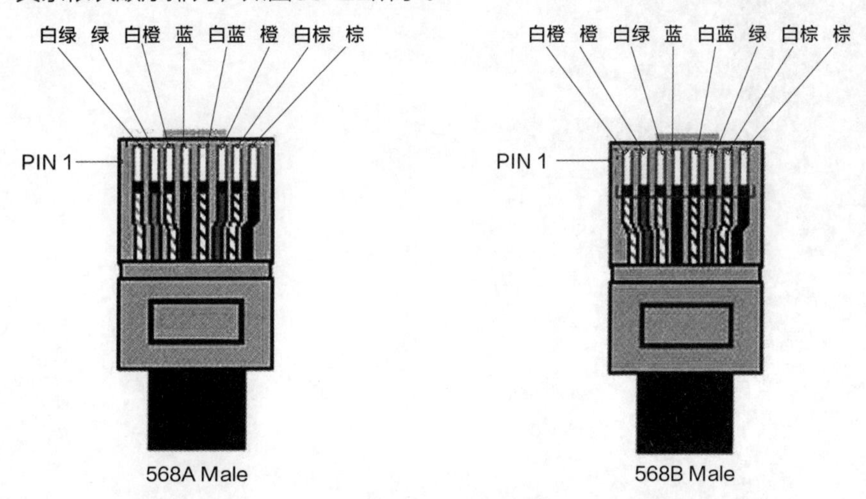

图36-22 网线线序

- 剪齐：把线尽量抻直（不要缠绕）、压平（不要重叠）、挤紧理顺（朝一个方向紧靠），然后用压线钳把线头剪平齐。这样，在双绞线插入水晶头后，每条线都能良好接触水晶头中的插针，避免接触不良。如果以前剥的皮过长，可以在这里将过长的细线剪短，保留的去掉外层绝缘皮的部分约为14mm，这个长度正好能将各细导线插入到各自的线槽。如果该段留得过长，一来会由于线对不再互绞而增加串扰，二来会由于水晶头不能压住护套而可能导致电缆从水晶头中脱出，造成线路的接触不良甚至中断。

- 插入：以拇指和中指捏住水晶头，使有塑料弹片的一侧向下，针脚一方朝向远离自己的方向，并用食指抵住。另一手捏住双绞线外面的胶皮，缓缓用力将8条导线同时沿RJ-45头内的8个线槽插入，一直插到线槽的顶端。
- 压制：确认所有导线都到位，并透过水晶头检查一遍线序无误后，就可以用压线钳制RJ-45头了。将RJ-45头从无牙的一侧推入压线钳夹槽后，用力握紧线钳（可以使用双手一起压），将突出在外面的针脚全部压入水晶并头内。

3. 测试

在把水晶头的两端都做好后即可用网线测试仪进行测试，如果测试仪上8个指示灯都依次为绿色闪过，证明网线制作成功。如果出现任何一个灯为红灯或黄灯，都证明存在断路或者接触不良现象，此时最好先对两端水晶头再用网线钳压一次。再次测试，如果故障依旧，再检查一下两端芯线的排列顺序是否一样。如果不一样，剪掉一端重新按另一端芯线排列顺序制作水晶头。如果芯线顺序一样，但测试仪在重测后仍显示红色灯或黄色灯，则表明其中肯定存在对应芯线接触不好。只能先剪掉一端，按另一端芯线顺序重做一个水晶头。再次测试，如果故障消失，则不必重做另一端水晶头，否则还得把原来的另一端水晶头也剪掉重做，直到测试全为绿色指示灯闪过为止。

37 Chapter 小型局域网的组建

知识概述

电脑离不开网络，在网络日益普及的今天，它已经是人们生活、工作中的重要组成部分。通过网络可以实现资源共享、方便人们交流、方便网上交易等。在用户端可以组建局域网，实现手机、平板、电脑等软硬件资源共享，以及实现各设备共享上网功能。

要点难点

- 小型局域网概念
- 局域网所需设备及设置
- 局域网共享的设置

37.1 局域网概述

局域网是在一个局部的地理范围内将各种电脑、外部设备和数据库等互相联接起来组成的计算机通信网。现在的局域网除了普通电脑外，也包含了平板、智能电视、智能手机等终端。局域网可以实现文件管理、应用软件共享、打印机共享、扫描仪共享、工作组内的日程安排、电子邮件和传真通信服务等功能。

37.2 配置局域网

局域网的配置包括硬件配置和软件的配置，只有当两者都配置无误时，才能将局域网组建完成。

37.2.1 局域网硬件准备

1. 局域网设备

- 终端设备：现在用户使用的终端有电脑、智能手机、智能电视、平板、智能家用电器等。
- 网卡：又叫网络适配器，是终端连接局域网所必须的设备，用于收发网络中的数据包。网络适配器在所有终端中都存在，在电脑中通常叫做网卡；在其他新型终端中，主要以无线网卡居多。
- 网线：连接有线网卡和集线设备的必要线材。
- 集线设备：用于连接多个终端，并在多个端口间转发数据包的设备。如早期的Hub，现在家用的多口有线、无线路由器，以及企业级别的交换机、路由器等。
- 光猫：如果用户使用普通电话线拨号上网，那么使用传统Modem；如果使用光纤上网，那么使用光猫即可。如果直接宽带线入户，那么将网线直接连接路由器WAN口，拨号或不拨号的情况根据实际情况进行设置。

2. 连接局域网设备

在准备好硬件设备后，需要进行设备的连接工作。无线终端是不需要连接的，下面以有线终端为例，介绍下连接方法。

局域网拓扑图类似于施工图，用户按照图上的布局进行线材的连接，即可完成普通局域网硬件连接，如图37-1所示。

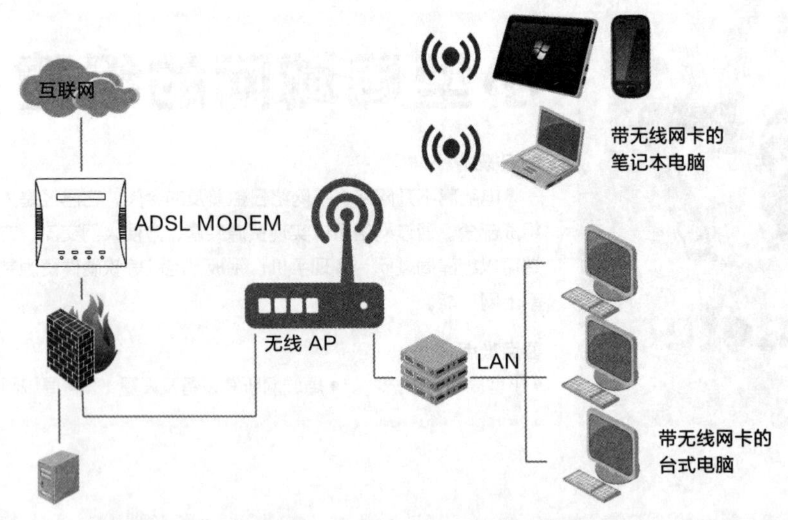

图37-1 小型局域网连接拓扑图（WAN上网方式）

- 连接路由器与光猫

使用网线连接光猫的LAN口与路由器的WAN口。如果网络运营商是以网线入户，则直接将网线接入路由器的WAN口。

- 连接路由器与终端设备

有线台式机、笔记本和有线智能电视，只要通过网线，将网卡接口与路由器的LAN口连接即可。

- 无线设备与路由器连接

无线设备只要开启无线功能即可连接无线路由器。

37.2.2 局域网软件准备

一般来说，接好这些设备，然后启动路由器和各种终端或者是无线功能，在获取到IP地址后，这些终端就可以进行相互通信了。但是，有时会因为各种原因，导致其中的某个终端连接不到局域网。这就有许多种可能了，最大的可能是协议和IP地址的问题。

1. 电脑设置IP地址

STEP 01 单击右下角的网络图标，选择“网络”选项，如图37-2所示。

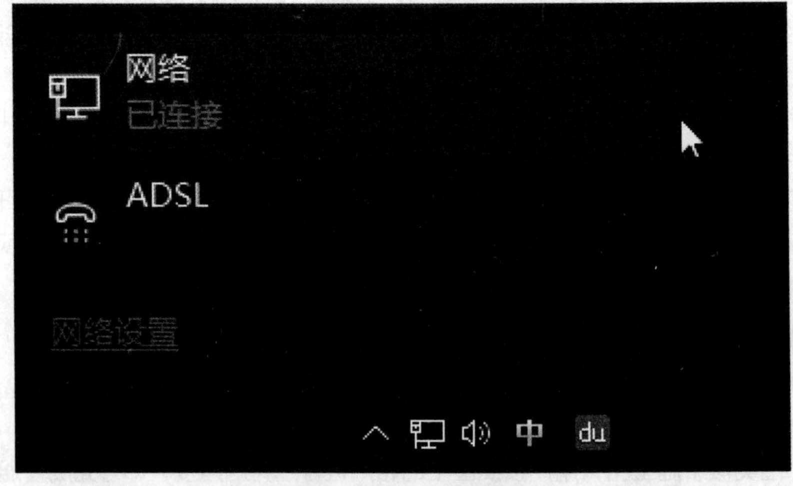

图37-2 进入网络设置

STEP 02 在“设置”窗口中单击“更改适配器”文字链接，如图37-3所示。

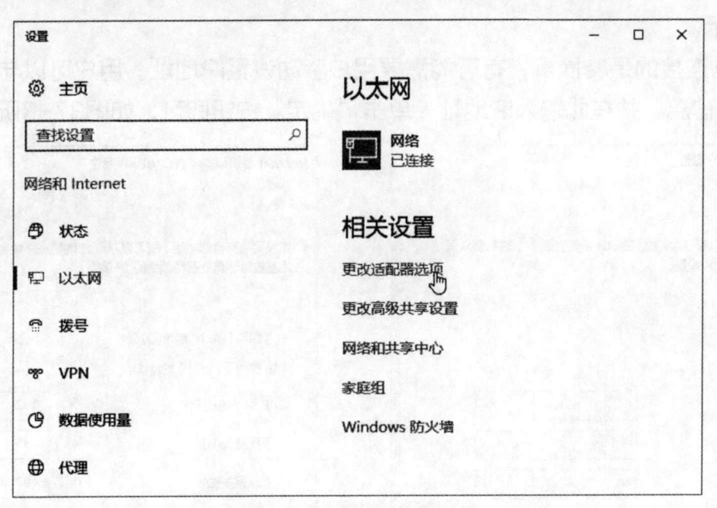

图37-3 进入适配器设置

STEP 03 在“网络连接”窗口中，双击网卡图标，如图37-4所示。

图37-4 选择网卡

STEP 04 在弹出的网卡状态中，单击“属性”按钮，如图37-5所示。

STEP 05 在弹出的“属性”对话框中，勾选“Internet协议版本4”选项，如图37-6所示。

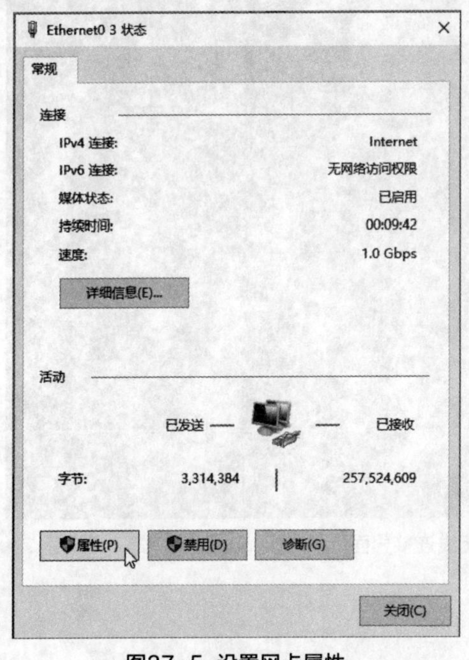

图37-5 设置网卡属性

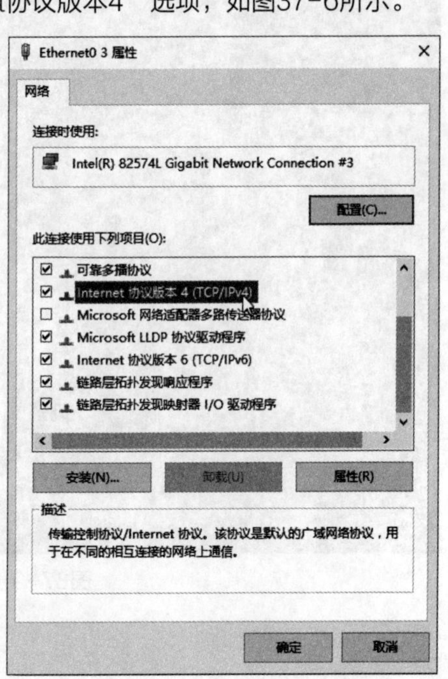

37-6 进入IPV4设置

STEP 06 在IP设置界面，保证IP地址都为自动获取，即可从路由器或者DHCP服务器处获取到IP地址，如图37-7所示。

STEP 07 如果电脑连接的是交换机，有可能需要用户手动设置IP地址。用户可以与网络管理员联系，询问自己的IP地址信息，并在此输入IP地址，单击“确定”按钮即可，如图37-8所示。

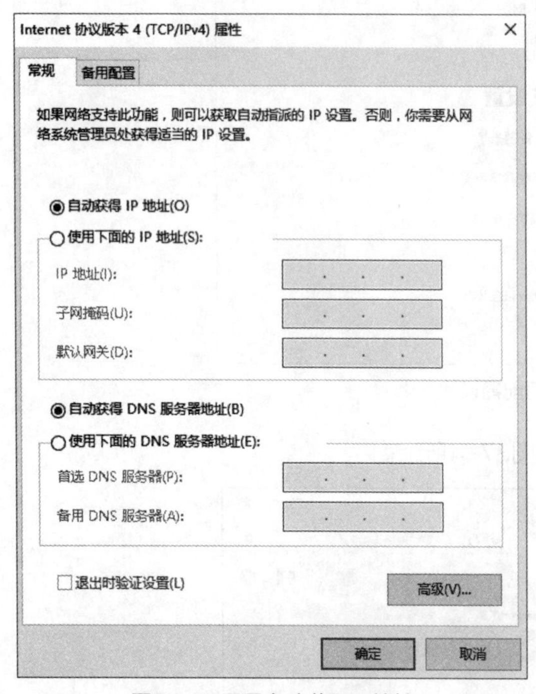

图37-7 配置自动获取IP地址

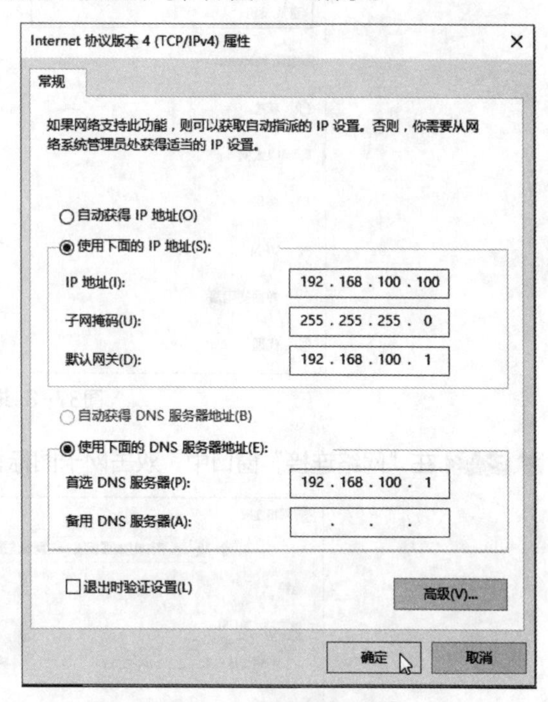

图37-8 手动设置IP地址

2. 笔记本或无线网卡设置

STEP 01 单击右下角的无线图标，如图37-9所示。

图37-9 进入无线连接界面

STEP 02 在弹出的无线列表中，选择需要连接的无线网名称选项，单击“连接”按钮，如图37-10所示。

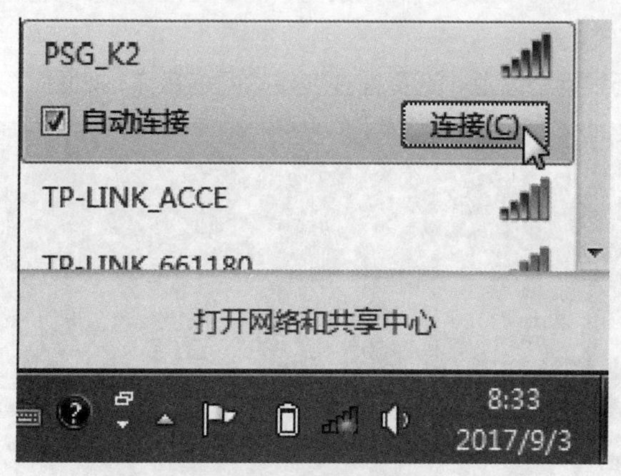

图37-10 选择无线网络

STEP 03 按要求输入无线密码，单击“确定”按钮，如图37-11所示。

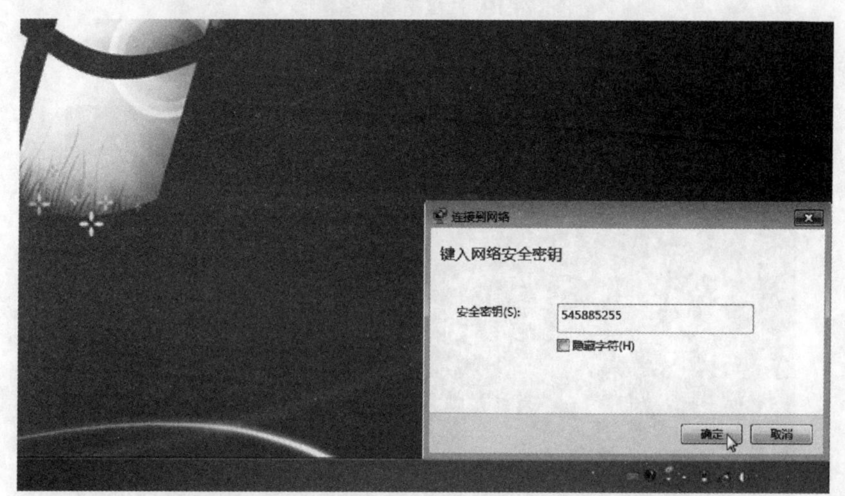

图37-11 输入无线密码

STEP 04 系统可以自动获取IP地址，完成后可以看到图标已经发生改变，如图37-12所示。

图37-12 完成设置，可以上网

3. 智能设备设置

一般来说，大部分智能终端设备都支持无线上网，而像智能电视、投影仪、智能家电等，也都提供有线连接。连接方法也比较类似。

STEP 01 打开智能电视的无线网络设置，选择需要连接的网络名称，如图37-13所示。

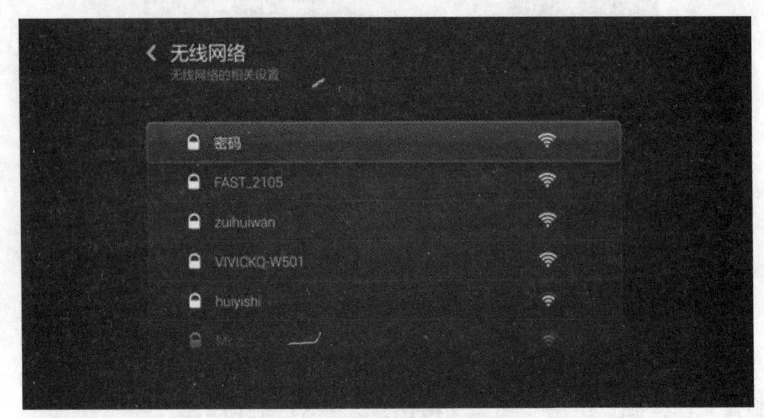

图37-13 选择无线网络名称

STEP 02 按要求输入密码后，完成连接，如图37-14所示。

图37-14 连接到无线网络状态

STEP 03 如果是有线连接，那进入有线网络设置，输入IP地址信息即可，如图37-15所示。

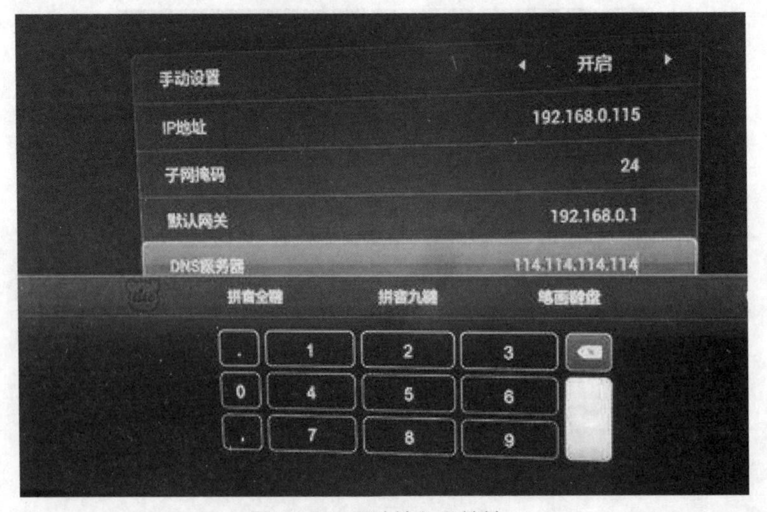

图37-15 手动输入IP地址

手机、投影仪、智能家电等设备的无线设置方法与电视类似，一般使用手机APP功能连接并设置这些智能终端的上网参数即可。

37.2.3 局域网共享上网设置

其实，局域网共享上网只要配置路由器就可以了。

STEP 01 打开IE浏览器，输入路由器的管理地址，并按Enter键，如图37-16所示。

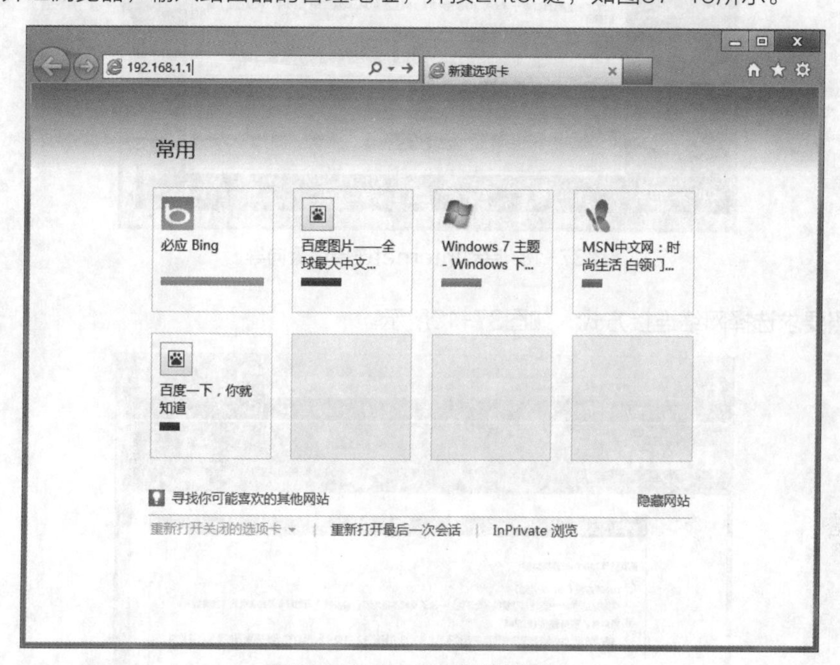

图37-16 进入路由器管理界面

STEP 02 输入路由器管理员用户名及密码，单击“登录”按钮，如图37-17所示。

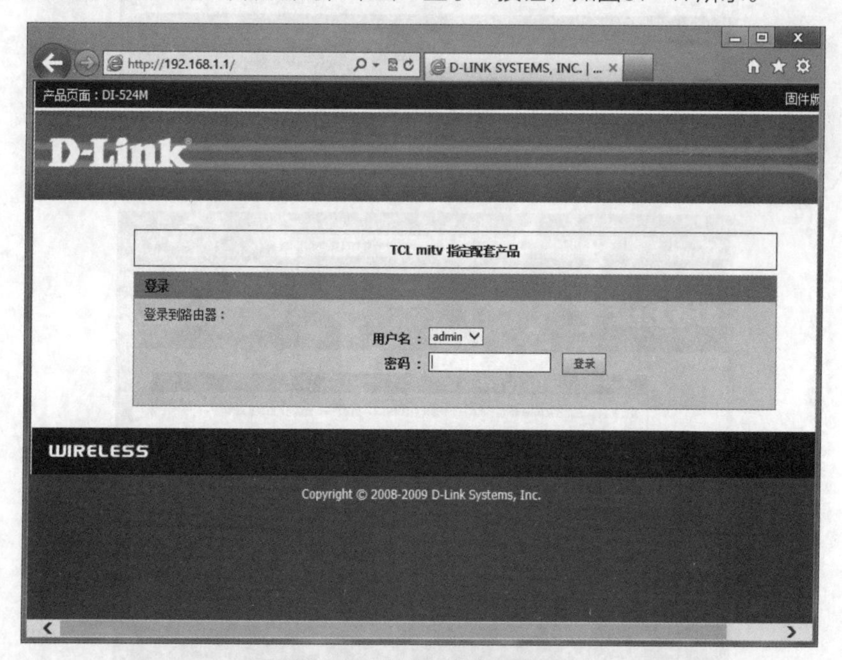

图37-17 输入用户名及密码

STEP 03 在页面中心单击“Internet连接设置向导”按钮，如图37-18所示。

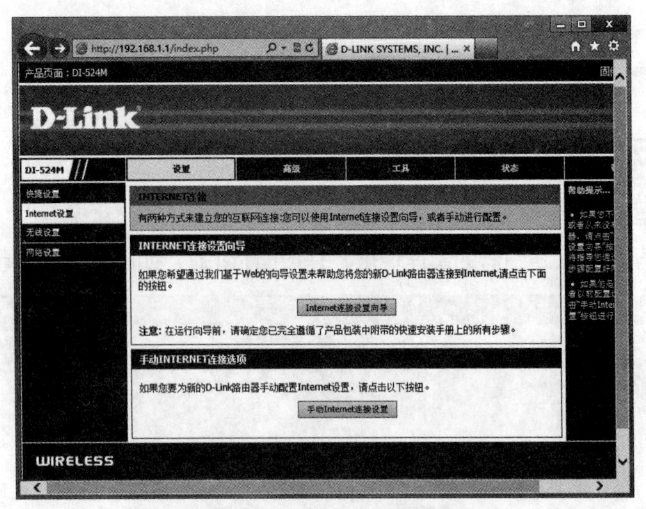

图37-18 启动Internet连接设置向导

STEP 04 按照要求选择网络连接方式，如图37-19所示。

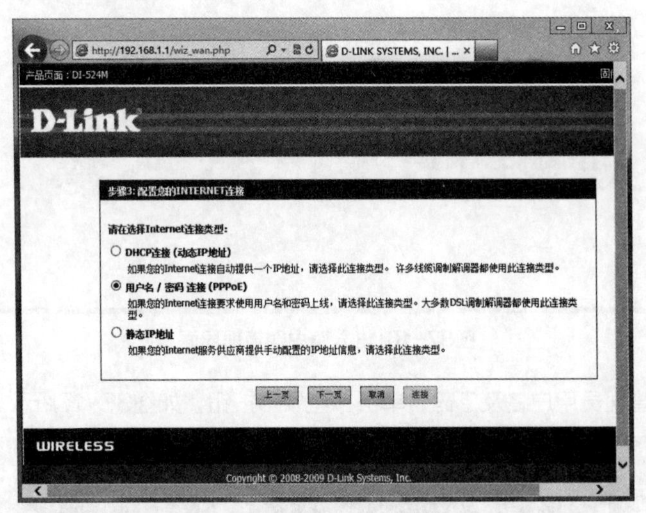

图37-19 选择网络连接模式

STEP 05 输入从营业厅得到的用户名及密码，如图37-20所示。

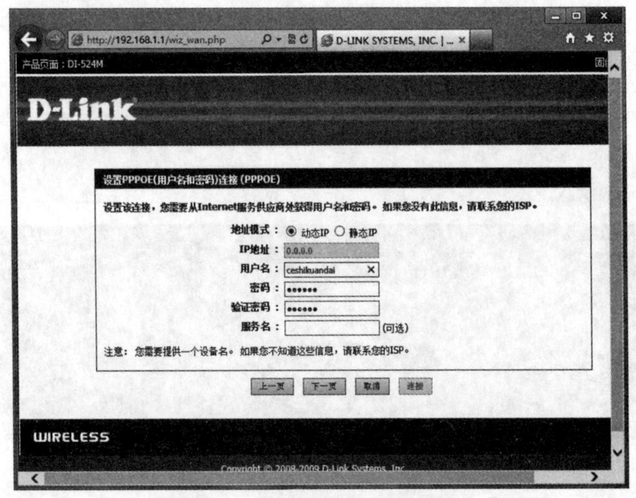

图37-20 输入宽带用户名及密码

STEP 06 设置完成后，单击“连接”按钮，路由器保存设置并重启，完成后即可共享上网。

37.2.4 局域网文件共享设置

电脑加入局域网的最大好处就是可以共享资源，对家庭娱乐及日常工作来说都极为方便。

STEP 01 在“网络和共享中心”中单击家庭组后的“可加入”链接。

STEP 02 在“家庭组”窗口中，单击“立即加入”按钮，如图37-21所示。

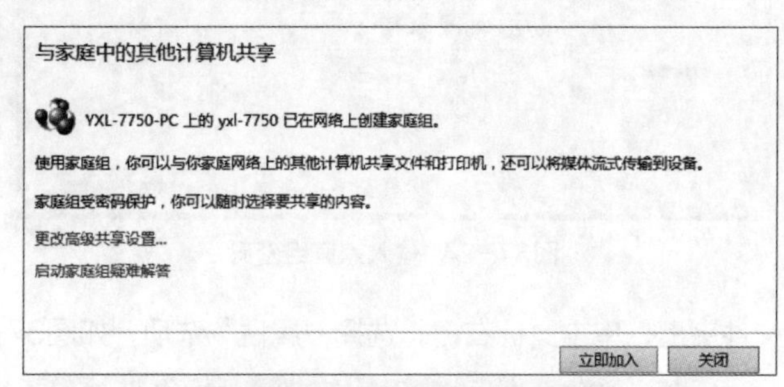

图37-21 了解家庭组作用

STEP 03 在弹出的窗口中，阅读完加入提示后，单击“下一步”按钮，如图37-22所示。

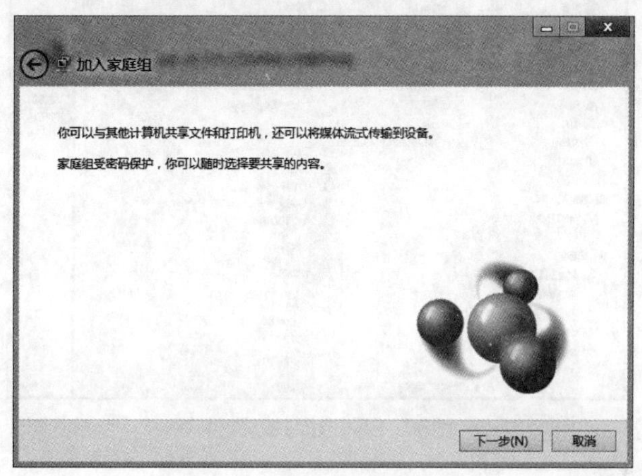

图37-22 进入家庭组共享

STEP 04 选择共享内容，如图37-23所示。

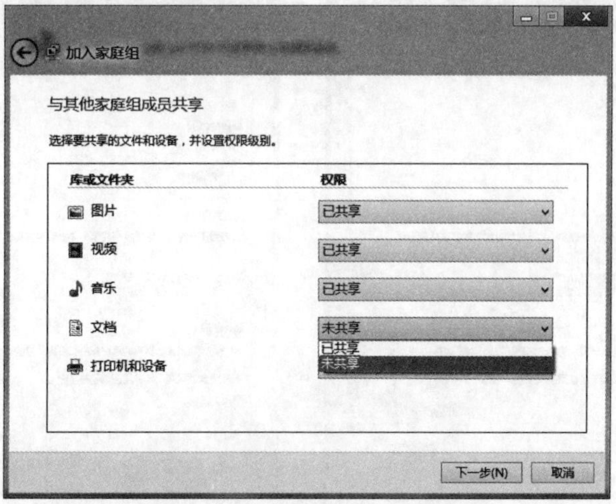

加入家庭组
与其他家庭组成员共享
选择要共享的文件和设备，并设置权限级别。
库或文件夹 权限
图片 已共享
视频 已共享
音乐 已共享
文档 未共享
打印机和设备 已共享 未共享
下一步(N) 取消

图37-23 选择需要共享的内容

STEP 05 输入从家庭组的主机中获取的密码进行加入即可，如图37-24所示。

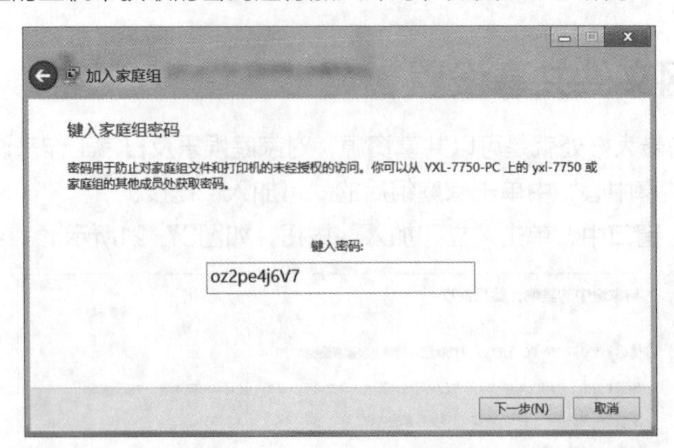

图37-24 输入家庭组密码

STEP 06 在需要共享的文件夹上，单击鼠标右键，选择“属性”选项，如图37-25所示。

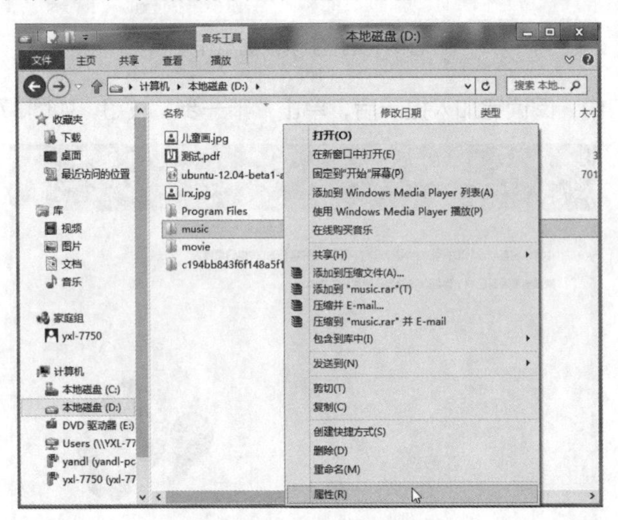

图37-25 选择共享文件夹

STEP 07 在“属性”对话框中，单击切换至“共享”选项卡，如图37-26所示。

STEP 08 在“共享”选项卡中单击“共享”按钮，如图37-27所示。

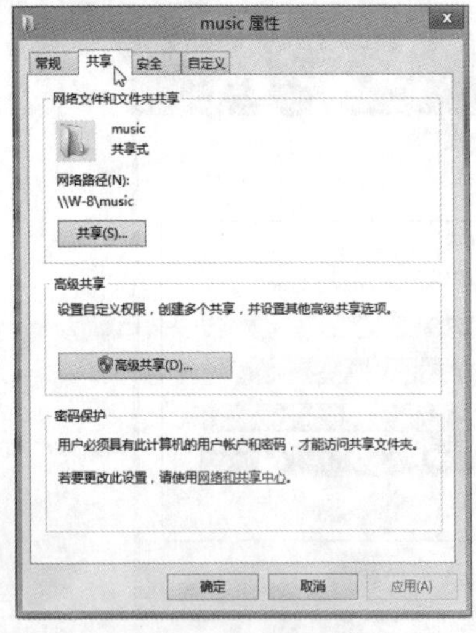

图37-26 选择共享选项卡

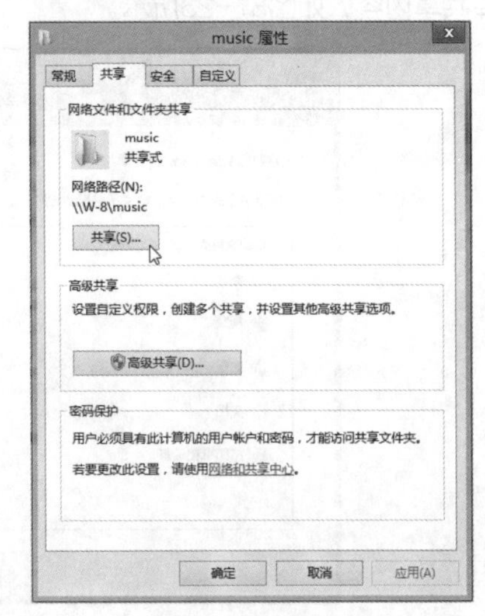

图37-27 启动共享

STEP 09 在“文件共享”对话框，设置“家庭组”成员的权限。如果加入工作组，选择工作组，并设置共享权限。完成后，单击“共享”按钮，如图37-28所示。

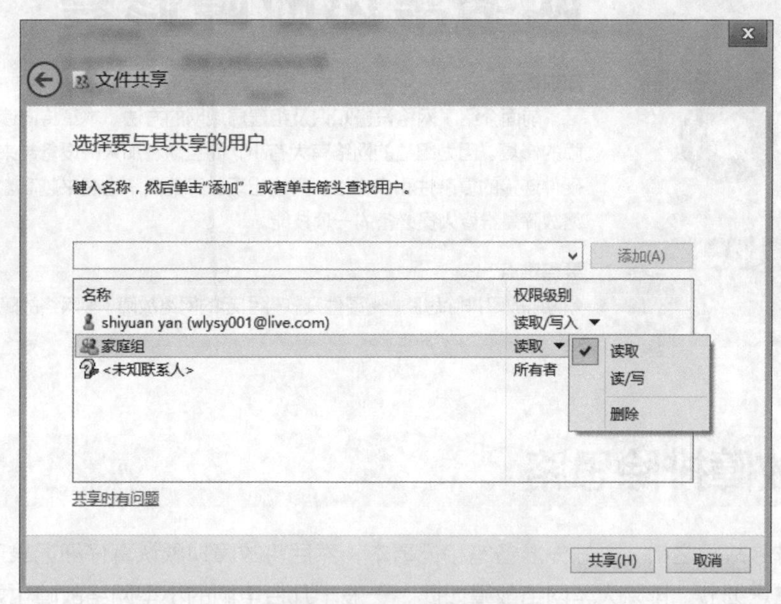

图37-28 选择共享成员

STEP 10 此时没有“家庭组”，可单击下拉按钮选择“家庭组”选项，单击“添加”按钮。如果是公司，可以选择Everyone选项并设置权限，这样不需要加入家庭组也可以，如图37-29所示。

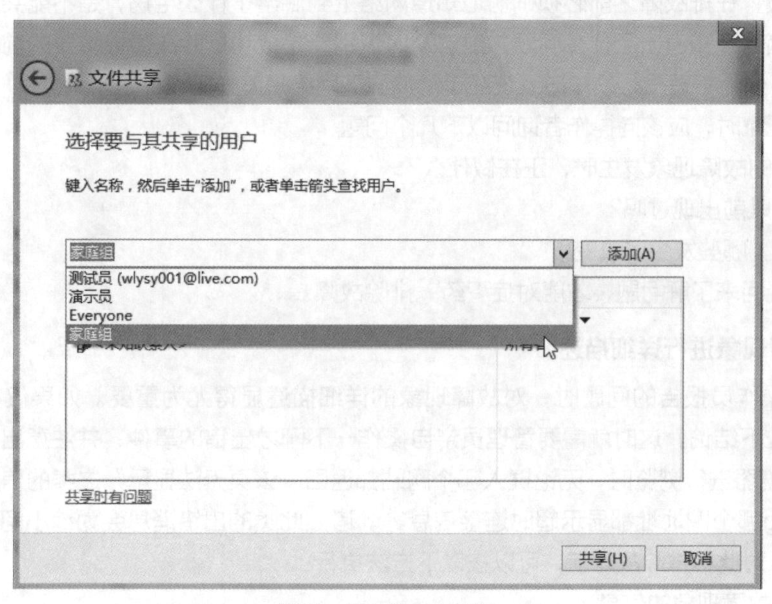

图37-29 选择家庭组

STEP 11 完成后，可以查看到此文件夹已经在共享状态。

38 Chapter

网络常见故障修复

知识概述

前面介绍了网络设备知识及组建局域网的方法。本章将向读者介绍网路常见故障的修复。因为组建的网络有大有小，而且随着加入的设备越来越多，造成了上网硬件连接的复杂性和多样性。网络出现故障的几率也越来越高。怎样解决常见的网络故障是维修人员必备的一项技能。

要点难点

- 网络故障排除思路
- 硬件及软件引起的网络故障
- 网络故障的排除方法

38.1 故障排除思路

开始动手排除故障之前，最好先准备笔和记事本，然后将故障现象认真仔细记录下来。在观察和记录时一定要注意细节，排除大型网络故障如此，一般十几台电脑的小型网络故障也如此，因为有时正是一些最小的细节使整个问题变得明朗。

1. 识别故障现象

作为管理员，在排故障之前必须确切地知道网络上到底出了什么毛病，是不能共享资源，还是找不到另一台电脑等。知道出了什么问题并能够及时识别，是成功排除故障最重要的前提。为了与故障现象进行对比，作为管理员必须知道系统在正常情况下网络是怎样工作的。

识别故障现象时，应该向操作者询问以下几个问题：

- 当被记录的故障现象发生时，正在做什么？
- 这个故障以前出现过吗？
- 从那时起，哪些发生了改变？

带着这些疑问来了解问题，才能对症下药，排除故障。

2. 对故障现象进行详细描述

当处理由操作员报告的问题时，对故障现象的详细描述显得尤为重要。如果仅凭他们的一面之词，有时还很难下结论，这时就需要管理员亲自操作一下刚才出错的事件，并注意出错信息。例如，在使用Web浏览器进行浏览时，无论键入哪个网站都返回“该页无法显示”之类的信息；使用ping命令时，无论ping哪个IP地址都显示超时连接信息等。诸如此类的出错消息会为缩小问题范围提供许多有价值的信息。对此在排除故障前，可以按以下方法执行：

- 收集有关故障现象的信息。
- 对问题和故障现象进行详细描述。
- 注意细节。
- 把所有的问题都记下来。
- 不要匆忙下结论。

3. 列举可能导致错误的原因

作为网络管理员，应当考虑导致无法查看信息的原因可能有哪些，如网卡硬件故障、网络连接故障、网络设备故障、TCP/IP协议设置不当等。

不要着急下结论，可以根据出错的可能性把这些原因按优先级别进行排序，一个个先后排除。

4. 缩小搜索范围

对所有列出的可能导致错误的原因逐一进行测试，且不要根据一次测试，就断定某一区域的网络是运行正常或是不正常。另外，也不要在自己认为已经确定了的第一个错误上停下来，应当直到测试完为止。

除了测试之外，还要注意千万不要忘记去查看网络设备面板上的LED指示灯。通常情况下，绿灯表示连接正常，红灯表示连接故障，不亮表示无连接或线路不通。根据数据流量的大小，指示灯会时快时慢的闪烁。同时，不要忘记记录所有观察及测试的手段和结果。

5. 隔离错误

经过一番折腾后，基本上知道了故障的部位。对于电脑的错误，可以开始检查该电脑网卡是否安装好、TCP/IP协议是否安装并设置正确、Web浏览器的连接设置是否得当等一切与已知故障现象有关的内容。之后开始排除故障。

注意，在开机箱时，不要忘记静电对电脑的危害，要及时排除身体上的静电。

6. 故障分析

处理完问题后，还必须搞清楚故障是如何发生的，是什么原因导致了故障的发生，以后如何避免类似故障的发生，拟定相应的对策，采取必要的措施，制定严格的规章制度。

38.2 硬件设备引起的常见故障及修复

硬件设备常见故障可以按照下面的方法进行排除。

38.2.1 路由器常见故障现象及修复

1. WAN口无连接

WAN口无连接是安装路由器时最常见的故障之一。WAN无连接主要有以下几种情况：

● 线路没有接正确

这是最常见的原因。有时候路由器这边WAN口插上网线了，但是却没有连接到Modem上，LAN接入的没有连接到墙壁上的模块中。

● 网线连通性故障

这里主要是指网线质量差或者线序不正确对于Modem接入的路由器，通常Modem距离路由器都不远，只要线序没有问题，就算是很差的网线都可以正常连接。对于LAN接入的宽带则要注意，如果楼道交换机到路由器之间距离比较远，网线质量必须过关，否则会因为线路质量差无法连通。这里网线不仅是网线本身，还包括水晶头、进户弱电箱、墙壁上面板、模块等一系列环节，其中任意一个环节不稳定都有可能导致WAN口无法连接。因此对于LAN接入的宽带路由器的WAN口无连接的，必须慢慢地一个一个环节检查。

● 速率不匹配

这个主要是对于LAN接入方式的宽带。部分ISP偷工减料，楼道交换机到桌面被限制在10M的速率上，不能达到100M的标准。而目前大多数普通路由器都不支持10M的连接速率，因此会因为速率不匹配导致WAN无法连接。遇到这样的情况，可以找市面上小部分支持10M WAN口连接的路由器测试就清楚了。

● Modem不稳定

这种情况很少遇到，但是一旦遇到则很难正确判断。故障表现如下：Modem单独连接电脑可以正常拨号上网，Ping值正常，连接路由器，路由器WAN口显示无连接，更换各个品牌路由器均无效果。因为单独连接电脑可以正常上网，则往往忽略Modem的问题。实际上，这种情况下Modem往往存在内部元件损坏的故障，主要是供电电容爆浆，导致供电不稳定，从而路由器连接失败。更换Modem解决故障。

● ISP限制端口连接数

笔者曾经遇到过一个非常典型的案例，客户家跑了几次，更换了几个路由器，均显示WAN口无连接，只有发送没有接受。原因是ISP限制客户线路只能连接一台终端，因此其他终端一旦接上路由器就出现故障。

2. WAN口有连接，但连接失败

此种故障表现为，WAN口显示有连接，但数据包只有发送没有接收，或有接收但依然不能联网。主要原因如下：

● 宽带欠费。

● 用户名和密码输错。

● 如果是绑定电话的，有可能绑定的电话欠费停机，导致宽带跟着断网。

● 之前顾客自己设置路由错误输入宽带密码，导致路由器使用错误密码频繁拨号，从而ISP后台锁死账号。

● ISP的接入服务器出现不稳定故障，导致账号莫名其妙的自动锁死。

● MAC地址绑定。部分ISP对于MAC地址采取了绑定的策略，因此更换网卡或者添加路由器之后，检测到MAC地址的变化，因此不予返回数据。遇到这样的情况，首先克隆正确的MAC。如果依旧不行，拨打ISP的客户电话，让对方在后台刷新一下数据，然后就可以正常调整路由器设置了。

● 网线质量不过关，发送数据和返回数据出现大范围丢包或者错误包，导致连接失败。更换水晶头和网线后再次测试。

● 电话线路衰减过大，导致Modem信号不稳定，引起路由器拨号失败。

3. 宽带正常，可以ping通公网地址，但无法打开网页

路由器可以正常连接宽带，电脑或者手机也可以正常访问路由器，但是不能访问外网。此种情况主要是DNS设置需要调整。

● 手机能访问外网，电脑不能访问。此种情况表明路由器已经正常工作，但电脑的网卡需要设置DNS服务器地址。通常设置成所用的ISP的DNS服务器的地址，这样是最优化的方案。但实际应用中，极少数会遇到运营商的DNS服务器不稳定的故障，这个时候可以使用其他地区的公有DNS。

● 手机和电脑都不能访问外网，但可以访问路由器。此种情况主要是路由器的DNS设置出现了问题。虽然路由器连接上公网之后会自动获取DNS服务器地址，但是极少数情况下会出现获取失败的情况，因此导致终端访问故障。处理方式参考上一条。

● 电脑能访问外网，手机或者平板不能访问外网。这种情况其实不是路由器故障，大多数时候是被路由器防火墙限制了。联系路由器管理员或将路由器重新复位进行设置即可解决。

● 操作系统故障。

4. 无线不能连接，但有线连接正常

● 路由器故障，特别是无线模块出现故障，可以更换路由器测试。

- 笔记本无线网卡驱动异常，重新安装驱动。
- 找不到信号，检查无线开关。
- 笔记本无线网卡接触不良。
- 连接信号的时候始终显示正在连接。一个是系统问题，一个是无线密码输错，特别是笔记本，因为键盘上数字键和字母键状态不正确导致误输入。
- 无线路由器的无线SSID最好不要用中文。
- 信道受到外界干扰，导致连接失败，可以尝试着更换其他信道测试连接情况。
- 检查笔记本中无线网卡的属性和路由器中是否一致，包括加密方式。
- 路由器中无线功能没有启用。

5. 频繁掉线

- 检查水晶头是否氧化，是否松动脱落，入户处接头是否松动，线路是否破损。
- 采用Modem接入的，检查Modem到路由器之间的网线，以及Modem的电话线进线，Modem以及路由器的电源适配器是否工作正常。
- 检查路由器是否处于按需连接的方式。此种方式在闲置一段时间后有可能会自动断开连接。
- Modem质量问题，导致频繁掉线。
- 路由器质量问题，导致频繁掉线。
- 检查路由器到电脑主机之间网线连通性和可靠性，包括墙壁模块的可靠性，以及网线质量是否过关。可以将网卡强制到10M来测试看是否频繁掉线。正常情况下，网卡和路由器之间应该保证100M全双工模式。
- 如果是无线频繁掉线，要检查无线设置以及有无外来干扰。
- 电脑网卡和路由器之间的匹配问题。
- 如果是采用Modem接入的，检查分离器的地方是否将电话线和Modem接线搞反了，以至于电话一响就断线了。
- 在有多个交换机的复杂网络中，有可能存在交换机多连接导致环路，引起IP地址冲突频繁掉线。
- 各个终端之间有可能多台电脑采用了同一个IP地址，或者有电脑中毒产生ARP欺骗。

6. 不能获取IP地址（不能获取外网地址、不能获取内网地址）

（1）不能获取外网地址，这种情况在公司中很常见。

- 线路质量不过关。
- 设置不正确。如有些服务器基本上都是关闭DHCP，手动分配IP地址的，甚至部分还采用手动地址+MAC绑定的方式，既然是新路由器，肯定是不能获取IP地址。而路由器通常出厂都是动态IP。
- 看看是否采用了VPN连接。这点在企业部门中很常见，各个门店或分支机构和总部之间多半采用的是VPN连接，而路由器设置不对，甚至部分路由器不支持VPN连接。
- 上级路由器或者交换机（往往是三层交换机）没有启用DHCP。

（2）不能获取内网地址。

- 线路质量不过关。
- 没有启用DHCP，而客户端也没有按照规则手动指定IP地址。
- 网卡和路由器不匹配。
- 系统故障。

38.2.2 光猫常见故障现象及修复

1. 认证不成功

- 先确定运营商线路的光纤类型为EPON还是GPON，线路类型必须与光猫类型相匹配才能使用。
- 咨询运营商，确认运营商是否有限制用户自行采购PON设备。
- LOS指示灯是否熄灭，在光接收功率正常的情况下LOS灯应该熄灭（EPON光接收功率在-28dm到-3dm之间，GPON的光接收功率在-30dm到-8dm之间）。如果LOS灯没有熄灭，表示光纤线路有故障，请检查光纤接口是否松动，或者联系运营商检查光纤线路是否正常。
- 可尝试重新插拔光纤。光纤没有接好，很大可能出现LOS灯熄灭但无法认证成功。
- 确认认证方式和认证参数，确认所填写的LOID是否正确。
- 尝试逐个更换认证模式来测试能否通过认证。
- 确认光猫当前软件版本。对比官网是否有最新版本的软件，请升级到最新版本的软件后再进行配置。

2. 单机拨号无法成功

- 物理线路连接

首先观察PON设备指示灯是否正常。LOS灯没有熄灭代表光纤线路有故障，请检查光纤接口是否松动或联系运营商检查线路。

- 认证问题

如果该PON设备PON灯没有长亮，代表该设备没有认证成功。

- VLAN设置

如果PON灯长亮，但电脑仍然无法拨号成功，可能和当地的VLAN设置有关。需要设置专门的VLAN ID才可拨号成功。

38.2.3 网线及网卡常见故障现象及修复

1. 网络连接不稳定

在网卡工作正常的情况下，网卡的指示灯是长亮的（而在传输数据时，会快速地闪烁）。如果出现时暗时明，且网络连接老是不通的情况，最可能的原因就是网卡和PCI插槽接触不良。和其他PCI设备一样，频繁拔插网卡或移动电脑时，很容易造成此类故障。重新拔插一下网卡或换插到其他PCI插槽都可解决。此外，灰尘多、网卡金手指被严重氧化，网线接头氧化（如水晶头损坏）也会造成此类故障。只要清理一下灰尘、用报纸把金手指擦亮即可解决。

2. 驱动程序出现的故障

网卡和其他硬件一样，驱动程序不完善也极易引起故障，比如采用瑞昱（Realtek）RTL8469芯片的网卡，在Windows下就经常会出现NetBIOS TCP/IP方面的错误。将驱动更新，此类问题就会迎刃而解。所以，当网卡出现一些不明缘由的故障时，可以到“驱动之家”等专业网站更新驱动来解决（推荐用户优先使用经过微软WHQL认证的驱动，通过此认证的驱动程序与Windows系统的兼容性是最好的）。一般在排除硬件、网络故障前提下，升级或重装驱动可以解决很多莫名故障。如果网卡故障是发生在驱动程序更新之后的话，可以使用网卡自带的驱动程序来恢复一下。

3. IRQ中断引起故障

现在PCI网卡均支持即插即用，在安装驱动时会自动分配IRQ（中断）资源。如果预定的IRQ资源被声卡、Modem、显卡等设备占用，而系统又不能给网卡重新指定另外的IRQ资源的话，就会发生设备冲突，导致设备不能使用。解决方法很简单，用户可以查找一下主板说明书中对PCI插槽优先级部分的说明，将冲突的设备更换到优先级更高的PCI插槽上，并进行调换，直到两冲突设备不再冲突为止。除此之外，用户还可以在网卡的设备属性里面，手动为网卡重新分配IRQ值。

4. 磁场导致故障

网卡与其他电子产品一样，很容易受到磁场干扰而发生故障。所以，网卡和网络布线时，就要采用屏蔽性强的网线和网卡设备，同时尽可能地避开微波炉、电冰箱、电视机等大功率强磁场设备，降低网卡故障的几率。

5. 网线导致故障

网线本身的质量，还有水晶头（RJ45网线插头）的制作水平都会影响网卡的工作状态，很多莫名其妙的网卡故障常常是由此造成的。除了选用更好的双绞线之外，还要注意水晶头与网卡接口之间的接触是否良好，以及水晶头内的数据线排序是否符合国际网线568A和568B（特别是自己动手制作的水晶头）的制作标准。

6. 无线网卡不能工作

如果使用的是USB接口的无线网卡时，很有可能遇到无线网卡已经安装到电脑中，而且系统也已经识别到网卡，屏幕同时显示正在安装该设备驱动，可是安装好该设备后，却发现安装好的无线网卡并不能正常工作。遇到这种故障现象时，该怎样逐步排查呢？其实仔细分析上面的故障现象，会发现电脑已经能够识别到无线网卡，那就表明电脑主板上的USB端口功能已经被成功启用。电脑的USB端口和无线网卡的USB接口都是正常的，很明显这种故障是由网卡驱动程序安装不正确造成的。一般来说，电脑的USB端口如果是第一次被使用的话，可能需要安装或者更新对应的USB控制器程序，所以不妨打开系统的“设备管理器”窗口，双击其中的USB控制器选项，然后进入到该控制器的驱动程序选项卡，通过其中的“更新驱动程序”按钮来将USB控制器的驱动程序更新到最新状态。如果上面的操作无法让无线网卡正常工作的话，再看看无线网卡的驱动程序安装方法是否正确，因为有的USB接口的无线网卡与普通网卡的驱动程序安装步骤不一样。比如说有的无线网卡需要先安装驱动程序，之后将网卡插入到电脑中，系统再对其进行自动配置和安装。要是安装顺序搞错的话，那就很容易造成无线网卡无法工作的故障。

7. 网线的RJ45接头松动，导致接触不良

该类问题是最为常见的问题，由于网线的经常插拔，网线质量较差，外加水晶头制作工艺问题，所以，原来使用正常的网线，使用时间一长，就会出现接触不良的情况，从而影响上网。

故障现象：

在排除网线自身断路情况下，用测线仪测线时，表现为部分指示灯不亮

解决方法：

重新制作更换有问题的水晶头。

8. RJ45接头上金属触角被氧化、尘化，导致接触不良

该类问题主要易发生在空气比较潮湿环境下，水晶头上的金属触角被空气氧化或被灰尘覆盖，导致接触不良。当然还与水晶头自身质量问题也有一定关系。

故障现象：

通过眼睛观察，看水晶头上金属触角是否变黑，或者灰尘多。借助测线仪进一步测试。

解决方法：

重新制作更换有问题的水晶头。

9. RJ45线序不正确

制作水晶头有一定的标准和规范，制作时最好严格按照标准和规范来制作。

标准如下：

- 568A：白绿｜绿｜白橙｜蓝｜白蓝｜橙｜白棕｜棕
- 568B：白橙｜橙｜白绿｜蓝｜白蓝｜绿｜白棕｜棕

通常，网线两端都会按照568B的标准来制作，就是俗称的直通线。交叉线的一端是568A，一端是 568B，现在使用的比较少了。

故障现象：

通过测线仪测试时，测线仪两端指示灯亮灯顺序有交叉（仅针对直通线）。

解决方法：

重新制作更换有问题的水晶头。

10. 网线线路中部分线芯断开

如何排查：

通过测线仪测试，在排除水晶头自身问题前提下，有哪几芯不亮，它所对应的线芯就可能发生断路。

解决方法：

对于100M链路，只需保证网线中有4芯畅通即可；对于1000M链路，只能重新放线了。

38.3 软件引起的常见故障及故障修复

1. 系统优化系统后不能上网

第三方优化软件进行的优化虽然简单，但如果用户不仔细阅读相关优化信息，直接进行优化，有时会造成网络无法连接、某些应用程序无法联网、上网不稳定、容易掉线等故障发生。建议用户在优化时，仔细检查优化的具体内容，取消不必要的优化，并对影响到的软件进行标记。

如果已经造成无法上网的故障，可以对优化项目进行还原，以使系统恢复到正常状态后，再进行连通性的测试。

2. 系统中毒造成不能上网

该类故障是由于用户终端受病毒、木马的影响，造成上网关键文件的篡改或丢失，造成上网异常、网速变慢、弹出错误提示等故障。

该类故障需要使用病毒木马查杀程序进行全盘杀毒，最好是在安全模式中进行。用户在日常使用终端时，也要格外小心，最好安装防火墙及实时监控软件。

3. 软件本身存在错误或者故障

该类故障是由于软件设计时的先天缺陷，或者由于兼容性等原因，造成该类软件无法上网，一般不会影响到其他正常的软件。

解决方法一般是下载稳定版本，或者更换其他类似软件代替。

4. 不能上网但可以上QQ

该故障是因为DNS设置错误所致。因为上网需要域名解析到IP地址后，对网页服务器进行访问，而QQ通讯时不需要使用DNS，所以可以正常使用。

出现故障后，可以手动在系统中设置DNS信息，或告知网络管理员，在路由器中重新指定DNS地址，或者让网关重新获取一下IP地址信息。

38.4 网路常见故障实例

下面将向用户介绍网络几种常见故障及修复方法。

38.4.1 手机连上了 WIFI，但是不能上网

故障现象：

明明手机上的WIFI信号是满格，但是用手机却上不了网，应用程序也无法联网。

故障分析：

需要明白的是，WIFI一般是无线路由器提供的，能连接上，说明手机到无线路由器的连接是没有问题的，但是无线路由器需要拨号并连接到网上，才能为手机提供上网服务。

故障修复：

用户需要联系网络管理员，查看路由器是否通过拨号获取到IP等信息，可不可以上网。如果是路由器的问题，可以使用重新手动连接或者重启路由器的方法进行解决。但如果是网络提供商的网络服务出现了问题，那么只能等网络供应商的故障恢复了，用户这边才能上网。

38.4.2 浏览器能上网，但其他软件无法联网

故障现象：

打开IE能上网，而QQ、Skype、360等全部无法联网。如果用户是64位操作系统，通常出现这类情况的是64位的IE浏览器或Microsoft Edge可以上网，而其他所有需要联网的软件都无法联网。

故障分析：

这种情况一般是由于svchost.exe进程被阻止，Windows 7/8/10系统的通信端口初始化失败导致的。（Svchost.exe是从动态链接库（DLL）中运行的服务的通用主机进程名称。）这种情况一般由以下几种原因：

（1）电脑受到了svchost病毒或者特洛伊木马等的感染。而64位电脑自带的IE浏览器或Edge浏览器的64位通信端口是不通过svchost.exe进程的，因此可以上网。

（2）64位系统自身自发性故障，但这类可能性要小些。

故障修复：

出现不能上网时，以管理员身份运行命令行（注意必须以管理员身份运行CMD，用户可以在搜索到CMD时，在CMD快捷方式使用鼠标右键选择以管理员身份运行），并执行netsh winsock reset catalog及netsh int ip reset reset.log hit命令。

执行完毕后，重新启动电脑。大多数情况下网络连即接会恢复正常。

38.4.3 网络防火墙故障

故障现象：

升级了防火墙，然后所有的程序都不能上网了。

故障分析：

因为之前可以正常使用，但是升级防火墙后产生了网络故障，可以从防火墙下手进行故障排查。

故障修复：

如果网络防火墙设置不当，如安全等级过高、不小心把IE放进了阻止访问列表、错误的防火墙策略等，可尝试检查策略、降低防火墙安全等级或直接关掉，看是否能恢复正常。

38.4.4 访问的网站不是正常的网站

故障现象：

用户在安装了某盗版软件后，访问正常网站时进入的却是钓鱼网站。

故障分析：

这应该与用户使用盗版软件有关系，该软件将病毒或者木马植入了用户的电脑，造成访问正常网站出现问题。

故障修复：

首先进入安全模式，并安装杀毒软件进行杀毒。然后打开HOSTS文件，因为该文件记录了网络映射。用户在进行上网时，先查看该文件确定服务器IP，如果没有，再询问DNS。所以如果病毒篡改了该文件，就会造成用户始终访问的是假冒网站。

打开该软件，然后清空内容即可。